Heinz Pfeifer

Grundlagen der Fördertechnik

Heinz Pfeifer

Grundlagen der Fördertechnik

5., verbesserte Auflage

Mit 159 Bildern

V

Friedr. Vieweg & Sohn Braunschweig/Wiesbaden

Approbiert für den Unterrichtsgebrauch an Höheren technischen und gewerblichen Lehranstalten in der Republik Österreich unter Aktenzeichen Zl. 25.397/1-14a/78

CIP-Titelaufnahme der Deutschen Bibliothek

Pfeifer, Heinz:
Grundlagen der Fördertechnik / Heinz Pfeifer. –
5., verb. Aufl. – Braunschweig; Wiesbaden:
Vieweg, 1989
(Viewegs Fachbücher der Technik)

ISBN-13: 978-3-528-44061-9 e-ISBN-13: 978-3-322-90132-3
DOI: 10.1007/978-3-322-90132-3

1. Auflage 1977
2., durchgesehene Auflage 1979
3., durchgesehene Auflage 1981
Nachdruck 1983
4., verbesserte Auflage 1985
Nachdruck 1986
5., verbesserte Auflage 1989

Der Verlag Vieweg ist ein Unternehmen der Verlagsgruppe Bertelsmann.

Umschlaggestaltung: Hanswerner Klein, Leverkusen
Satz: Vieweg, Braunschweig

Vorwort

Das Lehrbuch *Grundlagen der Fördertechnik* behandelt in einer kurzgefaßten Darstellung die wichtigsten Gebiete der Fördertechnik. Das Buch basiert auf den Erfahrungen aus längerer eigener Lehrtätigkeit an der Fachhochschule und auf den aus der Berufspraxis gewonnenen Erkenntnissen. Es wendet sich an Ingenieurstudenten der Hochschulen, insbesondere der Fachhochschulen und der Höheren technischen und gewerblichen Lehranstalten in Österreich. Auch der in der Praxis tätige Ingenieur kann sich mit diesem Buch in das Gebiet der Fördertechnik einarbeiten. Ebenso entnimmt der nicht unmittelbar mit der Fördertechnik befaßte Ingenieur (z.B. Betriebs-, Fertigungs- oder Planungsingenieur) hier rasch Hinweise für seine Arbeit.

Die Darstellung der einzelnen Sachgebiete beschränkt sich vor allem auf den maschinenbaulichen Teil der Standardfördermittel. Dem in der Fördertechnik arbeitenden Elektro- und Stahlbauingenieur soll sie ermöglichen, die maschinenbaulichen Zusammenhänge der Anlagen zu erkennen.

Zur Vertiefung in einzelne Gebiete sind im Anhang Hinweise zu wichtigen DIN-Normen und zu weiterführender Literatur angegeben. Im Abschnitt über *Bauteile der Fördermittel* wird bewußt auf die Beschreibung von Maschinenelementen verzichtet. Generell wurde eine einfache Darstellung gewählt, die nur grundlegende Kenntnisse in Mathematik und Technischer Mechanik voraussetzt. Eingefügte Zahlenbeispiele verdeutlichen die Berechnungsverfahren.

Auf Zahlenwertgleichungen wurde weitgehend verzichtet. Bei Rechnungen wird für die Fallbeschleunigung g der Wert 10 m/s^2 angenommen.

In der 5. Auflage wurden neue Gesichtspunkte aus den Änderungen von Normen und Richtlinien seit der 4. Auflage berücksichtigt.

An dieser Stelle sei den einzelnen Firmen für die Bereitstellung von Bild- und Informationsmaterial, dem Verlag für seine Unterstützung und den Lesern für ihre Anregungen gedankt.

Höchst, im Februar 1989 *Heinz Pfeifer*

Inhaltsverzeichnis

1. Einführung

1.1. Entwicklung und Bedeutung der Fördertechnik

Für die stürmische Entwicklung der Fördertechnik in den letzten Jahrzehnten waren maßgebend: Massenproduktion, Automation, steigende Lohnkosten und Erleichterung von schwerer körperlicher Arbeit. Aus dem gesamten Gebiet der Produktion und Verteilung von Gütern (Rohstoffgewinnung, Grundstoffindustrie, Erzeugung von Produktionsmitteln und Verbrauchsgütern sowie die Güterverteilung im inner- und außerbetrieblichen Transport) sind die Fördermittel heute nicht mehr wegzudenken.

Neben dem Maschinenbauingenieur (Gesamtkonzeption, Konstruktion, Fertigung, Materialfluß und Montage) arbeiten vor allem Ingenieure der Elektrotechnik (Antrieb und Steuerungen) und des Stahlbaus (Tragkonstruktionen) bei der Erstellung von Fördermitteln mit.

1.2. Einteilung der Fördermittel

Fördermittel werden für Güter- und Personentransport verwendet. Grundsätzlich wird unterschieden:

Außerbetrieblicher Transport: Durch Kfz , Bahn, Schiff oder Flugzeug.
Innerbetrieblicher Transport: Vor allem durch Stetig- und Unstetigförderer.

Die eigentliche Fördertechnik beschränkt sich im wesentlichen auf den innerbetrieblichen Transport und den Warenumschlag in Häfen, auf Bahnhöfen, Lagerplätzen usw.

Eng verbunden mit der Fördertechnik ist die Lagertechnik (ein Lager ohne Fördermittel ist heute nicht mehr denkbar).

Die Fördermittel werden allgemein eingeteilt in:

Stetigförderer. Sie ermöglichen ein kontinuierliches Arbeiten während eines längeren Zeitraumes; meist in einer Förderrichtung (z. B. Bandförderer). Einsatz bei Schütt- und Stückgutförderung.

Unstetigförderer. Im Gegensatz zum Stetigförderer liegen hier einzelne Arbeitsspiele vor. Nach einer Lastbewegung erfolgt in der Regel in umgekehrter Richtung die Leerbewegung (z. B. Krane und Flurfördermittel). Einsatz hauptsächlich bei Stückgutförderung.

Stetigförderer arbeiten im allgemeinen wirtschaftlicher. Bei gleichem Eigengewicht erbringen sie größere Fördermengen und benötigen geringere Antriebsleistungen als Unstetigförderer. Die geringere Antriebsleistung ergibt sich durch kleinere Totlasten, seltenes Schalten der Triebwerke und geringere Massenkräfte beim Abbremsen bzw. Anfahren sind ebenfalls hervorzuheben. Für schwere Einzellasten werden meist Unstetigförderer verwendet.

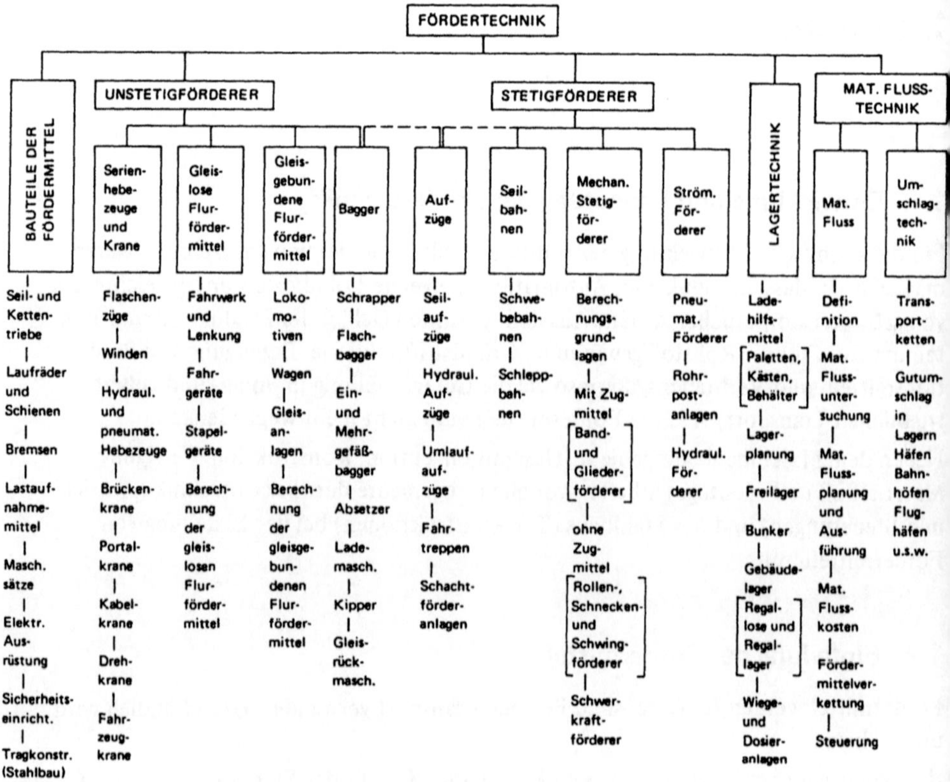

Aufzüge werden sowohl als Unstetigförderer (z.B. Seilaufzüge) als auch als Stetigförderer (z.B. Fahrtreppen) gebaut.

Bild 1.2.1. Wichtige Fördermittel

1.3. Einteilung der Fördergüter

Sie erfolgt allgemein in Stück- oder Schüttgüter.

Stückgüter (Einzelgüter). Stückgüter entsprechen stückzahlmäßig erfaßbaren Einzellasten (z. B. Kisten, Ballen, Maschinenteile usw.). Maßgebend sind vor allem die folgenden Guteigenschaften: Abmessungen, Form, Masse und Sondereigenschaften (z. B. Temperaturempfindlichkeit).

Schüttgüter (Massengüter). Schüttgüter entsprechen einer Vielzahl von Stückgütern mit sehr kleinen Abmessungen (z. B. Sand, Kohle, Getreide usw.). Maßgebend sind hier vor allem die folgenden Guteigenschaften: Schüttdichte ρ_S, Dichte ρ, Böschungswinkel β, Körnung, Feuchtigkeitsgehalt und Sondereigenschaften (z. B. Druckempfindlichkeit).

Schüttdichte

$$\rho_S = \frac{m}{V}$$ *Schüttdichte*

m Gutmasse
V Gutvolumen

Die Schüttdichte ρ_S wird durch Wiegen von lose eingeschüttetem Gut in ein Meßgefäß mit genau definiertem Volumen bestimmt.

Böschungswinkel β

$$\beta_B \approx (0{,}6 \div 0{,}8)\,\beta$$ *Böschungswinkel der Bewegung*

Der Böschungswinkel β entspricht dem Neigungswinkel zur Waagrechten eines auf eine feste waagrechte Unterlage lose aufgeschütteten Schüttgutes. Er hängt vom Verschiebungswiderstand der einzelnen Schüttgutteilchen untereinander ab. Der Böschungswinkel der Bewegung β_B ergibt sich, wenn die waagrechte Unterlage gerüttelt wird; er ist wegen der Gutbewegung auf den Fördermitteln maßgebend.

Körnung Unter der Körnung eines Schüttgutes versteht man die Korngröße a′ und die Zusammensetzung eines Gutes nach seiner Korngröße. Als Korngröße gilt der diagonal gemessene größte Kantenabstand eines Schüttgutteilchens (Ermittlung der Korngröße a′ z. B. mit Hilfe von Prüfsieben).

Schüttgutart	Dichte ρ in t/m³	Schüttdichte ρ_s in t/m³	Böschungswinkel β in ° der Ruhe β	der Bewegung β_B	Korngröße a′ in mm
Anthrazit	1,2...1,6	0,6...0,8	45	25	0...40 (80)
Braunkohle	0,8...1,0¹)	0,6...0,7	50	35	0...40 (80)
Eisenerze	4 ...6	1,8...2,4	50	35	10...30 (60)
Getreide	0,6...0,9¹)	0,4...0,8	35	25	3...5 (8)
Kies	2,4...2,6	1,5...1,9	45	30	5...30
Kunststoffgranulat	0,9...1,8	0,5...0,9	30	0	3...6
Koks	0,6...1,0¹)	0,4...0,8	50	35	0...30 (100)
Mehl	0,7...0,8¹)	0,5...0,7	55	50	0
Sand	2,4...2,6	1,0...1,5	45	30	0...1
Sägespäne (Holz)	0,3...0,5¹)	0,2...0,3	40	0	1...2
Schlacke	2,0...3,0	0,6...0,9	45	35	0...80
Zement	2,8...3,0	1,0...1,3	50	35	0...0,5

¹) Hier entsprechen die Werte der Rohdichte (bei porigen Stoffen maßgebend)

Bild 1.3.1. Guteigenschaften einiger Schüttgüter (Richtwerte für trockenes Gut)

Angaben über Dichte ρ, Schüttdichte ρ_S, Böschungswinkel β bzw. β_B und Korngröße a′ einiger Schüttgüter siehe Bild 1.3.1. Kleinere Mengen von Schüttgütern bzw. kleinere Stückgüter werden oft in Form von Ladeeinheiten (mit Hilfe von Paletten oder Behältern) zu größeren Stückgütern zusammengefaßt.

1.4. Fördermenge

Die Fördermenge gibt die je Zeiteinheit bewegte Gutmenge (Gutdurchsatz) an. Sie wird nach DIN 1301 als *Volumenstrom* $\dot{V}$ (z. B. in $\frac{m^3}{s}$) oder *Massenstrom* $\dot{m}$ (z. B. in $\frac{kg}{s}$) bezeichnet. Ein Überblick hierzu geht aus Bild 1.4.1 hervor.

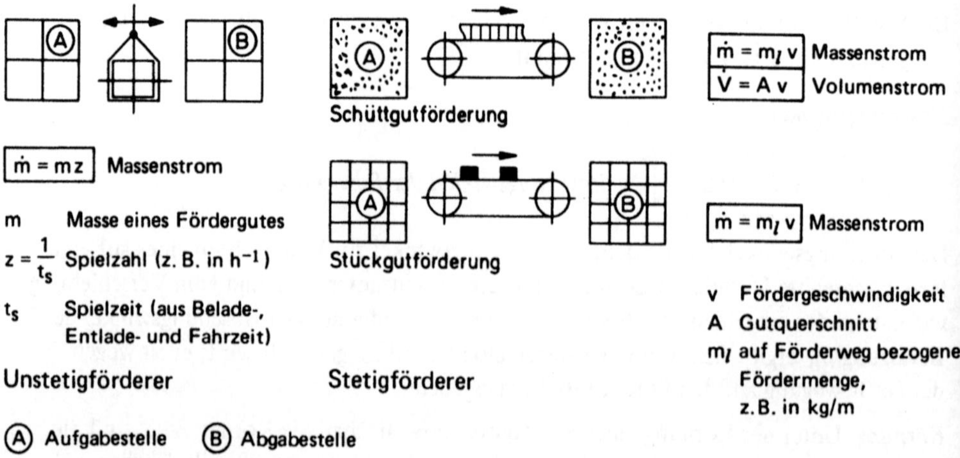

Bild 1.4.1. Fördermenge

1.5. Auswahl und Ausführung der Fördermittel

Auswahl. Für die Auswahl eines bestimmten Fördermittels ist eine genaue Aufgabenstellung erforderlich, wobei folgende wichtige Punkte besonders zu beachten sind: Art des Fördergutes, gewünschte Fördermenge, Art und Länge des Förderweges, bauliche und räumliche Gegebenheiten, Anschaffungs- und Betriebskosten.

Häufig sind verschiedene Möglichkeiten nach diesen Gesichtspunkten zu überprüfen, um eine optimale Lösung zu finden.

Ausführung. Für die Projektierung und die spätere Ausführung sind folgende Punkte von Bedeutung: Betriebssicherheit, Beachtung der Unfallvorschriften und Sicherheitsbestimmungen, Leichtbau, einfache Wartung, leichte Bedienbarkeit und transportgerechte Gestaltung.

Besonderer Wert ist auf die Typisierung der einzelnen Bauteile zu legen (z. B. Bremsen, Tragrollen, Lastaufnahmemittel usw.), soweit sie nicht bereits nach DIN-Normen festgelegt sind. Auch das Baukastensystem (gleiche Bauteile für verschiedene Größenreihen oder auch verwandte Fördermittel – z. B. Maschinensätze, Laufkatzen, Spann- und Antriebsstationen bei Stetigförderern usw.) ist, soweit wirtschaftlich vertretbar, einzuführen. Hierdurch sind preiswerte und kurzfristig lieferbare Fördermittel möglich.

Weiterhin sind noch die VDJ-Richtlinien über Materialfluß und Fördertechnik, die VDMA-Blätter der Fachgemeinschaft Fördertechnik, die Unfallverhütungsvorschriften UVV über Fördermittel und die Regeln der FEM (Féderation Européenne de la Manutation) zu beachten.

2. Bauteile der Fördermittel

2.1. Seiltriebe

2.1.1. Drahtseile

Die wichtigsten Seilarten sind *Spiral- und Litzenseile*. Sie werden aus Stahldrähten hoher Festigkeit hergestellt.

2.1.1.1. Spiralseile

Bei den Spiralseilen werden die Drähte direkt zum Seil geschlagen: *einfach verseilt; Draht → Seil.*

Sie nehmen hohe Kräfte auf, sind witterungsunempfindlich, jedoch nur wenig biegsam. Deshalb werden sie meist nur als *„Stehende Seile"* (Tragseile, Abspannseile usw.) verwendet. Bei den *„Verschlossenen Ausführungen"* haben die außenliegenden Drähte z.B. einen Z-förmigen Querschnitt, der eine glatte Oberfläche und damit eine besondere Witterungsunempfindlichkeit ergibt. Diese Seile sind daher hauptsächlich als Tragseile für Seilbahnen, Kabelkrane usw. in Gebrauch.

2.1.1.2. Litzenseile

Bei den Litzenseilen werden die Drähte schraubenförmig um die Litzeneinlage zu Litzen, und diese wiederum schraubenförmig um die Seileinlage zum Seil geschlagen: *zweifach verseilt; Draht → Litze → Seil.*

Die Einlagen bestehen aus Faserstoff oder weichen Drähten; sie dienen zur Erhöhung der Biegsamkeit des Seils.

Je nach Schlagrichtung der Litzen unterscheidet man *Rechtsgängige (Z)* oder *Linksgängige (S)* Seile. Beide Arten können als *Kreuzschlagseile* oder *Gleichschlagseile* ausgeführt werden. Beim Kreuzschlagseil haben Drähte und Litzen entgegengesetzte, beim Gleichschlagseil gleiche Schlagrichtung. Kreuzschlagseile drehen sich wegen ihrer schwächeren Drallwirkung nicht so leicht auf, sie haben jedoch eine geringere Lebensdauer als Gleichschlagseile. Allgemein sind Kreuzschlagseile üblich.

Standardmachart: Die gleich dicken Drähte haben in allen Lagen der Litzen den gleichen Schlagwinkel (Steigungswinkel), jedoch verschiedene Schlaglängen (Steigung); damit überkreuzen sich die Drähte benachbarter Litzenlagen. Diese Seilmachart ist das Standardseil für Serienhebezeuge und Krane.

Parallelmachart: Diese Seilmachart hat gleiche Schlaglängen, jedoch verschiedene Drahtdurchmesser und Schlagwinkel in den Litzen – kein Überkreuzen der Drähte in den Litzen. Seile dieser Machart sind daher besonders biegsam und weisen eine längere Lebensdauer als Seile in Standardmachart auf. Sie werden in *Filler-, Seale-, Warrington- und Warrington/Seale-Machart* hergestellt.

Sonderausführungen der Litzenseile sind *Kabelschlag-, Flecht- und Flachseile*. Kabelschlagseile sind dreifach verseilt und dadurch extrem biegsam (als Anschlag- und Schiffsseile). Bei den Flechtseilen werden die Litzen zu Seilen geflochten; sie werden vor allem als Förder- und Tragseile verwendet. Beim Flachseil liegen die Litzen nebeneinander und werden miteinander vernäht (als Förder- und Anschlagseile).

Weiterhin werden noch *spannungsarme (drallarme)* und *drehungsarme* Seile hergestellt. Bei der Seilbestellung ist die Seillänge, die Kurzbezeichnung, der Verwendungszweck und der Seildurchmesser anzugeben. Der Seilaufbau ist durch die DIN-Nummer festgelegt, z.B. Seil 20 DIN 3055-FE-bk-1570 sZ

- sZ: Kreuzschlag, rechtsgängig
- 1570: Drahtnennfestigkeit 1570 $\frac{N}{mm^2}$
- bk: Drähte blank
- FE: mit Fasereinlage
- 3055: Rundlitzenseil 6 × 7 (6 Litzen mit je 7 Drähten)
- 20: Seilnenndurchmesser 20 mm

Ausführung	Seil-Nenn ⌀ d in mm	Längengewicht m_l in kg/m	Rechnerische Bruchkraft		Mindestbruchkraft	
			bei einer Nennfestigkeit der Drähte von			
			1570 N/mm²	1770 N/mm²	1570 N/mm²	1770 N/mm²
			F_r in kN	F_r in kN	F_{min} in kN	F_{min} in kN
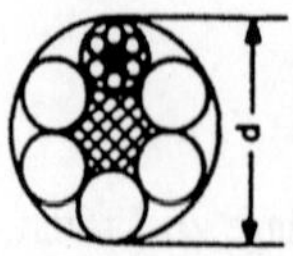	2	0,014	–	2,61	–	2,35
Rundlitzenseil	3	0,032	–	5,88	–	5,29
6 X 7	4	0,057	–	10,5	–	9,41
DIN 3055	5	0,089	–	16,3	–	14,7
Standard-	6	0,129	–	23,5	–	21,1
machart	7	0,175	–	32,0	–	28,8
Mit Fasereinlage (FE)	8	0,229	37,1	41,8	33,4	37,6
Oberfläche der Einzeldrähte	9	0,289	46,9	52,9	42,2	47,6
blank (bk)	10	0,357	58,0	65,3	52,2	58,8
Kreuzschlag, rechtsgängig (sZ)	11	0,432	70,1	79,1	63,1	71,1
Konstruktion: 6 X (1 + 6)	12	0,515	83,4	94,1	75,1	84,7
6 Litzen mit je 6 Drähten und	13	0,604	97,9	110	88,1	99,4
je einer Seil- und Litzeneinlage	14	0,701	114	128	102	115
	16	0,915	148	167	134	151
	18	1,16	188	212	169	191
	20	1,43	232	261	209	235
	22	1,73	280	316	252	285
	24	2,06	334	376	300	339
	26	2,42	392	442	353	397
	28	2,80	454	512	409	461
	32	3,66	593	669	534	602
	36	4,63	751	847	676	762
	40	5,72	927	1050	835	941

Bild 2.1.1. Drahtseil nach DIN 3055

2.1.1.3. Berechnung

Durch den verwickelten Seilaufbau sind die tatsächlich auftretenden Beanspruchungen nur schwer erfaßbar (Zug durch Seilkraft, Biegung durch Umlenkung, Druck an den Berührungsstellen der Drähte untereinander und in den Rillen der Rollen sowie Torsion durch die Verseilung). Zur Erhöhung der Lebensdauer sind folgende Punkte besonders zu beachten: Vermeidung von Wechselbiegung, gute Seilauflage in den Rillen von Rollen und Trommeln (genormte Rillenabmessungen wählen, Bilder 2.1.4 und 2.1.6) und leichte Fettschmierung.

Nach DIN 15 020 werden die Seile nur auf Zug berechnet. Die Beiwerte c, h_1 und h_2 erfassen die Einflüsse der Betriebsdauer und gewähren eine ausreichende Lebensdauer, siehe Bild 2.1.2.

Laufzeitklasse			Kurzzeichen	V_{006}	V_{012}	V_{025}	V_{05}	V_1	V_2	V_3	V_4	V_5
			Mittlere Laufzeit je Tag in h, bezogen auf 1 Jahr	bis 0,125	0,126 bis 0,25	0,26 bis 0,50	0,51 bis 1,0	1,1 bis 2,0	2,1 bis 4,0	4,1 bis 8,0	8,1 bis 16,0	> 16
Lastkollektiv	Nr.	Benennung	Erklärung	Triebwerkgruppe								
	1	leicht	selten größte Last	$1E_m$	$1E_m$	$1D_m$	$1C_m$	$1B_m$	$1A_m$	2_m	3_m	4_m
	2	mittel	kleine bis größte Lasten gleich oft	$1E_m$	$1D_m$	$1C_m$	$1B_m$	$1A_m$	2_m	3_m	4_m	5_m
	3	schwer	fast ständig größte Last	$1D_m$	$1C_m$	$1B_m$	$1A_m$	2_m	3_m	4_m	5_m	5_m

Ist ein Arbeitsspiel > 12 min Triebwerkgruppe 1 Stufe niedriger wählbar

Triebwerkgruppen nach Laufzeitklassen und Lastkollektiven

Triebwerkgruppe	Beiwerte c in mm/$\sqrt{N}$ für Übliche Transporte		Gefährliche Transporte		Beiwert h_1 für			Beiwert h_2 für		
	Nennfestigkeit der Drähte in N/mm² 1570	1770	1570	1770	Trommeln	Rollen	Ausgleichrollen	bei Seilumlenkungszahl w	Trommeln und Ausgleichrollen	Rollen
$1E_m$	–	0,067	–	–	10	11,2	10			
$1D_m$	–	0,071	–	–	11,2	12,5	10	bis 5	1,0	1,0
$1C_m$	–	0,075	–	–	12,5	14	12,5			
$1B_m$	0,085	0,080	–	–	14	16	12,5			
$1A_m$	0,090	0,085	0,095	0,095	16	18	14	6 bis 9	1,0	1,12 [1]
2_m	0,095	0,095	0,106	0,106	18	20	14			
3_m	0,106	0,106	0,118	–	20	22,4	16			
4_m	0,118	0,118	0,132	–	22,4	25	16	≥ 10	1,0	1,25 [1]
5_m	0,132	0,132	0,150	–	25	28	18			

Beiwerte c und h_1 gelten für nichtdrehungsfreie Seile; bei drehungsfreien Seilen Werte ca. 10 % größer – siehe DIN 15020

[1] Bei Serienhebezeugen und Greifern kann der Beiwert h_2 = 1,0 gesetzt werden

Beiwerte c, h_1 und h_2

Bild 2.1.2. Kennwerte zur Seilberechnung – nach DIN 15020

Die zu wählende Triebwerkgruppe ergibt sich aus der Laufzeitklasse und dem Belastungskollektiv (1, 2, 3 – leicht, mittel, schwer). Zum Beispiel Triebwerkgruppe $1E_m$: geringe Laufzeit und Häufigkeit der maximalen Seillast. Siehe hierzu Bild 2.1.2.

$$d = c\sqrt{F_S}$$ *Seildurchmesser in mm* (2.1.1)

$$D = h_1 h_2 d$$ *Trommel- oder Rollendurchmesser* (2.1.2)

F_S maximale Seilkraft in N

c, h_1, h_2 Beiwerte nach Bild 2.1.2

Der Beiwert c ergibt sich aus:

$$\text{Seilkraft } F_S = k f \frac{\pi}{4} d^2 \frac{R_m}{\nu} \rightarrow d = \underbrace{\sqrt{\frac{4\nu}{k f \pi R_m}}}_{c} \sqrt{F_S}$$

k Verseilfaktor – berücksichtigt Verseilverlust

f Füllfaktor – f = Metall. Seilquerschnitt/$\pi d^2/4$

R_m Bruchspannung eines Einzeldrahtes

ν Sicherheitszahl

2.1.1.4. Seilverbindungen

Hierbei kommt einmal die Verbindung von Seilen untereinander und zum anderen die Befestigung der Seile an Bauteilen (z. B. an einer Seiltrommel) in Frage (Bild 2.1.3).

Spleißung. Die Litzen der Seile werden über die Spleißlänge aufgedreht und so gekürzt, daß sich die Enden etwa gleichmäßig über die Spleißlänge verteilen. Anschließend sind die Litzenenden mit einem dünnen Draht abzubinden, und die Seilseele ist über die gesamte Spleißlänge zu entfernen. Zum Schluß werden die Litzen ineinandergedreht und die Litzenenden nach innen gesteckt (Kraftübertragung durch Reibung).

Spleißlänge $l \approx 480$ d für Langspleiß (d Seildurchmesser).

Bei der Spleißverbindung tritt keine örtliche Verdickung des Seiles auf, so daß der Lauf des Seiles über Rollen und Trommeln möglich ist. Spleißausführung siehe DIN 83 318.

Seilkausche. Sie dient als Anschluß des Seiles an einen Festpunkt und verhindert das Quetschen des Seiles. Das freie Seilende wird kurz verspleißt (*Spleißlänge* $l \approx 50$ d) oder mit drei bis fünf Seilklemmen verklemmt. Spleißausführung siehe DIN 83 318.

Mit Seilklemmen können auch zwei Seile untereinander verbunden werden, jedoch ist hierbei wegen der starken örtlichen Verdickung der Lauf des Seiles über Rollen oder Trommeln nicht möglich.

Zum Teil werden auch Preßklemmen aus Al-Legierungen verwendet. Das flachovale Rohrstück der Klemme wird über das tragende und freie Seilende gelegt und durch Preßbacken zusammengedrückt.

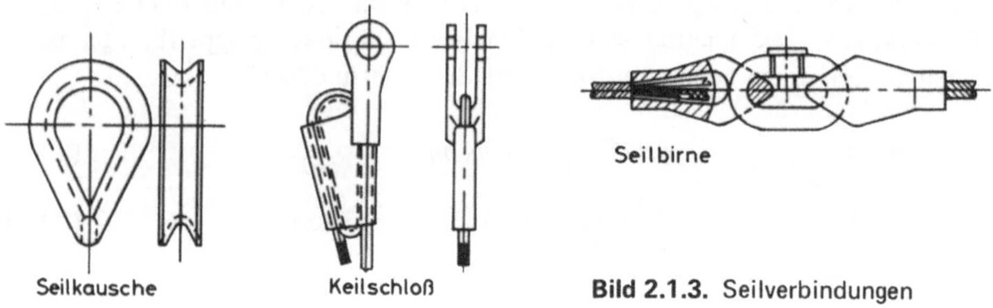

Bild 2.1.3. Seilverbindungen

Keilschloß. Das Seilende wird über das mit einer Rille versehene Klemmstück gelegt. Klemmstück und Seil werden durch die Seilkraft im Seilschloß selbsttätig festgeklemmt. Diese Befestigungsart kommt nur zur Befestigung des Seiles an einem Bauteil in Frage.

Seilbirnen. Die einzelnen Litzen des Seiles werden am Ende aufgelöst und in die Seilbirne eingegossen – Vergußmaterial nach DIN 3092.

Durch Einfügen eines Schloßstückes zwischen zwei Seilbirnen können auch zwei Seile untereinander verbunden werden. Hierdurch wird, bei entsprechend kleinen Seilbirnen, der Lauf über Rollen und Trommeln ermöglicht.

2.1.2. Faserseile

Aufbau. Faserseile bestehen aus Pflanzen- oder/und synthetischen Fasern (z.B. Manila, Hanf, Kokos bzw. Polyamid, Polyester und Polypropylen). In der Regel werden sie aus Seilgarnen in Form von Litzen-, Kabelschlag- oder Flechtseilen hergestellt. Als Seilverbindungen kommen Kurzspleiße mit Kauschen, Langspleiße, Knoten, Preßhülsen oder Klemmen in Frage.

Vorteile: Hochbiegsam, leicht hantier- und knotbar, keine Verletzungsgefahr, Schonung des Fördergutes.

Nachteile: Geringere Festigkeit, Verrottungsgefahr bei Pflanzenfasern.

Anwendung: Als Anschlag- und Flaschenzugseile.

Wartung: Hängend und trocken lagern, auf Abnutzung und Beschädigung überprüfen. Seile aus Pflanzenfasern wegen der Verrottungsgefahr leicht teeren.

Berechnung. Die zulässige Seilkraft Fs wird mit einer Sicherheit $\nu = 5 \ldots 10$ aus der Seilnennreißkraft ermittelt, wobei nur die Zugbeanspruchung berücksichtigt wird.

$F_S \leqslant \frac{\pi d^2}{4} \sigma_{z\,zul}$	*zulässige Seilkraft*	d Seilnenndurchmesser $\sigma_{z\,zul}$ zulässige Seilzugspannung
$D \geqslant (10 \ldots 15) d$	*Trommel- oder Rollendurchmesser*	($\sigma_{z\,zul} \approx 10\,N/mm^2$ für Pflanzen- bzw. $20 \ldots 50\,N/mm^2$ für Chemiefasern)

Die Vernachlässigung des Füllfaktors f wird durch geringere Werte für $\sigma_{z\,zul}$ berücksichtigt.

2.1.3. Seilrollen

Aufbau. Es werden gegossene (aus GG, GGG und GS), geschmiedete (aus C35V und C45V) und geschweißte (aus St37-2 und St52-3) Ausführungen, meist mit Wälzlagerung (das Wälzlager hat auch bei kleinen Drehzahlen geringe Reibwiderstände) hergestellt. Geschweißte Seilrollen werden bei großen Durchmessern (kleineres Gewicht) und geringen Stückzahlen (geringere Herstellungskosten) verwendet. Hauptmaße und Ausführungen sind Bild 2.1.4 zu entnehmen.

Seilrollen aus Kunststoff (bei größeren Durchmessern nur mit Kunststoffrillenfutter) schonen die Stahlseile – Anwendung insbesondere bei kleinen Rollendurchmessern.

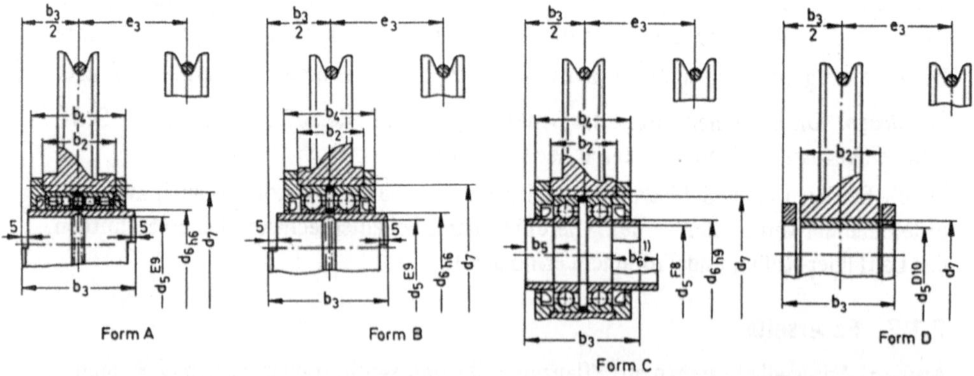

Form A Seilrolle mit Zylinderrollenlager und Innenbuchse

Form B Seilrolle mit Rillenkugellager und Innenbuchse

Form C Seilrolle mit Rillenkugellager ohne Innenbuchse

Form D Seilrolle mit Gleitlager; Anlaufscheiben nach DIN 15069

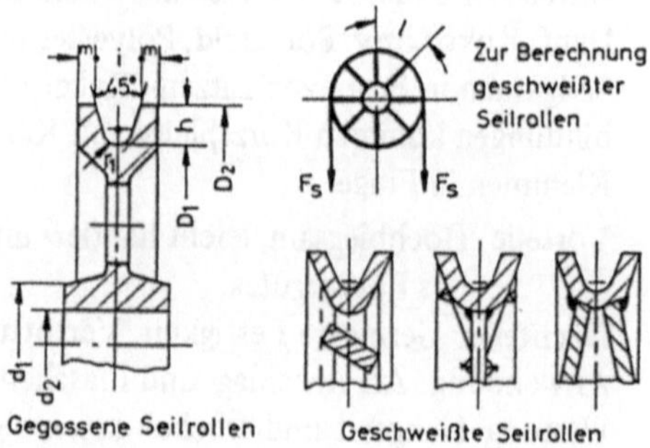

Die angegebenen Daten für die Maße und die Lagergrößen der Formen A ... D gehen aus einer Tabelle in DIN 15062 hervor. Rillenprofile siehe DIN 15061

Bild 2.1.4. Seilrollen

Berechnung. Der Rollendurchmesser D wird nach Gl. 2.1.2 ermittelt (Abschnitt 2.1.1). Der Festigkeitsnachweis braucht nur bei geschweißten Rollen mit Speichen durchgeführt zu werden (Bild 2.1.4).

$\sigma_b \approx \frac{2 F_S l}{8 W_b}$	*Biegespannung im Rollenkranz*
$\sigma_d = \omega \frac{2 F_S}{A}$	*Druckspannung in den Speichen*

F_S Maximale Seilkraft

l siehe Bild 2.1.4

W_b Biegewiderstandsmoment des Rollenkranzes

ω Knickzahl für eine Speiche

A Speichenquerschnitt

2.1.4. Seiltrommel

Aufbau. Es werden Guß- und Schweißkonstruktionen – für *Achsen- oder Wellentrommeln* – verwendet (Bild 2.1.5). Bei der Achsentrommel erfolgt der Antrieb über ein an der Trommel angeflanschtes Zahnrad, bei der Wellentrommel direkt durch die Abtriebswelle des Getriebes (Vorteil: kein offenes Vorgelege).

Vor- und Nachteile sowie Anwendung der Guß- bzw. Schweißkonstruktionen vergleiche *Seilrollen* (Abschnitt 2.1.3).

Wichtige Punkte für die Konstruktion – siehe Bild 2.1.5

Befestigung des Seilendes an der Trommel: Meist durch Klemmverbindungen (Bild 2.1.5). Um die Seilkraft an der Klemmverbindung zu verringern, sind zwei bis drei Restwindungen erforderlich.

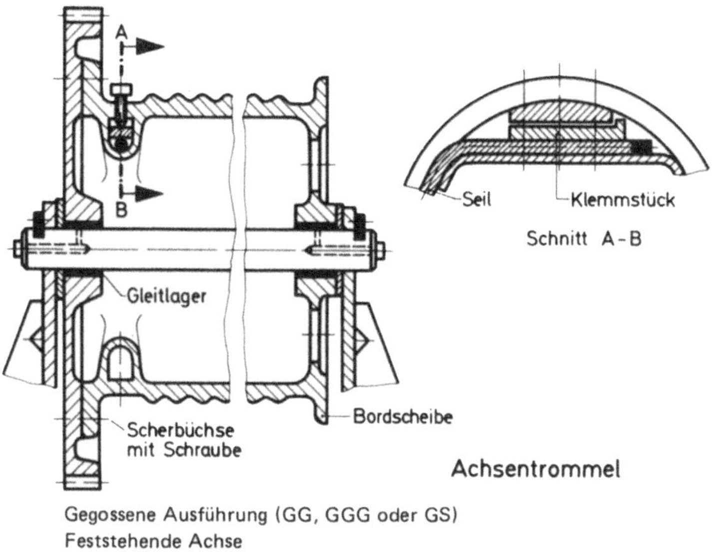

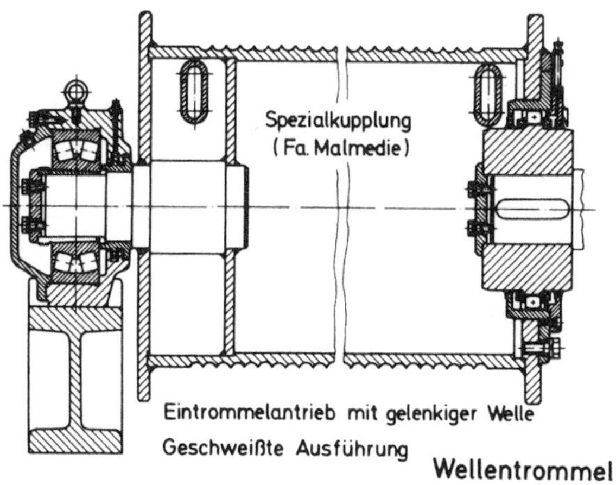

Bild 2.1.5. Seiltrommeln

Befestigung des Zahnrades an der Trommel: Hierfür werden meist Scherbuchsen, weniger häufig Paßschrauben oder Paßstifte verwendet.

Bordscheiben: Sie sollen das Abspringen des Seiles von der Trommel verhindern und eine Mindesthöhe von $\geqslant$ 1,5 d über dem aufgewickelten Seil haben (d Seildurchmesser).

Lagerung: Hauptsächlich über Wälzlager (wegen der Montageungenauigkeit oft Pendellager). Bei der Wellentrommel sitzt die eine Seite der Trommel direkt auf der Getriebeabtriebswelle. Hierdurch entsteht eine Zusatzkraft durch die Seilkraft auf das entsprechende Getriebelager; dabei ist auf eine gelenkige Verbindung zu achten – z. B. durch eine Spezialkupplung (Bild 2.1.5). Diese Spezialkupplungen können neben dem Drehmoment auch Querkräfte übertragen.

Berechnung. Der Trommeldurchmesser D ergibt sich aus Gl. (2.1.2) (Abschnitt 2.1.1). Um eine hohe Lebensdauer des Seiles zu erzielen, wird es meist in auf der Seiltrommel eingedrehte Rillen aufgewickelt – Rillenabmessungen in Bild 2.1.6.

$$n = \frac{l_S}{D\pi} + 2 \qquad \textit{Windungszahl} \qquad (2.1.3)$$

$$l_R = ns \qquad \textit{Rillenlänge} \qquad (2.1.4)$$

l_S Aufzuwickelnde Seillänge
D Trommeldurchmesser
„2" Zuschlag für zwei Restwindungen
s Rillensteigung

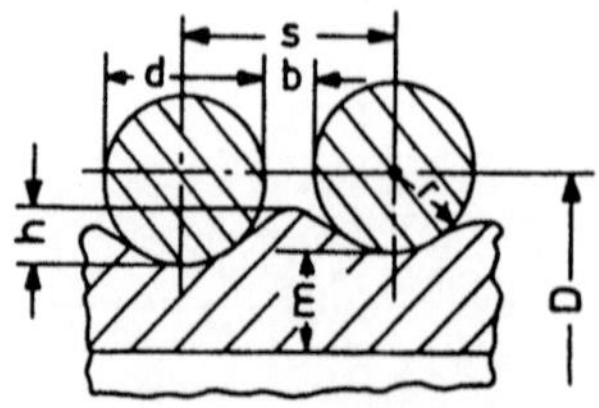

Seil ϕ d	10	13	16	19	22	27	33	40
r	5,3	7	8,5	10	12	15	18	21
h	4	5	6	7,5	8,5	10,5	12,5	15
b	1,5	2	2	2	3	3	4	4
s = d + b	11,5	15	18	21	25	30	37	44

Alle Maße in mm r = 0,53 d – nach DIN 15061

Bild 2.1.6. Rillenabmessungen von Seiltrommeln

Die Beanspruchung des Trommelmantels durch die Seilkraft erfolgt auf Torsion, Biegung und Druck (Druckbeanspruchung durch das auflaufende Seil). Torsion und Biegung sind meist vernachlässigbar klein, die Druckspannung σ_d ist immer nachzuweisen.

$$\sigma_d \approx 0{,}8\,\frac{F_S}{ms} \qquad \textit{Druckspannung am Trommelmantel durch das auflaufende Seil}$$

F_S Maximale Seilkraft
s Rillensteigung
m Mantelstärke (bis Rillengrund – Bild 2.1.6)

Der Minderungsfaktor 0,8 ergibt sich dadurch, daß das Seil nicht auf der ganzen Breite der Rillensteigung s aufliegt. Aus $\sigma_{d\ zul} = 100$ (für St. 37 und GS) bzw. 60 (für GG) $\frac{N}{mm^2}$ ergeben sich folgende Anhaltswerte für die Mantelstärke m der Seiltrommel:

GG-Trommel: $m \approx d$

St(GS)-Trommel: $m \approx 0{,}6\ d$

d Seildurchmesser

Die Dicke der Trommelstirnwände kann etwa gleich der Mantelstärke m gewählt werden.

Achsentrommel. Aus der Seil- und Zahnkraft sind zunächst die Lagerkräfte der Trommel auf die feststehende Achse zu berechnen, die auch für die Lagerauslegung maßgebend sind. Die Lagerkräfte der Trommel ergeben die Auflagerkräfte der Achse in der Stützkonstruktion. Anschließend läßt sich der Biegemomentverlauf der Achse und damit der Achsendurchmesser bestimmen. Wirken Seil- und Zahnkraft in verschiedenen Ebenen, dann ist es zweckmäßig, die Kräfte und Biegemomente jeweils in der Vertikal- und Horizontalebene zu berechnen und anschließend geometrisch zu addieren.

Wellentrommel. Die Welle bzw. der Wellenstummel der Seiltrommel wird durch die Seilkraft auf Biegung und Torsion beansprucht: Ermittlung der Vergleichsspannung σ_v an der maximal belasteten Stelle.

2.1.5. Treibscheiben

Bei den Treibscheiben wird das Seil über eine Rolle oder Trommel geführt und von dieser über Reibschluß angetrieben – z. B. bei Seilaufzügen, Seilbahnen, Seilzuglaufkatzen usw.

$\frac{F_{S1}}{F_{S2}} \leqslant e^{\mu\alpha}$	*Eytelweinsche Gleichung*	(2.1.5)
$F_U = F_{S1} - F_{S2}$	*Umfangskraft*	(2.1.6)

F_{S1}, F_{S2} Seilkräfte
α Umschlingungswinkel
μ Reibungszahl zwischen Seil und Rolle; $\mu = f$ (Rillenwerkstoff, Rillenform und Schmierung)

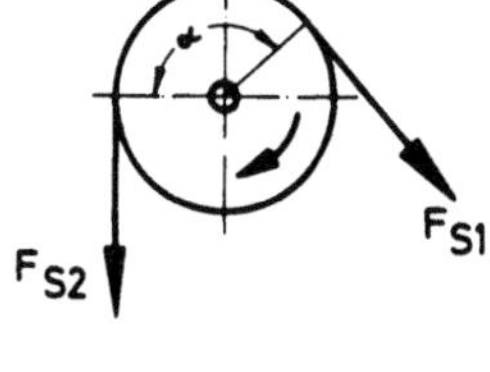

Bild 2.1.7 Treibscheibe

Für ungeschmierte Stahlseile in normalen St- oder GG-Rillen wird $\mu \approx 0{,}2$, bei Kunststoffrillenfutter $\mu \approx 0{,}5$. Bei geschmierten Seilen verringern sich diese Werte etwa um die Hälfte. Eine Steigerung der Reibungszahl μ ist durch Keilrillen oder Klemmscheiben möglich. Reicht die Reibungszahl μ bei einfachen Scheiben nicht aus, kann zusätzlich der Umschlingungswinkel durch mehrfache Umschlingung erhöht werden. Eine mehrfache Umschlingung liegt bei Treibtrommeln oder mehrrilligen Treibscheiben vor. Wegen des höheren Verschleißes ist der Umschlingungswinkel α jedoch nur so groß wie unbedingt nötig zu wählen.

Besonders wichtig ist, daß die Seilkraft F_{S2} stets > 0 sein muß (Vorspannung), da sonst die Treibscheibe ihre Wirkung verliert.

2.1.6. Seilflaschenzüge

Grundsätzlich wird der stationäre Zustand (Lastheben mit konstanter Hubgeschwindigkeit) betrachtet. Durch die Aufteilung der Hubkraft auf mehrere Seilstränge ergeben sich geringere Seilkräfte und damit auch kleinere Seil-, Rollen- und Trommeldurchmesser.

$$\boxed{\eta_R = \frac{F_{S2}}{F_{S1}}}$$ *Rollenwirkungsgrad* (2.1.7)

F_{S1}, F_{S2} Seilkräfte
η_R enthält die Seil- und Lagerreibung
η_R $\approx 0{,}98$ bei Wälzlagerung
η_R $\approx 0{,}96$ bei Gleitlagerung

2.1.6.1. Einfache Flaschenzüge

Im reibungslosen Zug ist $F_{Sz} = \frac{F_H}{z}$. z Seilzahl an der die Hublast hängt

Im reibungsbehafteten Zug sind die Seilkräfte zweier benachbarter Seilstränge: $F_{Sz} = \frac{F_{S3}}{\eta_R}$ (für Heben) und $F_{Sz} = F_{S3}\,\eta_R$ (für Senken).

Wegen des relativ hohen Wirkungsgrades η_R tritt beim Senken keine Selbsthemmung auf. Im Anschluß werden deshalb nur die Formeln für das Heben abgeleitet (analog ergeben sich die Formeln für das Senken).

Ohne Reibung:

$$F_{S1} = F_{S2} = \ldots = F_{Sz} = \frac{F_H}{z} \quad (\text{aus } \Sigma F_y = 0).$$

Mit Reibung:

$$\underset{}{F_{Sz}} + \underset{\widehat{=}\,F_{S3}}{F_{Sz}\,\eta_R} + \underset{\widehat{=}\,F_{S2}}{F_{Sz}\,\eta_R^2} + \ldots = F_H \rightarrow F_{Sz}(1 + \underbrace{\eta_R + \eta_R^2 + \ldots + \eta_R^{z-1}}_{\text{geometrische Reihe}}) = F_H$$

Hieraus:

$$\boxed{F_{Sz} = F_H\,\frac{1-\eta_R}{1-\eta_R^z}}$$ *Maximale Seilkraft* (2.1.8)

$$\boxed{\eta_{Fz} = \frac{1}{z}\,\frac{1-\eta_R^z}{1-\eta_R}}$$ *Wirkungsgrad des einfachen Flaschenzuges* (2.1.9)

$$\boxed{i_s \mathrel{\widehat{=}} z = \frac{v_S}{v_H}}$$ *Seilübersetzung* (2.1.10)

v_S Seilgeschwindigkeit

v_H Hubgeschwindigkeit der Hublast m_H

$$\eta_{Fz} = \frac{\frac{F_H}{z}}{F_{Sz}} \qquad \begin{array}{l}\text{Max. Seilkraft ohne Reibung} \\ \text{Max. Seilkraft mit Reibung}\end{array}$$

Die Seilübersetzung i_S kann aus einem Leistungsansatz ermittelt werden. Hubleistung bei Hubkraft F_H = Seilleistung bei Seilkraft F_S (ohne Reibung):

$$F_H v_H = F_S v_S = \frac{F_H}{z} v_S \rightarrow \frac{v_S}{v_H} = z \mathrel{\hat{=}} i_S$$

2.1.6.2. Zwillingsflaschenzüge

Bei den Zwillingszügen laufen an der Seiltrommel zwei Seilstränge auf (zwei Rillensysteme mit entgegengesetzter Steigung – Bild 2.1.8). Hierdurch entfällt das seitliche Wandern und Verdrehen der Last, jedoch wird wegen der größeren aufzuwickelnden Seillänge eine längere Seiltrommel benötigt. Die Ausgleichsrolle nimmt die ungleichmäßige Seildehnung auf, so daß die Unterflasche immer waagerecht hängt. Allerdings verringert die Ausgleichsrolle die nutzbare Hubhöhe. Bei sehr hoher Last (z. B. bei Hütten-, Werft- und Schwimmkranen) werden acht und mehr Seile verwendet, damit die Seildurchmesser nicht allzu groß werden.

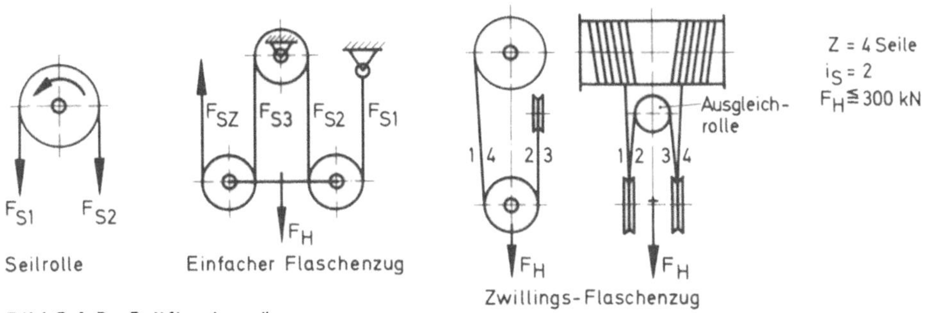

Bild 2.1.8. Seilflaschenzüge

Für die Berechnung gelten die Formeln des Einfachen Flaschenzuges, nur ist bei der Ermittlung des Wirkungsgrades η_{Fz} *und der Seilübersetzung* i_S *nur die halbe Seilzahl einzusetzen. (Die Ausgleichsrolle steht praktisch still).*

Beispiel: Zwillingszug mit vier Seilen: Seilübersetzung $i_S = 2$ und Seilgeschwindigkeit $v_S = 2 v_H$.

Um ein Herausspringen der Seile aus den Rillen und einen zu starken Verschleiß von Seil und Rillen zu verhindern, soll der maximale Ablenkwinkel des Seiles ± 5° nicht überschreiten. Bei größerer Ablenkung sind Seilführungen (z. B. Ablenkrollen) anzubringen.

2.1.7. Beispiele

1 Seiltrommel für das Hubwerk eines Brückenkranes

Wellentrommel für Zwillingsflaschenzug, Hubmotor mit Getriebewelle gekoppelt, Seiltrommel sitzt einseitig auf Getriebeabtriebswelle – analog Bild 2.1.5.

Hublast $m_H = 20$ t, Hubhöhe h = 10 m, Hubgeschwindigkeit der Last $v_H = 10$ m/min, Triebwerkgruppe 2_m, Rollenwirkungsgrad $\eta_R = 0{,}98$, Unterflasche mit zwei Seilrollen.
Drehzahl des Hubmotors $n_M = 970\ \text{min}^{-1}$, Reibungszahl Trommel/Seil $\mu = 0{,}15$, zulässige Vergleichsspannung im Wellenzapfen $\sigma_{v\,zul} = 90\ \frac{N}{mm^2}$, Länge des Wellenzapfens $L_W = 100$ mm, auf Trommel auflaufende Seile mit je drei Restwindungen.

Gesucht:
1. Seildurchmesser d (Seil nach DIN 3055 mit Nennfestigkeit der Drähte = 1570 N/mm²) unter Beachtung der Reibung
2. Trommeldurchmesser D, Drehzahl der Trommel n_T
3. Getriebeübersetzung i
4. Zugkraft F_z an den beiden Seilklemmstücken der Trommel
5. Maximale Lagerkraft F_L des Trommellagers, Rillenlänge L_R für ein auflaufendes Seil
6. Wellenzapfendurchmesser d

Lösung:

1. Seildurchmesser d nach Gl. (2.1.1)

$$d = c\sqrt{F_S} = 0{,}095\sqrt{51\,500} = 21{,}5\ \text{mm} \qquad \underline{\underline{d = 22\ \text{mm}}}$$

Maximale Seilkraft nach Gl. (2.1.8)

$$F_S = F_H \frac{1-\eta_R}{1-\eta_R^z} = 200\,\frac{1-0{,}98}{1-0{,}98^4} = 51{,}5\ \text{kN}$$

Zwei Rollen in Unterflasche: Last hängt an z = 4 Seilen, Seilübersetzung $i_S = 2$ (Zwill. Zug), Beiwert c = 0,095 – nach Bild 2.1.2.

2. Trommeldurchmesser D nach Gl. (2.1.2)

$$D = h_1 h_2 d = 18 \cdot 1 \cdot 22 = 396\ \text{mm} \qquad \underline{\underline{D = 400\ \text{mm (gewählt)}}}$$

Beiwerte h_1 und h_2 nach Bild 2.1.2.

$$\text{Trommeldrehzahl } n_T = \frac{v_S}{D\pi} = \frac{20}{0{,}4 \cdot 3{,}14} = 15{,}9\ \text{min}^{-1} \qquad \underline{\underline{n_T = 15{,}9\ \text{min}^{-1}}}$$

Seilgeschwindigkeit $v_S = 2\,v_H = 20\ \frac{m}{min}$ (Seilübersetzung $i_S = 2$)

3. Die gesamte Übersetzung liegt im Getriebe – siehe Aufgabentext

$$\text{Getriebeübersetzung } i = \frac{n_M}{n_T} = \frac{970}{15{,}9} = 61{,}0 \qquad \underline{\underline{i = 61{,}0}}$$

4. Zugkraft F_z analog Gl. (2.1.5)

$$F_Z = \frac{F_S}{e^{\mu\alpha}} = \frac{51{,}5}{16{,}9} = 3{,}05\ \text{kN} \qquad \underline{\underline{F_Z = 3{,}05\ \text{kN}}}$$

F_S siehe Pkt. 1. Drei Restwindungen $\rightarrow \alpha \mathrel{\hat=} 6\,\pi \rightarrow e^{\mu\alpha} = e^{0{,}15 \cdot 6 \cdot 3{,}14} = 16{,}9$

5. Beide Steilstränge symmetrisch zu den Lagerstellen (Zwill. Zug)
Maximale Lagerkraft $F_L \hat{=} F_S = 51{,}5$ kN $\quad \underline{\underline{F_L = 51{,}5 \text{ kN}}}$
Windungszahl n für ein auflaufendes Seil analog Gl. (2.1.3)

$$n = \frac{L_S}{D\pi} + 3 = \frac{20}{0{,}4 \cdot 3{,}14} + 3 = 18{,}9 \qquad \underline{n = 19}$$

Aufzuwickelnde Seillänge $L_S \hat{=} 2\,h = 20$ m (Seilübersetzung $i_S = 2$), "3" drei Restwindungen
Rillenlänge L_R für ein auflaufendes Seil nach Gl. (2.1.4)

$$L_R = n\,s = 19 \cdot 25 = 475 \text{ mm} \qquad \underline{\underline{L_R = 475 \text{ mm}}}$$

Rillensteigung $s = d + b = 22 + 3 = 25$ mm – siehe Bild 2.1.6

6. Wellenzapfen durch die beiden auflaufenden Seile auf Biegung und Torsion beansprucht – maßgebend Vergleichsspannung σ_V.

$$\sigma_V = \sqrt{\sigma_b^2 + 3\,\tau_t^2} \rightarrow W_b^2 = \frac{1}{\sigma_{v\,zul}^2}\left(M_b^2 + \frac{3}{4}M_t^2\right) = \frac{1}{9^2}\left(515^2 + \frac{3}{4}2060^2\right) = 42600 \text{ cm}^6$$

$$W_b \approx 0{,}1\, d^3 \text{ (Kreisquerschnitt)} \rightarrow d = \sqrt[3]{\frac{W_b}{0{,}1}} = \sqrt[3]{2060} = 12{,}7 \text{ cm} \qquad \underline{\underline{d = 125 \text{ mm}}}$$

Torsionswiderstandsmoment $W_t = 2\,W_b$ (Kreisquerschnitt), W_b Biegewiderstandsmoment
Biegemoment $M_b = F_L\,L_W = 51{,}5 \cdot 10 = 515$ kNcm $\quad \underline{M_b = 515 \text{ kNcm}}$

$$\text{Torsionsmoment } M_t = 2\,F_S\,\frac{D}{2} = 2 \cdot 51{,}5\,\frac{40}{2} = 2060 \text{ kNcm} \qquad \underline{M_t = 2060 \text{ kNcm}}$$

2 Treibscheibe für einen Seilaufzug

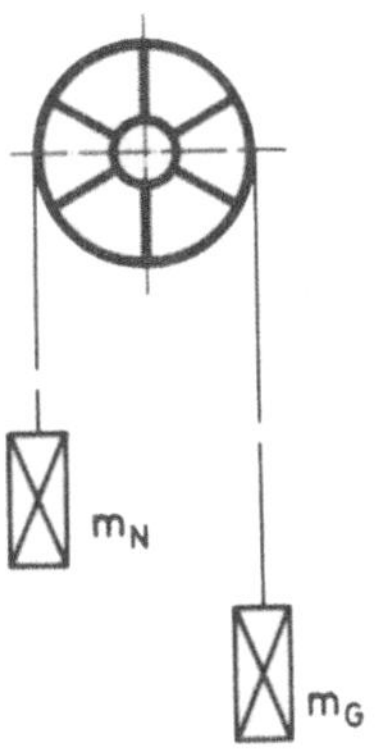

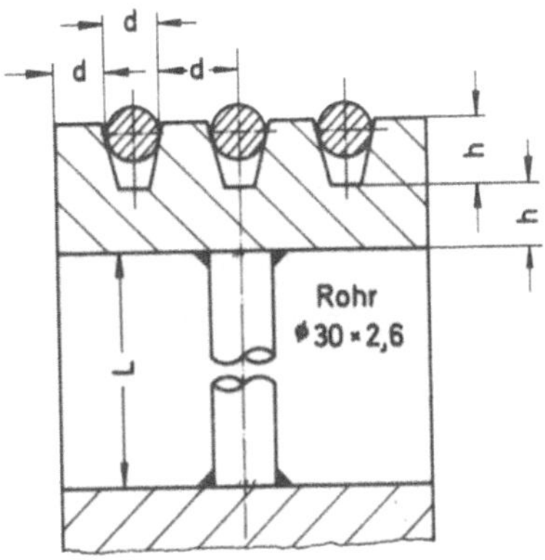

Nutzlast $m_N = 1200$ kg, Gegenlast $m_G = 600$ kg, Hubgeschwindigkeit $v_H = 3$ m/s, Reibungszahl Seil-Scheibe $\mu = 0{,}3$, L = 150 mm, h = 15 mm, Vergleichsspannung der Welle $\sigma_{v\,zul} = 60$ N/mm², Wellenlänge $L_w = 300$ mm (Balken auf 2 Stützen, Scheibe bei $L_w/2$ gelagert), Beschleunigung $a = \pm 1$ m/s². Litzenseil nach DIN 3058 mit den Beiwerten c = 0,12, $h_1 = 50$ und $h_2 = 1{,}0$.

Gesucht:

1. Seildurchmesser d, Scheibendurchmesser D
2. Rutschen Seile beim Anlauf an der Scheibe durch?
3. Wellendurchmesser d_w für die Treibscheibe
4. Biegespannung σ_b im Scheibenkranz, Druck-(Knick)-spannung in den Speichen der Treibscheibe

Lösung:

1. Maximale Seilkraft $F_S = \frac{1}{3} F_N = \frac{1}{3} \cdot 12\,000 = 4\,000$ N
   $F_N = 12\,000$ N, 3 Seile: „$\frac{1}{3}$"

   Seildurchmesser d nach Gl. (2.1.1)
   $d = c\sqrt{F_S} = 0{,}12\sqrt{4000} = 7{,}6$ mm $\quad \underline{\underline{d = 8\text{ mm}}}$

   Scheibendurchmesser D nach Gl. (2.1.2)
   $D = h_1 h_2 d = 50 \cdot 1 \cdot 8 = 400$ mm $\quad \underline{\underline{D = 400\text{ mm}}}$

2. Nach Gl. (2.1.5)
   $\frac{F_{S1}}{F_{S2}} = e^{\mu\alpha} = \frac{4400}{1800} = 2{,}44 \rightarrow$ bei $\alpha = 180°$ $\quad \underline{\underline{\mu_{erf} = 0{,}28 < \mu_{vorh} = 0{,}3\text{: kein Rutschen}}}$
   Im Anlauf: $F_{S1} = \frac{1}{3}(F_N + m_N a) = \frac{1}{3}(12000 + 1200 \cdot 1) = 4400$ N
   $F_{S2} = \frac{1}{3}(F_G - m_G a) = \frac{1}{3}(6000 - 600 \cdot 1) = 1800$ N

3. Vergleichsspannung σ_v in der Welle:
   $\sigma_v = \sqrt{\sigma_b^2 + 3\,\tau_t^2}$ Drehwiderstandsmoment $W_t \mathrel{\hat{=}} 2\,W_b$ für Kreisquerschnitt (W_b: Biegewiderstandsmoment)
   $\sigma_v^2 = \frac{M_b^2}{W_b^2} + 3\frac{M_t^2}{(2W_b)^2}$ hieraus $W_b^2 = \frac{1}{\sigma_{v\,zul}^2}(M_b^2 + 0{,}75\,M_t^2) = \frac{1}{0{,}36 \cdot 10^8}(182 \cdot 10^8 + 0{,}75 \cdot 144 \cdot 10^8)$
   $= 805\text{ cm}^6$
   Biegemoment $M_b = (F_N + F_G)\frac{L_W}{4} = 18000 \cdot \frac{0{,}3}{4} = 1350\text{ Nm} \mathrel{\hat{=}} 135000\text{ N cm}$
   Drehmoment $M_t = F_U \frac{D}{2} = (F_N - F_G)\frac{D}{2} = (12000 - 6000)\frac{0{,}4}{2} = 1200\text{ Nm} \mathrel{\hat{=}} 120000\text{ N cm}$
   Wellendurchmesser $d_W = \sqrt[3]{10\,W_b} = \sqrt[3]{10 \cdot 28{,}4} = 6{,}6$ cm $\quad \underline{\underline{d_W = 65\text{ mm}}}$

4. *Kranz*
   $\sigma_b = \frac{M_b}{W_b} = \frac{94200}{6{,}5} = 14500\,\frac{\text{N}}{\text{cm}^2}$ $\quad \underline{\underline{\sigma_b = 145\,\frac{\text{N}}{\text{mm}^2}}}$
   Biegemoment $M_b \approx (F_N + F_G)\frac{D\pi}{6}\frac{1}{4} = (12000 + 6000)\frac{40 \cdot 3{,}14}{6 \cdot 4} = 94200\text{ N cm}$
   $\frac{D\pi}{6} \mathrel{\hat{=}} L$ (6 Speichen), Kranzteil frei aufliegend ($\frac{1}{4}$) mit Punktkraft ($F_N + F_G$) in Trägermitte.
   Biegewiderstandsmoment W_b angenähert aus einzelnen Rechtecken zusammensetzen: $W_b = \Sigma\frac{bh^2}{6}$.
   $$W_b \approx \frac{4\,d(2h)^2}{6} + \frac{3\,dh^2}{6} = \frac{4 \cdot 0{,}8 \cdot 3{,}2^2}{6} + \frac{3 \cdot 0{,}8 \cdot 1{,}6^2}{6} = 6{,}5\text{ cm}^3$$

   Speiche
   $\sigma_d = \omega\frac{F}{A} = 1 \cdot \frac{18000}{2{,}24} = 8050\,\frac{\text{N}}{\text{cm}^2}$ $\quad \underline{\underline{\sigma_d = 80{,}5\,\frac{\text{N}}{\text{mm}^2}}}$
   $F = F_N + F_G = 18000$ N (ungünstigster Belastungsfall: Gesamtlast wirkt auf eine Speiche),
   ω Knickzahl
   Für gegebenen Speichenquerschnitt (Rohr): Querschnittsfläche $A = 2{,}24\text{ cm}^2$, Trägheitsradius $i = 0{,}97$ cm
   Schlankheitsgrad $\lambda = \frac{L}{i} = \frac{15}{0{,}97} = 15{,}5 \rightarrow$ Knickzahl $\omega \approx 1$ (Keine Knickgefahr)

2.2. Kettentriebe

2.2.1. Ketten

Die Ketten setzen sich aus gelenkig aneinandergereihten Gliedern zusammen und übertragen in der Regel wie die Seile nur Zugkräfte. Gegenüber den Seilen ergeben sich folgende wesentliche Vor- und Nachteile:

Vorteile Kleine Umlenkradien und dadurch geringere Lastmomente; weniger Rostempfindlichkeit durch kleinere Oberfläche; leichte Reparaturmöglichkeit durch den Austausch einzelner Glieder.

Nachteile Geringere Sicherheit und höheres Gewicht, kleinere Arbeitsgeschwindigkeit wegen des höheren Verschleißes und der größeren dynamischen Kräfte; geringere Elastizität.

2.2.1.1. Rundstahlketten

Rundstahlketten werden als Lastketten für Kleinhebezeuge, als Anschlagketten und als Förderketten für Stetigförderer verwendet, da sie auch *räumlich beweglich* sind.

Arbeitsgeschwindigkeit $v \leqslant 1 \frac{m}{s}$

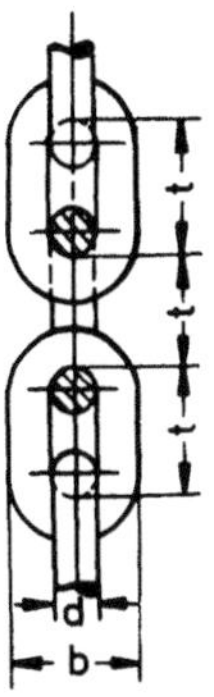

Rundstahlkette für Stetigförderer – DIN 764. Nutzkraft F für $v \leqslant 1{,}2 \frac{m}{s}$

Nenndicke d bis 42 mm. Güteklasse 2, lehrenhaltig, geprüft,
Teilung t = 3,5 d.
Stahl, Mindestgüte USt35-2, normal in Naturschwarz.

Nenndicke d in mm	10	13	16	18	20	23	26
Äußere Breite b in mm	36	47	58	65	72	83	94
Teilung t in mm	35	45	56	63	70	80	91
Nutzkraft F in kN	10	16	25	32	40	50	63
Eigenlast m_l in $\frac{kg}{m}$	2	3,5	5,2	6,5	8,2	11	14

Rundstahlkette für Hebezeuge – DIN 5684. Nutzkraft F bei Güteklasse 5 für hand-/motorischen Antrieb. Lehrenhaltig, geprüft, normal in blanker Ausführung. Weiterhin Güteklasse 6 und 8.

Nenndicke d in mm	4	5	6	7	8	9	10	11	13	14	16	18
Äußere Breite b in mm	13,7	16,9	20,2	23,6	27	30,4	34	37,4	44,2	47,6	54,4	63
Teilung t in mm	12	15	18,0	21	24	27	28	31	36	41	45	50
Nutzkraft F in kN	3,2/2,6	5/4	7,5/6	10/8	12,5/11	16/13	20/16	25/20	33,5/28	40/–	50/42,5	63/–
Eigenlast m_l in kg/m	0,35	0,54	0,78	1,07	1,4	1,8	2,25	2,70	3,80	4,4	5,8	7,3

Bild 2.2.1. Rundstahlketten

Es werden lehrenhaltige (kalibrierte) und nichtlehrenhaltige (unkalibrierte) Ketten, je nach Anwendung, eingesetzt. Lehrenhaltige Ketten sind genau gearbeitet, wodurch auch der Lauf über verzahnte Kettenrollen möglich ist. Langgliedrige Ketten sind als Förderketten, kurzgliedrige als Hubketten in Gebrauch. Sondereigenschaften (z. B. gehärtet, blank, verzinkt usw.) sind bei der Bestellung gesondert anzugeben.

Berechnung. Die einzelnen Kettenglieder werden vor allem auf Zug und Biegung beansprucht. *Der Festigkeitsnachweis erfolgt nur auf Zug;* deshalb sind geringere Werte für σ_{zzul} anzusetzen. Meist werden die Kettenabmessungen nach der geforderten Nutzkraft direkt den DIN-Normen oder den Herstellerkatalogen entnommen (Bild 2.2.1).

Bei langen herabhängenden Ketten ist die Spannungserhöhung durch den Einfluß des Eigengewichtes zu berücksichtigen.

Wartung. Zur Verschleißminderung werden die Rundstahlketten leicht gefettet. Bei Anrissen und starker Abnützung (Nenndicke d um mindestens 20 % verkleinert und Teilung t um mindestens 5 % vergrößert) ist die Kette auszutauschen.

2.2.1.2. Gelenkketten

Der Aufbau der Gelenkketten aus Laschen und Gelenkteilen ermöglicht gegenüber den Rundstahlketten eine größere Sicherheit (mehrere Laschen je Kettenglied) und höhere Arbeitsgeschwindigkeiten; Gelenkketten sind jedoch bei gleicher Nutzlast teurer als die Rundstahlketten. Einige wichtige Ausführungen gehen aus Bild 2.2.2 hervor.

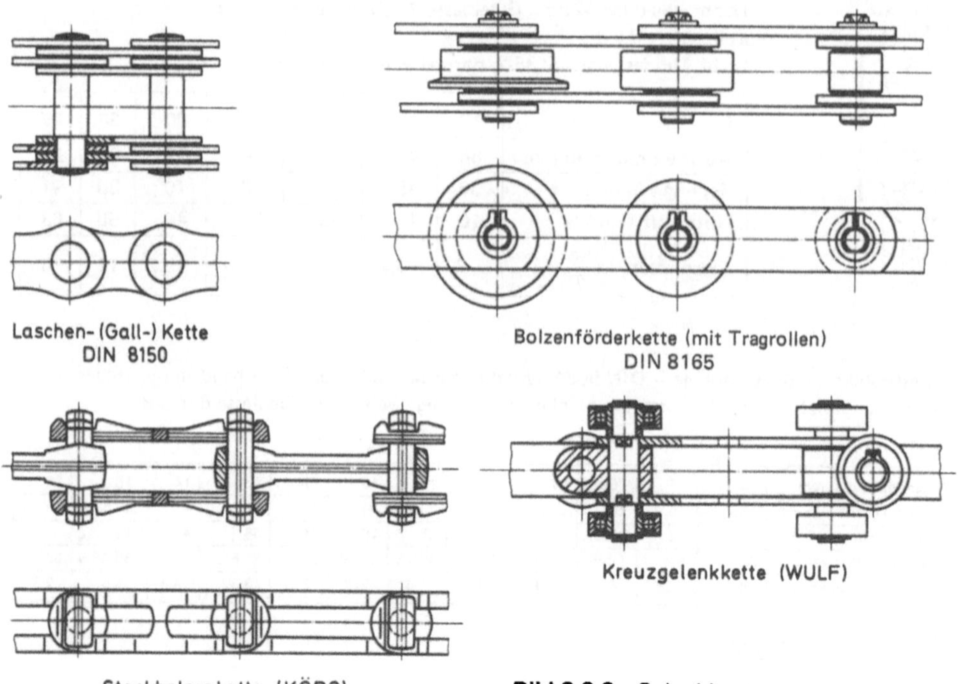

Bild 2.2.2. Gelenkketten

Laschenketten (Gallketten). Die Laschen der Gallketten werden durch Vernieten der Kettenbolzen gehalten, wodurch sich nur eine geringe Beweglichkeit und eine begrenzte Arbeitsgeschwindigkeit ergibt – Arbeitsgeschwindigkeit $v \leqslant 0{,}5\ \frac{m}{s}$.

Ihre Anwendung liegt vor allem auf dem Gebiet der Lastketten, z. B. als Hubketten bei Staplern, Wendeketten für Schmiedekrane usw.

Bolzenketten. Bei der Bolzenkette wird in die Innenlasche eine verschleißfeste Buchse eingepreßt, die mit dem in den Außenlaschen befestigten Kettenbolzen ein Gelenk bildet. Dadurch wird der Verschleiß geringer, die Beweglichkeit und die Arbeitsgeschwindigkeit größer – Arbeitsgeschwindigkeit $v = 3 \dots 5\ \frac{m}{s}$, je nach Kettenteilung. Bolzenketten finden besonders als Förderketten bei Stetigförderern Anwendung.

Bei diesen Ketten werden häufig auf den Buchsen zusätzlich Laufrollen gelagert, die die Kette über entsprechende Laufschienen abtragen. Außerdem können die Laschen der Ketten mit Befestigungswinkeln zur Aufnahme der Mitnehmer versehen werden – z.B. bei Trogkettenförderern (Abschnitt 6.3.2).

Rollenketten. Die Rollenketten entsprechen in ihrem Aufbau den Bolzenketten; sie haben jedoch zusätzlich auf den Buchsen lose gelagerte verschleißfeste Rollen. Durch diese Rollen wird der Verschleiß erheblich verringert und die Beweglichkeit sowie die Arbeitsgeschwindigkeit stark vergrößert – Arbeitsgeschwindigkeit v bis $40\ \frac{m}{s}$, bei kleinerer Kettenteilung.

Rollenketten sind deshalb besonders gut als Antriebsketten geeignet und werden für hohe Kettenkräfte auch als Zwei- und Dreifachketten hergestellt.

Raumbewegliche Ketten. Raumbewegliche Ketten ermöglichen eine räumliche Führung der Kette; diese Eigenschaft ist bei Förderketten für raumbewegliche Stetigförderer von Bedeutung – z. B. bei Kreisförderern (Abschnitt 6.3.4). Meist werden sie als *Kreuzgelenk- oder Steckbolzenketten* ausgeführt; bei kleineren Kräften auch als Rundstahlketten.

Die Kreuzgelenkkette ermöglicht kleine Krümmungsradien in horizontaler und vertikaler Richtung und ist wegen der gut ausgebildeten Gelenke verschleißarm. Die an den Gelenken befestigten Laufrollen dienen zur Aufnahme der Eigen- und Nutzlast bei waagrechter Kettenführung.

Die Steckbolzenkette besteht meist nur aus drei geschmiedeten oder gegossenen Teilen, wobei in der einen Ebene eine Ablenkung von nur ca. $\pm 15°$ möglich ist; deshalb werden größere Kurvenradien erforderlich. Die Steckbolzenketten können nach ihrer Entspannung ohne Werkzeuge einfach zerlegt werden – z. B. zum Austausch einzelner Kettenglieder.

Steckbolzenketten sind billiger, jedoch geringer beweglich und weisen eine größere Reibung als die Kreuzgelenkketten auf, weshalb besonders auf gute Schmierung zu achten ist.

Normale Ausführungen raumbeweglicher Ketten lassen Zugkräfte bis ca. 50 kN bei etwa 10-facher Sicherheit gegenüber Bruch zu.

Berechnung der Gelenkketten. Die Laschen der Gelenkketten sind auf Zug und Flächenpressung (an den Bolzen oder Buchsen), die Bolzen bzw. Buchsen auf Flächenpressung und Abscherung beansprucht. Die jeweilige Kettengröße wird meist aus den DIN-Normen bzw. den Herstellerkatalogen nach den dort angegebenen Bruchkräften direkt entnommen, wobei wegen des größeren Verschleißes eine 5 ... 10-fache Sicherheit gegenüber Bruch anzusetzen ist.

Bei Förderketten ist wegen der kleinen Arbeitsgeschwindigkeiten die dynamische Beanspruchung (Flieh- und Massenkräfte an den Umlenkstellen) nur gering. Bei Antriebsketten ist wegen der größeren Arbeitsgeschwindigkeit hierauf zu achten. Die Berechnung der dynamischen Beanspruchung kann den Herstellerkatalogen oder dem in Abschnitt 8.2 angeführten Schrifttum entnommen werden.

Sowohl Rundstahl- als auch Gelenkketten werden auch aus Kunststoff hergestellt. Sie haben eine geringere Festigkeit, sind aber korrosionsfest und laufen weitgehend ohne Schmierung – ihre Anwendung erfolgt z. B. bei Stetigförderern in Kühlanlagen, wo das Kühlwasser ständig mit den Ketten in Berührung kommt.

2.2.2. Kettenräder

2.2.2.1. Unverzahnte Kettenräder

Unverzahnte Kettenräder kommen nur für Rundstahlketten in Frage und werden meist nur als Umlenkrollen eingesetzt, zum Teil aber auch zur Einleitung geringer Umfangskräfte, die reibschlüssig übertragen werden. Die Ausbildung der Rillen geht aus Bild 2.2.3 hervor; als Werkstoff sind GG, GS oder auch St gebräuchlich.

$D \geqslant 20\,d$	*Kettenraddurchmesser* (Teilkreisdurchmesser)

d Nenndicke

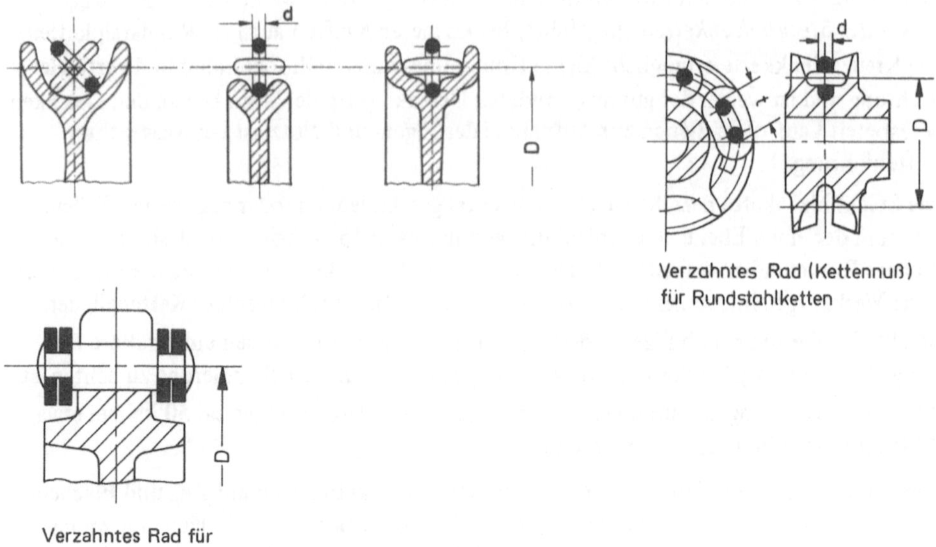

Verzahntes Rad (Kettennuß) für Rundstahlketten

Verzahntes Rad für Laschen- u. Bolzenketten

Bild 2.2.3. Kettenräder

2.2.2.2. Verzahnte Kettenräder

Sie dienen zur formschlüssigen Einleitung höherer Umfangskräfte. Wegen des höheren Verschleißes ist auf gute Schmierung zu achten.

Verzahnte Kettenräder für Rundstahlketten. Um eine genaue Führung der Kette beim Lauf über das Kettenrad zu erzielen, sind lehrenhaltige Ketten zu verwenden. Wegen der schwierigen Rillenform der Kettenräder (mit Zwischenstegen, Bild 2.2.3) werden diese Kettenräder aus GG oder GS – ohne Weiterbearbeitung – hergestellt.

$$D = \sqrt{\left[\frac{t}{\sin\left(\frac{90^\circ}{z}\right)}\right]^2 + \left[\frac{d}{\cos\left(\frac{90^\circ}{z}\right)}\right]^2}$$

Kettenraddurchmesser (Teilkreisdurchmesser) (2.2.1)

t Kettenteilung
d Nenndicke
z Zähnezahl, $z_{min} \approx 4$

Für $z \geqslant 6$ und $d \leqslant 16$ mm kann das zweite Glied der Gl. (2.2.1) vernachlässigt werden, so daß sich diese Gleichung vereinfacht:

$$D = \frac{t}{\sin\left(\frac{90^\circ}{z}\right)}$$

Verzahnte Kettenräder für Gelenkketten. Die Gelenkketten sollen allgemein mit ihren Bolzen bzw. Buchsen oder Rollen nur im Zahngrund der Kettenräder aufliegen, die Laschen sollen seitlich und unten Spiel aufweisen (Bild 2.2.3). Werkstoff: meist St., spanend bearbeitet.

$$D = \frac{t}{\sin\left(\frac{180^\circ}{z}\right)}$$

Kettenraddurchmesser (Teilkreisdurchmesser) (2.2.2)

t Kettenteilung
z Zähnezahl, $z_{min} \approx 8$

Die weiteren Abmessungen, wie Kopfkreisdurchmesser, Fußkreisdurchmesser usw., können für den jeweiligen Kettentyp den DIN-Normen oder den Herstellerkatalogen entnommen werden. Kreuzgelenk- und Steckbolzenketten werden häufig auch an Rollenbatterien oder direkt in den Laufschienen umgelenkt, da die Umlenkräder hier sehr große Durchmesser erhalten.

Kettenräder werden auch aus Kunststoff hergestellt. Diese weisen zwar eine geringere Festigkeit auf, sind jedoch verschleiß- und geräuscharm und erfordern bei hoher Korrosionsfestigkeit nur einen minimalen Schmierungsaufwand.

2.2.3. Kettentrommeln

Kettentrommeln werden nur sehr selten verwendet und zwar ausschließlich für Rundstahlketten. Aus Herstellungsgründen (Kosten) handelt es sich meist um glatte Trommeln oder Trommeln mit unverzahnten Rillen. Durchmesser analog der unverzahnten Kettenräder; konstruktive Ausführung ähnlich der von Seiltrommeln (Bild 2.1.5).

2.2.4. Beispiel

3 Rundstahlkette für einen Elektrozug

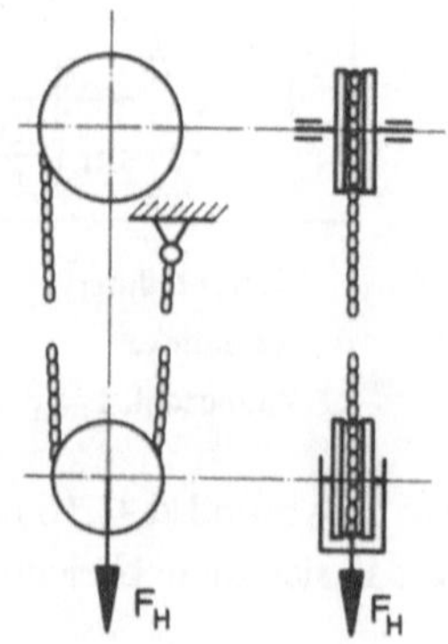

Hubkraft $F_H = 20\,kN$, Lastkette nach DIN 5684 Güteklasse 8 mit $\sigma_{z\,zul} = 160\,\frac{N}{mm^2}$ und $R_m = 800\,\frac{N}{mm^2}$, Zähnezahl $z = 8$, Hubgeschwindigkeit der Last $v_H = 10\,\frac{m}{min}$, Wirkungsgrad des Antriebes $\eta = 0{,}8$, Motordrehzahl $n_M = 1450\,min^{-1}$

Gesucht:

1. Kettenabmessungen
2. Kettenraddurchmesser D
3. Sicherheit ν der Kette gegenüber Bruch, Reißlänge l_R der Kette
4. Getriebeübersetzung i, Motorleistung P im stationären Betrieb

Lösung:

1. Zugspannung in der Kette $\sigma_z = \dfrac{\frac{F_H}{2}}{2\,\frac{\pi d^2}{4}}$, hieraus Nenndicke d berechnen

$$d = \sqrt{\frac{2\,F_H}{\sigma_{z\,zul}\cdot 2\pi}} = \sqrt{\frac{2\cdot 20\,000}{160\cdot 2\cdot 3{,}14}} = 6{,}3\ mm$$

Die Kettenabmessungen können auch direkt DIN 5684 entnommen werden

Abmessungen der Kette
$d = 7\ mm,\ t = 21\ mm$
$b = 23{,}6\ mm,\ m_l \approx 1\ kg/m$
DIN 5684

2. *Kettenraddurchmesser* D nach Gl. (2.2.1) bei $d < 16\ mm$ und $z > 6$

$$D = \frac{t}{\sin\frac{90°}{z}} = \frac{21}{0{,}195} = 108\ mm$$

$\underline{\underline{D = 108\ mm}}$

3. *Sicherheit* $\nu = \dfrac{R_m}{\sigma_Z} = \dfrac{800}{130} = 6{,}1$

$\underline{\underline{\nu = 6{,}1}}$

$$\text{Zugspannung } \sigma_Z = \frac{\frac{F_H}{2}}{2\,\frac{\pi d^2}{4}} = \frac{10000}{2\,\frac{3{,}14\cdot 49}{4}} = 130\,\frac{N}{mm^2}$$

Reißlänge: Diejenige Länge einer herabhängenden Kette, die unter ihrem Eigengewicht die Bruchspannung R_m erreicht.

$$R_m = \frac{m_l\,g\,l_R}{2\,\frac{\pi d^2}{4}} \quad \text{hieraus Reißlänge } l_R = \frac{R_m\,2\,\frac{\pi d^2}{4}}{m_l\,g}$$

$$l_R = \frac{800\cdot 10^6\cdot 3{,}14\cdot 7^2\cdot 10^{-6}}{2\cdot 1\cdot 10} = 6150\ m$$

$\underline{\underline{l_R = 6150\ m}}$

4. *Getriebeübersetzung* $i = \frac{n_M}{n_R} = \frac{1450}{59} = 24{,}6$ $\qquad$ $i = 24{,}6$

Kettenraddrehzahl $n_R = \frac{v_K}{D\pi} = \frac{2 v_H}{D\pi} = \frac{2 \cdot 10}{0{,}108 \cdot 3{,}14} = 59\ \text{min}^{-1}$

Kettengeschwindigkeit $v_K = 2\, v_H$: Einfacher Rollenzug mit Kettenübersetzung $i_K = 2$

Motorleistung $P = \frac{F_H v_H}{\eta} = \frac{20000 \cdot 0{,}166}{0{,}8} = 4150\ \frac{\text{Nm}}{\text{s}}$ $\qquad$ $P_M = 4{,}15\ \text{kW}$

2.3. Laufräder und Schienen

2.3.1. Laufräder

Raddurchmesser. Räder und Schienen sind auf Hertz'sche Pressung (Linienberührung) beansprucht. Hiernach ergibt sich:

$$p_{zul} = \frac{p_0^2}{0{,}35\, E}$$ Zulässige Pressung zwischen Rad und Schiene

$$E = \frac{2\, E_1\, E_2}{E_1 + E_2}$$ Elastizitätsmodul bei verschiedenen Werkstoffen von Rad und Schiene (Index 1: Rad, Index 2: Schiene)

$$p_0 \approx \tfrac{1}{3}\ \text{HB}$$ Hertz'sche Pressung (HB Brinellhärte).

Die Werte für p_{zul} ergeben sich aus der oberen Gleichung oder können direkt Tabellen entnommen werden (Bild 2.3.1). Laufräder aus Kunststoff können wegen der kleineren p_{zul}-Werte für Kunststoff nur geringere Radkräfte übertragen.

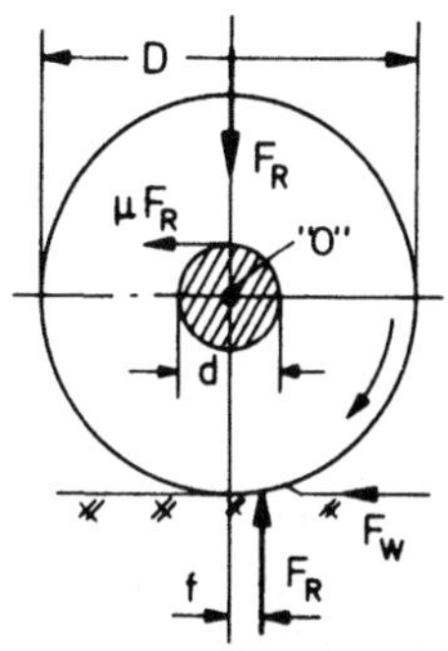

Bild 2.3.1
Kennwerte zur Laufrad- und Fahrwiderstandsberechnung – nach DIN 15070

Werkstoffe	p_{zul}
GS-45	4,3
GS-52, St50, GGG-50, C35	5,0
GS-60, St60, GGG-60, C45	5,6
GS-70, St70, GGG-70	6,5
Kunststoff (Ultramid)	1...1,5

Zulässige Pressung p_{zul} für Laufräder in $\frac{\text{N}}{\text{mm}^2}$

n	c_2	n	c_2
200	0,66	40	0,97
125	0,77	25	1,03
100	0,82	16	1,09
80	0,87	10	1,13
63	0,91	5	1,17

Drehzahlbeiwert c_2 (n Laufraddrehzahl in min^{-1})

Betriebsdauer des Fahrantriebes	c_3
bis 16 %	1,25
17...25 %	1,12
26...40 %	1,0
41...63 %	0,9
über 63 %	0,8

Betriebsdauerbeiwert c_3 (Betriebsdauer bezogen auf 1 h)

Z. B. für Ultramid (Fa. BASF):

$p_0 \approx 30 \dots 40 \frac{N}{mm^2}$ bei Temperaturen bis max. ca. 330 K,

$E \approx 1700 \frac{N}{mm^2}$.

Hieraus ergibt sich nach den oberen Gleichungen

$p_{zul} \approx 1{,}0 \dots 1{,}5 \frac{N}{mm^2}$ (Kunststoffrad/Stahlschiene).

Kunststofflaufräder werden vor allem bei Stetigförderern und kleinen Kranen eingesetzt. Sie sind geräusch- und stoßdämpfend, schonen das Schienenmaterial und zeigen wegen der höheren Reibungszahl μ zwischen Rad und Schiene nur eine geringe Neigung zum Durchrutschen.

Aus der Gleichung $p_{zul} = \frac{F_R}{bD}$ ergibt sich der Raddurchmesser.

$$D = \frac{F_R}{p_{zul}\, b c_2\, c_3}$$ *Raddurchmesser* (2.3.1)

F_R Maximale Radkraft, bei Katzlaufrädern

$F_R \approx \frac{F_{R\,min} + 2F_{R\,max}}{3}$ Radkraft bei Kranlaufrädern

F_{Rmax} und F_{Rmin} sind aus den häufigsten Betriebsstellungen der belasteten Laufkatze zu ermitteln.

p_{zul} Zulässige Pressung zwischen Rad und Schiene (Bild 2.3.1)

b Wirksame Radbreite; Abrundungen der Schienenköpfe oder Räder abziehen

c_2, c_3 Beiwerte für Laufraddrehzahl und Betriebsdauer (Bild 2.3.1)

Fahrwiderstand. Der Fahrwiderstand auf einer ebenen Fahrbahn setzt sich aus dem Rollwiderstand (Roll- und Lagerreibung) und Zuschlägen für die Reibung an Spurkränzen, Nabenstirnflächen und seitlichen Führungsrollen zusammen. Liegt keine Reibung an den Spurkränzen (Laufräder ohne Spurkranz) und Nabenstirnflächen (Lagerung des Laufrades über Wälzlager) vor, entfallen die entsprechenden Zuschläge. Bei Kunststofflaufrädern ist die Rollreibung höher als bei Laufrädern aus Stahl (höhere Rollreibung).

$$F_W = \frac{F_R}{\frac{D}{2}}\left(f + \mu \frac{d}{2}\right)$$ *Fahrwiderstand* (für 1 Laufrad) (2.3.2)

Gl. (2.3.2) ergibt sich aus Σ_{Mom} „0" = 0 (Bild 2.3.1).

F_R Maximale Radkraft

D Laufraddurchmesser

f Hebelarm der rollenden Reibung (St. Rad/St. Schiene: $f \approx 0{,}05$ cm; Kunststoffrad/St. Schiene: $f \approx 0{,}1 \dots 0{,}15$ cm)

μ Lagerreibungszahl (bei Wälzlager $\mu \approx 0{,}002 \dots 0{,}003$, bei Gleitlager $\mu \approx 0{,}05 \dots 0{,}10$)

d Lagerzapfendurchmesser

Als Zuschlag für die Reibung durch Spurkränze, Nabenstirnflächen und seitliche Führungsrollen sind je ca. 2 ... 3 ‰ der maximalen Radkraft F_R anzusetzen.

Für Überschlagsrechnungen kann auch mit dem Einheitsfahrwiderstand w gerechnet werden.

$$\boxed{F_W = w\,F_R}$$ *Fahrwiderstand* (für 1 Laufrad) (2.3.3)

F_R Maximale Radkraft

w Einheitsfahrwiderstand (St. Rad/St. Schiene: w ≈ 20 ... 30 ‰ bei Gleit- und 5 ... 10 ‰ der maximalen Radkraft F_R bei Wälzlagerung. Kunststoffrad/St. Schiene: w ≈ 25 ... 40 ‰ bei Gleit- und 10 ... 20 ‰ der maximalen Radkraft F_R bei Wälzlagerung. Die hohen Werte sind bei kleinen Laufraddurchmessern und bei Rädern mit Spurkranz- und Nabenstirnreibung einzusetzen)

Die Werte für den Einheitsfahrwiderstand w ergeben sich, wenn man für normal belastete Laufräder und den vorn angegebenen Daten für f, μ und den Zuschlägen für die Reibung an den Spurkränzen usw. den Fahrwiderstand F_W nach Gl. (2.3.2) errechnet und mit der maximalen Radkraft F_R den Quotienten $\frac{F_W}{F_R} = w$ bildet.

Ausführung der Laufräder. Die Laufräder werden meist aus GS, GGG oder Kunststoff – bei großen Durchmessern nur mit Kunststoffkranz – hergestellt.

Häufig verzichtet man wegen der erhöhten Reibung und des damit verbundenen Verschleißes auf Spurkränze; die Horizontalkräfte werden dann durch seitliche Führungsrollen aufgenommen (Bild 2.3.2).

Der Antrieb der Laufräder erfolgt entweder über ein angeflanschtes Zahnrad (oft mit dem Radkörper aus einem Stück) oder durch direkte Kupplung des Laufrades mit der Abtriebswelle des Fahrantriebes. Hierbei entfällt das offene Vorgelege; es treten jedoch an der Abtriebswelle des Fahrantriebs höhere Drehmomente auf, so daß auch heute noch bei sehr kleinen Laufraddrehzahlen offene Vorgelege gewählt werden. Die Lagerung der Laufräder soll, wegen des geringeren Fahrwiderstandes, möglichst über Wälzlager erfolgen (Bild 2.3.2). Die genaue Ermittlung der Lagerbeanspruchung erfolgt nach DIN 15071.

Es sind weiterhin die Reibverhältnisse zwischen Rad und Schiene zu überprüfen, damit auch beim Anfahren und Bremsen kein Durchrutschen des Laufrades auftritt, was zu hohem und ungleichmäßigem Verschleiß von Laufrädern und Schienen führt. Wegen der unvermeidlichen Spurveränderung der Schienen durch Montageungenauigkeiten, ist auf ausreichendes Spiel an den Spurkränzen oder den seitlichen Führungsrollen zu achten. Bei Laufrädern mit Spurkränzen wird zur Verschleißminderung die seitliche Schienenfläche leicht geschmiert, z. B. durch selbsttätig arbeitende Fettschmiergeräte.

Bei sehr hohen Fahrgeschwindigkeiten werden die Laufräder über Schrauben oder Gummifedern federnd gelagert.

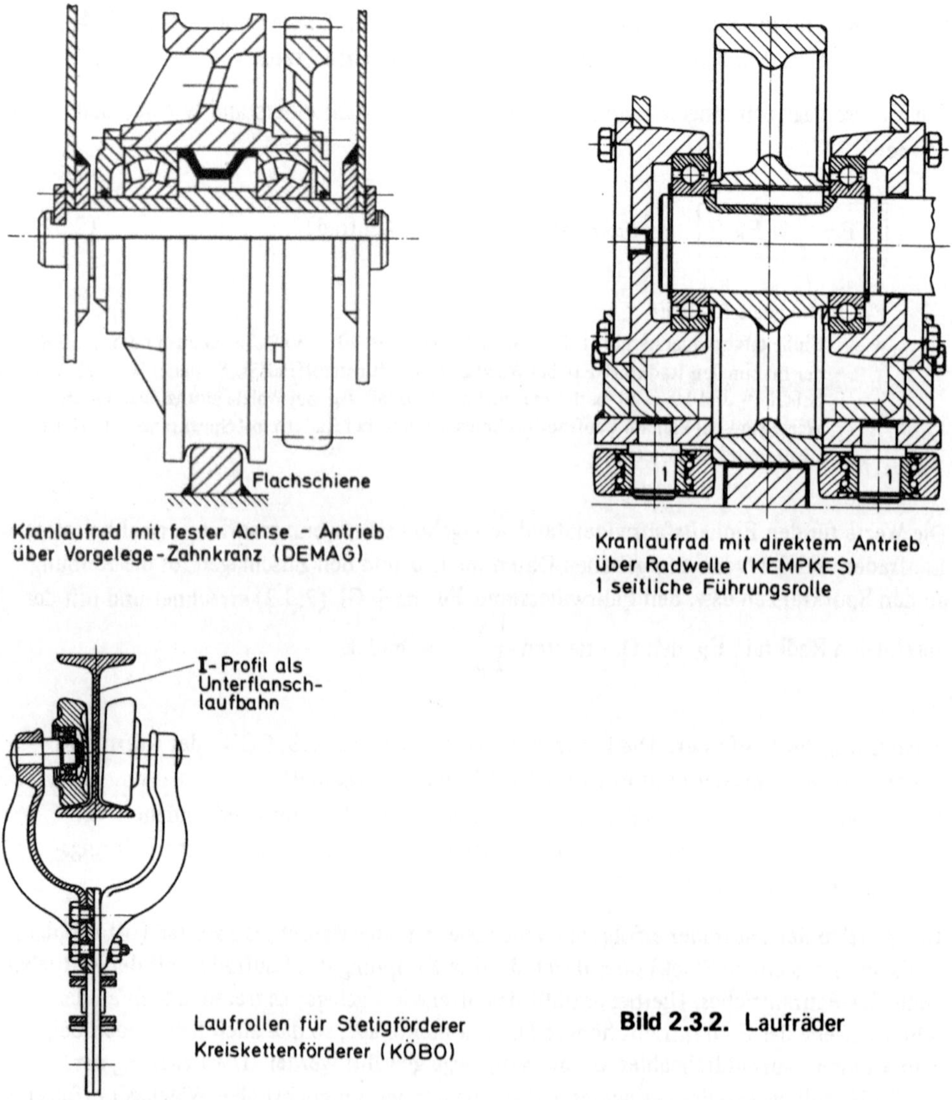

Bild 2.3.2. Laufräder

2.3.2. Schienen

Nachstehend werden kurz die gebräuchlichsten Schienenbauarten angeführt.

Flachschienen. Die Flachschienen (Bild 2.3.2) bestehen aus normalem Flachstahl mit abgerundeten Kanten; Zugfestigkeit $R_m \geqslant 600 \frac{N}{mm^2}$. Sie werden allgemein bei kleinen und mittleren Radkräften, vor allem bei Kranlaufbahnen mit Stahlunterbau, verwendet. Die Flachschienen werden auf den Stahlunterbau (z.B. aus I-Profilen) aufgeschweißt oder aufgeschraubt. Bei den aufgeschweißten Schienen ist kein Austausch möglich; deshalb ist hierbei für die Schienen verschleißfestes Material mit höherer Festigkeit zu wählen. Das Biegewiderstandsmoment der Schiene kann hier mit in die Rechnung des Unterbaus eingesetzt werden.

Kranschienen. Kranschienen nach DIN 536 haben einen relativ breiten Fuß und können deshalb leicht auf den Stahlunterbau aufgeklemmt oder auch aufgeschweißt werden. Sie kommen für größere Radkräfte bei Kranlaufbahnen in Frage; sonst siehe Flachschienen.

Bahnschienen. Bahnschienen nach DIN 5901 und 5902 werden wegen ihres hohen Biegewiderstandsmomentes auf Beton- oder Schwellenfundamentierung der Kranlaufbahnen eingesetzt. Diese Schienen werden meist durch Klemmen am Schwellen- oder Betonunterbau befestigt.

Die Verbindung der Schienen untereinander geschieht in der Regel durch Schweißen oder z.T. durch Laschen, wobei die Schienen- und Trägerstöße (Unterbau) versetzt anzuordnen sind. Als Stoßformen kommen Stumpf-, Schräg- und Stufenstoß in Frage; wegen einfacher Fertigung wird der Stumpfstoß bevorzugt.

Unterflanschfahrbahnen. Häufig laufen die Räder auch auf den Unterflanschen von I- oder Sonderprofilen (Bild 2.3.2), z.B. bei Hängekranen, Kreisförderern usw. Die Radkraft ruft dann eine zusätzliche örtliche Biegespannung im Unterflansch hervor, die sowohl quer als auch längs zur Trägerachse wirkt. Aus Spannungsmessungen kann für I-Profile überschlägig angesetzt werden:

$$\sigma_b' \approx 1{,}6\,\frac{F_R}{h^2}$$ *Örtliche Biegespannung senkrecht und längs der Trägerachse im Flansch*

F_R — Maximale Radkraft (Beiwerte φ und ψ beachten; siehe Abschnitt 2.9.2.1)

h — Flanschdicke am Steg der I-Profile

Beim Spannungsnachweis der Unterflanschfahrbahn ist zu beachten:

$\sigma_v = \sqrt{(\sigma_b + \sigma_b')^2 + \sigma_b'^2 - (\sigma_b + \sigma_b')(\sigma_b') + 3\tau}$ Vergleichsspannung im Flansch $\leq \sigma_{v\,zul}$

$\sigma_b' \leq \sigma_{b\,zul}$

σ_b — Biegespannung im Querschnitt des Laufbahnträgers (Vergl. hierzu Aufgabe 4)

2.3.3. Beispiel

4 Unterflanschlaufkatze für einen Elektrozug mit Elektrofahrwerk

Hubkraft $F_H = 14000$ N (einschl. Eigengewichtskraft des Hub- und Fahrwerkes), Laufbahn alle 2 m abgehängt, Zulässige Flächenpressung für die Laufräder $p_{zul} = 4{,}3\ \frac{N}{mm^2}$ (50 % der nutzbaren Laufradbreite als tragend ansetzen), Hebelarm der rollenden Reibung f = 0,05 cm, Lagerzapfendurchmesser d = 25 mm, Lagerreibungszahl $\mu = 0{,}002$, Fahrgeschwindigkeit $v_F = 30\ \frac{m}{min}$, Ritzeldrehzahl $n_Z = 480\ min^{-1}$, Betriebsdauer des Fahrantriebes = 25 %, Zuschlag für die Reibung an den Spurkränzen und den Nabenstirnflächen 5 ‰ der Radkraft.

Gesucht:

1. Laufraddurchmesser D (Beiwerte c_2 und c_3 vernachlässigen)
2. Spannungsnachweis im Laufbahnträger (Schub und Beiwerte φ und ψ vernachlässigen)
3. Fahrwiderstand F_W, Einheitsfahrwiderstand w hierfür
4. Laufraddrehzahl n_R, Übersetzung i des Vorgeleges für den Fahrantrieb
5. Reicht der unter Pkt. 1 gewählte Laufraddurchmesser unter Beachtung der Beiwerte c_2 und c_3 aus?

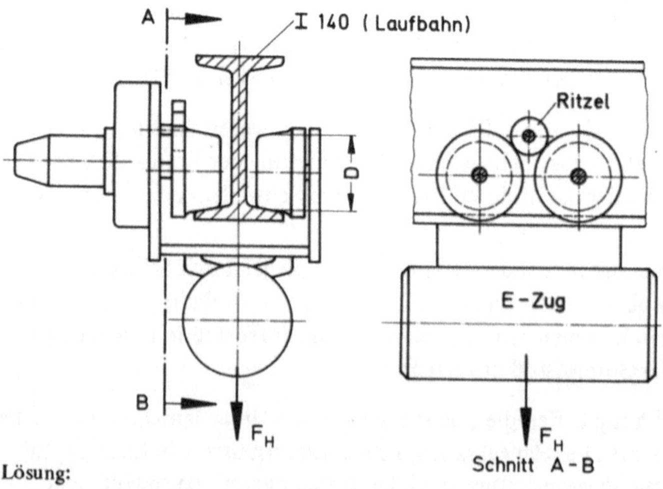

Lösung:

1. *Laufraddurchmesser* D nach Gl. (2.3.1)

$$D = \frac{F_R}{b\,p_{zul}\,c_2\,c_3} = \frac{3500}{12 \cdot 4{,}3 \cdot 1 \cdot 1} = 68\ \text{mm} \qquad \underline{\underline{D = 80\ \text{mm}}}$$

Maximale Radkraft $F_R = \frac{F_H}{4} = \frac{14000}{4} = 3500$ N (4 Laufräder).

Tragende Radbreite b = 12 mm: Flanschbreite je Seite ca. 30 mm (siehe Profiltabelle), bei ca. 5 mm Spiel zwischen Rad und Laufbahnsteg und 50 % der möglichen Breite ist b = 12 mm tragend angesetzt.

2. Örtliche Biegespannung senkrecht und längs der Trägerachse im Flansch.

$$\sigma_b' \approx 1{,}6\,\frac{F_R}{h^2} = 1{,}6\,\frac{3500}{0{,}86^2} = 7600\,\frac{\text{N}}{\text{cm}^2}$$

Flanschdicke h am Steg des Laufbahnträgers = 8,6 mm (siehe Profiltabelle).

Biegespannung im Querschnitt des Laufbahnträgers

$$\sigma_b = \frac{M_b}{W_b} = \frac{467000}{81{,}9} = 5700\,\frac{\text{N}}{\text{cm}^2}$$

Biegemoment $M_b \approx \frac{F_H\,L}{6} = \frac{14000 \cdot 200}{6} = 467000$ Ncm

Durchlaufträger: $\approx \frac{L}{6}$ = lose eingespannt angenommen, Punktlast durch F_H bei $\frac{L}{2}$ als ungünstigster Belastungsfall (Lastverteilung durch die 4 Laufräder vernachlässigt).

Vergleichsspannung im Flansch

$$\sigma_v = \sqrt{(\sigma_b + \sigma_b')^2 + \sigma_b'^2 - (\sigma_b + \sigma_b')(\sigma_b')} = \sqrt{133^2 + 76^2 - 133 \cdot 76} = 115\,\frac{\text{N}}{\text{mm}^2}$$

$$\underline{\underline{\sigma_v = 115\,\frac{\text{N}}{\text{mm}^2} < \sigma_{v\,zul} = 160\,\frac{\text{N}}{\text{mm}^2}\ \text{(siehe Bild 2.9.3)}}}$$

Örtliche Biegespannung senkrecht der Trägerachse im Flansch

$\sigma_b' = 76\,\frac{\text{N}}{\text{mm}^2}$ (siehe oben) $\qquad \underline{\underline{\sigma_b' = 76\,\frac{\text{N}}{\text{mm}^2} < \sigma_{b\,zul} = 140\,\frac{\text{N}}{\text{mm}^2}\ \text{(siehe Bild 2.9.3)}}}$

3. *Fahrwiderstand* F_W nach Gl. (2.3.2)

$$F_W = 4\frac{F_R}{\frac{D}{2}}\left(f + \mu\frac{d}{2}\right) + 4\,F_R\,0{,}005 = 4\,\frac{3500}{4}\left(0{,}05 + 0{,}002\,\frac{2{,}5}{2}\right) + 4\cdot 3500\cdot 0{,}005 = 254\ \text{N}$$

$F_W = 254$ N

"4": 4 Laufräder ($F_W \hat{=}$ Gesamtfahrwiderstand)

Einheitsfahrwiderstand w nach Gl. (2.3.3)

$$w = \frac{F_W}{4\,F_R} = \frac{254}{4\cdot 3500} = 0{,}018$$

$w = 18$ ‰

4. *Laufraddrehzahl* $n_R = \frac{v_F}{D\pi} = \frac{30}{0{,}08\cdot 3{,}14} = 120\ \text{min}^{-1}$

$n_R = 120\ \text{min}^{-1}$

Vorgelegeübersetzung $i = \frac{n_Z}{n_R} = \frac{480}{120} = 4$

$i = 4$

n_Z Ritzeldrehzahl
n_R Laufraddrehzahl

5. *Laufraddurchmesser D* nach Gl. (2.3.1)

$$D = \frac{F_R}{b\,p_{zul}\,c_2\,c_3} = \frac{3500}{12\cdot 4{,}3\cdot 1{,}12\cdot 0{,}78} = 78\ \text{mm}$$

$D = 80$ mm

Beiwerte $c_2 = 0{,}78$, $c_3 = 1{,}12$ (siehe Bild 2.3.1).

Das unter Pkt. 1 gewählte Laufrad mit einem Durchmesser von 80 mm ist ausreichend, auf eine Korrektur kann damit verzichtet werden.

2.4. Bremsen

Nach ihrer Funktion können die in der Fördertechnik gebräuchlichen Bremsen in folgende drei Bauarten eingeteilt werden:

Senkbremsen. Die Senkbremsen verhindern die Überschreitung der zulässigen Senkgeschwindigkeit: Aufnahme potentieller Energie – besonders auf thermische Belastung achten. Häufig werden sie als „Elektrische Bremsen" ausgeführt (Senkbremsschaltung des Hubmotors). Sie kommen z. B. als Senkbremsen für Hubwerke in Frage.

Verzögerungsbremsen. Sie bremsen Fahr- und Drehbewegungen bis zum Stillstand ab: Aufnahme kinetischer Energie – maßgebend ist die gewünschte Verzögerung und die thermische Belastung. Typische Verzögerungsbremsen sind die Fahrbremsen für Kranfahrwerke.

Haltebremsen. Die Halte- oder Stopbremsen sichern stillstehende Lasten gegen den Einfluß der Schwerkraft oder anderer Kräfte (z. B. Windkräfte): Aufnahme potentieller Energie – ausschließlich Momentaufnahme, keine thermische Belastung. Sie werden z. B. als Haltebremsen für Kranhubwerke verwendet (die Bremse hält hierbei die Hublast in Schwebe).

Da alle Bremsen Sicherheitsfunktionen erfüllen, ist auf sorgfältige Ausbildung und Wartung zu achten. Die Bremskräfte werden durch Federn oder Gewichte aufgebracht; das Lüften geschieht durch Bremslüfter oder auch von Hand. Zur Erzielung geringer Bremsmomente werden die Bremsen meist auf die schnellaufenden Motorwellen gesetzt; hierdurch ergeben sich kleine Bremsenabmessungen.

Im Anschluß werden nur die *mechanischen Bremsen*, die die Bremsenergie über Reibung in Wärmeenergie umwandeln, betrachtet. Die wichtigsten Bauarten sind: Backen-, Band-, Scheiben- und Kegelbremsen.

2.4.1. Berechnung des Bremsmoments

Überschlägige Berechnung. Aus dem Motornennmoment M_t (die Bremse sitzt auf der Motorwelle) ergibt sich:

$$M_{Br} = \nu \, M_t \, \eta^2 \qquad \textit{Bremsmoment} \qquad (2.4.1)$$

ν Sicherheitszahl – $\nu \approx 1{,}5 \ldots 3$, hohe Werte bei Haltebremsen

η Wirkungsgrad des Triebwerkes;

η^2 Die Reibung im Triebwerk hilft bremsen, der Motor wird mit $\frac{1}{\eta}$ stärker gewählt.

Genaue Berechnung. Bei der genauen Berechnung werden die Teilmomente, wie Lastmoment, Massenmoment usw. zugrunde gelegt. Wegen der genauen Berechnung kann die Sicherheitszahl ν kleiner gewählt werden; $\nu \approx 1{,}2 \ldots 1{,}5$.

Hubbremsen (Senk- und Haltebremsen für Hubwerke)

$$M_{Br} = \nu \left(\frac{F_H}{i_S} \, r_T \, \frac{1}{i} \, \eta + m_H \, \frac{v_H}{t_{Br}} \, r_T \, \frac{1}{i} \, \eta + \Sigma J_{Br} \, \frac{\omega_{Br}}{t_{Br}} \, \eta \right) \qquad \textit{Bremsmoment} \qquad (2.4.2)$$

1. Glied: Lastmoment, 2. und 3. Glied: Massenmomente aus der Abbremsung geradlinig bzw. drehend bewegter Massen. Die an der Seiltrommel auftretenden Momente sind auf die Bremswelle umzurechnen; gleichfalls ist der Wirkungsgrad des Triebwerkes η zu beachten – er hilft bremsen.

ν Sicherheitszahl – siehe vorn

F_H Hubkraft

i_S Seilübersetzung

η Wirkungsgrad des Triebwerkes

r_T Trommelradius

$i = \frac{n_{Br}}{n_T}$ Übersetzung Bremswelle/Trommelwelle

m_H Hublast

v_H Hubgeschwindigkeit

t_{Br} Bremszeit

n_{Br}, n_T Drehzahlen der Brems- bzw. Trommelwelle

ω_{Br} Winkelgeschwindigkeit der Bremswelle

$$J_{Br} = J_x \left(\frac{n_x}{n_{Br}} \right)^2 \qquad \textit{Massenträgheitsmoment – auf Bremswelle reduziert}$$

J_x, n_x	J bzw. n der betreffenden Welle
$J = m\, r_S^2$	Massenträgheitsmoment
m	Masse des drehend bewegten Teils
r_S	Trägheitsradius des drehend bewegten Teils

Erfahrungswerte

$$t_{Br} \approx 0{,}5 \ldots 3\ \text{s},\ a_{Br} = \frac{v_H}{t_{Br}} \approx 0{,}2 \ldots 1\,(3)\ \frac{m}{s^2}$$

Meist ist die Berechnung des Lastmoments ausreichend. Die Massenmomente werden dann durch einen Zuschlag von 10 ... 20 % zum Lastmoment berücksichtigt.

Fahrbremsen (Verzögerungsbremsen für Fahrwerke)

$$M_{Br} = \nu \left(m_F \frac{v_F}{t_{Br}}\, r_L\, \frac{1}{i}\, \eta + \Sigma J_{Br} \frac{\omega_{Br}}{t_{Br}}\, \eta + F_{Wi}\, r_L\, \frac{1}{i}\, \eta - F_W\, r_L\, \frac{1}{i}\, \eta \right) \qquad (2.4.3)$$

Bremsmoment

1. und 2. Glied: Massenmomente aus der Abbremsung geradlinig bzw. drehend bewegter Massen, 3. Glied: Windmoment, 4. Glied: Fahrwiderstandsmoment („–“: hilft bremsen). Die am Laufrad auftretenden Momente sind unter Beachtung des Wirkungsgrades des Triebwerkes η auf die Bremswelle umzurechnen.

ν	Sicherheitszahl – siehe vorn
m_F	Gesamte abzubremsende geradlinig bewegte Masse
v_F	Fahrgeschwindigkeit
r_L	Laufradradius
$i = \frac{n_{Br}}{n_L}$	Übersetzung Bremswelle/Laufrad
F_{Wi}	Windkraft – aus Winddruck p_{Wi} und Windangriffsfläche A_{Wi} errechnen
F_W	Fahrwiderstand
n_L	Laufraddrehzahl

Übrige Größen siehe vorn

Erfahrungswerte

$$t_{Br} \approx 5 \ldots 10\ \text{s},\ a_{Br} = \frac{v_F}{t_{Br}} \approx 0{,}5 \ldots 1\ \frac{m}{s^2}$$

Weiterhin ist zu überprüfen, ob beim Bremsen kein Rutschen der gebremsten Räder auftritt; der Reibschluß darf auch beim Bremsen nicht verloren gehen (sonst erhöhter Verschleiß). Meist reicht die Beachtung der Momente aus den geradlinig bewegten Massen und dem Fahrwiderstand aus. Die übrigen Momente können durch einen Zuschlag von 10 ... 20 % erfaßt werden. Windmomente treten nur bei Anlagen im Freien auf.

Drehbremsen (Verzögerungsbremsen für Drehwerke)

$$M_{Br} = \nu \left(\Sigma J_{Br} \frac{\omega_{Br}}{t_{Br}} \eta + F_{Wi}\, r_{Wi} \frac{1}{i} \eta - M_W \frac{1}{i} \eta \right)$$ *Bremsmoment* (2.4.4)

1. Glied: Massenmoment aus der Abbremsung der drehend bewegten Massen, 2. Glied: Windmoment, 3. Glied: Drehwiderstandsmoment („–“: hilft bremsen)

Die Umrechnung der Momente und die Beachtung von η geschieht ebenso wie bei den Hub- und Fahrbremsen.

r_{Wi} Schwerpunktsabstand der Windangriffsfläche A_{Wi} zur Drehachse

$i = \frac{n_{Br}}{n_D}$ Übersetzung Bremswelle/Drehteil

$M_W = \mu F \frac{D_L}{2}$ Drehwiderstandsmoment um die Drehachse (μ Lagerreibungszahl, F Lagerkraft, D_L Lagerreibungsdurchmesser)

n_D Drehzahl des Drehteils

Übrige Größen siehe vorn. Das Windmoment kann häufig vernachlässigt werden. Erfahrungswerte für t_{Br} und a_{Br} siehe Fahrbremsen.

2.4.2. Wärmebelastung der Bremsen

Für überschlägige Berechnungen reicht der Nachweis der spezifischen Reibleistung $P_{R'} = p\, v \mu$ aus.

p, v Flächenpressung bzw. Umfangsgeschwindigkeit am Reibbelag

μ Reibungszahl Belag/Bremsscheibe

Bei der genauen Berechnung ist die thermische Überprüfung (Berechnung der Bremsleistung) durchzuführen. Zulässige Werte für p, μ und die maximale Dauertemperatur T verschiedener Reibbeläge in Bild 2.4.1.

Haltebremsen. Bremsleistung $P_{Br} = 0$: Keine Aufnahme kinetischer Energie. Hier reicht deshalb die Ermittlung der spezifischen Reibleistung $p\, v\mu$ aus.

$$p\, v\mu \approx 1 \ldots 4 \frac{N}{mm^2} \frac{m}{s}$$

Werkstoff	Baumwollgewebe mit Kunstharz	Asbest mit Kunstharz	Metallwolle mit Buna
Reibungzahl μ	0,4...0,65	0,3...0,5	0,4...0,65
Zulässige Flächenpressung in $\frac{N}{mm^2}$	0,1...1	0,1...2	0,1...2 (8)
Max. Dauertemp. in K	350	450	500

Für Trockenlauf auf GG- oder GS-Scheibe nach Kurth

Bild 2.4.1. Kennwerte für Reibbeläge (Richtwerte)

Senkbremsen

$$P_{Br} = M_{Br}\ \omega_{Br}$$ *Bremsleistung* (2.4.5)

M_{Br} Bremsmoment
ω_{Br} Winkelgeschwindigkeit der Bremswelle

Der so errechnete Wert für P_{Br} gilt für ständiges Bremsen, deshalb ist auf die Minderung von P_{Br} durch die Bremszeit t_{Br} und die Spielzahl z zu achten. Der zulässige Bremswärmestrom ϕ_{Brzul} geht aus Gl. (2.4.7) hervor.

$p\ v\mu \approx 0{,}5 \ldots 1{,}5\ \frac{N}{mm^2}\ \frac{m}{s}$ Für überschlägige Berechnungen

Verzögerungsbremsen

$$P_{Br} = \tfrac{1}{2}\ M_{Br}\ \omega_{Br}$$ *Bremsleistung* (2.4.6)

„$\frac{1}{2}$" Für Fahr- und Drehbremsen – mittleres ω_{Br} zugrundegelegt (Bei Bremsbeginn $\omega = \omega_{Br}$, am Ende des Bremsvorganges $\omega = 0$)

Sonst analog den Senkbremsen

Zulässiger Bremswärmestrom. Für den Wärmedurchgang (Wärmeübertragung durch Konvektion und Leitung) gilt allgemein

$$\phi_{Brzul} = k\ A\ \Delta\ T$$ *Zulässiger Bremswärmestrom* (2.4.7)

$k \approx 40\ \sqrt{v}$ in $\frac{kJ}{m^2\ h\ K}$ Wärmedurchgangszahl (Richtwert)

v Umfangsgeschwindigkeit an der Bremsscheibe in $\frac{m}{s}$
A Freie Scheibenaußenfläche in m^2
ΔT Temperaturdifferenz zwischen Reibbelag und Umgebung in K

2.4.3. Backenbremsen

Die Backenbremsen werden meist als doppelt wirkende Außenbackenbremsen gebaut, damit die Bremswelle nicht auf Biegung beansprucht wird und für beide Drehrichtungen ein gleiches Bremsmoment auftritt.

Scheibendurchmesser D. Der Scheibendurchmesser der Bremsscheibe hängt von der zulässigen Flächenpressung des Reibbelags und der thermischen Beanspruchung ab. Zunächst wird der Scheibendurchmesser gewählt; anschließend erfolgt die Überprüfung der spezifischen Reibleistung $P_{R'} = p\ v\mu$ – zulässige Werte für $p\ v\mu$ siehe in Abschnitt 2.4.2.

Bei thermisch stark belasteten Bremsen kann noch die Bremsleistung P_{Br} ermittelt werden und anschließend mit dem zulässigen Bremswärmestrom ϕ_{Brzul} verglichen werden – Gln. (2.4.5) bis (2.4.7).

Kräfte an der Bremse. Die folgenden Formeln ergeben sich aus Bild 2.4.2

$F_{N1} = F_{N2} \mathrel{\widehat{=}} F_N$ Backenkraft (Normalkraft)

$F_{U1} = F_{U2} \mathrel{\widehat{=}} F_U$ Bremskraft (Umfangskraft)

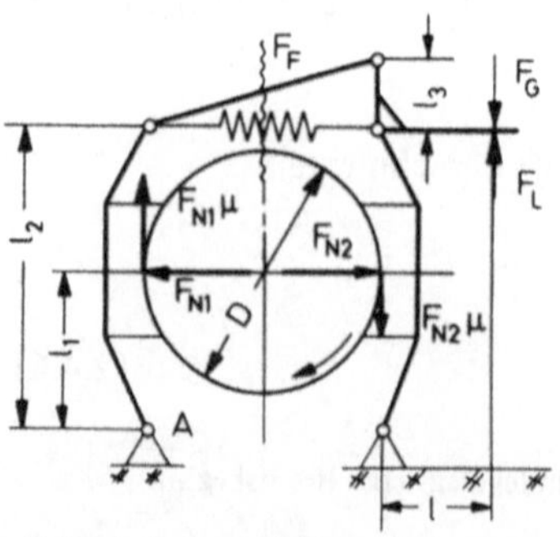

Kräfte an Doppelbackenbremsen

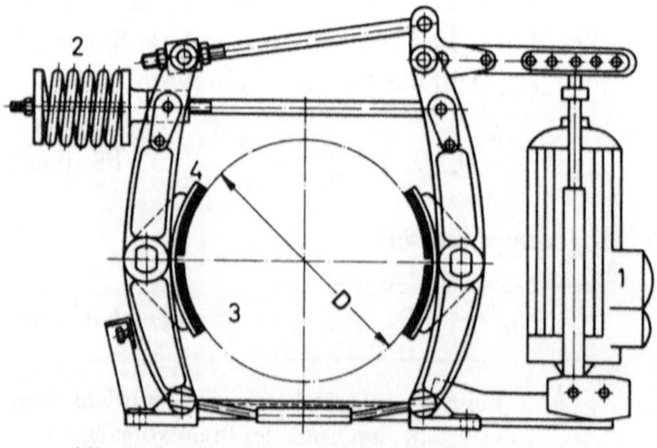

Mit außenliegender Bremsfeder und Eldrogerät

1 Eldrogerät
2 Bremsfeder
3 Bremsscheibe
4 Bremsbacke mit Reibbelag

Scheiben-durchm. D in mm	Scheiben-breite B in mm	Backen-breite b_B in mm	Lüftweg S_L je Backe in mm
200	75	70	1
250	95	90	1,25
315	118	110	1,25
400	150	140	1,6
500	190	180	1,6
630	236	225	2,0
710	265	255	2,0

Bremsscheibenabmessungen (DIN 15 435)

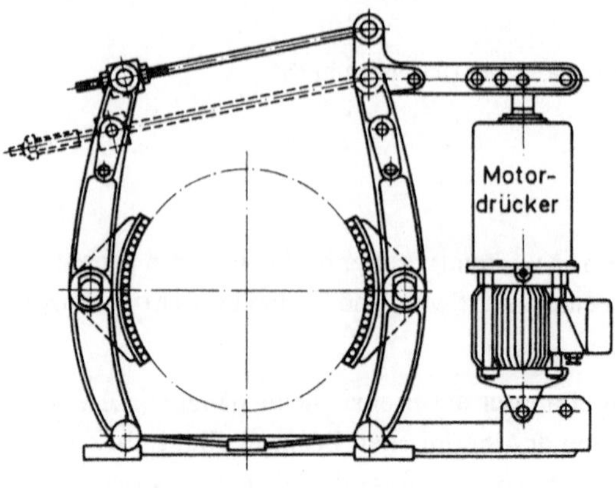

Mit Bremsfeder im Lüftgerät (Motordrücker)

Bild 2.4.2.
Doppelbackenbremsen (DEMAG)

$i = \frac{l_2}{l_1}\,\frac{l}{l_3} = \frac{h_L}{2 s_L}$	*Gestängeübersetzung*	(2.4.8)
$F_N = \frac{M_{Br}}{\mu D} = F_G\, i$	*Backenkraft* (Bremsen durch Bremsgewichtskraft F_G)	(2.4.9)
$F_N = \frac{M_{Br}}{\mu D} = F_F\, \frac{l_2}{l_1}$	*Backenkraft* (Bremsen durch Federkraft F_F bei außenliegender Bremsfeder (Bild 2.4.2))	(2.4.10)
$p = \frac{F_N}{l_B\, b_B}$	*Flächenpressung an den Bremsbacken*	(2.4.11)
$W_L = 2\, F_N\, s_L$	*Lüftarbeit des Bremslüfters*	(2.4.12)
$F_L = \frac{W_L}{h_L}$	*Lüftkraft am Lüftgerät*	(2.4.13)

l bis l_3 Hebellängen der Bremshebel (Bild 2.4.2)
h_L Lüfthub am Lüftgerät
s_L Lüftweg einer Bremsbacke (Bild 2.4.2)

Die Backenkraft F_N ergibt sich aus ΣMom. „A" = 0, wobei $F_N = \frac{1}{2}\,\frac{F_U}{\mu} = \frac{1}{2}\,\frac{2 M_{Br}}{\mu D} = \frac{M_{Br}}{\mu D}$ ist;

„$\frac{1}{2}$" 2 Bremsbacken, Eigengewicht der Bremshebel vernachlässigt
μ Reibungszahl Reibbelag/Bremsscheibe (Bild 2.4.1)
F_G Gewichtskraft
F_F Federkraft
l_B Bremsbackenlänge $l_B \approx 0{,}6\,D$
b_B Bremsbackenbreite (Bild 2.4.2)

Die Lüftarbeit W_L des Bremslüfters kann aus der Lüftkraft F_N und dem Lüftweg s_L an dem Bremsbelag ermittelt werden;

„2" 2 Bremsbacken – bei Gl. (2.4.12)

Aufbau. Wegen des geringeren Baugewichts werden Doppelbackenbremsen mit Bremsfedern gegenüber den Ausführungen mit Bremsgewichten bevorzugt. Bei den Bremsen mit Bremsfedern sind die folgenden beiden Bauweisen gebräuchlich:

Doppelbackenbremsen mit außenliegender Bremsfeder Die Bremskraft wird durch die meist direkt auf die Bremshebel wirkende Bremsfeder aufgebracht. Das Lüften geschieht durch ein über ein Hebelsystem mit der Übersetzung i wirkendes Lüftgerät. Die Übersetzung ermöglicht relativ kleine Lüftkräfte der Bremslüftgeräte.

Doppelbackenbremsen mit Bremsfedern im Lüftgerät Die Bremsfeder wird bei dieser Bauart direkt im Lüftgerät eingebaut (z. B. beim Motordrücker (Bild 2.4.6)).

Für die Konstruktion sind die folgenden Punkte besonders zu beachten:

- Einsatz von Normbremsen im Baukastensystem
- Veränderliche Übersetzung i – z. B. kann durch Änderung der Hebellängen eine bestimmte Bremsengröße dem jeweils geforderten Bremsmoment in gewissen Grenzen angepaßt werden
- Gleichmäßiges Lüften der Bremsbacken durch Anschläge oder Stellschrauben
- Bei großen Scheibendurchmessern sind die Bremsbacken zur besseren Anpassung an die Scheiben gelenkig zu lagern
- Auf einfaches Nachstellen und Auswechseln der Bremsbacken achten – Einsatz von Vorrichtungen, die selbsttätig den Verschleiß des Bremsbelages ausgleichen.

2.4.4. Bandbremsen

Die Bandbremsen wurden weitgehend von der Doppelbackenbremse verdrängt. Ihre Bremswirkung wird durch ein mit einem Reibbelag versehenes, um die Bremsscheibe geschlungenes biegsames Bremsband erreicht. Die Bandbremsen zeichnen sich durch einen einfachen Aufbau und hohe Bremsmomente bei starker Biegebeanspruchung der Bremswellen aus. Wichtige Ausführungen: *Einfache und Summenbandbremse.*

Aufbau. Bei der einfachen Bandbremse hängt das Bremsmoment von der Drehrichtung ab; sie ist deshalb nicht als Fahrbremse geeignet. Die Summenbandbremse ergibt für beide Drehrichtungen gleiche Bremsmomente: $F_1 + F_2 = F_2 + F_1$. Die Bremskräfte werden meist durch Gewichte erzeugt, das Lüften geschieht durch ein Lüftgerät oder auch von Hand.

Für die Konstruktion ist besonders zu beachten:

- Befestigung des Bremsbandes am Festpunkt und am Bremshebel durch Ösen- und Gabelschrauben
- Die Gabelschrauben sind nachstellbar, um den Ausgleich des Reibbelagverschleißes zu ermöglichen.

Ein um das Bremsband gelegter Flachstahlbügel mit Stellschrauben gewährleistet das gleichmäßige Lüften des Bremsbandes.

Berechnung

Kräfte

$$\frac{F_1}{F_2} \leqslant e^{\mu\alpha} \qquad \textit{Eytelweinsche Gleichung} \qquad (2.4.14)$$

$$F_U = F_1 - F_2 = \frac{2\,M_{Br}}{D} \qquad \textit{Umfangskraft} \qquad (2.4.15)$$

F_1	Maximale Bandkraft
F_2	Minimale Bandkraft
μ	Reibungszahl zwischen Bremsbelag und Scheibe (Bild 2.4.1)
α	Umschlingungswinkel

Aus F_U, μ und α ergeben sich nach den Gln. (2.4.14) und (2.4.15) die Bandkräfte F_1 und F_2. Aus ΣMom. um den Anlenkpunkt des Bremshebels „A" = 0 und den Hebellängen l_L und l_G kann die erforderliche Gewichtskraft F_G und die hierfür notwendige Lüftkraft F_L ermittelt werden (Bild 2.4.3).

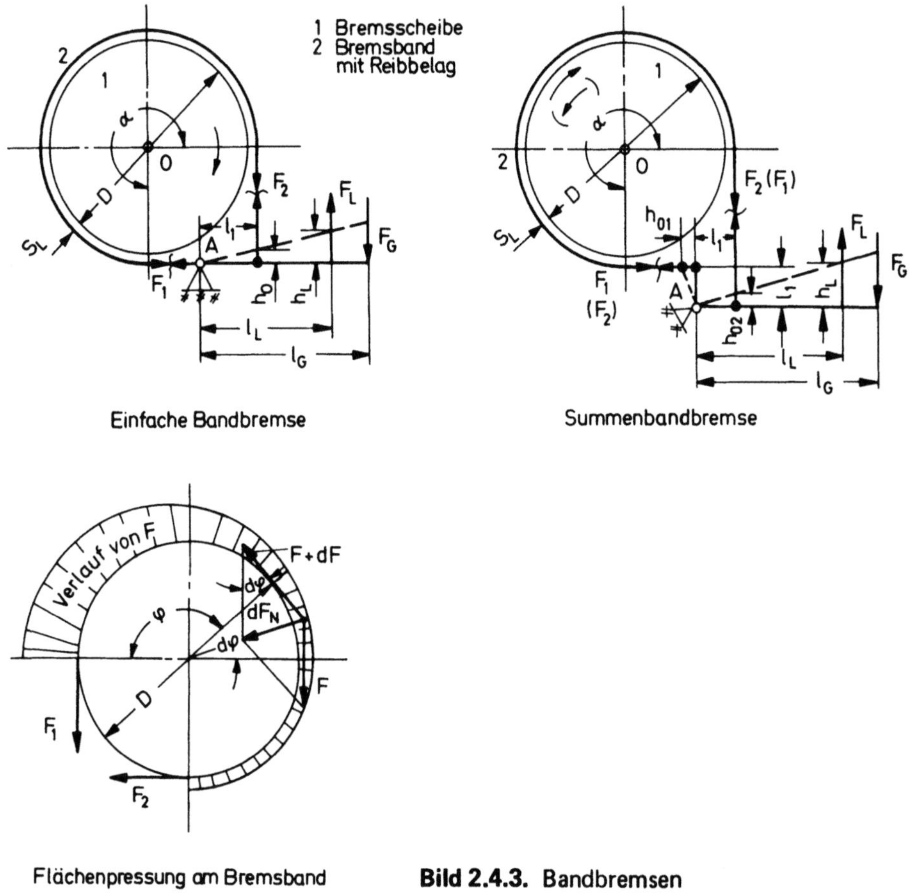

Bild 2.4.3. Bandbremsen

Bremsscheibendurchmesser Die Auswahl des Scheibendurchmessers erfolgt wie bei der Doppelbackenbremse; die Flächenpressung p am Bremsbelag kann nach Bild 2.4.3 wie folgt berechnet werden:

$$\text{Flächenpressung } p = \frac{dF_N}{dA} = \frac{F\, d\varphi}{\frac{D}{2}\, d\varphi\, b_B} = \frac{2F}{D\, b_B}$$

Für F $F_{max} \mathrel{\hat{=}} F_1$ setzen, b_B Bandbreite, Winkel $d\varphi = \frac{\text{Bogen}}{\text{Radius}}$, D Scheibendurchmesser

$$p = \frac{2F_1}{D\,b_B}$$ *Flächenpressung am Belag*

Bremslüfter Beim Lüften des Bremsbandes über den ganzen Umfang ergibt sich eine Verlängerung des Umfanges von: $\Delta U = (D + 2\,s_L)\,\pi - D\pi$.

Ebenso kann der Lüftweg h_0 am Anlenkpunkt des Bandes berechnet werden (Bild 2.4.3).

Lüftweg bei der einfachen Bandbremse

$$h_0 = \left[(D + 2\,s_L)\,\pi - D\pi\right]\frac{\alpha}{2\pi};$$ hieraus ergibt sich h_0 zu:

$$h_0 = s_L\,\alpha$$ *Lüftweg am Anlenkpunkt*

Lüftweg bei der Summenbandbremse

$$h_{01} + h_{02} = 2h_0 = s_L\,\alpha;$$ hieraus ergibt sich h_0 zu:

$$h_0 = \frac{s_L\,\alpha}{2}$$ *Lüftweg an den Anlenkpunkten*

Aus dem Lüftweg h_0 am Anlenkpunkt des Bandes und den Hebellängen l_1 und l_L kann der Lüfthub h_L am Lüftgerät berechnet werden (Aufgabe 7).

$$W_L = F_L\,h_L$$ *Lüftarbeit*

F_L Lüftkraft am Lüftgerät
h_L Lüfthub am Lüftgerät

2.4.5. Scheibenbremsen

Aufbau. Die Anpreßkraft F_N wird häufig durch Tellerfedern aufgebracht, da hohe Anpreßkräfte bei nur kleinen Wegen erforderlich werden. Das Lüften der Bremsbacken geschieht deshalb meist durch in die Bremszangen eingebaute Druckzylinder, die von einem getrennt aufgestellten Hydraulikaggregat gespeist werden; Öldruck $p \approx 30 \dots 60$ bar.

Die Bremsscheiben werden häufig mit Innenbelüftung ausgeführt, wobei im hohlen Scheibeninnenraum Radialschaufeln angebracht werden, die die Luft an der Nabe ansaugen und nach außen wegblasen. Diese Scheibenart ergibt deshalb eine intensive Kühlung.

1 Bremsscheibe
2 Bremsbacken mit Reibbelägen
3 Drucköllüftgerät

Bild 2.4.4.
Scheibenbremse (ASEA)
Bremsscheibe mit Innenbelüftung und Drucköllüftgerät

Vorteile Geringes Massenträgheitsmoment der Bremsscheibe; sehr gute Wärmeabfuhr. Wegen der guten Wärmeabfuhr werden die Scheibenbremsen vor allem als Senk- oder Verzögerungsbremsen eingesetzt.

Berechnung

$$\boxed{M_{Br} = 2\ F_N \mu\ \frac{D_m}{2}}$$ *Bremsmoment* (2.4.16)

„2" 2 Reibflächen
F_N Backenkraft
μ Reibungszahl zwischen Bremsscheibe/Bremsbelag (Bild 2.4.1)
D_m Mittlerer Reibdurchmesser

Wärmebelastung siehe Abschnitt 2.4.2.

Freie Scheibenaußenfläche $A \approx 4\frac{\pi D^2}{4}$

„4" Mit innerer Kühlung

$$\boxed{W_L = 2\ F_N\ s_L}$$ *Lüftarbeit des Bremslüfters* (2.4.17)

s_L Lüftweg einer Bremsbacke

2.4.6. Kegelbremsen

Die Kegelbremsen nehmen bei kleinen Abmessungen hohe Bremsmomente auf, da schon eine geringe Andruckkraft F größere Backenkräfte F_N ergibt. Da bei den Kegelbremsen die Bremsbacken innen angeordnet sind, können sie thermisch nur geringer belastet werden; sie sind deshalb nur bedingt als Senk- oder Verzögerungsbremsen geeignet. Die Andruckkraft F wird durch Federn erzeugt; das Lüften erfolgt meist durch den Verschiebeanker des Antriebsmotors (Abschnitt 2.4.7).

$$M_{Br} = F_N \mu \frac{D_m}{2} = \frac{F}{\sin\alpha} \mu \frac{D_m}{2}$$ *Bremsmoment* (2.4.18)

$$W_L = F_N s_L$$ *Lüftarbeit des Bremslüfters* (2.4.19)

F_N Backenkraft (Bild 2.4.5)
μ Reibungszahl Bremsscheibe/Bremsbelag (Bild 2.4.1)
D_m Mittlerer Reibdurchmesser
F Andruckkraft (Bild 2.4.5)
α Kegelwinkel (Bild 2.4.5)

Der Kegelwinkel α ist wegen einwandreiem Lüften (Selbsthemmung) $\geqslant 30°$ zu wählen: $\mu_{max} \approx 0{,}5 \widehat{=} \tan\rho$, ergibt Reibungswinkel $\rho \approx 27°$.

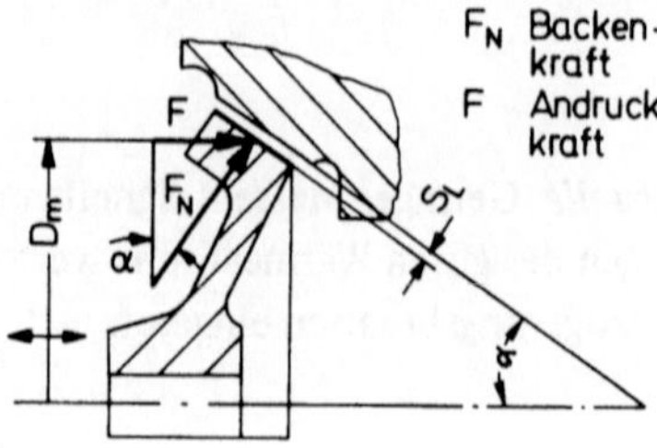

Bild 2.4.5. Kegelbremse

2.4.7. Bremslüfter

Aus Sicherheitsgründen werden in der Fördertechnik weitgehend *Lösebremsen* verwendet. Die Bremsen sind somit ständig durch Federn oder Gewichte geschlossen und werden nur während des Arbeitsspieles durch die Bremslüfter gelöst. *Bei Stromausfall bleiben die Bremsen geschlossen.*

Die Bremslüftgeräte werden aus den Herstellungslisten nach folgenden Daten ausgewählt: Lüftarbeit W_L, Lüfthub h_L, Lüftkraft F_L, Schalthäufigkeit und Relative Einschaltdauer ED (Abschnitt 2.7.1). Die wichtigsten Lüftgeräte sind:

Magnetbremslüfter. Magnetbremslüfter arbeiten nach dem elektromagnetischen Prinzip mit Gleich- oder Drehstrom. Zur Dämpfung der starken Arbeitsstöße sind Luftdämpfungskolben gebräuchlich.

Verschiebeankerbremsmotor. Er stellt eine ideale Verbindung von Antriebsmotor, Bremse und Lüftgerät dar und arbeitet nach dem elektromagnetischen Prinzip; Anwendung z. B. in Elektrozügen (Bild 3.1.2). Im Ausschaltzustand wird die Kegelbremse durch die Bremsfeder geschlossen gehalten. Beim Einschalten wird der Läufer des Motors in den Ständer gezogen und damit gleichzeitig die Bremse gelüftet. Auch hier ergeben sich, wie beim Magnetbremslüfter, sehr kurze Einfall- und Öffnungszeiten der Bremsen.

Motordrücker. Der Motordrücker (Bild 2.4.6) arbeitet nach dem elektromotorischen Prinzip. Der Elektromotor treibt das Fliehkraftlenkersystem an, das die Fliehkraft in eine Hubkraft umwandelt, die den Lüfterstößel betätigt. Nach dem Ausschalten des Motors drückt die Bremsfeder den Stößel nach unten und schließt damit wieder die Bremse. Durch den Einbau der Bremsfeder in das Lüftgerät ergibt sich eine einfache Bremsenkonstruktion.

Vorteile Beliebige Einbaulage und sanftes Arbeiten; hohe Einschaltdauer und große Schalthäufigkeit.

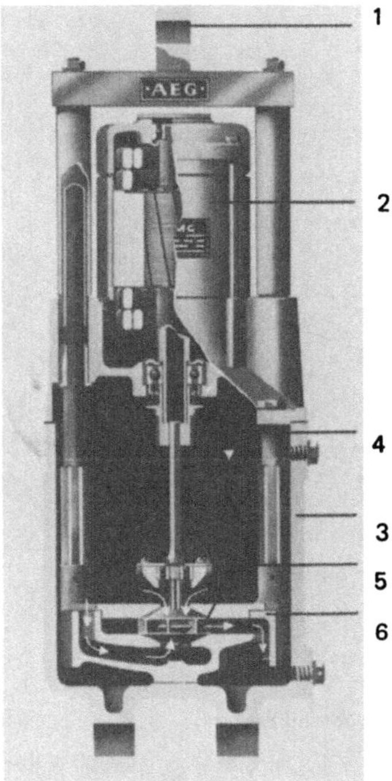

Eldrogerät (AEG)

1 Drucklasche, 2 Drehstrom-Asynchronmotor, 3 Kolbenstange, 4 Zylinder, 5 Pumpenrad, 6 Kolben

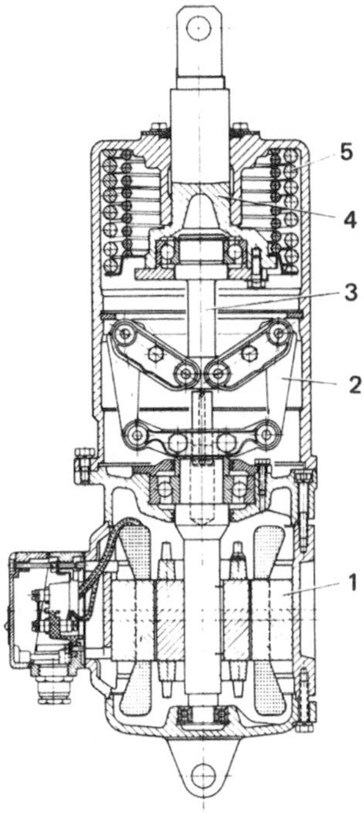

Motordrücker (SSW)

1 Motor, 2 Fliehkraftlenkersystem, 3 Schubachse, 4 Stößel, 5 Bremsfeder

Bild 2.4.6. Bremslüftgeräte

Eldrogerät. (AEG) Das Eldrogerät (Bild 2.4.6) arbeitet nach dem elektrohydraulischen Prinzip. Nach dem Einschalten des Elektromotors erzeugt die im Hubkolben eingebaute Kreiselpumpe unterhalb des Hubkolbens einen Überdruck und drückt damit über die Druckstangen den Lüfterstößel nach oben: Lüften der Bremse. Nach dem Ausschalten geht der Kolben durch die Kraft der Bremsfeder und durch sein Eigengewicht wieder in seine Ausgangslage zurück.

Vorteile Stoßfreies Arbeiten;
konstante Hubkraft – unabhängig von der Kolbenstellung;
keine Überlastung und kein Nachstellen wegen des Reibbelagverschleißes;
hohe Einschaltdauer und große Schalthäufigkeit.

Weiterhin werden noch häufig *Drucköl- und Spindellüftgeräte* eingesetzt.

Die meisten Lüftgeräte werden auch in Sonderausführungen (z. B. mit einstellbarer Lüftzeit und Lüftkraft) hergestellt – Einzelheiten sind aus Herstellerkatalogen zu ersehen.

Bremslüfter werden in der Fördertechnik auch zur Bewegung von Weichen und Stelleinrichtungen für Stetigförderer sowie zur Betätigung von Klappen an Schüttgutbunkern und für Taktantriebe verwendet.

2.4.8. Beispiele

5 Doppelbackenbremse (als Haltebremse für ein Hubwerk)

Hublast m_H = 12,5 t, Hubgeschwindigkeit der Last $v_H = 12{,}5\ \frac{m}{min}$, Zwillingsflaschenzug mit 4 Seilen, Seiltrommeldurchmesser D_T = 315 mm, Bremswellendrehzahl $n_{Br} = 970\ min^{-1}$, Gesamtwirkungsgrad $\eta = 0{,}85$, Nachlaufumdrehungen der Bremswelle $n' = 5$, Massenträgheitsmoment der Bremswelle $J_{Br} = 0{,}6\ kg\ m^2$, Hubnennleistung P_N = 30 kW, Reibungszahl des Bremsbelages $\mu_{Br} = 0{,}35$, Lüftweg einer Bremsbacke s_L = 0,15 cm, L_1 = 180 mm, L_2 = 360 mm, L_3 = 60 mm, L = 180 mm, Bremsscheibendurchmesser D = 315 mm

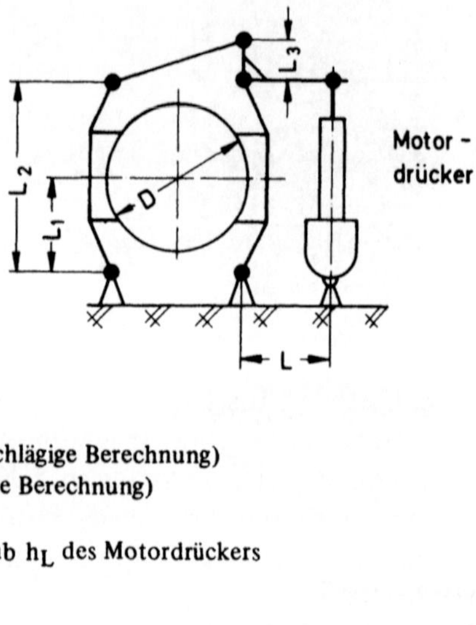

Gesucht:

1. Bremsmoment M_{Br} mit Sicherheitszahl $\nu = 2{,}5$ (überschlägige Berechnung)
2. Bremsmoment M_{Br} mit Sicherheitszahl $\nu = 1{,}5$ (genaue Berechnung)
3. Spezifische Reibleistung $P'_R = p\,v\,\mu$
4. Erforderliche Lüftarbeit W_L, Lüftkraft F_L und Lüfthub h_L des Motordrückers

Lösung:

1. *Bremsmoment* M_{Br} nach Gl. (2.4.1)

$M_{Br} = \nu\, M_t\, \eta^2 = 2{,}5 \cdot 295 \cdot 0{,}85^2 = 530$ Nm $\underline{\underline{M_{Br} = 530\ Nm}}$

Drehmoment an der Bremswelle $M_t = \frac{P_N}{\omega_{Br}} = \frac{30000}{102} = 295$ Nm

Winkelgeschwindigkeit der Bremswelle $\omega_{Br} = 2\pi\, n_{Br} = 2 \cdot 3{,}14 \cdot 970 = 6100\ min^{-1}$, $\omega_{Br} = 102\ s^{-1}$

2. *Bremsmoment* M_{Br} nach Gl. (2.4.2)

$$M_{Br} = \nu \left(\frac{F_H}{i_s}\, r_T\, \frac{1}{i}\, \eta + m_H\, \frac{v_H}{t_{Br}}\, r_T\, \frac{1}{i}\, \eta + \Sigma\, J_{Br}\, \frac{\omega_{Br}}{t_{Br}}\, \eta \right)$$

$$M_{Br} = 1{,}5 \left(\frac{125000}{2} 0{,}16 \cdot \frac{1}{38{,}5}\, 0{,}85 + 12500\, \frac{0{,}208}{0{,}6}\, 0{,}16\, \frac{1}{38{,}5}\, 0{,}85 + 0{,}6\, \frac{102}{0{,}6} \cdot 0{,}85 \right) = 484\ Nm$$

$\underline{\underline{M_{Br} = 484\ Nm}}$

Seilübersetzung $i_S = 2$ (Zwill. Zug mit $z = 4$ Seilen und damit Seilgeschwindigkeit $v_S = 2\,v_H$) $\underline{i_S = 2}$

Übersetzung Bremswelle/Trommelwelle $i = \dfrac{n_{Br}}{n_T} = \dfrac{970}{25{,}2} = 38{,}5$ $\underline{i = 38{,}5}$

Trommeldrehzahl $n_T = \dfrac{v_S}{D_T \pi} = \dfrac{i_S\, v_H}{D_T \pi} = \dfrac{2 \cdot 12{,}5}{0{,}315 \cdot 3{,}14} = 25{,}2\ \text{min}^{-1}$

Bremszeit t_{Br} aus den Nachlaufumdrehungen der Bremswelle n' berechnen: $t_{Br} = \dfrac{2n'}{n_{Br}} = \dfrac{2 \cdot 5}{16{,}2} = 0{,}6$ s

$\underline{t_{Br} = 0{,}6\ \text{s}}$

$n_{Br} = 970\ \text{min}^{-1} \,\hat{=}\, 16{,}2\ \text{s}^{-1}$, "2": Gleichmäßige Verzögerung beim Bremsvorgang angenommen.

Die Umrechnung der Drehmassen auf die Bremswelle entfällt, da bereits das Trägheitsmoment der Bremswelle J_{Br} angegeben ist.

Für die weitere Berechnung wurde ein Bremsmoment $M_{Br} = 500$ Nm zugrundegelegt.

3. Nach Bild 2.4.2 ergibt sich für den Scheibendurchmesser $D = 315$ mm eine Bremsbelagbreite b_B von 110 mm.

   Backenkraft F_N nach Gl. (2.4.10)

   $F_N = \dfrac{M_{Br}}{D\mu} = \dfrac{500}{0{,}315 \cdot 0{,}35} = 4500\ \text{N}$ $\underline{F_N = 4500\ \text{N}}$

   Umfangsgeschwindigkeit v an der Bremsscheibe: $v = D \pi n = 0{,}315 \cdot 3{,}14 \cdot 16{,}2 = 16\ \dfrac{\text{m}}{\text{s}}$

   Flächenpressung am Reibbelag p nach Gl. (2.4.11) $\underline{v = 16\ \dfrac{\text{m}}{\text{s}}}$

   $p = \dfrac{F_N}{L_B\, b_B} = \dfrac{4500}{189 \cdot 110} = 0{,}22\ \dfrac{\text{N}}{\text{mm}^2}$ $\underline{\underline{p = 0{,}22\ \dfrac{\text{N}}{\text{mm}^2}}}$

   Backenlänge $L_B \approx 0{,}6\,D = 0{,}6 \cdot 315 = 189$ mm

   $p \cdot v \cdot \mu = 0{,}22 \cdot 16 \cdot 0{,}35 = 1{,}23\ \dfrac{\text{N}}{\text{mm}^2}\,\dfrac{\text{m}}{\text{s}}$ $\underline{\underline{p \cdot v \cdot \mu = 1{,}23\ \dfrac{\text{N}}{\text{mm}^2}\,\dfrac{\text{m}}{\text{s}}}}$

4. *Lüftarbeit* W_L nach Gl. (2.4.12)

   $W_L = 2\,F_N\, s_L = 2 \cdot 4500 \cdot 0{,}0015 = 13{,}5$ Nm $\underline{\underline{W_L = 13{,}5\ \text{Nm}}}$

   Lüfthub h_L nach Gl. (2.4.8)

   $h_L = i \cdot 2 \cdot s_L = 6 \cdot 2 \cdot 0{,}15 = 1{,}8$ cm $\underline{\underline{h_L = 1{,}8\ \text{cm}}}$

   Übersetzung i nach Gl. (2.4.8)

   $i = \dfrac{L_2}{L_1} \cdot \dfrac{L}{L_3} = \dfrac{360}{180} \cdot \dfrac{180}{60} = 6$

   Lüftkraft F_L nach Gl. (2.4.13)

   $F_L = \dfrac{W_L}{h_L} = \dfrac{13{,}5}{0{,}018} = 750\ \text{N}$ $\underline{\underline{F_L = 750\ \text{N}}}$

6 Scheibenbremse (als Fahrbremse für ein Kranfahrwerk)

Je Kranseite eine Bremse, Gesamte Fahrmasse $m_F = 30$ t, Einheitsfahrwiderstand $w = 10$ ‰, Fahrgeschwindigkeit $v_F = 125\ \dfrac{\text{m}}{\text{min}}$, Bremsverzögerung $a_{Br} = -0{,}6\ \dfrac{\text{m}}{\text{s}^2}$, Laufraddurchmesser $D_L = 320$ mm, Bremsscheibendurchmesser $D = 250$ mm, $\alpha = 45°$, $D_i = 180$ mm, Bremswellendrehzahl $n_{Br} = 1470\ \text{min}^{-1}$, Wirkungsgrad des Antriebes $\eta = 0{,}8$, Reibungszahl des Bremsbelages $\mu = 0{,}4$, Bremsscheibe mit innerer Kühlung, Raumtemperatur $T_1 = 300$ K, Bremszahl $z = 30\ \text{h}^{-1}$.

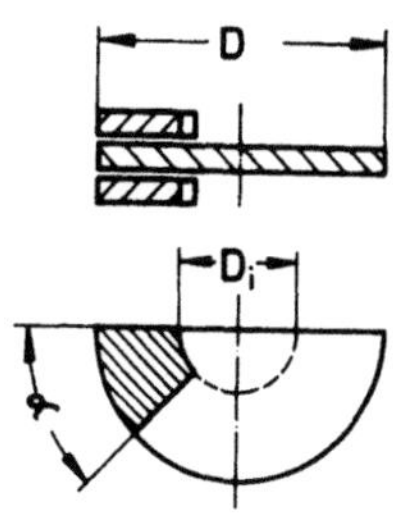

Gesucht:

1. Bremsmoment M_{Br} aus den Teilmomenten mit einer Sicherheitszahl $\nu = 1{,}2$ (Drehmassen vernachlässigen)
2. Andruckkraft F_N der Bremsbacken, spez. Reibleistung $P'_R = p\,v\,\mu$
3. Maximale Temperatur der Bremsscheibe
4. Bremsweg des Kranes

Lösung:

1. *Bremsmoment* M_{Br} nach Gl. (2.4.3), (Drehmassen vernachlässigen)

$$M_{Br} = \nu \left(m_F \frac{v_F}{t_{Br}} r_L \frac{1}{i} \eta - F_W r_L \frac{1}{i} \eta \right)$$

$$M_{Br} = 1{,}2 \left(15000 \cdot 0{,}6 \cdot 0{,}16 \frac{1}{11{,}9} 0{,}8 - 1500 \cdot 0{,}16 \frac{1}{11{,}9} 0{,}8 \right) = 97 \text{ Nm} \qquad \underline{\underline{M_{Br} = 97 \text{ Nm}}}$$

Keine Windlast. Die Hälfte von m_F angesetzt (je Seite eine Bremse).

$$\frac{v_F}{t_{Br}} = a_{Br} = 0{,}6 \frac{\text{m}}{\text{s}^2}, \text{ Übersetzung } i = \frac{n_{Br}}{n_L} = \frac{1470}{124} = 11{,}9 \qquad \underline{i = 11{,}9}$$

Laufraddrehzahl $n_L = \frac{v_F}{D_L \pi} = \frac{125}{0{,}32 \cdot 3{,}14} = 124 \text{ min}^{-1}$

Fahrwiderstand F_W nach Gl. (2.3.3)

$F_W = F \cdot w = 150000 \cdot 0{,}01 = 1500$ N (je Seite) $\qquad \underline{F_W = 1500 \text{ N}}$

2. *Backenkraft* F_N nach Gl. (2.4.16)

$$F_N = \frac{M_{Br}}{D_m \mu} = \frac{97}{0{,}215 \cdot 0{,}4} = 1130 \text{ N} \qquad \underline{\underline{F_N = 1130 \text{ N}}}$$

Mittlerer Bremsscheibendruchmesser $D_m = \frac{D + D_i}{2} = \frac{25 + 18}{2} = 21{,}5$ cm

Flächenpressung am Belag $p = \frac{F_N}{A} = \frac{1130}{29{,}5} = 38{,}3 \frac{\text{N}}{\text{cm}^2} \qquad \underline{p = 0{,}38 \frac{\text{N}}{\text{mm}^2}}$

Reibfläche $A = \frac{\pi}{4} (D^2 - D_i^2) \frac{1}{8} = \frac{3{,}14}{4} (25^2 - 18^2) \frac{1}{8} = 29{,}5 \text{ cm}^2$

„$\frac{1}{8}$": $\alpha = 45°$, siehe Aufgabenskizze

Mittlere Umfangsgeschwindigkeit am Belag: $v_m = \pi D_m n_{Br} = 3{,}14 \cdot 0{,}215 \cdot 24{,}5 = 16{,}6 \frac{\text{m}}{\text{s}}$

$n_{Br} = 1470 \text{ min}^{-1} \mathrel{\hat{=}} 24{,}5 \text{ s}^{-1} \qquad \underline{v_m = 16{,}6 \frac{\text{m}}{\text{s}}}$

Spez. Reibleistung $P'_R = p\,v_m\,\mu = 0{,}38 \cdot 16{,}6 \cdot 0{,}4 = 2{,}5 \frac{\text{N}}{\text{mm}^2} \frac{\text{m}}{\text{s}} \qquad \underline{\underline{p\,v_m\,\mu = 2{,}5 \frac{\text{N}}{\text{mm}^2} \frac{\text{m}}{\text{s}}}}$

Der Wert für $p\,v_m\,\mu$ liegt sehr hoch; er kann jedoch wegen der guten Wärmeabfuhr noch zugelassen werden (siehe Pkt. 3).

3. Bremsleistung bei ständigem Bremsen P_{Br} nach Gl. (2.4.6)

$$P_{Br} = \frac{1}{2} M_{Br} \omega_{Br} = \frac{1}{2} \cdot 97 \cdot 154 = 7500 \frac{\text{Nm}}{\text{s}}$$

Winkelgeschwindigkeit der Bremswelle $\omega_{Br} = 2\pi n_{Br} = 2 \cdot 3{,}14 \cdot 24{,}5 = 154 \text{ s}^{-1}$

Bremszeit $t_{Br} = \frac{v_F}{a_{Br}} = \frac{2{,}08}{0{,}6} = 3{,}5$ s; bei $z = 30$ Bremsungen je h: $30 \cdot 3{,}5 = 105$ s

effektive Bremszeit je h Betriebszeit

Effektive Bremsleistung $P'_{Br} = \frac{105}{3600} P_{Br} = \frac{105}{3600} 7500 = 218 \frac{\text{Nm}}{\text{s}}$

$$218 \frac{\text{Nm}}{\text{s}} \mathrel{\hat{=}} 218 \frac{\text{J}}{\text{s}} \mathrel{\hat{=}} 0{,}218 \frac{\text{kJ}}{\text{s}} \mathrel{\hat{=}} 790 \frac{\text{kJ}}{\text{h}} \qquad \underline{P'_{Br} = 790 \frac{\text{kJ}}{\text{h}}}$$

Zulässiger Bremswärmestrom $\Phi_{Br\,zul}$ nach Gl. (2.4.7)

$\Phi_{Br\,zul} = k\,A\,\Delta T$ hieraus $\Delta T = \frac{\Phi_{Br\,zul}}{k\,A} = \frac{785}{163 \cdot 0{,}1} = 48\,K$ $\qquad$ $\underline{\Delta T \approx 48\,K}$

$P'_{Br} = \Phi_{Br\,zul}$ gesetzt

Wärmedurchgangszahl $k \approx 40\sqrt{v_m} \approx 40\sqrt{16{,}6} \approx 163\,\frac{kJ}{m^2\,hK}$

Für v v_m in $\frac{m}{s}$ gesetzt

Scheibenfläche $A \approx 0{,}5 \cdot 4 \cdot \frac{\pi D^2}{4} \approx 0{,}5 \cdot 4 \cdot \frac{3{,}14 \cdot 0{,}25^2}{4} \approx 0{,}1\,m^2$

"0,5": Wegen der Nabe (schlechte Wärmeabfuhr) nur 50 % der Gesamtfläche angesetzt. "4": Scheibe mit innerer Kühlung

Maximale Bremsscheibentemperatur $T_2 = T_1 + \Delta T = 300 + 48 = 348\,K$ $\qquad$ $\underline{\underline{T_2 \approx 350\,K}}$

4. *Bremsweg* $s_{Br} = \frac{1}{2} v_F\, t_{Br} = \frac{1}{2} \cdot 2{,}08 \cdot 3{,}5 = 3{,}64\,m$ $\qquad$ $\underline{\underline{s_{Br} = 3{,}64\,m}}$
   "$\frac{1}{2}$": Gleichmäßige Verzögerung zugrundegelegt.

7 Summenbandbremse für einen Bauaufzug

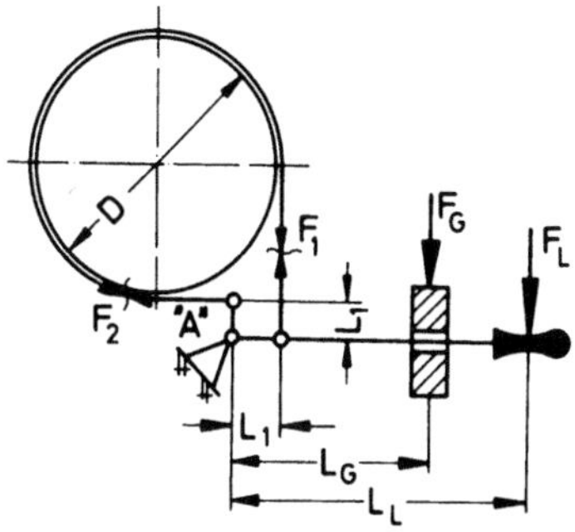

Motornennleistung $P_N = 1{,}5$ kW, Bremswellendrehzahl $n_{Br} = 480\,min^{-1}$, Wirkungsgrad des Triebwerkes $\eta = 0{,}8$, Bremsscheibendurchmesser $D = 250$ mm, Reibungszahl des Bremsbelages $\mu = 0{,}3$, $L_1 = 50$ mm $L_G = 300$ mm, Sicherheitszahl $\nu = 2{,}5$, Lüftkraft $F_L = 100$ N, Lüftweg des Bremsbandes $s_L = 2$ mm, Bremsbandbreite $b_B = 70$ mm

Gesucht:

1. Bremsmoment M_{Br} (nach überschlägiger Berechnung), Bandkräfte F_1 und F_2
2. Spez. Reibleistung $P'_R = p\,v\,\mu$
3. Erforderliche Bremsgewichtskraft F_G, Hebellänge l_L
4. Lüfthub h_L und Lüftarbeit W_L

Lösung:

1. *Bremsmoment* M_{Br} nach Gl. (2.4.1)

$M_{Br} = \nu\,M_t\,\eta^2 = 2{,}5 \cdot 30 \cdot 0{,}8^2 = 48\,Nm$ $\qquad$ $\underline{\underline{M_{Br} = 48\,Nm}}$

Motornennmoment $M_t = \frac{P_N}{\omega_{Br}} = \frac{1500}{50} = 30\,Nm$

Winkelgeschwindigkeit der Bremswelle $\omega_{Br} = 2\pi n_{Br} = 2 \cdot 3{,}14 \cdot 8 = 50\,s^{-1}$

$n_{Br} = 480\,min^{-1} \mathrel{\hat{=}} 8\,s^{-1}$

Bandkräfte F_1 und F_2 nach Gl. (2.4.14) und (2.4.15)

$\frac{F_1}{F_2} = e^{\mu\alpha} = e^{0{,}3 \cdot 4{,}71} = 4{,}1, \quad \alpha = 270° \mathrel{\hat{=}} \frac{3}{2}\pi = 4{,}71$

Umfangskraft $F_U = F_1 - F_2 = \frac{2M_{Br}}{D} = \frac{2 \cdot 48}{0{,}25} = 385\,Nm$

Hieraus ergibt sich:

$F_1 = F_2\,e^{\mu\alpha} = (F_1 - F_U)\,e^{\mu\alpha} = F_1\,e^{\mu\alpha} - F_U\,e^{\mu\alpha}$ und hieraus:

$F_1 = F_U \frac{e^{\mu\alpha}}{e^{\mu\alpha} - 1} = 385\,\frac{4{,}1}{4{,}1 - 1} = 509\,N$ $\qquad$ $\underline{\underline{F_1 = 509\,N}}$

$F_2 = F_1 - F_U = 509 - 385 = 124\,N$ $\qquad$ $\underline{\underline{F_2 = 124\,N}}$

2. *Spez. Reibleistung* $P'_R = p\,v\,\mu = 0{,}06 \cdot 6{,}3 \cdot 0{,}3 = 0{,}11 \frac{N}{mm^2}\,\frac{m}{s}$

Flächenpressung am Belag p

$$p = \frac{2\,F_1}{D\,b_B} = \frac{2 \cdot 509}{250 \cdot 70} = 0{,}06 \frac{N}{mm^2}$$

Umfangsgeschwindigkeit am Belag v

$$v = \pi D\, n_{Br} = 3{,}14 \cdot 0{,}25 \cdot 480 = 376 \frac{m}{min} \mathrel{\hat{=}} 6{,}3 \frac{m}{s}$$

$p \cdot v \cdot \mu = 0{,}11 \frac{N}{mm^2}\,\frac{m}{s}$

$p = 0{,}06 \frac{N}{mm^2}$

$v = 6{,}3 \frac{m}{s}$

3. Aus Σ Mom. "A" = 0 ergibt sich:

Bremsgewichtskraft $F_G = \frac{l_1}{L_G}(F_1 + F_2) = \frac{50}{300}(509 + 124) = 105\ N$ $F_G = 105\ N$

Hebellänge $l_L = \frac{F_G}{F_L}\, l_G = \frac{105}{100}\, 300 = 315\ mm$ $L_L = 315\ mm$

4. Lüftweg h_0 am Anlenkpunkt:

$h_0 = \frac{s_L\,\alpha}{2} = \frac{2 \cdot 4{,}71}{2} = 4{,}71\ mm$ (Umschlingungswinkel α siehe Pkt. 1) $h_0 = 4{,}71\ mm$

Lüfthub $h_L = h_0 \frac{L_L}{L_1} = 4{,}71\ \frac{315}{50} = 30\ mm$ $h_L = 30\ mm$

Lüftarbeit $W_L = F_L\, h_L = 100 \cdot 3 = 300\ N\,cm$ $W_L = 3{,}0\ Nm$

2.5. Lastaufnahmemittel

Jede Förderanlage besitzt ein Bauteil zur Lastaufnahme (z. B. Lasthaken für Krane, Becher für Becherwerke usw.).

Fördermenge $\dot{m}$ = f *(Traglast, Arbeitsgeschwindigkeit, Auf- und Abgabezeit)*

Für die Auswahl der Lastaufnahmemittel sind besonders wichtig:

- Lastaufnahme und -abgabe in kurzer Zeit und möglichst selbsttätig
- Betriebs- und unfallsichere Ausbildung
- Schonung des Fördergutes und – wegen der Totlast – möglichst geringes Eigengewicht.

Die Vielfalt der Fördergüter bedingt eine Vielzahl von Lastaufnahmemitteln. Deshalb können im Anschluß nur einige wichtige und allgemein verwendete Lastaufnahmemittel kurz besprochen werden. Sie sind nach DIN 15002 in Lastaufnahmemittel für Stückgüter, Lastaufnahmemittel für Schüttgüter und Anschlagmittel unterteilt.

2.5.1. Lasthaken

2.5.1.1. Einfacher Haken

Die Abmessungen sind nach DIN 15 401 für Traglasten von 0,063 ... 320 t festgelegt. Der Hakenschaft wird zur Aufnahme der Hakenmutter mit metrischem- oder Rundgewinde versehen; Rundgewinde wegen seiner geringeren Kerbwirkung bei größeren Traglasten.

Als Werkstoff wird in der Regel alterungsbeständiger Stahl A St 41 verwendet, der nach dem Schmieden noch einer Wärmebehandlung zu unterziehen ist.

Die Hakengröße wird nach der geforderten Traglast und der gewählten Triebwerkgruppe (siehe Abschnitt 2.1.1) direkt den DIN-Normen entnommen.

Nach DIN 15 401 sind folgende Ausführungen festgelegt:

Gesenkgeschmiedete Einfachhaken (S) für kleinere Traglasten
- mit zyl. Schaft (Z)
  - ohne Nocken (ZS)
  - mit Nocken (ZSN)
- mit Gewindeschaft (G)
  - ohne Nocken (GS)
  - mit Nocken (GSN)

Freiformgeschmiedete Einfachhaken (F) für größere Traglasten
- mit Gewindeschaft (G)
  - ohne Nocken (GF)
  - mit Nocken (GFN)

z.B. Einfachhaken ZS 1.6 DIN 15401 – ASt41

- ASt41 – Werkstoff
- DIN 15401 – DIN-Nummer
- 1.6 – Kennzeichen für Größe und Traglast
- ZS – Gesenkgeschmiedet mit zyl. Schaft ohne Nocken

Die Nocken dienen zur Sicherung der Anschlagseile. Für Haken, die starker Erwärmung ausgesetzt sind, sollen bei Traglasten ab 20 t Lamellenhaken verwendet werden – siehe Abschnitt 2.5.1.4. Die Zugfestigkeit für A St 41 liegt bei 400 ... 500 N/mm². Die zulässigen Spannungen ergeben sich hieraus bei 5- bis 10-facher Sicherheit zu 40 ... 80 N/mm²; kleine Werte bei niedrigen Traglasten.

Schaftquerschnitt. Der Schaftquerschnitt ist nur auf Zug beansprucht.

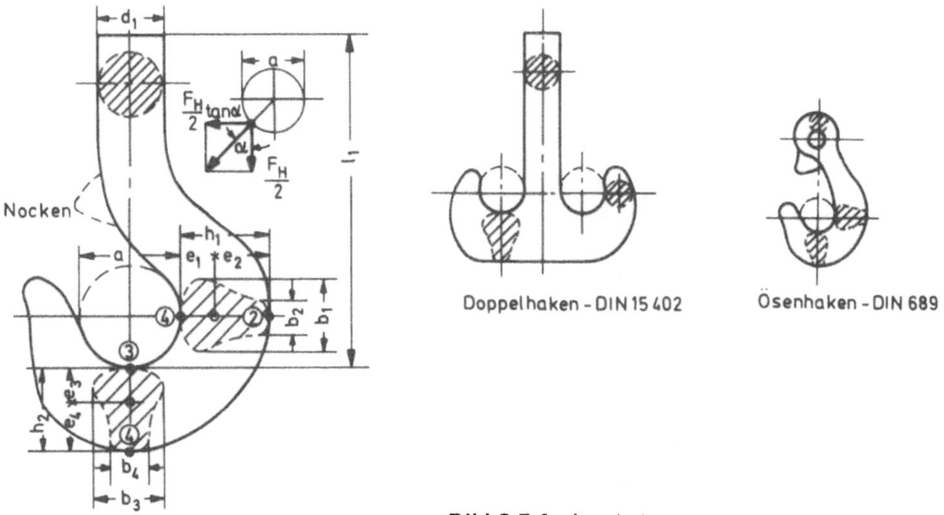

Einfachhaken - DIN 15401

Bild 2.5.1. Lasthaken

Querschnitt 1–2 Hier liegt Zug- und Biegebeanspruchung vor. Unter Vernachlässigung der Hakenkrümmung ergibt sich bei senkrecht nach unten wirkender Hubkraft (Bild 2.5.1):

$$\sigma_{1(2)} = \frac{F_H}{A} \pm \frac{M_b}{W_{b1(2)}}$$ *Gesamtspannung bei Pkt. 1 bzw. Pkt. 2* (2.5.1)

„+“ an Pkt. 1, Biegezug
„–“ an Pkt. 2, Biegedruck
F_H Hubkraft

Um die Gesamtspannung an der gefährdeten Innenseite des Hakens, an der Zug und Biegezug auftreten, geringer zu halten, wurde ein Trapezquerschnitt gewählt.

$$M_b = F_H \left(e_1 + \frac{a}{2}\right)$$ Biegemoment

a Maulweite (Bild 2.5.1)

$$W_{b1(2)} = \frac{I}{e_{1(2)}}$$ Biegewiderstandsmoment bei Pkt. 1 bzw. Pkt. 2

Die Formeln für die Querschnittsfläche A, das Trägheitsmoment I, die Randfaserabstände e_1 bzw. e_2 für den Trapezquerschnitt können Tabellenbüchern entnommen werden.

Querschnitt 3–4 Bei gleichmäßiger Verteilung der Hubkraft F_H auf die gespreizten Anschlagseile (Spreizwinkel $\alpha \approx 45 \ldots 60°$) wirkt die Kraft $\frac{F_H}{2} \tan\alpha$ (Bild 2.5.1) senkrecht zum Querschnitt A_{3-4}; sie ruft dort Zug- und Biegespannungen hervor. Die Schubspannung τ_s durch die Kraft $\frac{F_H}{2}$ kann vernachlässigt werden.

$$\sigma_{3(4)} = \frac{F_H}{2} \tan\alpha \, \frac{1}{A} \pm \frac{M_b}{W_{b3(4)}}$$ *Gesamtspannung bei Pkt. 3 bzw. Pkt. 4* (2.5.2)

„+“ an Pkt. 3, Biegezug
„–“ an Pkt. 4, Biegedruck
A, I, W_b, e analog Querschnitt A_{1-2}

$$M_b = \frac{F_H}{2} \tan\alpha \left(e_3 + \frac{a}{4}\right)$$ Biegemoment

Der Auflagepunkt der Anschlagseile liegt etwa bei $\frac{a}{4}$

a Maulweite (Bild 2.5.1)

2.5.1.2. **Doppelhaken** – siehe Bild 2.5.1

Der Doppelhaken nach DIN 15 402 hat zwei symmetrisch angeordnete Hakenenden (Ankerform). Er eignet sich besonders für sperrige und schwere Lasten. Die Berechnung erfolgt gleich der des einfachen Hakens. Wegen seines symmetrischen Aufbaus liegt die Beanspruchung günstiger als beim einfachen Haken. Traglast 0,5 ... 500 t.

2.5.1.3. **Ösenhaken** – siehe Bild 2.5.1

Die Ösenhaken nach DIN 689 haben am Hakenschaft eine Öse für den Anschluß von Lastketten. Sie werden bei kleineren Traglasten eingesetzt, z.B. bei Flaschenzügen (Abschnitt 3.1). Traglast 0,8 ... 40 t.

2.5.1.4. **Lamellenhaken**

Der Lamellenhaken besteht aus mehreren gleichen, nebeneinanderliegenden Lamellen, die durch Laschen miteinander verbunden sind. Die gelenkig angeordnete Maulschale für die Seilauflage im unteren Teil des Hakenmauls gewährleistet eine etwa gleichmäßige Lastverteilung auf die einzelnen Lamellen. Die Lamellen werden oben nicht mit Gewinde, sondern durch einen Bolzen abgehängt. Durch die aus mehreren Laschen zusammengesetzten Haken und das Fehlen des Hakengewindes ergibt sich eine höhere Sicherheit als bei den übrigen Haken.
Diese Haken werden vor allem dort angewandt, wo es auf hohe Sicherheit ankommt; z.B. bei Gießkranen (für den Transport der mit flüssigem Stahl gefüllten Gießkübel). Traglast nach DIN 15 407 16 ... 320 t.

2.5.2. Schäkel

Die Schäkel besitzen geschlossene Ösen für die Aufnahme der Last. Hierdurch tritt eine besonders günstige Beanspruchung auf, jedoch sind die Anschlagseile bzw. -ketten durch die Ösen hindurchzufädeln. Der Einsatz von Schäkeln erfolgt vor allem bei sehr hohen Traglasten. Traglasten $\geqslant$ 100 t.

2.5.2.1. **Geschlossener Schäkel**

Die Beanspruchung ist wegen der geschlossenen Form und des Fehlens von Gelenkpunkten nur schwer zu erfassen; es handelt sich hierbei um ein statisch unbestimmtes System. Der Spannungsnachweis in den verschiedenen Schäkelquerschnitten kann angenähert wie folgt vorgenommen werden (Bild 2.5.2):

im Schaft:	Zugbeanspruchung durch die Hubkraft F_H
im Schenkel:	Zugbeanspruchung durch die Kraft $\dfrac{F_H}{2\cos\alpha}$
in der Traverse:	Biegebeanspruchung

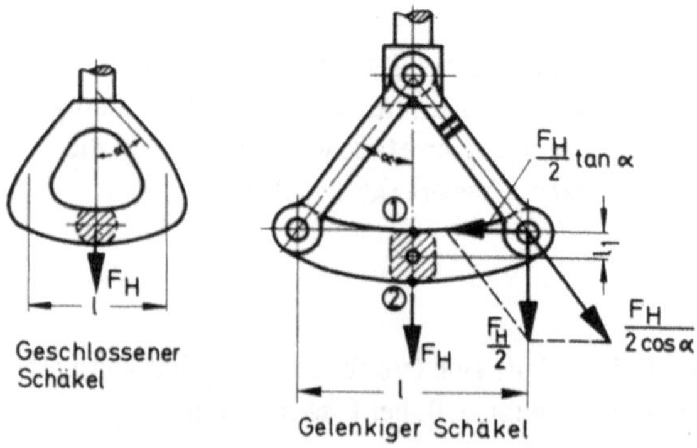

Bild 2.5.2. Schäkel

$$M_b \approx \frac{F_H l}{6}$$ Biegemoment in Traversenmitte

$$M_b \approx \frac{F_H l}{12}$$ Biegemoment in der Rundung; an der Seite

l Traversenlänge (Bild 2.5.2)
α Schenkelwinkel (Bild 2.5.2)

2.5.2.2. Gelenkiger Schäkel

Die Spannungen im gelenkigen Schäkel sind genau erfaßbar, da sich durch seine Gelenkpunkte ein statisch bestimmtes System ergibt (Bild 2.5.2). Die Beanspruchungen im Schaft und in den Schenkeln können wie beim geschlossenen Schäkel berechnet werden. Die Traverse wird wegen der sicheren Auflage der Anschlagseile oder -ketten leicht nach unten durchgebogen. Hierdurch ergibt sich noch eine zusätzliche Biegebeanspruchung in der Traverse.

Traverse: Biegebeanspruchung σ_b durch die Biegemomente $\frac{F_H l}{4}$ und $\frac{F_H}{2} \tan\alpha l_1$ sowie Druckbeanspruchung durch die Kraft $\frac{F_H}{2} \tan\alpha$ in Traversenmitte für Pkt. 1 bzw. Pkt. 2 berechnen. Die Maximalbeanspruchung liegt an Pkt. 1: Druck und Biegedruck.

F_H Hubkraft
α Schenkelwinkel (Bild 2.5.2)
l und l_1 *siehe Bild 2.5.2*

An den Gelenkpunkten sind die Laschen noch zusätzlich auf Flächenpressung p und die Bolzen auf Flächenpressung p, Schubspannung τ_s und Biegespannung σ_b nachzurechnen.

Aus Sicherheitsgründen sind Haken und Schäkel jährlich mindestens einmal auf Anrisse, Verformungen und Abnützungen genau zu überprüfen. Bei Anrissen und Abnützungen von mehr als 5 % an den gefährdeten Querschnitten ist ein Austausch vorzunehmen.

2.5.3. Hakengeschirre

Hakengeschirre werden dort angewandt, wo der Haken unmittelbar an das Hubseil angeschlossen wird. Die Befestigung des Seiles am Belastungsgewicht erfolgt z. B. durch ein Keilschloß (Bild 2.5.3). Um eine größere Beweglichkeit des Hakens zu erreichen, wird oft noch eine Rundstahlkette zwischen Belastungsgewicht und Haken zwischengeschaltet. Besonders Ösenhaken lassen sich leicht an der Rundstahlzwischenkette befestigen. Oft werden die Haken noch mit einem Abweiser versehen (Bild 2.5.3), um das Verfangen des Hakens beim Heben zu vermeiden. Aus dem gleichen Grund ist das Belastungsgewicht an seiner Oberseite gut abzurunden.

Wichtig ist außerdem die Verwendung drallarmer Hubseile und der Einbau eines Axiallagers in das Belastungsgewicht. Hierdurch wird einmal das Aufdrehen der z. T. sehr tief herabhängenden Hubseile vermieden und zum anderen kann der Haken auch unter Last gedreht werden.

Der Einsatz von Hakengeschirren geschieht z. B. bei Hafenstückgutkranen, Baukranen usw.

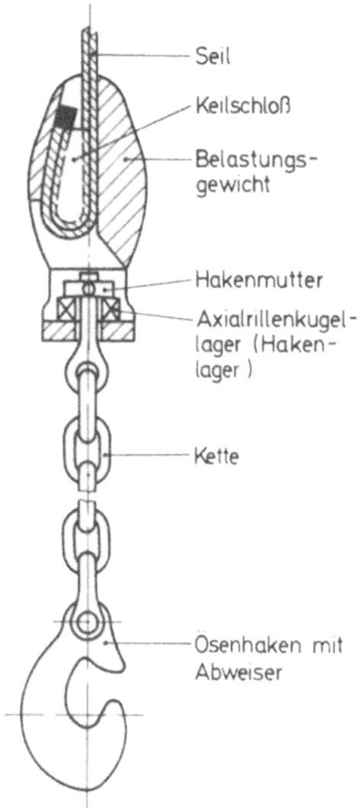

Bild 2.5.3. Hakengeschirr

2.5.4. Unterflaschen

Die Unterflaschen stellen bei mehrsträngiger Seil- oder Kettenausführung die Verbindung zwischen den Seilen bzw. den Ketten und den Lastaufnahmemitteln her. Je nach der Seil- bzw. Kettenzahl werden in der Unterflasche eine oder auch mehrere Umlenkrollen eingebaut.

Wichtige Punkte für die Konstruktion (Bild 2.5.4):

- Anbringen eines Absatzes am Hakenschaft unter der Hakentraverse; das Hakenlager (Haken unter Last drehbar) darf beim unbeabsichtigten Aufsetzen der Unterflasche nicht auseinanderfallen.
- Sicherung der Hakenmutter, z. B. durch ein Sicherungsblech.
- Das Hakenlager ist durch eine Schutzkappe gegen Staubeintritt zu sichern.
- Anbringung eines Schutzbleches (Gehäuse) an den Umlenkrollen: Seilführung, Unfallschutz – am Boden ist eine Öffnung für den Wasserablauf vorzusehen.
- Umlenkrollen möglichst über Wälzlager, z. T. mit Dauerschmierung, lagern (geringere Reibung, z. T. kein Nachschmieren).
- Endschalter für die Hubbegrenzung einbauen; vermeiden des oberen Anlaufes der Unterflasche.

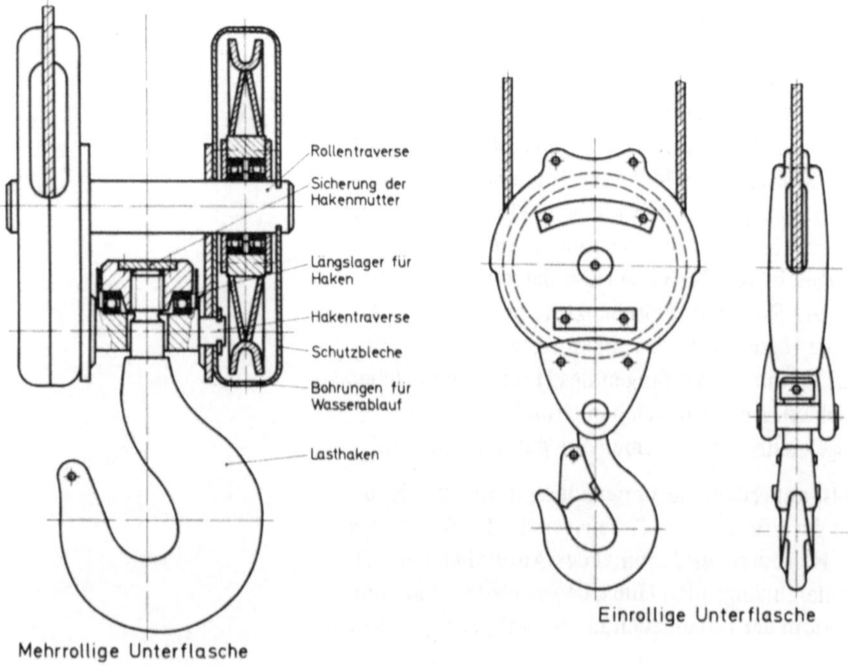

Bild 2.5.4. Unterflaschen

Berechnung. Die Seile bzw. Ketten und die Umlenkrollen werden nach den Hinweisen in den Abschnitten 2.1 und 2.2 ausgelegt. Die Hakenlager sind statisch, die Umlenkrollenlager dynamisch beansprucht. Die Haken- und Rollentraverse ist auf Biegung (in der Mitte und am Lagerzapfenansatz) nachzurechnen. Gleichfalls ist die Zugbeanspruchung sowie die Flächenpressung in den Seitenschilden nachzuweisen.

2.5.5. Anschlagmittel

Die Anschlagmittel dienen zur Verbindung der Last mit dem eigentlichen Lastaufnahmemittel. Zu beachten ist die Erhöhung der Zugkraft durch den Spreizwinkel der Anschlagmittel; sehr wichtig ist auch der Kantenschutz des Fördergutes, der z. B. durch das Einlegen von Kantenschonern aus Gummi oder Holz zwischen Anschlagmittel und Fördergut erwirkt werden kann.

Ketten und Seile. Es kommen nichtlehrenhaltige Rundstahlketten sowie Stahl-, Hanf- und Kunststoffseile in Frage. Sie werden endlos, mit Haken, Bügeln oder Ösen, für das Einhängen in die Lasthaken hergestellt.

Bänder. Die Anschlagbänder bestehen meist aus Stahlseilen oder Stahlgeflechten mit Gummi- oder Kunststoffumhüllung. Die Umhüllung hat die Aufgabe, örtliche Pressungen am Fördergut zu verhindern, das Fördergut zu schonen und gleichzeitig das Band vor Korrosion zu schützen. Diese Bänder werden ebenfalls endlos oder mit Ösen und Bügeln ausgeführt. Sie dienen vor allem zum Transport von hochwertigen und empfindlichen Fördergütern. Hebebänder werden auch ausschließlich aus synthetischen Fasern hergestellt (DIN 61 360, Traglast m_H bis 5 t).

Tragbalken. Die Tragbalken werden einmal für sperrige Lasten oder mehrere Einzellasten und zum anderen zur Verteilung einer Schwerlast auf z. B. zwei Kräne angewendet. Sie werden aus Profilen, Blechen, Haken bzw. Schäkeln zusammengebaut, wobei besonders auf leichte Bauweise zu achten ist, um die Totlast möglichst gering zu halten.

2.5.6. Zangen und Klemmen

Stückgüter, die seitlich ebene Flächen besitzen und nicht druckempfindlich sind, können mit Hilfe von Zangen oder Klemmen aufgenommen werden. Zangen besitzen zwei, Klemmen nur eine beweglich gelagerte Backe, die jeweils mit einem festen Anschlag zusammenwirkt.

Die Hubkraft wird durch den Reibschluß zwischen den angepreßten Backen und der Last übertragen. Zur Kraftverstärkung werden Hebel, Keile oder Exzenter eingebaut, je nach Form und Gewicht des betreffenden Fördergutes. Deshalb ist der Bau von Universalgeräten nicht möglich. Die Backen werden wegen der guten Haftung und Anpassung an die Oberfläche des jeweiligen Fördergutes meist geriffelt und häufig gelenkig gelagert. Die Sicherheit ist wegen des Reibschlusses geringer als bei Haken und Schäkel; ausgenommen sind die Geräte mit Formschluß; die Anschlagzeit ist in der Regel jedoch kürzer.

Ungesteuerte Geräte. Hier wird die Zange oder Klemme von Hand angelegt; sie schließt sich beim Anheben durch das Gewicht des Fördergutes selbsttätig. Ein typisches Beispiel hierzu sind die Steinklammern.

Gesteuerte Geräte. Das Schließen oder Öffnen der gesteuerten Geräte geschieht durch einen in der Zange oder Klemme eingebauten und vom Kranführer betätigten Antrieb; z. B. Stripperzangen für Stripperkrane oder Spreader (Greifrahmen) (Bild 7.2.5) für den Containerumschlag.

Die Klemmen werden meist nur als ungesteuerte Geräte ausgeführt und haben nur geringe Öffnungsweiten, da eine Backe fest ist. Sie werden vor allem für den Krantransport von flachen Fördergütern, z. B. Blechtafeln, eingesetzt.

$$F_N = \frac{F_H \nu}{z \mu}$$ *Backenkraft je Backe*

F_H Hubkraft

μ Reibungszahl; bei glatten Backen St/St: $\mu \approx 0{,}1 \dots 0{,}15$, bei geriffelten Backen St/St: $\mu \approx 0{,}25 \dots 0{,}30$

z Zahl der Backen, meist $z = 2$

ν Sicherheitszahl, $\nu \geqslant 2$ wählen

2.5.7. Kübel

Kübel dienen normalerweise dem Transport von Schüttgütern. Sie werden meist von oben gefüllt und ermöglichen im Gegensatz zum Greifer keine selbsttätige Gutaufnahme. Deshalb werden sie vor allem bei Stetigförderern eingesetzt; z. B. Kübel für Seilbahnen. Ihre Entleerung geschieht häufig selbsttätig.

Einige wichtige Ausführungen sind schematisch in Bild 2.5.5 dargestellt.

Beim *Kippkübel* liegt der Schwerpunkt des vollen Kübels so, daß der Kübel nach Lösen der Verriegelung von Hand oder durch das Anlaufen gegen einen Anschlag selbsttätig kippt und sich dadurch entleert. Die Schwerpunktslage des leeren Kübels ist so zu wählen, daß sich nach dem Entleeren der Kübel wieder selbsttätig aufrichtet.

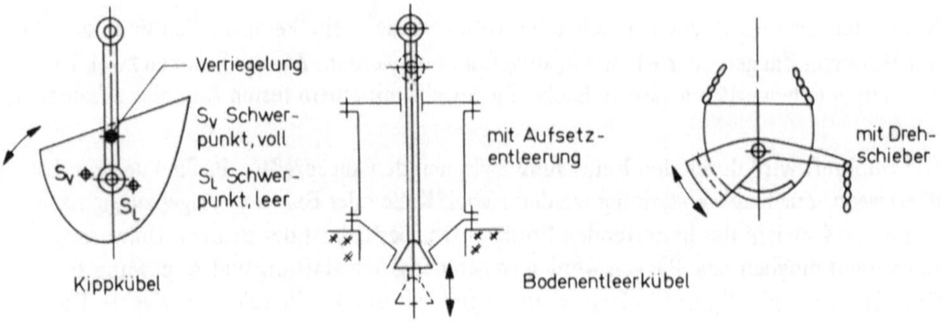

Bild 2.5.5. Kübel

Bei den *Bodenentleerkübeln* geschieht das Entleeren durch Aufsetzen oder durch die Betätigung eines am Boden angebrachten Schiebers. Kübel mit Aufsetzentleerung können nur an bestimmten, für die Entleerung speziell ausgebildeten Stellen entleert werden (Bild 2.5.5). Die Betätigung der Schieber, z. B. der Drehschieber, von Bodenentleerkübeln kann von Hand oder durch das Anlaufen gegen Anschläge vorgenommen werden.

2.5.8. Greifer

Die Greifer sind das am meisten verwandte Lastaufnahmemittel für Schüttgüter. Alle Bewegungen des Greifers können vom Kranführer gesteuert werden; die Lastaufnahme und -abgabe erfolgt ohne Bedienungspersonal. Die Fördermenge eines bestimmten Greifers hängt von seiner Nutzlast und Arbeitsgeschwindigkeit ab. Die Eigenlast des Greifers kann wegen des ausreichenden Eingrabens in das Schüttgut nur bedingt gesenkt, die Arbeitsgeschwindigkeit wegen der Massenkräfte und der Antriebsleistung nur in Grenzen erhöht werden. Um große Fördermengen zu erreichen, wird der Greifer meist nur zur eigentlichen Gutaufnahme verwendet. Der anschließende Weitertransport des Fördergutes über mittlere und lange Förderstrecken wird dann mit Hilfe von Stetigförderern, z. B. Bandförderern (Abschnitt 6.2.1) vorgenommen.

Wegen der Verschiedenheit der Schüttgüter, die starke Unterschiede in Dichte, Korngröße, Eindringwiderstand usw. aufweisen, gibt es viele Greiferbauarten in den verschiedensten Ausführungsformen.

Wichtige Ausführungen

Seilgreifer

Ein- und Mehrseilgreifer, mit Seiltrieb zum Öffnen und Schließen des Greifers.

Motorgreifer

Mit elektromechanischem oder elektrohydraulischem Antrieb;
Antriebsaggregat zum Öffnen und Schließen direkt im Greifer eingebaut.

2.5.8.1. Mehrseilgreifer

Die wichtigste Bauart der Mehrseilgreifer ist der Stangengreifer, der in diesem Zusammenhang genauer betrachtet werden soll.

Stangengreifer. Der Stangengreifer besitzt einen vertikal angeordneten Schließflaschenzug; seine Wirkungsweise geht aus Bild 2.5.6 hervor.

Schließen und Heben Der Greifer wird in geöffnetem Zustand auf dem Fördergut abgesetzt und anschließend das Hubseil eingezogen: der Greifer schließt, die untere Traverse geht nach oben. Nachdem der Greifer voll geschlossen ist, geht die Schließbewegung selbsttätig in die Hubbewegung über, wobei das Halteseil miteinzuziehen ist: der Greifer hängt jetzt am Hubseil.

Entleeren und Senken Für das Entleeren wird das Hubseil nachgelassen: der Greifer hängt jetzt am Halteseil und wird durch das Eigengewicht der unteren Traverse geöffnet; die untere Traverse geht senkrecht nach unten. Anschließend sind beide Seile gleichmäßig nachzulassen: der geöffnete Greifer senkt sich.

Damit werden am Hubwerk zwei Seiltrommeln benötigt, deren Bewegung aufeinander abzustimmen ist (Ausführung des Seiltrommelantriebs siehe Abschnitt 4.1.1). Meist werden Zwillingszüge verwendet, die das Drehen des Greifers verhindern. Der zwischen den Traversen eingebaute Schließflaschenzug erhöht die Grabkraft; Seilübersetzung $i_s = 2 \ldots 6$, je nach Fördergut. Bei einer größeren Seilübersetzung erhöht sich die Grabkraft, jedoch ergibt sich eine längere Schließzeit.

Kraftverhältnisse am Stangengreifer (Bild 2.5.6) In der unteren Traverse sind insgesamt vier, in der oberen Traverse insgesamt zwei Rollen eingebaut (Zwillingszüge, je zwei Hub- und Halteseile: Seilübersetzung des Schließflaschenzuges $i_s = 4$). *Wegen der Symmetrie braucht nur die eine Greiferhälfte betrachtet zu werden.*

Während des Schließens ergeben sich beim Stangengreifer größere Kräfte als beim Heben. Das Füllgewicht soll sich angenähert linear mit dem Öffnungswinkel der Greiferschalen ändern. In Wirklichkeit liegt eine parabolische Abhängigkeit vor; bei relativ kleinem Öffnungswinkel tritt bereits, je nach Fördergut, weitgehende Entleerung auf. Bei ganz geschlossenem Greifer entspricht das Füllgewicht der Nutzlast; bei ganz geöffnetem Greifer ist das Füllgewicht = 0. Die Hubseilkraft kann überschlägig aus der Summe der

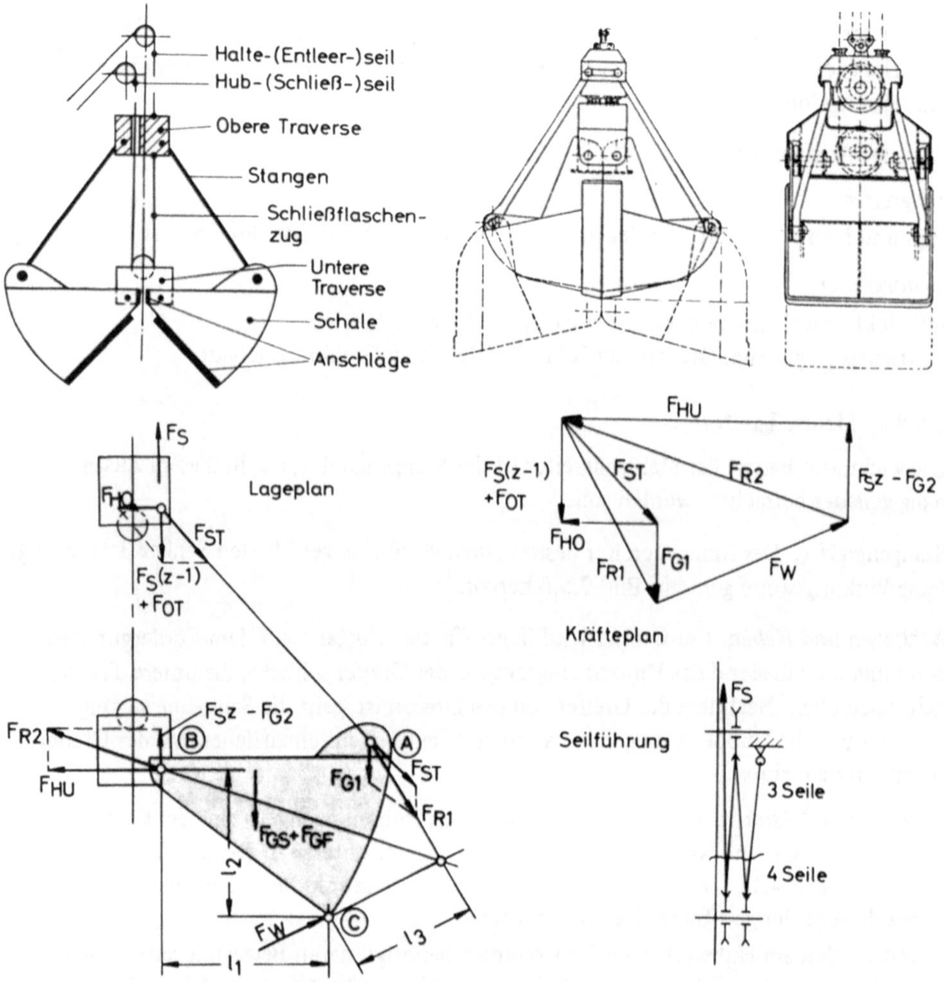

F_S Hubseilkraft; F_{OT} bzw. F_{UT} Halbe Traversengewichtskraft (oben bzw. unten); F_{GF} Füllgewichtskraft einer Schale; F_{GS} Schalengewichtskraft einer Schale; F_{ST} Stangenkraft; F_W Schneidenkraft; $F_{G1} = \frac{F_{GF} + F_{GS}}{2}$, $F_{G2} = \frac{F_{GF} + F_{GS}}{2} + F_{UT}$, F_{R1} und F_{R2} Resultierende Kräfte; F_{HO} und F_{HU} siehe Text

Bild 2.5.6. Stangengreifer

Eigen- und Füllgewichte ermittelt werden. Das Eigengewicht der Schalen und Traversen wird zunächst geschätzt; das Eigengewicht der Stangen kann wegen seines geringen Einflusses vernachlässigt werden. An der oberen Traverse wirkt die Kraft:

$$F_S(z-1) + F_{OT}$$

F_S Hubseilkraft (aus der Summe der Eigen- u. Füllgewichte ermitteln)

z Seilzahl des Schließflaschenzuges (in Bild 2.5.6 $z = 4$)

F_{OT} Gewichtskraft der halben oberen Traverse

Hieraus ergibt sich die Stangenkraft F_{ST} und die Horizontalkomponente F_{HO} (Bild 2.5.6). Die Schalen- und Füllgewichtskraft F_{G1} bzw. F_{G2} kann angenähert je zur Hälfte auf die Punkte A und B verteilt werden:

$$F_{G1} \approx \frac{F_{GF} + F_{GS}}{2}$$

F_{GF} Füllgewichtskraft einer Greiferschale
F_{GS} Eigengewichtskraft einer Greiferschale

$$F_{G2} \approx \frac{F_{GF} + F_{GS}}{2} + F_{UT}$$

F_{UT} Gewichtskraft der halben unteren Traverse (sie kommt bei F_{G2} noch hinzu)

An Pkt. A ergibt sich die Resultierende Kraft F_{R1} aus F_{G1} und F_{ST} (Bild 2.5.6). Die Horizontalkomponente der an der unteren Traverse wirkenden Kraft F_{HU} kann aus Σ Mom. „C" = 0 ermittelt werden:

$$F_{HU} = \frac{1}{l_2} \left[F_{R1}\, l_3 + (F_S\, z - F_{G2})\, l_1 \right]$$

$l_1 \dots l_3$ siehe Bild 2.5.6

Die Kräfte F_{HU} und $(F_S\,z - F_{G2})$ ergeben die Resultierende Kraft F_{R2}. Der Schnittpunkt der Wirkungslinien der Resultierenden Kräfte F_{R1} und F_{R2} legt die Wirkungslinie der Schneidenkraft F_W fest; ihre Größe erhält man aus dem Kräfteplan (Bild 2.5.6).

Die Ermittlung der oben angeführten Kräfte ist für die beiden Extremstellungen (ganz geöffnet bzw. ganz geschlossen) und 1 ... 2 Zwischenstellungen der Greiferschalen durchzuführen. Die sich hieraus ergebenden maximalen Einzelkräfte sind bei der Dimensionierung zugrundezulegen. Besonders beansprucht sind folgende Bauteile des Greifers:

Stangen:	Druck- bzw. Knickbeanspruchung
Gelenke:	Flächenpressung, Schub- und Biegebeanspruchung
Seile:	Zugbeanspruchung
Rollenachsen:	Biegung, Schub- und Flächenpressung an den Auflagestellen
Rollenlager:	Dynamisch beansprucht

Weitere Einzelheiten zur Berechnung der Stangengreifer gehen aus Aufgabe 9 hervor.

Neben den Stangengreifern haben die folgenden beiden Ausführungen der Mehrseilgreifer noch größere Bedeutung:

Trimmgreifer. Die Trimmgreifer haben besonders große Greifweiten und eignen sich deshalb sehr zur Aufnahme von Gutresten auch an weniger leicht zugänglichen Stellen. Sie werden aus diesem Grund vor allem für die Entladung von Schiffen, Bahnwagen usw. eingesetzt, während der Stangengreifer besser für Arbeiten auf Schüttgutlagerplätzen geeignet ist.

Beim Trimmgreifer fehlen die Stangen; der Schließflaschenzug wird waagrecht eingebaut. Im Gegensatz zum Stangengreifer nimmt beim Trimmgreifer die Schließkraft während des Schließvorganges zu.

Mehrschalengreifer. Der Mehrschalengreifer, auch als Polypgreifer bezeichnet, ist ein Stangengreifer mit vier bis acht am Umfang angeordneten Schalen. Durch die Anbringung mehrerer schmaler Schalen ist auch die Aufnahme von unregelmäßigem Fördergut möglich, z. B. von Schrott, Metallspänen usw.

Die Kräftepläne für die Trimm- und Mehrschalengreifer können analog denen der Stangengreifer entwickelt werden.

2.5.8.2. Einseilgreifer

Beim Einseilgreifer fehlt das Halteseil, so daß ein normales Hubwerk mit nur einer Seiltrommel ausreicht. Die Fördermenge der Einseilgreifer ist geringer als die bei den Mehrseilgreifern; sie werden daher hauptsächlich dort eingesetzt, wo nur gelegentlich Schüttguttransport vorkommt.

Der Aufbau der Einseilgreifer entspricht, abgesehen von einer zusätzlichen Öffnungseinrichtung, dem eines normalen Stangengreifers. Für das Öffnen werden häufig die folgenden beiden System eingesetzt:

Reißleinenentleerung. Nach dem Schließen des Greifers verbindet eine Sperre in Form einer einrastenden Sperrklinke die untere und obere Traverse miteinander, so daß beim anschließenden Heben der Greifer geschlossen bleibt. Durch einen Zug an der Reißleine wird die Sperre gelöst. Die untere Traverse bewegt sich durch ihr Eigengewicht senkrecht abwärts und öffnet den Greifer. Meist wird diese Entleerungsart bei kleinen Anlagen benutzt, da dort die Reißleine vom Kranführer leicht mitbedient werden kann.

Aufsetzentleerung. Die Wirkungsweise der Aufsetzentleerung geht aus Bild 2.5.7 hervor.

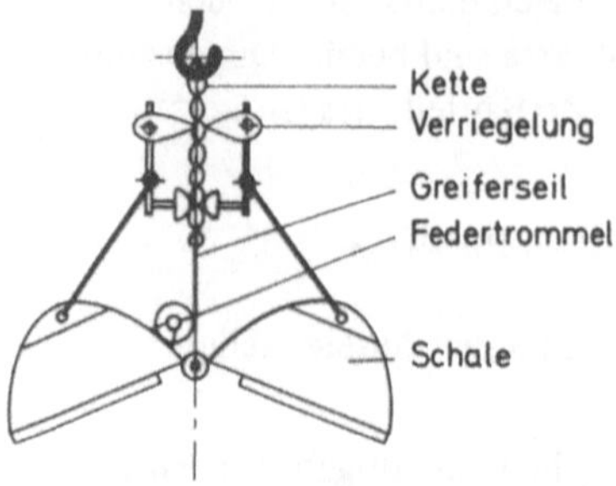

Bild 2.5.7
Einseilgreifer mit Aufsetzentleerung

Schließen und Heben Der geöffnete Greifer wird auf das Fördergut gesetzt und die Verriegelung durch Nachlassen des Hubseiles gelöst. Anschließend wird das Hubseil eingezogen: der Greifer schließt; nachdem der Greifer voll geschlossen ist, geht die Schließbewegung selbsttätig in die Hubbewegung über.

Entleeren und Senken Der geschlossene Greifer wird an der gewünschten Entleerungsstelle aufgesetzt und das Hubseil um den Schließhub nachgelassen. Das Greiferseil wickelt sich dabei auf der Federtrommel auf, und die Verriegelung rastet wieder in die Kette ein. Beim anschließenden Einziehen des Hubseiles öffnet sich der Greifer, wobei das Greiferseil wieder aus der Federtrommel herausgezogen wird.

2.5.8.3. Motorgreifer

Auch beim Motorgreifer fehlt das Halteseil, so daß ein normales Eintrommelhubwerk ausreicht. Das Öffnen des Greifers geschieht durch einen in den Greifer eingebauten Antrieb. Die Stromzuführung zum Greifer erfolgt z. B. über ein durch eine Federtrommel stets straff gehaltenes Kabel. Wegen des in den Greifer eingebauten Antriebes sind jedoch keine so großen Nutzlasten und Arbeitsgeschwindigkeiten wie beim Mehrseilgreifer möglich.

Ein elektromechanischer Antrieb funktioniert folgendermaßen: der Elektromotor im Greifer treibt über ein Getriebe oder eine Seilwinde die Greiferschalen an.

Beim elektrohydraulischen Antrieb werden die Greiferschalen über kurze Hebel durch einen doppelt wirkenden Hydraulikzylinder geöffnet bzw. geschlossen. Das Antriebsaggregat, in dem Motor, Pumpe, Ölbehälter und Steuerung vereinigt sind, wird zu einem Baublock zusammengefaßt. Durch ein einstellbares Überdruckventil ist auf besonders einfache Weise der Schutz vor Überlastung gewährleistet.

2.5.8.4. Ausführung der Greifer

Für die Konstruktion ist besonders zu beachten:

Wegen des Verschleißes sind die Seile in der oberen Traverse durch Seilbuchsen oder Leitwalzen aus gehärtetem Stahl zu führen.

Da das Halteseil nur kurzzeitig die volle Hublast aufnimmt, kann es mit ca. 50 ... 75 % der maximalen Seilkraft ausgelegt werden.

Das Eigengewicht der Greiferschalen ist wegen der Totlast möglichst klein zu wählen.

Wegen des hohen Verschleißes sind auswechselbare Greiferschneiden aus hochwertigem Werkstoff vorzuziehen.

Die Schalen selbst werden, je nach Fördergut, aus St 37, St. 52 oder z. T. auch aus Leichtmetall, wegen des besonders geringen Eigengewichtes, hergestellt.

Für die Gelenkpunkte werden Gleitlager in Form von gehärteten Bolzen in gehärteten Stahl- oder Konststoffbuchsen oder auch Wälzlager verwendet. Der stoßartige Betrieb erfordert eine Nachschmierung. Zur besseren Führung der Greiferschalen werden z. T. Zahnsegmente an den Gelenkpunkten der unteren Traversen an den Schalen angebracht, die durch ihren gegenseitigen Zahneingriff eine Zwangsführung der Schalen beim Öffnen bzw. Schließen des Greifers ergeben.

2.5.9. Lasthaftgeräte

Bei den Lasthaftgeräten erfolgt die Lastaufnahme selbsttätig und ohne Formschluß; sie sind jedoch nicht für alle Fördergüter geeignet. Wegen der geringeren Sicherheit (Gefahr des Lastabsturzes) sind die Sicherheitsvorschriften im Betrieb, z. B. bei der Lastführung

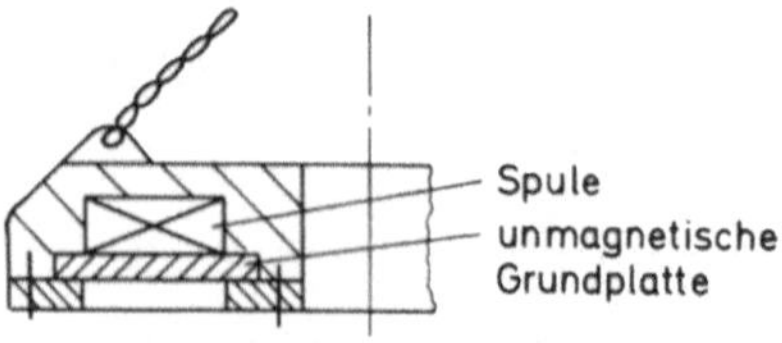

Lastmagnet (Rundmagnet)

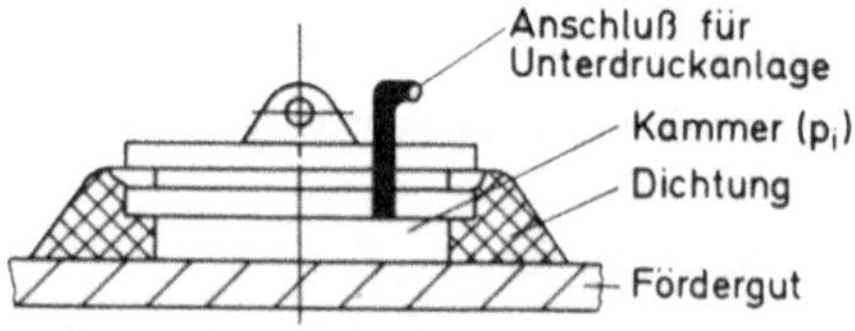

Saugteller (Anschluß an zentrale Unterdruckanlage)

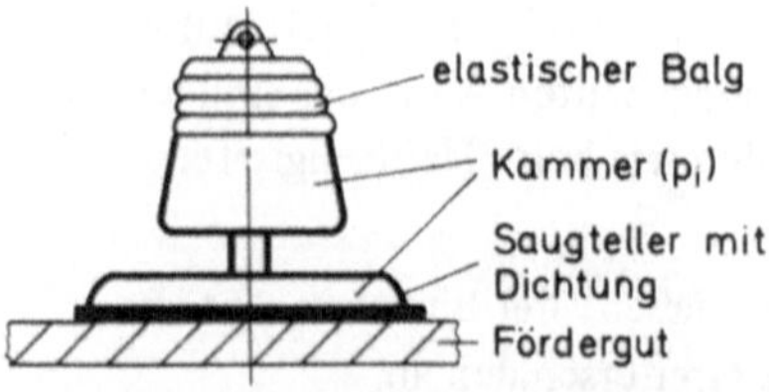

Saugteller (Erzeugung des Unterdrucks durch Volumenvergrößerung)

Bild 2.5.8. Lasthaftgeräte

über Menschen, besonders genau zu beachten. Da die Lasthaftgeräte eine rasche und fernsteuerbare Lastaufnahme und -abgabe ermöglichen, lösen sie zunehmend formschlüssige Lastaufnahmemittel, wie z. B. Lasthaken, ab. Ausführungen von Lasthaftgeräten siehe in Bild 2.5.8.

Lastmagnete. Die Lastmagnete werden meist in der Stahlindustrie und auf Lagerplätzen zum Transport von Blöcken, Schrott usw. eingesetzt; sie eignen sich jedoch nur für den Transport von ferromagnetischen Stoffen. Häufig wird aus Sicherheitsgründen noch eine Pufferbatterie zwischengeschaltet, die bei Stromausfall die Magnetkraft noch eine gewisse Zeit aufrecht erhält. Häufig werden Rundmagnete angewendet. Sonderausführungen sind Flachmagnete für Profilmaterial, mehrpolige Magnete für Güter mit ungleichmäßiger Oberfläche und Magnete mit Greifarmen für loses Material – z. B. für Stahlspäne. Die Spulen der Magnete werden an der Unterseite durch eine unmagnetische Grundplatte, die z. B. aus Mangan-Stahl besteht, wegen der Spulenbeschädigung und zur Verhinderung des Rückschlusses des Magnetfeldes, abgedeckt; der magnetische Rückschluß darf nur durch die Last gehen. Die Stromzuführung erfolgt über eine Federkabeltrommel wie beim Motorgreifer. Die Traglast der Magnete hängt stark von der Gutform und der Stahlart ab. Gut geeignet sind manganarme massive Stahlblöcke mit glatten Oberflächen; bei einem Mangangehalt von mehr als 8 % ist wegen des Fehlens der ferromagnetischen Eigenschaft keine Lastaufnahme mehr möglich.

Wichtige technische Daten:

Meist Gleichstrom mit einer Spannung von 100 ... 500 V

Eigenlast ≈ 10 ... 15 % der maximal möglichen Traglast

Leistungsaufnahme ca. 0,4 ... 0,6 $\frac{\text{kW}}{\text{t Traglast}}$

Maximale Traglasten bis ca. 30 t

Bei kleineren Traglasten sind auch *Permanentmagnete* gebräuchlich.

Vakuumlasthaftgeräte. Die Lastaufnahme erfolgt hierbei durch den Unterdruck im Saugteller.

$$F = A(p_a - p_i)$$ *Tragkraft eines Saugtellers*

A wirksame Saugtellerfläche

p_a Luftdruck

p_i Druck im Saugteller (Unterdruck)

Der Unterdruck im Saugteller kann durch eine Volumenvergrößerung oder durch zentrale Vakuumanlagen erzeugt werden. Allerdings ist er relativ gering, so daß sich Vakuumlasthaftgeräte dieser Bauart nur für kleine und mittlere Traglasten eignen.

Die Volumenvergrößerung wird durch die Vergrößerung des mit dem Saugteller verbundenen Kammervolumens beim Anheben z. B. zunächst durch Strecken eines elastischen Balges (Bild 2.5.8) erreicht.

Die zentralen Vakuumanlagen, die aus Elektromotor, Zellenverdichter, Vakuumspeicher, Ventilen und Steuerung bestehen, sitzen direkt am Lastaufnahmemittel und benötigen elektrische Energie. Die Zuführung der elektrischen Energie erfolgt wie beim Lastmagnet.

Aus Sicherheitsgründen und wegen der begrenzten Traglast eines einzelnen Saugtellers werden oft mehrere Teller am Lastaufnahmemittel angebracht; z. T. über 100 Teller, die Traglasten bis zu 20 t ermöglichen.

Für sehr kleine Traglasten werden auch einfache *Gummisaugnäpfe*, die von Hand aufgedrückt werden, verwendet.

Vorteile Auch für unmagnetische Fördergüter geeignet, Schonung des Fördergutes, auch bei empfindlichen Oberflächen – z. B. für den Transport von Glasplatten.

Nachteile Geringe Energiedichte durch begrenzten Unterdruck; nicht für schwere, kompakte Güter geeignet.

2.5.10. Beispiele

8 Unterflasche für einen Elektrozug

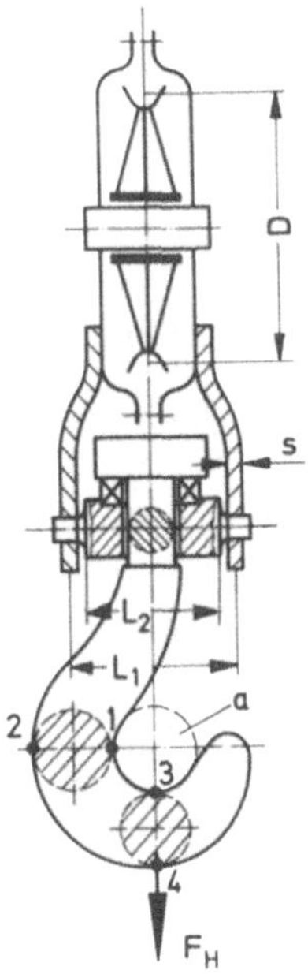

Hubkraft $F_H = 25\,000$ N, Triebwerkgruppe 2_m, Seile nach DIN 3055, Spreizwinkel $\alpha = 45°$, Hubgeschwindigkeit der Last $v_H = 12{,}5 \frac{m}{min}$, Einfachrollenzug mit einer Seilübersetzung $i_S = 2$, Blechstärke der Seitenschilde $s = 10$ mm.

Lasthaken: Mit Kreisquerschnitt (Sonderausführung), Hakendurchmesser $d_{1-2} \mathrel{\hat{=}} d_{3-4} \mathrel{\hat{=}}$ Maulweite a. $\sigma_{z\,zul}$ im Hakenschaft $= 40 \frac{N}{mm^2}$, σ_{zul} in den übrigen Querschnitten $= 100 \frac{N}{mm^2}$.

Hakentraverse: Traversenhöhe in Traversenmitte $h_T = 30$ mm, $L_1 = 200$ mm, $L_2 = 180$ mm, $\sigma_{b\,zul} = \sigma_{l\,zul} = 100 \frac{N}{mm^2}$, $\tau_{s\,zul} = 60 \frac{N}{mm^2}$.

Gesucht:

1. Seilabmessungen, rechnerische Bruchsicherheit ν des Seiles, Rollendurchmesser D
2. Belastung und Drehzahl der Rollenlager, Belastung des Hakenlagers
3. Hakendurchmesser im Schaft d (analog normalem Einfachhaken)
4. Hakendurchmesser bei den Querschnitten A_{1-2} bzw. A_{3-4} (analog normalem Einfachhaken)
5. Zapfendurchmesser d_T der Hakentraverse, maximale Traversenbreite b_T

Lösung:

1. *Seildurchmesser* d nach Gl. (2.1.1)

$$d = c\sqrt{F_S} = 0{,}095\sqrt{12\,500} = 10{,}6 \text{ mm} \qquad \underline{\underline{d = 11 \text{ mm} - \text{DIN } 3055}}$$

Maximale Seilkraft $F_S = \frac{F_H}{2} = 12\,500$ N (Seilzahl z = 2)

Beiwert c = 0,095 – siehe Bild 2.1.2

Rechnerische Bruchsicherheit $\nu = \frac{F_B}{\frac{F_H}{2}} = \frac{70100}{12500} = 5{,}6$ $\qquad \underline{\underline{\nu = 5{,}6}}$

F_B Seilbruchkraft, siehe Bild 2.1.1

Rollendurchmesser D nach Gl. (2.1.2)

$$D = h_1 h_2 d = 20 \cdot 1 \cdot 11 = 220 \text{ mm} \qquad \underline{\underline{D = 250 \text{ mm}}}$$

Beiwerte $h_1 = 20$ und $h_2 = 1$ – siehe Bild 2.1.2

2. *Rollenlager*

Die gesamte *Lagerkraft* auf die Rollenlager ergibt sich zu (Eigenlast der Unterflasche vernachlässigt):

$F_L \mathrel{\hat{=}} F_H = 25000$ N $\qquad \underline{\underline{F_L = 25000 \text{ N}}}$

Rollendrehzahl $n_R = \frac{v_S}{D\pi} = \frac{25}{0{,}25 \cdot 3{,}14} = 31{,}8 \text{ min}^{-1}$ $\qquad \underline{\underline{n_R = 31{,}8 \text{ min}^{-1}}}$

Seilgeschwindigkeit $v_S = 2\,v_H = 2 \cdot 12{,}5 = 25 \frac{\text{m}}{\text{min}}$ (Seilübersetzung $i_S = 2$, Einfachrollenzug)

Hakenlager

Die *Lagerkraft* $F_L \mathrel{\hat{=}} F_H = 25000$ N $\qquad \underline{\underline{F_L = 25000 \text{ N}}}$

Da die Drehzahl des Hakenlagers praktisch 0 ist (nur Schwenkbewegung) ist für die Auslegung des Lagers die statische Traglast maßgebend.

3. Im Hakenschaftquerschnitt liegt nur Zugbeanspruchung vor

Zugspannung $\sigma_z = \frac{F_H}{\frac{\pi d^2}{4}}$ hieraus: *Schaftdurchmesser* $d = \sqrt{\frac{4\,F_H}{\pi\,\sigma_{z\,zul}}}$

$$d = \sqrt{\frac{4 \cdot 25000}{3{,}14 \cdot 40}} = 28{,}1 \text{ mm} \qquad \underline{\underline{d = 30 \text{ mm}}}$$

4. *Hakenquerschnitt* A_{1-2}

Die höchste Gesamtspannung σ liegt bei Pkt. 1 (Zug + Biegezug)

Gesamtspannung σ bei Pkt. 1 nach Gl. (2.5.1)

$$\sigma_1 = \frac{F_H}{A} + \frac{M_b}{W_b} = \frac{F_H}{\frac{\pi d^2}{4}} + \frac{F_H\,d}{0{,}1\,d^3} = \frac{F_H}{d^2}\left(\frac{4}{\pi} + 10\right) = \frac{F_H}{d^2}\,11{,}28$$

Hakendurchmesser $d = \sqrt{\frac{11{,}28\,F_H}{\sigma_{z\,zul}}} = \sqrt{\frac{11{,}28 \cdot 25000}{100}} = 53$ mm $\qquad \underline{\underline{d = 50 \text{ mm}}}$

Biegemoment $M_b = F_H \left(\frac{a}{2} + \frac{d}{2}\right) = F_H\, d$

Querschnitt $A = \frac{\pi d^2}{4}$

Biegewiderstandsmoment $W_b = 0{,}1\, d^3$ (Kreisquerschnitt)

Hakenquerschnitt A_{3-4}

Die höchste Gesamtspannung σ liegt bei Pkt. 3 vor (Zug + Biegezug). Mit dem oben gewählten Hakendurchmesser d = 50 mm wird im Querschnitt A_{3-4} die Gesamtspannung für den Pkt. 3 nachgewiesen; sie soll $\leqq \sigma_{zul}$ sein.

Gesamtspannung σ bei Pkt. 3 nach Gl. (2.5.2)

$$\sigma_3 = \frac{F_H}{2} \tan\alpha \frac{1}{A} + \frac{M_b}{W_b} = \frac{25000}{2}\, 1 \frac{1}{19{,}6} + \frac{47000}{12{,}5} = 4400 \frac{N}{cm^2}$$

$$\underline{\underline{\sigma_3 = 44 \frac{N}{mm^2} < \sigma_{zul} = 100 \frac{N}{mm^2}}}$$

Querschnitt $A = \frac{\pi d^2}{4} = \frac{3{,}14 \cdot 5^2}{4} = 19{,}6\ cm^2$

Spreizwinkel $\alpha = 45°$: $\tan\alpha = 1$

Biegemoment $M_b = \frac{F_H}{2} \tan\alpha \left(\frac{d}{2} + \frac{a}{4}\right) = \frac{25000}{2}\, 1\, (2{,}5 + 1{,}25) = 47000$ N cm

Biegewiderstandsmoment $W_b = 0{,}1\, d^3 = 0{,}1 \cdot 5^3 = 12{,}5\ cm^3$ (Kreisquerschnitt)

. Der *Zapfendurchmesser* d_T der Hakentraverse ist aus $\sigma_{b\,zul}$, $\sigma_{l\,zul}$ und $\tau_{s\,zul}$ zu berechnen; der Maximalwert ist für die Auslegung maßgebend.

Biegung:

Biegespannung $\sigma_b = \frac{M_b}{W_b} = \frac{M_b}{0{,}1\, d_T^3}$ hieraus $d_T = \sqrt[3]{\frac{10\, M_b}{\sigma_{b\,zul}}} = \sqrt[3]{\frac{10 \cdot 12500}{10000}} = 2{,}3$ cm

Biegemoment $M_b = \frac{F_H}{2} \frac{L_1 - L_2}{2} = \frac{25000}{2} \frac{20 - 18}{2} = 12500$ N cm

Biegewiderstandsmoment $W_b = 0{,}1\, d_T^3$ (Kreisquerschnitt) $\underline{d_T = 2{,}3\ cm}$

Lochleibung:

Lochleibungsdruck $\sigma_l = \frac{F_H}{2\, d_T\, s}$ hieraus $d_T = \frac{F_H}{\sigma_{l\,zul}\, 2\, s} = \frac{25000}{10000 \cdot 2 \cdot 1} = 1{,}25$ cm

Blechstärke der Seitenschilde s = 10 mm $\underline{d_T = 1{,}25\ cm}$

Abscherung:

Schubspannung $\tau_s = \frac{F_H}{2 \frac{\pi d_T^2}{4}}$ hieraus $d_T = \sqrt{\frac{2\, F_H}{\pi\, \tau_{s\,zul}}} = \sqrt{\frac{2 \cdot 25000}{3{,}14 \cdot 6000}} = 1{,}62$ cm $\underline{d_T = 1{,}62\ cm}$

$$\underline{\underline{d_T = 25\ mm}}$$

Die *maximale Traversenbreite* b_T liegt an der Traversenmitte vor (Durchgangsbohrung für den Lasthaken); sie wird aus der zulässigen Biegespannung $\sigma_{b\,zul}$ berechnet.

$$\text{Biegespannung } \sigma_b = \frac{M_b}{W_b} = \frac{\frac{F_H L_1}{4}}{\frac{b\, h_T^2}{6}} \text{ hieraus } b = \frac{F_H L_1\, 6}{4\, \sigma_{b\,zul}\, h_T^2} = \frac{25000 \cdot 20 \cdot 6}{4 \cdot 10000 \cdot 3^2} = 8{,}3 \text{ cm}$$

Biegewiederstandsmoment $W_b = \frac{b\, h_T^2}{6}$ (Rechteck)

Die Bohrung in Traversenmitte soll einen Durchmesser von 52 mm haben (Hakendurchmesser unter der Traverse ca. 50 mm). Damit ergibt sich die maximale Traversenbreite $b_T = 8{,}3 + 5{,}2 = 13{,}5$ cm

$$\underline{\underline{b_T = 135\ mm}}$$

9 Vierseil-Stangengreifer

Je 2 Halte- und Hubseile an Zwill. Zügen, halbe Traversengewichtskraft $F_{OT} = F_{UT} = 2000$ N – für obere bzw. untere Traverse, maximale Füllgewichtskraft je Greiferschale $F_{GF} = 16\,000$ N, Schalengewichtskraft je Schale $F_{GS} = 5000$ N, Triebwerkgruppe 2_m. Stangen: Rohre nach DIN 2448 mit $\sigma_{d\,zul} = 120$ N/mm^2

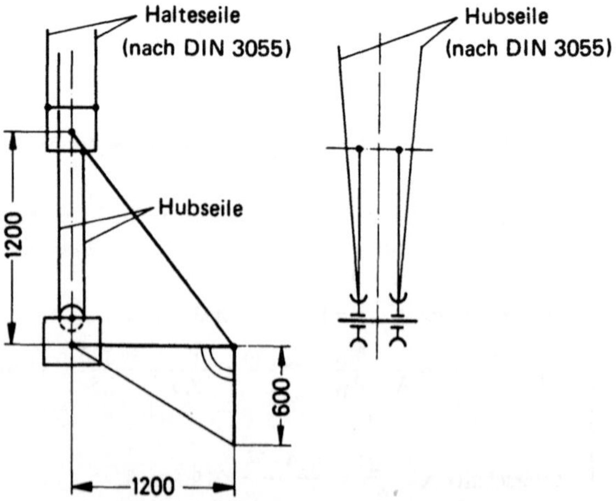

Gesucht:

1. Zeichne die eine Greiferseite bei ganz geöffneter, halb geöffneter und geschlossener Stellung
2. Kräftepläne für die unter Pkt. 1 bezeichneten Greiferstellungen, Stangen- und Schneidenkräfte hierfür
3. Seildurchmesser für die Hub- und Halteseile (Halteseile mit ca. 50 % der Hubseilkraft auslegen).
4. Rohrabmessungen für die Greiferstangen

Lösung:

1. und 2. Maßstäbe: *Lagepläne M. 1 : 50, Kräftepläne M. 1 : 10000* (1 cm ≙ 10000 N). Wegen Symmetrie nur eine Greiferhälfte betrachten. Seilzahl des Schließflaschenzuges z = 4, je Seite 2 Seile. Für die Darstellung der einzelnen Greiferstellungen ist zu beachten, daß sich Pkt. A auf einem Kreisbogen und Pkt. B auf einer Vertikalen bewegt.

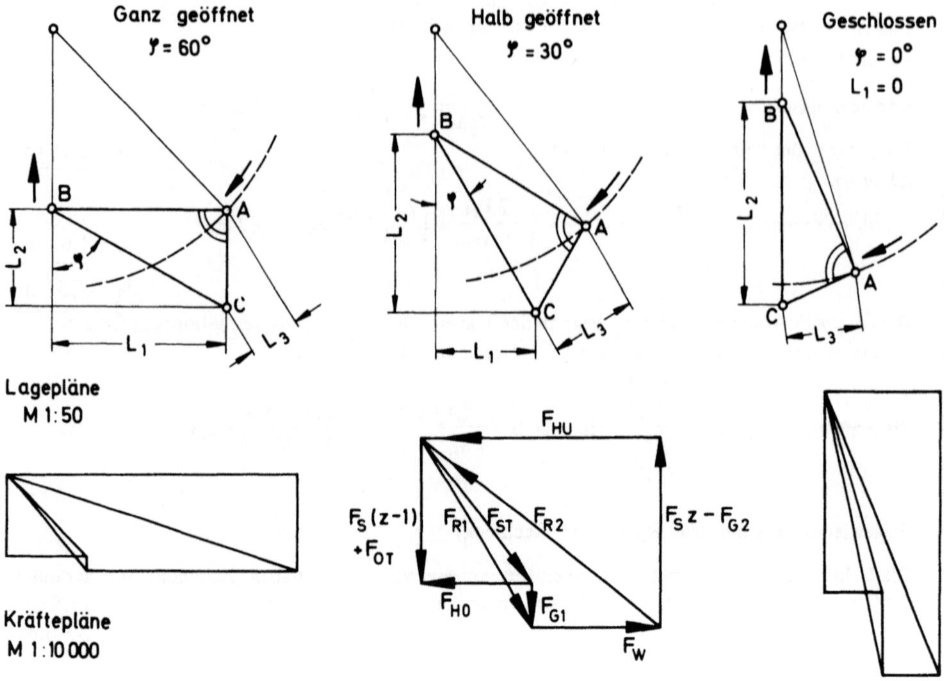

Ganz geöffnet, $\varphi = 60°$ Max. Seilkraft F_S	Halbgeöffnet, $\varphi = 30°$ Maximale Seilkraft F_S	Geschlossen, $\varphi = 0°$ Maximale Seilkraft F_S
$F_S = F_{OT} + F_{UT} + F_{GS} =$ $= 2 + 2 + 5 = 9$ kN	$F_S = F_{OT} + F_{UT} + F_{GS} + \frac{F_{GF}}{2}$ (halb gefüllt) $F_S = 2 + 2 + 5 + 8 = 17$ kN	$F_S = F_{OT} + F_{UT} + F_{GS} + F_{GF}$ (ganz gefüllt) $F_S = 2 + 2 + 5 + 16 = 25$ kN
$F_S = 9$ kN $(F_{GF} = 0)$	$F_S = 17$ kN	$F_S = 25$ kN
$F_S(z - 1) + F_{OT} = 9 \cdot 1 + 2 =$ 11 kN	$F_S(z - 1) + F_{OT} = 17 \cdot 1 + 2 =$ 19 kN	$F_S(z - 1) + F_{OT} = 25 \cdot 1 + 2 =$ 27 kN
$F_{G1} = \frac{F_{GF} + F_{GS}}{2} = \frac{5}{2} = 2{,}5$ kN	$F_{G1} = \frac{F_{GF} + F_{GS}}{2} = \frac{8 + 5}{2} =$ 6,5 kN	$F_{G1} = \frac{F_{GF} + F_{GS}}{2} = \frac{16 + 5}{2} =$ 10,5 kN
$F_{G2} = \frac{F_{GF} + F_{GS}}{2} + F_{UT} =$ $2{,}5 + 2 = 4{,}5$ kN	$F_{G2} = \frac{F_{GF} + F_{GS}}{2} + F_{UT} =$ $6{,}5 + 2 = 8{,}5$ kN	$F_{G2} = \frac{F_{GF} + F_{GS}}{2} + F_{UT} =$ $10{,}5 + 2 = 12{,}5$ kN
Aus Kräfteplan: $F_{ST} = 15$ kN und $F_{R1} =$ 18 kN	Aus Kräfteplan: $F_{ST} = 25$ kN und $F_{R1} =$ 30 kN	Aus Kräfteplan: $F_{ST} = 29$ kN und $F_{R1} =$ 39 kN
$L_1 = 1200$, $L_2 = 600$, $L_3 = 400$ Alle Maße in mm, aus Lageplan	$L_1 = 700$, $L_2 = 1150$, $L_3 = 600$ Alle Maße in mm, aus Lageplan	$L_1 = 0$, $L_2 = 1400$, $L_3 = 550$ Alle Maße in mm; aus Lageplan
$F_{HU} = \frac{1}{L_2}[F_{R1} L_3 +$ $(F_S z - F_{G2}) L_1]$	$F_{HU} = \frac{1}{L_2}[F_{R1} L_3 +$ $(F_S z - F_{G2}) L_1]$	$F_{HU} = \frac{1}{L_2}[F_{R1} L_3 +$ $(F_S z - F_{G2}) L_1]$
$F_{HU} = \frac{1}{0{,}6}[18 \cdot 0{,}4 +$ $(9 \cdot 2 - 4{,}5)\,1{,}2]$	$F_{HU} = \frac{1}{1{,}15}[30 \cdot 0{,}6 +$ $(17 \cdot 2 - 8{,}5)\,0{,}7]$	$F_{HU} = \frac{1}{1{,}4}[39 \cdot 0{,}55 +$ $(25 \cdot 2 - 12{,}5)\,0]$
$F_{HU} = 40$ kN	$F_{HU} = 32$ kN	$F_{HU} = 15{,}5$ kN
$F_S z - F_{G2} = 9 \cdot 2 - 4{,}5 =$ 13,5 kN	$F_S z - F_{G2} = 17 \cdot 2 - 8{,}5 =$ 25,5 kN	$F_S z - F_{G2} = 25 \cdot 2 - 12{,}5 =$ 37,5 kN
$F_w = 29$ kN (aus Kräfteplan)	$F_W = 18$ kN (aus Kräfteplan)	$F_W = 8$ kN (aus Kräfteplan)

Die Bezeichnung der einzelnen Kräfte geht aus Bild 2.5.6 und Abschnitt 2.5.8.1 hervor.

3. Die maximale Seilkraft F_S liegt bei geschlossenem Greifer vor: $F_S = 25$ kN

   Hubseil

   Seildurchmesser d nach Gl. (2.1.1)

   $d = c\sqrt{F_S} = 0{,}095\sqrt{25\,000} = 15$ mm

   Beiwert $c = 0{,}095$ – siehe Bild 2.1.2

   $d = 16$ mm – DIN 3055 (nach Bild 2.1.1)

   Halteseil

   Seildurchmesser d nach Gl. (2.1.1)

   $d = c\sqrt{0{,}5\,F_S} = 0{,}095\sqrt{0{,}5 \cdot 25\,000} = 10{,}6$ mm

   Beiwert $c = 0{,}095$ – siehe Bild 2.1.2

   $d = 11$ mm – DIN 3055 (nach Bild 2.1.1)

   „0,5": Halteseil mit 50 % der maximalen Seilkraft auslegen

4. Maximale Stangenkraft $F_{ST} = 29$ kN; sie liegt bei geschlossener Greiferstellung vor.

   Stangenlänge $L_{ST} \approx 1{,}7$ m (aus Lageplan), $F = 14{,}5$ kN (je Greiferschale sind 2 Stangen angebracht).

   Die Stangen sind auf Knickung beansprucht

   Rohr nach DIN 2448: da = 51 mm, s = 2,6 mm (gewählt)

Für das gewählte Rohr ergibt sich: Querschnittsfläche $A = 3{,}95\ \mathrm{cm}^2$, Trägheitsradius $i = 1{,}7\ \mathrm{cm}$

Schlankheitsgrad $\lambda = \frac{L}{i} = \frac{170}{1{,}7} = 100$, hieraus ergibt sich eine Knickzahl von $\omega \approx 1{,}8$

Druckspannung $\sigma_d = \omega \frac{F}{A} = 1{,}8 \cdot \frac{14500}{3{,}95} = 6600 \frac{\mathrm{N}}{\mathrm{cm}^2}$ $\quad \sigma_d = 66 \frac{\mathrm{N}}{\mathrm{mm}^2} < \sigma_{d\,zul} = 160 \frac{\mathrm{N}}{\mathrm{mm}^2}$

2.6. Maschinensätze

Die Zusammenfassung aller Last- und Antriebselemente zu einer Baueinheit für eine bestimmte Arbeitsbewegung eines Fördermittels bezeichnet man als Maschinensatz, z. B. Motore, Bremsen, Getriebe, Seiltrommeln, Laufräder usw. In diesem Zusammenhang können nur die wichtigsten Maschinensätze, die allgemein Verwendung finden, kurz behandelt werden.

2.6.1. Berechnungsgrundlagen

Die folgenden Grundformeln werden später bei den einzelnen Maschinensätzen entsprechend abgewandelt.

Vollastbeharrungsleistung P_V. Hierunter versteht man die bei Vollast im stationären Betrieb erforderliche Antriebsleistung (z. B. das Heben einer Hublast mit konstanter Hubgeschwindigkeit).

Beschleunigungsleistung P_B. Die Beschleunigungsleistung entspricht dem Leistungsanteil, der erforderlich ist, um die Massen aus der Ruhe bis zum stationären Betriebszustand zu beschleunigen. Dabei ist jeweils der meist am Beginn der Anlaufzeit maximal auftretende Wert von P_B zugrunde zu legen.

$$P_B = mav + M_B\,\omega \qquad \text{Beschleunigungsleistung}$$

Das 1. Glied dieser Gleichung entspricht der Beschleunigungsleistung für geradlinig, das 2. Glied der Beschleunigungsleistung für drehend bewegte Massen.

m	geradlinig zu beschleunigende Massen
$a = \frac{v}{t_A}$	geradlinige Beschleunigung
v	Geschwindigkeit
t_A	Anlaufzeit
M_B	Beschleunigungsmoment für drehend bewegte Massen (Berechnung siehe Abschnitt 2.4)
ω	Winkelgeschwindigkeit

Anlaufleistung P_A. Es ist die zum Anlauf erforderliche Leistung. Sie setzt sich folgendermaßen zusammen:

$$P_A = P_V + P_B$$

Nennleistung P_N. Die Nennleistung P_N ist die auf dem Typenschild des Antriebsmotors angegebene Leistung.

Dimensionierung der Antriebselemente. Die höchsten Belastungen treten beim Anlaufen bzw. beim Bremsen der Fördermittel auf. Dies gilt vor allem für Unstetigförderer, deren einzelne Maschinensätze häufigen Schaltungen unterliegen.

Diese Tatsache wirkt sich natürlich auch negativ auf die Lebensdauer der Maschinensätze aus.

Bei Stetigförderern, die allgemein selten geschaltet werden, kann bei der Dimensionierung der Antriebselemente von der Vollastbeharrungsleistung ausgegangen werden; jedoch sind hier die Dauerfestigkeitswerte bzw. die Werte für ruhende oder schwellende Beanspruchung zugrundezulegen.

2.6.2. Hubwerke

Aufbau. Hubwerke können als *selbständige Fördermittel* oder auch als *Bauteile größerer Fördermittel* vorkommen. Zu den erstgenannten gehören z. B. Flaschenzüge und Winden (Abschnitt 3); zur zweiten Gruppe z. B. die Hubwerke von Brückenkranen (Abschnitt 4.1). Nach dem Antriebssystem ergeben sich die folgenden beiden Grundbauarten für Hubwerke, die als Bauteile größerer Förderanlagen anzusehen sind.

Mechanische Hubwerke Es handelt sich hier um Seil- oder Kettenwinden sowie Treibscheiben, die meist von einem Elektromotor angetrieben werden.

Hydraulische oder pneumatische Hubwerke Bei dieser Bauart erfolgt der Hubantrieb direkt durch Druckzylinder oder indirekt über Druckmotore, wobei die Druckmotore wiederum normale Seil- oder Kettentrommeln antreiben.

Nur einfache mechanische Hubwerke mit Seil- oder Kettenwinden sollen hier kurz besprochen werden; der grundsätzliche konstruktive Aufbau geht aus Bild 2.6.1 hervor.

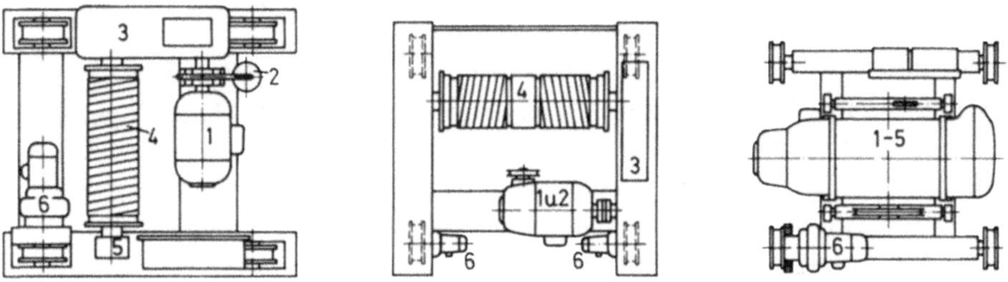

Normale Laufkatze (aus Standardbauteilen) | Standardlaufkatze (mit Bremsmotor für Hubwerk) | Standardlaufkatze (mit E-Zug als Hubwerk)

1 Motor, 2 Bremse, 3 Getriebe, 4 Seiltrommel, 5 Endschalter, 6 Fahrantrieb für Laufkatze

Bild 2.6.1. Hubwerke – Laufkatzen (DEMAG)

Alle Last- und Antriebselemente sitzen auf einem gemeinsamen Unterbau, der als *Laufkatzrahmen* bezeichnet wird. Er wird meist aus gekanteten Blechen und Profilmaterial zusammengeschweißt, wobei wegen geringer Eigenlast auf leichte Bauweise zu achten ist. Das auf den Laufkatzrahmen montierte Hubwerk wird durch ein Fahrwerk (Katzfahrwerk) zur fahrbaren Hubwinde. Diese Baueinheit, bestehend aus dem Laufkatzrahmen mit den darauf angebrachten Hub- und Fahrwerken, wird als Laufkatze bezeichnet. Die grundsätzlichen Laufkatzbauarten gehen gleichfalls aus Bild 2.6.1 hervor, die, unter besonderer Beachtung der Hubwerke, im folgenden kurz beschrieben werden:

Hubwerke aus Standardbauteilen Die Seiltrommel dieser Hubwerke ist meist eine Wellentrommel; dadurch ergibt sich ein einfacher platzsparender Aufbau ohne offene Vorgelege (Bild 2.1.5). Wegen der durch die relativ kleinen Hubgeschwindigkeiten bedingten niedrigen Trommeldrehzahlen ist zwischen Antriebsmotor und Seiltrommel ein Getriebe einzuschalten (Bild 2.6.1). Um die Drehzahlen der Seiltrommeln zu erhöhen, werden oft Zwillingsflaschenzüge eingesetzt. Daraus resultieren kleinere Lastmomente an der Seiltrommel, die die Abmessungen (außer der Trommellänge) des gesamten Hubwerkes verringern. Weiterhin werden Seil- und Rollendurchmesser geringer, und das seitliche Wandern und Verdrehen der Unterflaschen wird vermieden.
Die Übersetzungen der Getriebe bewegen sich in weiten Grenzen und liegen allgemein zwischen 5 ... 100, manchmal auch noch höher. Wenn möglich, sind, wegen geringer Baukosten, einfache Stirnradgetriebe vorzusehen. Die Getriebe für Stetigförderer arbeiten meist im Dauerbetrieb, werden selten geschaltet und haben nur geringe bis normale Stöße aufzunehmen; sie können deshalb nach den Regeln des normalen Getriebebaus ausgelegt werden. Im Gegensatz hierzu werden an die Getriebe der Unstetigförderer, zu denen auch die Hubwerksgetriebe gehören, folgende Anforderungen gestellt:

- Ständiges Arbeiten im Aussetzbetrieb
- Häufiges Anlaufen und Abbremsen der bewegten Massen
- Änderung der Drehrichtung und Belastung sowie Anlauf unter Last.

Diese Fakten sind vor allem bei der Auslegung der Verzahnung, der Wellen und der Lager zu beachten. Bei Hubwerksgetrieben mit auf der Abtriebswelle aufgesetzten Seiltrommeln (Wellentrommeln) ist noch die zusätzliche Belastung der Getriebelager an der Abtriebswelle durch die Seilkräfte zu berücksichtigen.

Diese allgemeinen Hinweise gelten auch für die Getriebe der übrigen Maschinensätze.

Zwischen Motor und Getriebe sitzt die Haltebremse, die hier (Bild 2.6.1) als Doppelbackenbremse ausgeführt ist (Abschnitt 2.4.3). In die Bremsscheibe wird zur Dämpfung der Laststöße häufig eine elastische Kupplung eingebaut; die Senkbremsung erfolgt meist elektrisch durch eine spezielle Senkbremsschaltung des Hubmotors.

Der Endschalter (Abschnitt 2.8.1) begrenzt den Hubweg nach oben, so daß die Unterflasche bei der Hubbewegung nicht gegen die obere Ausgleichrolle bzw. den Laufkatzrahmen schlägt und damit Beschädigungen dieser Bauteile vermieden werden.

Vereinfachte Hubwerke aus Standardbauteilen Der zunehmende Einsatz von Normmaschinensätzen, z. B. bei Standardkranen, führte zu einfacheren Hubwerksbauarten. So werden damit oft Getriebebremsmotore – häufig in Aufsteckbauweise – verwendet, die sonst übliche Doppelbackenbremse und das gesondert aufgestellte Getriebe entfallen. Bild 2.6.1 zeigt ein solches Hubwerk mit Bremsmotor, bei dem das Normgetriebe im Laufkatzrahmen eingebaut ist.

Elektrozüge als Hubwerke Die heute üblichen Standardbrückenkrane haben als Hubwerke fast ausschließlich Elektrozüge (Abschnitt 3.1.2), die alle die für ein Hubwerk erforderlichen Antriebs- und Lastelemente enthalten. Hierdurch ergibt sich ein sehr einfacher Aufbau für den Laufkratzrahmen (Bild 2.6.1).

Da Elektrozüge mit sehr hohen Traglasten ausgeführt werden (Traglasten bis ca. 80 t), haben Standardkräne mit Elektrozügen als Hubwerke ein weites Anwendungsgebiet gefunden. Die wesentlichen Vorteile der Laufkatzen mit Elektrozügen als Hubwerke sind:

- sehr gedrängte, einfache und besonders leichte Bauweise;
- günstige Preise und kurze Lieferzeiten, da Elektrozüge heute in großen Stückzahlen gefertigt werden (sie sind das am meisten verwendete Serienhebezeug).

Spezialhubwerke, wie z. B. Mehrseilgreiferwinden, siehe Abschnitt 4.1.1.3.

Hinweise zur Regelung der Hubgeschwindigkeit gehen aus Abschnitt 2.7 und die Ausbildung der Katzfahrwerke aus Abschnitt 2.6.4 hervor.

Berechnung

$$P_V = \frac{F_H \, v_H}{\eta}$$ *Vollastbeharrungsleistung* (2.6.1)

$$P_B = m_H \frac{v_H}{t_A} \frac{v_H}{\eta} + \frac{M_B \, \omega_{Mot}}{\eta}$$ *Beschleunigungsleistung* (2.6.2)

$$i = \frac{n_{Mot}}{n_T}$$ *Übersetzung* (2.6.3)

F_H	Hubkraft am Lastaufnahmemittel
v_H	Hubgeschwindigkeit der Last
t_A	Anlaufzeit $t_A \approx 0{,}5 \dots 5$ s
$\eta = \eta_{Fz}\, \eta_T\, \eta_{Getr}$	Gesamtwirkungsgrad (η_{Fz} Wirkungsgrad des Flaschenzuges, η_T Wirkungsgrad der Trommel, η_{Getr} Wirkungsgrad des Getriebes; $\eta \approx 0{,}8 \dots 0{,}9$)
m_H	Hublast
M_B	Beschleunigungsmoment auf die Motorwelle bezogen; Berechnung analog Abschnitt 2.4.1
ω_{Mot}	Winkelgeschwindigkeit der Motorwelle
n_{Mot} und n_T	Drehzahlen der Motor- bzw. der Trommelwelle

Bei großer Hublast ist die Eigenlast der Unterflasche zu beachten. Der genaue Nachweis der Beschleunigungsleistung P_B ist nur bei sehr hohen Hubgeschwindigkeiten v_H und relativ kleinen Anlaufzeiten t_A durchzuführen. Im allgemeinen wird die Beschleunigungsleistung P_B durch einen 10 ... 20 %igen Zuschlag zur Vollastbeharrungsleistung P_V berücksichtigt.

2.6.3. Wippwerke

Aufbau. Die Wippwerke dienen zum Wippen (Einziehen unter Last) von Kranauslegern (z. B. bei Drehkranen) oder Stetigförderern (z. B. bei Muldenbändern, die Schüttgut auf Halde fördern). Die Ausbildung der verschiedenen Wippsysteme kann Abschnitt 4.4.3 entnommen werden. Gegenüber dem Hubwerk, bei dem die Last senkrecht gehoben wird, beschreibt der Schwerpunkt des Auslegers beim Wippen einen Kreisbogen um seinen Anlenkpunkt. Dadurch ändert sich bei gleicher Last die erforderliche Wippkraft bzw. das für die Wippbewegung erforderliche Wippmoment. Die Last selbst bewegt sich beim Wippen meist horizontal. Man unterscheidet auch hier nach dem jeweiligen Antriebsystem:

Mechanische Wippwerke Mit Seilwinden, Zahnstangen- oder Spindelantrieben.
Bei den Seilwinden muß der Ausleger bei jeder Stellung am Wippseil ziehen, da Seile nur Zugkräfte aufnehmen können. Bei den Zahnstangen, die beweglich am Ausleger befestigt werden, erfolgt der Antrieb über ein Zahnritzel und bei dem Spindelwippwerk über eine Gewindespindel.

Hydraulische Wippwerke Hier werden meist doppeltbeaufschlagte Druckzylinder zur Ausführung der Wippbewegung verwendet.

Hydraulische Wippwerke kommen vor allem bei Fahrzeugkranen zum Einsatz.

Aus Bild 2.6.2 geht der Aufbau und die Wirkungsweise eines Spindelwippwerkes hervor.

Der Elektrobremsmotor treibt über ein Vorgelege die Spindelmutter an. Dabei bewegt die am Ausleger befestigte Spindel den Ausleger, je nach Drehrichtung nach innen (Einziehen) oder nach außen (Auslegen). Die Bremse des Bremsmotors hält den Ausleger in jeder gewünschten Stellung fest. Die hohen Druckkräfte der Spindel werden durch die beiden Axiallager aufgenommen.

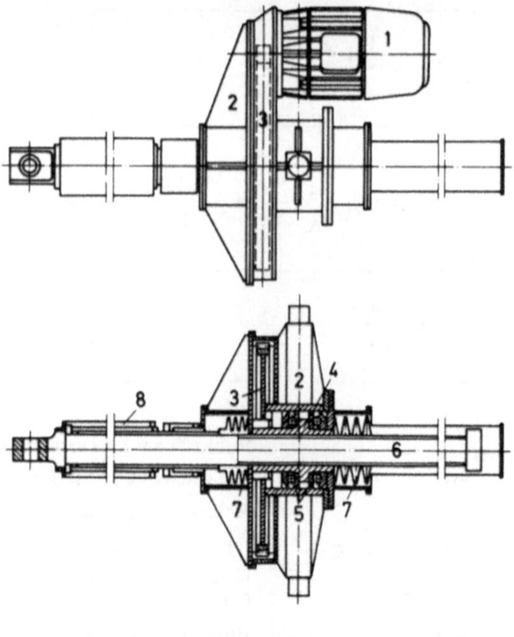

1 Verschiebeläufermotor; 2 Gehäuse mit Drehzapfen; 3 Stirnradvorgelege; 4 Spindelmutter; 5 Scheibenkugellager; 6 Spindel; 7 Tellerfedern; 8 Teleskop-Schutzrohre

Bild 2.6.2. Spindelwippwerk (DEMAG)

Berechnung. Die Wippkraft (Seilzug, Zahnstangenkraft, Spindelkraft usw.) kann aus einer Momentengleichung um den Anlenkpunkt des Auslegers ermittelt werden. Aus der gewünschten Wippgeschwindigkeit kann die erforderliche Geschwindigkeit des Wippseiles, der Zahnstange oder der Gewindespindel berechnet werden. Hieraus läßt sich mit der Wippkraft die Vollastbeharrungsleistung P_V festlegen. Da sich während des Wippens die Wippkraft und die Wippgeschwindigkeit des Seiles, der Zahnstange oder der Gewindespindel ändert, ist die Ermittlung von P_V für mehrere Stellungen des Auslegers durchzuführen und der jeweilige Maximalwert über die Auslegung des Antriebsmotors zugrundezulegen (Aufgabe 18).

Da es sich beim Wippen im wesentlichen um eine Hubbewegung handelt, sind die einzelnen Leistungsanteile wie beim Hubwerk zu ermitteln; meist reicht auch hier, wegen der geringen Arbeitsgeschwindigkeit, der Nachweis der Vollastbeharrungsleistung P_V aus.

2.6.4. Fahrwerke

Die Fahrwerke übertragen die für das Fahren einer Förderanlage erforderlichen Kräfte auf die Fahrbahn. Nach der Art der Fahrbahn unterscheidet man *Schienenfahrwerke* (z. B. für Brückenkrane), *schienenlose Fahrwerke* (z. B. für Gabelstapler) und *Raupenfahrwerke* (z. B. für Bagger). In diesem Zusammenhang sollen nur die Schienenfahrwerke betrachtet werden, die vor allem im Kranbau gebräuchlich sind.

Aufbau. Die Fahrwerke bestehen in der Regel aus den Laufrädern, dem Getriebe, dem Antriebsmotor und der Bremse; als Antriebssystem wird häufig ein Getriebebremsmotor in Aufsteckbauweise verwendet. In Bild 2.6.3 ist z. B. ein Krannormfahrwerk in Aufsteckausführung dargestellt.

Das Laufrad wird hierbei direkt – ohne offenes Vorgelege – angetrieben (vergl. hierzu auch Abschnitt 2.3.1). Das Stützmoment des Maschinensatzes wird durch eine Gummifeder, die einer elastischen Drehmomentstütze entspricht, abgefangen, wodurch gleichzeitig die Drehmomentstöße gedämpft werden. Diese Drehmomentstütze übernimmt gleichzeitig die Funktion der sonst üblichen elastischen Kupplung. Der Antriebsmotor ist als Verschiebeankerbremsmotor (Abschnitt 2.4.7) ausgebildet, so daß die sonst zwischen Motor und Getriebe eingebaute Bremse entfällt. Die Aufnahme der Seitenkräfte erfolgt durch die beiderseits der Laufschiene am Fahrwerk angeordneten Stütz- und Führungsrollen.

Bei Kranfahrwerken werden meist an jeder Seite getrennte Antriebe verwendet, um auf die langen Wellen verzichten zu können. Noch schwieriger ist bei Portalkränen der zentrale Fahrantrieb, da die Wellen nicht nur über große Längen geführt, sondern auch umgelenkt werden müssen. Hier kommen deshalb ausschließlich getrennte Fahrantriebe in Frage. Die Fahrwerke für Kranlaufkatzen besitzen wegen ihrer kleineren Spurweiten in der Regel einen Zentralantrieb, wobei je Seite mindestens 1 Laufrad anzutreiben ist (Bild 2.6.3).

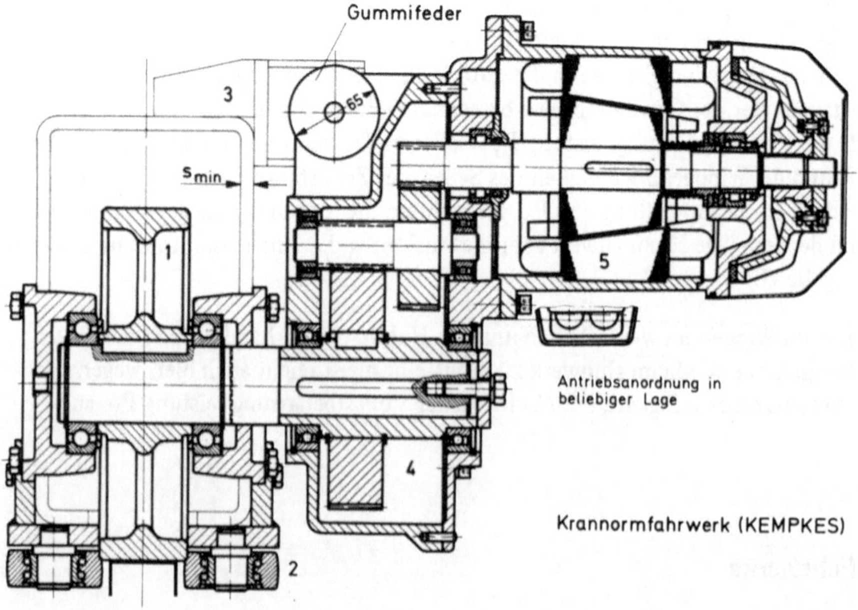

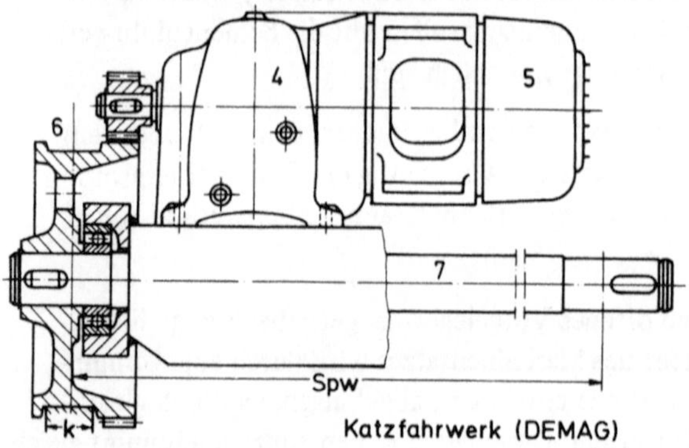

1 Laufrad, ohne Spurkranz, direkt angetrieben
2 Seitliche Führungsrollen
3 Kopfträger
4 Getriebe
5 Bremsmotor
6 Laufrad, mit Spurkranz, über Vorgelege angetrieben
7 Antriebswelle für das 2. Laufrad
Spw Spurweite

Bild 2.6.3. Fahrwerke

Beim Mehrmotorenantrieb ist auf Gleichlauf zu achten (Abschnitt 4.2.2), damit sich beim Fahren die Kranbrücke nicht schräg stellt.

Die Bremsen der Fahrwerke sind so einzustellen, daß sie die Fahrbewegung nicht allzu hart abbremsen, aber mit Sicherheit das Fahrwerk im Stillstand festhalten. So werden bei größeren Anlagen häufig Bremsen mit veränderlichem Bremsmoment, sogenannte Regelbremsen, verwendet.

Berechnung

$P_V = \frac{F_W\, v_F}{\eta} + \frac{A_{Wi}\, p_{Wi}\, v_F}{\eta}$	*Vollastbeharrungsleistung*	(2.6.4)
$P_B = m_F \frac{v_F}{t_A} \frac{v_F}{\eta} + \frac{M_B\, \omega_{Mot}}{\eta}$	*Beschleunigungsleistung*	(2.6.5)
$i = \frac{n_{Mot}}{n_L}$	*Übersetzung*	(2.6.6)

F_W Fahrwiderstand (Abschnitt 2.3.1)
v_F Fahrgeschwindigkeit
η Wirkungsgrad des Antriebs; $\eta \approx 0{,}8 \dots 0{,}9$
A_{Wi} Windangriffsfläche
p_{Wi} Winddruck; normal $p_{Wi} \approx 300 \dots 500 \frac{N}{m^2}$
m_F Fahrlast
t_A Anlaufzeit; $t_A \approx 2 \dots 15$ s, kleine Werte für t_A bei Katzfahrwerken und sonstigen leichten Anlagen
n_L Drehzahl des Laufrades
$M_B, \omega_{Mot}, n_{Mot}$ siehe Hubwerke

In Gleichung (2.6.4) ergibt sich das 1. Glied aus der Roll- und Lagerreibung, das 2. Glied aus der Windleistung – *sie ist nur bei Anlagen im Freien von Bedeutung.* Steigt der Winddruck p_{Wi} über etwa $500 \frac{N}{m^2}$ an, dann ist die Anlage aus Sicherheitsgründen stillzulegen. Wegen der meist großen Fahrlasten m_F ist die Beschleunigungsleistung P_B stets nachzuweisen. Der Leistungsanteil der Beschleunigungsleistung P_B aus den drehend bewegten Massen ist relativ gering und kann meist vernachlässigt werden; er kann auch durch einen Zuschlag von 10 ... 20 % zu den geradlinig zu beschleunigenden Massen erfaßt werden. Die Kraftübertragung zwischen Schiene und Laufrad erfolgt reibschlüssig. Deshalb ist nachzuprüfen, ob das Laufrad auch beim Anlauf im ungünstigsten Fall (bei geringster Radbelastung) nicht durchrutscht, da sonst ein zu hoher Verschleiß und ein Schiefstellen des Kranes zu befürchten ist. Tritt beim Anlaufen – nach der Rechnung – Rutschen auf, ist die Zahl der angetriebenen Laufräder zu erhöhen (siehe hierzu auch Abschnitt 2.3.1 und Aufgabe 11).

2.6.5. Drehwerke

Die Drehwerke ermöglichen Dreh- oder Schwenkbewegungen. Bei den Drehkranen (Abschnitt 4.4) drehen sie die meist um eine senkrechte Achse drehbaren Kran-Oberteile, an denen die Ausleger befestigt sind. Bei den Stetigförderern werden Drehwerke nur selten benötigt. Hier dienen sie z. B. für das Schwenken eines Bandförderers (Abschnitt 6.2.1), der z. B. Stückgüter auf einen Lkw befördert.

Das Haupteinsatzgebiet der Drehwerke liegt also im Kranbau.

Aufbau. Die Lagerung des drehbaren Oberteiles von Drehkranen erfolgt in den meisten Fällen über Spezialwälzlager wie Kugel- oder Rollendrehverbindungen, die sowohl Vertikal- und Horizontalkräfte als auch Momente aufnehmen können. Die Momentaufnahme ist nur bei mehrreihigen Ausführungen oder Sonderrollenlagern möglich.

Die Auslegung dieser Lager kann Herstellerkatalogen entnommen werden. Die Normalausführungen der Fa. *Rothe Erde* nehmen etwa bis 5000 (30 000) kN als Axialkraft und bis 12000 (50 000) kNm als Momente bei Lagerdurchmessern von etwa 4(5) m auf. Die in Klammern angegebenen Werte gelten für Rollendrehverbindungen, die normal angegebenen Werte für Kugeldrehverbindungen.

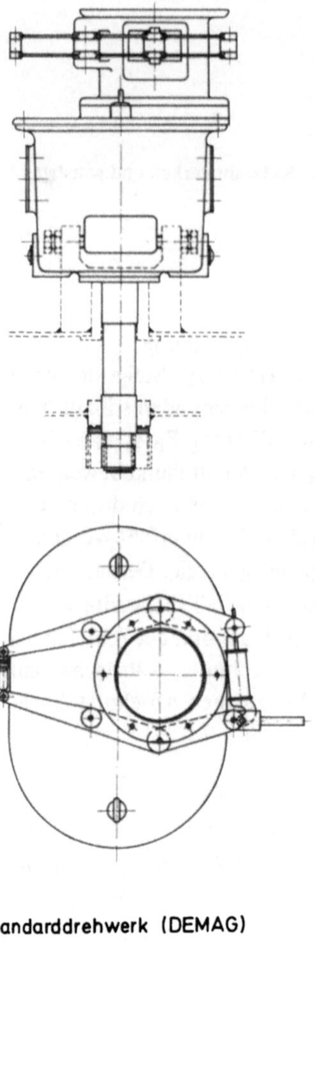

Lagerung des Drehteils

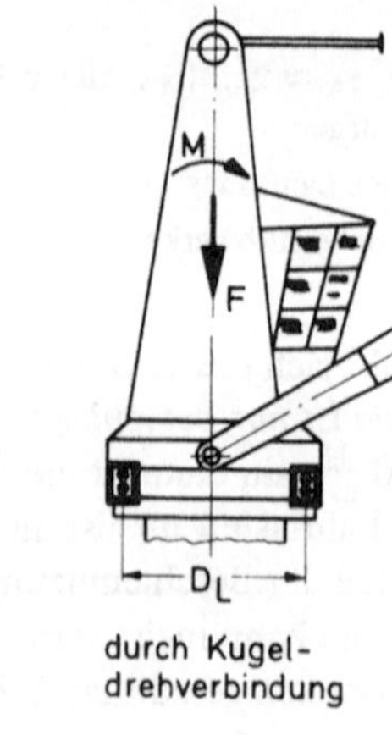

durch Kugeldrehverbindung

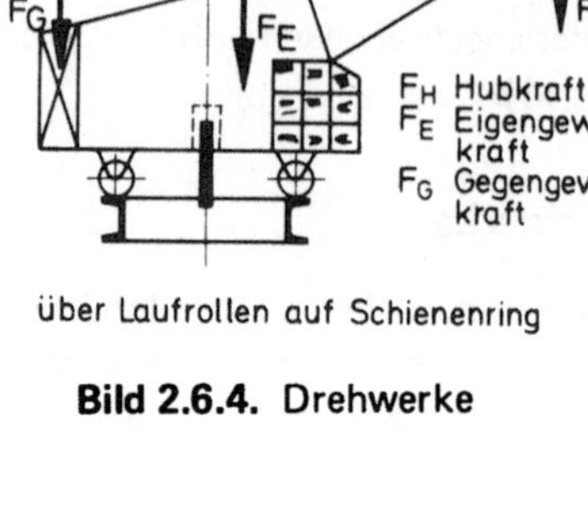

über Laufrollen auf Schienenring

Standarddrehwerk (DEMAG)

Bild 2.6.4. Drehwerke

Nur noch selten wird die Abstützung des Drehteiles über Laufräder auf einem Schienenring vorgenommen (Einzelheiten Abschnitt 4.4.2).

Bei den mechanischen Triebwerken treibt ein auf die Abtriebswelle des Getriebes gesetztes Ritzel den am Drehteil befestigten Zahnkranz der Drehverbindung an. Das Drehwerk selbst sitzt dann auf dem feststehenden Unterteil. Um billige Stirnradgetriebe verwenden zu können, wird das gesamte Drehwerk senkrecht montiert (Bild 2.6.4). Im übrigen werden im Drehwerk Motor, Bremse und Getriebe wie bei den anderen Maschinensätzen zusammengefaßt. Der konstruktive Aufbau eines Drehwerkes geht aus Bild 2.6.4 hervor. Insbesondere ist auf die exakte Lagerung der Abtriebswelle zu achten, da dort wegen der geringen Drehzahlen sehr hohe Kräfte und Momente auftreten. Auch hier werden häufig als Maschinensätze Getriebebremsmotore verwendet. Für den Antrieb der über Laufräder auf Schienenringe gelagerten Drehteile werden normale Fahrwerke eingesetzt, die einen Teil der Laufräder antreiben. Die Laufräder bewegen sich hier jedoch – im Gegensatz zu den Kranfahrwerken – auf einer Kreisbahn. Die Seitenkräfte können durch waagrechte Druckrollen, die sich am Schienenring abstützen, oder einen Königszapfen aufgenommen werden.

Bei den hydraulischen Drehwerken, die vor allem bei Fahrzeugkranen zur Anwendung gelangen, werden in ihrer Drehrichtung umsteuerbare Hydraulikmotore oder Hydraulikzylinder mit entsprechender Übersetzung verwendet. Hydraulikzylinder gestatten normalerweise nur die Ausführung von Schwenkbewegungen.

Berechnung

$P_V = \dfrac{M_W\ \omega_D}{\eta} + \dfrac{M_{Wi}\ \omega_D}{\eta}$	*Vollastbeharrungsleistung* (bei Kugel- oder Rollendrehverbindungen)	(2.6.7)
$P_V = \dfrac{F_W\ v_D}{\eta} + \dfrac{M_{Wi}\ \omega_D}{\eta}$	*Vollastbeharrungsleistung* (bei Laufrädern auf Schienenring)	(2.6.8)
$P_B = \dfrac{M_B\ \omega_D}{\eta}$	*Beschleunigungsleistung*	(2.6.9)
$i = \dfrac{n_{Mot}}{n_D}$	*Übersetzung*	(2.6.10)

$M_W = \mu\ F\ \dfrac{D_L}{2}$ Drehwiderstandsmoment um die Drehachse

μ Lagerreibungszahl, $\mu \approx 0{,}005 \ldots 0{,}01$ für Kugel- oder Rollendrehverbindungen
F Lagerkraft
D_L Lagerreibungsdurchmesser
ω_D Winkelgeschwindigkeit des Drehteiles
η Wirkungsgrad des Antriebs; $\eta \approx 0{,}6 \ldots 0{,}8$; die relativ niedrigen Werte ergeben sich durch die meist große Übersetzung
n_D Drehzahl des Drehteils, $n_D \approx 1 \ldots 5\ \text{min}^{-1}$

$$M_{Wi} = p_{Wi}\, A_{Wi}\, r_{Wi} \qquad \text{Windmoment}$$

p_{Wi} A_{Wi} siehe Fahrwerke
r_{Wi} Schwerpunktsabstand der Windangriffsfläche A_{Wi} zur Drehachse
F_W Fahrwiderstand (Abschnitt 2.3.1)
v_D Umfangsgeschwindigkeit des Drehteiles am Schienenring, $v_D \mathrel{\hat{=}}$ der Umfangsgeschwindigkeit v_U der Laufrollen

$$M_B = \Sigma J \alpha = (m_H\, l_H^2 + m_E\, l_E^2 + m_G\, l_G^2)\, \frac{\omega_D}{t_A} \qquad \text{Beschleunigungsmoment}$$

m_H, l_H, m_E, l_E, m_G und l_G siehe Bild 2.6.4
Die Ermittlung der Massenträgheitsmomente J geschieht analog Abschnitt 2.4.1

Wegen der großen Massen und Abstände der Eigen- und Gegenlasten können die Drehmassen des Maschinensatzes häufig vernachlässigt werden; man kommt deshalb ohne Massenreduktion auf die Antriebswelle aus.

n_{Mot} Motordrehzahl

Anlaufzeit t_A etwa wie bei den Fahrwerken wählen

In Gln. (2.6.7) und (2.6.8) ist die Windleistung nur bei Anlagen im Freien zu berücksichtigen. Häufig kann sie vernachlässigt werden, da der Abstand r_{Wi} oft sehr klein ist.
Bei der Beschleunigungsleistung P_B (Gl. 2.6.9) sind nur Drehmassen zu berücksichtigen.

2.6.6. Reib- und formschlüssige Maschinensätze

Sie werden hauptsächlich als Antriebsaggregate für Stetigförderer verwendet, wobei es sich meist um sogenannte Hülltriebe handelt.

Reibschlüssige Triebe. Mit Hilfe einer Treibscheibe wird die Umfangskraft auf ein Seil oder eine Kette (z. B. bei Seilaufzügen) bzw. durch eine Trommel auf ein Band (z. B. bei Bandförderern) reibschlüssig übertragen. Hierbei soll $\frac{F_1}{F_2} \leqslant e^{\mu\alpha}$ sein (vergl. hierzu auch

Abschnitt 2.1.5). Wird $\frac{F_1}{F_2} > e^{\mu\alpha}$, rutscht das Zugmittel durch. Dieser Betriebszustand ist wegen des damit verbundenen starken Verschleißes und der Erwärmung des Zugmittels und des Treibteiles sowie aus Sicherheitsgründen unbedingt zu vermeiden. Zur Abhilfe sind die Reibungszahl μ und der Umschlingungswinkel α zu erhöhen (Abschnitt 2.1.5). Zur Erhöhung der Reibungszahl μ kann auf die Antriebstrommeln von Bandförderern ein Reibbelag aufgeklebt werden.

Die Treibscheiben und Treibtrommeln werden durch normale Antriebsaggregate (z. T. mit Bremse – z. B. bei Seilaufzügen) angetrieben. Auch hier hat sich für kleinere und mittlere Leistungen der Getriebemotor, häufig als Aufsteckeinheit oder als Trommelmotor, durchgesetzt. Beim Trommelmotor wird der Motor und das Getriebe direkt in die Antriebstrommel eingebaut, so daß besonders kompakte und platzsparende Antriebsaggregate entstehen.

Formschlüssige Triebe. Das Antriebsrad überträgt formschlüssig die Umfangskraft auf die Kette (Kette ≙ Zugmittel). Endlose Ketten werden vor allem bei Gliederförderern (Abschnitt 6.2), endliche Ketten bei Hebezeugen (Abschnitt 3.1) verwendet. Hinweise über die Ausbildung der Antriebsräder, die von der Kettenart abhängen sowie die Auslegung der jeweiligen Ketten gehen aus Abschnitt 2.2 hervor. Auch hier sitzt vor dem formschlüssigen Antrieb ein normales Antriebsaggregat.

Gegenüber den reibschlüssigen Trieben ergeben sich kleinere Umlenkradien (die Kette ist beweglicher als ein Band oder Seil), jedoch größere Stöße und Arbeitsgeräusche. Auch müssen im Gegensatz zum reibschlüssigen Trieb geringere Arbeitsgeschwindigkeiten gewählt werden.

2.6.7. Beispiele

10 Hubwerk für einen Brückenkran

Die Seiltrommel sitzt auf der einen Seite direkt auf der Abtriebswelle des Getriebes (Wellentrommel), Hublast $m_H = 32$ t, Zwillingsflaschenzug mit Seilübersetzung $i_S = 4$, Triebwerkgruppe 3_m, Vollastbeharrungsleistung $P_V = 65$ kW, Motordrehzahl $n_{Mot} = 720\ \text{min}^{-1}$, Rollenwirkungsgrad $\eta_R = 0{,}98$, Trommel- und Getriebewirkungsgrad je 0,96, Anlaufzeit $t_A = 3$ s, Massenträgheitsmoment der Motorwelle $J_M = 5\ \text{kg m}^2$, Massenträgheitsmoment der Trommelwelle $J_T = 100\ \text{kg m}^2$.

Gesucht:

1. Seildurchmesser d (Seil nach DIN 3055) unter Beachtung des Rollenwirkungsgrades η_R, Trommeldurchmesser D
2. Zulässige Hubgeschwindigkeit v_H im Vollastbeharrungszustand
3. Getriebeübersetzung $i_{Getr.}$
4. Verhältnis der Anlauf- zur Nennleistung $\frac{P_A}{P_N}$ (Nennleistung P_N = Vollastbeharrungsleistung P_V setzen)

Lösung:

1. *Seildurchmesser* d nach Gl. (2.1.1)

$d = c\sqrt{F_S} = 0{,}106\sqrt{42\,800} = 21{,}9$ mm $\qquad$ $\underline{\underline{d = 22 \text{ mm} - \text{DIN } 3055}}$ (nach Bild 2.1.1)

Maximale Seilkraft F_S nach Gl. (2.1.8)

$$F_S \mathrel{\hat{=}} F_{Sz} = F_H \frac{1-\eta_R}{1-\eta_R^z} = 320\,\frac{1-0{,}98}{1-0{,}98^8} = 42{,}6 \text{ kN}$$

Hubkraft $F_H = 320$ kN (aus Hublast $m_H = 32$ t)

Seilzahl an der die Hublast hängt z = 8 (Zwill. Zug mit Seilübersetzung $i_S = 4$ – siehe Abschnitt 2.1.6).

Beiwert c = 0,106 – nach Bild 2.1.2

Trommeldurchmesser D nach Bild 2.1.2

$D = h_1 h_2 d = 20 \cdot 1 \cdot 22 = 440$ mm $\qquad$ $\underline{\underline{D = 440 \text{ mm}}}$

Beiwerte $h_1 = 20$ und $h_2 = 1$ – nach Bild 2.2.1

2. *Hubgeschwindigkeit* v_H nach Gl. (2.6.1)

$$v_H = \frac{P_V\,\eta}{F_H} = \frac{65000 \cdot 0{,}88}{320000} = 0{,}18\,\frac{\text{m}}{\text{s}} \mathrel{\hat{=}} 10{,}8\,\frac{\text{m}}{\text{min}} \qquad \underline{\underline{v_H = 10{,}8\,\frac{\text{m}}{\text{min}}}}$$

Vollastbeharrungsleistung $P_V = 65 \text{ kW} \mathrel{\hat{=}} 65000 \text{ W} \mathrel{\hat{=}} 65000\,\frac{\text{Nm}}{\text{s}}$

Hubkraft $F_H = 320000$ N

Wirkungsgrad $\eta = \eta_{Fz}\,\eta_T\,\eta_{Getr} = 0{,}96 \cdot 0{,}96 \cdot 0{,}96 = 0{,}88$ $\qquad$ $\underline{\eta = 0{,}88}$

Wirkungsgrad des Flaschenzuges η_{Fz} nach Gl. (2.1.9)

$$\eta_{Fz} = \frac{1}{z} \cdot \frac{1-\eta_R^z}{1-\eta_R} = \frac{1}{4} \cdot \frac{1-0{,}98^4}{1-0{,}98} = 0{,}96$$

Zwill. Zug mit Seilübersetzung $i_S = 4$: Seilzahl z = 4 in Gl. (2.1.9) einsetzen (Erläuterung hierzu siehe Abschnitt 2.1.6).

3. *Übersetzung* i nach Gl. (2.6.3)

$$i \mathrel{\hat{=}} i_{Getr} = \frac{n_{Mot}}{n_T} = \frac{720}{31{,}3} = 23 \qquad \underline{\underline{i_{Getr} = 23}}$$

Da die Seiltrommel direkt mit der Getriebeabtriebswelle gekoppelt ist (Wellentrommel) liegt die gesamte Übersetzung im Getriebe.

Trommeldrehzahl $n_T = \frac{v_S}{D\pi} = \frac{43{,}3}{0{,}44 \cdot 3{,}14} = 31{,}3 \text{ min}^{-1}$ $\qquad$ $\underline{n_T = 31{,}3 \text{ min}^{-1}}$

Seilgeschwindigkeit v_S nach Gl. (2.1.10)

$$v_S = i_S\,v_H = 4 \cdot 10{,}8 = 43{,}3\,\frac{\text{m}}{\text{min}}$$

4. *Nennleistung* $P_N \mathrel{\hat{=}}$ Vollastbeharrungsleistung $P_V = 65$ kW

Anlaufleistung $P_A = P_V + P_B = 65 + 11{,}5 = 76{,}5$ kW $\qquad$ $\underline{P_A = 76{,}5 \text{ kW}}$

Beschleunigungsleistung P_B nach Gl. (2.6.2)

$$P_B = m_H\,\frac{v_H}{t_A}\,\frac{v_H}{\eta} + \frac{M_B\,\omega_{Mot}}{\eta} = 32\,000\,\frac{0{,}18}{3}\,\frac{0{,}18}{0{,}88} + \frac{130 \cdot 75{,}3}{0{,}88} = 11500\,\frac{\text{kgm}^2}{\text{s}^2\text{s}}$$

$$P_B = 11\,500\,\frac{\text{Nm}}{\text{s}} \mathrel{\hat{=}} 11{,}5 \text{ kW} \qquad \underline{P_B = 11{,}5 \text{ kW}}$$

Hublast m_H = 32000 kg, Hubgeschwindigkeit $v_H = 0{,}18\ \frac{m}{s}$ – siehe Pkt. 2
Beschleunigungsmoment M_B analog Abschnitt 2.4.1

$$M_B = J_M \frac{\omega_{Mot}}{t_A} + J_T \left(\frac{n_T}{n_{Mot}}\right)^2 \frac{\omega_{Mot}}{t_A} = 5\ \frac{75{,}3}{3} + 100 \left(\frac{31{,}3}{720}\right)^2 \frac{75{,}3}{3} = 130 \frac{kg\,m^2}{s^2} \qquad \underline{M_B = 130\ Nm}$$

Winkelgeschwindigkeit der Motorwelle $\omega_{Mot} = 2\,\pi n_{Mot} = 2 \cdot 3{,}14 \cdot 12 = 75{,}3\ s^{-1}$
Drehzahl der Trommelwelle n_T siehe Pkt. 3
Motordrehzahl $n_{Mot} = 720\ min^{-1} \mathrel{\hat{=}} 12\ s^{-1}$

Damit ergibt sich $\frac{P_A}{P_N} = \frac{76{,}5}{65} = 1{,}18$ $\qquad \underline{\underline{\frac{P_A}{P_N} = 1{,}18}}$

11 Fahrwerk einer Verladebrücke

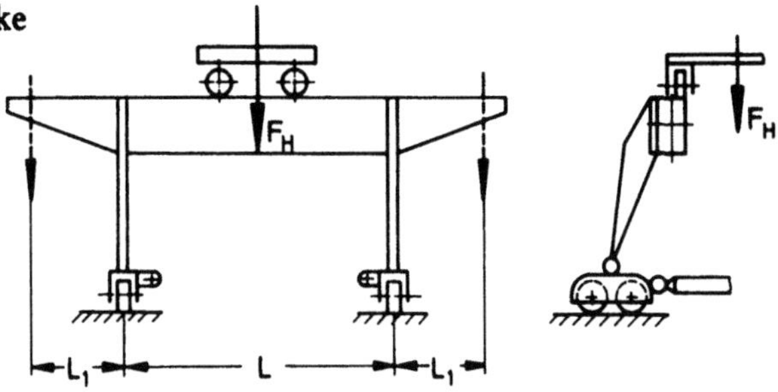

Brückenlast m_{KR} = 40 t, Hublast m_H = 8 t, Eigenlast der Laufkatze m_{KA} = 4t, L = 20 m, L_1 = 5 m, zulässige Pressung zwischen Laufrädern und Schiene $p_{zul} = 5{,}6\ \frac{N}{mm^2}$, nutzbare Schienenbreite b = 55 mm.

Brückenfahrwerk: Je Brückenseite ein Fahrwerk, Einheitsfahrwiderstand w = 10 ‰, Fahrgeschwindigkeit $v_F = 80\ \frac{m}{min}$, Wirkungsgrad des Antriebes η = 0,8, Windangriffsfläche A_{Wi} = 50 m², Winddruck $p_{Wi} = 250\ \frac{N}{m^2}$, Beschleunigungsleistung für rotierende Massen vernachlässigen, Reibungszahl zwischen Schiene/Rad μ = 0,16, Betriebsdauer der Brückenfahrwerke 40 %.

Gesucht:

1. Raddurchmesser D der Brückenlaufräder (vereinfacht max. Radkraft F_R ansetzen)
2. Vollastbeharrungsleistung P_V
3. Anlaufzeit t_A bei $\frac{P_A}{P_N}$ = 1,5 und $P_V = P_N$, Nennleistung P_N (P_A: Anlaufleistung, P_V: Vollastbeharrungsleistung)
4. Wieviele Brückenlaufräder sind an jeder Brückenseite anzutreiben, wenn die beiden Triebwerke stets gleich belastet sein sollen?

Lösung:

1. *Maximale Radkraft* $F_R = \frac{F_{KR}}{8} + \frac{1}{4}\left[(F_{KA} + F_H)\frac{L + L_1}{L}\right]$

$$F_R = \frac{400}{8} + \frac{1}{4}(40 + 80)\frac{25}{20} = 87{,}5\ kN$$

Die Brückenlast verteilt sich gleichmäßig auf die 8 Brückenlaufräder (m_{KR} = 40 t ergibt F_{KR} = 400 kN). Bei der Belastung durch die Laufkatze ($m_H + m_{KA}$) ist die ungünstigste Laststellung der Laufkatze zu beachten – Laufkatze bei L_1

Raddurchmesser D nach Gl. (2.3.1)

$$D = \frac{F_R}{p_{zul}\, b\, c_2\, c_3} = \frac{87500}{5{,}6 \cdot 55 \cdot 1 \cdot 1} = 285\ mm \qquad \underline{\underline{D = 315\ mm}}$$

Hier wurden zunächst die Beiwerte c_2 und c_3 (nach Bild 2.3.1) = 1 gesetzt.

Unter Beachtung dieser Beiwerte kann jetzt eine Korrekturrechnung durchgeführt werden:

$$D = \frac{F_R}{p_{zul}\, b\, c_2\, c_3} = \frac{87500}{5{,}6 \cdot 55 \cdot 0{,}87 \cdot 1} = 327 \text{ mm}$$

$c_3 = 1{,}0$ (siehe Bild 2.3.1)

Laufdrehzahl $n_L = \frac{v_F}{D\pi} = \frac{80}{0{,}315 \cdot 3{,}14} = 81 \text{ min}^{-1}$; hieraus ergibt sich nach Bild 2.3.1 $c_2 = 0{,}87$

Der ursprünglich gewählte Raddurchmesser D = 315 mm wird bei der Nachrechnung nur um ca. 4 % überschritten; damit kann eine Korrektur entfallen, zumal vereinfacht die max. Radkraft F_R angesetzt wurde.

2. *Vollastbeharrungsleistung* P_V nach Gl. (2.6.4)

$$P_V = \frac{F_W v_F}{\eta} + \frac{A_{Wi} p_{Wi} v_F}{\eta} = \frac{5200 \cdot 1{,}33}{0{,}8} + \frac{5\;0 \cdot 250 \cdot 1{,}33}{0{,}8} = 29\,400 \frac{\text{Nm}}{\text{s}} \mathrel{\hat{=}} 29{,}4 \text{ kW}$$

Fahrwiderstand F_W nach Gl. (2.3.3) **P_V = 14,7 kW je Seite**

$F_W = w\, \Sigma F_R = 0{,}01 \cdot 520 = 5{,}2 \text{ kN} \mathrel{\hat{=}} 5200 \text{ N}$

$\Sigma F_R = F_{KR} + F_H + F_{KA} = 400 + 80 + 40 = 520 \text{ kN}$ ($\Sigma F_R \mathrel{\hat{=}} \Sigma$ Radkräfte)

Fahrgeschwindigkeit $v_F = 80 \frac{\text{m}}{\text{min}} \mathrel{\hat{=}} 1{,}33 \frac{\text{m}}{\text{s}}$

3. *Anlaufzeit* t_A nach Gl. (2.6.5)

$$t_A = \frac{m_F v_F v_F}{P_B \eta} = \frac{52000 \cdot 1{,}33 \cdot 1{,}33}{14700 \cdot 0{,}8} = 7{,}8 \text{ s}$$ **t_A = 7,8 s**

Rotierende Massen vernachlässigt

Fahrmasse $m_F = m_{KR} + m_H + m_{KA} = 40000 + 8000 + 4000 = 52\,000$ kg

Beschleunigungsleistung $P_B = P_A - P_V = 1{,}5\, P_V - P_V = 0{,}5\, P_V = 14700 \frac{\text{Nm}}{\text{s}}$

Nennleistung $P_N = P_V$ **P_B = 14,7 kW**

Nennleistung $P_N = \frac{P_A}{1{,}5} = \frac{1{,}5\, P_V}{1{,}5} = P_V$ **P_N = 14,7 kW je Seite**

4. Für die Mindestzahl der anzutreibenden Laufräder ist der Anlaufzustand bei ungünstigster Laststellung zu beachten.

Minimale Radkraft $F_R = \frac{F_{KR}}{8} - \frac{1}{4}\left[(F_{KA} + F_H)\frac{L_1}{L}\right]$

$$F_R = \frac{400}{8} - \frac{1}{4}(40 + 80)\frac{5}{20} = 42{,}5 \text{ kN}$$

Die Aufstellung dieser Gleichung ist analog wie bei Pkt. 1 durchzuführen. Die durch die Reibung an einem Laufrad im ungünstigsten Belastungsfall (bei der minimalen Radkraft) übertragbare Kraft ergibt sich zu:

$$F_{RE} = F_R\, \mu = 42{,}5 \cdot 0{,}16 = 6{,}8 \text{ kN}$$

Aus der Anlaufleistung P_A je Triebwerk kann der Fahrwiderstand im Anlaufzustand berechnet werden, wobei noch mit dem Wirkungsgrad η multipliziert werden kann (maßgebend ist der Fahrwiderstand an der Schiene).

Anlaufleistung an der Schiene $P'_A = 1{,}5\, P_V\, \eta = 1{,}5 \cdot 14{,}7 \cdot 0{,}8 = 17{,}6 \text{ kW} \mathrel{\hat{=}} 17\,600 \frac{\text{Nm}}{\text{s}}$

Fahrwiderstand im Anlauf $F_{WA} = \frac{P'_A}{v_F} = \frac{17600}{1{,}33} = 13200 \text{ N} \mathrel{\hat{=}} 13{,}2 \text{ kN}$

Zahl der anzutreibenden Räder je Seite $z = \frac{F_{WA}}{F_{RE}} = \frac{13{,}2}{6{,}8} = 1{,}94$ **z = 2**

12 Drehwerk für einen Stapelkran

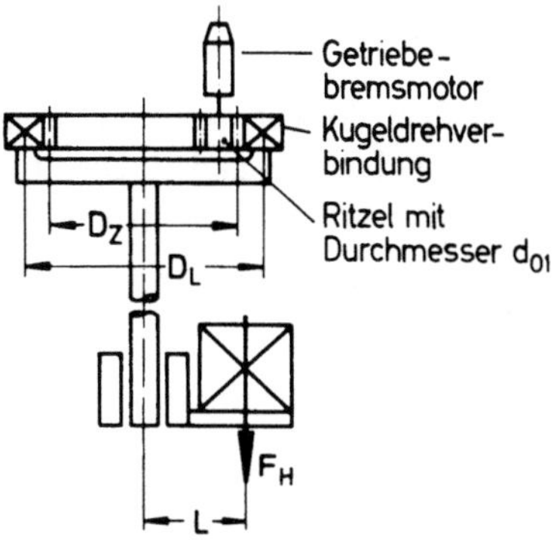

Hubkraft $F_H = 20$ kN, Eigenlast des Mastes $m_M = 2$ t, L = 1,3 m, Mastdrehzahl $n_D = 8\ \text{min}^{-1}$, Anlaufzeit $t_A = 2{,}5$ s, Lagerdurchmesser der Kugeldrehverbindung $D_L = 1{,}2$ m, Reibungszahl im Lager $\mu = 0{,}01$, Wirkungsgrad des Antriebes $\eta = 0{,}75$, als rotierende Massen soll die Hublast m_H mit einem 10 %-igen Zuschlag angesetzt werden, Zahnkranzdurchmesser $D_z = 1000$ mm, Ritzeldurchmesser $d_{01} = 70$ mm.

Gesucht:

1. Maximale Vertikalkraft F_V und Lastmoment M_L der Kugeldrehverbindung im stationären Betriebszustand
2. Vollastbeharrungsleistung P_V
3. Anlaufleistung P_A, Nennleistung P_N (Motor beim Anlauf 60 % überlastbar)
4. Drehzahl des Getriebemotors an seiner Abtriebswelle (am Ritzel)

Lösung:

1. *Maximale Vertikalkraft* $F_V = F_H + F_M = 20 + 20 = 40$ kN — $\underline{\underline{F_V = 40\ \text{kN}}}$
   F_M: Eigengewichtskraft des Mastes
   Maximales Lastmoment $M_L = F_H\, L = 20 \cdot 1{,}3 = 26$ kNm — $\underline{\underline{M_L = 26\ \text{kNm}}}$
2. *Vollastbeharrungsleistung* P_V nach Gl. (2.6.7)
   $$P_V = \frac{M_W\, \omega_D}{\eta} = \frac{240 \cdot 0{,}84}{0{,}75} = 270\ \frac{\text{Nm}}{\text{s}} \mathrel{\hat{=}} 0{,}27\ \text{kW} \qquad \underline{\underline{P_V = 0{,}27\ \text{kW}}}$$
   Die Windleistung entfällt (Anlage nicht im Freien)
   Drehwiderstandsmoment $M_W = \mu\, F\, \frac{D_L}{2} = 0{,}01 \cdot 40000 \cdot 0{,}6 = 240$ Nm
   Maximale Lagerkraft $F \mathrel{\hat{=}} F_V = 40$ kN — $\underline{M_W = 240\ \text{Nm}}$
   Winkelgeschwindigkeit des Mastes $\omega_D = 2\pi n_D = 2 \cdot 3{,}14 \cdot 8 = 50{,}2\ \text{min}^{-1}$
   $\omega_D = 50{,}2\ \text{min}^{-1} \mathrel{\hat{=}} 0{,}84\ \text{s}^{-1}$
3. Beschleunigungsleistung P_B nach Gl. (2.6.9)
   $$P_B = \frac{M_B\, \omega_D}{\eta} = \frac{1240 \cdot 0{,}84}{0{,}75} = 1390\ \frac{\text{Nm}}{\text{s}} \mathrel{\hat{=}} 1{,}39\ \text{kW} \qquad \underline{P_B = 1{,}39\ \text{kW}}$$
   Beschleunigungsmoment $M_B = 1{,}1\, \Sigma J\, \alpha = 1{,}1\, m_H\, L^2\, \frac{\omega_D}{t_A}$
   $$M_B = 1{,}1 \cdot 2000 \cdot 1{,}3^2 \cdot \frac{0{,}84}{2{,}5} = 1240\ \text{Nm} \qquad \underline{M_B = 1240\ \text{Nm}}$$
   "1,1": Zuschlag (siehe Aufgabenstellung), Massenträgheitsmoment $J = m_H L^2$
   Winkelbeschleunigung $\alpha = \frac{\omega_D}{t_A}$ — $\underline{\underline{P_A = 1{,}66\ \text{kW}}}$
   Anlaufleistung $P_A = P_V + P_B = 0{,}27 + 1{,}39 = 1{,}66$ kW
   Nennleistung $P_N = \frac{P_A}{1{,}6} \geqq P_V;\ P_N = \frac{1{,}66}{1{,}6} = 1{,}04\ \text{kW} > P_V = 0{,}27\ \text{kW}$ — $\underline{\underline{P_N = 1{,}04\ \text{kW}}}$
   "1,6": Motor im Anlaufzustand 60 % überlastbar
4. Übersetzung des Vorgeleges $i_V = \frac{D_z}{d_{01}} = \frac{1000}{70} = 14{,}3$
   Abtriebsdrehzahl des Getriebemotors $n_2 = n_D\, i_V = 8 \cdot 14{,}3 = 114\ \text{min}^{-1}$ — $\underline{\underline{n_2 = 114\ \text{min}^{-1}}}$

2.7. Elektrische Ausrüstung (Überblick)

Gemäß dem Vorwort werden nur einige für den Maschinenbauingenieur besonders wichtige Punkte kurz behandelt. Die „Elektrische Ausrüstung“ ist ein umfangreiches Sondergebiet, das heute vom Elektroingenieur bearbeitet wird. Im wesentlichen handelt es sich um die Auslegung der Antriebe und Steuerungen der verschiedensten Fördermittel.

2.7.1. Antriebsmotore

Meist werden als Antriebsmaschinen Elektromotore als *Einzelantrieb* verwendet; jeder Maschinensatz ist mit einem eigenen Antriebsmotor ausgestattet. Die Anforderungen, die bei Stetig- und Unstetigförderern an die Antriebsmotore gestellt werden, sind verschieden.

Antriebsmotore für Unstetigförderer. Hier werden an die Antriebsmotore hohe Anforderungen durch große Anzugsmomente, häufiges Schalten und Drehrichtungswechsel sowie elektrische Bremsschaltungen gestellt.

Antriebsmotore für Stetigförderer. Die Stetigförderer arbeiten in der Regel im Dauerbetrieb und werden nur selten geschaltet, so daß die Antriebsmotore normal beansprucht werden.

Häufig werden hierbei Drehstromasynchronmotore mit Kurzschlußläufern verwendet, die nach der Vollastbeharrungsleistung P_V ausgelegt werden. Da das Anlaufmoment mindestens 1,6 mal so groß wie das Nennmoment ist, reicht diese Reserve meist aus, um die Beschleunigungsleistung P_B aufzubringen. Wegen des Dauerbetriebes laufen die Motore nur selten an, so daß durch die Anlaufleistung P_A auch keine allzu große thermische Belastung des Motors auftritt.

Bei langen, schwer belasteten und schnellaufenden Stetigförderern wird häufig eine Anlaufkupplung dem Kurzschlußläufermotor nachgeschaltet. Hierdurch läuft der Motor rasch und unter geringer Last, der Förderer jedoch langsam – mit größerer Anlaufzeit t_A – an. Der Anlaufstrom und die Beschleunigungsleistung bleiben relativ klein. Infolge des über längere Zeit in der Kupplung auftretenden Schlupfes – Anlaufzeiten bis ca. 30 s – entsteht starke Wärme in der Kupplung, die die Schalthäufigkeit begrenzt. Wegen des seltenen Schaltens ist dies aber meist nicht von Bedeutung; gleichfalls tritt deshalb auch keine wesentliche Abnahme der Fördermenge auf. In der Regel handelt es sich um Fliehkraft-, Strömungs- oder elektromagnetische Anlaufkupplungen, deren Anlaufzeit häufig verstellt werden kann.

Bei kleinen und mittleren Leistungen wird der Getriebemotor als Standardantrieb eingesetzt.

2.7.1.1. Motorbauarten

Motorkennlinien und Schaltbilder der einzelnen Motorbauarten sind in Bild 2.7.1 zu sehen.

Drehstrommotore. Die Drehstrommotore sind vor allem dann als Standardantriebsmaschinen zu wählen, wenn an die Regelung der Arbeitsgeschwindigkeit keine allzu hohen Anforderungen gestellt werden. Es werden meist Motore in Asynchronausführung gewählt, die ca. 5 ... 10 % Schlupf gegenüber der Synchrondrehzahl aufweisen. Die Drehrichtungsänderung wird durch das Vertauschen zweier Ständeranschlüsse vorgenommen. Für einfache Regelaufgaben kommen polumschaltbare Ausführungen in Frage. Die üblichen Spannungen sind 220 V und 380 V.

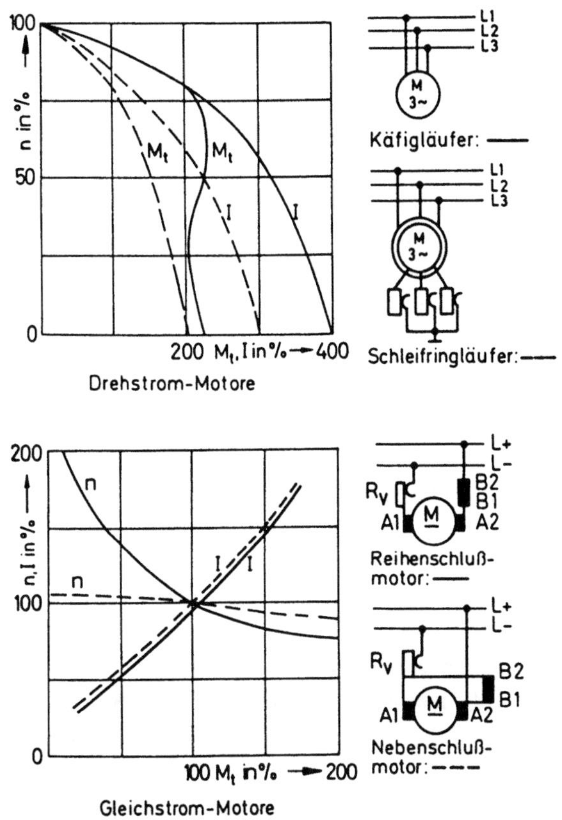

I	Strom
L1, L2, L3	Drehstromnetz
L+, L–	Gleichstromnetz
R_V	Vorschalt-(Anlaß)-Widerstand
A1, A2	Anker
B1, B2	Feld
M_t	Drehmoment des Motors
n	Drehzahl des Motors

Bild 2.7.1
Motorkennlinien und Schaltbilder

Kurzschlußläufer. Der Läufer dieser Motorbauart hat kurzgeschlossene Leiter; er wird oft als Käfigläufer ausgeführt. Der elektrische Anschluß erfolgt nur an der dreiphasigen Ständerwicklung. Kurzschlußläufermotore sind einfach aufgebaut, robust, betriebssicher und leicht umsteuerbar, da nur der Ständer geschaltet wird; sie haben jedoch einen relativ hohen Anlaufstrom, der z. B. durch eine Stern-Dreieck-Schaltung etwas gemindert werden kann. Sie werden deshalb bei Unstetigförderern nur für kleine und mittlere Leistungen eingesetzt; bei Stetigförderern sind sie der Standardantrieb – eventuell mit Anlaufkupplungen (siehe oben).

Schleifringläufer. Hier wird der hohe Anlaufstrom des Kurzschlußläufermotors durch den Einbau von Vorschaltwiderständen im Läuferkreis stark verringert. Nach dem Einschalten werden die Vorschaltwiderstände allmählich kurzgeschlossen, was bei Nenndrehzahl und Kurzschluß der Vorschaltwiderstände die Charakteristik des Kurzschlußläufermotors wiedergibt. Für die Verbindung der ortsfesten Vorschaltwiderstände und der Läuferwicklung sind Schleifringe erforderlich; dadurch wird dieser Motor teurer und empfindlicher als die Kurzschlußläuferausführung.

Der Schleifringläufer wird vor allem bei Unstetigförderern für mittlere und hohe Leistungen verwendet. Bremsschaltungen, z. B. zur Senkbremsung bei Hubwerken, sind möglich.

Linearmotor. Die Ständerwicklung des Linearmotors ist längs gestreckt, die Kranschiene entspricht dem Läufer: Der Linearmotor erzeugt eine Schubkraft und ist deshalb für Fahrwerke geeignet. Durch das Fehlen mechanisch bewegter Teile entfällt die Reibung und damit der Verschleiß. Der Linearmotor ist praktisch wartungsfrei und gewinnt in der Fördertechnik wie auch in anderen Bereichen an Bedeutung.

Gleichstrommotore. Die übliche Spannung für Gleichstrommotore liegt bei 220 V oder bei 440 V. Gleichstrommotore werden dort eingesetzt, wo die Arbeitsgeschwindigkeiten feinfühlig und stufenlos geregelt werden sollen. Sie kommen hauptsächlich für den Antrieb von Unstetigförderern in Frage.

Reihenschlußmotor Die Anker- und Feldwicklungen sind hier hintereinander geschaltet (in Reihe).

Der Reihenschlußmotor weist folgende Vorteile auf: hohes Anzugsmoment, Drehzahlanpassung an die Belastung, Einbau von Bremsschaltungen; der Motor arbeitet dann im Generatorbetrieb.

Der Vorschaltwiderstand verringert den Anlaufstrom, die Drehrichtungsänderung wird durch Umpolen der Ankerwicklung erreicht.

Wegen der selbsttätigen Drehzahlanpassung an die jeweilige Belastung und des hohen Anzugsmomentes ist der Reihenschlußmotor die ideale Antriebsmaschine für Unstetigförderer.

Nebenschlußmotor Die Anker- und Feldwicklungen werden beim Nebenschlußmotor parallel geschaltet. Daraus ergeben sich folgende Motoreigenschaften: geringes Anzugsmoment, drehzahlunabhängig von der Belastung.

Der Nebenschlußmotor wird nur dort eingesetzt, wo es auf sehr genaue Regelung der Arbeitsgeschwindigkeit ankommt. Die Abmessungen und technische Daten der verschiedenen Motore können den Herstellerlisten entnommen werden. Wichtige technische Daten der Motore sind: Nennleistung in Abhängigkeit der Relativen Einschaltdauer ED, Nenndrehzahl, Massenträgheitsmoment des Läufers, höchste zulässige Betriebsdrehzahl, Anlauf- und Nennmoment, Anlauf- und Nennstrom, Motorschutzart, Bauform und Bauart.

2.7.1.2. Motorauswahl

$P_N \geqslant f(P_V, ED)$	*Nennleistung*	(2.7.1)
$P_N \geqslant \dfrac{P_A}{(1{,}5 \div 2{,}0)}$	*Nennleistung*	(2.7.2)
$P_N \mathrel{\hat{=}} P_{th} \geqslant \sqrt{\dfrac{(P_B + P_V)^2\, t_A + P_V^2\, t_V + P_{Br}^2\, t_{Br}}{t_A + t_V + t_{Br}}}$	*Thermische Leistung*	(2.7.3)

$$ED = \frac{\Sigma \text{ Einschaltzeiten}}{\Sigma \text{ Einschaltzeiten} + \Sigma \text{ Pausen}}$$ Relative Einschaltdauer

Für Unstetigförderer liegen die ED-Werte zwischen 20 und 60 %; bei Stetigförderern kann ED = 100 % gesetzt werden. Je kleiner ED ist, um so größer ist die Nennleistung P_N einer bestimmten Motorgröße bei gleicher Vollastbeharrungsleistung P_V – Gl. (2.7.1). Die Leistungsumrechnung auf andere ED-Werte geschieht nach folgender Formel:

$$P_{60} = P_{40} \sqrt{\tfrac{40}{60}}$$ Motorleistung für ED = 60 % aus ED = 40 %

Analog wird bei anderen ED-Werten verfahren.

Bei Fahr- und Drehwerken ist außerdem noch die Anlaufleistung P_A zu überprüfen und die Nennleistung P_N ebenfalls nach Gl. (2.7.2) zu ermitteln.

Die Thermische Leistung P_{th} ist nur bei sehr ungünstigen Belastungsfällen wie z. B. bei hoher Beschleunigungsleistung und elektrischem Bremsen zu überprüfen.

t_A Anlaufzeit
t_V Vollastbeharrungszeit
$P_{Br} = (P_B - P_V)\,\eta^2$ Bremsleistung

Bei mechanischer Bremsung wird die Bremsleistung $P_{Br} = 0$.

t_{Br} Bremszeit

Rechnungsgang:
Allgemein Motore nach Gl. (2.7.1) auslegen. Bei hohem P_B zusätzliche Überprüfung nach Gl. (2.7.2). P_{th} nur in Sonderfällen, siehe oben.

$P_{N\,max}$ aus den Gln. (2.7.1) bis (2.7.3) für Motorwahl maßgebend.

2.7.2. Steuerungen

Steuereinrichtungen sind zum Schalten der Maschinensätze, zur Regelung der Arbeitsgeschwindigkeit und zur Zielsteuerung erforderlich. Unter Zielsteuerung versteht man allgemein die selbsttätige Abgabe eines Fördergutes an einer Zielstelle, die bei der Gutaufgabe am Lastaufnahmemittel oder an einem zentralen Steuerpult eingegeben wird.

Direkte Steuerung. Durch die *Steuerschalter* werden die Triebwerke der Fördermittel direkt betätigt. Als Steuerschalter verwendet man Druckknopf-, Dreh- und Verbundschalter (z. B. Betätigung durch Steuerknüppel – für mehrere Bewegungen gleichzeitig). Die direkte Steuerung findet bei kleineren Leistungen und einfachen Steueraufgaben Anwendung: z. B. bei Elektrozügen mit Elektrofahrwerken (Abschnitt 3.1.2).

Indirekte Steuerung. Bei der indirekten Steuerung werden die Triebwerke der Fördermittel über besondere Schaltgeräte gesteuert. Diese Schaltgeräte, in Form von *Schaltschützen,* werden wiederum durch *Meisterschalter* geschaltet.
Schaltschützen sind Schalter, die durch eingebaute Magnete betätigt werden. Als Meisterschalter werden kleine Steuerschalter verwendet, da sie nur die relativ geringen Steuerströme zu schalten haben.
Indirekte Steuerungen werden bei mittleren und großen Leistungen sowie bei umfangreichen Steuerungsaufgaben eingesetzt. Die wesentlichen Vor- und Nachteile gegenüber der direkten Steuerung sind:

Vorteile Kleine und übersichtliche Bedienungstafeln; Schaltschütze in Steuerschränken räumlich zusammengefaßt (einfache Wartung und Fehlersuche).

Nachteile Höherer Bauaufwand.

Fernsteuerungen werden benötigt, wenn das Fördermittel von einem räumlich getrennten Führerstand aus bedient werden soll; z. B. bei Kabelkranen (Abschnitt 4.3).
Es gibt in der Fördertechnik sowohl drahtgebundene (Steuerimpulse über Kabel) als auch drahtlose Systeme (über Funk).

Regelung der Arbeitsgeschwindigkeiten. Die Regelung der Arbeitsgeschwindigkeiten geschieht durch Veränderung der Motordrehzahl.

Durch den Einsatz von polumschaltbaren Motoren kann eine grobe Stufensteuerung vorgenommen werden.

Die stufenlose und feinfühlige Steuerung dagegen wird durch *Thyristorsteuerungen* ermöglicht. Der Thyristor entspricht einem steuerbaren elektrischen Halbleiterventil; er stellt ein wichtiges Bauelement in der Leistungselektronik dar. Für Gleichstrommotore werden *Spannungs-* und für Drehstrommotore *Frequenzsteuerungen* eingesetzt. Bei der Spannungssteuerung kann die Ankerspannung und damit letztlich die Drehzahl des Gleichstrommotors stufenlos verändert werden. Bei der Frequenzsteuerung wird durch die Änderung der Frequenz die Drehzahl der Drehstrommotore beeinflußt.
Diese Steuerungssysteme sind heute bis zu den höchsten Leistungen bei gleichzeitig geringen Verlusten üblich, dabei liegt der Bauaufwand für die Frequenzsteuerung höher. Da es sich ausschließlich um elektronische Bauteile handelt, tritt kein Verschleiß auf.

2.7.3. Bremslüftgeräte

siehe Abschnitt 2.4.7.

2.7.4. Stromzuführung

Bei Hebezeugen und Kranen ist der Strom den beweglichen Maschinensätzen zuzuführen, z. B. bei Brückenkranen, ihren beweglichen Kranfahrwerken und Laufkatzen. Hierfür kommen normalerweise Schleifleitungen oder bewegliche Kabel in Frage.

2.7.4.1. Schleifleitungen

Drahtschleifleitungen Die meist aus Kupfer bestehenden Runddrähte werden über Isolatoren abgespannt und etwa alle 8 m abgestützt. Bei der Durchfahrt der am beweglichen Teil befestigten Stromabnehmer werden die Drähte von ihrer Unterlage abgehoben. Die Stromabnehmer bestehen aus Rollen oder Schleifstücken (Bild 2.7.2).

Schienenschleifleitungen Hier wird der Strom über fest montierte Schienen zugeleitet; im Gegensatz zu Drahtschleifleitungen können sie auch für hohe Leistungen und hohe Fahrgeschwindigkeiten verwendet werden. Die Stromabnehmer werden, um die Unebenheiten der Schienen auszugleichen, federnd gelagert. Sie bestehen ebenfalls aus Rollen oder Schleifstücken.

Bei kleineren Schienenquerschnitten – Leitungsquerschnitte bis ca. 100 mm^2 – werden häufig *Kleinschleifleitungen* eingesetzt. Alle Schleifleitungen, meistens Kupferschienen, werden mit einem Blech- oder Kunststoffgehäuse umgeben. Diese Gehäuse gewährleisten ausreichende Sicherheit gegen Berührung und dienen gleichzeitig als Tragkonstruktion für die Stromschienen. Die in der Regel als Schleifkontakte ausgebildeten Stromabnehmer werden auf laufenden Wagen gelagert und das Kabel durch einen Längsschlitz im Gehäuse nach außen geführt. Die Kunststoffgehäuse ermöglichen wegen ihrer guten Isolierungseigenschaften eine besonders einfache Befestigung der Stromschienen (Bild 2.7.2).

2.7.4.2. Bewegliche Kabel

Schleppkabel Schleppkabel werden für kurze und mittlere Strecken eingesetzt. Die Abstützung der Kabel erfolgt über Kabelwagen, wobei sie über die Sättel der Wagen gelegt und dort festgeklemmt werden. Die Rollen der Kabelwagen laufen in Stahlprofilen.
Die Kabel hängen im Endpunkt in Schleifen und werden beim Fahren ausgezogen und gestreckt.
Insbesondere bei größeren Längen werden auch Kabelschleppketten und Kabelraupen angewendet. Einzelheiten hierüber in Herstellerkatalogen.

Kabeltrommeln Kabeltrommeln werden bei mittleren und langen Strecken angewandt, wobei die angetriebene Trommel die Kabel bei Verkürzung aufwickelt. Bei mittleren Wegen (bis ca. 100 m) und leichten Kabeln erfolgt der Antrieb durch einen Federmotor. Bei langen Wegen sowie schweren Kabeln wird die Kabeltrommel durch einen Elektromotor angetrieben.

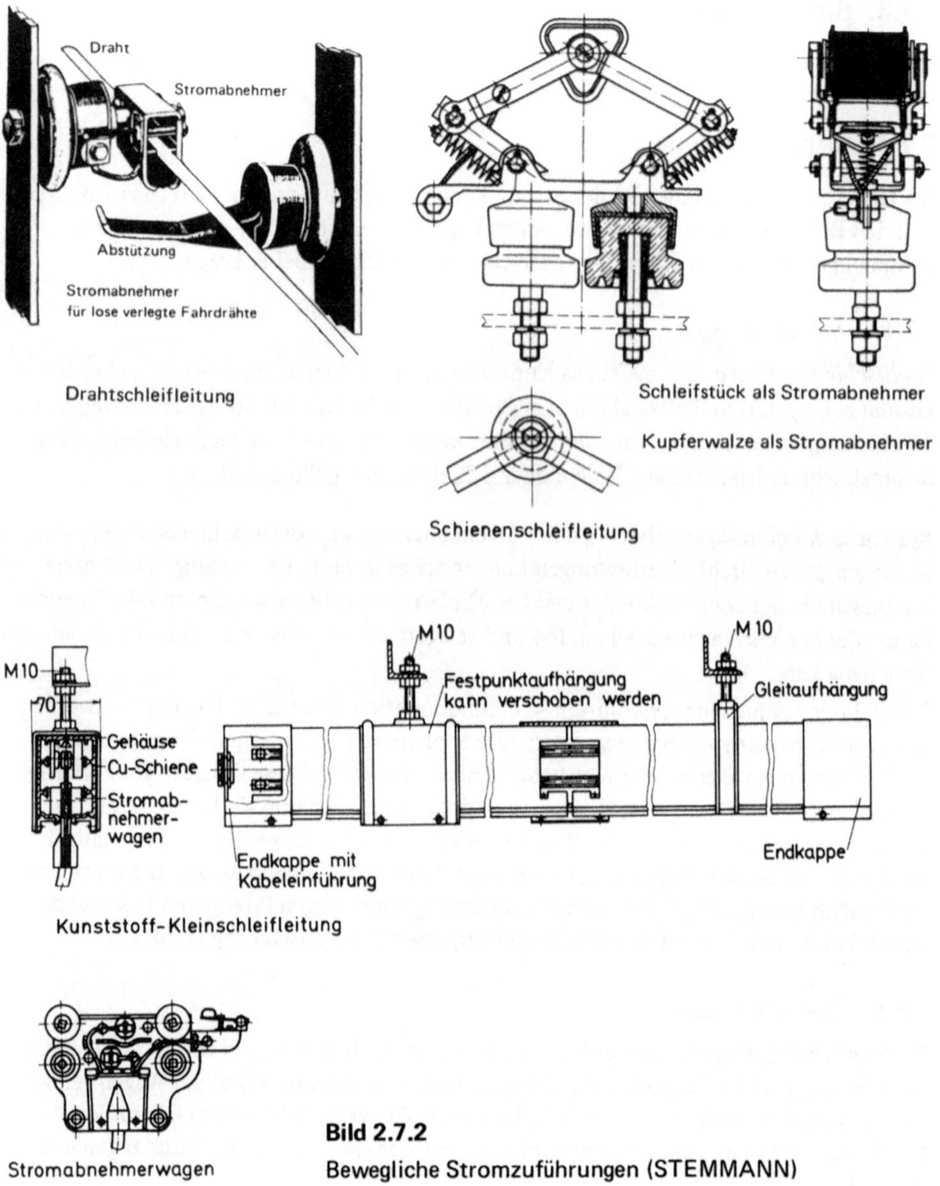

Bild 2.7.2
Bewegliche Stromzuführungen (STEMMANN)

2.8. Sicherheitseinrichtungen (Überblick)

Die Sicherheitseinrichtungen dienen zum Schutz des Bedienungspersonals der Fördermittel und der Umgebung. Deshalb ist ihre Auslegung besonders wichtig. Wegen der Vielfältigkeit der Sicherheitseinrichtungen könnnen hier nur einige wichtige und allgemein verwendete Ausführungen kurz besprochen werden.

2.8.1. Endschalter

Sie werden zur Begrenzung von Arbeitsbewegungen (z. B. Begrenzung von Hub- und Fahrbewegungen) eingesetzt. Die Betriebsendschalter dürfen nicht gleichzeitig Sicherheitsfunktionen innehaben, da sie häufig geschaltet werden. Die Schaltung ist so auszuführen, daß nach dem Schaltvorgang der Antrieb in entgegengesetzter Richtung wieder eingeschaltet werden kann.
Meistens werden Hebel- und Spindelendschalter verwendet. Die Schalter sind wegen der einfachen Kabelführung möglichst am feststehenden Teil des Fördermittels anzubringen.

Hebelendschalter. Hebelendschalter dienen zur Begrenzung geradliniger Bewegungen (z. B. Fahrbewegungen). Die Schaltbewegung wird durch das am bewegten Teil befestigte Schaltlineal, das einem Anschlag entspricht, auf den am Ende mit einer Rolle versehenen Schalthebel des Schalters übertragen. Durch eine im Schalter eingebaute Feder werden zur Erzielung eines möglichst geringen Kontaktverschleißes die Schaltkontakte ruckartig betätigt. Der Schaltzeitpunkt läßt sich verändern, indem das Schaltlineal verstellt wird.

Spindelendschalter. Spindelendschalter ermöglichen die Begrenzung von Drehbewegungen. Sie werden häufig zur Begrenzung von Hubwegen bei Hubwerken benutzt, da dort die Drehzahlen der Seiltrommel in einem festen Verhältnis zum Hubweg stehen. Die Spindelmutter des Schalters (Bild 2.8.1) wandert auf der durch das Triebwerk angetriebenen Spindel und betätigt an beiden Enden die Schaltkontakte. Durch ein Verstellen der Schaltkontakte kann auch hier der Schaltzeitpunkt verändert werden.

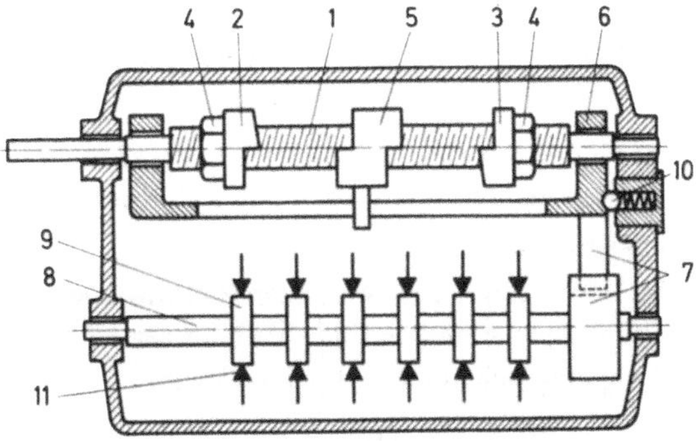

1 Antriebsspindel
2 } Verstellbare
3 } Anschlagmuttern
4 Kontermuttern
5 Spindelmutter
6 Schaltwanne
7 Momentschaltung
8 Schaltachse
9 Schaltsegment
10 Raste
11 feste Kontakte

Bild 2.8.1. Spindelendschalter (STEMMANN)

2.8.2. Abstandssicherungen

Die Abstandssicherungen sollen den Zusammenstoß von verschiedenen Fördermitteln, die auf einer gemeinsamen Fahrbahn laufen, verhindern. Sie kommen z. B. bei Brückenkranen, Elektrozügen mit Elektrofahrwerken sowie bei Kreisförderern im Zweibahn-System zum Einsatz. Besonders wichtig ist, daß im ungünstigsten Betriebsfall, wenn z. B. zwei Krane mit maximaler Fahrgeschwindigkeit gegeneinander laufen, der Stillstand der Fördermittel mit Sicherheit *vor* ihrem Zusammentreffen erfolgt. Als Abstandssicherungen sind mechanische und elektrische Systeme in Gebrauch.

Mechanische Systeme. Hier werden über Fühler Endschalter betätigt, die die entsprechenden Triebwerke abschalten. Die Fühler können starr oder beweglich (z. B. als klappbare Bügel, Teleskopbügel usw.) ausgeführt werden. Sie haben eine Länge bis zu ca. 3 m (Bild 2.8.2). Bei hohen Fahrgeschwindigkeiten, wie sie häufig bei Kranen vorkommen, reichen diese Fühlerlängen nicht mehr aus. Hier verwendet man z. B. Hilfsseile.
Ein solches einfaches Seilsystem geht aus Bild 2.8.2 hervor. Beide Krane sind durch ein dünnes Seil, das sich auf einer Federtrommel aufwickelt, verbunden. Bei fast aufgewickeltem Seil werden über einen einstellbaren Spindelendschalter beide Kranfahrwerke abgeschaltet. Auch beim Reißen des Seiles dreht sich die Trommel so weit durch, bis der Endschalter anspricht und die Triebwerke abschaltet.

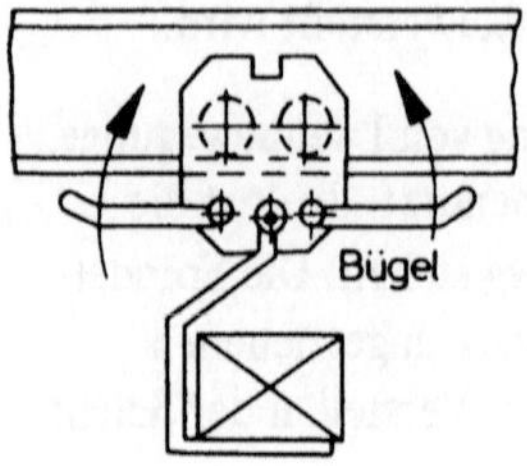

Lastwagen eines Power-and-Free-Kreisförderers (Bügel als Abstandssicherung)

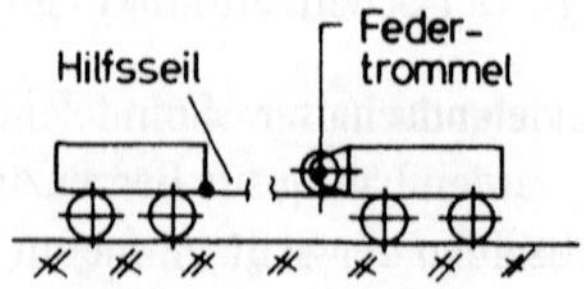

Zwei Krane mit Hilfsseil als Abstandssicherung

Bild 2.8.2. Mechanische Abstandssicherungen

Elektrische Systeme. Blockierungs- und Widerstandsschaltungen sind die am meisten vorkommenden elektrischen Systeme.

Bei der Blockierungsschaltung wird längs der Fahrbahn eine in mehrere Blockabschnitte unterteilte Steuerschleifleitung montiert. Fahren beide Fördermittel in den gleichen Blockabschnitt, werden die Triebwerke abgeschaltet.

Bei der Widerstandsschaltung wird längs des Förderweges eine Widerstandsleitung angebracht, mit der beide Anlagen über Schleifkontakte verbunden sind. Wird der verstellbare Widerstand zwischen den beiden Anlagen zu gering, schalten die Triebwerke ab.

Aus Sicherheitsgründen ist auf die sorgfältige Ausbildung und Wartung der Steuerleitungen und Schleifkontakte zu achten; dies entfällt bei den mechanischen Systemen.

In Sonderfällen kommen auch Strahlen- (z. B. Fotozellen) oder Feldsysteme (z. B. elektromagnetische Felder) zur Anwendung.

2.8.3. Überlastsicherungen

Die Überlastsicherungen sollen die Fördermittel während des Betriebes gegen zu hohe Kräfte oder Momente schützen und bei Überlast selbsttätig ansprechen – z. B. Abschalten des betreffenden Maschinensatzes. Die Ursachen für Überbelastungen können sehr verschieden sein (z. B. Anhängen zu hoher Last oder Verfangen der Lasthaken bei Hubwerken).

Einige wichtige, allgemein eingesetzte Überlastsicherungen sind:

Motorsicherung. Elektromotore werden gegen plötzlich auftretende Überlast durch Überstromrelais und gegen zu hohe Dauerbelastung durch Thermowächter geschützt. Überstromrelais und Thermowächter faßt man häufig in besonderen Motorschutzschaltern zusammen.

Sicherheitskupplungen. Sicherheitskupplungen, wie z. B. Lamellenrutschkupplungen, ermöglichen die Begrenzung des an der Lastseite auftretenden Drehmoments. Bei den meisten Sicherheitskupplungen kann das von der Kupplung maximal übertragbare Moment verändert werden.
Auch die Anlaufkupplungen (Abschnitt 2.7.1) kann man gleichzeitig für den Überlastschutz heranziehen.

Kraftschalter. Sie werden zum Schutz gegen überhöhte Kräfte eingesetzt und erfassen auch die im Betrieb auftretenden dynamischen Kräfte.
Oft wird mit der Kraftmeßeinrichtung eine Anzeige verbunden, die dem Bedienungspersonal einmal ständig die jeweilige Betriebslast anzeigt und zum anderen schon bei geringem Überschreiten der Nennlast ein Warnsignal gibt.
Zur Kraftmessung benutzt man Metallfedern oder Druckmeßdosen mit Dehnmeßstreifen (DMS).
Die Meßgenauigkeit muß nicht optimal sein, so daß die Meßstelle nicht direkt an die Last gesetzt zu werden braucht. So kann z. B. der Überlastschutz für ein Hubwerk mit Zwillingsflaschenzug nicht nur direkt am Lasthaken, sondern auch an der oberen Ausgleichsrolle angebracht werden. Hierbei verfälscht die Reibung im Flaschenzug das Meßergebnis.

Momentschalter. Momentschalter sind ein Schutz gegen von der Lastseite hervorgerufene überhöhte Momente. Auch hier sind die dynamischen Einflüsse zu beachten; es werden daher ebenfalls häufig Anzeige- und Warneinrichtungen angebracht. Momentschalter werden im Kranbau verwendet. Sie sichern z. B. die Standfestigkeit der betreffenden Krane. Ein typisches Anwendungsgebiet ist die Sicherung der Standsicherheit von Drehkranen mit Wippauslegern (Abschnitt 4.4).
Um möglichst einfache Meßeinrichtungen zu erhalten, ist es zweckmäßig, das Lastmoment durch das Messen einer Kraft, die sich einmal mit der Belastung und zum anderen mit der Ausladung proportional ändert, zu erfassen. So kann das betreffende Lastmoment direkt mit einem Kraftschalter ermittelt werden.

2.8.4. Schienenzangen

Schienenzangen dienen zum Festhalten eines bestimmten Bauteiles eines Fördermittels. So können z. B. die Abwurfwagen der Bandförderer (Abschnitt 6.2.1) auf ihren Laufbahnen festgehalten werden. Weiterhin werden mit Hilfe von Schienenzangen Portalkrane

(Abschnitt 4.2) gegen Windabtrieb gesichert. Die Schienenzange verbindet dabei meist reibschlüssig das entsprechende Fördermittel mit der Laufschiene, wobei sie am Schienensteg angreift. Sie kann an jeder Stelle der Fahrbahn angelegt werden.

Formschlüssige Befestigungen können dagegen nur an bestimmten, dafür vorgesehenen Stellen der Fahrbahn angebracht werden. Hierbei handelt es sich um am bewegten Teil des Fördermittels angesetzte Steckbolzen, die man von Hand in die entsprechenden Bohrungen an den Laufschienen hineinsteckt.

Handzangen. Handzangen werden von Hand geöffnet und geschlossen, wobei die Backenkräfte der Zangen durch Spindeltriebe, Gewichte, Exzenter usw. aufgebracht werden. Sie sind einfach im Aufbau, jedoch unsicher im Betrieb, da die geforderte Anpreßkraft der Backen durch Spindeltriebe oder Exzenter nicht genau eingehalten werden kann. Hinzu kommt, daß die Fernbedienung von Handzangen nur in beschränktem Umfang möglich ist.

Motorzangen. Motorzangen werden durch Federkräfte oder Gewichte geschlossen und durch einen Getriebemotor oder ein Bremslüftgerät (Abschnitt 2.4.7) geöffnet; diese Zangen bleiben auch bei Stromausfall wirksam.

Bei Krananlagen, die von Motorzangen gegen Windabtrieb gesichert werden, sind automatische Zangen gebräuchlich, die bei überhöhtem Winddruck selbsttätig schließen, wobei die Impulse von einem Winddruckmesser ausgehen. Bei der Konstruktion von Motorzangen ist auf die folgenden Punkte besonders zu achten:

- Die Wirksamkeit der Zange soll auch bei Stromausfall erhalten bleiben
- Die Motorzange soll fernsteuerbar sein und eine zusätzliche Handbetätigung für das Öffnen bei Stromausfall haben
- Einbau von Sicherheitsschaltungen, damit der Fahrmotor erst nach Lösen der Zange eingeschaltet werden kann
- Beim Einfallen der Zange soll der Fahrantrieb automatisch ausgeschaltet werden.

2.9. Stahlbau (Überblick)

2.9.1. Allgemeine Hinweise

Auch der Stahlbau, der die Dimensionierung der vorwiegend aus Stahl bestehenden Tragkonstruktionen behandelt, wurde zu einem umfangreichen Sondergebiet, das weitgehend von Spezialisten (Stahlbauingenieuren) bearbeitet wird. Deshalb können in diesem Zusammenhang nur einige besonders wichtige Punkte angeführt werden; Einzelheiten sind den im Anschluß angegebenen DIN-Normen, die die Berechnungsgrundlagen und die zulässigen Spannungen für die in Frage kommenden Werkstoffe verbindlich festlegen, zu entnehmen.

DIN 15018. Krane, Stahltragwerke, Berechnungsgrundsätze

DIN 15019. Krane, Standsicherheit

DIN 4114. Stabilitätsfälle (Knickung, Kippung, Beulung).

DIN 4132. Kranbahnen

Weitere wichtige Normen zur Auslegung der Stahltragwerke siehe Abschnitt 8.1.1, Pkt. 7.

Stetigförderer. Bei den Stetigförderern liegen in der Regel ruhende Belastungen, die eine *Statische Beanspruchung* ergeben, vor. Die zulässigen Spannungen, die vom Werkstoff und der Beanspruchungsart (z. B. Biegung) abhängen, können direkt einschlägigen Tabellen oder Diagrammen entnommen werden.

Unstetigförderer – insbesondere Krane. Hier treten oft wandernde Lasten, z. B. durch fahrende Laufkatzen und Kranbrücken auf, so daß schwellende und z. T. auch wechselnde Belastungen, die *Dynamische Beanspruchungen* hervorrufen, entstehen. Die im Anschluß angeführten Hinweise gelten deshalb vor allem für den Kranbau.

Die Krantragwerke werden in *Vollwand-* oder *Fachwerkbauart* ausgeführt, wobei die Vollwandbauart überwiegt (Abschnitte 2.9.5 und 4.4.1).

Nach der Wahl eines bestimmten Tragwerksystems sind die äußeren Kräfte nach ihrer Lage, wobei die jeweils ungünstigste Laststellung zu beachten ist, Größe und Richtung einzutragen und die Auflagerreaktionen zu ermitteln. Mit Hilfe der anerkannten Regeln der Statik und Festigkeitslehre sind die inneren Kräfte, wie z. B. die Stabkräfte bei der Fachwerkbauweise und die Biegemomente, die vor allem bei der Vollwandbauweise für die Dimensionierung maßgebend sind, zu errechnen. Der anschließend erforderliche Spannungsnachweis erfolgt nach Abschnitt 2.9.3. Bei wandernden Lasten, vor allem bei der Fachwerkbauweise, sind die inneren Kräfte und Momente in Abhängigkeit der Laststellung zu berechnen, und der jeweilige Maximalwert ist dann der weiteren Berechnung zugrundezulegen. Dies kann z.B. mit Hilfe des *Einflußlinienverfahrens* (siehe Dubbel) geschehen.

Werkstoffe. Normalerweise gelangen St 37 und für hochbeanspruchte Teile St 52-3 zur Anwendung. Leichtmetallegierungen, die bei nicht allzu hoher Last und Spannweite besonders leichte Tragkonstruktionen ermöglichen, sind wegen der höheren Baukosten (Verbinden der Bauteile nur durch Nieten oder Sonderschweißverfahren) nur selten in Gebrauch.

Als Ausgangsmaterial für die Tragkonstruktionen kommen Profile und Bleche in Frage, wobei wegen des Leichtbaus häufig Abkantprofile und kaltgezogene bzw. kaltgewalzte Profile verwendet werden.

2.9.2. Berechnungsgrundlagen

Hierzu nur einige wichtige Hinweise – Einzelheiten können den vorn angegebenen DIN-Normen entnommen werden.

2.9.2.1. Lastannahmen

Die auf die Tragwerke wirkenden Lasten werden – nach DIN 15018 – in Haupt-, Zusatz- und Sonderlasten eingeteilt.

Hauptlasten. Die wichtigsten Hauptlasten sind:

Eigenlasten

Hublasten

Lasten durch Massenkräfte aus den Antrieben

Die Eigenlasten ergeben sich aus der Summe aller während des Betriebes stets vorhandenen festen und beweglichen Kranteile, Eigenlasten von Schüttgütern usw.

Die Hublasten setzen sich aus der Nutzlast und der Eigenlast des Lastaufnahmemittels zusammen.

Die Wirkung der vertikal wirkenden Massenkräfte, die z. B. durch das Anheben und Verfahren von Lasten hervorgerufen wird, wird durch den *Eigenlastbeiwert* φ und den *Hublastbeiwert* ψ berücksichtigt. Der Eigenlastbeiwert φ hängt von der Fahrgeschwindigkeit und der Art der Fahrbahn, der Hublastbeiwert ψ von der Hubgeschwindigkeit und der Hubklasse (4 Hubklassen, je nach Kranbauart und Einsatzgebiet) ab (Bild 2.9.1).

Eigenlastbeiwert φ

Fahrgeschwindigkeit v_F in $\frac{m}{min}$		Eigenlastbeiwert φ
auf Laufbahnen		
mit Schienenstößen	ohne Schienenstöße oder bearbeitete oder geschweißte Stöße	
bis 60	bis 90	1,1
61...200	91...300	1,2

Hublastbeiwert ψ

Hubklasse	Hublastbeiwert ψ bei Hubgeschwindigkeit v_H in $\frac{m}{min}$ bis 90	über 90
H1	$1{,}1 + 0{,}002\, v_H$	1,3
H2	$1{,}2 + 0{,}004\, v_H$	1,6
H3	$1{,}3 + 0{,}007\, v_H$	1,9
H4	$1{,}4 + 0{,}009\, v_H$	2,2

Bei $v_F > 200$ bzw. $300\ \frac{m}{min}$ φ über 1,2 ansetzen und begründen.

Bild 2.9.1. Eigenlastbeiwert φ, Hublastbeiwert ψ – nach DIN 15018

Einige Beispiele zur Einteilung in die betreffende Hubklasse:

Hubklasse: H1 Handkrane, Maschinenhauskrane, Schwimmkrane usw.
Hubklasse: H2 Lagerkrane, Werkstattkrane, Portalkrane (mit Hakenbetrieb) usw.
Hubklasse: H3 Portalkrane (mit Greiferbetrieb), Autokrane, Drehkrane usw.
Hubklasse: H4 Stripperkrane, Schmiedekrane usw.

Beim Spannungsnachweis sind die von der Eigenlast hervorgerufenen Kräfte, Momente oder Spannungen mit φ und die entsprechenden Werte durch die Hublast mit ψ zu multiplizieren (Abschnitt 2.9.3).

Die Massenkräfte aus den Antrieben, die meistens in horizontaler Richtung wirken, entstehen durch das Anfahren bzw. Verzögern der einzelnen bewegten Kranbauteile, wie z. B. der Laufkatzen oder Kranbrücken. Sie können überschläglg wie folgt ermittelt werden:

$$F_M \approx 0{,}2 \quad 1{,}5 \, \Sigma F_R$$ *Horizontale Massenkräfte aus den Antrieben* (2.9.1)

1,5 Sicherheitszuschlag
0,2 Reibungszahl μ Schiene/Rad
ΣF_R Σ Radkräfte der gebremsten Laufräder ohne Nutzlast

Gleichung (2.9.1) geht von der zwischen Laufrädern und Schienen durch Reibschluß maximal übertragbaren Kraft aus.

Aus Bild 2.9.2 geht die Wirkung dieser Kräfte hervor, die z. B. durch die Spurkränze der Katz- und Kranlaufräder aufgenommen werden.

Die Massenkräfte aus den Antrieben sind beim Spannungsnachweis *nicht* mit den Beiwerten ψ und φ zu multiplizieren.

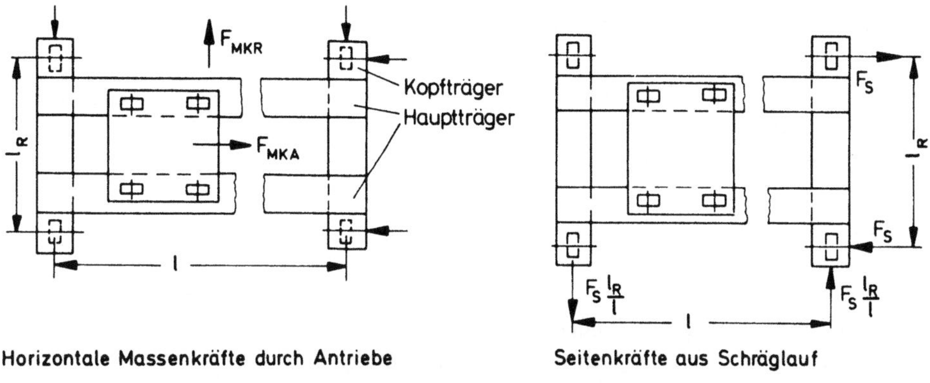

F_{MKA} Horizontale Massenkraft durch die Laufkatze
F_{MKR} Horizontale Massenkraft durch den Kran einschl. Laufkatze

F_S Seitenkraft aus Schräglauf
l Spannweite
l_R Achsabstand des Kranes

Bild 2.9.2. Horizontale Massenkräfte durch Antriebe und Seitenkräfte aus Schräglauf

Zusatzlasten. Die wichtigsten Zusatzlasten sind:

Windlasten
Lasten durch Seitenkräfte aus Schräglauf
Lasten aus Laufstegen, Treppen, Geländer, Schnee und Wärmewirkung – Einzelheiten siehe DIN 15018.

Die Windkräfte ergeben sich aus dem Winddruck p_{Wi} und der Windangriffsfläche A_{Wi}, wobei sich der Winddruck wie folgt errechnen läßt:

$$p_{Wi} = c_W \, q \qquad \text{Winddruck}$$

c_W Widerstandsbeiwert; $c_W \approx 1{,}6$

q Staudruck – er hängt von der Windgeschwindigkeit und der Anlagenhöhe ab (für den Betriebszustand $q = 250 \frac{N}{m^2}$ und für Anlagen außer Betrieb $q = 500 \ldots 1300 \frac{N}{m^2}$ ansetzen – Einzelheiten hierzu siehe DIN 1055).

Liegen mehrere Träger direkt hintereinander auf Deckung und ist der Trägerabstand bei Vollwandträgern kleiner als die Trägerhöhe und bei Fachwerkträgern kleiner als die Trägerbreite, braucht nur die Fläche des vorderen Trägers berücksichtigt zu werden. Liegen mehrere Träger in größerem Abstand hintereinander, kann die Fläche der nachfolgenden Träger bis auf 75 % vermindert werden.

Die Seitenkräfte aus Schräglauf ergeben sich angenähert zu:

$$F_S \approx \frac{\Sigma F_R}{10 \ldots 30} \qquad \textit{Seitenkraft aus Schräglauf} \qquad (2.9.2)$$

ΣF_R Σ Radkräfte

Kleinere Werte bei seitlichen Führungsrollen und geringerer Laufradzahl, große Werte bei Spurkränzen und größerer Laufradzahl.

Die genaue Berechnung der Seitenkräfte mit Hilfe des effektiven Schräglaufwinkels ist in DIN 15018 festgelegt.

Aus Bild 2.9.2 geht auch die Wirkung der Seitenkräfte aus Schräglauf hervor.

Die Kräfte aus den Zusatzlasten sind beim Spannungsnachweis *nicht* mit den Beiwerten ψ und φ zu multiplizieren.

Sonderlasten. Die wichtigsten Sonderlasten sind:
Lasten aus Kippkräften bei Laufkatzen mit Hublastführung
Lasten aus Pufferkräften und Prüflasten

Berechnung hierzu siehe DIN 15018.

2.9.2.2. Lastfälle H, HZ und HS

Lastfall H Der Lastfall H liegt bei gleichzeitiger Einwirkung der Hauptlasten vor.

Lastfall HZ Gleichzeitige Einwirkung der Haupt- und Zusatzlasten bezeichnet man als Lastfall HZ.

Die Wahrscheinlichkeit des gleichzeitigen Auftretens aller einzelnen Lasten (insbesondere der Lasten durch Massenkräfte aus den Antrieben und der Zusatzlasten) bei der üblichen

Betriebsweise der Krane ist gering. So brauchen z. B. bei Brücken- und Portalkranen nur die Massenkräfte aus den Antrieben durch Katz- oder Kranfahren berücksichtigt zu werden. Ebenso kann bei Ausleger- und Drehkranen verfahren werden.

Die genaue Zusammenfassung der einzelnen Lasten zu den Lastfällen H und HZ geht aus einer Tabelle in DIN 15 018 hervor.

Lastfall HS Unter dem Lastfall HS versteht man die gleichzeitige Einwirkung der Haupt-, Zusatz- und Sonderlasten; genaue Zusammenfassung analog den Lastfällen H und HZ.

2.9.3. Berechnung (Nachweise)

Die Berechnung ist für alle tragenden Bauteile und Verbindungen (Schweißnähte, Nieten und Schrauben) durchzuführen. Anschließend werden die erforderlichen Nachweise am Beispiel des Hauptträgers eines Brückenkranes in Vollwandbauweise kurz dargestellt.

Beim Fachwerkträger ist analog vorzugehen, wobei hier für die Berechnung statt der beim Vollwandträger maßgebenden Biegemomente die einzelnen Stabkräfte entscheidend sind. Meist werden EDV-Programme für die Berechnung verwendet, so daß auch leicht Optimierungsberechnungen (z.B. nach minimalem Gewicht der Tragkonstruktion) durchgeführt werden können.

2.9.3.1. Nachweis auf Durchbiegung

Der Nachweis auf Durchbiegung in Trägermitte bei ungünstigster Laststellung ist nach DIN 15018 nicht vorgeschrieben; er sollte jedoch bei Kranbrücken mit mittleren und großen Spannweiten auf alle Fälle durchgeführt werden.

Bei zu großer Durchbiegung ergeben sich Schwingungen im Tragwerk, die ein genaues Arbeiten bei der Lastaufnahme und -abgabe erschweren und die Verbindungsmittel ungünstig beanspruchen.

$$f_{ges} = f_H + f_G = \frac{(F_H + F_{KA})\,l^3}{48\,EI_b} + \frac{5\,F_{KR}\,l^3}{384\,EI_b} \leqslant f_{zul} \approx \frac{l}{500} \div \frac{l}{800} \qquad (2.9.3)$$

Gesamte Durchbiegung des Hauptträgers

f_H	Durchbiegung aus der Hubkraft F_H und der Eigengewichtskraft der Laufkatze F_{KA}
f_G	Durchbiegung aus der Eigengewichtskraft des Hauptträgers F_{KR}
F_H	Hubkraft; sie ergibt sich aus der Nutzlast und der Eigenlast des Lastaufnahmemittels
l	Spannweite der Kranbrücke
E	Elastizitätsmodul
I_b	Biegeträgheitsmoment des gesamten Trägerquerschnittes
F_{KR}	Eigengewichtskraft des Hauptträgers
F_{KA}	Eigengewichtskraft der Laufkatze

In Gl. (2.9.3) wurde vereinfacht die Hubkraft F_H einschließlich der Eigengewichtskraft der Laufkatze F_{KA} als Punktlast in Trägermitte angesetzt; die Eigengewichtskraft des Hauptträgers F_{KR} wirkt als Streckenlast.

Die zulässigen Werte für die Durchbiegung f_{zul} sind Richtwerte; bei Kranen mit Motorantrieb und bei größeren Anforderungen an die Genauigkeit der Hubbewegungen sind niedrige Werte anzusetzen (z. B. bei Montagekranen).

Die Beiwerte ψ und φ brauchen hierbei nicht berücksichtigt zu werden.

2.9.3.2. Allgemeiner Spannungsnachweis

Der „Allgemeine Spannungsnachweis", der die Sicherheit gegenüber der Streckgrenze des jeweils verwendeten Baumaterials angibt, ist nach DIN 15018 getrennt für die Lastfälle H, HZ und HS durchzuführen. Die im Anschluß angeführten Gln. (2.9.4) bis (2.9.10) für die Lastfälle H und HZ beschränken sich auf die wesentlichen Lasten. Analog auch für den Lastfall HS.

Bauteil bzw. Verbindung		Werkstoff	Lastfall	$\sigma_{v\,zul}$	$\sigma_{z\,zul}$	$\sigma_{d\,zul}$	$\tau_{s\,zul}$	$\sigma_{l\,zul}$
Bauteile		St37	H	160	160	140	92	–
			HZ	180	180	160	104	–
		St 52-3	H	240	240	210	138	–
			HZ	270	270	240	156	–
Schweiß-nähte		St37	H	160	160/113	160/130	113	–
			HZ	180	180/127	180/145	127	–
		St 52-3	H	240	240/170	240/195	170	–
			HZ	270	270/191	270/220	191	–
Nieten	ein-schnittig	USt 36-1	H	–	(300)	–	84	210
			HZ	–		–	196	240
		RSt 44-2	H	–	(450)	–	126	315
			HZ	–		–	144	360
	mehr-schnittig	USt 36-1	H	–	(300)	–	113	280
			HZ	–		–	128	320
		RSt 44-2	H	–	(450)	–	168	420
			HZ	–		–	192	480
Paßschrauben	ein-schnittig	4.6	H	–	100	–	84	210
			HZ	–	110	–	96	240
		5.6	H	–	140	–	126	315
			HZ	–	154	–	144	360
	mehr-schnittig	4.6	H	–	100	–	112	280
			HZ	–	110	–	128	320
		5.6	H	–	140	–	168	420
			HZ	–	154	–	192	480
Schrauben ohne Passung		4.6	H	–	100	–	70	160
			HZ	–	110	–	80	180
		5.6	H	–	140	–	70	160
			HZ	–	154	–	80	180

σ_v Vergleichsspannung
σ_z Zugspannung
σ_d Druckspannung
τ_s Schubspannung
σ_l Lochleibungsdruck

Bei den Schweißnähten gibt die vordere Zahl die zulässige Spannung für Stumpf- und die hintere Zahl den Wert für Kehlnähte an.

Bei Nietverbindungen sind in der Regel für St 37 Nieten aus USt 36-1 und für St 52-3 Nieten aus RSt 44-2 zu verwenden. Die eingeklammerten Werte für $\sigma_{z\,zul}$ bei Nieten sind nur in Ausnahmefällen zulässig.

Die für die Rechnung maßgebenden Durchmesser sind:
Bei Nieten: Lochdruchmesser.
Bei Schrauben: Schaftdurchmesser (für σ_z Gewindekerndurchmesser).

Für HV-Schrauben sind in DIN 15018 direkt die zulässigen Zugkräfte für Schrauben nach DIN 6914 angegeben.

Für die Lastfälle HS sind die 1,1 fachen Spannungen des Lastfalles HZ zulässig.

Bild 2.9.3. Zulässige Spannung beim „Allgemeinen Spannungsnachweis" in $\frac{N}{mm^2}$

(Auszug aus DIN 15018)

Zulässige Spannungen siehe in Bild 2.9.3.

$$\sigma_H = \frac{\varphi M_G + \psi M_H}{W_{bx}} + \frac{M_M}{W_{by}}$$ *Biegespannung für den Lastfall H* (2.9.4)

$$\sigma_{HZ} = \sigma_H + \frac{M_{Wi} + M_S}{W_{by}}$$ *Biegespannung für den Lastfall HZ* (2.9.5)

$$M_G = \frac{F_{KR}\, l}{8} + \frac{F_{KA}\, l}{4}$$ *Biegemoment durch die Brücken- und Laufkatzeigenlast* (2.9.6)

$$M_H = \frac{F_H\, l}{4}$$ *Biegemoment durch die Hublast* (2.9.7)

$$M_M = (m_H + m_{KA})\, a_{KR}\, \frac{l}{4} + m_{KR}\, a_{KR}\, \frac{l}{8}$$
$$M_M \approx F_M\, \frac{l}{8}$$
Biegemoment durch das Anfahren des Kranes (Massenkräfte aus Antrieben) (2.9.8)

$$M_{Wi} = p_{Wi}\, A_{Wi}\, \frac{l}{8}$$ *Biegemoment durch die Windkräfte* (2.9.9)

$$M_S \approx F_S\, l_R$$ *Biegemoment durch die Seitenkräfte* (2.9.10)

$\psi, \varphi, l, F_{KA}, F_H, F_{KR}, p_{Wi}, A_{Wi}$	siehe vorn
W_{bx}, W_{by}	Biegewiderstandsmoment des Hauptträgerquerschnittes um die x- bzw. y-Achse
a_{KR}	Maximale Beschleunigung bzw. Verzögerung beim Kranfahren
F_S	Seitenkraft aus Schräglauf, siehe Abschnitt 2.9.2.1
l_R	Achsabstand des Kranes, siehe Bild 2.9.2
F_M	Horizontale Massenkräfte aus den Antrieben, siehe Abschnitt 2.9.2.1

Das Biegemoment M_S (durch die Seitenkräfte aus Schräglauf) kann oft vernachlässigt werden. Die Biegemomente M_G und M_H wirken vertikal (W_{bx}), alle übrigen horizontal (W_{by}). Bei der Gl. (2.9.9) ist die Belastung als Streckenlast, bei der Gl. (2.9.7) als Punktlast und bei den Gln. (2.9.8) und (2.9.6) als Strecken- und Punktlast anzusetzen. Tritt im Hauptträger noch Torsionsspannung (z.B. bei Einträgerbrückenkranen mit Winkellaufkatzen (Abschnitt 4.1.1)), Schubspannung oder zusammengesetzte Spannung auf, dann ist die Vergleichsspannung σ_v unter Beachtung der ψ- und φ-Werte zu berechnen.

$\sigma_v = \sqrt{\sigma_x^2 + \sigma_y^2 - \sigma_x \sigma_y + 3\tau^2}$	Vergleichsspannung
σ_x, σ_y	Normalspannung in der x- bzw. y-Ebene
τ	Schubspannung

2.9.3.3. Betriebsfestigkeitsnachweis

Der „Betriebsfestigkeitsnachweis“, der die Sicherheit gegenüber Dauerbruch bei veränderlichen, zwischen Grenzwerten sich wiederholenden, schwellenden oder wechselnden Spannungen angibt, ist für alle Bauteile und Verbindungen *nur für den Lastfall H* bei Spannungsspielen $> 2 \cdot 10^4$ zu führen – maßgebend sind die Gln. (2.9.4) und (2.9.6) bis (2.9.8).

> *Verfahren nach DIN 15018:* Die zulässigen Spannungen sind gleich je Beanspruchungsgruppe und hängen ab vom Spannungskollektiv und der Zahl der Spannungsspiele; sie sind festgelegt für verschiedene Werkstoffe, Spannungsarten, Kerbfälle und Grenzspannungsverhältnisse

Kurze Erläuterung der Begriffe:

Grenzspannungsverhältnis

$\kappa = \dfrac{\sigma_{min}}{\sigma_{max}}$ bzw. $\dfrac{\tau_{min}}{\tau_{max}}$. κ liegt zwischen -1 und $+1$, wobei der Bereich 0...1 für κ überwiegt.

Z. B.

$\sigma_{min} = \sigma_{max} \rightarrow \kappa = 1$	Ruhende Belastung
$\sigma_{min} = 0 \rightarrow \kappa = 0$	Schwellende Belastung
$\sigma_{min} = -\sigma_{max} \rightarrow \kappa = -1$	Wechselnde Belastung

Beanspruchungsgruppen Die sechs Beanspruchungsgruppen (B1 bis B6) sind bestimmten Bereichen der Spannungsspiele und bestimmten Spannungskollektiven zugeordnet – siehe Tabellen in DIN 15018.

Spannungsspiele Die vier Spannungsspielbereiche (N1 bis N4) umfassen die voraussichtliche gesamte Anzahl mit der die kleinste Oberspannung des Spannungskollektives erreicht oder überschritten wird – siehe Tabellen in DIN 15018.

Spannungskollektive Die vier Spannungskollektive (S_0 bis S_3) kennzeichnen die relative Summenhäufigkeit mit der eine bestimmte Oberspannung erreicht oder überschritten wird und zwar in Abhängigkeit des gewählten Spannungsspielbereiches – siehe Tabellen in DIN 15018.

Kerbfälle Die acht Kerbfälle (W0 bis W2 und K0 bis K4) berücksichtigen die mit steigendem Kerbeinfluß fallende Betriebsfestigkeit gebräuchlicher Bauformen, wobei sich die Fälle W0 bis W2 auf ungelochte und gelochte und die Fälle K0 bis K4 auf geschweißte Bauformen beziehen. Die Kerbwirkung tritt vor allem bei geschweißten Bauteilen auf und hängt von der Art der zu verbindenden Bauteile sowie der Nahtform und -güte ab. Typische Beispiele zur Wahl des entsprechenden Kerbfalles siehe Tabellen in DIN 15018.

2.9.3.4. Stabilitätsnachweis

Der Stabilitätsnachweis gegen Knicken, Kippen und Beulen ist nach DIN 4114 getrennt für die Lastfälle H, HZ und HS – mit den zulässigen Spannungen $\sigma_{d zul}$ nach Bild 2.9.3 für die verschiedenen Bauteile zu führen.

Knicken Unter Knicken versteht man das seitliche Ausweichen von auf Druck beanspruchten, besonders schlanken Bauteilen, z. B. Knicken von Druckstäben bei Fachwerkträgern und von Stützen bei Portalkranen.
Der Nachweis auf Knicken erfolgt nach dem ω-Verfahren.

Kippen Kippen nennt man das seitliche Ausbiegen und Verdrehen von auf Biegung beanspruchten Trägern. Gefährdet sind vor allem sehr schmale und hohe Träger.
Geeignete Gegenmaßnahmen: Anbringen von Versteifungsblechen in der Längs- (gegen seitliches Ausbiegen) und Querebene (gegen Verdrehen).

Beulen Als Beulen bezeichnet man das Ausbeulen der Stege bzw. der Seitenbleche von auf Biegung beanspruchten Vollwandträgern. Auch hier sind hohe schmale Träger mit dünnen Stegen oder Seitenblechen besonders gefährdet.
Geeignete Gegenmaßnahmen: Steg- oder Seitenbleche durch Längs- und Querstreifen in kleinere Felder aufteilen, die weniger leicht ausbeulen.

2.9.3.5. Standsicherheit

Die Standsicherheit (Umkippen und Windabtrieb) ist für alle Krane nach DIN 15 018 sowie für gleislose Fahrzeugkrane nach DIN 15 019 zu überprüfen.

Die Sicherheit gegen Umkippen ist durch Berechnung und Prüfbelastungen nachzuweisen. Hierbei beträgt die „Kleine Prüflast" 1,25mal der Hublast in Bewegung (bei Windstille). Zusätzlich kann der Nachweis auch mit der der „Großen Prüflast" 1,33 oder 1,4 mal der Hublast (Kran in Ruhe) erfolgen.

Der Nachweis der Sicherheit gegen Windabtrieb ist bei allen im Freien arbeitenden Krane für die in DIN 15 019 festgelegten Lastfälle 1 und 5 durchzuführen, wobei die zu berücksichtigenden Fahrwiderstände und Reibungszahlen ebenfalls vorgeschrieben sind.

Bei dem Nachweis für gleislose Fahrzeugkrane beträgt die „Kleine Prüflast" 1,1mal der Hublast und die „Große Prüflast" 1,25mal der Hublast sowie 10 % der Auslegerlast, auf dessen Spitze reduziert. Einzelheiten siehe DIN 15 019.

2.9.4. Verbindungen

Wegen der einfachen und billigen Herstellung der Tragkonstruktionen für die Fördermittel ist die Schweißverbindung allgemein vorzuziehen. Bauteile, die wegen des Transportes oder der Montage getrennt angeliefert werden, sind an der Baustelle möglichst durch Schrauben zu verbinden.

Bei den Schraubverbindungen ist wegen einer möglichen Demontage und dem daran anschließenden Wiederaufbau auf die genaue Fixierung der einzelnen Teile der Tragkonstruktionen gegeneinander zu achten; z.B. durch Paßstifte oder Paßschrauben. Für alle beanspruchten Verbindungsmittel (Niet-, Schweiß- oder Schraubverbindungen) ist der Spannungsnachweis für die Lastfälle H, HZ und HS durchzuführen. Die zulässigen Spannungen gehen für den Allgemeinen Spannungsnachweis aus Bild 2.9.3 und für den Betriebsfestigkeitsnachweis aus DIN 15018 hervor.

Nietverbindungen. Das Nieten wird wegen des höheren Arbeitsaufwandes weitgehend durch Schweißen ersetzt. Die Beanspruchung der Nieten erfolgt auf Schub (τ_s) und Lochleibungsdruck (σ_l).

Angaben über Niet- und Nahtformen sowie Einzelheiten über die Gestaltung und Berechnung der Nietverbindungen können dem in Abschnitt 8 angeführten Schrifttum und den DIN-Normen entnommen werden. Zulässige Spannungen für den Allgemeinen Spannungsnachweis siehe Bild 2.9.3.

Schweißverbindungen. Generell kommen das offene Lichtbogenschweißen oder z.T. auch Sonderverfahren dieser Schweißart in Frage.

Die Formeln zur Berechnung der Nennspannungen in den Schweißnähten, je nach Nahtform und Beanspruchungsart, können Tabellenbüchern entnommen werden; ebenso Angaben über Stoß- und Nahtarten sowie Nahtformen, Schweißbarkeit und Gestaltung.

Weiterhin sind die Berechnungsverfahren und zulässige Spannungen in DIN 15018 zu beachten; zulässige Spannungen für den Allgemeinen Spannungsnachweis siehe Bild 2.9.3.

Die im Stahlbau nach DIN 17100 gebräuchlichen Stähle sind mit der Lichtbogenschweißung gut schweißbar.

Schraubverbindungen. Meistens verwendet man HV-Schrauben, die aus hochfestem Material bestehen und stark vorgespannt werden, so daß die Übertragung der Kräfte zwischen den einzelnen Bauteilen ausschließlich durch Reibschluß erfolgt.

Bei der Berechnung dieser Schrauben sind folgende Punkte besonders zu beachten:

- Beanspruchung der Schrauben auf Zug und Torsion: zulässige Vergleichsspannung $\sigma_{v\,zul} \leqslant 0{,}9\ \sigma_{02}$ (σ_{02} Streckgrenze)
- Die Reibungszahl zwischen den zu verbindenen Blechen ist wie folgt zu wählen: $\mu = 0{,}18$
- Die Sicherheitszahl ν soll $\geqslant 1{,}7$ bei Lastfall H, $\geqslant 1{,}5$ bei Lastfall HZ und $\geqslant 1{,}35$ bei Lastfall HS sein – jeweils gegenüber der von der Schraube zu übertragenden Kraft.

Aus DIN 15018 und den vom Ausschuß für Stahlbau, Stahlbau-Verlag GmbH, Köln, herausgegebenen Richtlinien für HV-Schrauben geht in Abhängigkeit von der Schraubengröße direkt die durch Reibung übertragbare Kraft, die dazu erforderliche Vorspannkraft und das Anziehmoment für die Lastfälle H, HZ und HS hervor. Das Anziehen der Schrauben soll mit einem Drehmomentschlüssel erfolgen, damit das vorgeschriebene Anzugsmoment genau eingehalten wird.

Paßschrauben sind wegen der genauen Bearbeitung von Schraube und Bohrung relativ teuer. Sie werden, wie die Nieten, auf Schub- und Lochleibungsdruck beansprucht und brauchen daher nur gering vorgespannt zu werden.

Schraubverbindungen, die dem Allgemeinen Spannungsnachweis genügen, erfüllen bei einer rechnerischen Sicherheit von 1,33 für die auftretenden und zulässigen Zugkräfte den Betriebsfestigkeitsnachweis.

2.9.5. Bauformen

Wie schon kurz in Abschnitt 2.9.1 angegeben, unterscheidet man bei den Tragkonstruktionen für die Fördermittel generell zwischen Vollwand- und Fachwerkbauarten. Einzelheiten zur Ausführung können den in Abschnitt 8 angegebenen DIN-Normen und dem dort angeführten Schrifttum entnommen werden.

Vollwandbauart. Die Vollwandbauart entspricht der Standardbauweise, wobei sich als Verbindungsmittel das Schweißen, wegen der geringeren Kosten, weitgehend durchgesetzt hat. Einige wesentliche Punkte zur Ausführung der Vollwandbauart gehen aus Abschnitt 4.1.1 hervor.

Fachwerkbauart. Die Fachwerkbauart bei Tragwerken von Fördermitteln, speziell bei Kranen, ist vor allem für Großanlagen, die im Freien arbeiten, gebräuchlich; z. B. Tragwerke für Verladebrücken mit großer Spannweite (Abschnitt 4.2.2 und Bild 4.2.2). In diesem Falle würden sich bei der Vollwandbauweise wegen der großen Spannweiten und Windkräfte zu schwere und damit zu teure Tragkonstruktionen ergeben.

Die teuren Nietkonstruktionen werden auch hier weitgehend durch billigere geschweißte Ausführungen ersetzt. Bei der Nietverbindung werden die höheren Herstellungskosten in der Hauptsache durch die aufwendigen Vorbereitungsarbeiten und die Notwendigkeit von Knotenblechen verursacht; (Abschnitt 2.9.4).

Glatte, geschlossene Profile für die Fachwerkstäbe werden heute, wegen der einfacheren Herstellung und Wartung, den früher üblichen L- oder [-Profilen, die mit Knotenblechen vernietet wurden, vorgezogen. Gängige glatte Profile sind Vierkant- und Rechteckrohre oder zwei gegeneinandergesetzte [-Profile, die ohne Knotenbleche miteinander verschweißt werden können und einen einfachen und damit zeitsparenden Anstrich ermöglichen.

3. Serienhebezeuge

Im Anschluß werden nur einige besonders wichtige Serienausführungen von Kleinhebezeugen für das Heben oder Ziehen von Lasten kurz besprochen. Sie werden, gestuft nach ihrer Hub- bzw. Zugkraft, nach DIN- oder Werksnormen, in Baureihen hergestellt und sind damit kurzfristig und preiswert lieferbar. Häufig werden Serienhebezeuge auch als Bauteile für größere Fördermittel verwendet. Ein typisches Beispiel hierfür ist der Einbau des Serienhebezeuges „Elektrozug" als Hubwerk für einen Standardbrückenkran.
Eine genaue Übersicht der Serienhebezeuge geht aus DIN 15 100 hervor, die weitgehend auch mit der FEM abgestimmt ist.

3.1. Flaschenzüge

Die Flaschenzüge, die sowohl als ortsfeste wie auch als fahrbare Geräte gebaut werden, dienen zum Heben von Lasten. Bei relativ seltenem Einsatz wie z. B. bei Montagearbeiten werden sie mit Handantrieb, sonst allgemein mit Motorantrieb ausgerüstet.
Bei den fahrbaren Ausführungen werden die Flaschenzüge an Laufkatzen befestigt, die auf den Unterflanschen von I-Trägern oder auch in Sonderprofilen laufen.
Handlaufkatzen erhalten Roll- oder Haspelfahrwerke, *Motorlaufkatzen* meist einen elektrischen Fahrantrieb (siehe hierzu Abschnitt 3.1.2 – Fahrwerke für Elektrozüge).

3.1.1. Handflaschenzüge

Die Handflaschenzüge besitzen ausschließlich Handantrieb und werden vor allem bei Montagearbeiten eingesetzt.

3.1.1.1. Schraubenflaschenzug

Aufbau. Das Kettenrad, welches mit dem Schneckenrad meist aus einem Gußstück besteht (Bild 3.1.1), wird von Hand durch das Haspelrad angetrieben. Der durch die Last auf die Schnecke ausgeübte Axialschub drückt den mit der Schnecke fest verbundenen Reibkegel in seinen Sitz. Dieser Sitz ist im Gehäuse lose gelagert und wird durch die Sperrklinken am Drehen im Senksinn gehindert. Die hier eingebaute Kegelbremse entspricht einer Lastdruckbremse, bei der sich das Bremsmoment selbsttätig der Last anpaßt. Dadurch wird ein optimaler Verschleiß erzielt. Die selbsttätige Anpassung der Bremsmomente der Lastdruckbremse an die jeweilige Hublast geschieht durch die proportionale Abhängigkeit der Axialkraft der Schnecke, sie entspricht der Andruckkraft an der Kegelbremse, von der Hublast; siehe hierzu Aufgabe 13. Die Sperrklinken und die geschlossene Lastdruckbremse halten bei Unterbrechung der Antriebskraft die Hublast in Schwebe. Beim Heben der Last dreht sich der Sitz unter der Sperrklinke durch; beim Senken wird durch einen Gegenzug an der Haspelkette der Reibkegel am feststehenden Sitz im Senksinn durchgedreht. Deshalb darf die Sicherheit der Bremse nicht zu hoch gewählt werden, da sonst das Senken nur schwer möglich ist.

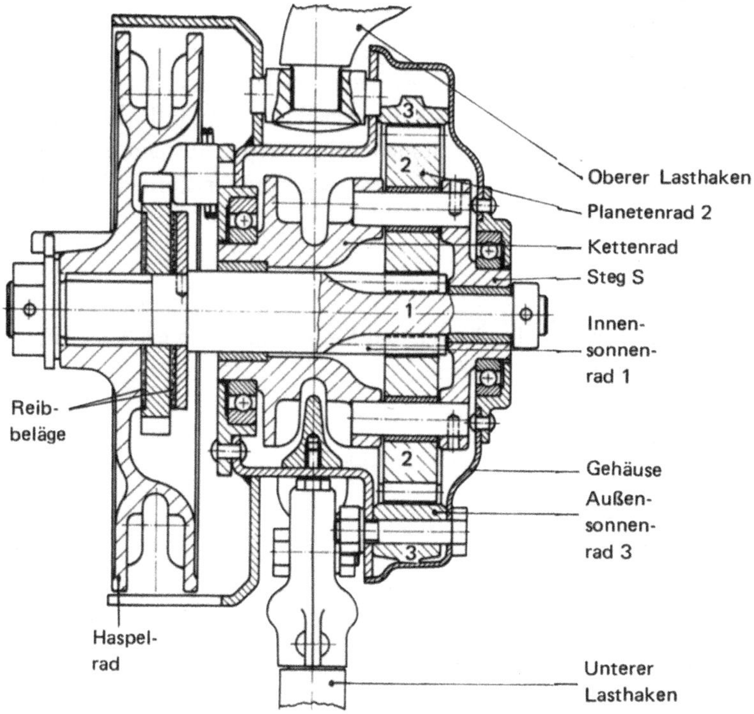

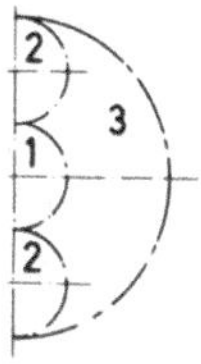

Stirnradflaschenzug (WILHELMI)

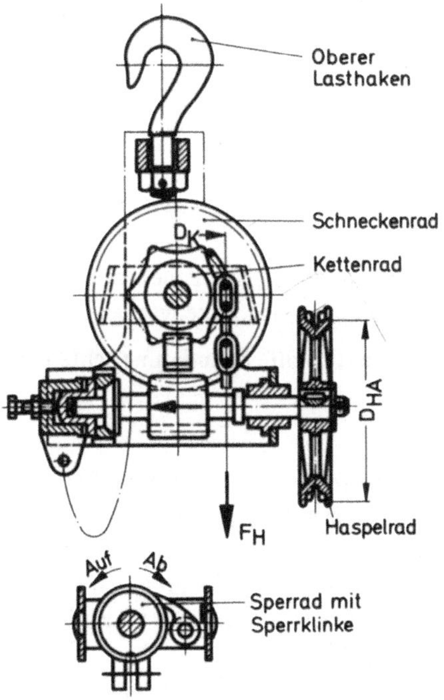

Schraubenflaschenzug (nach Dubbel)

Bild 3.1.1. Handflaschenzüge

Als Lastketten kommen Rundstahl- oder Gelenkketten zur Anwendung. Da die Lastketten nur kleine Umlenkradien benötigen, werden die Lastmomente und dadurch letztlich auch die Abmessungen der Schraubenflaschenzüge relativ gering. Bei kleineren Hublasten wird der Lasthaken direkt an der Lastkette angebracht – z. B. als Ösenhaken (siehe Abschnitt 2.5.1); bei größeren Lasten kommen mehrsträngige Ausführungen mit Unterflaschen in Frage. Die auflaufenden Lastketten werden häufig in Kettenkästen aufgenommen.

Hublast bis 20 t
Hubhöhe bis 10 m

Berechnung. Die Dimensionierung der Lastketten und Kettenräder kann nach den Hinweisen in Abschnitt 2.2.1 vorgenommen werden.

$$i = \frac{M_L}{M_F \eta} = \frac{F_H D_K}{F_{HA} D_{HA} \eta}$$ *Übersetzung* (3.1.1)

M_L	Lastmoment
M_F	Kraftmoment
F_H	Hubkraft
F_{HA}	Handkraft
D_K	Kettenraddurchmesser
D_{HA}	Haspelraddurchmesser
$\eta = \eta_K \eta_S$	Wirkungsgrad $\eta \approx 0{,}6 \ldots 0{,}7$
η_K	Wirkungsgrad des Kettentriebes, $\eta_K \approx 0{,}8 \ldots 0{,}9$
$\eta_s = \dfrac{\tan \gamma_0}{\tan(\gamma_0 + \rho)}$	Schneckenwirkungsgrad

Die Schnecke ist meist zweigängig mit dem Steigungswinkel $\gamma_0 \approx 20°$ und dem Reibungswinkel $\rho \approx 2 \ldots 5°$ nur grob bearbeitet.

Die Gleichung für den Schneckenwirkungsgrad η_S entspricht der „Schraubenformel", die Übersetzung i beim Schraubenflaschenzug der Übersetzung im Schneckengetriebe.

Werkstoffe: Schnecke aus St., Schneckenrad aus GG – auf leichte Schmierung achten.

3.1.1.2. Stirnradflaschenzug

Aufbau. Die erzielbaren Hubkräfte und Hubhöhen entsprechen etwa denen des Schraubenflaschenzuges. Der Wirkungsgrad η liegt etwas höher; $\eta \approx 0{,}75 \ldots 0{,}85$ (kein Schneckentrieb). Durch die Anwendung von Planetengetrieben ergeben sich besonders kleine Abmessungen und eine sehr kompakte Bauweise (Bild 3.1.1). Bei größeren Übersetzungen können auch zwei Planetensätze hintereinander gesetzt oder eine zusätzliche Stirnradstufe vorgeschaltet werden.

Das Haspelrad treibt beim Heben reibschlüssig das innere Sonnenrad 1 des Planetengetriebes an. Der Reibschluß wird dadurch erzeugt, daß das Haspelrad durch sein Innengewinde auf dem Gewinde der Antriebswelle mit dem Sonnenrad 1 nach rechts wandert und die Reibbeläge gegeneinander drückt. Das Sonnenrad 1 bewegt über die Planetenräder 2 den Steg S und das mit dem Steg festverbundene Kettenrad. Das mit einer Innenverzahnung versehene Außensonnenrad 3 ist im Gehäuse befestigt und steht damit immer still.

Das Sperrad, welches beim Heben mitläuft, dreht unter den Sperrklinken durch; die Sperrklinken halten gleichzeitig bei Unterbrechung der Zugkraft am Haspelrad die Hublast in Schwebe. Durch den Gegenzug am Haspelrad wird der Reibschluß zwischen dem Haspelrad und der oberen Antriebswelle mit dem Sonnenrad 1 soweit aufgehoben, daß sich die Hublast senkt; das Haspelrad wandert hierbei auf dem Gewinde der inneren Antriebswelle nach links. Die Senkgeschwindigkeit hängt somit nur von der Drehzahl ab, mit der das Haspelrad im Senksinne durchgedreht wird.

Berechnung. Zur Dimensionierung der Ketten und Kettenräder siehe Abschnitt 2.2.

Für die Drehzahlen in Planetengetrieben gilt allgemein:

$$n_1 - n_3\, i_{1-3} = n_S(1 - i_{1-3})$$

$n_3 = 0$ — Das mit Innenverzahnung ausgerüstete Sonnenrad 3 ist am Gehäuse befestigt

$$i_{1-3} = \left(-\frac{z_2}{z_1}\right)\left(+\frac{z_3}{z_2}\right) = -\frac{z_3}{z_1}$$

\+ gleichsinnige Drehrichtung

− gegensinnige Drehrichtung

Damit wird:

$$\boxed{i = \frac{n_1}{n_S} = 1 + \frac{z_3}{z_1} = \frac{M_L}{M_F\,\eta} = \frac{F_H\, D_K}{F_{HA}\, D_{HA}\,\eta}} \qquad \textit{Übersetzung} \qquad (3.1.2)$$

n Drehzahl

z Zähnezahl

1 Innensonnenrad, 2 Planetenräder, 3 Außensonnenrad

S Steg

Übrige Größen siehe Schraubenflaschenzug

3.1.1.3. Zug-Hubgeräte (Mehrzweckzüge)

Diese Geräte, bevorzugt zum Ziehen und Spannen verwendet, werden durch einen Ratschenhebel an Stelle der sonst üblichen Haspelräder angetrieben.

Die durch den Ratschenhebel aufgebrachte Handkraft wird über ein Stirnradvorgelege auf die Zugkette übertragen und durch die Übersetzung im Vorgelege verstärkt. Teilweise sind als Lastmittel auch Drahtseile anstatt der allgemein üblichen Lastketten in Gebrauch.

Die Zug-Hubgeräte werden mit einer Lastdruckbremse, meist in Form eines Klemmgesperres, und einem Knebelrad, das ein rasches Durchziehen der Lastkette bzw. des Lastseiles in unbelastetem Zustand ermöglicht, versehen. Sie sind sehr klein und weisen deshalb ein sehr geringes Eigengewicht auf.

Maximale Zugkräfte bis ca. 50000 N, bei einem Eigengewicht von nur ca. 30 kg.

3.1.2. Elektroflaschenzüge (E-Züge)

Die E-Züge stellen praktisch komplette Hubwerke dar. Sie werden ortsfest als sogenannte Fußzüge (Elektrowinden) und fahrbar meist mit einem Elektrofahrwerk ausgeführt. Überall dort, wo es sich nicht nur um gelegentlichen Einsatz handelt, sind die E-Züge den Handflaschenzügen vorzuziehen.

Sie sind das am weitesten verbreitete Serienhebezeug und wegen der Herstellung großer Stückzahlen relativ preiswert und auch kurzfristig lieferbar.

Aufbau. *Besonders wichtige Punkte der Konstruktion sind:*

- Geringes Eigengewicht und raumsparende Bauweise
- Hohe Betriebssicherheit und wartungsarme Ausführung
- Die Bauarten der einzelnen Firmen weisen heute keine wesentlichen Unterschiede mehr auf.

Aus Bild 3.1.2 geht der Aufbau eines E-Zuges, Modell P der Fa. DEMAG, hervor. Er wird als Seilzug in 1-, 2-, 3- und 4-strängiger Bauart für Hublasten bis 80 t und Hubgeschwindigkeiten bis 24 m/min gebaut. Der Drehstrommotor, der einem Verschiebeankerbremsmotor mit Käfigläufer entspricht, treibt über ein Stirnradgetriebe die Seiltrommel an – aus Gründen der Platzersparnis sitzt der E-Motor teilweise in der Seiltrommel. Beim Einschalten des Motors wird die durch eine zylindrische Schraubenfeder angedrückte Kegelbremse gelüftet; das Prinzip des Verschiebeankerbremsmotors ist in Abschnitt 2.4.7 beschrieben. Zwischen Motor und Getriebe sitzt eine dreh- und axialelastische Kupplung, die die Aufnahme der axialen Wellenverlagerung übernimmt. Der Seilspanner sorgt für die einwandfreie Führung des Hubseiles in den Rillen der Seiltrommel. Er ist als Ring ausgebildet und greift mit seinem Innengewinde in die Trommelrillen ein, wobei er bei einer Trommelumdrehung um eine Rillenbreite verschoben wird. Durch eine entsprechende Führung wird der Ring gleichzeitig an der Drehung gehindert. Für die Begrenzung der Hubbewegung ist ein Endschalterlineal mit verstellbaren Betätigungsnocken eingebaut.

Bei Verwendung von Lamellen- oder Scheibenbremsen braucht der Anker des E-Motors nicht verschiebbar ausgebildet zu werden (einfacher, bessere Wärmeabfuhr an der Bremse).

Durch den Anbau eines Zwischengetriebes mit einem zusätzlichen Verschiebeankerbremsmotor kann der E-Zug auch mit Feinhub (z.B. für Montagearbeiten) ausgerüstet werden (Bild 3.1.2). Auch polumschaltbare Motore kommen hierfür zum Einsatz.

Bei kleineren Hublasten (bis ca. 5 t) werden oft Elektrokettenzüge verwendet, die wegen der geringen Lastmomente, welche sich durch die relativ kleinen Umlenkradien der Ketten gegenüber denjenigen von Seilen ergeben, in ihren Abmessungen besonders klein gehalten werden können.

Fahrwerke für E-Züge. Sie ermöglichen das Verfahren des E-Zuges, der damit einer kompletten Laufkatze mit eigenem Hub- und Fahrwerk entspricht. Die im Anschluß angegebenen Möglichkeiten der verschiedenen Fahrwerkbauarten gehen aus Bild 3.1.2 hervor.

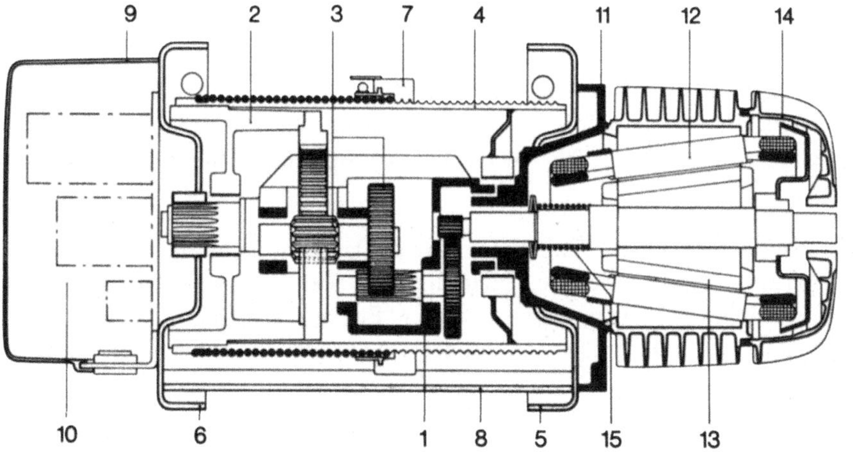

1 Getriebegehäuse
2 Trommellagerschild
3 Getrieberäder u. Ritzel
4 Seiltrommel
5 Fußflansch Motorseite
6 Fußflansch Getriebeseite

7 Seilführung
8 Verbindungsprofil
9 Apparatehaube
10 Raum für elektr. Geräte (Notgrenzschalter, Klemmenleiste usw.)

11 Lagerschild
12 Ständer mit Wicklung
13 Verschiebeläufer mit Bremsscheibe
14 Bremsschild
15 Bremsfeder

E-Seilzug, Modell PL

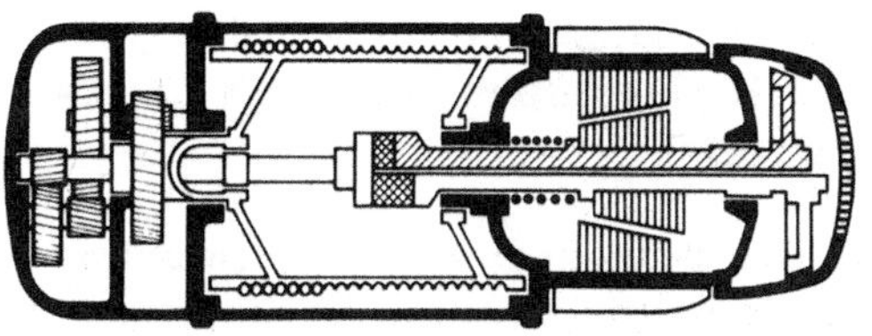

Schematische Darstellung des Elektrozuges Modell P

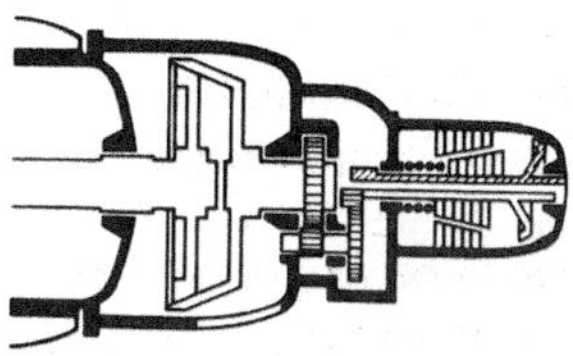

Zwischengetriebe mit zusätzlichem Verschiebeankerbremsmotor für Feinhub

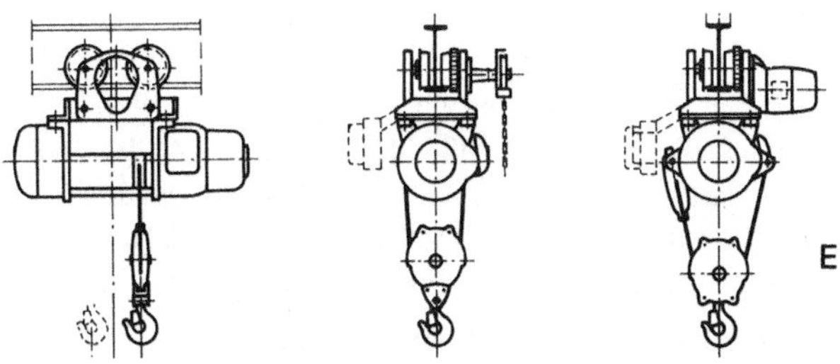

Rollfahrwerk Haspelfahrwerk Elektrofahrwerk

Einschienenkatzen

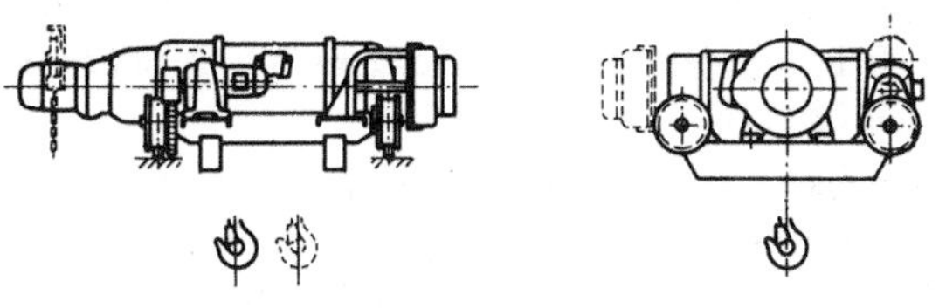

Zweischienenkatze
mit Elektrofahrwerk (Haspelfahrwerk strichliert angegeben)

Bild 3.1.2. E-Zug und Fahrwerk für E-Züge (DEMAG)

Die Bedienung dieser Laufkatzen erfolgt durch *Mitgehen* (vom Flur gesteuert), durch *Mitfahren* (mit Führerstandlaufkatzen – Führerstand an Laufkatze befestigt) oder durch *Zielsteuerungen* (die Laufkatze fährt hierbei durch entsprechende Steuerungen selbsttätig zum Zielort).

Einschienenlaufkatzen Bei der Einschienenlaufkatze läuft das Fahrwerk z. B. auf dem Unterflansch eines I-Profils. Die Stromzuführung kann über Schleppkabel oder Kleinschleifleitungen (Abschnitt 2.7.4) vorgenommen werden. Einschienenlaufkatzen werden in normaler und kurzer Bauhöhe, die eine besonders gute Nutzung der Raumhöhe ermöglicht, gefertigt.

Rollfahrwerk: Die Fahrbewegung beim Rollfahrwerk erfolgt von Hand durch Drücken gegen die Last. Dieses einfache und preiswerte Fahrwerk kommt für kurze Förderwege und geringe Hublasten (bis ca. 2 t) bei nur gelegentlichem Einsatz in Frage.

Haspelfahrwerk: Das Haspelfahrwerk wird von Hand über das Haspelrad und das Vorgelege bewegt. Durch die Übersetzung im Vorgelege können auch schwere Lasten bewegt und gleichzeitig genau eingefahren werden (kein Weiterfahren der Last beim Anhalten des Fahrwerkes). Der Einsatz dieser Fahrwerke ist wegen der geringen Fahrgeschwindigkeiten nur bei kurzen Förderwegen zu empfehlen.

Elektrofahrwerk: Der Antrieb der Elektrofahrwerke erfolgt durch einen Elektrogetriebebremsmotor über ein Vorgelege. Elektrofahrwerke werden bei mittleren und langen Wegen sowie bei häufigem Einsatz benötigt: z. B. Hängebahnen (Abschnitt 4.1.3). Die üblichen Fahrgeschwindigkeiten betragen etwa bis 40 $\frac{\text{m}}{\text{min}}$.

Zweischienenlaufkatzen Zweischienenlaufkatzen dienen in der Regel als Standardlaufkatzen für Standard-Zweiträgerkrane mit normalisierten Spurweiten. Als Fahrwerke kommen, je nach den oben beschriebenen Anforderungen, Haspel- oder meistens Elektrofahrwerke in Frage.

Berechnung. Die Auswahl der E-Züge erfolgt direkt nach den Herstellerlisten. Neben der gewünschten maximalen Traglast spielen die Betriebsbedingungen bei der Bestimmung der Baugröße eine wesentliche Rolle. In dem Begriff „Betriebsbedingungen“ sind die Belastungsart (3 Gruppen: leicht, mittel, schwer) und die tägliche Laufzeit (Σ Zeiten nur für Heben und Senken) nach den „Berechnungsregeln für Serienhebezeuge“ der FEM zusammengefaßt. Nach Wahl der Belastungsart und der Laufzeit kann aus Tabellen der Herstellerlisten die FEM-Gruppe (6 Gruppen) und aus der FEM-Gruppe und der maximalen Traglast die Baureihe abgelesen werden. Jede Baureihe wird mit verschiedenen Hubgeschwindigkeiten und Hubhöhen ausgeführt, so daß auch hier eine gewisse Anpassung an die gewünschten Daten möglich ist. Sonderwünsche, z. B. mit Feinhub, mit Sondermotoren usw., können berücksichtigt werden. Die so ausgewählten E-Züge garantieren eine optimale Lebensdauer für alle Bauteile.

Aus den Herstellerlisten geht für die jeweilige Baugröße des E-Zuges auch das dazu passende Fahrwerk hervor. Dieses kann – mit Einschränkungen – durch Spuränderungen dem jeweiligen I-Profil angepaßt werden. Bei E-Fahrwerken stehen je Fahrwerk mehrere Fahrgeschwindigkeiten zur Wahl.

3.1.3. Druckluftflaschenzüge

Der Hubantrieb der Druckluftflaschenzüge erfolgt durch meist in Flügelzellenbauweise ausgeführte Druckluftmotore. Der Druckluftmotor treibt hierbei über ein Getriebe das Kettenrad, das die Lastkette bewegt, an. Druckluftflaschenzüge werden fast ausschließlich als Kettenzüge hergestellt.

Bei den fahrbaren Druckluftflaschenzügen, die wegen der kleinen Fahrwege meist mit Roll- oder Haspelfahrwerken ausgestattet werden, kann die Luftzufuhr zu dem Druckluftmotor über Schleppdruckluftschläuche – analog den Schleppkabeln (Abschnitt 2.7.4) – vorgenommen werden. Auch hier werden meist, wie beim Schraubenflaschenzug (Abschnitt 3.1.1), Lastdruckbremsen mit Sperrwerken zur Hublastsicherung gegen Absturz verwendet.

Der Druckluftantrieb ermöglicht eine einfache und robuste Bauweise bei leichter Regelbarkeit der Hubgeschwindigkeit durch einfache Drosselventile und bietet hohe Sicherheit in explosionsgefährdeten Räumen. Als nachteilig sind die höheren Betriebskosten und die Lärmbelästigung zu nennen; deshalb sollen Druckluftflaschenzüge möglichst nicht im Dauerbetrieb eingesetzt werden.

Traglast bis 2 (50) t

Für kleine Hubhöhen werden auch normale Druckluftzylinder, z.T. auch mit Seil- oder Kettentrieben kombiniert, verwendet.

3.2. Winden

Winden, die ebenfalls zur Gruppe der Serienhebezeuge gehören, dienen zum Heben oder Ziehen von Lasten, wobei beim Heben meist nur relativ kleine Hubhöhen erreicht werden. Es gibt auch hier sowohl ortsfeste als auch verfahrbare Geräte mit Hand- oder Motorantrieb.

3.2.1. Zahnstangenwinde

Aufbau. Bei der Stahlwinde treibt die Handkurbel über ein Stirnradvorgelege die Zahnstange an. Sie ist mit der Grundplatte fest verbunden, so daß beim Drehen der Kurbel das ganze Gehäuse gehoben wird. Die Lastaufnahme geschieht durch den Gehäusekopf oder die untere Pratze. Zur leichteren Handhabung ist auf ein besonders geringes Eigengewicht zu achten. Deshalb werden alle beanspruchten Bauteile aus hochwertigen Werkstoffen, z. B. aus Stahl mit höherer Festigkeit, gefertigt. Ein Klinkengesperre hält die Last in Schwebe.

Häufig werden auch Ausführungen mit Klemmgesperre, mit feststehendem Gehäuse und hochgehenden Zahnstangen sowie mit Ratschen statt Handkurbeln hergestellt.

Hublast bis 20 t
Hubhöhe bis 400 mm

Zahnstangenwinden kommen vorwiegend bei Montagearbeiten zum Einsatz; außerdem sind sie gebräuchlich als Wagenwinden und zum Anheben von Schwerlasten, z. B. Container.

Berechnung

$$i = \frac{M_L}{M_F \eta} = \frac{F_H\, r_{01}}{F_{HA}\, r_{HA}\, \eta}$$ *Übersetzung* (3.2.1)

M_L Lastmoment
M_F Kraftmoment
η Wirkungsgrad; η je Zahnstufe mit Lagerung $\approx 0{,}92$
F_H Hubkraft
r_{01} Teilkreisradius des in die Zahnstange eingreifenden Ritzels
r_{HA} Handkurbelradius, $r_{HA} \approx 250 \ldots 300$ mm
F_{HA} Handkraft, F_{HA} bis ca. 250 N

Folgende Bauteile sind außerdem nachzurechnen:

- Zähne auf Biegung und Flankenpressung
- Zahnstange auf Druck und Knickung sowie Biegung (bei Lastaufnahme durch die untere Pratze)
- Vorgelegewellen auf Biegung und Torsion, maßgebend ist die Vergleichsspannung σ_v
- Lager auf Flächenpressung.

Die zulässigen Festigkeitswerte für die Werkstoffe können wegen der geringen Betriebszeit relativ hoch gewählt werden; gegenüber der Streckgrenze der jeweiligen Baumaterialien sind kleinere Sicherheitswerte anzusetzen.

3.2.2. Schraubenwinde

Bei der Schraubenwinde wird eine Gewindespindel durch Drehen von Hand mit Hilfe eines Hebels oder einer Ratsche in der mit dem feststehenden Windengehäuse festverbundenen Mutter vertikal bewegt. Wegen der Selbsthemmung im Gewinde kann auf ein Sperrwerk verzichtet werden, der Wirkungsgrad ist daher jedoch relativ gering $-\eta < 0{,}5$. Durch die hohe Spindelübersetzung und den geringen Bauaufwand sind diese Winden besonders leicht. Der Zusammenhang von Hubkraft und Drehmoment sowie der Wirkungsgrad wird mit Hilfe der „Schraubenformeln" errechnet. Die Gewindespindel ist im gehobenen Zustand auf Biegung, Druck und Torsion (maßgebend ist die Vergleichsspannung) sowie auf Knickung beansprucht. Bei der Spindelmutter ist die Flächenpressung im Gewinde nachzuweisen, da es sich um eine Bewegungsmutter handelt.

Traglast bis 25 t
Hubhöhe bis 300 mm

Das Anwendungsgebiet der Schraubenwinden gleicht annähernd dem von Zahnstangenwinden.

3.2.3. Seilwinden

Trommelwinde. Die Trommelwinden sind meist ortsfeste Seilwinden, bei denen das Seil (Seile nach DIN 3055 oder auch besonders biegsame Kabelseile) auf einer glatten Trommel in mehreren Lagen aufgewickelt wird. Sie werden mit Hand- oder Motorantrieb versehen und dienen vor allem als Montagehilfsmittel in Form von Wand-, Flur- oder Fahrzeugwinden. Bei der Fahrzeugwinde erfolgt der Antrieb in der Regel durch den Fahrzeugmotor.

Zugkraft bis ca. 50 000 N

Seilwinden mit Motorantrieb für nicht allzu große Lastwege werden meist durch E-Züge, in Form von Fußzügen, ersetzt. Aus Bild 3.2.1 geht der schematische Aufbau einer Hand-Trommelwinde hervor, die ein umschaltbares Vorgelege besitzt – bei hoher Seilkraft wird die große Übersetzung eingeschaltet; Übersetzungsverhältnisse siehe Bild 3.2.1. Alle Triebwerksteile sind wegen der Unfallsicherheit, des Witterungsschutzes und um eine möglichst glatte äußere Form zu erhalten in einem geschlossenen Gehäuse untergebracht.

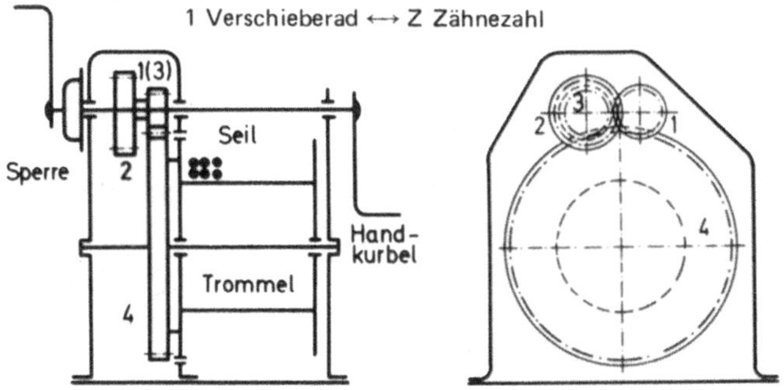

Handtrommelwinde

Kleine Übersetzung: $i = \dfrac{z_4}{z_1}$ (hohes v_S, kleines F_S)

Große Übersetzung: $i = \dfrac{z_2}{z_1}\,\dfrac{z_4}{z_3}$ (hohes F_S, kleines v_S)

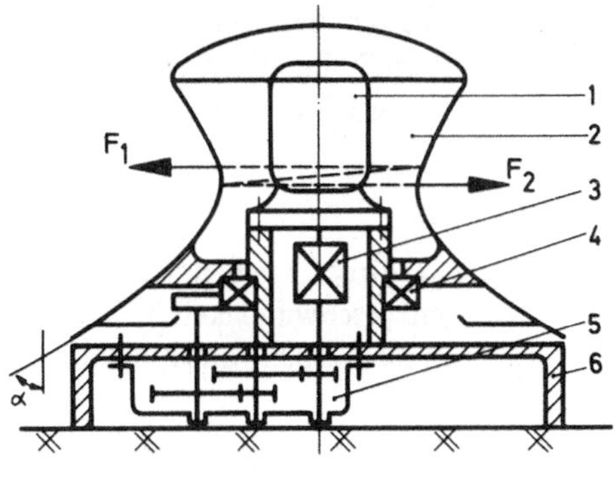

1 Antriebsmotor
2 Spilltrommel
3 Kupplung
4 Kugeldrehverbindung mit Zahnkranz
5 Getriebe
6 Fußplattte

Spillwinde

Bild 3.2.1. Seilwinden

Das Klemmgesperre sperrt bei Stillstand der beiden Antriebskurbeln und hält die Zugkraft auch ohne Antrieb weiter aufrecht. Zum raschen Abziehen des nicht belasteten Seiles kann das Antriebsritzel 1 in Leerlaufstellung gebracht werden.

$$i = \frac{M_L}{M_F\,\eta} = \frac{n_{HA}}{n_T} = \frac{F_S\,r_T}{F_{HA}\,r_{HA}\,\eta}$$ *Übersetzung* (3.2.2)

M_L, M_F, F_{HA}, r_{HA}	siehe Zahnstangenwinde
n_T	Seiltrommeldrehzahl
n_{HA}	Handkurbeldrehzahl, $n_{HA} \approx 25\ \text{min}^{-1}$ bei r_{HA} von 400 ... 500 mm
F_S	Seil-(Hub-)kraft
η	Wirkungsgrad des Antriebes; $\eta \approx 0{,}75 \ldots 0{,}85$, je nach der Zahl der Getriebestufen

Aus der Übersetzung $i = \frac{n_{HA}}{n_T} = \frac{v_{HA}}{r_{HA}}\,\frac{r_T}{v_S}$ ergibt sich:

$$v_S = \frac{v_{HA}\,r_T}{i\,r_{HA}} = 2\,r_T\,\pi\,n_T$$ *Seil-(Last-) Geschwindigkeit* (3.2.3)

Spillwinde. Spillwinden sind für das Verholen und Rangieren von Schiffen und Wagen gebräuchlich. Das Zugseil wird in mehreren Lagen um den Spillkopf geschlungen, so daß sich an dem ablaufenden Seil durch die Handkraft F_2 eine starke Zugkraft F_1 am auflaufenden Seil ergibt. Die Spillwinde arbeitet somit nach dem System einer Treibscheibe, wobei der Antriebsmotor die Umfangskraft $F_U = F_1 - F_2$ aufbringt; Berechnung siehe Abschnitt 2.1.5.

Maximale Seilgeschwindigkeit v_S ca. 30 $\frac{m}{min}$; sie ist durch das Abziehen des Seiles von Hand begrenzt.

Bei selbsttätigem Aufwickeln, bei Einsatz von Wickelhaspeln beträgt die Seillänge bis 500 m; sonst allgemein bis 100 m.

Maximale Zugkraft F_1 bis 50 000 N

Wichtig ist, daß der Schrägungswinkel α des Spillkopfes größer ist als der Reibungswinkel ρ zwischen Seil und Spillkopf, damit das Seil immer gegen den kleinsten Durchmesser des Spillkopfes rutscht. Der Antriebsmotor sitzt oft im Spillkopf, wodurch eine gedrängte Bauweise erzielt und keine Fundamentgrube erforderlich wird (Bild 3.2.1).

3.3. Hydraulische Hebezeuge

Die hydraulischen Hebezeuge sind für sehr hohe Hublasten geeignet. Sie benötigen keine Bremsen, da Drucköl inkompressibel ist. Ihre Hub- bzw. Senkgeschwindigkeit ist leicht und feinfühlig regelbar. Als eigentliches Hubelement dienen die Kolben von Hydraulikzylindern.

Aufgrund der aufgezeigten Vorteile werden die hydraulischen Hebezeuge häufig den mechanischen Hubgeräten vorgezogen.

Hydraulische Hebeböcke. Die hydraulischen Hebeböcke bestehen einmal aus dem Hubzylinder mit seinem Hubkolben und zum anderen aus dem direkt angesetzten bzw. auch getrennt aufgestellten Pumpenaggregat, das normalerweise einer Kolbenpumpe mit Hand- oder Motorantrieb entspricht. Zum Absenken der Last wird das Ablaßventil geöffnet, so daß das Drucköl aus dem Hubzylinder wieder in den Sammelbehälter zurückfließt.

Die hydraulischen Hebeböcke haben, gemessen an ihrer Hubkraft, nur sehr geringe Abmessungen und ein sehr kleines Eigengewicht.

Sie werden als Montagehebezeuge im Maschinen-, Brücken- und Hochbau sowie als Druckgeräte für Richt- und Preßarbeiten eingesetzt.

Der grundsätzliche Aufbau eines Hebebockes mit Handbetrieb geht aus Bild 3.3.1 hervor.

Hublast bis 1000 t
Hubhöhe bis 500 mm
Öldruck bis 500 bar

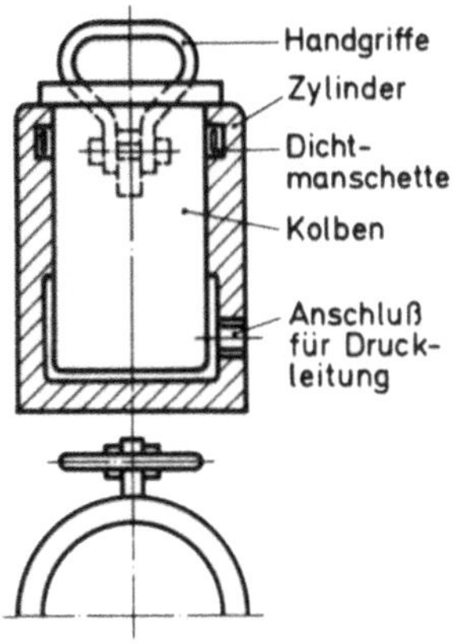

Hydraulischer Hebebock
(SCHIESS-DEFRIES)

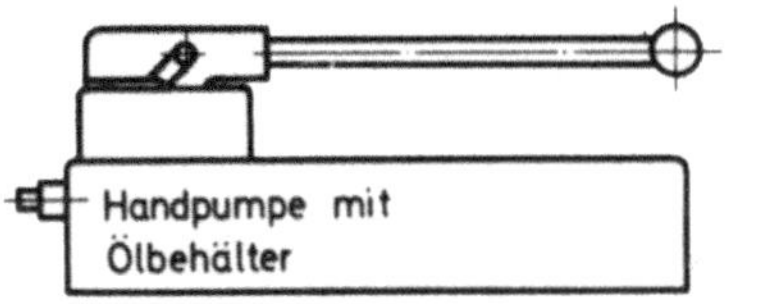

In Druckleitung Manometer vorsehen

Hydraulische Hebebühnen
(KEMPKES)

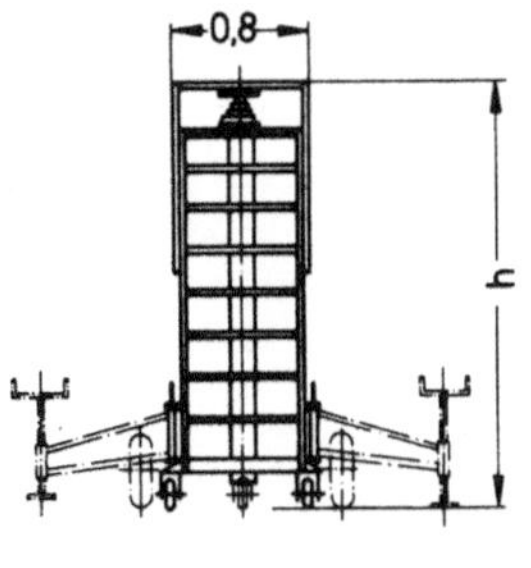

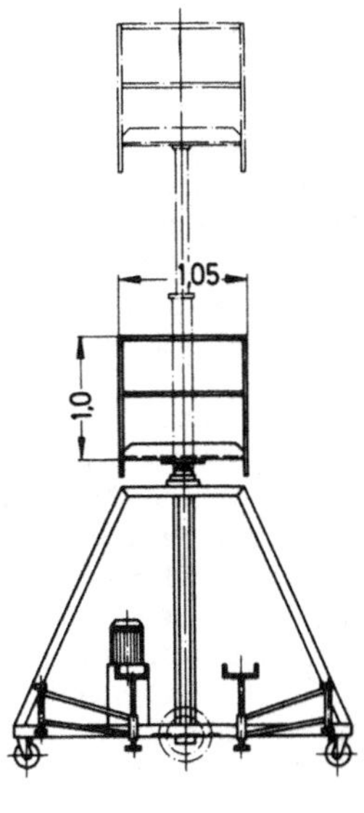

Bild 3.3.1
Hydraulische Hebezeuge

Hydraulische Hebebühnen. Hydraulische Hebebühnen werden allgemein als Arbeits- und Verladebühnen verwendet.

Bei den nur für kleinere Hubhöhen geeigneten *Hubtischen* werden die Tischplatten meist über Scherenarme geführt und durch einen Hubzylinder angehoben. Für größere Hubhöhen sind *Hebebühnen* zu verwenden, die wegen ihrer größeren Hubhöhe teleskopartig wirkende Hubzylinder benötigen. Hubtische und Hebebühnen werden sowohl ortsfest als auch fahrbar hergestellt. Hierfür sind in DIN 15 120 Berechnungsgrundsätze und der Standsicherheitsnachweis festgelegt.

Bild 3.3.1 zeigt eine fahrbare Hebebühne mit Teleskopzylinder und Motorantrieb für Montagearbeiten; ihre maximale Hubhöhe liegt etwa bei 16 m.

Besonders wichtig bei der Konstruktion solcher Hebebühnen:

- Sicherung des Bedienungspersonals und der Umgebung durch Geländer – Unfallschutz
- Erhöhung der Standsicherheit bei fahrbaren Bühnen mit großer Hubhöhe durch ausklappbare und verstellbare Stützen.

Hydraulische Hebebühnen werden auch als *Lenkerhebebühnen* hergestellt. Hierbei ist die Hubeinrichtung in Form von Einfach- oder Mehrfachlenkern ausgebildet, die über Hydraulikzylinder betätigt werden.

3.4. Beispiele

13 Schraubenflaschenzug mit Haspelfahrwerk

Hubkraft $F_H = 32000$ N, Lastkette nach DIN 5684, Schneckensteigungswinkel $\gamma_0 = 20°$ und Reibungswinkel $\rho = 4°$, Teilkreisdurchmesser des Schneckenrades $d_{02} = 215$ mm, Wirkungsgrad des Kettentriebes einschl. der Lagerung $\eta_K = 0{,}85$, Handkraft für Lastheben am Haspelrad $F_{HA} = 250$ N, Haspelraddurchmesser $D_{HA} = 500$ mm, Geschwindigkeit der Haspelkette $v_{HA} = 20 \frac{m}{min}$, mittlerer Bremskegeldurchmesser $D_{Br} = 50$ mm, Reibungszahl der Bremse $\mu = 0{,}2$, Kegelwinkel der Bremse $\alpha = 30°$, Haspelfahrwerk mit Einheitsfahrwiderstand w = 15 ‰, Wirkungsgrad des Fahrantriebes $\eta = 0{,}7$, Laufraddurchmesser $D_L = 125$ mm.

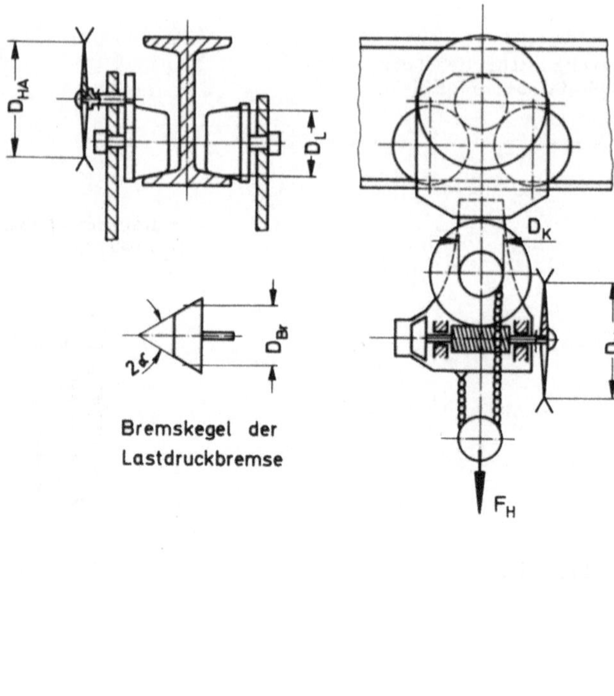

Gesucht:

1. Abmessungen der Lastkette, Kettenraddurchmesser D_K bei einer Zähnezahl z = 7.
2. Übersetzung i des Flaschenzuges, Hubgeschwindigkeit v_H der Last.
3. Maximales Bremsmoment M_{Br} durch die Last, Sicherheit ν der Bremse hierfür.
4. Erforderliche Handkraft F'_{HA} für das Lastsenken bei Vollast.
5. Erforderliche Handkraft an der Haspekette des Fahrwerkes F_{HA} bei einer Fahrgeschwindigkeit v_F von $5\,\frac{m}{min}$; Vorgelegeübersetzung i_V hierfür (jeweils bei Vollast.).

Lösung:

1. Rundstahlkette nach DIN 5684 Güteklasse 5, jeder Kettenstrang mit $\frac{F_H}{2} = 16000\,N$ auf Zug belastet. Nach Bild 2.2.1 ergeben sich für Handantrieb die folgenden

Abmessungen:
Nenndicke d = 9 mm,
Teilung t = 27 mm,
Außenbreite b = 30,4 mm

Kettenraddurchmesser D_K nach Gl. (2.2.1), bei
d < 16 mm und z > 6,

$$D_K = \frac{t}{\sin\frac{90°}{z}} = \frac{27}{\sin 12{,}9°} = 122\,mm \qquad \underline{\underline{D_K = 122\,mm}}$$

2. *Übersetzung* i des Flaschenzuges nach Gl. (3.1.1)

$$i = \frac{\frac{F_H}{2}\,D_K}{F_{HA}\,D_{HA}\,\eta} = \frac{16000 \cdot 122}{250 \cdot 500 \cdot 0{,}7} = 22{,}3 \qquad \underline{\underline{i = 22{,}3}}$$

Die Übersetzung i des Flaschenzuges entspricht der Übersetzung im Schneckengetriebe.

$$\text{Wirkungsgrad } \eta = \eta_K\,\eta_S = \eta_K\,\frac{\tan\gamma_0}{\tan(\gamma_0 + \rho)} = 0{,}85\,\frac{0{,}364}{0{,}445} = 0{,}70 \qquad \underline{\eta = 0{,}7}$$

$$\text{Drehzahl der Schneckenwelle } n_{SW} = \frac{v_{HA}}{D_{HA}\,\pi} = \frac{20}{0{,}5 \cdot 3{,}14} = 12{,}7\,min^{-1}$$

$$\text{Drehzahl des Kettenrades } n_K = \frac{n_{SW}}{i} = \frac{12{,}7}{22{,}3} = 0{,}57\,min^{-1}$$

Hubgeschwindigkeit der Last $v_H = \frac{1}{2}\,n_K\,\pi\,D_K = \frac{1}{2} \cdot 0{,}57 \cdot 3{,}14 \cdot 0{,}122 = 0{,}11\,\frac{m}{min}$ $\qquad \underline{\underline{v_H = 0{,}11\,\frac{m}{min}}}$
"$\frac{1}{2}$": Einfacher Rollenzug mit Seil-(Ketten-)Übersetzung $i_S = 2$

3. *Bremsmoment* M_{Br} der Lastdruckbremse (Kegelbremse) nach Gl. (2.4.18)

$$M_{Br} = \frac{F_a}{\sin\alpha}\,\mu\,\frac{D_{Br}}{2} = \frac{6350}{0{,}5}\,0{,}2\,\frac{5}{2} = 6350\,Ncm \qquad \underline{\underline{M_{Br} = 63{,}5\,Nm}}$$

$$\text{Axialkraft } F_a = \frac{F_H}{2}\,\frac{D_K}{d_{02}}\,\eta = 16000\,\frac{122}{215}\,0{,}7 = 6350\,N \qquad \underline{F_a = 6350\,N}$$

Die Axialkraft F_a der Schnecke entspricht der Andruckkraft an der Bremse; weiterhin entspricht die Axialkraft F_a der Schnecke auch der Umfangskraft am Schneckenrad. Hieraus kann F_a berechnet werden, wobei noch der Wirkungsgrad η die Bremswirkung vermindert.

$$\textit{Sicherheit der Bremse } \nu = \frac{M_{Br}}{\frac{M_L\,\eta}{i}} = \frac{63{,}5}{\frac{976 \cdot 0{,}7}{22{,}3}} = 2{,}06 \qquad \underline{\underline{\nu \approx 2{,}1}}$$

$$\text{Lastmoment } M_L = \frac{F_H}{2}\,\frac{D_K}{2} = 16000 \cdot 6{,}1 = 97600\,Ncm \mathrel{\hat{=}} 976\,Nm$$

Das Lastmoment M_L ist unter Beachtung des Wirkungsgrades η und der Übersetzung i des Schneckengetriebes auf die Brems-(Schnecken-)Welle umzurechnen.

4. Beim Senken der Last ist nur die Differenz zwischen Brems- und Lastmoment aufzubringen, da das Lastmoment die Senkbewegung unterstützt. Auch hier ist das Lastmoment unter Beachtung der Übersetzung i und des Wirkungsgrades η auf die Bremswelle umzurechnen.

Handkraft für das Senken: $F'_{HA} = \dfrac{M_{Br} - \dfrac{M_L \eta}{i}}{\dfrac{D_{HA}}{2}} = \dfrac{65{,}5 - \dfrac{976 \cdot 0{,}7}{22{,}3}}{0{,}25} = 139\ \text{N}$ $\qquad \underline{\underline{F'_{HA} = 139\ \text{N}}}$

5. Vollastbeharrungleistung P_V nach Gl. (2.6.4)

$P_V = \dfrac{F_W v_F}{\eta} = \dfrac{480 \cdot 0{,}083}{0{,}7} = 57\ \dfrac{\text{Nm}}{\text{s}} \mathrel{\hat{=}} 57\ \text{W}$ $\qquad \underline{P_V = 57\ \text{W}}$

Fahrwiderstand F_W nach Gl. (2.3.3)

$F_W = w\, \Sigma\, F_R = w\, F_H = 0{,}015 \cdot 32000 = 480\ \text{N}$

Jetzt kann die *Handkraft an der Haspelkette des Fahrwerkes* F_{HA} berechnet werden

$F_{HA} = \dfrac{P_V}{v_{HA}} = \dfrac{57}{0{,}33} = 172\ \dfrac{\text{Nm s}}{\text{s m}} = 172\ \text{N}$ $\qquad \underline{\underline{F_{HA} = 172\ \text{N}}}$

Vorgelegeübersetzung $i_V = \dfrac{n_{HA}}{n_L} = \dfrac{12{,}7}{12{,}7} = 1{,}0$ $\qquad \underline{i_V = 1{,}0}$

Drehzahl der Haspelradwelle $n_{HA} = 12{,}7\ \text{min}^{-1}$; siehe Pkt. 2 – $n_{HA} \mathrel{\hat{=}} n_{SW}$

Laufraddrehzahl $n_L = \dfrac{v_F}{D_L \pi} = \dfrac{5}{0{,}125 \cdot 3{,}14} = 12{,}7\ \text{min}^{-1}$ $\qquad \underline{n_L = 12{,}7\ \text{min}^{-1}}$

14 Handtrommelwinde nach Bild 3.2.1

Teilkreisdurchmesser der Vorgelegeräder: $d_{01} \mathrel{\hat{=}} d_{03} = 40$ mm, $d_{02} = 160$ mm, $d_{04} = 320$ mm. Trommeldurchmesser $D_T = 240$ mm, Handkurbelradius $r_{HA} = 350$ mm, Handkurbeldrehzahl $n_{HA} = 20\ \text{min}^{-1}$. Wirkungsgrade der Seiltrommel, der Handkurbel und je Getriebestufe $\approx 0{,}96$. Seil nach DIN 3055, Triebwerkgruppe $1A_m$, maximale Handkraft je Kurbel $F_{HA} = 200$ N, auf der Seiltrommel können maximal bis zu 4 Seile übereinander aufgewickelt werden.

Gesucht:

1. Maximale Seilkraft für beide Übersetzungsstufen, Seilabmessungen.
2. Minimale Seilkraft für beide Übersetzungstufen.
3. Mittlere Lastgeschwindigkeit für beide Übersetzungsstufen.

Lösung:

1. Die maximale Seilkraft tritt bei ganz abgewickeltem Seil auf; das Seil greift am Trommelradius r_T an. Die Übersetzungsverhältnisse gehen aus Bild 3.2.1 hervor.

Große Übersetzung

$i_{max} = \dfrac{d_{02}}{d_{01}} \dfrac{d_{04}}{d_{03}} = \dfrac{160}{40} \dfrac{320}{40} = 32$ $\qquad \underline{i_{max} = 32}$

Wirkungsgrad $\eta = \eta_T\, \eta_{HA}\, \eta_{Getr} = 0{,}96 \cdot 0{,}96 \cdot 0{,}96^2 = 0{,}85$ $\qquad \underline{\eta = 0{,}85}$

η_T: Wirkungsgrad der Seiltrommel

η_{HA}: Wirkungsgrad der Handkurbel

η_{Getr}: Getriebewirkungsgrad, $\eta_{Getr} = 0{,}96^2$ (2 Getriebestufen)

Lastmoment M_L nach Gl. (3.2.2)

$M_L = i_{max} 2\, F_{HA}\, r_{HA}\, \eta = 32 \cdot 2 \cdot 200 \cdot 0{,}35 \cdot 0{,}85 = 3800\ \text{Nm}$ $\qquad \underline{M_L = 3800\ \text{Nm}}$

"2" F_{HA}: 2 Handkurbeln

Maximale Seilkraft $F_{S\,max} = \dfrac{M_L}{r_T} = \dfrac{3800}{0{,}12} = 31700\ \text{N}$ $\qquad \underline{\underline{F_{S\,max} = 31700\ \text{N}}}$

Kleine Übersetzung

$i_{min} = \frac{d_{04}}{d_{01}} = \frac{320}{40} = 8$ $\qquad \underline{i_{min} = 8}$

Wirkungsgrad $\eta = \eta_T \, \eta_{HA} \, \eta_{Getr.} = 0{,}96 \cdot 0{,}96 \cdot 0{,}96 = 0{,}88$ $\qquad \underline{\eta = 0{,}88}$

$\eta_{Getr} = 0{,}96$ (1 Getriebestufe)

Lastmoment M_L nach Gl. (3.2.2)

$M_L = i_{min} \, 2 \, F_{HA} \, r_{HA} \, \eta = 8 \cdot 2 \cdot 200 \cdot 0{,}35 \cdot 0{,}88 = 985$ Nm $\qquad \underline{M_L = 985 \text{ Nm}}$

Maximale Seilkraft $F_{S\,max} = \frac{M_L}{r_T} = \frac{985}{0{,}12} = 8200$ N $\qquad \underline{\underline{F_{S\,max} = 8200 \text{ N}}}$

Seildurchmesser d nach Gl. (2.1.1)

$d = c\sqrt{F_{S\,max}} = 0{,}09\sqrt{31700} = 16$ mm $\qquad \underline{\underline{d = 16 \text{ mm, DIN 3055}}}$

Beiwert c = 0,09 – nach Bild 2.1.2 $\qquad$ (nach Bild 2.1.1)

2. Die minimale Seilkraft tritt bei ganz aufgewickeltem Seil (4 Seillagen übereinander) auf; das Seil greift an dem Radius r'_T an.

   $r'_T = r_T + 4\,d = 120 + 4 \cdot 16 = 184$ mm

   Die Berechnung der Lastmomente M_L geht aus Pkt. 1 hervor.

Große Übersetzung

Minimale Seilkraft $F_{S\,min} = \frac{M_L}{r'_T} = \frac{3700}{0{,}184} = 20700$ N $\qquad \underline{\underline{F_{S\,min} = 20700 \text{ N}}}$

Kleine Übersetzung

Minimale Seilkraft $F_{S\,min} = \frac{M_L}{r'_T} = \frac{985}{0{,}184} = 5350$ N $\qquad \underline{\underline{F_{S\,min} = 5350 \text{ N}}}$

3. Das Seil greift am mittleren Trommelradius r_{T_m} an (2 Seillagen übereinander).

   $r_{Tm} = r_T + 2\,d = 120 + 2 \cdot 16 = 152$ mm

Große Übersetzung

Trommeldrehzahl $n_T = \frac{n_{HA}}{i_{max}} = \frac{20}{32} = 0{,}62 \text{ min}^{-1}$

Mittlere Lastgeschwindigkeit (Seilgeschwindigkeit) nach Gl. (3.2.3)

$v_{Sm} = 2\,r_{Tm}\,\pi\,n_T = 2 \cdot 0{,}152 \cdot 3{,}14 \cdot 0{,}62 = 0{,}59 \frac{\text{m}}{\text{min}}$ $\qquad \underline{\underline{v_{Sm} \approx 0{,}6 \frac{\text{m}}{\text{min}}}}$

Kleine Übersetzung

Trommeldrehzahl $n_T = \frac{n_{HA}}{i_{min}} = \frac{20}{8} = 2{,}5 \text{ min}^{-1}$

Mittlere Lastgeschwindigkeit (Seilgeschwindigkeit) nach Gl. (3.2.3)

$v_{Sm} = 2\,r_{Tm}\,\pi\,n_T = 2 \cdot 0{,}152 \cdot 3{,}14 \cdot 2{,}5 = 2{,}38 \frac{\text{m}}{\text{min}}$ $\qquad \underline{\underline{v_{Sm} \approx 2{,}4 \frac{\text{m}}{\text{min}}}}$

4. Krane

Die Krane sind neben den Flurfördermitteln die wichtigste Gruppe der Unstetigförderer für die unstetige räumliche Förderung innerhalb eines begrenzten Arbeitsbereiches. Wegen der mannigfaltigen Ausführungen können in diesem Zusammenhang nur die wichtigsten Bauarten kurz besprochen werden. Die Einteilung erfolgt nach der konstruktiven Gestaltung. Die genaue Einteilung aller gängigen Krane nach Bauart oder nach Verwendung geht aus DIN 15 001 hervor.

Nach Abschnitt 1.4 ergibt sich die Fördermenge $\dot{m}$ für Stückstücker wie folgt:

$$\dot{m} = mz \qquad \textit{Fördermenge (Massenstrom)} \qquad (4.1)$$

$$z = \frac{1}{t_S} \qquad \textit{Spielzahl} \qquad (4.2)$$

m Masse des Fördergutes

t_S Spielzeit; sie enthält die Belade-, Entlade- und Fahrzeit

Die Fahrzeit kann überschlägig aus den mittleren Fahrwegen und Fahrgeschwindigkeiten bestimmt werden. Dasselbe gilt auch für die Hub- und Drehzeit.

4.1. Brückenkrane

Der Brückenkran ist die am weitesten verbreitete Kranform für den Umschlag von Stückgütern in Werkstätten, Montagehallen und Lagern; der Schüttgutumschlag geschieht im Greiferbetrieb.

Die beiden *Kopfträger*, in denen die Laufräder des Kranfahrwerkes gelagert sind, laufen auf den meist hoch verlegten Kranbahnen. Die *Brückenträger*, die die Laufkatze tragen, stützen sich an beiden Enden auf den Kopfträgern ab.

Die Arbeitsfläche des Brückenkranes entspricht einem Rechteck, wobei dieses Rechteck stets kleiner ist als die durch die Kranlaufräder begrenzte Unterstützungsfläche. Durch eine gedrängte Bauweise ist dafür zu sorgen, daß der Abstand des Lastaufnahmemittels zu den Seiten- und Stirnwänden der Halle möglichst klein bleibt (Anfahrmaß für die Laufkatze bzw. für den Kran). Zur Wartung der Maschinensätze sind Steigleitern und Laufstege vorzusehen, die wegen des Unfallschutzes mit Bügeln und Geländern gesichert werden müssen.

Beim Anfahren und Bremsen dürfen die Katz- und Kranlaufräder nicht durchrutschen (Auswirkungen und geeignete Gegenmaßnahmen in den Abschnitten 2.3.1 und 2.6.4). Das Ecken und Verklemmen des Kranes beim Kranfahren ruft stoßartig wirkende Massenkräfte hervor. Zur Vermeidung dieser Erscheinung ist besonders zu beachten:

- Gut ausgerichtete Kranbahnen
- Geringe Abweichungen der Laufraddurchmesser und möglichst parallele Lage der Laufradwellen im Kopfträger.

Bei im Freien arbeitenden Anlagen sind zusätzlich noch die folgenden Punkte von Bedeutung:
- Abdecken der Maschinensätze und wegen der Witterungseinflüsse beheizte Kabinen
- Wegen der Windlast sind stärkere Kranfahrantriebe sowie Sicherungen gegen Windabtrieb vorzusehen.

Handbrückenkrane, mit Handantrieb für Katz- und Kranfahren, kommen nur bei geringen Traglasten und kurzen Förderwegen oder bei höheren Traglasten und nur gelegentlichem Einsatz – z. B. als Reparaturkrane – in Frage.

Bei großen Fördermengen werden auf eine Fahrbahn mehrere Krane gesetzt, die dann gemeinsam auch Schwerlasten heben können; geeignete Lasttraversen für Schwerlasten siehe Abschnitt 2.5.5.

Hängekrane (Abschnitt 4.1.2) ermöglichen die Bewegung von Lasten über längere Strecken auch quer zur Kranfahrrichtung.

Die Bedienung der Krane erfolgt vom Flur (bei kleinen Kranen) oder von an der Brücke bzw. an der Laufkatze (bei größeren Spannweiten) befestigten Kabinen.

Die Traglasten und Arbeitsgeschwindigkeiten für Brückenkrane mit Motorantrieb sind in DIN 15021 und 15022 festgelegt.

Traglast 2 ... 250 (500) t
Hubgeschwindigkeit 0,8 ... 40 m/min
Katzfahrgeschwindigkeit 16 ... 63 m/min
Kranfahrgeschwindigkeit 25 ... 160 m/min
Hubhöhe 5 ... 50 m

Zwischenwerte sind nach den Normzahlen abzustufen. Hohe Arbeitsspielzahlen über längere Wege erfordern größere Arbeitsgeschwindigkeiten. Bei sehr hohen Traglasten sind die Arbeitsgeschwindigkeiten (vor allem die Hubgeschwindigkeit) niedriger zu wählen, da sich sonst zu große Antriebsleistungen und Massenkräfte ergeben.

Von Vorteil ist beim Brückenkran die Bodenfreiheit (kein Platzverlust), nachteilig die Bewegung relativ großer Totlasten; außerdem ist der Lasttransport über Personen hinweg (Unfallgefahr) zu vermeiden.

Die Berechnung der Bauteile kann nach Abschnitt 2 (Seiltriebe, Laufräder und Schienen, Bremsen, Lastaufnahmemittel, Maschinensätze), Abschnitt 2.9 und Abschnitt 4.1.1.1 (Kranbrücken) vorgenommen werden. Hinweise über die Stromzuführung, Steuerungsarten und Antriebsmotore sind in Abschnitt 2.7 zu finden; wichtige Sicherheitseinrichtungen gehen aus Abschnitt 2.8 hervor.

4.1.1. Ein- und Zweiträgerbrückenkrane

4.1.1.1. Kranbrücken

Die Kranbrücken, in *Ein- oder Zweiträgerbauart*, werden meist in Form von geschweißten Vollwandträgern hergestellt. Die Einträgerbauweise wird heute auch bei größeren Traglasten und Spannweiten eingesetzt (meistens als Kastenträger), da sie leichter und in der Herstellung einfacher ist.

Die aus abgekanteten oder gewalzten Profilen und Blechen zusammengeschweißten Kopfträger werden durch HV-Schrauben mit der Kranbrücke verbunden, wobei die Brückenlast zur Entlastung der Schrauben möglichst über Auflageflächen auf den Kopfträger übertragen werden soll.

Kranradstand $l_R \approx \frac{l}{6} \dots \frac{l}{8}$

l Kranspannweite, kleinere Werte für l_R sind wegen einwandfreier Führung – Anecken! – zu vermeiden

Der grundsätzliche Aufbau von Ein- und Zweiträgerbrückenkranen sowie einige wichtige Brückenprofile in Vollwandbauweise gehen aus den Bildern 4.1.1 und 4.1.2 hervor.

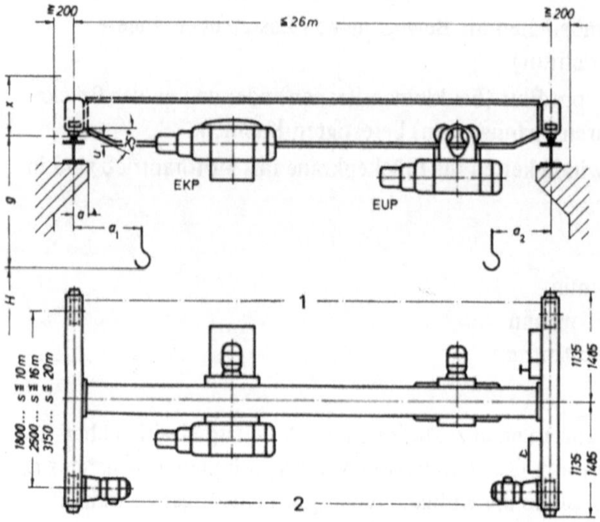

Standard-Einträgerbrückenkran, Typ EKKE

Mit E-Zug-Einschienenlaufkatze auf Untergurt. Haupt- und Kopfträger in Kastenbauweise. Steuerung vom Flur über Drucknopfschalter. 1 Stromzuführung zur Laufkatze. 2 Wahlweise verfahrbare Steuerleitung längs des Hauptträgers. Maße in mm. Traglasten bis 10 t, Spannweiten bis 26 m.

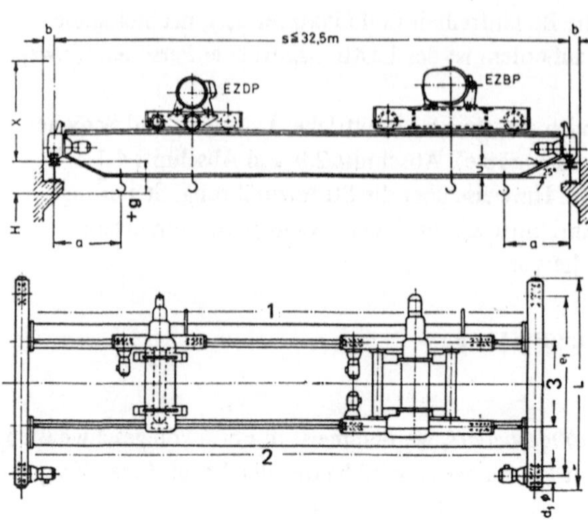

Standard-Zweiträgerbrückenkran, Typ ZKKE

Mit E-Zug-Zweischinenlaufkatze auf Obergurt. Haupt- und Kopfträger in Kastenbauweise. Steuerung siehe Standard-Einträgerbrückenkran. 3 Spurweite der Laufkatze.
Traglasten bis 32 t, Spannweiten bis 32,5 m.

Bild 4.1.1

Ein- und Zweiträgerbrückenkrane (DEMAG)

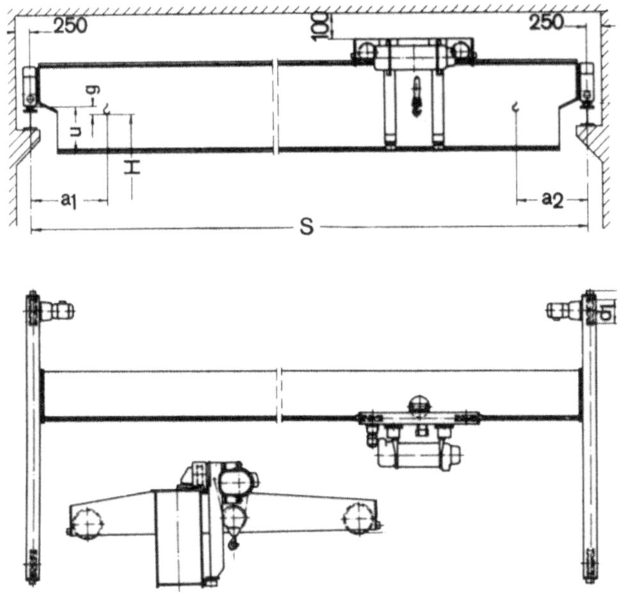

Standard-Einträgerbrückenkran, Typ ESKE

Mit E-Zug-Winkellaufkatze. Haupt- und Kopfträger in Kastenbauweise. Steuerung vom Flur (fest an Laufkatze) oder von Führerkabine an Hauptträger oder Laufkatze. Traglasten bis 10 t, Spannweiten bis 40 m.

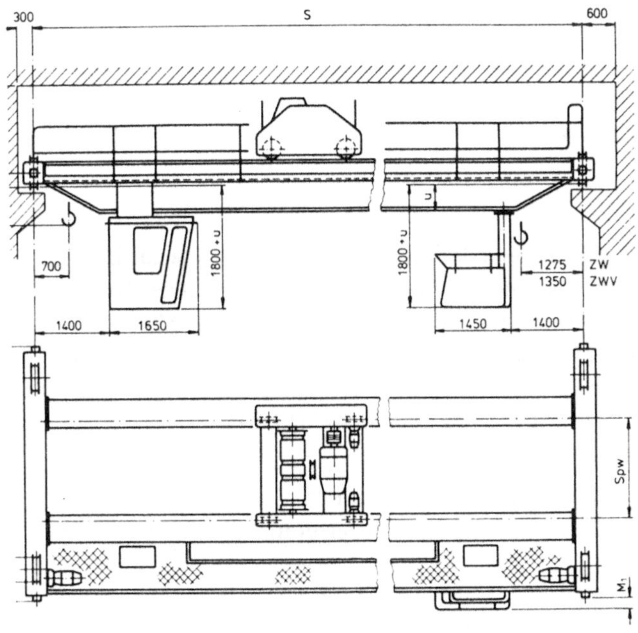

Standard-Zweiträgerbrückenkran, Typ ZKKW

Mit Zweischinen-Windwerkslaufkatze auf Obergurt. Haupt- und Kopfträger in Kastenbauweise. Steuerung wahlweise vom Flur oder von offener bzw. verglaster Führerkabine an Kranbrücke.
Traglasten bis 50 t, Spannweiten bis 30 m.

zu Bild 4.1.1

Walzprofile. Hierbei werden meist I-Profile gewählt; sie sind nur für kleinere Traglasten (bis ca. 12,5 t) und Spannweiten (bis ca. 12 m) geeignet.

Stegblechträger. Mit den Stegblechträgern lassen sich größere Traglasten und Spannweiten erreichen. Einige wichtige Anhaltswerte für die Auslegung der Stegblechträger sind: Trägerhöhe $H \approx \frac{l}{15}$, Trägerendhöhe $H_0 \approx 0{,}5\,H$ (Abschrägung dem Biegemomentverlauf anpassen);Stegblechdicke $s \approx 6 \ldots 12$ mm (große Werte bei hoher Traglast und großem l wählen); Gurtplattendicke $s_0 \approx (1 \ldots 2)\,s$; Aussteifungen gegen Beulung sind etwa im Abstand der Trägerhöhe H vorzusehen.

Kastenträger. Sie sind für größere Traglasten und Spannweiten besonders gut geeignet, da die geschlossene Form eine hohe Verwindungssteifheit gewährleistet.
Kastenhöhe H und Endhöhe H_0 wie beim Stegblechträger.
Kastenbreite $B \approx (0{,}5 \ldots 1)\,H$ – kleine Werte bei Zweiträgerbrücken; besonders hohe Werte bei Einträgerbrücken, die durch die Hublast noch zusätzlich auf Torsion beansprucht werden (z. B. beim Einsatz von Winkellaufkatzen – Bild 4.1.1 und 4.1.2).
Aussteifungen (Querschotten) gegen Beulung etwa alle $\frac{l}{10}$; bei größeren Trägerquerschnitten zur Gewichtsersparnis Schotten innen aussparen: die Mindestbreite der Schotten beträgt dann B/4.
Blechdicke des Kastens $s \leqslant \frac{H}{100} \approx 6 \ldots 16$ mm.
Zur weiteren Aussteifung sind Seitenbleche mit längs aufgeschweißten Walzprofilen vorzusehen.
Für Standardbrücken werden z. Teil Walzprofil- und Kastenträger kombiniert. Bei Winkellaufkatzen mit schrägstehenden oberen Laufrädern ist zu beachten, daß die Radkraft dieser Räder senkrecht auf die Schiene wirkt, damit an den Laufrädern keine Seitenkräfte auftreten (sonst starker Verschleiß der Spurkränze und Erhöhung des Fahrwiderstandes). Nach diesem Gesichtspunkt ist der Winkel α zu wählen (vergl. Bild 4.1.2 und Aufgabe 16).

4.1.1.2. Laufkatzen

Der Laufkatzrahmen wird aus abgekanteten oder gewalztzten Profilen sowie aus Blechen zusammengeschweißt. Zur Dimensionierung der Profile werden die Lasten der Hub- und Fahrwerke auf die einzelnen Profile verteilt und die gewählten Profile anschließend – analog den Angaben in Abschnitt 2.9 – auf Biegung nachgerechnet. Eine genaue Spannungsermittlung ist wegen der statischen Unbestimmtheit des Systems nur schwer möglich. Der Nachweis auf Durchbiegung kann wegen der kurzen Spannweite entfallen.
Für die Konstruktion der Laufkatzen ist besonders wichtig:
- Wegen geringer Anfahrmaße auf gedrängte Bauweise achten
- Die einzelnen Bauteile der Laufkatze sind räumlich so anzuordnen, daß die Radkräfte etwa gleich sind
- Die einzelnen Verschleißteile sollen leicht austauschbar sein
- Maßnahmen zur Beschränkung des Lastpendelns sind vorzusehen.

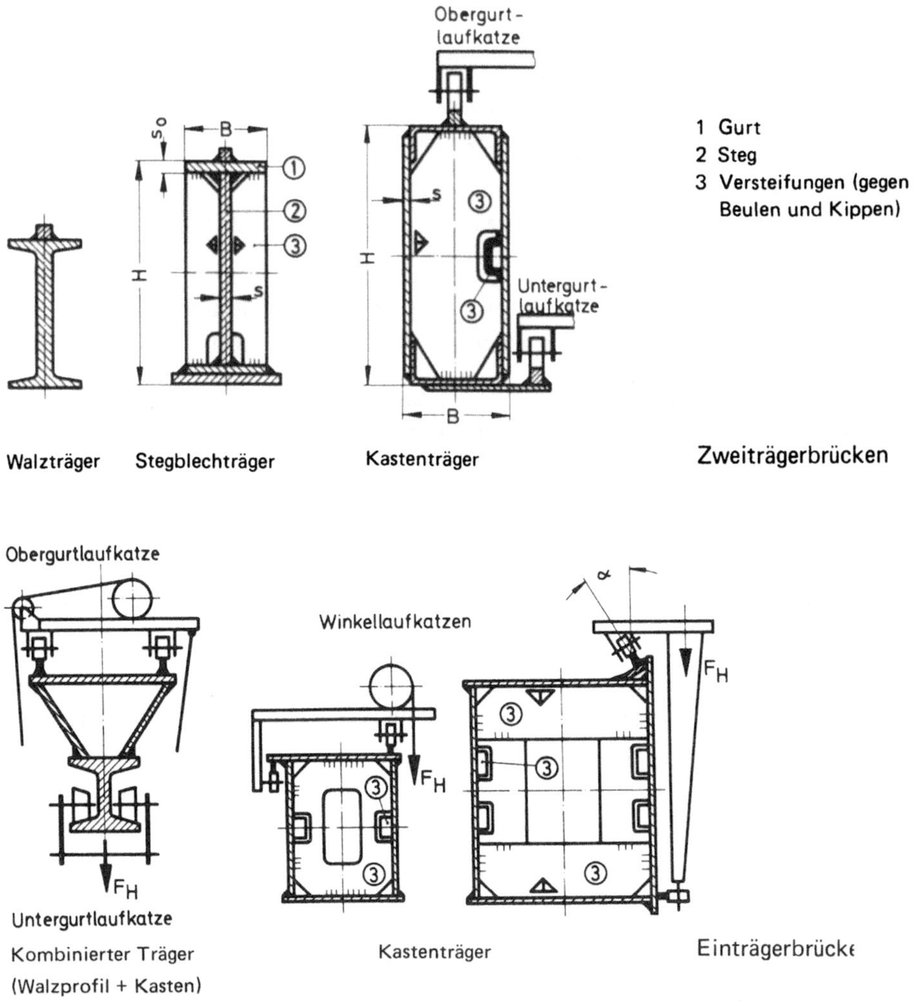

Bild 4.1.2. Wichtige Bauformen von Brückenträgern

Die wichtigsten Bauarten der Laufkatzen sind:

Einschienenlaufkatzen. Die Einschienenlaufkatzen laufen auf Einträgerbrücken; man findet sie häufig in Form von Unterflanschlaufkatzen. In der Regel bestehen sie aus E-Zügen mit Elektrofahrwerken (Bilder 2.6.1 und 3.1.2).

Zweischienenlaufkatzen. Sie kommen bei Zweiträgerbrücken zum Einsatz, sind für kleine und mittlere Hublasten standardisiert und besitzen ebenfalls E-Züge als Hubwerke. Bei großen Hublasten wird das Hubwerk aus Standardbauteilen (Seiltrommel, Getriebe, Bremse usw.) aufgebaut.

Bei besonders großen Hublasten wird meist auf dem Laufkatzrahmen ein zusätzliches Hilfshubwerk angeordnet, das kleinere Hublasten wirtschaftlicher heben kann als das große Haupthubwerk. Bauarten von Zweischienenlaufkatzen siehe Bilder 2.6.1 und 4.1.1.

Winkellaufkatzen. Die bei Einträgerbrücken verwendete winkelförmige Laufkatze umfaßt den Brückenträger und nimmt die Hublast außerhalb der Stützfläche auf, siehe Bild 4.1.2.

Führerstandlaufkatzen. Hier hängt die Kabine direkt an der Laufkatze. Diese Laufkatzen sind z. B. bei Kranen mit großer Spannweite oder bei E-Zügen mit Elektrofahrwerk für Hängebahnen in Gebrauch.

Drehlaufkatzen. Zur Erweiterung des Arbeitsbereiches wird die Laufkatze mit einem Drehkran versehen, dessen Drehbereich unterhalb der Kranbrücke liegt.

Seilzuglaufkatzen. Bei der Seilzuglaufkatze wird das Hub- und Fahrwerk von der Laufkatze räumlich getrennt aufgestellt (sie werden deshalb auch als Ferntrieblaufkatzen bezeichnet). Die Unterschiede zu den normalen Laufkatzen sind:

- Besonders leichte Bauweise
- Wegfall der beweglichen Stromzuführung
- Höherer Fahrwiderstand durch die Reibung des Hubseiles beim Katzfahren.

Die Hub- und Fahrseile sind nach den folgenden Hinweisen auszulegen (siehe auch Bild 4.1.3):

Hubseil: Maßgebend für die Seildimensionierung ist die maximale Seilkraft F_1 ($F_1 > F_4$). F_1 ... F_4 ergibt sich aus der Hubkraft F_H und dem Wirkungsgrad η_R der Seilrollen.

Fahrseil: Maßgebend für die Berechnung der Fahrseile ist der Fahrwiderstand
$F_W = wF_H + (F_1 - F_4)$.

w Einheitsfahrwiderstand (Abschnitt 2.3.1)

$(F_1 - F_4)$ Anteil des Fahrwiderstandes, der durch die Reibung des Hubseiles beim Katzfahren entsteht

Seilzuglaufkatzen sind bei sehr großen Spannweiten und bei Kranen mit Kragbrücken gebräuchlich.

Bei Kranen mit sehr langen Spannweiten, wie z. B. Kabelkrane (Abschnitt 4.3), sind Laufkatzen mit geringen Eigenlasten von Vorteil. Bei Kranen mit Kragbrücken, z. B. bei Bockkranen mit Kragteilen (Bild 4.1.3), kann durch die Verwendung der leichten Seil-

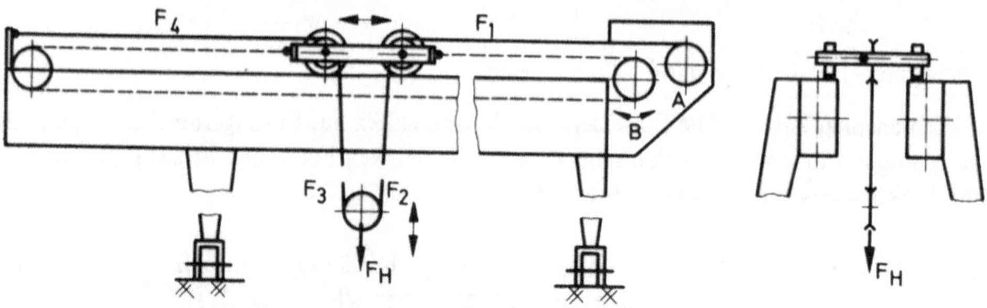

A Hubwinde, B Fahrwinde, — Hubseil, -- Fahrseil
Maschinensätze (Winden) als Gegenlast (Erhöhungen der Standsicherheit)

Bild 4.1.3. Seilzuglaufkatze für einen Bockkran mit Kragbrücke

zuglaufkatze und den Einsatz der Hub- und Fahrwinde als Gegenlast eine bessere Standsicherheit erzielt werden.

4.1.1.3. Greiferwindwerke

Greiferwindwerke für Mehrseilgreifer erfordern Hubwerke mit zwei Seiltrommeln und zwar je eine Hub- und Haltetrommel (siehe Abschnitt 2.5.8). Die Steuerung der beiden Trommeln erfolgt meist über einen einzigen Schalthebel, der als Kombinationssteuerschalter eine einfache und sichere Bedienung ermöglicht.

Einmotoren-Greiferwinden. Bei den Einmotoren-Greiferwinden treibt ein einziger Motor die Hub- und Haltetrommel an, wobei die Hubtrommel stets mit dem Antriebsmotor verbunden bleibt. Die Haltetrommel wird, je nach Greiferbewegung, zu- oder abgeschaltet. Hierdurch sind einfache, preisgünstige Windwerksformen möglich, die jedoch nur kleinere Fördermengen und eine geringere Betriebssicherheit aufweisen. Die Schaltkupplung und die Bremse sind in ihrer Arbeitsweise genau aufeinander abzustimmen, da sonst die Gefahr des Greiferabsturzes besteht.

Der Einsatz dieser Windwerksbauart ist vor allem bei der dieselmechanischen Kraftübertragung von Vorteil, da hier in der Regel nur ein Antriebsmotor zur Verfügung steht:

Einmotoren-Greiferwinde mit Kupplung Der prinzipielle Aufbau und der Bewegungsablauf dieser Windenart geht aus Bild 4.1.4 hervor. Wegen des rauhen Betriebes sind robuste Schaltkupplungen und Bremsen zu verwenden. Ausführungen mit *Planetengetriebe* besitzen eine höhere Betriebssicherheit, sind in der Herstellung jedoch teurer als die einfachen Kupplungswinden.

Zweimotoren-Greiferwinden. Die Zweimotoren-Greiferwinden besitzen zwei Antriebsmotore und weisen daher einen höheren Bauaufwand als die Einmotorenbauarten auf. Sie sind für große Fördermengen bei gleichzeitig hoher Betriebssicherheit (keine Gefahr des Greiferabsturzes) gut geeignet.

Zweimotoren-Greiferwinde mit zwei getrennten Hubwerken Hier werden zwei getrennte, in ihrem Aufbau jedoch gleich ausgeführte normale Hubwerke mit Seiltrommeln als Windwerke symmetrisch auf dem gemeinsamen Laufkatzrahmen angeordnet.

Die Steuerung der beiden Hubwerke erfolgt rein elektrisch, z. B. über einen Greifer-Differential-Endschalter. Diese Schalter ermöglichen das Steuern der beiden Motore (Hub- und Haltemotor) durch einen einzigen Schalter, so daß Fehlschaltungen ausgeschlossen sind. Weiterhin gewährleisten diese Spezialschalter durch die Möglichkeit des gleichzeitigen Arbeitens beider Antriebsmotore die Überlagerung der verschiedenen Greiferbewegungen und die stets annähernd gleiche Auslastung der beiden Antriebsmotore. Hierdurch werden einmal besonders kurze Spielzeiten erzielt und zum anderen braucht jeder Motor nur mit ca. 60 % der Vollast-Hubleistung ausgelegt zu werden.

Diese Windenart hat sich bei Elektroantrieb weitgehend durchgesetzt.

Zweimotoren-Greiferwinde mit Planetengetriebe Das durch seinen hohen Bauaufwand gekennzeichnete Planetengetriebe ermöglicht auch die Überlagerung der verschiedenen Greiferbewegungen, wobei auf die oben genannten Spezialschalter und eine besondere elektrische Steuerung verzichtet werden kann.

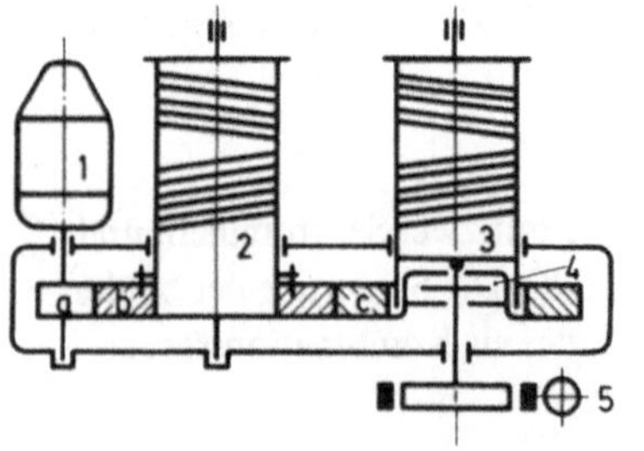

Bremse zu: Haltetrommel fest (Kupplung auf)
Kupplung zu: Haltetrommel über Kupplung von Zahnrad b angetrieben (Bremse auf)

Bewegungsschema

Greifer-bewegung	Motor	Hub-trommel	Halte-trommel	Kupplung	Bremse	Kraftfluß
Schließen	Heben	Heben	Stillstand	auf	zu	1-a-b-2
Öffnen	Senken	Senken	Stillstand	auf	zu	1-a-b-2
Heben	Heben	Heben	Heben	zu	auf	1-a-b-<2 c-4-3
Senken	Senken	Senken	Senken	zu	auf	1-a-b<2 c-4-3

Einmotoren-Greiferwinde mit Kupplung

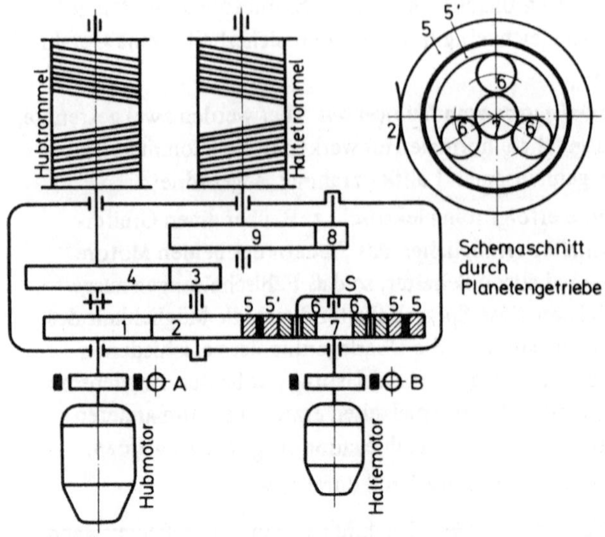

Z Zähnezahlen
S Steg des Planetengetriebes
1–9 Zahnräder, Rad 5/5' mit Außen- (5) und Innenverzahnung (5')
A Hubbremse
B Haltebremse

Zweimotoren-Greiferwinde mit Planetengetriebe

Bild 4.1.4. Greiferwindwerke für Mehrseilgreifer

Der schematische Aufbau und einige Hinweise zur Wirkungsweise und Berechnung einer solchen Greiferwinde gehen aus Bild 4.1.4, den im Anschluß angeführten Hinweisen und Aufgabe 16 hervor.

Heben und Senken: Der Hubmotor läuft, der Haltemotor steht – die Bremse B ist geschlossen und damit ist die Drehzahl $n_7 = 0$.

n_4 Drehzahl der Hubtrommel

n_9 Drehzahl der Haltetrommel

Kraftfluß zur Hubtrommel: 1-2-3-4

Kraftfluß zur Haltetrommel: 1-2-5/5'-6-S/8-9

Die allgemeinen Drehzahlgleichungen für Planetengetriebe und die Ermittlung der Übersetzungen im Planetengetriebe unter Beachtung der Drehrichtung kann Abschnitt 3.1.1 entnommen werden.

Planetengetriebe: $n_{5'} - n_7\, i_{5'-7} = n_S(1 - i_{5'-7})$

$$n_S = n_8 \text{ und } n_7 = 0$$

$$\text{Übersetzung } i_{5'-7} = \left(\frac{z_6}{z_{5'}}\right)\left(-\frac{z_7}{z_6}\right) = -\frac{z_7}{z_{5'}}$$

$$\text{Hieraus: } \frac{n_{5'}}{n_8} = 1 + \frac{z_7}{z_{5'}}$$

Öffnen und Schließen: Der Haltemotor läuft, der Hubmotor steht, die Bremse A ist geschlossen, die Hubtrommel steht. Kraftfluß zur Haltetrommel: 7-6-S/8-9.

n_1, n_2, n_5, $n_{5'}$, n_3 und $n_4 = 0$

Planetengetriebe: $n_7 - n_{5'}\, i_{7-5'} = n_S(1 - i_{7-5'})$

$$n_S = n_8 \text{ und } n_{5'} = n_5 = 0$$

$$\text{Übersetzung } i_{7-5'} = \left(\frac{z_6}{z_7}\right)\left(-\frac{z_{5'}}{z_6}\right) = -\frac{z_{5'}}{z_7}$$

$$\text{Hieraus: } \frac{n_7}{n_8} = 1 + \frac{z_{5'}}{z_7}$$

Berechnung. Die maximale Seilkraft ergibt sich aus der Gesamtlast des Greifers (Eigen- und Nutzlast) und der Seilzahl (Abschnitt 2.5.8 und Bild 2.5.6). Aus der maximalen Seilkraft können nach den Gln. (2.1.1) und (2.1.2) die Seil-, Rollen- und Trommeldurchmesser ermittelt werden.

Die Greifergesamtlast und die Hubgeschwindigkeit des Greifers ergeben die Vollastbeharrungsleistung P_V für den Hubmotor. Der Haltemotor wird mit etwa 50 % der Nennleistung des Hubmotors ausgelegt, da der gefüllte Greifer nur kurzzeitig mit voller Last am Halteseil hängt. Deshalb kann auch das Halteseil mit 50 ... 75 % der vollen Hublast dimensioniert werden.

Nach der Wahl der Motordrehzahlen können jetzt die Drehmomente der Wellen 1 und 7 und damit die Teilkreisdurchmesser d_{01} und d_{07} (wegen des gedrängten Aufbaus Schaftritzel wählen) festgelegt werden. Die Übersetzung i_{1-4} und damit auch die Übersetzung

i_{1-2} und i_{3-4} ergeben sich aus den Drehzahlen des Hubmotors und der Hubtrommel. Die Übersetzungen im Planetengetriebe gehen aus den oben angeführten Gleichungen hervor.

Der Haltetrommeldurchmesser ist am Schluß noch so zu korrigieren, daß die Seilgeschwindigkeiten an Hub- und Haltetrommel genau gleich sind; diese Maßnahme ist durch die stufenförmigen Übersetzungen der verschiedenen Zahnradpaarungen bedingt. Bei der Wahl der Zahnraddurchmesser ist außerdem auf die erforderlichen Achsabstände der Seiltrommel und der beiden Antriebsmotore zu achten.

Die Drehmomente können unter Vernachlässigung der Verluste im Getriebe nach folgenden Formeln berechnet werden:

$$\frac{M_{t1}}{M_{t2}} = \frac{n_2}{n_1}, \quad \frac{M_{t7}}{M_{tS}} = \frac{n_S}{n_7} \quad \text{usw.}$$

n Drehzahl

M_t Drehmoment

Folgende wichtige Bauteile sind noch zu überprüfen: Zahnräder, Wellen und Lager. Im Planetengetriebe werden wegen optimaler Lastverteilung meist drei Planetenräder vorgesehen. Bei der Lagerberechnung für die Planetenräder ist von der Relativdrehzahl $n_{6'} = n_6 - n_S$ auszugehen.

4.1.1.4. Kranfahrwerke

Die normalen Kranbrücken laufen auf insgesamt vier Laufrädern, wobei in jedem Kopfträger zwei Räder angeordnet werden. Bei schweren Kranen werden jeweils zwei Laufräder in einem Fahrschemel zusammengefaßt, so daß sich der Kran auf mindestens acht Laufrädern abstützt. Bedingt durch die größeren Spannweiten der Kranbrücken sitzt häufig an jedem Kopfträger ein Fahrwerk (Bild 4.1.1).

Beim Handantrieb, z. B. über ein Haspelrad, und kleinerer Spannweite der Kranbrücke sitzt das Haspelrad an dem einen Kopfträger und treibt über ein Vorgelege das Kranlaufrad an. Durch eine an der Kranbrücke gelagerte Welle kann die Antriebskraft auch auf ein Laufrad des zweiten Kopfträgers übertragen werden. Am Fahrbahnende der Kranfahrbahn werden zur Vermeidung des Kranabsturzes feste Anschläge angebracht; dies gilt auch für die Fahrbahnen der Laufkatzen auf der Kranbrücke. Zur Dämpfung der Anfahrstöße werden an den beiden Enden der Kopfträger Puffer, meist aus Gummi, vorgesehen. Bei Handantrieb oder Motorantrieb mit geringen Fahrgeschwindigkeiten (Fahrgeschwindigkeit $v_F \leqslant 40 \frac{m}{min}$) kann auf die Puffer verzichtet werden. Die Sicherheitsendschalter am Ende der Kranfahrbahn schalten bei schnellfahrenden Kranen die Fahrantriebe bereits vor Erreichen der Fahrbahnanschläge ab, so daß der Kran nicht mit voller Fahrgeschwindigkeit auf die Endanschläge der Fahrbahn auftrifft. Weitere Einzelheiten sowie die Berechnung der Kranfahrwerke siehe Abschnitt 2.6.4.

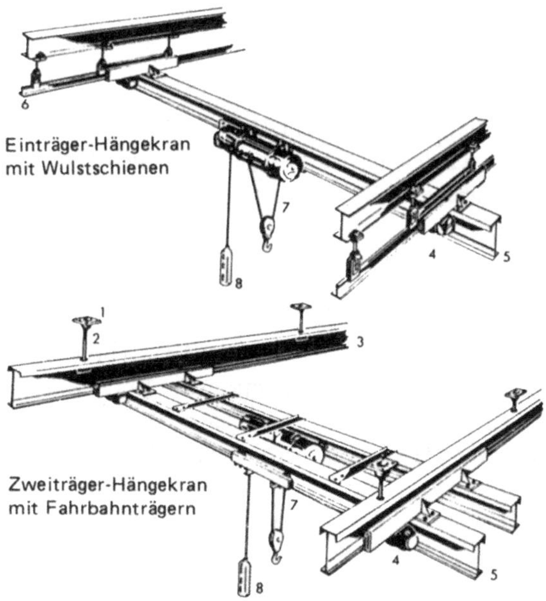

1 Kugelpfanne zur Befestigung an Stahl- oder Betonkonstruktion
2 Hängestange mit Kugelkopf
3 Fahrbahnträger
4 Kopfträger mit Fahrgestellen und Reibradfahrantrieb
5 Kranträger
6 Wulstschiene an I-Obergurt
7 Hängekatze mit Fahrgestellen und Reibradfahrantrieb
8 Druckknopftaster für Steuerung

Bild 4.1.5. Hängekrane (DEMAG)

4.1.2. Hängekrane

Aufbau. Die Kranbrücke der Hängekrane hängt an kurzen Kopfträgern, die auf den Unterflanschen der an den Deckenträgern abgehängten Kranschienen laufen (Bild 4.1.5).

Wegen der hohen Belastung der Unterflansche der Kranschienen, insbesondere durch die zusätzliche örtliche Biegebeanspruchung (Abschnitt 2.3.2), wurden hierfür Spezialprofile aus hochwertigem Werkstoff und mit besonders dicken Flanschen entwickelt. Ein typisches Beispiel hierfür ist die DEMAG-Wulstschiene. Die Abhängung der Kranschienen an den Deckenträgern erfolgt normalerweise über mit Klemmverbindungen versehene Zuganker, so daß ein leichtes seitliches Pendeln der Kranschienen ermöglicht wird. Die Kranbrücke der Hängekrane, meist als Stegblech- oder Kastenträger in Ein- und Zweiträgerbauweise, nimmt die Laufkatze mit ihrem Elektrofahrwerk auf, welche auf dem Unterflansch einer an der Unterseite des Brückenträgers angeschweißten Laufschiene verfährt (Bild 4.1.5).

Der Fahrantrieb von Laufkatze und Kran erfolgt entweder durch normale Standard-Elektrofahrwerke (Abschnitt 3.1.2) oder durch Reibradantriebe. Beim Reibradantrieb treibt ein Getriebebremsmotor ein aus Gummi oder Kunststoff bestehendes Reibrad an, das durch Druckfedern an die Unterseite der Laufschienen gedrückt wird. Die wesentlichen Vor- und Nachteile des Reibradfahrantriebes sind:

Vorteile Hohe Sicherheit gegen Durchrutschen der Laufräder (Radlast unabhängig von der Laufkatzstellung, hohe Reibungszahl zwischen Rad und Schiene); stoßfreies und geräuscharmes Antriebssystem.

Nachteile Temperaturempfindlichkeit und höherer Verschleiß an den Reibrädern; nur für kleine und mittlere Fahrwiderstände geeignet.

Als Hubwerke für Hängekrane werden meist normale E-Züge (Abschnitt 3.1.2) verwendet. Die Bedienung geschieht ausschließlich von Hand und zwar vom Flur oder z. T. auch von einer Kabine aus.

Bei großen Spannweiten wird der Brückenträger über zusätzliche Unterflanschfahrwerke, die häufig mit einem Fahrantrieb ausgerüstet werden, mehrfach abgehängt. Auch diese Fahrwerke laufen auf den sonst üblichen abgehängten Kranschienen, die an allen Zwischenabhängestellen vorzusehen sind.

Wichtige Merkmale. Durch die Mehrfachabhängung der Brückenträger können selbst bei sehr niedrigen Brückenhöhen große Spannweiten erzielt werden.

Die seitlich leicht pendelnde Abhängung der Kranschienen gewährleistet beim Verfahren des Kranes gute Führungseigenschaften und verhindert das Verklemmen der Kranbrücke, ohne dabei allzu hohe Ansprüche an die Genauigkeit der Abhängung zu stellen. Außerdem können hierdurch, bei entsprechender Steuerung der Fahrantriebe, auch leicht gekrümmte Fahrbahnen befahren werden. Der Hauptvorteil der Hängekrane liegt darin, daß Überfahrten der Laufkatzen auf benachbarte Kranbrücken oder Hängebahnen (Abschnitt 4.1.3) möglich sind. Dadurch kann eine Querverbindung zwischen einzelnen Hallen hergestellt werden, wobei jedoch dafür zu sorgen ist, daß vor der Überfahrt der Laufkatze die beiden Kranbrücken bzw. die Kranbrücke und eine Hängebahn mechanisch miteinander verriegelt werden, um einen Absturz der Laufkatze zu verhindern.

Ein weiterer wesentlicher Vorteil des Hängekranes ist sein hoher Standardisierungsgrad. So werden gleiche Fahrwerke für Laufkatzen und Krane verwendet. Durch die Zwischenabhängung der Kranbrücke kann mit einem Trägerprofil ein relativ großer Spannweiten- und Traglastbereich abgedeckt werden. Die standardisierten Kranschienen einschließlich der dafür notwendigen Abhängeeinrichtungen gestatten ein leichtes Umsetzen der gesamten Anlage sowie ein rasches Ändern der Linienführung. Zudem sind Hängekrane wegen der fast ausschließlichen Verwendung von Standardbauteilen besonders preiswert und kurzfristig lieferbar. Nachteilig sind die begrenzte Traglast, die zusätzliche Belastung der Hallenkonstruktion – insbesondere bei Zwischenabhängung – und die kleinen Arbeitsgeschwindigkeiten.

Einsatz und Technische Daten. Aus den in „Wichtige Merkmale" angeführten Fakten ersieht man, daß die Hängekrane nicht für allzu große Traglasten und Fördermengen geeignet sind; sie sind besonders preiswerte Universalkrane für Werkstätten, Lager und Montagehallen.

Spannweite 5 ... 30 m, zwei Zwischenabhängung bis 100 m
Traglast bis 10 t
Kranfahrgeschwindigkeit bis 40 $\frac{m}{min}$

Die Arbeitsgeschwindigkeiten der Laufkatzen hängen von den jeweils verwendeten E-Zügen mit den dazugehörigen Elektrofahrwerken ab.

4.1.3. Hängebahnen

Aufbau. Bei der Hängebahn (Bild 4.1.6) läuft eine Einschienenlaufkatze z.B. mit Elektrofahrwerk direkt auf der Kranschiene (Kranschienen siehe Hängekrane – Abschnitt 4.1.2). Bei kurzen Fahrwegen kann die Laufkatze durch Drücken an der Last fortbewegt werden; hierfür kommen Rollfahrwerke (Bild 3.1.2) in Frage. Bei längeren Fahrwegen werden Elektrofahrantriebe (normal oder mit Reibrad – Abschnitt 4.1.2) verwendet.

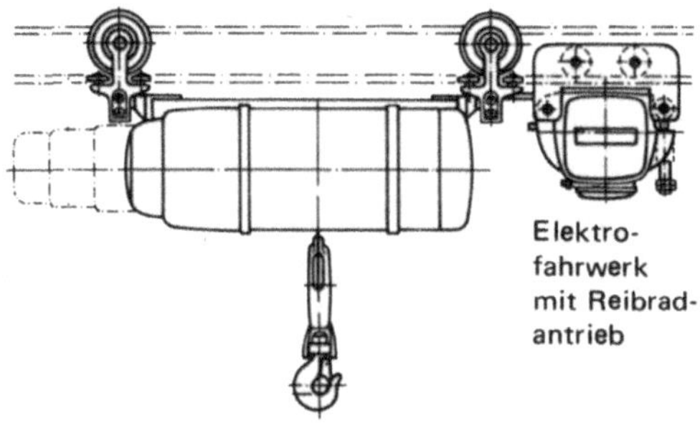

Einschienen-Hängelaufkatze (DEMAG)

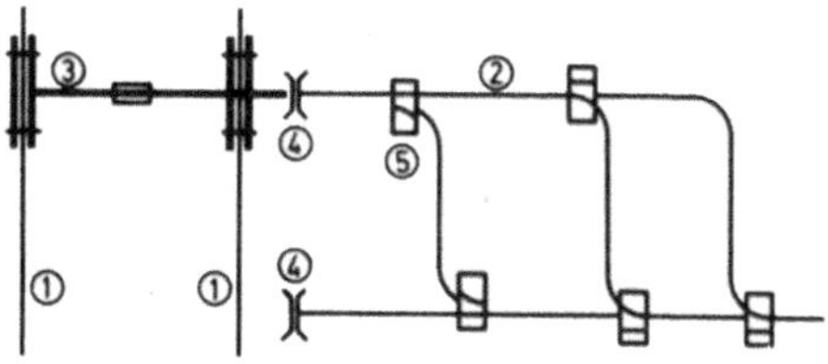

1 Kranbahn, 2 Hängebahn, 3 Hängekran, 4 Überfahrstelle der Laufkatze mit Verriegelung, 5 Schiebeweiche

Hängekran-Hängebahnsystem (Draufsicht)

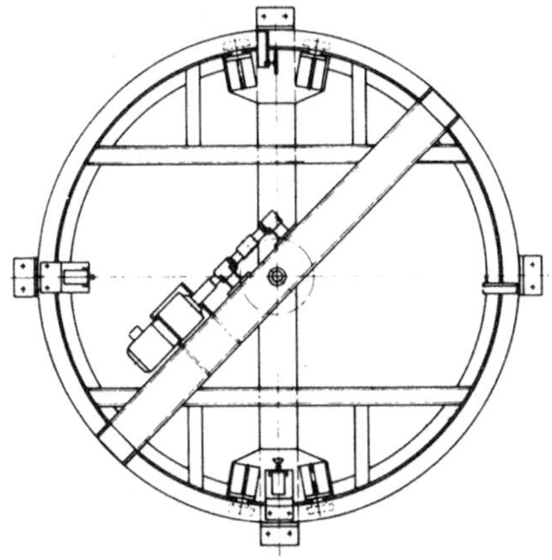

Drehweiche (DEMAG)

Drehen des um Mittelpunkt drehbaren Schwenkstückes durch Getriebemotor. Schwenkstück in jeweiliger Endstellung mechanisch festgesetzt, unterbrochene Bahn an Enden abgesichert.

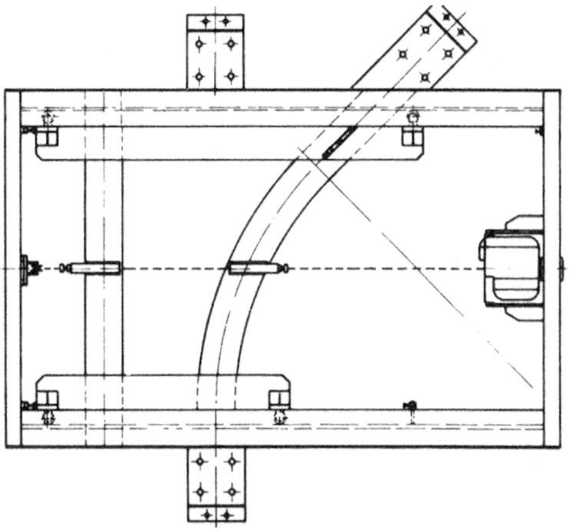

Schiebeweiche (DEMAG)

Betätigung des Schlittens mit den beiden Verschiebestücken (Gerade und Abzweigung) durch E-Kettenzug. Auch Dreiwege-Schiebeweichen gebräuchlich.

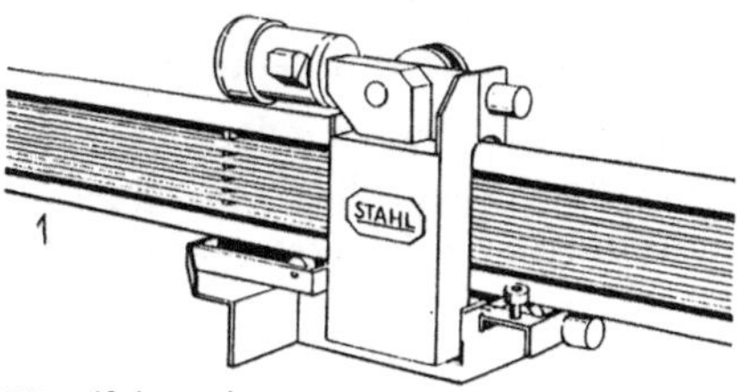

Einzelfahrwerk

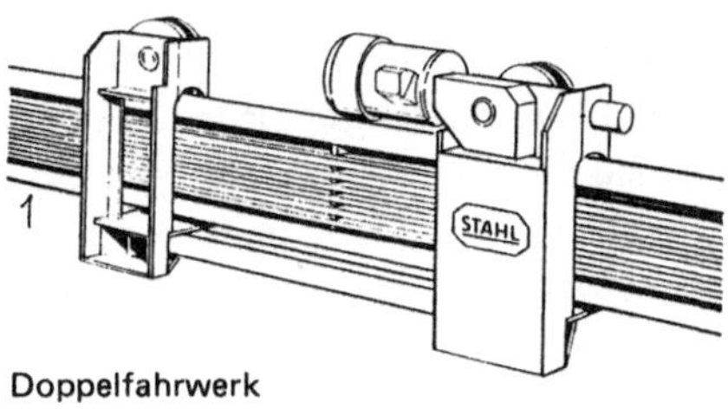

Doppelfahrwerk

Elektrohängebahn (STAHL)

1 Fahrschiene mit integrierten Schleifleitungen
Lastaufnahmemittel am Fahrwerk bzw. an Traverse. Traglast bis 500 kg.

Bild 4.1.6. Hängebahnsysteme und Weichen

Die Stromzuführung geschieht meist über Kleinschleifleitungen (Abschnitt 2.7.4), die auch in gekrümmten Stücken für Kurvenstrecken geliefert werden. Die Hängebahnen gestatten eine große Freizügigkeit in der Streckenführung:

- Kurvenstrecken mit relativ kleinen Radien; r ⩾ ca. 1,2 m
- Überwindung von leichten Steigungen und geringem Gefälle
- Ausbau von Ringbahnen und Abzweigungen durch den Einbau von Weichen
- Kombination von Hängebahnen mit Hängekranen (Bild 4.1.6).

Sehr oft werden die Schleifleitungen auch direkt an der Laufbahn befestigt und die Laufkatzen als einfache Laufwerke mit E-Fahrantrieb, jedoch ohne Hubeinrichtung, ausgeführt.

Weichen für Hängebahnen. Als Weichen (Bild 4.1.6) kommen bei einfachen Abzweigungen Schiebe- oder Klappweichen, bei mehrfachen Abzweigungen Drehweichen in Frage. Die Betätigung der Weichen kann von Hand (über Zugketten) vom Flur aus oder durch Servokraft (z. B. durch Elektrokettenzüge – Bild 4.1.6) vorgenommen werden. Die motorisch angetriebenen Weichen sind fernsteuerbar, so daß sie auch für Zielsteuerungen geeignet sind. Weiterhin werden neben den Weichen als Zusatzeinrichtungen noch Umsetzer, Hub-Senkstationen, Pufferstrecken, Überholstrecken, Stichbahnen usw. verwendet.

Anwendung. Die große Freizügigkeit der Streckenführung und die Kombination mit Hängekranen gestatten die Erfüllung der vielfältigsten Förderaufgaben bei preisgünstigen, kurz lieferbaren und leicht umsetzbaren Anlagen, da alle Bauteile standardisiert sind. Die Traglasten und Arbeitsgeschwindigkeiten sind begrenzt.

Traglast bis ca. 8 t Arbeitsgeschwindigkeiten siehe Hängekrane

Steuerung ***Handsteuerung*** Die Handsteuerung wird bei kleinen Fahrgeschwindigkeiten als Begleitsteuerung (Mitgehen) und bei größeren Fahrgeschwindigkeiten von Führerstandlaufkatzen aus vorgenommen.
Sie ist einfach, betriebssicher und universell verwendbar und kommt für kleine und mittlere Anlagen bei nicht allzu großer Fördermenge in Frage.

Automatiksteuerung Die automatischen Steuerungen sind bei großen Fördermengen, umfangreichen Streckenführungen und als Zielsteuerungen gebräuchlich. Sie erfordern einen sehr hohen Bauaufwand, ermöglichen jedoch die Einsparung der Kranführer; dies ist bei dem gleichzeitigen Einsatz von mehreren Laufkatzen von großer Bedeutung.

Alle für den Förderweg erforderlichen Informationen werden dem Speicher der Laufkatze direkt oder indirekt (über Steuerleitungen von einer zentralen Steuerstelle aus) eingegeben, der die entsprechenden Impulse an das Fahr- und Hubwerk der Laufkatze, an die Weichen usw. weitergibt.

Mechanische Systeme:

Der Speicher der Laufkatze besteht aus einstellbaren Schaltstiften, die gegen entsprechende Anschläge vor den Weichen und am Zielort laufen und damit die Schaltbewegungen (z. B. Laufkatzfahrwerk „Stop“) einleiten.

Es handelt sich dabei um einfache Systeme, die nicht für umfangreiche Anlagen und zentrale Dateneingabe geeignet sind.

Elektrische Systeme:
Hier kommt vor allem die magnetische Kennzeichnung zur Anwendung. Die Informationen werden von einem Steuerpult über die „Schreibstation" (die Magnetfolien an der Laufkatze werden magnetisiert) eingegeben. Bei Großanlagen können die Daten auch von EDV-Anlagen ermittelt werden, die dann auch die „Beschriftung" an der Schreibstation vornehmen, unter gleichzeitiger Berücksichtigung des optimalen Fahrweges usw. Sich ständig wiederholende Fördervorgänge können über Festprogramme eingegeben werden.

Diese teuren Steuerungssysteme sind auch für sehr umfangreiche Bahnanlagen, bei gleichzeitig hohen Fördermengen und großer Verkehrsdichte, gut geeignet.

Oft kommen auch noch optisch-elektrische Systeme zum Einsatz.

Bei automatischen Steuerungen ist dem Einbau von Sicherheitseinrichtungen der verschiedensten Art erhöhte Bedeutung zu widmen; siehe hierzu auch Abschnitt 2.8. Daher sollte eine ständige Positionskontrolle der Laufkatze möglich sein, was z. B. mit Hilfe von Stellbildern (ähnlich den Gleisstellbildern der Bahnanlagen) geschehen kann. Weiterhin sind z. B. Verriegelungen vorzusehen, die nur das Befahren von richtig gestellten Weichen gestatten.

4.1.4. Stapelkrane

Aufbau. Den Impuls zur Entwicklung der Stapelkrane (Bild 4.1.7) gab die moderne Lagertechnik, da bei den dort üblichen großen Stapelhöhen und engen Gängen der Einsatz normaler Gabelstapler ungeeignet ist. Die Stapelkrane stellen die Kombination

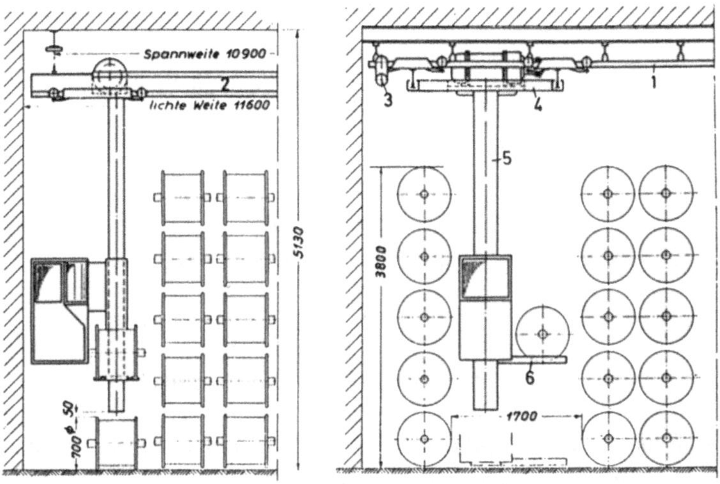

1 Kranfahrbahn; 2 Kranbrücke (2 Trägersystem), 3 Kranfahrwerk, 4 Laufkatze mit Fahr-, Dreh- und Hubwerk, 5 Drehbarer Mast, 6 Hubschlitten mit Lastgabeln und Kabine

Hubschlitten durch E-Zug betätigt. Mast oben an Drehscheibe befestigt. Drehscheibe über Kugeldrehverbindung in Laufkatze gelagert.

Bild 4.1.7. Stapelkran in Hängekranbauweise (DEMAG)

eines Brückenkranes mit der Hubeinrichtung eines Gabelstaplers (Abschnitt 5.3.1.2) dar. Die Kranbrücke wird meist in Zweiträger-Bauweise, häufig als Hängebrücke, und die Laufkatze als Untergurtlaufkatze ausgeführt. Die Aufbauten der Laufkatze liegen dann zwischen den beiden Brückenträgern, wodurch sich eine besonders geringe Bauhöhe, die ja als Lagerhöhe verloren geht, von Kranbrücke und Laufkatze ergibt. Der Mast ist fest mit der über eine Drehverbindung in dem Laufkatzrahmen gelagerten Drehscheibe verbunden. Seine Drehung erfolgt über das auf dem Laufkatzrahmen sitzende Drehwerk, dessen Antriebsritzel in den Zahnkranz der Drehverbindung eingreift. In Sonderfällen wird der Mast teleskopartig gestaltet, damit bei gehobener Stellung des Hubschlittens die Durchfahrt im Lagergang freibleibt. Der am Mast über Rollen gelagerte Hubschlitten wird meist durch einen auf der Laufkatze angebrachten E-Zug vertikal bewegt. Als Lastaufnahmemittel kommen in der Regel am Hubschlitten fest angebrachte Gabeln (starre Gabeln) in Frage.

Das Ein- und Auslagern der Paletten wird durch die Kombination der Kranbewegungen vorgenommen: Hubbewegung des Hubschlittens, Mastdrehen, Katz- und Kranfahren.

Wichtige Merkmale. Der Stapelkran ermöglicht im Gegensatz zum Gabelstapler eine bessere Ausnutzung des Lagerraumes (größere Stapelhöhen, enge Gänge). Gegenüber den Regalbediengeräten (Abschnitt 4.1.5) braucht der Stapelkran beim Umstellen der Lagerregale nicht umgesetzt zu werden.

Die Steuerung geschieht meist von Hand; bei Hubhöhen bis 5 m vom Flur aus, bei größeren Hubhöhen von am Hubschlitten befestigten Kabinen aus, da bei solchen Höhen eine sichere Handhabung des Fördergutes vom Flur aus nicht mehr möglich ist. Automatiksteuerungen sind selten; sie entsprechen dann den bei den Regalbediengeräten (Abschnitt 4.1.5) üblichen Steuerungen.

Einsatz und technische Daten. Stapelkrane dienen zur Lagerbedienung von regallosen Lagern und Regallagern (siehe Abschnitte 7.5.1 und 7.5.2); und zwar bis zu mittleren Stapelhöhen.

Hubhöhe bis 10 (20) m

Traglast 0,5 ... 10 (20) t

Mindestgangbreite ca. 1,4 m (ohne Kabine), ca. 1,7 m (mit Kabine).

Arbeitsgeschwindigkeiten analog denen der Hängekrane (Abschnitt 4.1.2).

4.1.5. Regalbediengeräte

Aufbau. Grundlage für die Entwicklung der in Regallagern für Umschlag- und Kommissionierarbeiten verwendeten Regalbediengeräte waren Stapelkrane und Flurfördermittel. Die Hauptunterschiede gegenüber dem Stapelkran sind das Fehlen der Kranbrücke und das ausschließliche Arbeiten im Lagergang. Grundsätzlich unterscheidet man folgende zwei Bauarten:

Stehende Bauart Der Hubmast mit seinem vertikal beweglichen Hubschlitten stützt sich über die im Bodenträger gelagerten Laufräder auf der meist in Gangmitte angebrachten Fahrschiene ab (Bild 4.1.8). Laufräder und Fahrschienen sind so auszubilden, daß neben den Vertikalkräften auch geringere Seitenkräfte (Führungskräfte und Kräfte aus nicht-

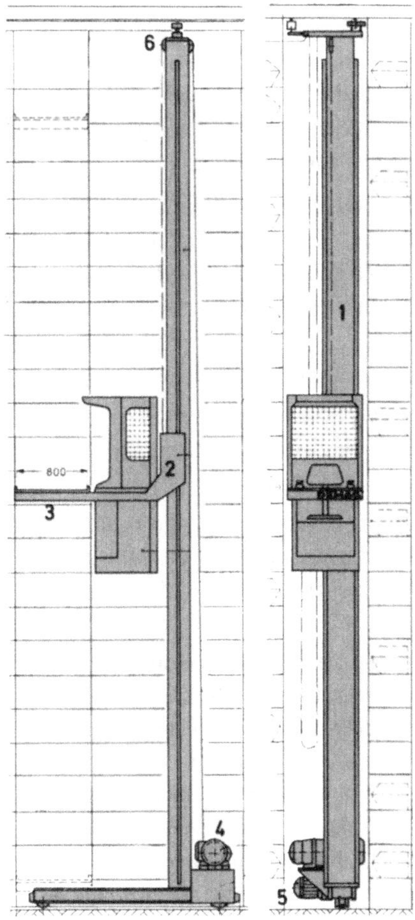

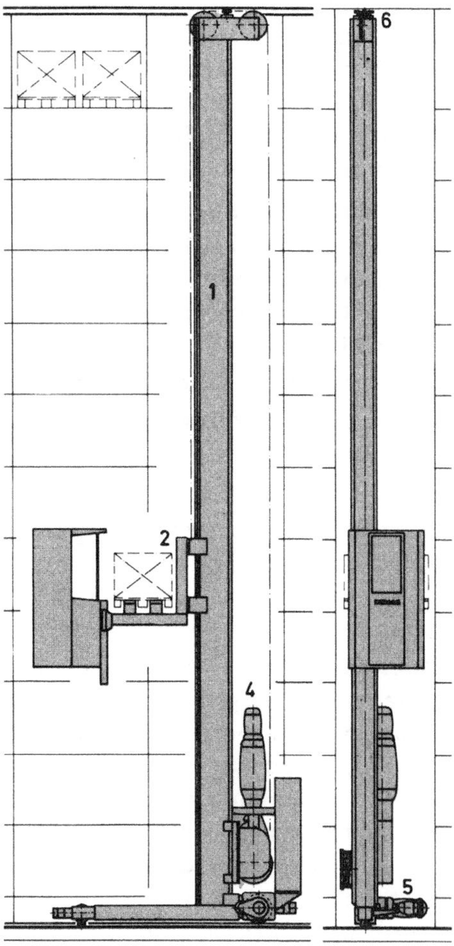

Regalbediengerät Decombi

auch als Komissioniergerät (mit zusätzlichem Lasttisch – als Rollen- oder Kugeltisch). Stehende Bauart in Einmastbauweise. Traglast 300 kg, Hubhöhe ca. 7 m.

Regalbediengerät Destamat

für Hand- und Automatikbetrieb. Stehende Bauart in Einmastbauweise. Mit Teleskopgabeln. Traglast 1500 kg, Hubhöhe ca. 15 m.

Typ Destamat auch in Zweimastbauweise und mit Hubhöhe bis ca. 30 m.

1 Mast, 2 Hubschlitten mit Kabine, 3 Lasttisch, 4 E-Zug als Hubwerk, 5 Fahrwerk, 6 Obere Führungsrollen (Type Destamat: Seilwinde mit Getriebebremsmotor als Hubwerk)

Bild 4.1.8. Regalbediengeräte (DEMAG)

mittigem Lastangriff beim Ein- und Auslagern) aufgenommen werden können. Oft werden auch zwei Fahrschienen verwendet, wobei je eine Schiene an jeder Gangseite neben den Regalfüßen am Boden befestigt wird. Bei dieser Abstützung werden zwei durch kurze Träger miteinander verbundene Bodenträger erforderlich, die die Last des Mastes aufnehmen.

Das Hub- und Fahrwerk wird wegen guter Zugänglichkeit und einfacher Wartung am Bodenträger angebracht. Als Hubwerk wird meistens ein E-Zug, dessen Hubseil über Umlenkrollen den Hubschlitten bewegt, eingesetzt. Am oberen Mastende sind die Umlenkrollen für die Hubseile und die horizontalen Laufrollen zur Aufnahme der seitlichen Führungskräfte angebracht. Die Schienen für diese Laufrollen werden über kurze Zwischenträger an den oberen Regalenden oder direkt am Gebäude befestigt.

Hängende Bauart Hier wird die Fahrbahn, die meist als Zweischienenbahn ausgebildet ist, auf den Regalen verlegt. Der an kurzen Zwischenträgern hängende Mast stützt sich über die Laufräder der oberen Fahrträger und die Fahrschienen auf den Regalen ab. Die am Boden in Gangmitte oder an den Seiten angebrachten Schienen dienen nur zur Aufnahme der Seitenkräfte.

Im allgemeinen wird aus folgenden Gründen die *stehende Bauart bevorzugt:*

- Schienen am Boden können genauer verlegt werden als Schienen auf Regalen
- Alle Kräfte und die Erschütterungen aus den Fahrbewegungen gehen nicht über die Regale.

So kommt bei automatischer Steuerung und hohen Regalen nur die stehende Bauart zum Einsatz. Nachteilig bei der stehenden Bauart ist die Knickbeanspruchung des Mastes; sie kann jedoch von den üblichen Mastkonstruktionen ohne zusätzliche Verstärkungen aufgenommen werden.

Bei kleineren Hubhöhen ($H \leqslant$ ca. 15 m) wird die Einmast-, bei größeren Höhen wegen der dann erforderlichen größeren Steifigkeit, die Zweimastbauweise bevorzugt. Bei größeren Hubhöhen und Arbeitsgeschwindigkeiten ist besonderer Wert auf ruckfreies Anfahren und Bremsen zu legen, da die Mastschwingungen Schwierigkeiten beim Ein- und Auslagern des Fördergutes verursachen. Als Antriebsmotore kommen hier z. B. thyristorgesteuerte Gleichstrommotore in Frage, die diese Anforderungen voll und ganz erfüllen.

Mit Hilfe besonderer Umsetzwagen oder entsprechender Fahrschienenanordnung können die Regalbediengeräte auch in einen anderen Fahrgang umgesetzt werden, so daß ein Gerät auch z.B. zwei Lagergänge bedienen oder bei Ausfall eines Nachbargerätes dort als Reservegerät eingesetzt werden kann.

Einsatz und technische Daten. Regalbediengeräte werden für das Umschlagen von Einheitsladungen in Regallagern, insbesondere auch bei sehr großen Regalhöhen, eingesetzt. Kleingeräte werden in Kleinteilelagern zur Auftragszusammenstellung (Kommissionieren) durch das mitfahrende Bedienungspersonal verwendet; hierzu werden zusätzlich kleine Arbeitsbühnen am Hubschlitten angebracht. Diese Geräte sind auch in Bibliotheken, Lagern von Kaufhäusern usw. im Einsatz.

Hubhöhe bis 30 (50) m
Traglast 0,1 ... 2,5 (30) t;
hohe Werte z.B. für Containerstapelung
Fahrgeschwindigkeit bis 160 $\frac{m}{min}$
Hubgeschwindigkeit bis 40 $\frac{m}{min}$
Regallänge bis 100 (150) m
Mindestgangbreite ca. 1,4 m

Wichtige Berechnungshinweise über Tragwerke, Triebwerke und Spielzeiten für Regalbediengeräte gehen auch aus den entsprechenden FEM-Regeln hervor.

Lastaufnahmemittel. Da die Maste der Regalbediengeräte in der Regel nicht drehbar und auch seitlich nicht verfahrbar sind, werden Teleskop- oder Schwenkschubgabeln zur Lastaufnahme erforderlich.

Teleskopgabel Sie läßt sich nach beiden Seiten quer zur Gangrichtung ausfahren. Der Antrieb erfolgt meist mechanisch über Zahnstangen- oder Kettentriebe. Wegen der einfachen Bewegung (nur horizontale Hin- und Herbewegung) ist diese Ausführung vor allem bei automatischem Betrieb gebräuchlich.

Die Aufnahme bzw. Abgabe palettierter Lasten vom Boden aus ist jedoch nicht innerhalb des Arbeitsganges möglich.

Schwenkschubgabel Die Schwenkschubgabel läßt sich seitlich bewegen und um ± 90° drehen. Auch hier erfolgt der Antrieb meist mechanisch über Zahn-, Ketten- oder Spindeltriebe.

Schwenkschubgabeln ermöglichen das Drehen und Aufnehmen bzw. Absetzen der Lasten auch innerhalb der Regalgänge. Sie sind teurer als Teleskopgabeln und wegen des komplizierten Bewegungsablaufes für Automatikbetrieb nur wenig geeignet. Für nicht palettierte Lagergüter erhalten die Regalbediengeräte auch spezielle Lastaufnahmemittel wie z.B. Dorne für die Aufnahme von Rollen und Reifen (vergl. hierzu auch die Anbaugeräte für Gabelstapler, Abschnitt 5.3.1.3).

Steuerung. ***Handsteuerung*** Die Handsteuerung wird durch Mitgehen oder Mitfahren in den am Hubschlitten befestigten Kabinen vorgenommen. Die Belegung der Regalfächer erfolgt hierbei meist nach einem festen Schema, wodurch jedoch die Lagerkapazität nicht voll ausgenutzt werden kann.

Eine besondere Kennzeichnung der Artikel nach ihrem Herstellungsdatum ist erforderlich, damit das Prinzip des „First in – First out" gewahrt bleibt.

Teilautomatische Steuerung In Lagern mit mehr als 20 m Stapelhöhe und mehr als 50 m langen Gängen sind wegen der hohen physischen und psychischen Belastung des Bedienungspersonals automatische Steuerungen nicht zu umgehen.

Bei der Teilautomatik werden nur die Bewegungsabläufe der Regalbediengeräte automatisiert, während der zur Steuerung des Materialflusses erforderliche Datenfluß durch Personal erfolgt. Hierzu kann z. B. das *Fach-Lochkarten-Ziehverfahren* verwendet werden. Jede Halteposition des Regalbediengerätes wird hierbei durch codierte Markierungen unverwechselbar gekennzeichnet (elektrische, magnetische, elektronische oder optische Systeme):

- Fachspalte am Boden jedes Regales – links oder rechts
- Fachzeile am Mast des Fördermittels.

Kombiniert man Zeilen- und Spaltendaten, ergibt sich die örtliche Lage jedes einzelnen Regalfaches. Durch die von der Lochkarte eingegebene Sollposition und der fortlaufend ermittelten Istposition werden die Antriebe der Regalbedienungsgeräte entsprechend gesteuert. Bei dem Fach-Lochkarten-Ziehverfahren erhält jeder Palettenplatz eine Platzlochkarte mit dem entsprehend eingestanzten Platzkennzeichen. Beim Einlagern wird der Leerplatzkartei eine freie Lochkarte entnommen und in den Lochkartenleser des Fördergerätes eingegeben, das die Palette anschließend in das entsprechende Regalfach

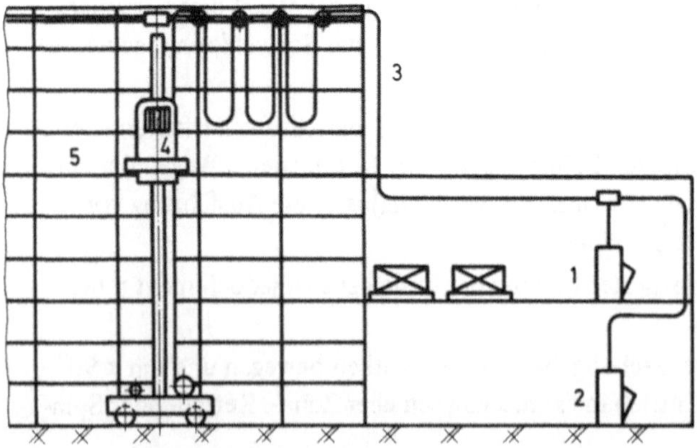

1 Steuerpult für Einlagerung (Eingabe der Platzlochkarte – Lochkartenleser)
2 Steuerpult für Auslagerung, sonst siehe Punkt 1
3 Schleppkabel und ortsfestes Kabel für Energie- und Informationszuführung zum Regalbediengerät
4 Regalbediengerät (mit Kabine für Handsteuerung)
5 Regale

Bild 4.1.9. Steuerschema eines Regalbediengerätes

bringt. Der Lochkartenleser kann in der Kabine des Regalbediengerätes oder auch in einem zentralen Steuerpult (Bild 4.1.9) untergebracht werden. Die elektrische Energie und die Steuerdaten für die Maschinensätze des Regalbediengerätes werden über Schleppkabel oder Schleifleitungen zugeführt.

Die am meisten benutzte zentrale Anordnung der Dateneingabe ist einfacher hinsichtlich der Bedienung und der Wartung, hat jedoch einen höheren Leitungsaufwand. Nach dem Einlagern wird die Lochkarte in der Vollplatzkartei abgelegt; beim Auslagern wird umgekehrt verfahren. Das Prinzip des „First in – First out" kann berücksichtigt und die Lagerkapazität voll ausgenutzt werden. Durch weitere Lochkartenleser können den Lochkarten jederzeit wichtige Lagerinformationen wie Lagerauslastung, Artikelzahl usw. entnommen werden.

Das Regalbediengerät hat auch bei zentraler Karteneingabe eine Führerkabine, damit bei Ausfall Handbetrieb – allerdings bei verringerter Fördermenge – möglich ist.

Vollautomatische Steuerung Sie ist wegen der sehr hohen Investitionskosten nur bei sehr großen Lagern gebräuchlich. Hier wird außer dem Materialfluß auch der dazugehörige Datenfluß durch eine EDV-Anlage voll automatisiert.

Beim *Off-Line-System* erhält der Lagerverwalter nur die für einen bestimmten Zeitraum erforderlichen Platzlochkarten zur Steuerung des Materialflusses.

Bestandsübersicht, Bedarfsvorhersagen usw. werden durch die EDV-Anlage nach vorbestimmten Programmen durchgeführt.

Beim *One-Line-System* erfolgt eine stetige Datenübertragung von der EDV-Anlage zu den zentralen Steuerpulten der Regalbediengeräte mit Hilfe eines Prozeßrechners.

Der Prozeßrechner übernimmt folgende Aufgaben:

- Speicherung der Leerplätze, der Artikelarten sowie Einlagerungsdatum und Standort der einzelnen Paletten
- Einhaltung des „First in – First out"-Prinzips
- Direkte Verarbeitung der von der kommerziellen Datenverarbeitung gelieferten Informationen sowie die Steuerung und Überwachung aller Regalbediengeräte.

4.1.6. Sonderausführungen

Aus der Vielzahl der Sonderausführungen von Brückenkranen sollen im Anschluß einige wichtige Bauarten genannt werden; Einzelheiten hierzu gehen aus dem in Abschnitt 8.2 angeführten Schrifttum hervor.

Konsol-(Wandlauf-)Krane. Die Kranbrücke stützt sich einseitig über die an der Hallenlängswand vertikal übereinander angeordneten Laufschienen ab; sie entspricht damit einer Kragbrücke. Die Laufräder des unteren Kopfträgers nehmen Vertikal- und Horizontalkräfte, die des oberen Kopfträgers nur Horizontalkräfte auf. Die horizontalen Radkräfte verursachen hohe Biegemomente in den Gebäudestützen, so daß die Traglasten und Ausladungen begrenzt sind.
Traglast bis 10 t
Ausladung bis 10 m
Diese Kranart dient zur Entlastung der darüber laufenden Brückenkrane in Werk- und Montagehallen.

Rundlaufbrückenkrane. Das eine Brückenende wird ohne Kopfträger direkt über ein Lager abgestützt; der am anderen Brückenende befestigte Kopfträger fährt dann auf einer kreisbahnförmig angeordneten Fahrschiene; das Arbeitsfeld entspricht einer Kreisfläche.

Auch normale Brückenkrane mit zwei Kopfträgern, die beide auf der kreisförmigen Fahrschiene laufen, werden hierzu häufig verwendet.

Diese Krane kommen auf Lagerplätzen, in Reaktorgebäuden (Gebäude mit Kreisquerschnitt) usw. zum Einsatz.

Gelenkbrückenkrane. Beim Gelenkbrückenkran wird der Hauptträger gelenkig und in Grenzen gleitend an beiden mit sehr kurzem Achsabstand und seitlichen Führungsrollen versehenen Kopfträgern angebracht. Der Hauptträger kann sich somit sehr weit schräg stellen, im Extremfall bis beide Kopfträger hintereinander stehen.

Eigentlich würde der Fahrantrieb an einem Kopfträger ausreichen, der diesen beim Anfahren gegenüber dem anderen Kopfträger vorfährt und hierdruch im Hauptträger eine zusätzliche Zugkraft hervorruft. Die Komponente dieser Zugkraft in Kranfahrrichtung bewegt den anderen Kopfträger mit vorwärts. Zur Vermeidung der hierdurch bedingten Schrägstellung des Hauptträgers wird jedoch meistens an jedem Kopfträger ein Fahrwerk angebracht.

Die wesentlichen Vorteile gegenüber einem starren Brückenkran sind:

- Sehr kleine Achsabstände der Kopfträger und damit geringe Anfahrmaße
- Kein Verkanten, auch bei sehr ungenau verlegten Kranbahnen.

Diese Krane weisen in etwa die technischen Daten normaler Hängekrane auf (Abschnitt 4.1.2)

Schmiedekrane. Als Schmiedekrane verwendete Brückenkrane besitzen gefederte und mit Dreheinrichtungen versehene Lastaufnahmemittel, die einmal die beim Schmieden auftretenden Stöße dämpfen und zum anderen das Drehen der Schmiedestücke ermöglichen.

Die im Anschluß angeführten Sonderbauarten von Brückenkranen sind vor allem in Hochofen-, Stahl- und Walzwerken im Einsatz.

Gießkrane. Sie eignen sich zum Transport und zum Kippen von Gießpfannen und benötigen damit zwei Hubwerke.

Bei leichten Ausführungen werden beide Aufgaben von einer gemeinsamen Laufkatze mit Haupt- und Hilfshubwerk übernommen; bei schweren Ausführungen durch zwei getrennte, jedoch auf der gleichen Brücke fahrende Laufkatzen.
Traglast bis 500 t

Stripperkrane. Stripperkrane werden für das Trennen der Kokillen von den abgekühlten Blöcken und den anschließenden Block- und Kokillentransport benötigt.
Die Stripperzange als Lastaufnahmemittel umschließt die Kokille von außen, und ein in der Zange eingebauter vertikal beweglicher Stempel drückt anschließend den Block aus der Kokille heraus. Der Transport von Kokille und Block kann ebenfalls mit Hilfe der Stripperzange vorgenommen werden.

Chargierkrane. Sie werden zum Beschicken von Schmelzöfen verwendet. Die Laufkatze – mit Drehscheibe – trägt einen drehbaren und teleskopartig vertikal beweglichen Mast, an dessen unterem Ende über einen Kragträger die Beschickungsmulde befestigt ist. Die Mulde ist über am unteren Mastende eingebaute Wipp- und Drehwerke zusätzlich wipp- und schwenkbar, wodurch eine einwandfreie Beschickung des Ofens ermöglicht wird.
Häufig werden diese Fördermittel auch ohne Kranbrücke und flurfahrend ausgeführt; man spricht dann von Chargiermaschinen.

4.1.7. Beispiel

15 Zweiträger-Brückenkran

Spannweite L = 16 m, Anfahrmaß der Laufkatze $L_{a\,min} = 0{,}8$ m, Abstand der Brückenträger L_W = 1,4 m, Kranradstand L_R = 2,5 m, Traglast m_H = 10 t, Eigenlast der Laufkatze (mit E-Zug als Hubwerk) m_{KA} = 1,2 t, Metergewicht eines Brückenträgers $m_L = 200\,\frac{kg}{m}$, Kran- und Laufkatzschienen als Flachschienen mit 30 (für Laufkatze) bzw. 45 mm (für Kran) Nutzbreite, zulässige Flächenpressung der Kran- und Katzlaufräder $p_{zul} = 5\,\frac{N}{mm^2}$,

Kranfahrgeschwindigkeit $v_{KR} = 63\,\frac{m}{min}$,
Kranbremszeit t_{Br} = 5 s,
Kran nach Hubklasse H1.

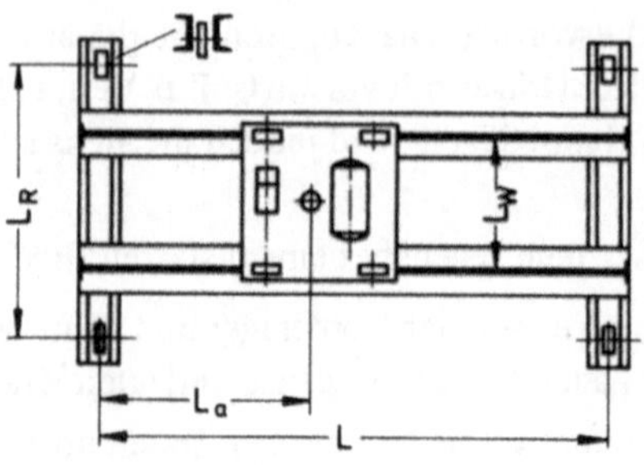

Draufsicht

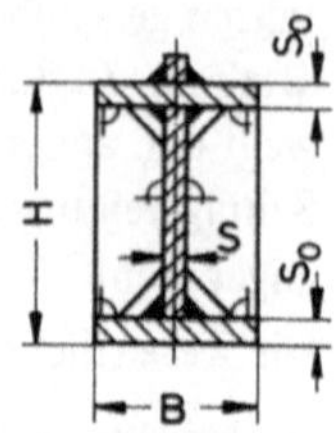

Querschnitt eines Brückenträgers

Hubwerk: Nennleistung $P_N = 8$ kW, Anlaufzeit $t_A = 0{,}5$ s, Zuschlag für rotierende Massen 20 % – zu den linear bewegten Massen, Wirkungsgrad des Antriebes $\eta = 0{,}8$

Brückenträger: Stegblechstärke s = 8 mm, Gurtplattenstärke $s_0 = 12$ mm, $\frac{H}{B} \approx 2{,}5$, Kopfträger aus 2 [-Profilen-Führung durch horizontale Führungsrollen an beiden Kopfträgern, Schweißnahtstärke a = 4 mm.

Gesucht:

1. Laufraddurchmesser D für Laufkatze und Kran (Beiwerte c_2 und c_3 vernachlässigen).
2. Hubgeschwindigkeit v_H bei Vollast, Verhältnis der Anlaufleistung zur Nennleistung $\frac{P_A}{P_N}$ für das Hubwerk (Nennleistung P_N mit 80 % der Vollastbeharrungsleistung P_V ausgelegt).
3. Höhe H des Brückenträgers bei einer zulässigen Gesamtdurchbiegung von $f_{zul} = \frac{L}{750}$.
4. Allgemeiner Spannungsnachweis im Lastfall H für den nach Pkt. 3 gewählten Brückenträger, sind die Werte für St. 37 noch zulässig?
5. Allgemeiner Spannungsnachweis im Lastfall H für die Schweißnähte des Brückenträgers (Verbindung von Steg- und Gurtblechen), sind die Werte für St. 37 noch zulässig?
6.] Profilgröße für den Kopfträger (Eigengewicht vernachlässigen) aus der zulässigen Spannung im Lastfall H.

Lösung:

1. Katzlaufräder

Radkraft $F_R = \frac{F_H + F_{KA}}{4} = \frac{100 + 12}{4} = 28$ kN $\qquad \underline{F_R = 28 \text{ kN}}$

Katzlaufräder gleichmäßig belastet, 4 Laufräder
Raddurchmesser nach Gl. (2.3.1)

$$D = \frac{F_R}{p_{zul}\, b\, c_2\, c_3} = \frac{28000}{5 \cdot 30 \cdot 1 \cdot 1} = 186 \text{ mm} \qquad \underline{\underline{D_{KA} = 200 \text{ mm}}}$$

Kranlaufräder

Die maximale Radkraft liegt vor wenn die Laufkatze bei $L_{a\,min}$ steht, insgesamt 4 Kranlaufräder

$$\text{Radkraft } F_R = \frac{1}{2}\left[\left(F_H + F_{KA}\right)\frac{L - L_a}{L} + \frac{F_{KR}}{2}\right] = \frac{1}{2}\left(112\,\frac{15{,}2}{16} + \frac{64}{2}\right) = 69 \text{ kN} \qquad \underline{F_R = 69 \text{ kN}}$$

"$\frac{1}{2}$": Je Kopfträger 2 Laufräder, Gesamte Brückenlast $m_{Br} = 2\, m_L\, L = 2 \cdot 0{,}2 \cdot 16 = 6{,}4$ t

Analog den Katzlaufrädern, vereinfacht mit der maximalen Radkraft gerechnet.

$$D = \frac{F_R}{p_{zul}\, b\, c_2\, c_3} = \frac{69000}{5 \cdot 45 \cdot 1 \cdot 1} = 307 \text{ mm} \qquad \underline{\underline{D_{KR} = 315 \text{ mm}}}$$

2. Hubgeschwindigkeit v_H nach Gl. (2.6.1)

$$v_H = \frac{P_V\, \eta}{F_H} = \frac{10000 \cdot 0{,}8}{100000} = 0{,}08\,\frac{\text{m}}{\text{s}} \qquad \underline{\underline{v_H = 4{,}8\,\frac{\text{m}}{\text{min}}}}$$

Vollastbeharrungsleistung $P_V = \frac{P_N}{0{,}8} = \frac{8}{0{,}8} = 10$ kW

Eigenlast der Unterflasche vernachlässigt (keine Angaben)
Beschleunigungsleistung P_B nach Gl. (2.6.2)

$$P_B = 1{,}2\, m_H\, \frac{v_H}{t_A}\, \frac{v_H}{\eta} = 1{,}2 \cdot 10000\, \frac{0{,}08}{0{,}5}\, \frac{0{,}08}{0{,}8} = 192\, \frac{\text{Nm}}{\text{s}} \mathrel{\hat{=}} 192 \text{ W} \qquad \underline{P_B = 0{,}192 \text{ kW}}$$

"1,2": Zuschlag für rotierende Massen

Anlaufleistung $P_A = P_V + P_B \approx 10{,}2$ kW

$$\frac{P_A}{P_N} = \frac{10{,}2}{8} = 1{,}28 \qquad \underline{\underline{\frac{P_A}{P_N} = 1{,}28}}$$

3. Erforderliches Biegeträgheitsmoment J_{bx} analog Gl. (2.9.3)

$$J_{bx} = \frac{L^3}{48\,E\,f_{zul}}\left[(F_H + F_{KA}) + \frac{5}{8}F_{KR}\right] = \frac{16^3 \cdot 10^6}{48 \cdot 21 \cdot 10^6 \cdot 2{,}13}\left(50000 + 6000 + \frac{5}{8}\,32000\right) =$$
$$= 145 \cdot 10^3\ \text{cm}^4$$

Elastizitätsmodul $E = 21 \cdot 10^6\ \frac{N}{cm^2}$ (für Stahl)

Zulässige Durchbiegung $f_{zul} = \frac{L}{750} = \frac{1600}{750} = 2{,}13$ cm

Hublast, Eigenlast von Laufkatze und Kranbrücke verteilen sich gleichmäßig auf beide Brückenträger: $F_H \mathrel{\hat{=}} 50$ kN, $F_{KA} \mathrel{\hat{=}} 6$ kN, $F_{KR} \mathrel{\hat{=}} 32$ kN.

J_{bx} aus Rechteckflächen zusammensetzen, Kranschiene am Obergurt vernachlässigt.

$$J_{bx} = \frac{B(H^3 - h^3) + sh^3}{12} \qquad h = H - 2s_0 \text{ und } B \approx \frac{H}{2{,}5}$$

Die Auflösung dieser Gleichung nach H wird relativ kompliziert, so daß hier eine Probierrechnung zweckmäßiger ist.

Gewählt: H = 80 cm; ergibt $B = \frac{H}{2{,}5} = \frac{80}{2{,}5} = 32$ cm, $h = H - 2s_0 = 80 - 2 \cdot 1{,}2 = 77{,}6$ cm

$$J_{bx} = \frac{32(512 \cdot 10^3 - 468 \cdot 10^3) + 0{,}8 \cdot 468 \cdot 10^3}{12} = 148 \cdot 10^3\ \text{cm}^4$$

Für das Biegewiderstandsmoment um die y-Achse W_{by} ergibt sich, unter Vernachlässigung des Steges s:

$$W_{by} = 2\,\frac{s_o B^2}{6} = 2\,\frac{1{,}2 \cdot 1024}{6} = 410\ \text{cm}^3$$

$$W_{bx} = \frac{J_{bx}}{\frac{H}{2}} = \frac{148 \cdot 10^3}{40} = 3710\ \text{cm}^3$$

Profildaten
H = 80 cm, B = 32 cm
s = 8 mm, s_o = 12 mm
$J_{bx} = 148 \cdot 10^3$ cm⁴
$W_{bx} = 3710$ cm³
$W_{by} = 410$ cm³

4. Nach den Gln. (2.9.6) bis (2.9.8) ergeben sich die verschiedenen Biegemomente zu:

$$M_G = \frac{F_{KR}\,L}{8} + \frac{F_{KA}\,L}{4} = \frac{32000 \cdot 16}{8} + \frac{6000 \cdot 16}{4} = \underline{88000\ \text{Nm}}$$ M_b aus Eigenlast von Brücke und Laufkatze

$$M_H = \frac{F_H\,L}{4} = \frac{50000 \cdot 16}{4} = \underline{200000\ \text{Nm}}$$ M_b aus Hublast

$$M_M = \left(m_H\,a_{KR}\,\frac{L}{4} + m_G\,a_{KR}\,\frac{L}{8}\right) = \left(5600 \cdot 0{,}21\,\frac{16}{4} + 3200 \cdot 0{,}21\,\frac{16}{8}\right) = \underline{6050\ \text{Nm}}$$ M_b durch Anfahren des Kranes

Kranbeschleunigung $a_{KR} = \frac{v_{KR}}{t_{Br}} = 0{,}21\ \frac{m}{s^2}$ (Bremszeit t_{Br} meist < Anfahrzeit t_A; deshalb t_{Br} zugrundegelegt). m_H und m_G analog Pkt. 3. Ungünstigste Laufkatzstellung – bei $\frac{L}{2}$ – beachten.

Hublastbeiwert $\psi = 1{,}3$; Eigenlastbeiwert $\varphi = 1{,}1$ (siehe Bild 2.9.4).

Biegespannung für den Lastfall H nach Gl. (2.9.4), Schubspannung τ vernachlässigen

$$\sigma_H = \frac{\varphi\,M_G + \psi\,M_H}{W_{bx}} + \frac{M_M}{W_{by}} = \frac{1{,}1 \cdot 8800 + 1{,}3 \cdot 20000}{3710} + \frac{605}{410} = 11{,}1\ \frac{kN}{cm^2}$$

$$\underline{\underline{\sigma_H = 111\ \frac{N}{mm^2} < \sigma_{zul} = 160\ \frac{N}{mm^2}}}$$

5. Nach DIN 15 018 ergibt sich für den zusammengesetzten ebenen Spannungszustand bei Schweißnähten die Vergleichsspannung σ_V beim Allgemeinen Spannungsnachweis zu

$$\sigma_V = \sqrt{\bar{\sigma}_x^2 + \bar{\sigma}_y^2 - \bar{\sigma}_x \bar{\sigma}_y + 2\tau} \leq \sigma_{zul} \quad \text{Vergleichsspannung}$$

Hierin bedeuten

$$\bar{\sigma}_x = \frac{\sigma_{z\,zul}}{\sigma_{w\,z\,zul}} \sigma_x \text{ oder } \bar{\sigma}_x = \frac{\sigma_{z\,zul}}{\sigma_{w\,d\,zul}} \sigma_x$$

$$\bar{\sigma}_y = \frac{\sigma_{z\,zul}}{\sigma_{w\,z\,zul}} \sigma_y \text{ oder } \bar{\sigma}_y = \frac{\sigma_{z\,zul}}{\sigma_{w\,d\,zul}} \sigma_y$$

$\bar{\sigma}_x, \bar{\sigma}_y$ Normalspannungen in der Schweißnaht in x- bzw. y-Richtung
τ Schubspannung
$\sigma_{z\,zul}$ Zulässige Zugspannung im Bauteil, siehe Bild 2.9.3.
$\sigma_{w\,z\,zul}$ Zulässige Zugspannung in der Schweißnaht, siehe Bild 2.9.3.
$\sigma_{w\,d\,zul}$ Zulässige Druckspannung in der Schweißnaht, siehe Bild 2.9.3.
σ_x, σ_y Normalspannungen im Bauteil in x- bzw. y-Richtung.

Unter Vernachlässigung der in Pkt. 4 angegebenen Daten ergibt sich vereinfacht für die vorhandenen Kehlnähte

$$\bar{\sigma}_H = \frac{\sigma_{z\,zul}}{\sigma_{w\,z\,zul}} \sigma_H = \frac{160}{113} 111 = 157 \frac{N}{mm^2} \qquad \underline{\underline{\bar{\sigma}_H = 157 \frac{N}{mm^2} < \sigma_{z\,zul} = 160 \frac{N}{mm^2}}}$$

$$\bar{\sigma}_H = \frac{\sigma_{z\,zul}}{\sigma_{w\,d\,zul}} \sigma_H = \frac{160}{130} 111 = 137 \frac{N}{mm^2} \qquad \underline{\underline{\bar{\sigma}_H = 137 \frac{N}{mm^2} < \sigma_{d\,zul} = 140 \frac{N}{mm^2}}}$$

σ_H siehe Pkt. 4.

6. 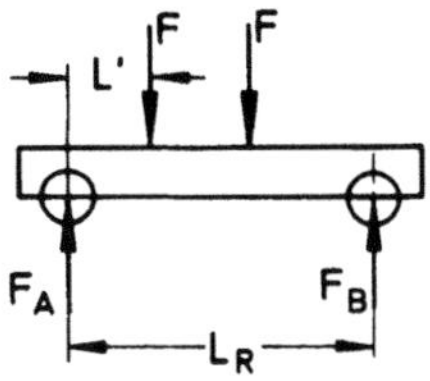

Wegen kurzer Spannweite kann der Nachweis auf Durchbiegung entfallen. Ungünstigste Laststellung (Laufkatze bei $L_{a\,min}$) beachten, Eigengewicht des Kopfträgers vernachlässigen.

Maximale Auflagerlast eines Brückenträgers F am Kopfträger, analog Pkt. 1 und unter Beachtung der Beiwerte φ und ψ.

$$F = \left(F_H \frac{L - L_a}{L} \psi + F_{Ka} \frac{L - L_a}{L} \varphi + \frac{1}{2} F_{KR} \varphi \right) = \left(50 \frac{15{,}2}{16} 1{,}3 + 6 \frac{15{,}2}{16} 1{,}1 + \frac{32}{2} 1{,}1 \right) = 86 \text{ kN}$$

$F_A = F_B = F = 86$ kN (Auflagerkräfte)
Maximales Biegemoment für den Kopfträger

$$M = F_A L' = 86 \cdot 0{,}55 = 47{,}3 \text{ kNm} \qquad L' = \frac{L_R}{2} - \frac{L_W}{2} = 1{,}25 - 0{,}7 = 0{,}55 \text{ m}$$

$$W_{berf} = \frac{1}{2} \frac{M}{\sigma_{b\,zul}} = \frac{1}{2} \frac{4730000}{16000} = 148 \text{ cm}^3$$

"$\frac{1}{2}$": 2 [-Profile; $\sigma_{b\,zul} = 160 \frac{N}{mm^2}$ (nach Bild 2.9.3)

$\underline{\underline{2 \times [\ 200}}$
$W_{bx} = 191 \text{ cm}^3$,
nach Profiltabelle

4.2. Portalkrane

Die Brücke, der meist im Freien arbeitenden Portalkrane, stützt sich über zwei Portalstützen auf den ebenerdig liegenden Kranschienen ab. Wird die Brücke einseitig auf einer hochliegenden Kranbahn geführt, spricht man von *Halbportalkranen*.

Gegenüber den Brückenkranen sind einfache ebenerdige Kranbahnen möglich, jedoch wird der Bauaufwand durch die zusätzlichen Portalstützen größer. Die Portalkrane sind damit bei langen Fahrwegen und bei nicht allzu häufigem Brückenfahren den Brückenkranen überlegen.

Die wichtigsten Bauarten der Portalkrane sind Bockkrane und Verladebrücken (wegen ihres ähnlichen Aufbaus oft nur schwer gegeneinander abzugrenzen).

4.2.1. Bockkrane

Bockkrane kommen beim Stückgutumschlag zum Einsatz. Sie sind für größte Traglasten und Hubhöhen geeignet.

Aufbau. Die Kranbrücken werden meist in Vollwandbauweise im Ein- oder Zweiträgersystem hergestellt; bei kleineren Traglasten und Spannweiten aus Walzprofilen, sonst als Stegblech- oder Kastenträger. Im Gegensatz zum Brückenkran ist eine Verlängerung der Brücke über die Stützen hinaus möglich – Brücken mit ein- oder zweiseitigen Kragteilen. Kragbrücken können z. B. Gleisanlagen auch mit ihren Außenseiten überspannen und ermöglichen durch ihre kleineren Spannweiten zwischen den Stützen bei gleicher Gesamtlänge und Traglast schwächere Brückenprofile als Brückenkrane, Bockkrane mit kleineren Spannweiten erhalten zwei feste Stützen; bei mittleren und größeren Spannweiten wird die eine Stütze als Pendelstütze gelenkig am Brückenträger angeschlossen; sie nimmt nur Vertikalkräfte auf und kann deshalb schwächer ausgelegt werden. Hierdurch ergeben sich bessere statische Verhältnisse und der Ausgleich von Längenänderungen (z. B. durch Wärmeeinfluß, Schienenungenauigkeiten usw.) ist gewährleistet. Einträgerbrücken können mit einfachen Stützen versehen werden, soweit dies die Laufkatzbauart zuläßt (z. B. bei Winkellaufkatzen). Zweiträgerbrücken erhalten zweibeinige, portalartig ausgebildete Stützen, damit die Laufkatzen mit der Last zwischen den Stützen hindurchfahren können. Bockkrane mit Kragbrücken werden häufig mit Seilzuglaufkatzen ausgerüstet (Bild 4.1.3), da hier einmal durch die geringe Eigenlast der Laufkatze und zum anderen durch die Verwendung der Hub- und Fahrwinde als Gegenlast die Standsicherheit günstig beeinflußt wird.

Kranfahrwerke siehe Verladebrücken (Abschnitt 4.2.2).

Die Stromzuführung zum Tragwerk erfolgt wegen der oft langen Brückenfahrwege entweder über Schleifleitungen, die seitlich entlang der einen Kranschiene in einem Kanal mit beweglicher Abdeckung untergebracht werden, oder über eine Kabeltrommel. Träger der Stromzuführung zu den Laufkatzen sind Schleifleitungen oder Schleppkabel (Abschnitt 2.7.4).

Berechnung der Hauptbauteile wie Kranbrücken, Stützen, Laufkatzen, Kranfahrwerke usw. analog den Brückenkranen (Abschnitt 4.1).

Besonders zu beachten ist der Wind- und Witterungseinfluß bei Auslegung der Tragkonstruktionen, der Kranfahrwerke, der Führerkabinen und aller Maschinensätze sowie die Überprüfung der Standsicherheit bei Brücken mit Kragteilen auch quer zur Kranfahrrichtung. Bei besonders langen Kragteilen wird die Anbringung einer Gegenlast an geeigneter Stelle erforderlich. Weiterhin sind die Tragwerke gegen Windabtrieb zu schützen; z. B. durch den Einbau von Schienenzangen an den Kranfahrwerken (Abschnitt 2.8.4).

Ortsfeste Bockkrane. Beim ortsfesten Bockkran werden die mit angeschweißten Fußplatten versehenen Stützen fest auf einem Betonfundament verankert. Diese Bauart nennt man

Überladekran. Er wird zum Stückgutumschlag bei kleineren Fördermengen auf Werk- und Bahnhöfen benutzt. Die zu be- oder entladenden Wagen werden dabei unter die Kranbrücke gefahren, die 1 bis 2 Gleise oder eine Straßenbreite überbrückt und meist ohne Kragteile ausgeführt wird.

Überladekrane werden allgemein mit Einträgerbrücken und Einschienenlaufkatzen – in Form von E-Zügen mit Elektrofahrwerken – ausgerüstet. Bei nur seltener Benutzung kann das Laufkatzfahrwerk auch als Haspelfahrwerk ausgeführt werden; die Bedienung erfolgt vom Flur aus.

Traglast bis 20 t, für Containerumschlag bis 40 t
Spannweite bis 10 m
Torhöhe bis 8 m
Hub- und Katzfahrgeschwindigkeiten siehe E-Züge (Abschnitt 3.1.2).

Bewegliche Bockkrane. Die vollelektrisch betriebenen beweglichen Bockkrane verwendet man zur Verladung von Schwergut; als Reparatur- bzw. Schwermontagekrane dienen sie in Kraftwerken, im Brücken- und Schiffsbau sowie in den meisten Industriezweigen.

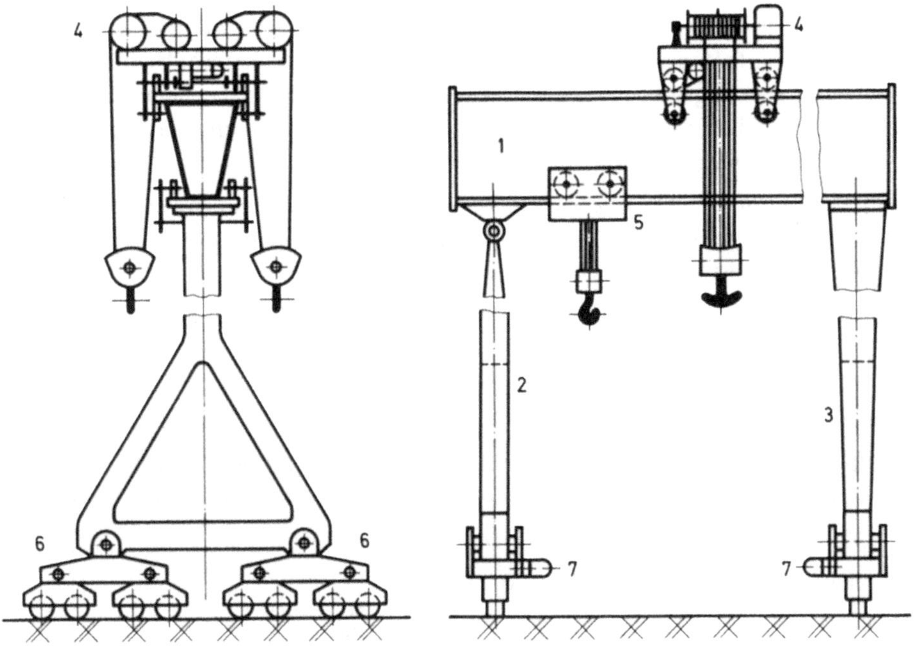

1 Einträgerbrücke (Trapezquerschnitt), 2 Pendelstütze, 3 Feste Stütze, 4 Hauptlaufkatze mit 2 Haupthubwerken und Katzfahrwerk, 5 Hilfslaufkatze mit Hilfshubwerk und Katzfahrwerk, 6 Fahrschemel, 7 Kranfahrwerk

Die Hubwerke können getrennt oder gemeinsam (bei sehr hohen Traglasten) arbeiten. Je Ecke sind 2 pendelnd abgestützte Fahrschemel mit je 2 Laufrädern vorgesehen: Insgesamt 8 Laufräder. Antrieb von 2 Laufrädern (1 Fahrschemel) je Ecke meist ausreichend.

Bild 4.2.1. Schwerlast-Bockkran (Werftkran)

Die größten Anlagen werden im Schiffsbau (*Werftkrane* – Bild 4.2.1), bedingt durch die Sektionsbauweise, benötigt. Bei sehr hohen Traglasten werden mindestens zwei Hubwerke auf einer oder auch auf getrennten Laufkatzen vorgesehen, die auf dem gemeinsamen Brückenträger fahren.

Aufgrund der größeren Abmessungen erfolgt die Bedienung fast immer von den an den Laufkatzen befestigten Kabinen (Führerstandlaufkatzen) aus.

Traglast 5 ... 300 (1500) t
Spannweite 10 ... 60 (100) m

Arbeitsgeschwindigkeiten vergl. Verladebrücken (Abschnitt 4.2.2). Die in Klammern angegebenen Werte sind Extremwerte, die z. B. bei Werftkranen üblich sind.

In Sonderfällen werden Bockkrane auch mit luftbereiften Rädern ausgerüstet; sie sind daher leicht umsetzbar und nicht mehr an eine feste Kranbahn gebunden; man versieht sie deshalb auch mit Dieselantrieb. Allerdings wird diese Kranart zunehmend durch Fahrzeugkrane (Abschnitt 4.4.5) ersetzt.

4.2.2. Verladebrücken

Verladebrücken sind Portalkrane mit mittleren bis sehr großen Spannweiten, die vorwiegend für den Schüttgutumschlag auf Großumschlagplätzen eingesetzt werden und größte Fördermengen bewältigen können. Im Stückgutbetrieb sind sie vor allem beim Containerumschlag gebräuchlich, wobei als Lastaufnahmemittel hydraulisch fernbetätigte Greifrahmen (Spreader) eingesetzt werden (Abschnitt 7.2.7).

Die Brücken, im Ein- oder Zweiträgersystem, werden für mittlere und größere Spannweiten in Vollwandbauweise, bei sehr großen Spannweiten häufig in Fachwerkbauweise erstellt; sie erhalten meist zweiseitige Kragteile.

Die baulichen und wirtschaftlichen Faktoren sind in jedem Anwendungsfall unterschiedlich, so daß die verschiedenen Ausführungsformen hinsichtlich ihrer Beschaffungs- und Betriebskosten zu untersuchen sind. Generell gilt:

Möglichst hohe Arbeitsgeschwindigkeiten bei möglichst geringen Traglasten

Traglast 3 ... 50 t
Hubgeschwindigkeit, je nach Hubhöhe, 20 ... 100 $\frac{m}{min}$
Katzfahrgeschwindigkeit, je nach Fahrweg, 60 ... 300 $\frac{m}{min}$
Brückenfahrgeschwindigkeit, je nach Fahrweg, 10 ... 63 $\frac{m}{min}$
Drehkranfahrgeschwindigkeit, je nach Fahrweg, 40 ... 200 $\frac{m}{min}$
Drehkrandrehzahl 3 ... 5 min^{-1}
Fördermenge 50 ... 1000 $\frac{t}{h}$
Spannweite bis 120 m

Die wichtigsten Bauarten werden anschließend kurz beschrieben.

Verladebrücken mit Laufkatzen. Verladebrücken mit Führerstand- oder Seilzuglaufkatzen für Haken- oder Greiferbetrieb sind gebräuchlich bei kurzen und mittleren Spannweiten (Bild 4.2.2). Bei Einträgerbrücken kommen Unterflansch- oder Winkellaufkatzen, bei Zweiträgerbrücken Zweischienenlaufkatzen (meist als Untergurtlaufkatzen zur Einsparung von Bauhöhe) zum Einsatz. Bei Kragbrücken mit Unterflansch- oder Zweischienenlaufkatzen sind die Stützen portalartig auszubilden, um die freie Durchfahrt der Laufkatzen zu ermöglichen.

Diese Bauart der Verladebrücken hat den Nachteil, daß nur die unter der Laufkatzfahrbahn liegende Linie bestrichen werden kann und häufiges Brückenfahren erforderlich wird. Um diesen Nachteil auszugleichen, setzt man auch Drehlaufkatzen mit 4 ... 6 m Ausladung ein, die jedoch schwerer sind und dadurch die Anlagen verteuern.

Verladebrücken mit Drehkranen. Bei dieser für mittlere Spannweiten geeigneten Bauart (Bild 4.2.2) fährt ein Drehkran auf dem Obergurt der Ein- oder Zweiträgerbrücke. Dadurch entsteht eine rechteckige Arbeitsfläche – ohne die Brücke zu verfahren.

Diese Art von Verladebrücken ist durch einfache und niedrige Stützen gekennzeichnet; der Raum zwischen den Brückenträgern bei der Zweiträgerbauweise braucht nicht frei zu bleiben. Verladebrücken mit Drehkranen sind teurer und schwerer als die Laufkatzbrücken, und die Fahrgeschwindigkeit der Drehkrane ist wegen ihrer größeren Masse geringer als die von Laufkatzen. Die Bedienung aller Arbeitsbewegungen wird aus der Kabine des Drehkranes vorgenommen.

Ausladung der Drehkrane 5 ... 20 m

Verladebrücken mit Stetigförderer. Verladebrücken mit Stetigförderer (Bild 4.2.2) eignen sich besonders für den Schüttgutumschlag bei sehr großen Spannweiten.

Die Gutaufnahme erfolgt durch den auf dem Obergurt laufenden Greiferdrehkran oder teilweise auch über Saugförderer (Abschnitt 6.6.1), die das Fördergut über einen Zwischenbunker (am Brückenende) auf den in der Brücke eingebauten Stetigförderer übergeben. Dieser fördert das Schüttgut längs der Brücke und ermöglicht bei entsprechender Auslegung die Abgabe an jeder Zwischenstelle – z. B. über einen horizontal verfahrbaren und in der Drehrichtung umkehrbaren Bandförderer mit Teleskopabgaberohren an beiden Enden (Bild 4.2.2).

Diese Brücken erfordern einen sehr hohen Bauaufwand, sind jedoch für die größten Fördermengen, bei stetigem Gutstrom und sehr großen Spannweiten, gut geeignet.

In Sonderfällen werden Verladebrücken mit Wipp-, Verschiebe- und Schwenkbrücken ausgerüstet.

Wippbrücken Die seeseitigen Kragausleger dieser Laufkatzbrücken werden wippbar ausgebildet, so daß auch bei hohen Schiffsaufbauten die Brücke verfahren werden kann (Bild 4.2.3).

Verschiebebrücken Die Brücke kann auf ihren Stützen in horizontaler Richtung verschoben werden. Wegen der ausschließlich horizontalen Lastbewegung (keine Hubarbeit) ergeben sich kürzere Arbeitszeiten; der Einsatz von Drehkranen an Stelle von Laufkatzen ist möglich.

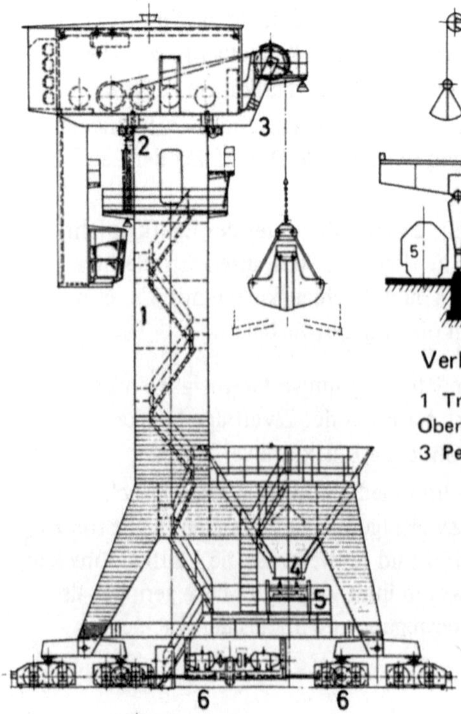

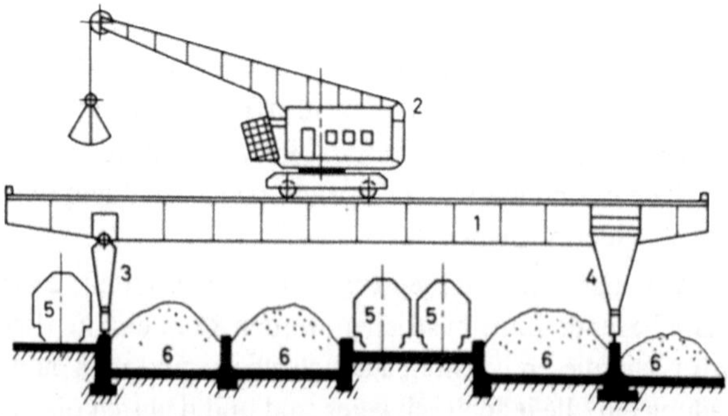

Verladebrücke mit Drehkran

1 Trapezförmiger Kastenträger (Einträgerbrücke), 2 auf Obergurt fahrbarer Greiferdrehkran mit festem Ausleger, 3 Pendelstütze, 4 Feste Stütze, 5 Bahnwagen, 6 Halde

Verladebrücke mit Laufkatze (MAN)

Seitensicht auf Feste Stütze 1

1 Feste Stütze, 2 Einträgerbrücke mit Rechteckquerschnitt, 3 Winkellaufkatze mit Mehrseilgreiferhubwerk und Fahrwerk, 4 Aufgabetrichter, 5 Bandförderer für Materialweitertransport, 6 Kranfahrwerk (Antrieb je Fahrschemel und Stütze)

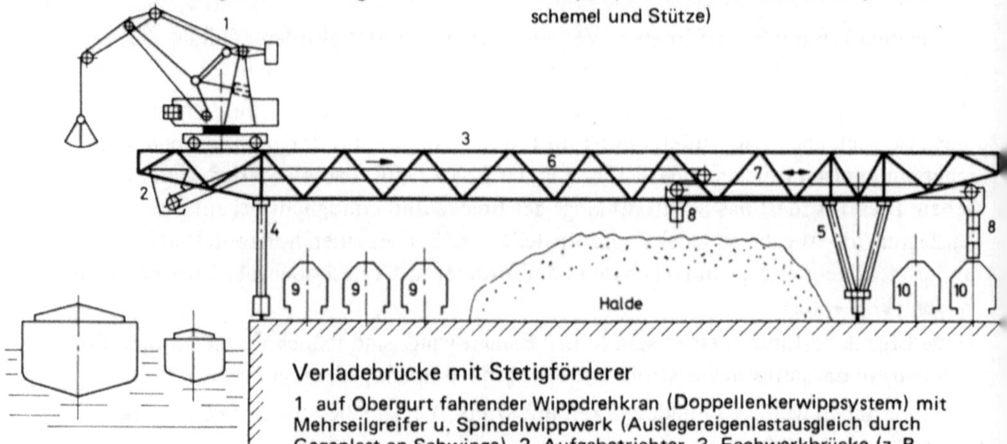

Verladebrücke mit Stetigförderer

1 auf Obergurt fahrender Wippdrehkran (Doppellenkerwippsystem) mit Mehrseilgreifer u. Spindelwippwerk (Auslegereigenlastausgleich durch Gegenlast an Schwinge), 2 Aufgabetrichter, 3 Fachwerkbrücke (z. B. aus 2 parallelen durch Querverbände verbundenen Rohrträgern), 4 Pendelstütze, 5 Feste Stütze, 6 Fester Bandförderer, 7 horizontal verfahrbarer und in der Drehrichtung umkehrbarer Bandförderer, 8 Abgaberohre (z. B. Teleskoprohre, an verfahrbarem Bandförderer befestigt), 9, 10 Bahnwagen

Arbeitsmöglichkeiten:
1. Schiff → Schiff durch Wippdrehkran, 2. Schiff → Bahnwagen 9 durch Wippdrehkran,
3. Bahnwagen 9 → Schiff durch Wippdrehkran, 4. Schiff → Halde durch Wippdrehkran und Bandförderer 6 und 7, 5. Schiff → Bahnwagen 10 durch Wippdrehkran und Bandförderer 6 und 7,
6. Halde → Bahnwagen 9 durch Wippdrehkran, 7. Bahnwagen 9 → Halde durch Wippdrehkran

Bild 4.2.2. Bauarten von Verladebrücken

Schwenkbrücken Die in der Horizontalebene gelenkig mit ihren Stützen verbundene Brücke läßt sich, in gewissen Grenzen, schrägstellen. Somit können z. B. zwei auf der gleichen Fahrbahn stehende Brücken gleichzeitig ohne gegenseitige Behinderung aus einer Schiffsluke fördern. Außerdem sind durch die besondere Brückenlagerung die statischen Verhältnisse eindeutig, und der Kranfahrantrieb benötigt keine speziellen Gleichlaufeinrichtungen.

Konstruktive Einzelheiten. Im Anschluß sind einige wichtige, vom normalen Kranbau abweichende Details kurz angeführt.

Brücken Verladebrücken mit einem auf dem Obergurt laufenden Drehkran oder Winkellaufkatzen haben den einfachsten Aufbau. Sie werden bei mittleren und teilweise auch bei großen Spannweiten als Einträgerbrücken in Kastenbauweise erstellt, da dann einfache und niedrige Stützen möglich sind.

Bei Verwendung von Unterflansch- oder Zweischienenlaufkatzen sind die Stützen portalartig auszuführen.

Wipp-, Verschiebe- und Schwenkbrücken haben einen höheren Bauaufwand. Die Wippbrücken mit einziehbarem Kragausleger (Bild 4.2.3) erhalten am Drehpunkt des Auslegers eine turmartig erhöhte Stütze (Pylon), an deren oberen Teil die Umlenkrollen für die zum Einziehen des Kragteiles erforderlichen Seile gelagert sind. Die dazu notwendige Seilwinde sitzt meist über der anderen, normal ausgebildeten Stütze auf der eigentlichen Brücke.

Ausführung und Berechnung der Brücken analog Abschnitte 2.9 und 4.1.1.1; Ausbildung der Stützen siehe Abschnitt 4.2.1. Die Stützen sind sehr stark auf Knickung beansprucht; bei größeren Kastenquerschnitten sind deshalb innen Versteifungen anzubringen.

Brückenfahrwerke Die Stützen übertragen ihre Last auf die beiden tiefliegenden Kranfahrwerksträger, in denen die Kranlaufräder gelagert sind (analog dem Kopfträger beim Brückenkran). Bei Portalstürzen werden diese Träger oft durch ein Zugband ersetzt, wobei die Last jedes Stützenteiles direkt auf die darunter angebrachten Fahrschemel geht.
Da es sich bei Verladebrücken um sehr schwere Anlagen handelt, werden die Laufräder paarweise in Fahrschemeln angeordnet, so daß sich die gesamte Brücke auf mindestens acht Laufrädern abstützt (Bild 4.2.2). Bei leichteren Anlagen reicht der Antrieb eines Fahrschemels je Seite aus; bei Großanlagen kommt der Einzelantrieb an allen vier Ecken zur Anwendung. Zentralantriebe sind wegen der größeren Spannweiten nicht gebräuchlich – vereinzelt in Sonderfällen bei kleineren Bockkranen.

Aufgrund der großen Spannweiten und der Mehrfachantriebe ist besonders auf den Gleichlauf der Brücke zu achten. Ein Schräglauf tritt vor allem durch die ungleiche Motorbelastung und Bremswirkung auf. Um das zu verhindern, werden alle Motore über eine „Elektrische Welle" miteinander gekoppelt und zusätzlich auch noch Gleichlaufeinrichtungen angebracht. Sie ermitteln die Abweichung von der parallelen Lage der beiden Fahrwerksträger über die Messung von Strecken, Winkeln oder Kräften und geben die entsprechenden Steuerimpulse an den jeweiligen Fahrantrieb. Verladebrücken mit Eckantrieb werden oft nur über die oben beschriebenen Gleichlaufeinrichtungen gesteuert. Bei Schwenkbrücken reicht wegen der möglichen Brückenschrägstellung eine einfache Handsteuerung aus.

Sonderkonstruktionen. Hierbei handelt es sich um Einzweckgeräte für den Stück- und Schüttgutumschlag; zwei wichtige Ausführungen sind im Anschluß beschrieben.

Schiffsentlader Schiffsentlader (Bild 4.2.3) sind Verladebrücken mit kurzen Spannweiten und wasserseitig langen Kragbrücken, die als Verschiebe- oder Wippbrücken ausgebildet werden. Die Laufkatzen sind wegen der großen Ausladung häufig als Seilzuglaufkatzen ausgeführt. Für den Containerumschlag (Stückgut) kommen Spreader und für die Schüttgutaufnahme Greifer zur Anwendung.

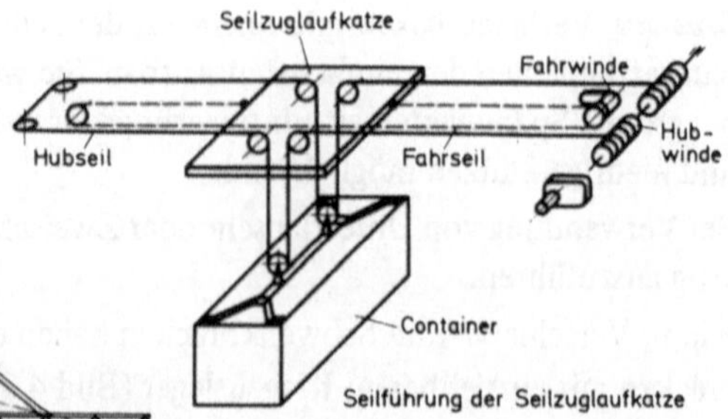

Seilführung der Seilzuglaufkatze

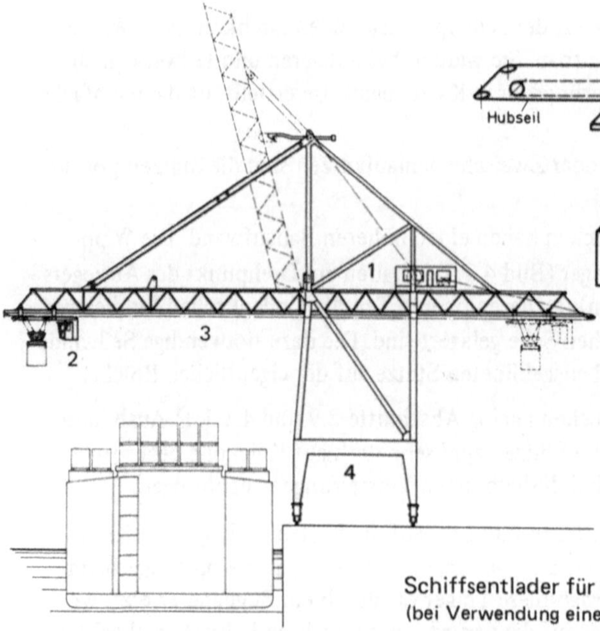

1 Maschinenhaus mit Hub- und Fahrwinde für die Seilzuglaufkatze sowie Wippwerk für den Wippausleger
2 Seilzuglaufkatze mit Führerkabine
3 Krankbrücke mit Wippausleger (in Fachwerkbauweise)
4 Portal (in Vollwandbauweise)

Schiffsentlader für Stückgut (DEMAG)
(bei Verwendung eines Greifers auch für Schüttgut geeignet)

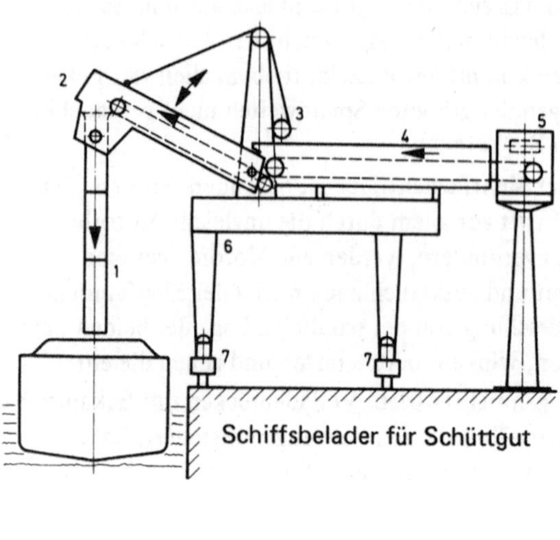

1 **Teleskoprohr**
2 **Wippausleger mit Bandförderer**
3 **Wippwerk (Seilwinde)**
4 **Bandförderer mit Abdeckung (Witterungsschutz)**
5 **Bandbrücke am Ufer (Zubringer-Gutabgabe z. B. über Abwurfwagen auf waagrechten Bandförderer des Schiffsbeladers)**
6 **Portalkran als Tragkonstruktion**
7 **Kranfahrwerk**

Schiffsbelader für Schüttgut

Bild 4.2.3. Schiffsbe- und -entlader

Die Container werden an Land durch Flurfördermittel (Abschnitte 5.2 und 5.3) und die Schüttgüter mit Hilfe von Stetigförderern (z. B. Bandförderer) zu den Lagerplätzen weitergefördert.

Schiffsbelader Sie dienen zur Schiffsbeladung von Lagerplätzen aus. Bei der Schüttgutbeladung erfolgt die Gutaufgabe von dem an Land laufenden Bandförderer auf einen in der kurzen Brücke eingebauten Stetigförderer, der das Fördergut bis zum wasserseitigen Brückenende transportiert (Bild 4.2.3). Von dort wird es senkrecht abwärts in den Schiffsladeraum gefördert. Je nach Art des Fördergutes kommen hierfür vertikal bewegliche Rohre (Fallrohre), Rutschen oder Wendelrutschen sowie Becherwerke in Frage (Abschnitte 6.5.1 und 6.3.5). Durch seitliches Schwenken der Rutschen kann das Fördergut über geringere Längen auf dem Schiffsboden verteilt werden, ohne die Brücke dabei zu verfahren.

Stückgutumschlag siehe Schiffsentlader.

4.2.3. Beispiel

16 Einträger-Verladebrücke mit Winkellaufkatze für Greiferbetrieb

Tragwerk: $L = 20$ m, $L_1 = 7$ m, $L_2 = 0{,}6$ m, $h = 8$ m, $H = 1{,}2$ m, $B = 0{,}8$ m, Blechstärke des Brückenträgers $s = 10$ mm, Metergewicht des Brückenträgers aus St.37 $m_L = 500\,\frac{kg}{m}$, Hubklasse H3.

Brückenfahrwerk: Fahrgeschwindigkeit $v_{KR} = 31{,}5\,\frac{m}{min}$, Anlaufzeit $t_A = 5$ s, Bremszeit $t_{Br} = 3$ s, Winddruck $p_{Wi} = 400$ (bei Betrieb) bzw. $1200\,\frac{N}{m^2}$ (außer Betrieb-Sturm), Wirkungsgrad des Antriebes $\eta = 0{,}8$, zulässiges Verhältnis von Anlauf- zu Nennleistung $\left(\frac{P_A}{P_N}\right)_{zul} = 1{,}6$, Einheitsfahrwiderstand $w = 10$ ‰, $L_R = 4{,}6$ m, Eigenlast einer Stütze mit Fahrwerk einschl. Bodenträger $m_{St} = 4$ t, je Seite 1 Fahrwerk.

Greiferlaufkatze: Winkellaufkatze, Eigenlast der Laufkatze $m_{KA} = 5$ t, Hublast (einschl. Greifereigenlast) $m_H = 8$ t, Fahrgeschwindigkeit $v_{KA} = 125\,\frac{m}{min}$, Bremszeit $t_{Br} = 3$ s, Zweimotoren-Greiferwinde mit Planetengetriebe nach Bild 4.1.4 für Mehrseilgreifer mit je 2 Hub- und Halteseilen (Zwillingszüge), Seile nach DIN 3055, Triebwerkgruppe 3_m, Motordrehzahlen des Hub- und Haltemotors $n_{Mot} = 720\,min^{-1}$, Wirkungsgrad der Greiferwinde einschl. der Flaschenzüge $\eta = 0{,}8$, Hubgeschwindigkeit $v_H = 25\,\frac{m}{min}$.

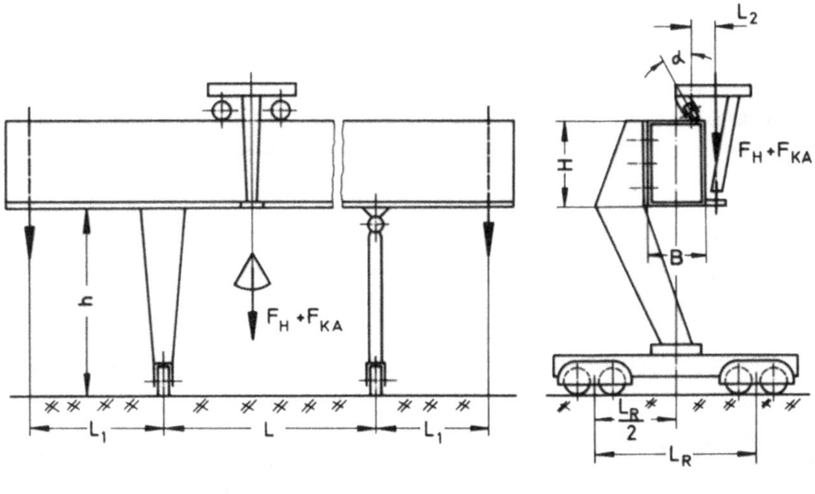

Gesucht:

1. Maximale Radkräfte F_R der Laufkatzlaufräder und Winkel α (die Radkräfte der schrägstehenden oberen Laufräder sollen ⊥ zur Laufschiene stehen).
2. Allgemeiner Spannungsnachweis für den Brückenträger (nur Hub-, Eigen- und Windlast berücksichtigen).
3. Nennleistung P_N der Kranfahrwerke.
4. Standsicherheit ν_S während des Betriebes; Standsicherheit ν_S, wenn die Anlage „außer Betrieb" ist (Sturm).
5. Seil- und Trommeldurchmesser sowie Trommeldrehzahlen für die Hub- und Haltetrommel, Nennleistung P_N für Hub- und Haltemotor.
6. Drehzahlen und Übersetzungen im Planetengetriebe, in tabellarischer Übersicht angeben.

Lösung:

1.

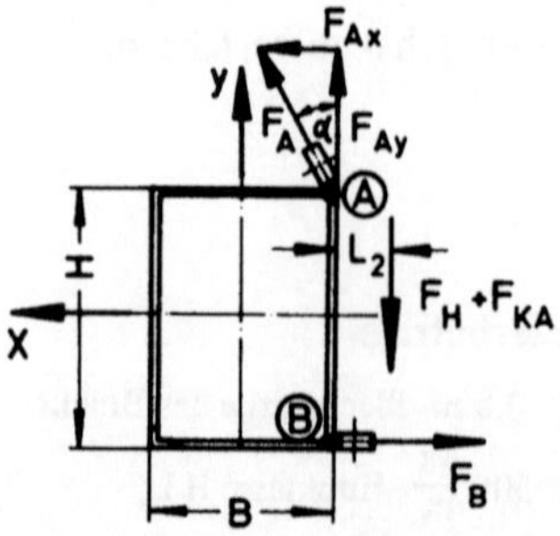

Unteres Laufrad

$$\Sigma \text{ Mom } Ⓐ = 0: F_B = \frac{(F_H + F_{KA})\, L_2}{H} = \frac{(80 + 50)\, 0{,}6}{1{,}2} = 65 \text{ kN}$$

Die maximale Radkraft $F_{RU} \mathrel{\hat{=}} F_B$ (nur ein Laufrad) $\underline{\underline{F_{Ru} = 65 \text{ kN}}}$

Obere Laufräder

$\Sigma F_y = 0: F_{Ay} = F_H + F_{KA} = 80 + 50 = 130$ kN

$F_{Ax} \mathrel{\hat{=}} F_B = 65$ kN

Aus F_{Ax} und F_{Ay} ergibt sich F_A zu:

$$F_A = \sqrt{F_{Ay}^2 + F_{Ax}^2} = \sqrt{130^2 + 65^2} = 146 \text{ kN}$$

Die Obere Radkraft $F_{RO} \mathrel{\hat{=}} \frac{F_A}{2} = 73$ kN (2 Laufräder) $\underline{\underline{F_{RO} = 73 \text{ kN}}}$

Winkel α aus $\tan\alpha = \frac{F_{Ax}}{F_{Ay}} = \frac{65}{130} = 0{,}5 \rightarrow \alpha = 26{,}5°$ $\underline{\underline{\alpha = 26{,}5°}}$

2. Biege- und Torsionswiderstandsmomente für den Brückenträger

Biegewiderstandsmoment $W_{bx} = \frac{BH^3 - bh^3}{6H} = \frac{80 \cdot 120^3 - 78 \cdot 118^3}{6 \cdot 120} = 14{,}0 \cdot 10^3$ cm³

$\underline{W_{bx} = 14{,}0 \cdot 10^3 \text{ cm}^3}$

$b = B - 2s = 78$ cm, $h = H - 2s = 118$ cm

Biegewiderstandsmoment $W_{by} = \frac{HB^3 - hb^3}{6B} = \frac{120 \cdot 80^3 - 118 \cdot 78^3}{6 \cdot 80} = 11{,}3 \cdot 10^3$ cm³

$\underline{W_{by} = 11{,}3 \cdot 10^3 \text{ cm}^3}$

Torsionswiderstandsmoment $W_t = 2A_m s = 2 \cdot 9400 \cdot 1 = 18800$ cm³ $\underline{W_t = 18{,}8 \cdot 10^3 \text{ cm}^3}$

$A_m = (B - s)(H - s) = 79 \cdot 119 = 9400$ cm²: Flächeninhalt der von der Mittelinie umgrenzten Fläche (Bredtsche Formel).

Allgemeiner Spannungsnachweis im Lastfall H

Nur Hub- und Eigenlasten berücksichtigen. Die maximale Biegespannung liegt an den Stützen – Hublast bei L_1. Hublast m_H und Eigenlast der Laufkatze m_{KA} vereinfacht als Punktlast ansetzen – symmetrisch zum Brückenträger angreifend.

Biegemoment durch Hublast M_H analog Gl. (2.9.7)

$M_H = F_H L_1 = 80000 \cdot 7 = 560000$ Nm $\underline{M_H = 560000 \text{ Nm}}$

Biegemoment durch Eigenlast M_G (aus Brücke und Laufkatze) analog Gl. (2.9.6)

$$M_G = \frac{F_{KR'} L}{8} \frac{4 L_1^2}{L^2} + F_{KA} L_1 = \frac{100000 \cdot 20}{8} \frac{4 \cdot 7^2}{20^2} + 5000 \cdot 7 = 157500 \text{ Nm}$$ $\underline{M_G = 157500 \text{ Nm}}$

Eigenlastkraft des Brückenträgers über Länge L $F_{KR'} = m_L\, g\, L = 500 \cdot 10 \cdot 20 = 100000$ N
Hublastbeiwert $\psi = 1{,}3 + 0{,}007 \cdot v_H = 1{,}3 + 0{,}007 \cdot 25 = 1{,}47$; nach Bild 2.9.4
Eigenlastbeiwert $\varphi = 1{,}1$; nach Bild 2.9.4.
Biegespannung für Lastfall H nach Gl. (2.9.4)

$$\sigma_H = \frac{\varphi M_G + \psi M_H}{W_{bx}} = \frac{1{,}1 \cdot 15750 + 1{,}47 \cdot 56000}{14000} = 7{,}1\ \frac{kN}{cm^2} \qquad \underline{\sigma_H = 71\ \frac{N}{mm^2}}$$

Durch die Winkellaufkatze ergibt sich eine zusätzliche Torsionsspannung. Torsionsmoment, aufgeteilt in M_G und M_H, analog den Gln. (2.9.6) und (2.9.7) berechen – siehe oben.

$$M_G = F_{KA}\left(\frac{B}{2} + L_2\right) = 50000 \cdot 1 = 50\,000\ \text{Nm} \qquad \underline{M_G = 50000\ \text{Nm}}$$

$$M_H = F_H\left(\frac{B}{2} + L_2\right) = 80000 \cdot 1 = 80\,000\ \text{Nm} \qquad \underline{M_H = 80000\ \text{Nm}}$$

Torsionsspannung für Lastfall H analog Gl. (2.9.4)

$$\tau_H = \frac{\varphi M_G + \psi M_H}{W_t} = \frac{1{,}1 \cdot 5000 + 1{,}47 \cdot 8000}{18800} = 0{,}92\ \frac{kN}{cm^2} \qquad \underline{\tau_H = 9{,}2\ \frac{N}{mm^2}}$$

Vergleichsspannung für Lastfall H

$$\sigma_{vH} = \sqrt{\sigma_H^2 + 3\,\tau_H^2} = 10\sqrt{50{,}4 + 3 \cdot 0{,}85} = 72{,}8\ \frac{N}{mm^2}$$

$$\underline{\underline{\sigma_{vH} = 72{,}8\ \frac{N}{mm^2} < \sigma_{vH\,zul} = 160\ \frac{N}{mm^2}}}$$

($\sigma_{vH\,zul}$ siehe Bild 2.9.3)

Allgemeiner Spannungsnachweis im Lastfall HZ
Windlast als Zusatzlast, Biegemoment M_{Wi} durch Windkräfte analog Gl. (2.9.9)

$$M_{Wi} = \frac{p_{Wi} A_{Wi} L}{8}\,\frac{4 L_1^2}{L^2} = \frac{400 \cdot 40{,}8 \cdot 20}{8}\,\frac{4 \cdot 49}{400} = 20000\ \text{Nm} \qquad \underline{M_{Wi} = 20000\ \text{Nm}}$$

Windangriffsfläche $A_{Wi} \approx H(L + 2\,L_1) = 1{,}2 \cdot 34 = 40{,}8\ m^2$
Winddruck $p_{Wi} = 400\ \frac{N}{m^2}$ (Wert für „Betriebszustand" ansetzen)
Biegespannung für Lastfall HZ nach Gl. (2.9.5)

$$\sigma_{HZ} = \sigma_H + \frac{M_{Wi}}{W_{by}} = 7{,}1 + \frac{2000}{11300} = 7{,}3\ \frac{kN}{cm^2} \qquad \underline{\sigma_{HZ} = 73\ \frac{N}{mm^2}}$$

Der Windeinfluß ist relativ gering, so daß auf die Ermittlung von σ_{vHZ} verzichtet werden kann.

$$\underline{\underline{\sigma_{vHZ\,zul} = 180\ \frac{N}{mm^2}}}$$

(siehe Bild 2.9.3)

. Vollastbeharrungsleistung P_V nach Gl. (2.6.4)

$$P_V = \frac{F_W v_F}{\eta} + \frac{A_{Wi}\, p_{Wi}\, v_F}{\eta} = \frac{3800 \cdot 0{,}53}{0{,}8} + \frac{40{,}8 \cdot 400 \cdot 0{,}53}{0{,}8} = 13\,320\ \frac{Nm}{s} \qquad \underline{P_V = 13{,}32\ \text{kW}}$$

Fahrwiderstand F_W nach Gl. (2.3.3)

$F_W = w\, \Sigma F_R = 0{,}01 \cdot 380000 = 3\,800$ N $\qquad \underline{F_W = 3800\ \text{N}}$

$\Sigma F_R = F_H + F_{KA} + F_{KR} + 2\,F_{St} = 80 + 50 + 170 + 2 \cdot 40 = 380$ kN

Gewichtskraft der Kranbrücke $F_{KR} = m_L\, g\,(L + 2\,L_1) = 0{,}5 \cdot 10 \cdot 34 = 170$ kN

Beschleunigungsleistung P_B nach Gl. (2.6.5), (rotierende Massen vernachlässigt)

$$P_B = m_F\,\frac{v_F}{t_A}\,\frac{v_F}{\eta} = 38000\,\frac{0{,}53}{5}\,\frac{0{,}53}{0{,}8} = 2660\ \frac{Nm}{s} \qquad \underline{P_B = 2{,}66\ \text{kW}}$$

Fahrlast $m_F = m_H + m_{KA} + m_{KR} + 2\,m_{St} = 5 + 8 + 17 + 2 \cdot 4 = 38$ t

Anlaufleistung $P_A = P_V + P_B = 13{,}32 + 2{,}66 = 15{,}98$ kW $\quad \underline{P_A = 15{,}98 \text{ kW}}$

Nennleistung P_N nach Gln. (27.1) und (2.7.2)

$P_N = P_V = 13{,}32$ kW (maßgebend) $\quad \underline{\underline{P_N = 7 \text{ kW}}}$ (je Fahrwerk)

$$P_N = \frac{P_A}{1{,}6} = \frac{15{,}98}{1{,}6} = 10 \text{ kW}$$

4. Kran im Betriebszustand

Die Standsicherheit ν_S ist in Kran- und Laufkatzfahrrichtung, jeweils bei der ungünstigsten Belastung, zu überprüfen

In Kranfahrrichtung

Wind- und Bremskräfte beachten.

Standsicherheit $\nu_S = \dfrac{\Sigma M_{stand}}{\Sigma M_{Kipp}} = \dfrac{743}{193} = 3{,}85$ $\quad \underline{\underline{\nu_S = 3{,}85}}$

$$\Sigma M_{stand} = (F_H + F_{KA}) \left[\frac{L_R}{2} - \left(\frac{B}{2} + L_2\right)\right] + F_{KR}\frac{L_R}{2} + 2\,F_{St}\frac{L_R}{2} = 130 \cdot 1{,}3 + 170 \cdot 2{,}3 + 2 \cdot 40 \cdot 2{,}$$

$$= 743 \text{ kNm}$$ $\quad \underline{\Sigma M_{stand} = 743 \text{ kNm}}$

$$\Sigma M_{Kipp} = A_{Wi}\,p_{Wi}\left(h + \frac{H}{2}\right) + (m_H + m_{KA})\frac{v_{KR}}{t_{Br}}(h + H) + m_{KR}\frac{v_{KR}}{t_{Br}}\left(h + \frac{H}{2}\right) + 2\,m_{St}\frac{v_{KR}}{t_{Br}}\frac{h}{2}$$

$$\Sigma M_{Kipp} = 40{,}8 \cdot 0{,}4 \cdot 8{,}6 + 13000\,\frac{0{,}53}{3}\,9{,}2 \cdot 10^{-3} + 17000\,\frac{0{,}53}{3}\,8{,}6 \cdot 10^{-3} + 2 \cdot 4000\,\frac{0{,}53}{3}\,4 \cdot 10^{-3}$$

$$= 193 \text{ kNm}$$ $\quad \underline{\Sigma M_{Kipp} = 193 \text{ kNm}}$

In Laufkatzrichtung

Ungünstigste Laststellung: Laufkatze bei L_1; Bremskräfte beachten

Standsicherheit $\nu_S = \dfrac{\Sigma M_{stand}}{\Sigma M_{Kipp}} = \dfrac{2500}{994} = 2{,}51$ $\quad \underline{\underline{\nu_S = 2{,}51}}$

$$\Sigma M_{stand} = F_{KR}\frac{L}{2} + F_{St}\,L = 170 \cdot 10 + 40 \cdot 20 = 2500 \text{ kNm}$$ $\quad \underline{\Sigma M_{stand} = 2500 \text{ kNm}}$

$$\Sigma M_{Kipp} = (F_H + F_{KA})\,L_1 + (m_H + m_{KA})\frac{v_{KA}}{t_{Br}}(h + H) = 130 \cdot 7 + 13000\,\frac{2{,}1}{3}\,9{,}2 \cdot 10^{-3} = 994 \text{ kNm}$$

$\underline{\Sigma M_{Kipp} = 994 \text{ kNm}}$

Kran außer Betrieb

Hubkraft $F_H = 0$. Nur Standsicherheit in Kranfahrrichtung von Bedeutung (mit hoher Windlast $p_{Wi} = 1200 \dfrac{N}{m^2}$). Kran in Ruhe: Keine Massenkräfte.

Standsicherheit $\nu_S = \dfrac{\Sigma M_{stand}}{\Sigma M_{Kipp}} = \dfrac{639}{450} = 1{,}42$ $\quad \underline{\underline{\nu_S = 1{,}42}}$

$$\Sigma M_{stand} = F_{KA}\left[\frac{L_R}{2} - \left(\frac{B}{2} + L_2\right)\right] + F_{KR}\frac{L_R}{2} + 2\,F_{St}\frac{L_R}{2} = 50 \cdot 1{,}3 + 170 \cdot 2{,}3 + 2 \cdot 40 \cdot 2{,}3 = 639 \text{ kNm}$$

$\underline{\Sigma M_{stand} = 639 \text{ kNm}}$

$$\Sigma M_{Kipp} = A_{Wi}\,p_{Wi}\left(h + \frac{H}{2}\right) = 40{,}8 \cdot 1{,}2 \cdot 9{,}2 = 450 \text{ kNm}$$ $\quad \underline{\Sigma M_{Kipp} = 450 \text{ kNm}}$

5. Maximale Seilkraft $F_S = \frac{F_H}{2} = 40$ kN (Zwill. Zug; 2 Seile)

Hubseil

Seildurchmesser d nach Gl. (2.1.1)

$d = c\sqrt{F_S} = 0{,}106\sqrt{40\,000} = 21{,}2$ mm — **d = 22 mm** (nach Bild 2.1.1)

Trommeldurchmesser D nach Gl. (2.1.2)

$D = h_1 h_2 d = 20 \cdot 1 \cdot 22 = 440$ mm – gewählt D = 485 mm — **D = 485 mm**

Beiwerte c, h_1 und h_2 nach Bild 2.1.2

Halteseil

Analog Hubseil, maximale Seilkraft 75 % der Hubseilkraft: $F_S = 30$ kN — **d = 22 mm**

Seildurchmesser $d = c\sqrt{F_S} = 0{,}106\sqrt{30\,000} = 18{,}3$ mm — **D = 485 mm**

Seil- und Trommeldurchmesser von Hub- und Haltetrommel gleich groß gewählt.

Trommeldrehzahl $n_T = \frac{v_H}{\pi D} = \frac{25}{3{,}14 \cdot 0{,}485} = 16{,}4\ \text{min}^{-1}$ — **$n_T = 16{,}4\ \text{min}^{-1}$**

Hubmotor

Nennleistung $P_N \mathrel{\hat{=}}$ Vollastbeharrungsleistung P_V nach Gl. (2.6.1)

$P_N \mathrel{\hat{=}} P_V = \frac{F_H v_H}{\eta} = \frac{80\,000 \cdot 0{,}33}{0{,}8} = 33\,000\ \frac{\text{Nm}}{\text{s}}$ — **$P_N = 33$ kW**

Haltemotor

Mit ca. 50 % der Hubmotorleistung auslegen — **$P_N = 17$ kW**

6. Teilkreisdurchmesser $d_{01} = 80$ mm gewählt (aus Festigkeitsberechnung für die Getriebewelle 1). Aufbau und Bezeichnung des Getriebes analog Bild 4.1.4

Hubmotor läuft

Für Heben und Senken, Haltemotor steht: $n_7 = 0$, n_1 in positiver Drehrichtung angenommen.

$i_{1-4} = \frac{n_1}{n_4} = \frac{720}{16{,}4} = 43{,}8$

$i_{1-2} = i_{3-4} = -\sqrt{43{,}8} = -6{,}61$ (jede Stufe mit gleicher Übersetzung angenommen)

$n_2 = n_3 = \frac{n_1}{i_{1-2}} = \frac{720}{-6{,}61} = -108{,}7\ \text{min}^{-1}$ $\quad n_4 \mathrel{\hat{=}} n_T = 16{,}4\ \text{min}^{-1}$

$d_{02} = |i_{1-2}|\, d_{01} = 6{,}61 \cdot 80 = 529$ mm

$d_{03} = 100$ mm (gewählt; analog d_{01} – siehe oben)

$d_{04} = |i_{3-4}|\, d_{03} = 6{,}61 \cdot 100 = 661$ mm

Planetengetriebe

$n_{5'} - n_7 \cdot i_{5'-7} = n_S (1 - i_{5'-7})$ $\quad n_7 = 0,\ n_S = n_8$ $\quad$ hieraus: $\frac{n_{5'}}{n_8} = 1 - i_{5'-7}$

$d_{05} = d_{02} = 529$ mm und $d_{05'} = 485$ mm (gewählt)

$i_{5'-7} = 1 - \frac{n_{5'}}{n_8} = 1 - \frac{108{,}7}{98{,}4} = -0{,}105$ $\quad n_9 \mathrel{\hat{=}} n_T = -16{,}4\ \text{min}^{-1}$ (Haltetrommel mit entgegengesetzter Drehrichtung wählen)

$n_{5'} = n_5 = n_2 \cdot i_{5-2} = -108{,}7\,(-1) = 108{,}7\ \text{min}^{-1}$

$i_{5-2} = -\frac{d_{02}}{d_{05}} = -1$ $\quad i_{8-9} = \frac{n_8}{n_9} = -6$ gewählt, hieraus:

$i_{5'-7} = \frac{d_{07}}{d_{05'}} \rightarrow d_{07} = d_{05'}\, |i_{5'-7}| = 485 \cdot 0{,}105 = 50{,}9$ mm $\quad n_8 = i_{8-9} \cdot n_9 = -6\,(-16{,}4) = 98{,}4\ \text{min}^{-1}$

$d_{07} = 50{,}9$ mm (festigkeitsmäßig überprüfen)

$$d_{06} = \frac{d_{05} - d_{07}}{2} = \frac{485 - 50{,}9}{2} = 217{,}05$$

$d_{09} = |i_{8-9}|\, d_{08} = 6 \cdot 100 = 600$ mm

$d_{08} = 100$ mm – gewählt (festigkeitsmäßig überprüfen

$$n_6 - n_7 \cdot i_{6-7} = n_5\,(1 - i_{5-7}) \rightarrow n_6 = n_5\,(1 - i_{6-7}) = 98{,}4\,(1 + 4{,}28) = 520\ \text{min}^{-1}$$

$$i_{6-7} = -\frac{d_{06}}{d_{07}} = -\frac{217{,}5}{50{,}9} = -4{,}28$$

Relativdrehzahl der Planetenräder $n_{6'} = n_6 - n_S = 520 - 98{,}4 = 421{,}6\ \text{min}^{-1}$ (maßgebend für die Lagerauslegung der Planetenräder)

Haltemotor läuft

Hubmotor gebremst, Hubtrommel steht: $n_{5'} = 0$ ($n_1 = n_2 = n_5 = n_3 = n_4 = 0$)

$$n_7 - n_{5'} \cdot i_{7-5'} = n_S\,(1 - i_{7-5'}) \text{ hieraus: } n_S = n_8 = \frac{n_7}{1 - i_{7-5'}} = \frac{720}{1 + 9{,}53} = 68{,}3\ \text{min}^{-1}$$

$$i_{7-5'} = -\frac{d_{05'}}{d_{07}} = -\frac{485}{50{,}9} = -9{,}53$$

$$n_9 = n_8 \cdot i_{9-8} = 68{,}3\,(-0{,}167) = -11{,}4\ \text{min}^{-1} \qquad i_{9-8} = -\frac{d_{08}}{d_{09}} = -\frac{100}{600} = -0{,}167$$

Die Haltetrommel alleine läuft damit etwas langsamer als bei Antrieb durch den Hubmotor für beide Trommeln.

$$n_6 - n_{5'} \cdot i_{6-5'} = n_S\,(1 - i_{6-5'}),\ n_{5'} = 0 \qquad \text{hieraus: } n_6 = n_S\,(1 - i_{6-5'}) = 68{,}3\,(1 + 2{,}23) = 221\ \text{min}^{-1}$$

$$i_{6-5'} = -\frac{d_{05'}}{d_{06}} = -\frac{485}{217{,}05} = -2{,}23$$

Relativdrehzahl der Planetenräder $n_{6'} = n_6 - n_S = 221 - 68{,}3 = 152{,}7\ \text{min}^{-1}$

Zusammenstellung

Drehzahl in min^{-1}	Hubmotor läuft Haltemotor steht beide Trommeln laufen	Hubmotor steht Haltemotor läuft Hubtrommel steht Haltetrommel läuft	Teilkreisdruchmesser d_0 in mm
n_1	720	0	$d_{01} = 80$
$n_2 = n_3$	– 108,7	0	$d_{02} = 529$
–	–	–	$d_{03} = 100$
$n_4 = n_T$ (Hubtr.)	16,4	0	$d_{04} = 661$
$n_5 = n_{5'}$	108,7	0	$d_{05} = 529$
n_6	520	221	$d_{05'} = 485$
$n_{6'}$	421,6	152,7	$d_{06} = 271{,}05$
n_7	0	720	$d_{07} = 50{,}9$
$n_S = n_8$	98,4	68,3	$d_{08} = 100$
$n_9 = n_T$ (Haltetr.)	– 16,4	– 11,4	$d_{09} = 600$

4.3. Kabelkrane

Aufbau. Beim Kabelkran (Bild 4.3.1) wird die Kranbrücke durch ein Tragseil ersetzt, auf dem eine Seilzuglaufkatze fährt. Das Tragseil wird zwischen zwei Stützen (Türmen) abgespannt, wobei in einem Turm die Winden für das Hub- und Fahrseil untergebracht sind (Maschinenturm). Für unterschiedliche Arbeitsfelder sind folgende wichtige Bauarten gebräuchlich:

Kabelkrane mit feststehenden Türmen Beide Türme sind fest auf Fundamenten verankert: Linienförmiges Arbeitsfeld.

Kabelkrane mit seitlich schwenkbaren Türmen Beide Türme sind seitlich schwenkbar: Rechteckiges Arbeitsfeld mit kleinerer Arbeitsbreite.

Kabelkrane mit einem festen und einem fahrbaren Turm Der fahrbare Turm bewegt sich auf einer Kreisbahn: Kreissegment bzw. Kreisfläche als Arbeitsfeld.

Kabelkrane mit zwei fahrbaren Türmen Beide Türme sind verfahrbar: Rechteckiges Arbeitsfeld.

Als Tragseile kommen, wegen ihrer guten Witterungsbeständigkeit, verschlossene Seile (Abschnitt 2.1.1) in Frage. Die Fahr- und Hubseile sind normale Litzenseile. Das Fahrseil wird durch ein Gewicht gespannt und über eine Treibscheibe oder eine Treibtrommel in beiden Richtungen bewegt – Seilführung siehe Bild 4.3.1. Das Hubseil ist an einem Turm befestigt und läuft über Umlenkrollen an der Seilzuglaufkatze und am Maschinenturm

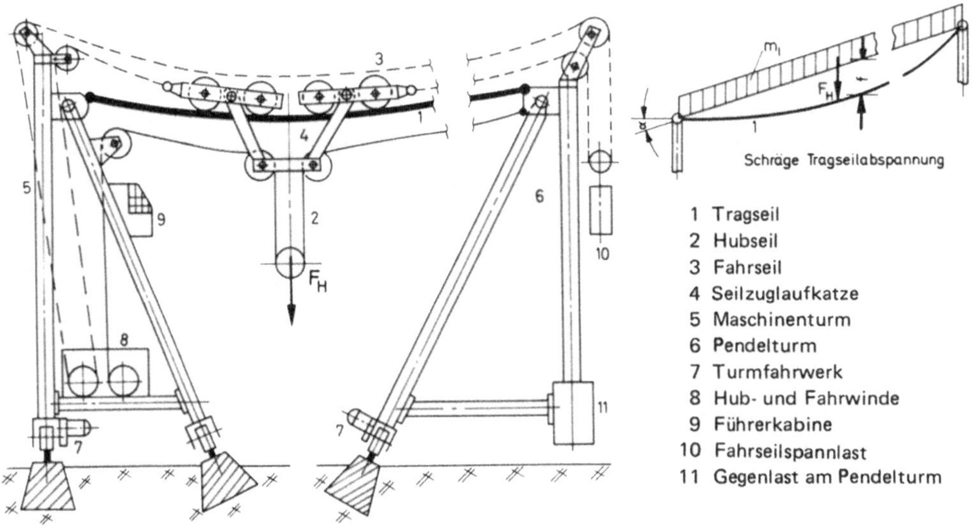

Bild 4.3.1. Kabelkran mit 2 fahrbaren Türmen

zur Hubwinde. Die Fahr- und Hubseile werden etwa alle 50 m über am Tragseil befestigte Seilträger oder -reiter abgestützt, die z. B. durch seitliche Abklappung die freie Durchfahrt der Seilzuglaufkatze ermöglichen. Die Seilträger gewährleisten einen nur geringen Durchhang der Hub- und Fahrseile, das Heben des nichtbelasteten Lastaufnahmemittels und verhindern einen zu starken Seilausschlag beim Anfahren und Bremsen.

Die in Schwingen gelagerten Laufräder der Seilzuglaufkatze ermöglichen das gleichmäßige Abtragen der Hublast auf dem Tragseil. Am Fachwerkgerüst der Seilzuglaufkatze sitzen unterhalb der Tragrollen die Umlenkrollen für das Hubseil. Bei hohen Traglasten kann zwischen diesen Rollen und dem Lastaufnahmemittel ein Flaschenzug eingebaut werden.

Die Türme werden wegen der meist großen Höhe und der Windbelastung in Fachwerkbauweise ausgeführt. Bei den fahrbaren Ausführungen hat der Maschinenturm an jeder Stütze Fahrwerke, der zweite Turm wird oft als Pendelturm gebaut (Einsparung einer Fahrbahn und der entsprechenden Fahrwerke, Spannen des Tragseiles). Die Schrägstütze des Maschinenturmes ist soweit schräg zu stellen, daß die Radkräfte möglichst senkrecht zu den auf Betonfundamenten liegenden Schienen wirken. Der Fahrantrieb der Türme erfolgt entweder über normale Fahrwerke oder auch am Ende der Fahrbahn angebrachte Seilwinden, die die Türme über die Fahrbahn ziehen. Bei der Auslegung der Türme und Fahrwerke ist besonders auf die Windkräfte (Kippen) und die Sicherung gegen Windabtrieb (z. B. durch Schienenzangen) zu achten (Abschnitt 2.8.4).

Die Bedienung wird meistens von der am Maschinenturm angebrachten Kabine aus vorgenommen, wobei bei längeren Spannweiten der Kranführer über ein Stellbild jederzeit die genaue Lage der Seilzuglaufkatze, des Lastaufnahmemittels und die Stellung der beiden Türme zueinander verfolgen kann. Die Abweichung der Türme von der Mittelstellung bei Parallelfahrt soll höchstens ± 3 % betragen. Teilweise werden auch Führerstandlaufkatzen und Fernbedienung, über Funk, eingesetzt. Als Lastaufnahmemittel kommen – je nach Einsatz – Haken, Greifer, Zangen oder Kübel in Frage.

Sonderausführungen sind *Portalkabelkrane* (mit leichter Brücke) und *Hellingkabelkrane* (mehrere Kabelkrane parallel an portalartigen Türmen).

Einsatz und technische Daten. Kabelkrane werden zur Arbeit auf großen Lagerplätzen, für den Materialtransport auf Großbaustellen – insbesondere in unwegsamem Gelände – und als Transportmittel zur Überquerung von Schluchten und Flüssen eingesetzt.

Spannweite 150 ... 1000 m
Traglast 2 ... 20 t, in Sonderfällen bis 200 t bei kurzen Spannweiten
Hubhöhe 10 ... 200 m, hohe Werte z. B. beim Überqueren von Schluchten
Turmhöhe bis 25 m
Hubgeschwindigkeit 30 ... 125 $\frac{m}{min}$
Katzfahrgeschwindigkeit 80 ... 450 $\frac{m}{min}$ (hohe Werte wegen großer Spannweite)
Turmfahrgeschwindigkeit 8 ... 25 $\frac{m}{min}$
Tragseildurchhang $f_{max} \approx \frac{l}{25} \dots \frac{l}{30}$

Der wesentliche Vorteil des Kabelkranes ist der geringe technische Aufwand zur Überbrückung sehr großer Spannweiten; nachteilig sind aber vor allem die starken Lastschwankungen in vertikaler Richtung durch die hohe Elastizität des Tragseiles.

Berechnung

Tragseil Das Tragseil ist auf Zug mit etwa 4-facher Sicherheit nachzurechnen.

$$F_{Smax} \approx \left(\frac{Fl}{4}\;\frac{1}{\cos\alpha} + \frac{m_l\, g\, l^2}{8}\;\frac{1}{\cos^2\alpha}\right)\frac{1}{f_{max}}$$

Maximale Zugkraft im Tragseil (4.3.1)

- F Hubkraft + Eigengewichtskraft der Laufkatze
- l Spannweite; Abstand der beiden Türme
- α Neigungs- bzw. Steigungswinkel – $\tan\alpha = \frac{\Delta H}{l}$ (ΔH Höhenunterschied der Befestigungspunkte des Tragseiles)
- m_l auf die Längeneinheit bezogene Masse des Tragseiles und der über die Seilreiter darauf abgetragenen Hub- und Fahrseile
- g Fallbeschleunigung
- f_{max} Maximaler Tragseildurchhang

Die Gl. (4.3.1) berücksichtigt durch ihren Aufbau, daß F als Punkt- und m_l als Streckenlast wirkt. Bei waagrechter Tragseilabspannung wird die Gleichung einfacher: $\alpha = 0°$, d. h. $\cos\alpha$ und $\cos^2\alpha = 1$.

Die Berechnung der Seilzuglaufkatze erfolgt nach Abschnitt 4.1.1.2, die der Türme analog 2.9 und die der Fahrwerke nach 2.6.4 und 4.1.1.4.

4.4. Drehkrane

4.4.1. Allgemeine Hinweise

Der Drehkran nimmt im Gegensatz zum Brücken- und Portalkran die Last außerhalb seiner Unterstützungsfläche über einen auskragenden Ausleger auf. Die Bewegung des Auslegers findet als Dreh- oder Schwenkbewegung um eine Drehachse statt, wobei der Ausleger fest, wipp- oder teleskopierbar ausgeführt werden kann.

Maßgebend ist der Radialweg der Hublast, der Drehwinkel und das Lastmoment $M_H = F_H\, l$

- F_H Hubkraft
- l Ausladung

Häufig erfolgt die Dimensionierung des Auslegers nach konstantem Lastmoment M_H, so daß bei großer Ausladung l nur eine entsprechend kleinere Traglast gehoben werden kann. Diese Abhängigkeit wird in einem Diagramm durch die Traglastkurve oder in einer Zahlentafel festgelegt.

Die erforderliche Standsicherheit wird durch die Anordnung einer Gegenlast gewährleistet, wobei oft die Eigenlast der einzelnen Maschinensätze hierfür ausgenutzt wird. Von besonderer Bedeutung sind die Überlastsicherungen gegen zu hohe Lastmomente (siehe Abschnitt 2.8.3), die mit Anzeige- und Warneinrichtungen zu versehen sind und bei überhöhter Last die betreffenden Maschinensätze automatisch abschalten.

Die wichtigsten Bauteile der Drehkrane sind der Ausleger, die Drehverbindung, der Unterbau und die einzelnen Maschinensätze.

Fester Ausleger. Der feste Ausleger erfordert bei ortsfesten Kranen eine Laufkatze; das Arbeitsfeld entspricht einem Kreisring. Bei fahrbaren Kranen reicht oft eine am Auslegerende angebrachte Umlenkrolle (Schnabelrolle) für die Hubseile aus, da durch die Kombination der Dreh- und Fahrbewegung des Kranes jeder Punkt innerhalb des rechteckigen Arbeitsfeldes erreicht werden kann.

Wippausleger. Beim Wippausleger (Abschnitt 4.4.3) genügt eine am Ende des Auslegers befestigte Schnabelrolle, auch bei ortsfesten Drehkranen, da die Ausladung durch das Wippen des Auslegers, innerhalb festgelegter Grenzen, verändert werden kann.

Die verschiedenen Ausführungen der Drehverbindungen für den drehbaren Oberteil gehen aus Abschnitt 4.4.2 und die Ausbildung der fahrbaren Unterbauten aus Abschnitt 4.4.4 hervor. Die Stromzuführung erfolgt über Schleifleitungen oder Kabel, zu den auf den Drehteilen sitzenden Triebwerken über spezielle Schleifkontaktköpfe. Die Bedienung geschieht vom Flur aus oder von einer am Drehteil befestigten Kabine, so daß der Kranführer bei jedem Drehwinkel die Last einwandfrei beobachten kann.

Teleskopausleger. Die Auslegerlänge wird durch Ineinanderschieben einzelner Auslegerteile verändert. Auch hier genügt, wie beim Wippausleger, eine am Auslegerende angebrachte Umlenkrolle.

Auslegung und Berechnung der Drehwerke sind aus Abschnitt 2.6.5, der Hubwerke und Laufkatzen aus 2.6.2 und 4.1.1.2, der Fahrwerke aus 2.6.4, der Wippwerke aus 2.6.3, der Ausleger und Tragkonstruktion aus 2.9 und 4.1.1.1 zu ersehen.

Die höchste Beanspruchung der Maschinensätze und der Tragkonstruktion tritt durch das Lastpendeln auf. Diese Beanspruchungen sind jedoch wegen der Überlagerung der Dreh-, Fahr-, Hub- und Wippbewegungen nur schwer zu erfassen. Der Kranführer kann diese Erscheinung durch entsprechendes Gegensteuern weitgehend einschränken (maximal zulässiger Ausschlagwinkel der Last nach jeder Richtung 6°). Gleichzeitig wird durch Endschalter die Pendelbewegung begrenzt (Triebwerke hierdurch abgeschaltet).

Drehkrane sind nach der Vielfalt ihrer Bauarten, der Verbreitung und der weiteren Entwicklungstendenz die wichtigste Krangruppe.

4.4.2. Lagerung des Drehteiles

Das drehbare Oberteil wird entweder über Säulen- oder Scheibensysteme auf dem Unterbau gelagert. Die wichtigsten Lagerungsarten sind:

Lagerung über eine feststehende Säule – Säulensystem. Die feststehende Säule wird in einer Fundamentplatte oder einem Fundamentstern (bei ortsfesten Drehkranen) bzw. einem Unterwagen (bei fahrbaren Drehkranen) verankert. Diese Lagerungsart ist auch für sehr schwere Anlagen gut geeignet. Das drehbare Oberteil wird über die feststehende Säule gestülpt und dort gelagert (Bild 4.4.1).

Am oberen Säulenende erfolgt die Lagerung des Drehteiles über ein Wälzlager, welches hohe axiale und radiale Kräfte aufnehmen kann (z. B. Axialpendelrollenlager); das Lager am unteren Säulenteil wird dann nur radial belastet. Bei kleinen Säulendurchmessern kommt hierfür ein normales Radiallager (z. B. Pendelkugellager) und bei größeren Säulendurchmessern die Lagerung über Druckrollen in Frage (Bild 4.4.1).

Bei hohen schlanken Säulen wird wegen der größeren Knickbeanspruchung manchmal die Lagerung umgekehrt: oben ist das Lager für Radial-, unten das Lager für Radial- und Axialkräfte. Bei kleineren Kranen kann die Lagerung des Drehteiles auch ausschließlich am oberen Säulenende vorgenommen werden.

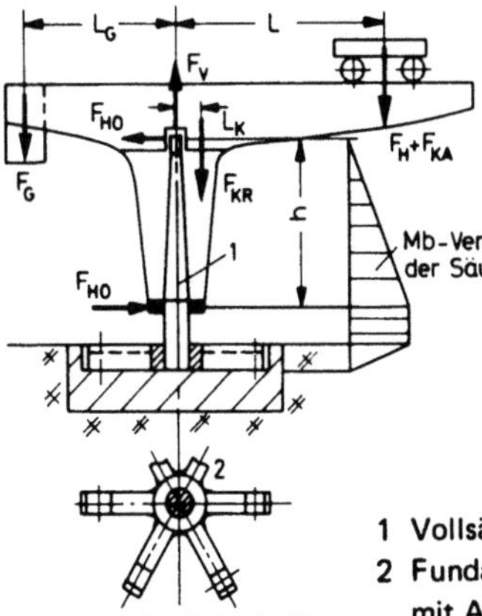

Lagerung des Drehteils über eine feststehende Säule

1 Vollsäule
2 Fundamentstern mit Armen aus Walzprofilen

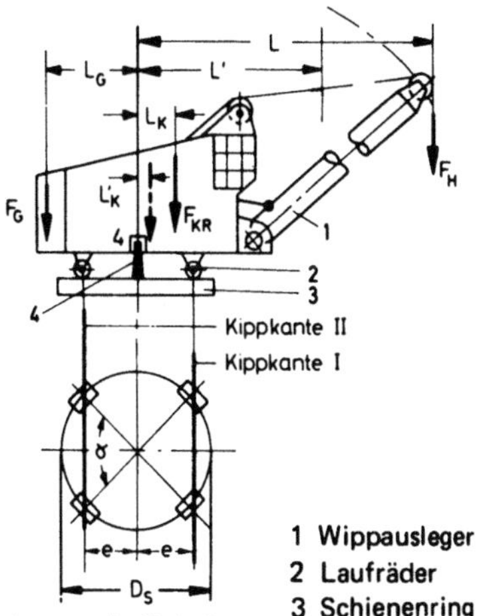

Lagerung des Drehteils über eine Drehscheibe

1 Wippausleger
2 Laufräder
3 Schienenring mit ϕ D_S
4 Königszapfen

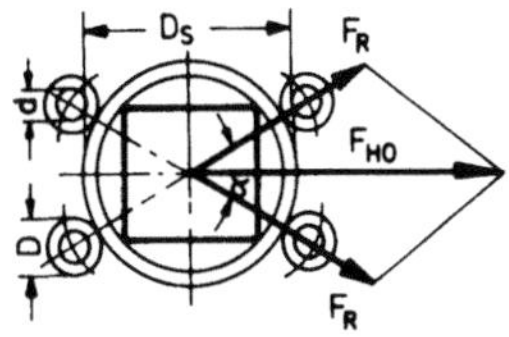

Untere Druckrollenlagerung

$$F_R = \frac{F_{HO}}{2\cos\frac{\alpha}{2}}$$ Druckrollenkraft

Winkel $\alpha \approx 60°$

Säule in Vollwandbauweise mit Quadratquerschnitt und Drehring mit ϕ D_S

Bild 4.4.1

Lagerungsarten des Drehteils

Für kleinere Lastmomente, $M_H \leqslant$ ca. 500 kNm, wird die Säule als Vollsäule oder Rohr, sonst allgemein in Vollwand- oder Fachwerkbauweise, ausgeführt.

Zur Gewichtsersparnis wird bei ortsfesten Kranen nur bei kleinen Anlagen eine Fundamentplatte gewählt; bei größeren Anlagen sind Fundamentsterne gebräuchlich. Beim Fundamentstern wird im Zentrum eine Platte zur Aufnahme des Säulenfußes vorgesehen, während die Lastübertragung auf das Fundament über mehrere Arme erfolgt (Bild 4.4.1).

Die Lagerkräfte und das maximale Biegemoment der Säule ergeben sich nach Bild 4.4.1 zu:

$$F_V = F_H + F_{KA} + F_{KR} + F_G$$ *Vertikalkraft* (4.4.1)

$$F_{HO} = \frac{F_H\, l + F_{KA}\, l + F_{KR} l_K - F_G l_G}{h}$$ *Horizontalkraft* (4.4.2)

$$M_{b\,max} = F_{HO} h$$ *Maximales Biegemoment* (4.4.3)

F_H	Hubkraft	F_G	Gegenlastkraft
F_{KA}	Eigenlastkraft der Laufkatze	l, l_K und l_G	siehe Bild 4.4.1
F_{KR}	Eigenlastkraft des Drehteiles		

Die Gegenlast ist in der Regel so zu wählen, daß das Auslegermoment und das halbe Lastmoment ausgeglichen sind: Günstige Beanspruchung der Säule. Unter Vernachlässigung der Eigengewichtskraft der Laufkatze wird damit das Biegemoment der Säule bei Vollast $M_b = \frac{F_H}{2} l$, bei Halblast $M_b = 0$ und bei Nullast $M_b = -\frac{F_H}{2} l$. Für die Wahl der Gegenlast ergibt sich hiernach folgende Bedingung:

$$F_G l_G = \frac{(F_H + F_{KA}) l}{2} + F_{KR} l_K$$

Die feststehende Säule ist unter Beachtung der Hinweise in Abschnitt 2.9 auf Druck σ_d und Biegung σ_b (Biegedruckspannung $\sigma = \sigma_d + \sigma_b$) sowie auf Knickung σ_k (bei Aufnahme der Vertikalkraft F_V am oberen Säulenende) nachzurechnen.

Die Drehwiderstandsmomente M_W ergeben sich zu:

$M_W = (F_{HO} + F_V)\,\mu\,\frac{d_o}{2} + F_{HO}\,\mu\,\frac{d_u}{2}$	*M_W für normale Lagerung*	(4.4.4)
$M_W = (F_{HO} + F_V)\,\mu\,\frac{d_o}{2} + \frac{\Sigma F_R}{\frac{D}{2}}\left(f + \mu\frac{d}{2}\right)\frac{D_S}{2}$	*M_W für Lagerung mit unteren Druckrollen*	(4.4.5)

F_{HO}, F_V	siehe oben
μ	Lagerreibungszahl
d_o und d_u	Lagerreibungsdurchmesser oben bzw. unten
ΣF_R	Σ Druckrollenkräfte
D	Druckrollendurchmesser
f	Hebelarm der rollenden Reibung
d	Lagerzapfendurchmesser der Druckrollen
D_S	Säulendurchmesser, auf dem die Druckrollen laufen

Der zweite Teil der Gl. (4.4.5) enthält den Roll- und Reibungswiderstand (Abschnitt 2.3.1), aus dem auch die Werte für μ und f hervorgehen.

Lagerung über eine drehbare Säule – Säulensystem. Hierbei wird der Ausleger drehfest mit der drehbaren Säule verbunden, wobei die Lagerung der Säule meist wie folgt vorgenommen wird:

Lagerung an beiden Enden Die Drehsäule wird an ihren beiden Enden gelagert, wobei das obere Lager die Radial- und das untere die Radial- und Axialkräfte aufnimmt – siehe Wanddrehkrane (Bild 4.4.4).

Fliegende Lagerung Hier entspricht der obere Säulenteil einem Kragarm, bei dem das untere Lager meist Radial- und Axialkräfte und das obere Lager nur Radialkräfte aufnimmt. Der obere Säulenteil ragt frei auskragend, als sogenannte Blocksäule, über das obere Lager hinaus; siehe Blocksäulenkran (Bild 4.4.7). Diese Lagerungsart ist für leichte und mittelschwere Anlagen gut geeignet. Die Berechnung der Lagerkräfte, der Gegenlast und des Drehwiderstandsmomentes erfolgt wie bei der Lagerung über eine feststehende Säule.

Lagerung über einen Drehkranz – Scheibensystem. Das drehbare Oberteil stützt sich über einen Drehkranz (Bild 2.6.4) ab. Diese heute am meisten verwendete Drehverbindung ist für leichte und schwere Anlagen gut geeignet, da sie bei entsprechender Größe sehr hohe Radial- und Axialkräfte sowie Momente aufnehmen kann. Drehkränze ermöglichen einen sehr gedrängten Aufbau bei gleichzeitig niedriger Schwerpunktslage (nur ein Lager für die Aufnahme aller Kräfte und Momente). Da die Wälzringe dieser Lager empfindlich gegen Biegebeanspruchungen sind, ist auf eine besonders starre Lagerung der Wälzringe im Unterbau und im Drehteil zu achten.

Weitere Einzelheiten sowie Hinweise zur Berechnung des Drehwiderstandsmomentes siehe Abschnitt 2.6.5.

Lagerung über eine Drehscheibe – Scheibensystem. Bei der Drehscheibenlagerung stützt sich das Drehteil über mehrere Laufräder auf einem Schienenring ab; die Zentrierung und Aufnahme der horizontalen Kräfte kann z. B. über einen Königszapfen vorgenommen werden (Bild 4.4.1).

Die resultierende vertikale Kraft darf in keinem Betriebszustand außerhalb des Schienenringes liegen. Dadurch entstehen recht große Schienenringdurchmesser D_S, die bewirken, daß diese Lagerungsart nur noch selten verwendet und heute durch die Drehkranzlagerung ersetzt wird.

Berechnung des Schienenringdurchmesser D_S (Bild 4.4.1). Für eine Überlast von 50 % (wegen der Sicherheit) ergibt sich aus ΣMom I = 0:

$$1{,}5\, F_H\, (l-e) = F_{KR}\, (e-l_K) + F_G\, (l_G + e)$$

I: Kippkante I
II: Kippkante II

Um möglichst gleichmäßige Radkräfte zu erzielen, sollen diese bei der Kippkante I mit der Hubkraft $F_H = F_H$ (Vollast) gleich den Radkräften bei der Kippkante II mit der Hubkraft $F_H = 0$ (Nullast) sein.

Fester Ausleger Aus Σ Mom II = 0, bei $F_H = F_H$: $F_I = \frac{1}{2e}\, [F_H (l+e) + F_{KR} (e + l_K) - F_G (l_G - e)]$. Aus Σ Mom I = 0, bei $F_H = 0$: $F_{II} = \frac{1}{2e}\, [F_{KR} (e-l_K) + F_G (l_G + e)]$

$F_I = F_{II}$ ergibt: $F_G l_G = \dfrac{F_H (l + e) + 2F_{KR} l_K}{2}$.

Setzt man diesen Wert in die obere Gleichung für 50 % Überlast ein, erhält man e und damit D_S zu:

$$D_S = \frac{2\,F_H\,l}{F_{KR} + F_G + 2F_H} \; \frac{1}{\cos\frac{\alpha}{2}}$$ *Schienenringdurchmesser* (4.4.6)

Winkel $\alpha \approx 50 \ldots 70°$ (siehe Bild 4.4.1)
Übrige Formelgrößen siehe vorn und Bild 4.4.1

Wippausleger

$$D_S = \frac{2F_H l + F_{KR}(l_K - l_{K'})}{F_{KR} + F_G + 2F_H} \; \frac{1}{\cos\frac{\alpha}{2}}$$ *Schienenringdurchmesser* (4.4.7)

l' und $l_{K'}$ gilt für ganz eingezogene Ausleger, siehe Bild 4.4.1.

Die Ableitung der Gl. (4.4.7) erfolgt analog der Ableitung von Gl. (4.4.6) mit folgenden Abweichungen:

F_I aus Σ Mom II = 0 bei $F_H = F_H$ (Vollast) und l (volle Ausladung)
F_{II} aus Σ Mom I = 0 bei $F_H = 0$ (Nullast) und l' (Ausleger ganz eingezogen).

Der Wert $(l_K - l_{K'})$ wird zunächst geschätzt, so daß D_S nach Gl. (4.4.7) berechnet werden kann. Nach anschließender Ermittlung des genauen Wertes von $(l_K - l_{K'})$ – nach Festlegen der exakten Konstruktionsdaten – ist bei größerer Abweichung gegenüber dem ursprünglich geschätzten Wert eine Korrekturrechnung für D_S durchzuführen.

Lagerung des Drehteiles Bei leichten Drehteilen reichen vier Laufräder aus, sonst sind allgemein acht Laufräder nötig, wobei je zwei in einem Fahrschemel untergebracht werden.

$$M_W \approx 1{,}25 \; \frac{\Sigma F_R}{\frac{D}{2}} \left(f + \mu \frac{d}{2}\right) \frac{D_S}{2}$$ *Drehwiderstandsmoment* (4.4.8)

„1,25“ Zuschlag für die Reibung an den Radnaben, den Schienen und im Königszapfen.
ΣF_R Σ Radkräfte, aus F_H, F_{KR} und F_G
D Laufraddurchmesser
D_S Schienenringdurchmesser
f, μ und d siehe vorn

Die Gl. (4.4.8) enthält den Roll- und Reibwiderstand – siehe Abschnitt 2.3.1.

Der Antrieb des Drehteiles erfolgt entweder wie beim normalen Kranfahrwerk (die Laufräder laufen auf einer Kreisbahn) oder mit Hilfe eines normalen Drehwerkes an der Lagerstelle am Königszapfen.

4.4.3. Wippsysteme

Die Wippsysteme dienen zur Bewegung der Wippausleger unter Last; die nur selten verwendeten Verstellsysteme gestatten die Änderung der Ausladung nur ohne Last, so daß auf eine Beschreibung verzichtet werden kann.

Zum Wippsystem gehört der bewegliche Ausleger, die Gegenlast zum Ausgleich der Auslegereigenlast und das eigentliche Wippwerk (Abschnitt 2.6.3).

Bei der Auslegung des Wippsystems ist dafür zu sorgen, daß die Eigenlast des Wippauslegers bei jeder Auslegerstellung möglichst ausgeglichen ist, und daß die Last sich während des Wippvorganges in etwa auf einer horizontalen Linie bewegt (einfache Konstruktion und Bedienung, keine Hubarbeit bei der Wippbewegung). Bei den gebräuchlichen Wippsystemen wird die Auslegerrolle (Schnabelrolle) entweder auf einer Kreisbahn oder einer Horizontalen geführt. Aus der Vielzahl der Wippsysteme sollen hier nur die beiden wichtigsten Ausführungen kurz besprochen werden.

Der Einfachlenker. Beim Einfachlenker (Bild 4.4.2) wird die Auslegerrolle auf einer Kreisbahn geführt.

Gegeben sind die Auslegerweiten l und l' sowie der Anlenkpunkt M des Auslegers am Drehteil. Gesucht wird der Punkt N, an dem die Umlenkrollen für die verschiedenen Seile (Hub-, Wipp- und Ausgleichseil) zu lagern sind.

Das Hubseil wird zwischen den Auslegerrollen und den Umlenkrollen am Punkt N mehrfach eingeschert, damit der Punkt N nicht zu hoch rückt, was konstruktiv und belastungsmäßig sehr ungünstig wäre. Beim Einfachlenker in Bild 4.4.2 wurde eine 3-fache Seilein-

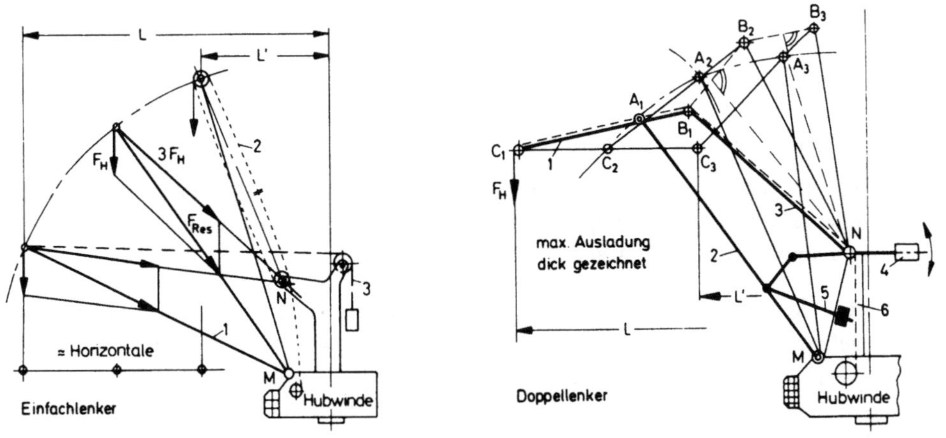

1 Wippausleger, 2 Dreifach eingeschertes Hubseil, 3 Ausgleichlast für Eigenlast des Auslegers über Ausgleichseil
Wippantrieb z. B. über Seilwinde

1 Spitzenlenker, 2 Grundlenker, 3 Zuglenker, 4 Gegenlast für Auslegereigenlastausgleich (über Hebelsystem – Schwinge), 5 Spindelwippwerk, 6 Hubseil

Bild 4.4.2. Wippsysteme (nach ERNST)

scherung gewählt. Die Hubkraft F_H wirkt an den Auslegerrollen; zwischen den Ausleger- und Umlenkrollen bei Punkt N wirkt die Gesamtkraft 3 F_H (3-fache Einscherung des Hubseiles). Die Wirkungslinie der Gesamtkraft 3 F_H soll durch den Punkt N und die der Resultierenden F_{Res} (aus F_H und 3 F_H) durch den Anlenkpunkt M des Auslegers gehen. Hierdurch wird der Ausleger nur auf Druck σ_d bzw. Knickung σ_k durch die Kraft F_{Res} beansprucht (keine Biegebeanspruchung). Die Konstruktion des Kraftecks (F_H und 3 F_H ergibt F_{Res}) ist für die beiden Extremstellungen l bzw. l' und 1 bis 3 Zwischenstellungen durchzuführen. Der Schnittpunkt der jeweiligen Wirkungslinien der Gesamtkraft 3 F_H für die gewählten Auslegerstellungen ergibt den gesuchten Punkt N.

Heben und Senken: Hubwerk läuft, Wippwerk steht; vertikale Lastbewegung.
Wippen: Hubwerk steht, Wippwerk läuft; horizontale Lastbewegung.

Beim Einziehen des Auslegers verkürzt sich die Strecke zwischen den Ausleger- und Umlenkrollen bei Punkt N. Durch die daraus entstehende Seilverlängerung – trotz Heben des Auslegers – bewegt sich die Last auf einer Horizontalen radial nach innen.

Zum angenäherten Ausgleich der Auslegereigenlast kommen eine geradlinig bewegte Gegenlast, die durch Seile mit der Auslegerspitze verbunden ist, oder eine auf einem Kreisbogen bewegte Gegenlast, die z. B. auf einer Schwinge sitzt, in Frage. Die Größe dieser Gegenlast kann durch Gleichsetzen der Senkarbeit der Gegenlast mit der Hubarbeit der Auslegereigenlast annähernd ermittelt werden:

$$F_G \Delta H_G = F_A \Delta H_A$$

F_G, F_A	Eigenlastkräfte der Gegenlast bzw. des Auslegers
ΔH_G, ΔH_A	Senkrechter Hubweg der Auslegergegenlastkraft F_G bzw. der Auslegereigenlastkraft F_A; jeweils auf den Schwerpunkt der beiden Lasten bezogen

Bei genauem Lastausgleich sollen die Momente um den Anlenkpunkt M des Auslegers aus der Auslegereigenlast und der Gegenlast für jede Auslegerstellung gleich groß sein. Dies ist aber nicht für jede Auslegerstellung möglich, so daß das Restmoment einschließlich der Reibmomente von dem Antriebsmotor des Wippwerkes aufzubringen ist.

Dieses Wippsystem zeichnet sich durch geringen Bauaufwand aus, hat jedoch durch seinen geraden Ausleger ein kleineres Freiprofil. Es wird allgemein bei kleineren bis mittleren Ausladungen und Traglasten verwendet.

Der Doppellenker. Hier wird die am Spitzenausleger befestigte Auslegerrolle auf einer Horizontalen geführt. Gegeben sind die Ausladungen l und l' sowie der Anlenkpunkt M des Grundlenkers (Bild 4.4.2). Die Abmessungen von Grund- und Spitzenlenker können angenommen werden. Gesucht wird der Befestigungspunkt N für den Zuglenker. Die Punkte C_1 und C_3 (Lage der Auslegerrolle am Ende des Spitzenauslegers) sind durch die Ausladungen l und l' festgelegt. Es ist mindestens eine Zwischenstellung – Punkt C_2 – anzunehmen.
Die Punkte C_1 bis C_3 liegen etwa auf einer Horizontalen. Kreisbögen mit der Strecke $\overline{MA_1}$ um Punkt M und mit der Strecke $\overline{C_1 A_1}$ um Punkt C_2 ergeben die Punkte A_2 und B_2.

Für die Punkte A_3 und B_3 ist analog vorzugehen. Auf den Verbindungslinien $\overline{B_1 B_2}$ und $\overline{B_2 B_3}$ wird das Mittellot errichtet. Im Schnittpunkt der beiden Mittellote liegt der gesuchte Punkt N.

Da sich die Länge des Hubseiles beim Wippvorgang bei festgehaltener Hubwerkstrommel nicht ändert, beschreibt die Last einen etwa horizontalen Weg. Bei hohen Lasten wird zwischen der Auslegerrolle am Ende des Spitzenauslegers und dem Lastaufnahmemittel ein Flaschenzug eingebaut, der das Wippsystem nicht verändert. Der Bewegungsablauf beim Heben bzw. Senken und Wippen entspricht dem des vorn beschriebenen Einfachlenkers. Die Ermittlung der Gegenlast zum Ausgleich der Auslegereigenlast kann wie beim Einfachlenker vorgenommen werden, wobei die Gegenlast häufig über eine Schwinge geführt wird (Bild 4.4.2). Der Doppellenker weist einen höheren Bauaufwand auf, ermöglicht jedoch ein größeres Freiprofil und hohe Ausladungen und Traglasten. Gleichzeitig eignet er sich besonders gut für komplizierte Systeme (Mehrseilgreiferbetrieb, Flaschenzüge zwischen Auslegerrolle und Lastaufnahmemittel usw.).

Beim Einfachlenker wird der Ausleger in Vollwand- (als Rohr oder Kastenprofil) oder in Fachwerkbauweise (meist als Rohrkonstruktion) hergestellt. Das gleiche gilt für den Grund- und Spitzenausleger beim Doppellenker. Der Zuglenker des Doppellenkers, der nur Zugkräfte aufzunehmen hat, besteht meist aus einem Rohr. Die Gelenk- und Anschlußpunkte der Ausleger werden mit Gleitlagern oder dauergeschmierten Wälzlagern versehen, die wegen der Schwenkbewegung nur statisch beansprucht sind.

4.4.4. Unterbau

Als Unterbau für die drehbaren Oberteile kommen Unterwagen (gleisgebunden oder gleislos), fahrbare Portale, Pontons oder Betonfundamente (für ortsfeste Krane) in Frage.

Gleisgebundene Unterwagen. Sie werden als Plattformwagen in Schweißkonstruktion – möglichst in Kastenbauweise – meist mit Vierradlagerung gebaut; auch manchmal in Dreiradbauweise (statisch bestimmte Lagerung). Bei der Berechnung kann angenähert auch bei der Vierradbauweise eine statisch bestimmte Lagerung angenommen werden, so daß die Abmessungen der Profile und Bleche sowie die Radkräfte in Abhängigkeit der jeweiligen Auslegerstellung leicht ermittelt werden können (Bild 4.4.3).

$$\boxed{F_V = F_H + F_{KR} + F_G} \quad \textit{Vertikalkraft} \quad (4.4.9)$$

$$\boxed{M = F_V e = F_H l + F_{KR} l_K - F_G l_G} \quad \textit{Moment} \quad (4.4.10)$$

Formelgrößen siehe vorn und Bild 4.4.3

Vertikalkraft F_V und Moment M nach den Gln. (4.4.9) und (4.4.10) berechnen; aus Gl. (4.4.10) ergibt sich gleichzeitig der Angriffsradius e der Vertikalkraft F_V. Bei größeren im Freien arbeitenden Anlagen ist noch der Windeinfluß zu beachten. Nach Bild 4.4.3 können jetzt in Abhängigkeit des Drehwinkels des Auslegers und der Vertikalkraft F_V die Auflagerkräfte F_A und F_B an den Achsen bzw. im Unterwagen und hiermit schließlich die einzelnen Radkräfte F_{R1} ... F_{R4} ermittelt werden. Dazu müssen allerdings noch

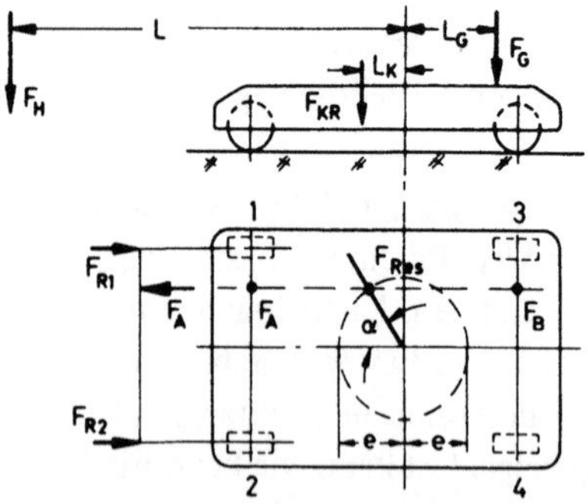

Unterwagen mit 4-Radlagerung

1 ... 4 Laufräder des Unterwagens

F_A, F_B Achslast je nach Auslegerstellung (Winkel α)

F_{R1}...F_{R4} Radkräfte der Laufräder

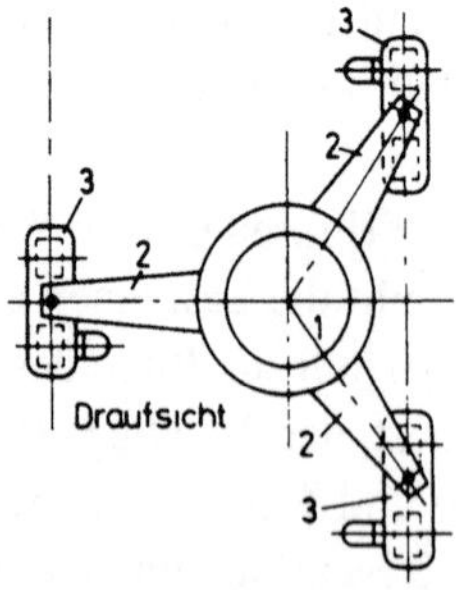

Fahrbares Portal mit 3 Stützen

1 Drehkranzlagerung für den Drehteil
2 Portalstütze
3 Fahrschemel mit je 2 Laufrädern und Eckenantrieb

Bild 4.4.3. Unterwagen

die Spurweite, der Radstand und die Lage der Drehachse des Drehteiles auf dem Unterwagen bekannt sein. Die Eigenlast des Unterwagens kann angenähert gleichmäßig auf die einzelnen Räder verteilt werden. Bei der Dreiradbauweise erfolgt die Ermittlung der Radkräfte analog.

Der Fahrantrieb geschieht mit Hilfe normaler Fahrwerke (Abschnitt 2.6.4), wobei in der Regel mindestens zwei Räder anzutreiben sind. Zur Lagerung des Drehteiles auf dem Unterwagen siehe Abschnitt 4.4.2, Laufräder und Schienen siehe Abschnitt 2.3.

Gleislose Unterwagen. Gleislose Unterwagen sind vor allem bei Fahrzeugkranen gebräuchlich. Sie erhalten luftbereifte Räder oder, für unwegsames Gelände bzw. besonders weichen Boden, auch Raupenfahrwerke. Meistens werden am Unterwagen ausschieb- oder ausschwenkbare Stützen vorgesehen. Sie dienen dazu, die Standsicherheit zu erhöhen, die Räder des Kranes bei der Arbeit zu entlasten und die Schrägstellung des drehbaren Oberteiles zu vermeiden. Beim Raupenfahrwerk stützt sich der Unterwagen mittels Laufrollen auf mindestens zwei Gleisketten ab.

Der Einheitsfahrwiderstand kann für Luftbereifung mit etwa 1 ... 2 %, für Raupenfahrwerke mit etwa 10 ... 20 % der gesamten Gewichtskraft des Kranes angesetzt werden; bei rauher und weicher Fahrbahn sind hohe Werte zu wählen.

Der Antrieb der gleislosen Unterwagen erfolgt häufig durch einen Dieselmotor. Die Berechnung der Radkräfte ist wie bei den gleisgebundenen Unterwagen vorzunehmen. Die drehbaren Oberteile werden in der Regel über Drehkränze auf dem Unterwagen abgestützt. Weitere Einzelheiten siehe Fahrzeugkrane (Abschnitt 4.5).

Fahrbare Portale. Hier sitzt das drehbare Oberteil direkt auf einem fahrbaren Portal (als Halb- oder Vollportal), das z. B. zur Überbrückung von Straßen- oder Gleisanlagen dient. Die Abstützung des Drehteiles auf dem Portal wird auch hier über Drehkränze oder aber auch über Säulen vorgenommen.

Einzelheiten zur Ausbildung der Portale, der Portalfahrantriebe usw. siehe Abschnitt 4.2 und 4.4.

Pontons. Pontons kommen als beweglicher Unterbau für Schwimmkrane in Frage. Die Abstützung der Drehteile wird über Säulen- oder Scheibensysteme vorgenommen – Einzelheiten siehe Abschnitt 4.4.5.

Fundamente. Die Lagerung der Drehteile ortsfester Drehkrane geschieht über Betonfundamente, wobei die Abstützung der Drehteile über feststehende oder drehbare Säulen erfolgt. Bei kleinen Anlagen reicht eine Unterplatte am Säulenfuß aus, bei größeren sind Fundamentsterne zu empfehlen (Abschnitt 4.4.2).

4.4.5. Wichtige Bauarten von Drehkranen

Wegen der schon vorn angegebenen Vielfalt der Bauarten können in diesem Zusammenhang nur einige besonders wichtige Ausführungen kurz betrachtet werden. Ihre Einteilung erfolgt allgemein nach dem Verwendungszweck oder nach der Art der Lagerung für das drehbare Oberteil.

Säulendrehkrane. (Bild 4.4.4) Die aus einem Rohr bestehende feststehende Säule wird über ihre Fundamentplatte auf dem Betonfundament verankert. Der drehbare feste Ausleger, aus I- oder Spezialprofilen, wird am oberen Säulenende über Wälzlager, Druckrollen oder Drehkränze mit geringen Durchmessern gelagert: *Lagerung des Drehteiles über eine feststehende Säule.*

Der feste Ausleger nimmt eine Unterflanschlaufkatze mit E-Zug auf. Bei geringen Traglasten und kleiner Ausladung genügen Rollfahrwerke, ansonsten sind Elektrofahrwerke nötig (Abschnitt 3.1.2).

Das Drehen geschieht durch Drücken an der Last (bei kleinen Kranen) oder durch ein besonderes Drehwerk, das an der feststehenden Säule oder am Ausleger sitzt. Die Bedienung erfolgt vom Flur aus.

Für die Berechnung der feststehenden Säule, der Lagerung und des Drehwiderstandsmomentes siehe Abschnitt 4.4.2; wegen der geringen Abmessungen und Lastmomente kann auf die Anbringung einer Gegenlast verzichtet werden.

Traglast bis 8 t
Ausladung bis 10 m
Maximales Lastmoment bis 300 kNm
Arbeitsgeschwindigkeiten siehe E-Züge (Abschnitt 3.1.2)

Der Säulendrehkran ist als Standardkran besonders preiswert und meist kurzfristig lieferbar. Er wird zur Bedienung einzelner Arbeitsplätze verwendet.

Wanddrehkrane. (Bild 4.4.4) Der feste Ausleger des Wanddrehkranes entspricht dem Ausleger eines Säulendrehkranes, wobei hier der Ausleger über eine kurze, an beiden Enden gelagerte Säule abgestützt wird: *Lagerung des Drehteiles über eine drehbare Säule.* Wie beim Säulendrehkran werden Unterflanschlaufkatzen verwendet. Das Drehen geschieht häufig von Hand durch Drücken an der Last. Die kurze drehbare Säule wird über die beiden Lagerkonsolen an einer Platte befestigt, diese wiederum mit Ankerschrauben an der Gebäudewand angeschraubt.

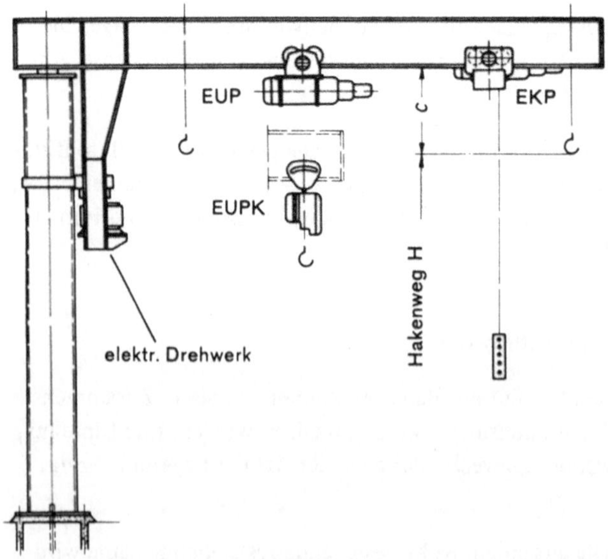

Traglasten 1 ... 6,3 t, Ausladung 2 ... 8 m, E-Zug mit Roll- oder Elektrofahrwerk. Drehen von Hand oder durch elektrisches Drehwerk. Oberes Lager: Horizontal- und Vertikalkräfte. Unteres Lager: Horizontalkräfte – Druckrollenlagerung.

Säulendrehkran

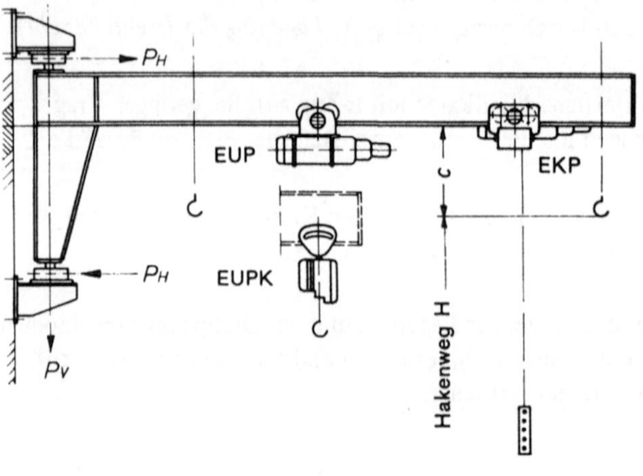

Traglasten bis 3,2 t, Ausladung 2 ... 6 m, E-Zug mit Roll- oder Elektrofahrwerk. Drehen von Hand. Oberes Lager: Horizontalkräfte. Unteres Lager: Horizontal- und Vertikalkräfte.

Wanddrehkran

Bild 4.4.4. Säulen- und Wanddrehkran (DEMAG)

Der Anwendungsbereich und die technischen Daten entsprechen in etwa denen des Säulendrehkrans, jedoch ist keine Bodenfläche nötig. Der Drehwinkel beträgt nur ca. 180°.

Konsoldrehkrane. Der Konsoldrehkran ist ein Wanddrehkran, welcher in das Fahrgestell eines Konsolkrans (Abschnitt 4.1.6) eingebaut ist.

Da der Konsoldrehkran durch das Drehen und Verfahren seines Auslegers jeden Punkt des rechteckigen Arbeitsfeldes erreichen kann, reicht eine feste Auslegerrolle am Auslegerende aus. Das Fahrgestell läuft auf zwei an der Wand übereinander angebrachten Kranschienen. In der Regel werden oben eine oder zwei horizontale und unten zwei horizontale und vertikale Laufräder vorgesehen; sie nehmen jeweils die Horizontal- bzw. Vertikalkräfte auf. Die Radkräfte hängen von der Auslegerstellung ab. Dabei wirken die maximalen Radkräfte für die horizontalen Laufräder bei der Auslegerstellung senkrecht zur Fahrbahn und die der vertikalen Laufräder bei der Ausstellung parallel zur Fahrbahn. Für die Auslegerstellung parallel zur Fahrbahn ist zusätzlich die Standsicherheit nachzuweisen.

Wird der drehbare feste Ausleger unterhalb des gesamten Fahrgestells angebracht, ist eine volle Drehbewegung möglich; andernfalls nur Schwenkbewegungen bis 180°.
Das Fahrgestell trägt die Hubwinde (z. B. als E-Fußzug), das Drehwerk und die Kranfahrwerke. Oft ist ein Antrieb der beiden vertikalen Laufräder erforderlich, da die Radkräfte, je nach Auslegerstellung, stark schwanken.

Traglast 2 ... 20 t
Ausladung 4 ... 12,5 m
Kranfahrgeschwindigkeit 20 ... 125 $\frac{\text{m}}{\text{min}}$
Hubgeschwindigkeit siehe E-Züge (Abschnitt 3.1.2)

Konsoldrehkrane dienen zur Entlastung von darüber laufenden Brückenkranen in Werk- und Montagehallen, vor allem zur Bedienung einzelner Arbeitsplätze.

Turmdrehkrane. (Bild 4.4.5) Der auf einem gleisgebundenen Unterwagen stehende schlanke hohe Turm trägt an seinem oberen Ende den Ausleger. Turm und Ausleger werden wegen der Windkräfte, der teilweise sehr großen Bauhöhe und Ausladung sowie aus Gewichtsgründen meist in Fachwerkbauweise ausgeführt. Um eine ausreichende Standsicherheit zu erzielen, ist im Unterwagen oder im unteren Turmteil eine Gegenlast vorzusehen. Die Überlastsicherungen sind wegen der hohen Unfallgefahr besonders sorgfältig auszubilden und ständig zu überwachen; das gleiche gilt für die Sicherung gegen Windabtrieb (Schienenzangen – Abschnitt 2.8.4). Aus Sicherheitsgründen ist auch auf eine genau waagrechte und unnachgiebige Fahrbahn (z. B. in Form von Bahnschienen auf Schwellenfundamentierung) zu achten, damit sich der Turm nicht schiefstellt. Um gute Sicht zu gewährleisten, wird die über eine geschützte Steigleiter erreichbare Führerkabine hoch am Turm angebracht. Das Kranfahrwerk sitzt im fahrbaren Unterwagen.

Bei der Konstruktion ist auf folgendes besonders zu achten:

- Fahrwerke auch für leichte Kurvenfahrt auslegen (Fahrschemel entsprechend lagern)
- Gesamtschwerpunkt durch untere Gegenlast (Kies, Betonklötze usw.) möglichst tief legen
- Leichtes Einbringen von Turmzwischenstücken zur Anpassung an die fortschreitende Bauhöhe
- Der Kran soll sich an der Baustelle durch eigene Kraft leicht aufrichten und niederklappen lassen
- Leichte Zerlegbarkeit und nicht allzu große Bauteile wegen häufigen Standortwechsels und Transport auf öffentlichen Straßen
- Wegen großer Hubhöhe lange Hubtrommeln, deshalb Hubseile auch in mehreren Lagen aufwickeln

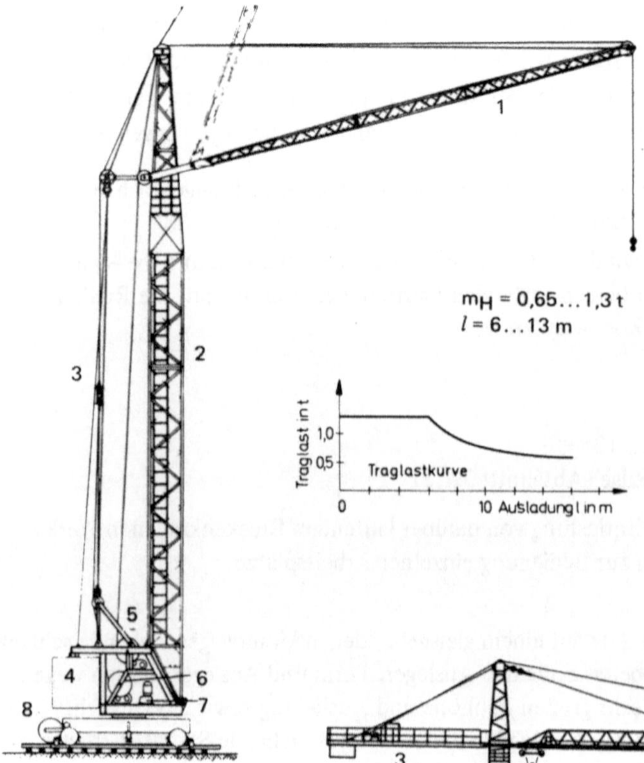

m_H = 0,65 ... 1,3 t
l = 6 ... 13 m

1 Wippausleger
2 Drehbarer Turm
3 Abspannseile
4 Untere Gegenlast
5 Hubwerk (Seilwinde)
6 Wippwerk (Seilwinde)
7 Drehwerk
8 Unterwagen mit Fahrwerk und Kugeldrehverbindung

Max. Hubhöhe ca. 25 m

Turmdrehkran mit drehbarem Turm

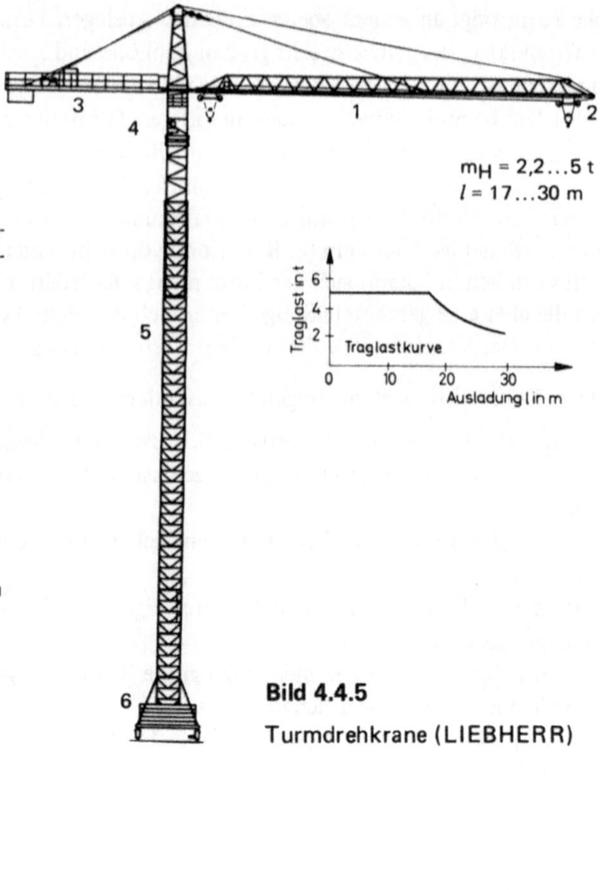

m_H = 2,2 ... 5 t
l = 17 ... 30 m

1 Fester Ausleger mit Gegenausleger und oberer Gegenlast
2 Seilzuglaufkatze
3 Hub- und Fahrwinde für die Seilzuglaufkatze
4 Drehwerk
5 Fester Turm mit zentraler unterer Gegenlast
6 Unterwagen mit Fahrwerk

Max. Hubhöhe ca. 50 m

Turmdrehkran mit festem Turm

Bild 4.4.5
Turmdrehkrane (LIEBHERR)

Traglast 1 ... 8 (50) t, hohe Traglasten durch die sehr schweren Betonfertigteile
Maximale Ausladung 10 ... 40 (60) m
Lastmoment 80 ... 1000 (10000) kNm
Hubhöhe 20 ... 60 (100) m
Hubgeschwindigkeit 20 ... 60 $\frac{m}{min}$ – hohe Werte wegen großer Hubhöhe
Drehzahl 0,5 ... 2 min^{-1}
Kranfahrgeschwindigkeit 12,5 ... 40 $\frac{m}{min}$

Das Einsatzgebiet der Turmdrehkrane liegt vor allem im Bau- und Montagebetrieb. Beim Montagebetrieb kommen hauptsächlich Schwerlastausführungen in Frage.

Turmdrehkran mit festem Turm (Bild 4.4.5) Der Turm ist fest mit dem Unterwagen verbunden; der drehbare Ausleger wird über das obere Turmende gestülpt; *Lagerung des Drehteils über eine feststehende Säule oder einen Drehkranz.* Der mit einer Seilzuglaufkatze versehene feste Ausleger hat zum Gewichtsausgleich einen Gegenausleger mit oberer Gegenlast. Hub- und Fahrwinde für die Seilzuglaufkatze sitzen auf dem Gegenausleger, das Drehwerk an der oberen Lagerung des Drehteiles. Damit ist nur das Kranfahrwerk während des Betriebes leicht zugänglich. Zur Sicherung der Standsicherheit dient die zentrale Gegenlast im unteren Turmteil.

Die in diesem Abschnitt beschriebene Bauart ist bei Schwerlastkranen gebräuchlich; sie wird jedoch zunehmend durch Krane mit drehbaren Türmen ersetzt.

Turmdrehkran mit drehbarem Turm (Bild 4.4.5) Die Türme dieser Bauweise werden über einen *Drehkranz* unmittelbar auf dem Unterwagen gelagert. Sie besitzen häufig Wippausleger. Bei kleineren Ausführungen sind auch Vollwandkonstruktionen (Turm und Ausleger aus Rohren) gebräuchlich. Als Ausleger kommen nur auf Druck bzw. Knickung beanspruchte, unterhalb der Turmspitze befestigte oder auf der Turmspitze fest angebrachte biegesteife Ausleger in Frage. Der nur auf Druck bzw. Knickung beanspruchte Ausleger bewirkt eine geringere Gesamtlast. Die Hub- und Wippseile werden parallel zum Turm an der Auslegergegenseite zu den auf dem Unterwagen montierten Windwerken geführt, so daß die obere Gegenlast entfallen kann. Die untere Gegenlast darf relativ klein gehalten werden, da sie, über einen Hebelarm verstärkt, ebenfalls auf der Auslegergegenseite sitzt.

Die wesentlichen *Vorteile* gegenüber der Bauart mit festem Turm sind:

- Niedriger Gesamtschwerpunkt (keine obere Gegenlast, kleinere untere Gegenlast, dadurch kleineres Trägheitsmoment)
- Günstigere Beanspruchung des Turmes, da der Ausleger sich mit dem Turm dreht
- Alle Maschinensätze gut zugänglich im Unterwagen.

Beim Bau von Hochhäusern werden die Turmdrehkrane durch *Kletterkrane* ersetzt. Diese Sonderausführungen der Turmdrehkrane besitzen ein Selbsthebewerk und werden entweder im Gebäude (z. B. im Aufzugschacht) oder außerhalb des Gebäudes auf einem festen Betonfundament abgestützt. Hierbei ist eine zusätzliche Verankerung in gewissen Abständen an der äußeren Gebäudewand notwendig.

Nachteilig beim Kletterkran ist das Fehlen des fahrbaren Unterwagens, so daß als Arbeitsfeld nur ein Kreisring bleibt. Z.T. werden Turmdrehkrane auch mit luftbereiften oder Raupenunterwagen versehen, so daß auf den Gleisunterbau verzichtet werden kann.

Derrickkrane (Bild 4.4.6) Am Fuß des senkrecht stehenden Standmastes wird der wippbare Ausleger gelagert, an dessen oberen Ende das Wippseil angreift: *Lagerung des Auslegers über eine drehbare Säule.*

Traglast 2 ... 20 (300) t
Maximale Ausladung 10 ... 50 m
Hubgeschwindigkeit und Drehzahl der Ausleger ähnlich wie beim Turmdrehkran

Feststehende Derrickkrane sind für Bau- und Montagearbeiten gebräuchlich.

Standmast, Ausleger und Stützmaste werden in Vollwand- oder Fachwerkbauweise erstellt, wobei die Vollwandbauart (aus St-Rohren) bei kleineren Traglasten und Abmessungen meist Vorrang hat. Wegen möglicher Standortwechsel ist auch hier auf leichte Bauweise, gute Zerlegbarkeit und einfaches Wiederaufrichten sowie transportgerechte Gestaltung besonders zu achten. Grundsätzlich ergeben sich, je nach dem Schwenkbereich, die folgenden beiden Grundausführungen:

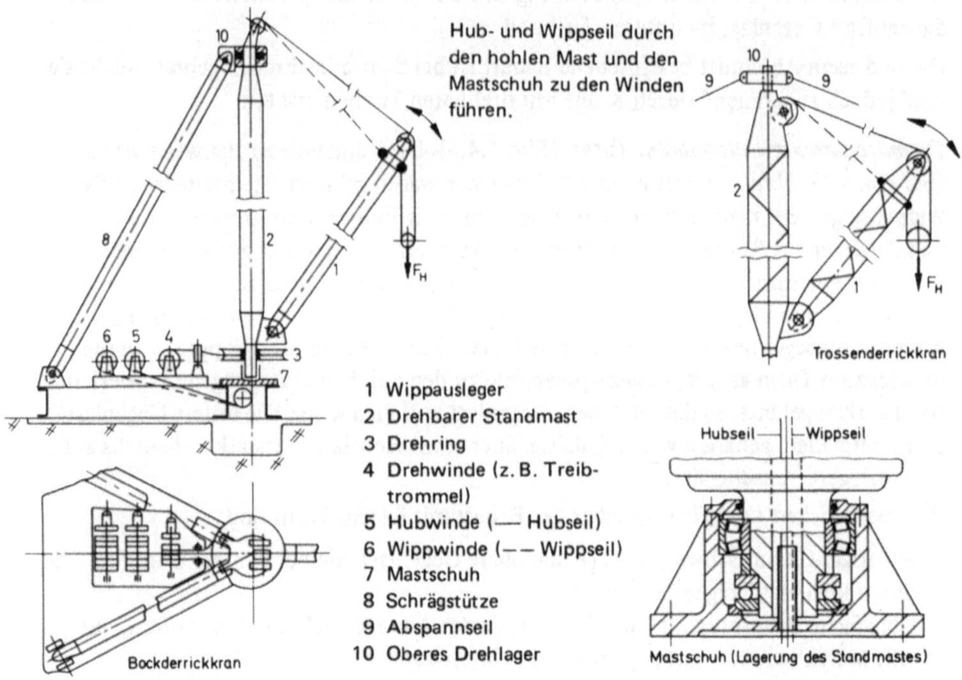

Bild 4.4.6. Derrickkrane

Bockderrickkran (Bild 4.4.6) Beim Bockderrickkran wird der Ausleger am Fuße des drehbaren Standmastes, dessen unteres Ende sich über den Mastschuh (z. B. mit eingebautem Pendellager und zusätzlichem Axial-Rillenkugellager (Bild 4.4.6) für die Aufnahme der Axial- und Radialkräfte) auf dem Betonfundament abstützt, gelagert. Die beiden

Schrägstützen werden am oberen Ende des drehbaren Standmastes über ein Lager befestigt; sie engen den Schwenkbereich auf etwa 280° ein. Die Hub-, Wipp- und Drehwinden sind ortsfest im toten Schwenkbereich des Auslegers angebracht. Die Drehung des Standmastes erfolgt über das von Treibtrommeln durch Reibschluß angetriebene Drehseil über den am unteren Standmastende sitzenden Drehring. Hub- und Wippseile werden innerhalb des Standmastes und durch dessen hohlen unteren Lagerzapfen über Umlenkrollen zu den Winden geführt. Das Arbeitsfeld entspricht einem Kreisringsektor.

Trossenderrickkran (Bild 4.4.6) Beim Trossenderrickkran werden die Schrägstützen durch mehrere gleichmäßig verteilte nachstellbare Abspannseile, die am oberen Drehlager angreifen und im Boden verankert sind, ersetzt; *Lagerung des Auslegers über eine drehbare Säule.* Nicht allzu lange Ausleger können unter den Abspannseilen um 360° geschwenkt werden; das Arbeitsfeld entspricht dann einem Kreisring; Antrieb und Seilführung siehe Bockderrikkrane.

Zu den Sonderausführungen zählen *fahrbare Derrickkrane* und *Bordwippkrane* (meist als ortsfeste Bockderrickkrane auf Schiffen für den Stückgutumschlag – in Häfen ohne entsprechende Krananlagen).

Portaldrehkrane. (Bild 4.4.7) Hier unterscheidet man allgemein folgende Hauptbauarten, die für den Stück- und Schüttgutumschlag auf Großlagerplätzen und in Häfen gebräuchlich sind:

Drehkrane für Verladebrücken Diese Drehkrane besitzen einen flachen Unterwagen, der meist auf dem Obergurt der Verladebrücken verfährt. Durch die Kombination der Fahrbewegungen des Kranes und der Verladebrücken selbst reicht oft ein fester Ausleger aus.

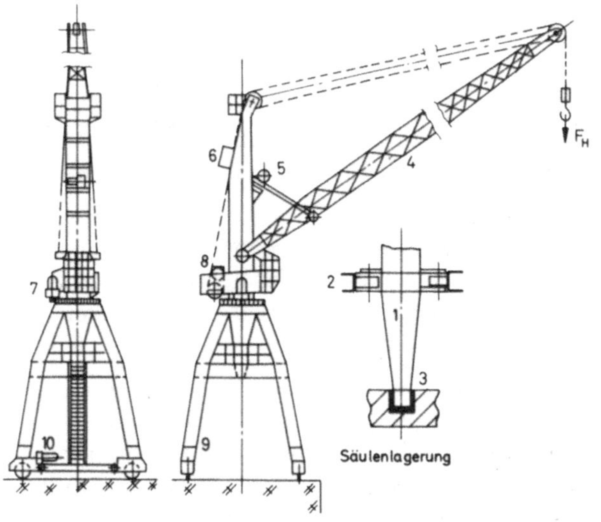

1 Blocksäule
2 Oberes Lager der Blocksäule (Druckrollen an Säule stützen sich auf Ringschiene an Portal ab: Aufnahme von Horizontalkräften)
3 Unteres Lager der Blocksäule (z. B. Axialpendelrollenlager: Aufnahme der Horizontal- und Vertikalkräfte).
4 Wippausleger (Einfachlenker in Fachwerkbauweise, Rohre)
5 Zahnstangen-Wippwerk
6 Gegenlast (an Seil) zum Eigenlastausgleich des Wippauslegers
7 Drehwerk (Antrieb über Zahnkranz an Drehteil)
8 Hubwinde (Hubseil zwischen Auslegerspitze und Umlenkrolle an Blocksäule mehrfach eingeschert)
9 Portal (4 Stützen)
10 Fahrwerk (je Seite 1 Fahrwerk)

Bild 4.4.7. Portaldrehkran (Blocksäulenkran)

Der Drehteil dieser für Haken- oder Greiferbetrieb ausgelegten Krane wird über einen Drehkranz oder über eine feststehende Säule auf dem fahrbaren Unterwagen gelagert.

Traglasten und Ausladung siehe Portalkrane mit eigenem Portal. Bild 4.2.2 zeigt einen Portaldrehkran auf einer Verladebrücke in Vollwandbauweise.

Portaldrehkrane mit eigenem Portal Hier wird der Unterwagen des Kranes durch ein auf Schienen verfahrbares Portal ersetzt, das in der Regel ein bis zwei Gleisanlagen überbrückt. Bei kleineren Kranen kommen Portale mit zwei bis drei Stützen, sonst allgemein mit vier Stützen in Frage. Die Portale werden ausschließlich in Vollwandbauart hergestellt. Dabei ist auf möglichst schmale Bauweise und große Freiflächen unter den Portalen zu achten.

Die Lagerung des drehbaren Oberteiles geschieht über Drehkränze oder feststehende Säulen. Diese Lagerarten ermöglichen gegenüber dem Drehscheibensystem wesentlich geringere Abmessungen, was besonders bei Portaldrehkranen für Häfen von großer Bedeutung ist.

Die Ausleger werden meist als Wippausleger ausgeführt, wobei man bis zu mittleren Traglasten und Ausladungen Einfachlenker wegen ihrer einfachen Konstruktion bevorzugt; größere Anlagen werden mit Doppellenkern ausgerüstet. Bild 4.4.7 zeigt einen Portaldrehkern in Blocksäulenbauart mit Wippausleger.

Traglast 2 ... 12,5 (50) t, wegen der Wippbewegung meist konstant über die gesamte Ausladung
Maximale Ausladung 12,5 ... 40 m
Portalfahrgeschwindigkeit 20 ... 32 (80) $\frac{m}{min}$ – häufig nur geringe Fahrgeschwindigkeiten wegen nur gelegentlicher Fahrbewegung
Drehzahl 2 ... 4 min^{-1}
Hubgeschwindigkeit 10 ... 40 (100) $\frac{m}{min}$
Hubhöhe 8 ... 40 m
Spurweiten der Unterwagen 2,0 ... 6,3 m
Portalspurweiten ca. 6 m bei Überbrückung von einem und ca. 10 m von zwei Gleisen

Schwimmkrane. Beim Schwimmkran wird das drehbare Oberteil über einen Drehkranz oder eine feststehende Säule (in Vollwand- oder Fachwerkbauweise) auf dem schwimmfähigen Ponton gelagert. Der Wippausleger, oft als Doppellenker, kann auf einer Pontonstütze abgelegt werden (z. B. bei Brückendurchfahrten).

Die maximal zulässige Krängung (Schrägstellung des Pontons im Wasser) aus Hub- und Eigenlast beträgt 5°. Deshalb ist der Gesamtschwerpunkt möglichst tief zu legen und die Lagerung des drehbaren Oberteils an einem Pontonende anzubringen; am anderen Pontonende werden Flutkammern eingebaut, die als Gegenlast wirken.

Wegen der hohen Antriebsleistung wird häufig diesel-elektrische Kraftübertragung vorgesehen. Die Bewegung des Pontons erfolgt über mehrere Schiffsschrauben an Bug und Heck. Hierbei werden oft Spezialschrauben (z. B. Voith-Schneider-Propeller) verwendet, die ein besonders genaues Manövrieren gestatten. Beim Einbau solcher Spezialschrauben wird teilweise auf den drehbaren Wippausleger verzichtet. Für hohe Traglasten werden mindestens zwei Haupthubwerke eingebaut; hinzu kommt noch ein Hilfshubwerk für kleinere Traglasten.

Traglast 8 ... 400 (1500) t
Maximale Ausladung 20 ... 60 m
Hubhöhe 20 ... 40 m über und 10 ... 20 m unter Wasser (wegen des Einsatzes bei Bergungsarbeiten)
Fahrgeschwindigkeit des Pontons 10 ... 20 $\frac{km}{h}$
Drehzahl 0,5 ... 1,5 min^{-1}
Schwimmkrane werden beim Schwerlastumschlag in Häfen und Werften sowie als Bergungskrane eingesetzt.

4.4.6. Beispiele

17 Säulendrehkran

Tragwerk: Lastmoment $M_H = 120\,kNm$, maximale Ausladung $L_{max} = 6$ m, minimale Ausladung $L_{min} = 3$ m, h = 4 m, Eigenlast des Auslegers $m_L = 150\,\frac{kg}{m}$, zulässige Durchbiegung des Auslegers $f_{zul} = \frac{L}{400}$ (Kragarm), Hubklasse H2, Werkstoff St.37, Säule: Rohr nach DIN 2448, Drehkranzlagerung des Auslegers mit Lagerreibungszahl $\mu = 0{,}01$ und Lagerreibungsdurchmesser $D_L = 500$ mm
Laufkatze: Eigenlast des E-Zuges einschl. Rollfahrwerk $m_{KA} = 500$ kg, Hubgeschwindigkeit $v_H = 6{,}3\,\frac{m}{min}$

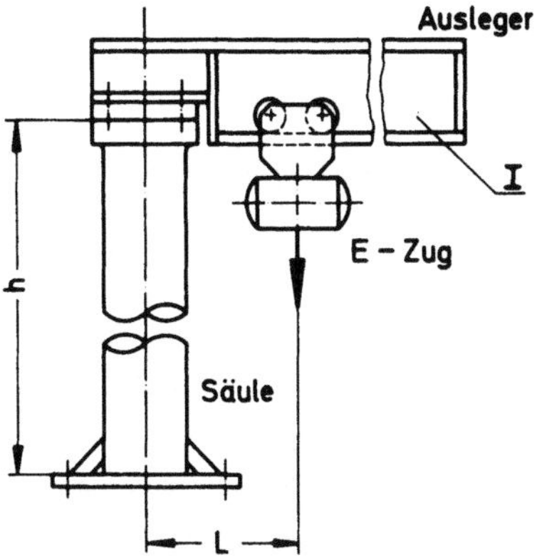

Gesucht:

1. Erforderliche Traglast m_H des E-Zuges
2. I-Profilgröße des festen Auslegers aus f_{zul}
3. Allgemeiner Spannungsnachweis im Lastfall H für den nach Pkt. 2 gewählten Ausleger.
4. Vertikalkraft und maximales Moment der Kugeldrehverbindung.
5. Säulenabmessungen (nach dem Allgemeinen Spannungsnachweis im Lastfall H).
6. Drehwiderstandsmoment, ist Drehen von Hand durch Drücken an der Last möglich?

Lösung:

1. Maximale Hubkraft $F_{H\,max} = \frac{M_H}{L_{min}} = \frac{120}{3} = 40\,kN$ — E-Zug mit Traglast $m_H = 4$ t

   Minimale Hubkraft $F_{H\,min} = \frac{M_H}{L_{max}} = \frac{120}{6} = 20\,kN$ — $m_{H\,min} = 2$ t (bei L_{max})

2. Ausleger als Kragarm. Hub- und Eigenlast der Laufkatze als Punktlast.
   Gesamte Durchbiegung f_{ges} des Kragauslegers (bei maximaler Ausladung) analog (Gl. (2.9.3)

$$f_{ges} = \frac{(F_H + F_{KA})\,L^3}{3\,E\,J_{bx}} + \frac{F_{AL}\,L^3}{8\,E\,J_{bx}} \quad \text{hieraus: } J_{bx} = \frac{L^3}{E\,f_{zul}}\left[\frac{(F_H + F_{KA})}{3} + \frac{F_{AL}}{8}\right]$$

$$J_{bx} = \frac{6^3 \cdot 10^6}{21 \cdot 10^6 \cdot 1{,}5}\left(\frac{25\,000}{3} + \frac{9000}{8}\right) = 64860\,cm^4$$

Profil I-500
$J_{bx} = 68\,740\,cm^4$
$W_{bx} = 2750\,cm^3$
(siehe Profiltabellen)

Zulässige Durchbiegung $f_{zul} = \frac{L_{max}}{400} = \frac{600}{400} = 1{,}5$ cm

Auslegereigengewichtskraft $F_{AL} = m_L\,g\,L_{max} = 150 \cdot 10 \cdot 6 = 9000$ N

3. Hublastbeiwert $\psi = 1{,}25$ nach Bild 2.9.1
Eigenlastbeiwert $\varphi = 1{,}1$ (geringe Fahrgeschwindigkeit, Rollfahrwerk), nach Bild 2.9.1
Biegemoment durch die Eigenlast M_G analog Gl. (2.9.6)

$$M_G = F_{KA}\, L_{max} + F_{AL}\, \frac{L_{max}}{2} = 5000 \cdot 6 + 9000\, \frac{6}{2} = 57000 \text{ Nm} \qquad \underline{M_G = 57000 \text{ Nm}}$$

Biegemoment durch die Hublast M_H analog Gl. (2.9.7)

$$M_H = F_{H\,min}\, L_{max} = 20000 \cdot 6 = 120000 \text{ Nm} \qquad \underline{M_H = 120000 \text{ Nm}}$$

Die Biegemomente durch das Anfahren des Kranes M_M können vernachlässigt werden (Drehen von Hand).

Biegespannung für den Lastfall H σ_H nach Gl. (2.9.4); unter Vernachlässigung des Kippnachweises nach DIN 4114

$$\sigma_H = \frac{\varphi\, M_G + \psi\, M_H}{W_{bx}} = \frac{1{,}1 \cdot 5700 + 1{,}25 \cdot 12000}{2750} = 7{,}73\, \frac{\text{kN}}{\text{cm}^2} \qquad \underline{\underline{\sigma_H = 77{,}3\, \frac{\text{N}}{\text{mm}^2} < \sigma_{zul} = 160\, \frac{\text{N}}{\text{mm}^2}}}$$

(nach Bild 2.9.3)

4. Maximale Vertikalkraft $F_V = \Sigma F_y = F_{H\,max} + F_{KA} + F_{AL} = 40 + 5 + 9 = 54$ kN $\qquad \underline{\underline{F_V = 54 \text{ kN}}}$

Maximales Moment $M = F_{H\,min}\, L_{max} + F_{KA}\, L_{max} + F_{AL}\, \frac{L_{max}}{2}$

$$M = 20 \cdot 6 + 5 \cdot 6 + 9\, \frac{6}{2} = 177 \text{ kNm} \qquad \underline{\underline{M = 177 \text{ kNm}}}$$

5. Die Säule wird auf Druck und Biegung sowie Knickung beansprucht. Zunächst soll nur die Biegebeanspruchung, unter Beachtung der Hinweise in Abschnitt 2.9, berücksichtigt werden.

M_G, M_H siehe Pkt. 3

Erforderliches Biegewiderstandsmoment W_{berf} analog Gl. (2.9.4)

$$W_{berf} = \frac{\varphi\, M_G + \psi\, M_H}{\sigma_{b\,zul}} = \frac{1{,}1 \cdot 5700 + 1{,}25 \cdot 12000}{16} = 1330 \text{ cm}^3$$

Zulässige Biegespannung $\sigma_{b\,zul} \mathrel{\hat{=}} \sigma_{H\,zul} = 160\, \frac{\text{N}}{\text{mm}^2}$, siehe Bild 2.9.3.

Für $W_b = 1330 \text{ cm}^3$ ergibt sich nach den Rohrtabellen:

Rohr DIN 2448, $d_a = 406{,}4$ mm, $s = 12{,}5$ mm, $m_L = 122\, \frac{\text{kg}}{\text{m}}$, Querschnittsfläche $A = 155 \text{ cm}^2$
$J_b = 30\,030 \text{ cm}^4$, $W_b = 1480 \text{ cm}^3$, Trägheitsradius $i = 13{,}9$ cm

Jetzt kann die Biegedruckspannung σ unter Beachtung der φ- und ψ-Werte für den Lastfall H berechnet werden.

Druckkraft durch die Eigenlast: $F_G = F_{KA} + F_{AL} + F_S = 5 + 9 + 4{,}9 = 18{,}9$ kN $\qquad \underline{F_G = 18{,}9 \text{ kN}}$
Säulengewichtskraft $F_S = m_L\, g\, h = 122 \cdot 10 \cdot 4 = 4900$ N
Druckkraft durch die Hublast: $F_H = F_{H\,max} = 40$ kN

Biegedruckspannung $\sigma = \sigma_b + \sigma_d$ für den Lastfall H

$$\sigma_H = \frac{\varphi M_G + \psi M_H}{W_b} + \frac{\varphi F_G + \psi F_H}{A} = \frac{1{,}1 \cdot 5700 + 1{,}25 \cdot 12000}{1480} + \frac{1{,}1 \cdot 18{,}9 + 1{,}25 \cdot 40}{155} = 14{,}8\, \frac{\text{kN}}{\text{cm}^2}$$

$$\underline{\underline{\sigma_H = 148\, \frac{\text{N}}{\text{mm}^2} \approx \sigma_{zul} = 140\, \frac{\text{N}}{\text{mm}^2}}}$$

(σ_{zul} siehe Bild 2.9.3)

Es tritt eine geringfügige Überschreitung der zulässigen Spannung auf.

Der Nachweis auf Knickung erfolgt nach dem ω-Verfahren; auch hier φ- und ψ-Werte beachten.

Knickkraft $F_K = \varphi F_G + \psi F_H = 1{,}1 \cdot 18{,}9 + 1{,}25 \cdot 40 = 70{,}8$ kN

Schlankheitsgrad $\lambda = \frac{2h}{i} = \frac{800}{13{,}9} = 58$ (Säule unten eingespannt, oben frei)

Knickzahl $\omega = f(\lambda)$ – siehe Tabellen: Für St.37 $\omega = 1{,}3$

Biegedruckspannung $\sigma_H = \omega \frac{F_K}{A} + 0{,}9 \frac{M}{W_b} = 1{,}3 \frac{70{,}8}{155} + 0{,}9 \frac{21300}{1480} = 13{,}5 \frac{\text{kN}}{\text{cm}^2}$

dies gilt für außermittigen Druck nach DIN 4114

A, W_b, M siehe vorn

$$\sigma_H = 135 \frac{\text{N}}{\text{mm}^2} < \sigma_{H\,zul} = 140 \frac{\text{N}}{\text{mm}^2}$$

(siehe Bild 2.9.3)

Damit ist der oben gewählte Säulenquerschnitt durch die Knickbeanspruchung nicht gefährdet.

6. Drehwiderstandsmoment $M_W = \mu F \frac{D_L}{2} = 0{,}01 \cdot 54\,000 \frac{0{,}5}{2} = 135$ Nm

Lagerkraft $F \mathrel{\hat{=}} F_V$ – siehe Pkt. 4.

Die maximale Handkraft F_{HA} liegt bei L_{min} vor:

$F_{HA} = \frac{M_W}{L_{min}} = \frac{135}{3} = 45$ N

$F_{HA} = 45$ N, Drehen von Hand möglich

18 Blocksäulenkran

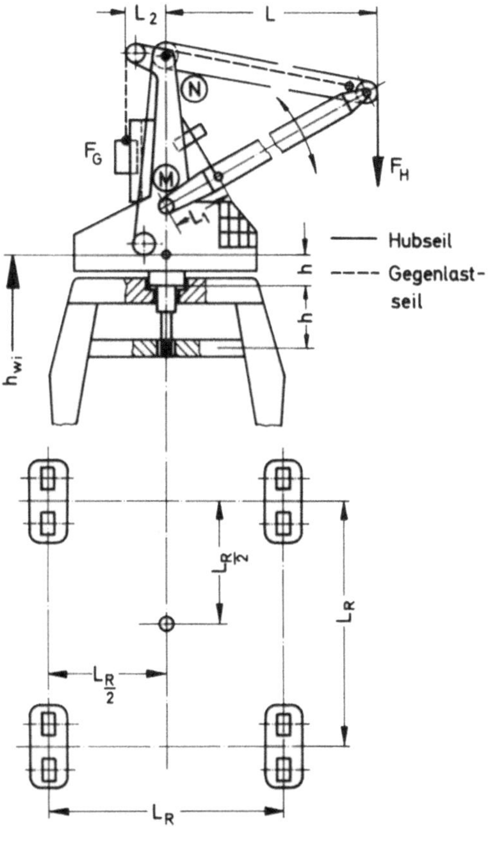

Tragwerk: $L_{max} = 20$ m, $L_{min} = 8$ m, $L_2 = 2{,}5$ m, $L_R = 8$ m, h = 2 m, Höhe des Schwerpunktes der Windangriffsfläche $h_{Wi} = 10$ m, Hubkraft $F_H = 32$ kN, Auslegereigenlast $m_{AL} = 1{,}5$ t, Eigenlast des drehbaren Oberteiles $m_{KR} = 15$ t, Eigenlast des Portales $m_{PO} = 10$ t, Windangriffsfläche $A_{Wi} = 40$ m², Winddruck $p_{Wi} = 400 \frac{\text{N}}{\text{m}^2}$, Schwerpunkte von m_{KR}, m_{PO} und A_{Wi} liegen in der Drehachse.

Wippausleger und Wippwerk: Einfachlenker mit Auslegerlänge $L_{AL} = 22$ m, Eigenlastausgleich durch über Seil an Auslegerspitze angreifende Gegenlast m_G, Hubseil zwischen Auslegerspitze und Pkt. N 3-fach eingeschert. Wippgeschwindigkeit $v_W = 25 \frac{\text{m}}{\text{min}}$ (auf waagrechten Lastweg bezogen), $L_1 = 2$ m, Wirkungsgrad des Antriebes $\eta = 0{,}6$, Trapezgewindespindel mit $\sigma_{z\,zul} = 50 \frac{\text{N}}{\text{mm}^2}$, Motordrehzahl $n_{Mot} = 1450\ \text{min}^{-1}$.

Drehwerk und Lagerung des Drehteiles: Drehzahl des Drehteiles $n_D = 3\ \text{min}^{-1}$, Wirkungsgrad des Antriebes $\eta = 0{,}7$, nur Massenträgheitsmomente von Hublast und Auslegereigenlast berücksichtigen, Anlaufzeit $t_A = 10$ s, Verhältnis Anlauf- und Nennleistung $\left(\frac{P_A}{P_N}\right)_{zul} = 1{,}8$, Lagerreibungszahl $\mu = 0{,}01$, Lagerreibungsdurchmesser $D_{Lo} = 300$ mm (oberes Lager) bzw. $D_{Lu} = 200$ mm (unteres Lager).

Gesucht:

1. Pkt. N für die Umlenkrollen, wenn der Wippausleger nur auf Druck bzw. Knickung beansprucht werden soll.
2. Gegenlast m_G für den Eigenlastausgleich des Wippauslegers.
3. Maximale Spindelkraft F_{Sp}, Übersetzung i und Nennleistung P_N des Wippwerkes.
4. Maximale Lagerkräfte der beiden Lager des Drehteiles.
5. Nennleistung P_N des Drehwerkes.
6. Maximale Radkräfte F_R des Kranes.

Lösung:

1. Längenmaßstab: 1 : 400 (1 cm $\hat{=}$ 4 m)
   Kraftmaßstab: 1 cm $\hat{=}$ 40 kN
   Punkt (M) liegt auf Drehachse. Radius mit Auslegerlänge L_{AL} um Pkt. (M) schlagen. L_{min} = 8 m, L_{max} = 20 m und eine Mittelstellung antragen. F_H = 32 kN und 3 F_H = 96 kN so antragen, daß F_{Res} bei jeder Auslegerstellung in die Auslegerachse fällt: Ausleger dann nur auf Druck bzw. Knickung beansprucht (3 F_H: Hubseil 3-fach eingeschert). Die Wirkungslinien von 3 F_H schneiden sich im gesuchten Pkt. (N)
   Aus der Zeichnung ergibt sich:

   Pkt. N ca. 6,4 m über und ca. 0,4 m vor Pkt. (M)

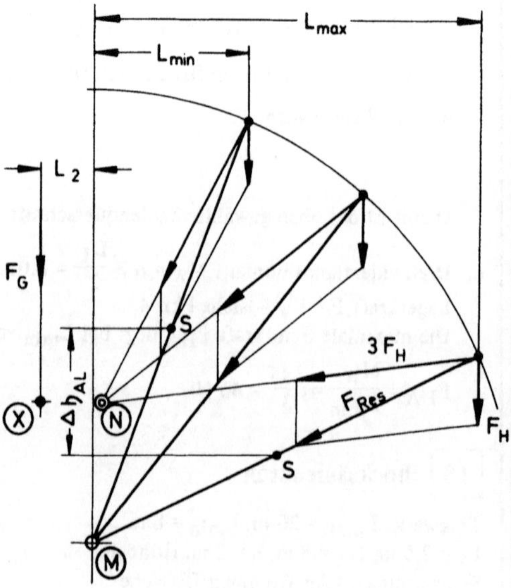

2. Gegenlast angenähert, nach Abschnitt 4.4.3, durch Gleichsetzen der Hubarbeit der Auslegereigenlast und der Senkarbeit der Gegenlast ermitteln:

$$F_G = F_{AL} \frac{\Delta h_{AL}}{\Delta h_G} = 15000 \frac{6}{4{,}8} = 18800 \text{ N}$$

Gegenlast m_G = 2 t (gewählt)

Auslegergewichtskraft F_{AL} = 15 000 N. Senkrechte Hubwege von Ausleger- und Gegenlastschwerpunkt aus Zeichnung unter Pkt. 1 entnehmen:

Δh_{AL} = 1,5 cm $\hat{=}$ 6 m

Δh_G = 1,2 cm $\hat{=}$ 4,8 m

Δh_G ergibt sich angenähert aus der Längendifferenz der Strecke von Pkt. (X) bis zur Auslegerspitze für L_{max} bzw. L_{min} – an Pkt. (X) Umlenkrolle des Gegenlastseiles.

3. Aus Σ Mom (M) = 0 Spindelkraft F_{Sp} für die unter Pkt. 1 gewählten Auslegerstellungen ermitteln. F_{Res} entfällt (Wirkungslinie von F_{Res} geht durch Pkt. (M)). Änderung von L_1 durch die Wippbewegung vernachlässigt.

Für L_{max}: $F_{Sp} = \frac{1}{L_1}\left(F_{AL}\frac{L}{2} - F_G L_2\right)$

$= \frac{1}{2}(15 \cdot 10 - 20 \cdot 2{,}5) = 50$ kN

Für L_{min}: $F_{Sp} = \frac{1}{L_1}\left(F_{AL}\frac{L}{2} - F_G L_2\right)$

$= \frac{1}{2}(15 \cdot 4 - 20 \cdot 2{,}5) = 5$ kN

Spindelkraft F_{Sp} = 5...50 kN

(je nach Auslegerstellung)

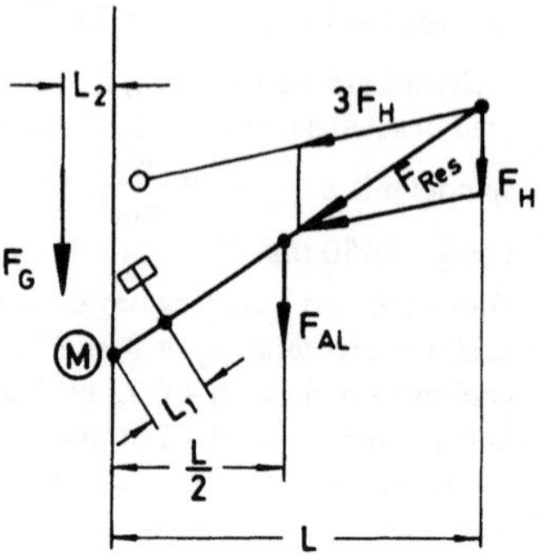

Spindelquerschnitt $A = \frac{F_{Sp}}{\sigma_{z\,zul}} = \frac{50\,000}{50} = 1\,000\ mm^2$, hieraus: Gewinde Tr 44 X 7 mm

$\left(\begin{array}{l} A_{Kern} = 1046\ mm^2 \\ \text{Steigung } s = 7\ mm \end{array}\right)$

Übersetzung $i = \frac{n_{Mot}}{n_{Sp}} = \frac{1450}{460} = 3{,}15$ $\qquad \underline{\underline{i = 3{,}15}}$

Eine Spindelumdrehung ergibt 7 mm Weg. Auslegerwinkel zwischen L_{max} und L_{min} nach Zeichnung von Pkt. 1 ca. 44° und damit Spindelhub $\Delta h = r\varphi = 2 \cdot 0{,}77 = 1{,}55$ m (Radius r = 2 m). Spindelumdrehungen somit $\frac{1550}{7} = 220$. Waagrechter Wippweg $\Delta L = L_{max} - L_{min} = 12$ m. Wippzeit $t_W = \frac{\Delta L}{v_W} = \frac{12}{25} = 0{,}48$ min. Bei 220 Spindelumdrehungen in 0,48 min ergibt sich die Spindeldrehzahl zu: $n_{Sp} = 460\ min^{-1}$. Wippnennleistung P_N – Vollastbeharrungsleistung P_V – analog Gl. (2.6.1)

$$P_V \mathrel{\hat{=}} P_N = \frac{F_{Sp}\,v_{Sp}}{\eta} = \frac{50\,000 \cdot 0{,}054}{0{,}6} = 4\,500\ \frac{Nm}{s} \qquad \underline{\underline{P_N = 4\ kW\ (\text{gewählt})}}$$

Einziehgeschwindigkeit der Spindel $v_{Sp} = \frac{\Delta h}{t_W} = \frac{1{,}55}{28{,}8} = 0{,}054\ \frac{m}{s}$

Maximale Spindelkraft F_{Sp} eingesetzt, Motor bei Vollast und L_{max} gering überlastet. Beschleunigungsleistung P_B gering, siehe Abschnitt 2.6.3, Nachweis nicht erforderlich.

. Windkraft $F_{Wi} = A_{Wi}\,p_{Wi} = 40 \cdot 400 = 16000$ N. Ungünstigster Belastungsfall: F_{Wi} erhöht F_{Ax} und F_B, $L \mathrel{\hat{=}} L_{max}$.

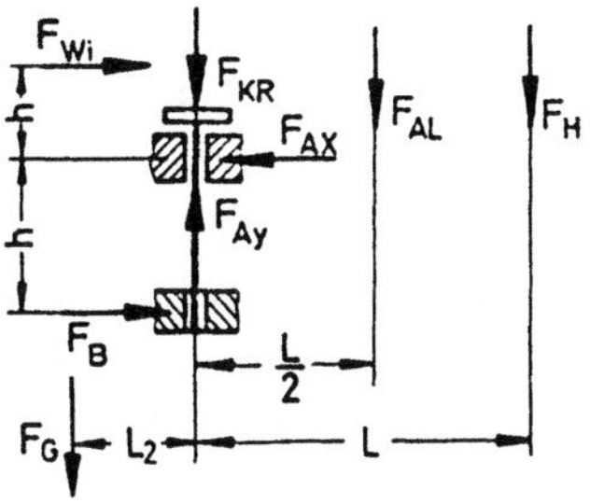

Lagerkraft F_B aus ΣMom A = 0:

$$F_B = \frac{1}{h}\left(F_{Wi}\,h + F_{AL}\,\frac{L_{max}}{2} + F_H\,L_{max} - F_G\,L_2\right)$$

$$= \frac{1}{2}(16 \cdot 2 + 15 \cdot 10 + 32 \cdot 20 - 20 \cdot 2{,}5) = 386\ kN$$

$$\underline{\underline{F_B = 386\ kN}}$$

Lagerkraft F_{Ay} aus $\Sigma F_y = 0$

$F_{Ay} = F_{AL} + F_H + F_{KR} + F_G = 15 + 32 + 150 + 20 = 217\ kN$ $\qquad \underline{\underline{F_{Ay} = 217\ kN}}$

Lagerkraft F_{Ax} aus Σ Mom B = 0

$$F_{Ax} = \frac{1}{h}\left(F_{Wi}\,2h + F_{AL}\,\frac{L_{max}}{2} + F_H\,L_{max} - F_G\,L_2\right) = \frac{1}{2}(16 \cdot 2 \cdot 2 + 15 \cdot 10 + 32 \cdot 20 - 20 \cdot 2{,}5) = 402\ kN$$

$$\underline{\underline{F_{Ax} = 402\ kN}}$$

. Vollastbeharrungsleistung P_V nach Gl. (2.6.7)

$$P_V = \frac{M_W\,\omega_D}{\eta} = \frac{1310 \cdot 0{,}31}{0{,}7} = 580\ \frac{Nm}{s} \qquad \underline{\underline{P_V = 0{,}6\ kW}}$$

Drehwiderstandsmoment $M_W = (F_{Ay} + F_{Ax})\,\mu\,\frac{D_{Lo}}{2} + F_B\,\mu\,\frac{D_{Lu}}{2} = (217 + 402)\,0{,}01 \cdot 0{,}15$

$+ 386 \cdot 0{,}01 \cdot 0{,}1 = 1{,}31\ kNm$

Winkelgeschwindigkeit $\omega_D = 2\,\pi\,n_D = 2 \cdot 3{,}14 \cdot 3 = 18{,}9\ min^{-1} \mathrel{\hat{=}} 0{,}31\ s^{-1}$

Windkraft ohne Einfluß: Schwerpunktsabstand der Windangriffsfläche zur Drehachse = 0.

Beschleunigungsleistung P_B nach Gl. (2.6.9)

$$P_B = \frac{M_B\,\omega_D}{\eta} = \frac{44700 \cdot 0{,}31}{0{,}7} = 19800\ \frac{Nm}{s}$$

Beschleunigungsmoment $M_B = \Sigma J\,\alpha = \left[m_H\,L_{max}^2 + m_{AL}\left(\frac{L_{max}}{2}\right)^2 + m_G\,L_2^2\right]\frac{\omega_D}{t_A}$

$\underline{\underline{P_B = 19{,}8\ kW}}$

$$= (3200 \cdot 20^2 + 1500 \cdot 10^2 + 2000 \cdot 2{,}5^2)\,\frac{0{,}31}{10} = 44700\ Nm$$

Anlaufleistung $P_A = P_V + P_B = 0{,}6 + 19{,}8 = 20{,}4\,kW$ $\qquad$ $\underline{P_A = 20{,}4\,kW}$

Nennleistung P_N nach Gln. (2.7.1) und (2.7.2)

$P_N = P_V = 0{,}6\,kW$

$$P_N = \frac{P_A}{1{,}8} = \frac{20{,}4}{1{,}8} = 11{,}3\,kW \text{ (maßgebend)} \qquad \underline{\underline{P_N = 11{,}3\,kW}}$$

6. Symmetrisches Portal: Die maximale Radkraft liegt dann vor, wenn der Ausleger mit L_{max} und voller Traglast m_H über einem der vier Fahrschemel steht. Windlast, bei ungünstigster Anblasrichtung, beachten.

Maximale Radkraft am Fahrschemel bei F_B aus
Σ Mom A = 0:

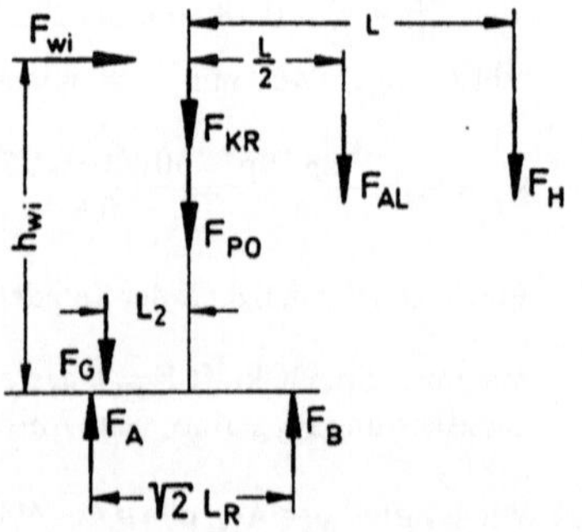

$$F_B = \frac{1}{\sqrt{2}\,L_R}\left[F_H\left(L + \frac{\sqrt{2}\,L_R}{2}\right) + F_{AL}\left(\frac{L}{2} + \frac{\sqrt{2}\,L_R}{2}\right) + F_{Wi}\,h_{Wi} + F_G\left(\frac{\sqrt{2}\,L_R}{2} - L_2\right)\right] + \frac{F_{KR} + F_{PO}}{4}$$

$$F_B = \frac{1}{11{,}3}(32 \cdot 25{,}6 + 15 \cdot 15{,}6 + 16 \cdot 10 + 20 \cdot 3{,}15) + \frac{250}{4} = 176\,kN$$

Je Fahrschemel 2 Laufräder: Maximale Radkraft

$$F_R = \frac{F_B}{2} = \frac{176}{2} = 88\,kN \qquad \underline{\underline{F_R = 88\,kN}}$$

$\sqrt{2}\,L_R = 1{,}42 \cdot 8 = 11{,}3\,m$: Diagonalabstand der Fahrschemel

Windkraft $F_{Wi} = 16\,kN$, siehe Pkt. 4

Die Eigenlastkräfte aus Drehteil und Portal ($F_{KR} + F_{PO}$) verteilen sich, wegen der symmetrischen Anordnung, gleichmäßig auf alle Fahrschemel.

4.5. Fahrzeugkrane

Fahrzeugkrane sind Straßen- oder Schienenfahrzeuge mit Hubeinrichtungen, die meistens drehbare Ausleger besitzen. In diesem Zusammenhang sollen nur die straßenfahrbaren Krane kurz beschrieben werden, die wegen ihrer vielseitigen Einsatzmöglichkeiten von größerer allgemeiner Bedeutung sind als die schienengebundenen Fahrzeugkrane.

Als Antriebsaggregate kommen fast ausschließlich Dieselmotore zur Anwendung; bei sehr kleinen Anlagen gelegentlich auch Elektroantrieb über Batterien. Der Vorteil des Dieselmotors liegt in seiner Wirtschaftlichkeit und Unabhängigkeit von einem Kraftnetz; nachteilig ist, daß er nicht unter Last anlaufen kann, nicht überlastet werden darf sowie schwer umzusteuern ist. Nicht zu vergessen ist das Abgasproblem.

Die Kraftübertragung geschieht normalerweise mechanisch oder hydraulisch, wobei die hydrostatische überwiegt. Bei der mechanischen Kraftübertragung dient ein Schaltgetriebe zur Lastanpassung und ein über Kupplungen zu- bzw. abschaltbares Verteilergetriebe zur Betätigung der einzelnen Kranbewegungen.

Die mechanische Kraftübertragung zeichnet sich durch Einfachheit und hohen Wirkungsgrad aus. Nachteilig sind der höhere Bedienungsaufwand und die vielen Verschleißteile (mehrere Schaltkupplungen).

Bei der hydraulischen Kraftübertragung treibt der Dieselmotor eine Hydraulikpumpe an, die die verschiedenen Druckölmotore bzw. Druckölzylinder, welche zur Betätigung der einzelnen Arbeitsbewegungen dienen mit Drucköl versorgt (Betriebsdruck bis ca. 250 bar bei Zahnrad- und ca. 250 ... 400 bar bei Kolbenpumpen).

Diese Kraftübertragungsart ist teurer und im Wirkungsgrad geringer; sie erfordert jedoch gegenüber der mechanischen Methode einen geringeren Bedienungsaufwand bei gleichzeitiger feinfühliger Regelbarkeit der Arbeitsgeschwindigkeiten. Sie ist bei Fahrzeugkranen von zunehmender Bedeutung. Zum Teil werden diese beiden auch für hohe Leistungen gebräuchlichen Kraftübertragungssysteme auch als Mischsysteme verwendet (z. B. Heben mechanisch; Drehen, Wippen und Fahren hydraulisch).

Die elektrische Kraftübertragung – der Dieselmotor treibt einen Generator an, der über entsprechende Steuereinrichtungen die einzelnen Antriebsmotore der verschiedenen Maschinensätze speist – rechtfertigt sich wegen ihres hohen Bauaufwandes nur bei sehr hohen Leistungen. Auch hier ist die Bedienung bei feinfühliger und leichter Regelung der Arbeitsgeschwindigkeiten besonders einfach.

Bei einer Konstruktion ist wegen des häufigen Standortwechsels der Geräte auf eine möglichst kleine Eigenlast zu achten. Für Arbeiten im Gelände werden die Unterwagen mit Allradantrieb ausgerüstet; sonst ist für die Fahrbewegung der Antrieb an einer Achse ausreichend. In unwegsamem und weichem Gelände setzt man Raupenfahrwerke ein. Fahrzeugkrane mit Mehrseilgreifern erhalten oft Einmotorengreiferwinden (Abschnitt 4.1.1.3), da sie in der Regel nur einen Dieselmotor für alle Fahr- und Kranbewegungen besitzen.

4.5.1. Ladekrane für Straßenfahrzeuge

Ladekrane für Straßenfahrzeuge werden in der Land- und Forstwirtschaft, bei Speditionen, bei Fahrzeugen für kommunale Zwecke (Dienstleistungen), für Abschlepp- und Bergungsarbeiten, im Baubetrieb usw. verwendet.

Zwei wichtige Ausführungen sind die Ladeschwinge und der eigentliche Ladekran.

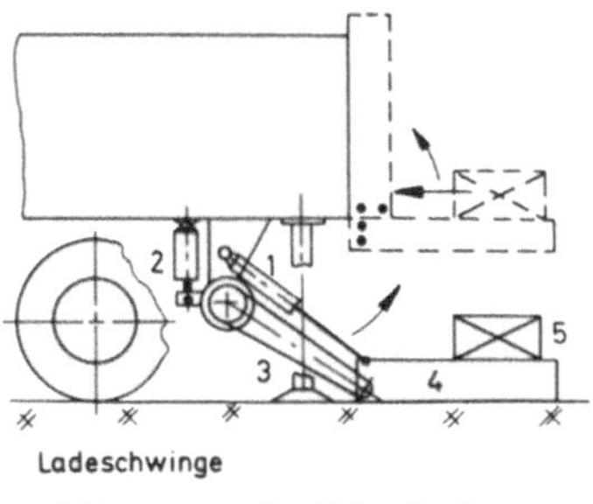

Ladeschwinge

1 Öffnungs- u. Schließzylinder
2 Hub- u. Senkzylinder
3 Ausfahrbare Stützen
4 Lastträger
5 Last

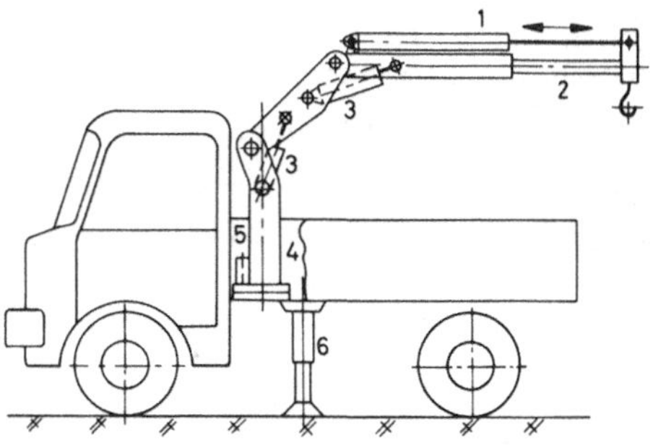

Ladekran (vollhydraulisch)

1 Zylinder zur Betätigung des Auslegerteleskopteils 2
3 Wippzylinder
4 Drehbare Säule
5 Drehwerk
6 Ausfahrbare Abstützung (beim Arbeiten des Kranes)

Bild 4.5.1. Ladekrane für Straßenfahrzeuge

Ladeschwinge. Bei der Ladeschwinge dient die hintere Bordwand des Fahrzeugs als Lastträger; sie läßt sich waagrecht bis zum Boden absenken. Die Arbeitsbewegungen sind Heben/Senken und Öffnen/Schließen der Bordwand – die Drehbewegung entfällt. Der Antrieb der Ladeschwinge erfolgt über doppelt wirkende Hydraulikzylinder, die von einem mit dem Fahrzeugmotor gekoppelten Hydraulikaggregat gespeist werden. Für kleine Traglasten kommt auch elektrohydraulischer Antrieb von der Fahrzeugbatterie aus in Frage. Zum Beladen wird die auf die abgesenkte Bodenplatte gesetzte Last bis auf die Höhe der Ladeplattform des Fahrzeugs angehoben, so daß sie leicht auf diese geschoben werden kann – Entladevorgang umgekehrt. Bei größeren Traglasten sind wegen der hohen Heckbelastung des Fahrzeugs ausfahrbare Stützen zu empfehlen.

Traglast 0,5 ... 2 (5) t

Ladekran. Die meist vollhydraulisch betätigten Ladekrane lassen sich auf Lkw's ab ca. 2,5 t Nutzlast aufsetzen; man plaziert sie entweder hinter dem Führerhaus oder am Ende der Ladeplattform des Fahrzeugs. Die knickbaren und z. T. auch teleskopartig ein- und ausfahrbaren Ausleger (Bild 4.5.1) ermöglichen einen Verzicht auf das Hubwerk. Das Lastaufnahmemittel hängt direkt am Ende des Auslegers. Die Ausbildung dieser Teleskopknickausleger erfolgt ausschließlich in Vollwandbauweise, der Teleskopteil jedoch wegen seiner Führung in Kastenbauart. Die Wipp- und Teleskopbewegung geschieht über doppeltwirkende Hydraulikzylinder, das Drehen (bei kleineren Traglasten) von Hand oder durch einen Schwenkzylinder bzw. einen Hydraulikschwenkmotor. Das Hydraulikaggregat wird vom Fahrzeugmotor angetrieben. Bei größeren Lasten werden seitlich ausziehbare und hydraulisch verstellbare Stützen, die die Standsicherheit während der Kranarbeit erhöhen, vorgesehen. Zur Ruhestellung kann der Ausleger durch seine Wippzylinder – nach Einziehen des Teleskopteils – auf engem Raum zusammengelegt werden. Hydraulisch betätigte Lastaufnahmemittel wie Greifer, Zangen usw. können an Stelle der normal üblichen Lasthaken angehängt werden.

Der Ladekran ermöglicht das Be- und Entladen des Fahrzeugs mit Stück- und Schüttgütern (durch Greifer) auch dort, wo keine Krananlagen zur Verfügung stehen. Durch die Ausführung als Drehkran (Drehteil meist über ein Säulensystem gelagert) ist der Lastumschlag auch von der Fahrzeugseite aus möglich. Von dort erfolgt auch die Bedienung.

Traglast 0,5 ... 3,2 (12,5) t – bei konstantem Lastmoment
Maximale Ausladung 3 ... 6 (12) m
Hubhöhe 3 ... 6 (12) m
Drehzahl des Oberteils 1 ... 3 min^{-1}

4.5.2. Mobilkrane

Der Mobilkran (Bild 4.5.2) hat nur einen Antriebsmotor für die Kran- und Fahrbewegungen und gestattet in der Regel nur kleinere Fahrgeschwindigkeiten.

Diese Kranart erlangte durch den vielseitigen Einsatz bei Lager-, Bau- und Montagearbeiten sehr hohe Bedeutung. Dem kommt auch die im Gegensatz zum Autokran gedrungene und kompakte Bauweise sehr genau entgegen.

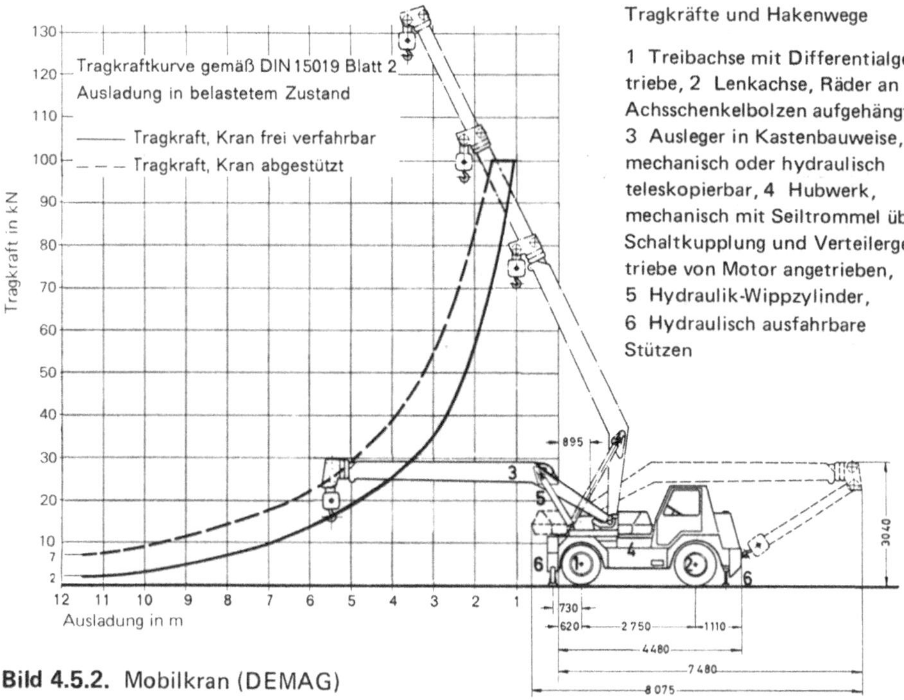

Tragkräfte und Hakenwege

1 Treibachse mit Differentialgetriebe, 2 Lenkachse, Räder an Achsschenkelbolzen aufgehängt, 3 Ausleger in Kastenbauweise, mechanisch oder hydraulisch teleskopierbar, 4 Hubwerk, mechanisch mit Seiltrommel über Schaltkupplung und Verteilergetriebe von Motor angetrieben, 5 Hydraulik-Wippzylinder, 6 Hydraulisch ausfahrbare Stützen

Bild 4.5.2. Mobilkran (DEMAG)

Der Unter- und Aufbau der Mobilkrane wird meist zu einer Baueinheit zusammengefaßt. Das aus zwei bis vier Achsen bestehende Fahrwerk hat Luftbereifung. Bremsen und Lenkung (oft mit Servounterstützung) sowie weitere wichtige Bauteile sind dem Kfz-Bau entnommen. Wegen der geringen Fahrgeschwindigkeiten reicht eine einfache Federung des Fahrzeugs, z. B. über Gummielemente, aus. Der Aufbau nimmt den über einen Drehkranz gelagerten Wippausleger auf, dessen obere Konstruktion in etwa den Auslegern der Ladekrane entspricht. Bei größeren Hubhöhen erhalten die Ausleger mehrfache Teleskopteile, und die Lastaufnahmemittel hängen nicht mehr direkt am Auslegerende, sondern werden über Unterflaschen von Hubseilen bewegt (Bild 4.5.2). Durch die Drehkranzlagerung ergeben sich kleine Abmessungen und ein niedrig liegender Schwerpunkt, was bei dieser Kranart besonders wichtig ist.

Die für alle Arbeitsbewegungen erforderliche Kraftübertragung vom Dieselmotor erfolgt mechanisch, hydraulisch oder auch mechanisch/hydraulisch. Ausfahrbare Stützen am Unterteil des Kranes erhöhen seine Standsicherheit bei den Arbeitsbewegungen. Bei größeren Hubhöhen ist auf die Minderung der Traglast durch die Schwerpunktsverlagerung und die größere Windlast zu achten. Die hieraus resultierende Traglastminderung kann aus Diagrammen oder Zahlentafeln der Herstellerfirmen entnommen werden.

Unterbau und drehbares Oberteil werden ausschließlich in Vollwandbauweise aus glatten und abgekanteten Blechen sowie Walzprofilen in Form von Schweißkonstruktionen gebaut.

Traglast 1 ... 16 t
Maximale Ausladung 4 ... 16 m – bei konstantem Lastmoment
Fahrgeschwindigkeit 10 ... 20 (40) $\frac{km}{h}$
Drehzahl des Oberteils 1 ... 6 min^{-1}

4.5.3. Autokrane

Der Autokran besitzt z.T. zwei Antriebsmotore: einen Motor mit hoher Leistung für die Fahrzeugbewegung im Fahrgestell und einen Motor mit kleinerer Leistung für die Kranbewegungen im drehbaren Oberteil. Sein wichtigstes Merkmal ist die Möglichkeit der Straßenfahrt mit relativ hohen Fahrgeschwindigkeiten, so daß die für Straßenfahrzeuge maßgebenden Bestimmungen wie maximale Breite und Höhe, Achslasten, Beleuchtung usw. bei der Konstruktion zu beachten sind. Das Hauptanwendungsgebiet der Autokrane liegt bei Bau- und Montagearbeiten, insbesondere im Hoch-, Brücken- und Kraftwerksbau. Ein weiteres Einsatzfeld ist die Erstellung großer Verfahrenstechnischer Anlagen (z. B. Raffinerieanlagen). Der Autokran ist wegen seiner hohen Fahrgeschwindigkeiten für häufigen Standortwechsel besonders gut geeignet.

Die Unterschiede zwischen Mobil- und Autokranen sind kaum noch abzugrenzen; so werden heute sowohl Mobilkrane mit höheren Fahrgeschwindigkeiten als auch Autokrane mit nur einem Antriebsmotor gebaut.

Im Gegensatz zur Bauweise des Mobilkrans sind das Kranunterteil und der drehbare Aufbau als getrennte Baugruppen ausgeführt. Wegen der großen Fahrgeschwindigkeiten werden als Unterteile verstärkte Lkw-Fahrgestelle verwendet, die mit der im Lkw-Bau üblichen Federung (Stahl-Blattfedern oder Luftfederung) ausgerüstet sind. Das drehbare Kranoberteil mit seinem Wippausleger wird über eine Drehkranzlagerung (Abschnitte 2.6.5 und 4.4.2) auf dem Unterwagen gelagert. Nur bei sehr großen Hubhöhen wird der Ausleger aufgrund der geringeren Eigenlast und der Windbelastung in Fachwerkbauweise ausgeführt; sonst allgemein als Mehrfachteleskopausleger in Kastenbauart. Der Teleskopausleger ermöglicht eine kürzere Rüstzeit und eine leichtere Bedienung. Nach dem Ausfahren der auf Rollen geführten Teleskopausleger sind die einzelnen Auslegerteile durch mechanische Verriegelungen formschlüssig miteinander zu verbinden. Die für Ladekrane häufig verwendeten Knickausleger sind beim Autokran wegen der größeren Hubhöhen nicht in Gebrauch. Für Straßenfahrt wird der zusammengeschobene Ausleger zur Abstützung über das Führerhaus des Fahrzeugs gelegt.

Fahrzeugkrane mit Raupenfahrwerken kommen nur auf unwegsamem und besonders weichem Gelände zum Einsatz. Sie sind sehr schwer und gestatten nur geringe Fahrgeschwindigkeiten, allerdings kann wegen der hohen Eigenlast meist auf zusätzliche Abstützungen verzichtet werden. Der Transport über längere Strecken ist nur mit Spezialfahrzeugen (z. B. Tieflader für Schwerlasten) möglich. Sonst siehe Mobilkrane.

Traglast 8 ... 40 (400) t, bei konstantem Lastmoment
Maximale Ausladung 8 ... 20 (60) m
Hubhöhe 8 ... 40 (100) m
Fahrgeschwindigkeit 50 ... 80 $\frac{km}{h}$ – bei Luftbereifung
Drehzahl des Oberteils 1 ... 3 min^{-1}

5. Gleislose Flurfördermittel

Gleislose Flurfördermittel wie Wagen, Stapler usw. bedeuten Mechanisierung und Rationalisierung der Förderaufgaben im innerbetrieblichen Transport sowie auf Warenumschlagplätzen.

Zahlreiche Fahrgeräte sind mit Hubeinrichtungen versehen, da die häufig verwendeten Transporteinheiten, Paletten oder Behälter nur mit solchen Geräten umgesetzt werden können. Sehr wichtig sind ein geeigneter Fahrbahnbelag (Asphalt, Beton, Fliesen oder Estriche) und eine robuste Bauweise aller Geräte.

Die Bedeutung der gleisgebundenen Flurfördermittel (wie z. B. Schmalspurbahnen) ist im innerbetrieblichen Transport nur noch gering.

Gleislose Flurfördermittel sind frei im Förderweg, benötigen jedoch z. T. erhebliche Flurflächen für den Transportvorgang und arbeiten meist unstetig.

Die große Zahl und die Vielfalt der Ausführungen läßt nur ein kurzes Eingehen auf die allgemein wichtigsten Bauarten zu. Einzelheiten sind den Typenlisten und Katalogen der Herstellerfirmen zu entnehmen.

5.1. Fahrwerk und Lenkung

Da der Grundaufbau der Fahrwerke einschließlich der Fahrantriebe und der Lenkung bei allen Flurfördermitteln gleich ist, sollen diese Bauteile im Anschluß gemeinsam für alle Flurfördermittel kurz dargelegt werden.

Geräte mit *Handfahrantrieb* (schieben oder ziehen) werden gelegentlich nur für kurze Förderwege – bis ca. 50 m – und für kleine Lasten – bis ca. 1 t – eingesetzt. Diese Geräte sind, wegen der niedrigen Antriebsleistung, leicht zu bauen. *Motorfahrantrieb* ist bei größeren Förderwegen und Lasten sowie bei ständigem Einsatz gebräuchlich.

Kurzzeichen und Benennung der verschiedenen mit Motorfahrantrieb ausgerüsteten Flurfördermittel siehe DIN 15140: drei Buchstaben; der erste Buchstabe kennzeichnet die Art des Fahrantriebes, der zweite die Lenkungsart und der dritte die Bauform.

Fahrantrieb: B Benzin, D Diesel, E Elektro (Batterie), T Treibgas, H Hand usw.
Lenkung: F Sitzlenkung, G Lenkung durch Mitgehen, S Standlenkung usw.
Bauform: Z Zweiachsschlepper, W Plattformwagen, U Gabelhubwagen, G Gabelstapler (Frontstapler), Q Querstapler usw.

Z. B. DFG: Gabelstapler mit Sitzlenkung und Dieselantrieb.

5.1.1. Fahrwerk

Die Berechnung des Fahrwiderstandes erfolgt nach Abschnitt 5.4.2; aus Fahrwiderstand und Fahrgeschwindigkeit kann die erforderliche Leistung des Fahrmotors ermittelt werden.

Der Unterbau, meist in Rahmenbauweise, wird aus abgekanteten Leichtbauprofilen, Rohren und Blechen zusammengeschweißt. Er nimmt die Antriebs-, Hub- und Lenkeinrichtungen sowie die Kräfte, die durch Fahren, Heben und Verlagerung des Schwerpunktes entstehen, auf. Bei kleineren Geräten wird häufig die Dreirad-Bauart mit sehr kurzen

Achsabständen bevorzugt, da sie über einen besonders engen Wendekreis verfügt und so schmale Gänge und Ecken zugänglich macht. Hauptsächlich ist allerdings die Vierrad-Bauweise üblich.

Aufgrund des geringen Fahrwiderstandes erfolgt die Lagerung der Laufräder fast ausschließlich über Wälzlager. Die Radscheiben und Felgen bestehen aus gepreßtem Stahl- oder Leichtmetallblech; eine Federung für Flurfördermittel (Metall- oder Gummifedern) kommt nur in Sonderfällen vor (im Hofverkehr auf unbefestigten Wegen und bei schwereren motorisch angetriebenen Geräten). Als Bereifung sind Vollgummi-, Elastik- oder Luftbereifungen gebräuchlich. Vollgummi- und Elastikreifen sind unempfindlich gegen Metallspäne u. ä. und haben einen geringen Fahrwiderstand, jedoch nur mäßige Federungseigenschaften und erwärmen sich im Dauerbetrieb stärker. Sie können daher nur auf glattem Bodenbelag (Werkhallen oder Lagern) eingesetzt werden. Der Elastikreifen stellt wegen seiner größeren Nachgiebigkeit einen Kompromiß zwischen Vollgummi- und Luftbereifung dar. Bei schlechten Fahrbahnverhältnissen und im Außeneinsatz (Hofverkehr) werden Luftreifen bevorzugt.

Fahrwerksteile wie Bremsen, Lenkung, Felgen usw. werden weitgehend dem Kfz-Bau entnommen.

Die beiden wichtigsten Fahrantriebsarten sind der batterie-elektrische Antrieb (E) und der Dieselantrieb (D); diese beiden Arten sollen hier kurz besprochen werden.

Batterie-elektrischer Antrieb. Beim E-Antrieb wird der Strom einer mitgeführten Batterie entnommen. Verwendet werden Blei- oder Nickel-Kadmium-Batterien mit Spannungen von 12 ... 80 V und Speicherkapazitäten von 100 ... 1000 Ah, wobei die Batteriekapazität für etwa eine Schicht (6 ... 8 h) bei normaler Arbeitsweise ausreichen sollte.

Dreiradflurfördermittel werden mit einem oder zwei, vierrädrige Geräte stets mit zwei Antriebsrädern versehen.

Als Fahrmotore eignen sich Reihenschlußmotore (Abschnitt 2.7.1) wegen ihres hohen Anzugsmomentes besonders gut. Die Drehzahlregelung des Fahrmotors und damit letztlich die Änderung der Fahrgeschwindigkeit kann nach den in Bild 5.1.1 angegebenen Schaltungen vorgenommen werden.

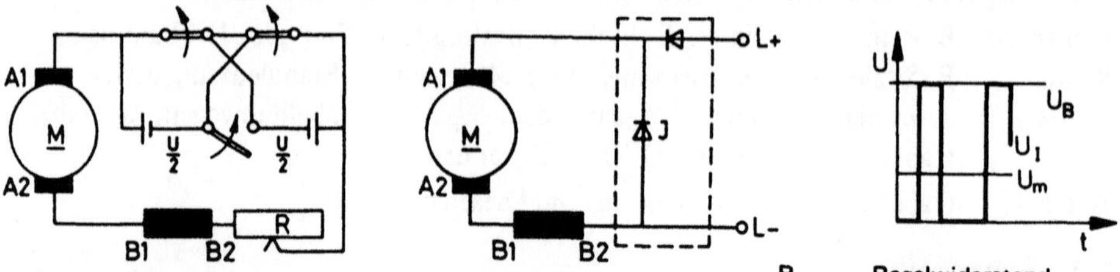

Drehmomentkennlinie des Reihenschlußmotors siehe Bild 2.7.1

R	Regelwiderstand
A1, A2	Anker
B1, B2	Feld
L+, L−	Gleichstromzuführung
I	Impulsschalter und Freilaufdiode
U_B	Batteriespannung
U_I	Spannung nach dem I
U_m	mittlere Motorspannung

Bild 5.1.1. Schaltungen für die Drehzahlregelung des E-Fahrmotors (Gleichstromreihenschlußmotor)

Widerstandsschaltung Die Batterie wird in zwei gleiche Gruppen unterteilt, die wahlweise parallel oder hintereinander geschaltet werden können: bis Halblast Parallelschaltung (halbe Batteriespannung $\frac{U}{2}$), von Halb- bis Vollast Hintereinanderschaltung (volle Batteriespannung U). Über den Regelwiderstand R, meist in Form mehrerer zu- und abschaltbarer Einzelwiderstände, wird für die beiden Schaltbereiche die Spannung U am Motor und damit seine Drehzahl geregelt. Bei genau halber und voller Motordrehzahl treten keine Verluste auf: Regelwiderstand $R = 0$. Bei Verwendung von zwei Fahrmotoren können beide Motoren parallel oder hintereinandergeschaltet werden, so daß bei Hintereinanderschaltung an jedem Motor nur die halbe und bei Parallelschaltung die volle Batteriespannung liegt. Hierdurch entfällt die anfangs erwähnte Aufteilung der Batterie.

Impulsschaltung Der Impulsschalter (z. B. als Thyristor – siehe Abschnitt 2.7.2) führt dem Motor periodische Strom- und Spannungsimpulse zu, deren Zeitdauer kontinuierlich geändert werden kann. Diese „Elektronischen Schalter“ ermöglichen, ohne Verschleißerscheinungen, 1000 und mehr Schaltungen pro Sekunde und dadurch bei konstanter Batteriespannung eine stufenlose und weitgehend verlustfreie Regelung der Motorspannung und Fahrgeschwindigkeit. Ein weiterer Vorteil ist das ruckfreie Anfahren und Beschleunigen.

Trotz der höheren Kosten löste aufgrund der oben dargestellten Vorteile die Impulsschaltung die früher generell übliche Widerstandsschaltung weitgehend ab.

Vorteile Geräuscharm und leicht zu regeln; überlastbar und unter Last anfahrbar, deshalb ohne Schaltkupplung und -getriebe; keine Abgasprobleme.

Nachteil Kleinere Antriebsleistungen; begrenzte Einsatzzeit bei einer Batterieladung; teure und schwere Batterien.

Der E-Antrieb wird deshalb bei Flurfördermitteln mit kleinen bis mittleren Traglasten, kleinen Arbeitsgeschwindigkeiten und guten Fahrbahnen – hauptsächlich im Inneneinsatz – verwendet.

Diesel-Antrieb. Wegen seiner größeren Wirtschaftlichkeit und Lebensdauer sowie des geringeren CO-Gehaltes in den Abgasen hat der Dieselmotor den Benzinmotor weitgehend verdrängt. Zunehmend ist der Einsatz von Motoren mit Treibgasantrieb (meist Propan-Butan-Gemisch), da hier das Abgasproblem weitgehend entfällt.

Flurfördermittel mit Dieselantrieb, die in geschlossenen Hallen verkehren sollen, sind mit Abgasreinigern zu versehen. Diese Geräte haben Wasservorlagen zur Entfernung der Rußteilchen und Katalysatoren zur anschließenden Reinigung der Abgase. Die Abgasreiniger haben den Nachteil, daß sie nur bei sorgfältiger Wartung einwandfrei arbeiten. Aufgrund dieser Tatsache ist der Gebrauch von Dieselantrieb hauptsächlich für den Außenbetrieb zu empfehlen.

Da der Dieselmotor nur im Leerlauf anlaufen kann, und ein ziemlich konstantes Drehmoment aufweist, werden bei der diesel-mechanischen Kraftübertragung für den Fahrantrieb Schaltkupplungen und -getriebe zur Anpassung an den jeweiligen Fahrwiderstand erforderlich. Zur Bedienungserleichterung wird auch bei Flurfördermitteln zunehmend die diesel-hydraulische Kraftübertragung angewendet (hydrostatische Fahrantriebe – siehe Fahrzeugkrane, Abschnitt 4.5 – oder hydrodynamische Getriebe mit Drehmomentwandler und automatischem Schaltgetriebe, wie im Kfz-Bau).

Vorteile Für größere Traglasten und Fahrgeschwindigkeiten geeignet; leistungsstark und praktisch unbegrenzte Einsatzzeit, nur Nachtanken; hohe Wirtschaftlichkeit.

Nachteile Starke Fahrgeräusche; nicht überlast- und umsteuerbar; Lastanpassung durch Schaltgetriebe und höherer Bedienungsaufwand bei mechanischer Kraftübertragung; Abgasprobleme.

5.1.2. Lenkung

Vierrädrige Flurfördermittel sind größtenteils mit der bei Kraftfahrzeugen üblichen Achsschenkellenkung ausgerüstet; Aufhängung der Hinterräder an einer Starrachse, der Vorderräder an den Achsschenkelbolzen – z. T. auch umgekehrt. Dreiradfahrzeuge erhalten eine Drehschemellenkung, wobei der Antriebsmotor häufig auf dem am Drehschemel befestigten Lenkrad sitzt und so beim Lenken mitgeschwenkt wird. Bei der Lenkung durch Mitgehen (G) erfolgt der Lenkvorgang über eine Deichsel, an der alle Steuerelemente für die Fahr- und eventuell Hubbewegungen untergebracht sind.

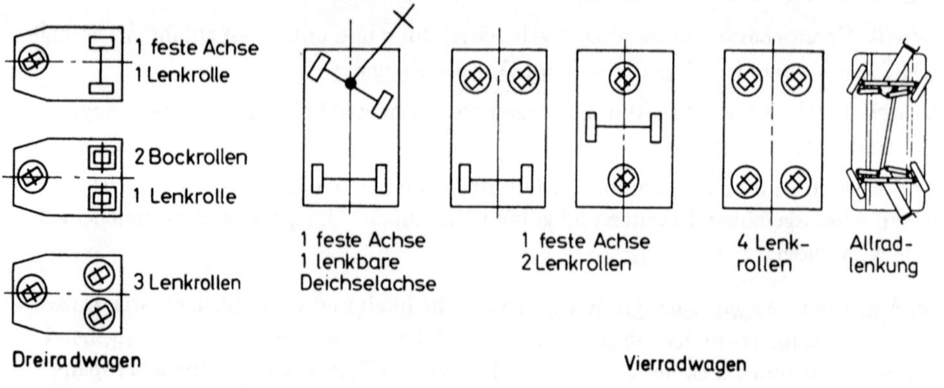

Bild 5.2.1. Lenkung bei 3- und 4-Radwagen

Bei der Allradlenkung (Bild 5.2.1) wird durch ein Lenkgestänge der Radeinschlag gleichmäßig auf alle vier an Achsschenkelbolzen aufgehängten Räder übertragen. Die Allradlenkung ist teuer, gewährleistet jedoch, daß mehrere aneinandergehängte Wagen auch bei Kurvenfahrt genau in der Spur bleiben. Dadurch sind schmale Fahrgänge auch in Kurven und Ecken möglich.

Das häufige Wechseln der Fahrgeschwindigkeit und der Fahrtrichtung erfordert bei mittleren und größeren Geräten einen hohen Kraftaufwand für das Lenken und Bremsen, so daß hierfür oft Servohilfen eingebaut werden.

5.2. Fahrgeräte

Die Fahrgeräte dienen zum Horizontaltransport von Lasten im innerbetrieblichen Verkehr und werden, je nach Traglast und Einsatzgebiet, als Hand- oder Motorfahrgeräte ausgebildet. Im Anschluß werden wegen der Vielzahl der Ausführungen nur einige wichtige Bauformen kurz besprochen.

5.2.1. Fahrgeräte ohne Hubeinrichtung

Sie werden von Hand oder mit Ladegeräten wie Kranen, Staplern usw. be- und entladen.

Handkarren. Handkarren sind häufig nur mit einem oder zwei Rädern versehen, welche lose auf einer Achse lagern. Die Last soll möglichst über den Rädern bzw. der Achse liegen; hierdurch wird das Anheben und Halten des Gerätes während der Fahrbewegung erleichtert. Die Lastaufnahmeeinrichtung hängt von der Art des Fördergutes ab: z. B. einrädrige Schubkarren mit Platten oder Kastenaufbau, zweirädrige Stechkarren für Kisten, Säcke, Fässer usw. sowie eine Vielzahl von weiteren Sonderausführungen.

Traglast bis 1 t
Förderweg bis 50 m, bei nur gelegentlichem Einsatz

Wagen. Wagen werden in Drei- und Vierradbauweise mit Vollgummi-, Elastik- oder Luftbereifung, zeitweise mit Federung hergestellt. Dreirädrige Wagen haben oft keine Achsen, z. B. eine bewegliche Rolle (Lenkrolle) vorn und zwei feste Rollen (Bockrollen) hinten. Die Traglast und Standsicherheit der Dreiradwagen ist relativ gering, ihre Wendigkeit jedoch sehr hoch. Kleine Wagen, meist in Dreiradbauweise, werden auch als Handroller bezeichnet. Die mögliche Anordnung der Achsen und Räder sowie die Lenkung geht aus Bild 5.2.1 hervor.

Umsteckbare Deichseln und Bügel dienen zum Ziehen bzw. Schieben von Hand – nur bei kurzen Förderwegen und geringeren Traglasten ratsam. Kupplungen an den beiden Stirnseiten ermöglichen das Aneinanderkuppeln mehrerer Wagen; beim Einsatz von Motorschleppfahrzeugen gut geeignet für den Werksrundverkehr. Hier erhalten die Wagen vornehmlich Allradlenkung (Abschnitt 5.1.2) und (Bild 5.2.1).

Bei innerbetrieblichem Transport kann in der Regel guter Fahrbahnen und geringer Fahrgeschwindigkeit wegen auf die Federung der Wagen verzichtet werden.

Die Aufbauten der Wagen hängen von der Art des Fördergutes ab; einige wichtige Ausführungen sind:

Plattformwagen W Mit Ladeplatte (z.T. auch als Rohrrost), für größere Stückgüter.

Wand- und Kastenwagen Mit Stirn- oder Seitenwänden bzw. mit Kastenaufbau für Stückgüter. Die Wände können aus Holz, Kunststoff oder gesickten Stahl- bzw. Leichtmetallblechen gefertigt sein.

Etagenwagen Mit mehreren übereinander liegenden Ladeplattformen; etwa für druckempfindliche Fördergüter.

Stangenwagen Mit Stangen für die Aufnahme von ringförmigen Fördergütern.
Traglast 0,1 ... 5 t
Ladeflächen bis ca. 1,25 × 2,5 m

Motorwagen. Motorwagen werden meistens in Vierradbauweise mit Ladeplattform hergestellt. An Stelle der Ladeplattform können auch Sonderaufbauten wie Kästen, Kippmulden usw. treten.

Die Motorwagen sind wegen der Be- und Entladezeiten zeitlich schlecht ausgenützt und deshalb nur für unregelmäßige Einzeltransporte zu empfehlen. Für regelmäßige Förderung und größere Fördermengen ist der Schleppzug (Kombination eines Schleppers mit Anhängerwagen wirtschaftlich).

Fahrzeuge mit sehr hohen Traglasten (5 ... 40 t) erhalten eine größere Anzahl von Laufrädern, meist mit Vielradlenkung. Fahrwerk und Lenkung siehe Abschnitt 5.1.

Elektrowagen EW Der Elektrowagen oder *Elektrokarren* wird in Vierradbauweise, auch mit Allradlenkung, hergestellt. Der Fahrantrieb erfolgt meist über die beiden Hinterräder. Die schwere Batterie ist zwecks gleichmäßiger Lastverteilung möglichst zwischen den Achsen unter der Ladeplattform anzubringen. Als Lenkung sind Standlenkung über Lenkhebel oder Sitzlenkung über Lenkräder in Gebrauch.

Für den Transport kleinerer Lasten kommen deichselgeführte Geräte (*Elektroroller*) in Frage, die häufig in Dreiradbauweise hergestellt werden.

Elektrowagen dienen zum innerbetrieblichen Transport, auch von schwereren Lasten.

Traglast 1 ... 3 (40) t
Fahrgeschwindigkeit bis 15 $\frac{km}{h}$, deichselgeführte Geräte 4 ... 6 $\frac{km}{h}$
Fahrbereich mit einer Batterieladung 30 ... 50 km

Dieselwagen DW Motor und Getriebe der vierrädrigen Dieselwagen werden unter der Ladeplattform oder unter dem Führersitz angebracht. Die Lenkung wird oft als Sitzlenkung ausgebildet.

Dieselwagen eignen sich wegen ihrer leistungsstarken Antriebsmotore besonders gut für Hoftransport und Werksrundverkehr; sie sind deshalb auch mit Luftbereifung und Federung ausgestattet.

Traglast 2... 5 (60) t
Fahrgeschwindigkeit bis 20 $\frac{km}{h}$

Schlepper. Die Schlepper besitzen im Gegensatz zu den Wagen keine eigene Ladeplattform und dienen ausschließlich zum Ziehen von Lasten. Teilweise werden auch Motorwagen als Schlepper eingesetzt, wobei die eigene Ladeplattform als Ladefläche mitbenutzt werden kann.

Für die Zugkraftübertragung ist die Reibungszahl μ zwischen den Antriebsrädern und der Fahrbahn entscheidend. Für Gummiräder auf Asphaltbelag können folgende Richtwerte angesetzt werden:

μ = 0,7 ... 0,8 bei trockener bzw. 0,3 ... 0,4 bei nasser Fahrbahn.

Für regelmäßige Transportvorgänge, z. B. im Werksrundverkehr, sind die Schlepper mit angehängten Wagen (ohne eigenen Antrieb) besonders vorteilhaft, da während der Be- und Entladung der Wagen der Schlepper abgekuppelt und anderweitig eingesetzt werden kann.

Häufig werden auch fahrerlose Schleppfahrzeuge verwendet (FTS: Fahrerlose Transportsysteme), die mit Hilfe von Zielsteuerungen (Abschnitte 4.1.3 und 4.1.5) selbsttätig zum Zielort fahren. Der Fahrantrieb dieser Fahrzeuge erfolgt durch einen batteriegespeisten Elektromotor, die Lenkung meist über im Boden verlegte Steuerleitungen (der Lenkregler hält durch Abtasten der im Leitdraht induzierten Spannung das Fahrzeug auf genauem Kurs). Am Vorderteil des Fahrzeugs sind Schutzbügel vorzusehen, die beim Anstoß desselben eine Notbremsung einleiten.

Als Ladungsträger kommen eigene Ladeplattformen, angekoppelte Wagen, Rollpaletten (Abschnitt 7.2.1) usw. in Frage. Die Ladungsübernahme bzw. abgabe kann von Hand oder auch selbsttätig erfolgen: z. B. durch automatisches Ankuppeln oder Beladen der Wagen bzw. der Rollpaletten über Rollenbahnen.

Bei den Unterfahrschleppern fährt das besonders flach gebaute Schleppfahrzeug unter eine Rollpalette, die dann durch einen angekoppelten Mitnehmer mitfortbewegt wird.

Als fahrerlose Fahrzeuge sind auch Gabelhubwagen und Stapler in Gebrauch.

Die wichtigsten Vorteile der FTS sind: Hohe Flexibilität, freie Transportwege, keine besonderen baulichen Anforderungen, einfache Erhöhung der Fördermenge durch zusätzliche Wagen, übersichtlichere Gestaltung der Arbeitsplätze, problemlose Verknüpfungen an Schnittstellen zu anderen Transportsystemen, Einsatz von Mikroprozessoren bei komplizierter Streckenführung usw.

Elektroschlepper EZ Hierbei handelt es sich um kleine, sehr wendige batteriebetriebene Schlepper; häufig in Dreiradbauweise mit Elastikbereifung.

Sie bewältigen leichte bis mittlere Schleppaufgaben in Hallen und Lagern; sie ziehen 3 ... 6 Anhängewagen.

Zugkraft 500 ... 1500 N, Ahängelast 2 ... 10 t, Fahrgeschwindigkeit bis 10 $\frac{km}{h}$, Fahrbereich mit einer Batterieladung 30 ... 50 km.

Dieselschlepper DZ Dieselschlepper werden für Hoftransporte, beim Werksrundverkehr, für das Rangieren von Bahnwagen usw. verwendet. Sie sind für ständigen Einsatz bei größeren Zugkräften gut geeignet und erreichen höhere Fahrgeschwindigkeiten als die Elektroschlepper.

Fahrwerk und Lenkung (ausschließlich Sitzlenkung) siehe Abschnitt 5.1.

Zugkraft bis 1500 N, Anhängelast bis 60 t, Fahrgeschwindigkeit bis 20 $\frac{km}{h}$.

Bei noch größeren Zugkräften werden die im außerbetrieblichen Transport gebräuchlichen Zugmaschinen eingesetzt.

5.2.2. Fahrgeräte mit Hubeinrichtung

Diese Fahrgeräte sind mit einer Hubeinrichtung ausgestattet, die das selbsttätige Aufnehmen und Absetzen von Lasten wie Paletten oder Behälter ermöglicht. Sie sind deshalb vielseitiger einsetzbar als die normalen Fahrgeräte.

Gabelhubwagen U. Die Last wird von den Gabeln des Hubwagens (Bild 5.2.2) unterfahren und anschließend durch eine fuß- oder handbetätigte mechanische oder hydraulische Hubeinrichtung soweit angehoben, daß ein Verfahren möglich ist. Für die Senkbewegung ist eine Bremse erforderlich; bei Hydraulikzylindern z. B. durch den Einbau eines Überströmventils. Die nach DIN festgelegte Unterfahrhöhe von maximal 100 mm ermöglicht nur sehr kleine Vorderraddurchmesser, etwa 80 ... 90 mm. Dadurch sind diese Geräte nur für Halleneinsatz bei gleichzeitig sehr guten Fahrbahnverhältnissen geeignet.

Traglast 1600 kg
Eigenlast mit Batterie ca. 500 kg
Fahrgeschwindigkeit 4...6 $\frac{km}{h}$
Hubgeschwindigkeit 2,7...4 $\frac{m}{min}$
Fahren und Heben (über Hydraulikhubzylinder) batterieelektrisch. Fahrantrieb über ein direkt unter dem schwenkbaren Fahrmotor sitzendes Treibrad mit Vollgummibereifung und 200 mm Ø. Lasträder aus Trogamid mit 85 mm Ø.

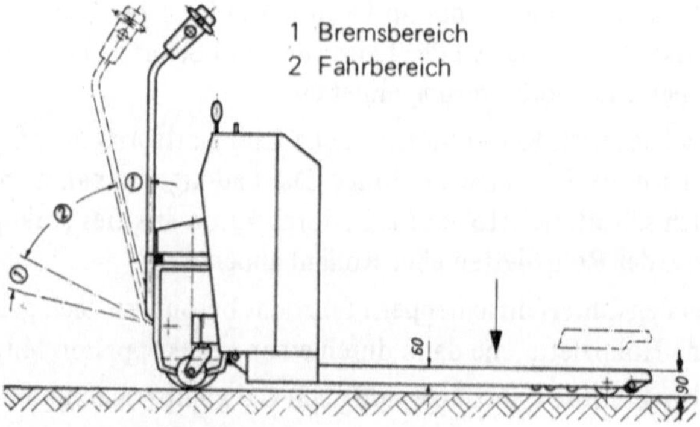

1 Bremsbereich
2 Fahrbereich

Elektro-Deichsel-Gabelhubwagen EGU (JUNGHEINRICH)

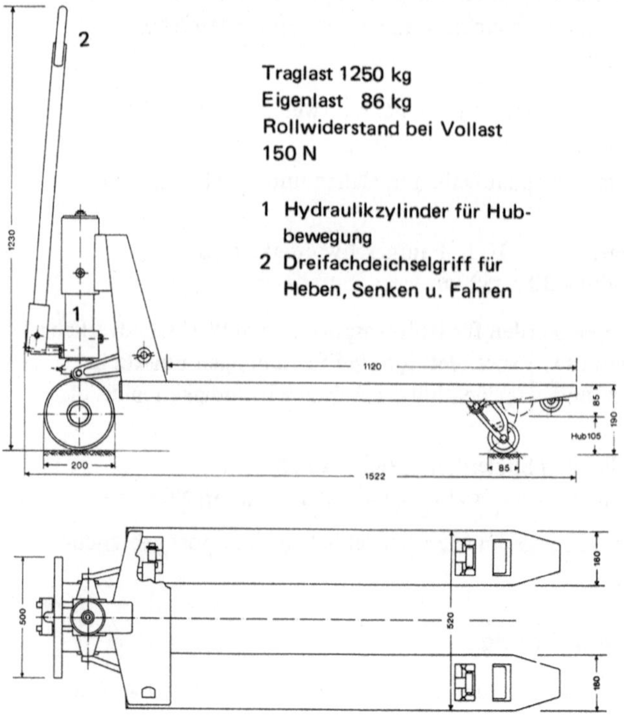

Traglast 1250 kg
Eigenlast 86 kg
Rollwiderstand bei Vollast 150 N

1 Hydraulikzylinder für Hubbewegung
2 Dreifachdeichselgriff für Heben, Senken u. Fahren

Handgabelhubwagen HGU (JUNGHEINRICH)

Bild 5.2.2. Gabelhubwagen

Der Fahrantrieb erfolgt von Hand (durch Ziehen oder Drücken an der Deichsel) oder durch batteriegespeiste Elektromotore. Beim E-Antrieb wird häufig die Lenkung durch Mitgehen angewandt. Geräte mit E-Antrieb erhalten ein Hydraulikaggregat mit eigenem E-Motor, dessen Drucköl den Hubzylinder speist. Bei größeren Hubhöhen (bis 3 m) spricht man von *Hochhubwagen H.*

Die Gabelhubwagen sind die Standardflurfördermittel für die Verteilung und das Einsammeln von Einheitsladungen in allen Fertigungs- und Lagerbereichen.

Traglast 0,5 ... 2 (5) t
Fahrgeschwindigkeit 4 ... 6 $\frac{\text{km}}{\text{h}}$, bei E-Antrieb mit Lenkung durch Mitgehen

Portalhubwagen F. Portalhubwagen ähneln in ihrem Aufbau dem Portalstapler (Bild 5.3.5). Abweichend vom Portalstapler besitzen sie zur Lastaufnahme nur einfache, hydraulisch bewegte Greifzangen, die einen relativ kleinen Hub ermöglichen; sie können daher mit sehr niedrigen Portalen ausgestattet werden. Die Last wird durch die Greifzangen in dem portalartigen Laderaum angehoben, so daß sie anschließend verfahren werden kann.

Portalhubwagen dienen zum Transport sperriger Lasten wie Schnittholz, Walzmaterial, Container usw.; sie gewinnen zunehmend an Bedeutung.

Traglast, Fahrgeschwindigkeit, Fahrwerk und konstruktive Ausbildung analog der Portalstapler (Abschnitt 5.3.3).

Handroll-Lifter. Für den innerbetrieblichen Containerumschlag werden Serienhebezeuge wie Zahnstangenwinden oder hydraulische Hebeböcke (Abschnitte 3.2 und 3.3) an ihren Füßen mit kleinen Rollen versehen, so daß sie von Hand über sehr kurze Strecken bewegt werden können. Diese Fahrrollen sperrt man aus Sicherheitsgründen während der Hub- bzw. Senkbewegung. An jeder Containerecke wird ein solches Hubgerät angesetzt, das in die Eckbeschläge des Containers eingreift. Nach dem Anheben des Containers kann dieser einerseits über kurze Entfernungen bewegt und zum anderen durch ein Straßenfahrzeug oder einen Wagen unterfahren und damit anschließend auch über größere Strecken gefördert werden.

Um ein noch sichereres Bewegen der Großbehälter über kurze Strecken zu ermöglichen, werden oft je zwei Hebezeuge zu einem Hubportal zusammengefaßt.

Fahrbare Hebebühnen. Mit Dieselmotoren angetriebene Scherenhubtische (Abschnitt 3.3) dienen sowohl zum innerbetrieblichen Containertransport als auch zum Containerumschlag auf Flugplätzen und ähnlichen Anlagen. Die Tischplatten der Hubtische werden hierbei an ihren Oberseiten mit Rollen versehen, so daß die Container auf den Tischen leicht in Längsrichtung verschoben werden können. Das Stapeln der Container ist mit diesen Geräten nicht möglich.

Das Fahren der Geräte und Drehen der Tischrollen geschieht durch Hydraulikmotore, das Heben der Tischplatten mit Hilfe von Hydraulikzylindern.

Traglast bis 40 t
Fahrgeschwindigkeit bis 20 $\frac{\text{km}}{\text{h}}$

5.3. Stapelgeräte

Im Gegensatz zu den Fahrgeräten mit Hubeinrichtung kann der Stapler durch seinen hydraulisch bewegten Hubschlitten, der in der Regel mit Gabeln zur Lastaufnahme ausgerüstet wird, Einheitsladungen auf größere Höhen anheben und damit Stapelaufgaben übernehmen. Hierzu unterfährt der Stapler mit seinen Gabeln die Last, die anschließend angehoben, verfahren und schließlich auch gestapelt werden kann. Durch eine Vielzahl von Anbaugeräten – siehe Abschnitt 5.3.1.3 – wurde das Anwendungsgebiet der Stapler beträchtlich erweitert.

> *Der Stapler stellt heute das wichtigste Flurfördermittel für den innerbetrieblichen Transport dar.*

Da der Stapler aus wirtschaftlichen Gründen nicht zur Bewältigung großer Entfernungen geeignet ist, sollten die Fahrwege 200 m nicht überschreiten. Bei größeren Fahrwegen und Fördermengen ist es wirtschaftlicher, für den Horizontaltransport Schleppzüge in Kombination mit dem Stapler arbeiten zu lassen; der Stapler wird dann nur zum Be- und Entladen der Wagen sowie zur Stapelung der Fördergüter eingesetzt. Eine aufwendige Bauweise (hohe Eigenlast, zusätzliche Hubeinrichtung) macht den Stapler wesentlich teurer als einen Schlepper mit Anhängewagen.

Bei Hochregallagern hat der normale Stapler an Bedeutung verloren, da bei Stapelhöhen über 6 m der Einsatz aufgrund der erforderlichen Standsicherheit, stark abnehmende Traglast und die breiten Fahrgänge unwirtschaftlich wird. Hier gelangen Stapelkrane (Abschnitt 4.1.4), Regalbediengeräte (Abschnitt 4.1.5) und bei nicht allzu hohen Regalen auch Hochregalstapler (Abschnitt 5.3.4) zur Anwendung.

Vorteile Vielseitig verwendbar, wendig, unabhängig von Kraftnetz und Fahrbahn; Einsatz von Anbaugeräten – Abschnitt 5.3.1.3; durch Serienbau preisgünstig.

Nachteile Ausreichende Standsicherheit nur durch den Einbau von Gegenlasten; dadurch hohe Eigenlast und ungleichmäßige Achslasten, ungünstig bei Einsatz in höheren Stockwerken mit begrenzter Deckentraglast; nur für kleine Stapelhöhen geeignet.

Die am weitesten verbreitete Bauart ist der Frontstapler, für sperrige Lasten werden Quer- und Portalstapler eingesetzt. Außerdem werden eine Vielzahl von Sonderausführungen auf dem Markt angeboten.

Die wichtigsten technischen Daten wie Hublast, Nutzhubhöhe, Eigenlast, Arbeitsgeschwindigkeit, Steigvermögen, Motorart und Motorleistung, Hauptabmessungen, Wenderadius usw. können den Typenlisten der Hersteller entnommen werden.

5.3.1. Frontstapler (Gabelstapler) G

Beim Frontstapler liegt die zu fördernde Last außerhalb der Radstützfläche, so daß, um eine ausreichende Standsicherheit zu gewährleisten, meist eine Gegenlast erforderlich wird. Die statische Standsicherheit soll bei maximaler Nutzlast $\geqslant 1{,}4$ sein, wobei die Vorderachse der Kippkante entspricht. Die Nutzlast ruft das Kippmoment hervor, während die

Eigen- und Gegenlast das Standmoment ergeben. Beim Bremsen und Anfahren kommen die Massenkräfte hinzu, weshalb nur mit abgesenkter Last (geringes Massenmoment der Last) gefahren werden darf.

Weiterhin sind die Testverfahren der FEM – siehe DIN 15138 –, wobei der Stapler auf einer neigbaren Plattform genau definierten Kippversuchen unterworfen wird, zu beachten.

Bei größeren Hubhöhen (ab etwa 4 m) ist wegen der dynamischen Kräfte, die die Standsicherheit verringern, die Traglast zu reduzieren – siehe Traglastdiagramme der Herstellerfirmen. Aus diesen Diagrammen kann die zulässige Traglast in Abhängigkeit des Lastschwerpunktes und der Hubhöhe entnommen werden.

5.3.1.1. Bauformen

Die beiden wichtigsten Bauformen sind:

Dreirad-Frontstapler. Hierbei handelt es sich um kleine, wendige Geräte mit E-Antrieb und Elastikbereifung. Die schwere Batterie wird möglichst weit nach hinten gesetzt: sie ersetzt dann ganz oder zumindest teilweise die Gegenlast. Außerdem wird die Radkraft des hinteren lenkbaren Einzelrades erhöht, was vor allem beim Antrieb dieses Rades von Bedeutung ist.

Traglast bis 3,2 t
Fahrgeschwindigkeit bis 15 $\frac{km}{h}$
Steigvermögen bis 15 %
Fahrwerk und Lenkung siehe Abschnitt 5.1

Dreirad-Frontstapler werden für Transport- und Stapelaufgaben in Hallen und Lagern bei kleineren Traglasten bevorzugt (Elastikreifen, E-Antrieb, hohe Wendigkeit).

Vierrad-Frontstapler. Der Vierradstapler wird auch in rahmenloser Bauart durch die Anwendung der selbsttragenden Blockbauweise (Zusammenfassung von Motor, Getriebe, Achsen usw. zu einem Tragkörper) erstellt. In dem in Bild 5.3.1 dargestellten Vierrad-Frontstapler mit Dieselantrieb treibt der Motor über ein Schalt- und Ausgleichgetriebe die beiden Vorderräder an. Die handgeschalteten Getriebe werden wegen der einfacheren Bedienung zunehmend durch Automatikgetriebe ersetzt, siehe Abschnitt 5.1.1. Die an Achsschenkelbolzen aufgehängten Hinterräder sind lenkbar. Eine große Wendigkeit ist durch großgehaltene Anschlagwinkel zu erzielen. Allgemein ist Diesel- oder Treibgasantrieb üblich, jedoch wird bei kleinen und mittleren Lasten – bis etwa 6 t – häufig auch der E-Antrieb verwendet. Der Heckteil des Fahrzeugs ist als Gegenlast ausgebildet.

Traglast 1,0 ... 8 (50) t
Fahrgeschwindigkeit bis 20 (40) $\frac{km}{h}$
Steigvermögen bis 40 %

(Die hohen Werte sind nur mit Diesel- oder Treibgasmotoren erreichbar)

Fahrwerk und Lenkung siehe Abschnitt 5.1.

Vierradstapler werden für angestrengten Betrieb, bei mittleren und großen Traglasten und Arbeitsgeschwindigkeiten, in Hallen und vor allem auch im Freien auf weniger guten Fahrbahnen verwendet (Luftbereifung, leistungsstarke Dieselmotore).

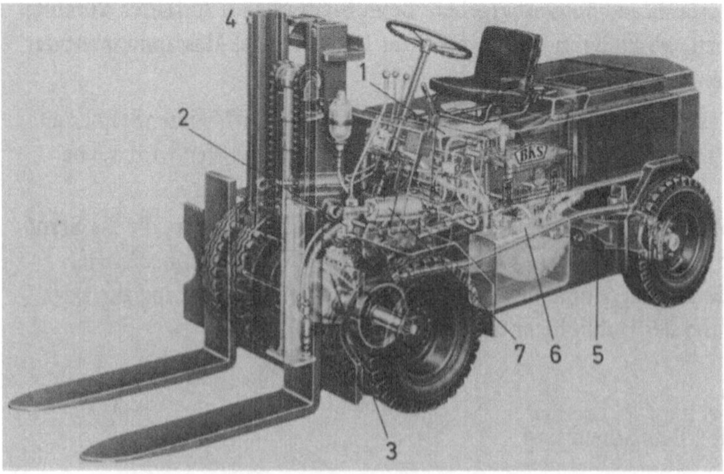

1 Dieselmotor, 2 Schaltgetriebe, 3 Ausgleichgetriebe, 4 Hubmast mit Hubzylinder und Hubschlitten, 5 Lenkachse, 6 Hydraulikaggregat, 7 Neigezylinder

Bild 5.3.1. Vierrad-Frontstapler mit Dieselantrieb DFG (BKS)

5.3.1.2. Hubwerke

Die beiden wichtigsten Baugruppen der Frontstapler sind die Fahr- und Hubwerke. Fahrwerke und Lenkung sind in Abschnitt 5.1 beschrieben. Hier werden die wichtigsten Hubwerke, insbesondere die verschiedenen Hubmastbauarten, kurz beschrieben; auf eine Darstellung weiterer Bauteile wird verzichtet.

Das Heben der Last geschieht in der Regel durch Hydraulikzylinder. Der erforderliche Öldruck und -durchsatz wird mit Hilfe von Zahnradpumpen erzeugt, $p \approx 60 \ldots 120$ bar. Beim E-Antrieb des Staplers wird für die Hydraulikanlage ein getrennter Antriebsmotor vorgesehen, der nur bei der Hubbewegung eingeschaltet wird, dagegen ist beim Dieselantrieb die Hydraulikpumpe mit dem Fahrmotor gekoppelt und läuft ständig mit. Bei Nichtbetätigung des Hubzylinders wird der Druckölkreislauf kurzgeschlossen – Druckleitung über Steuerventil direkt mit dem Ölsammelbehälter verbinden. Die relativ starken Dieselmotore gestatten auch bei großen Hublasten hohe Hubgeschwindigkeiten, die der leistungsschwache Batteriebetrieb nicht ermöglicht. Die Senkgeschwindigkeit ist durch das Ablassen des Drucköls vom Hubzylinder über ein einstellbares Senkventil in den Ölsammelbehälter begrenzt.

Der gesamte Hubmast (Hubgerüst) ist am unteren Ende gelenkig am Fahrzeugrahmen gelagert und kann durch den *Neigezylinder* um ca. 8° nach vorn und ca. 15° nach hinten geneigt werden. Der hierfür erforderliche doppeltwirkende Druckzylinder wird ebenfalls von der Hubhydraulik gespeist. Dieser Neigezylinder ermöglicht eine problemlose Lastaufnahme und Lastabgabe (Neigung des Hubmastes nach vorn) und das sichere Fahren des Staplers (Neigung des Hubmastes nach hinten).

Die wichtigsten Technischen Daten der Hubmaste (Bild 5.3.2) sind:

Bauhöhe des Standmastes H_S
Nutzhubhöhe H_N
Freihubhöhe H_F
Traglast m_H
Hubgeschwindigkeit der Last v_H

Die Bauhöhe der Standmaste H_S liegt etwa zwischen 2 und 2,5 m, damit auch niedrigere Tore und Durchgänge durchfahren werden können. Kleinere Werte für H_S – $H_S \approx 1{,}6 \ldots 2{,}0$ m – werden für das Einfahren der Stapler in Container und Wagen erforderlich. Unter der Freihubhöhe H_F versteht man die Hubhöhe, auf die die Gabeln gefahren werden können, bis sich der Fahrmast zu heben beginnt; der Fahrmast entspricht dem vertikal beweglichen Mastteil.

Die Anschlußmaße der einzelnen Mastarten sind gleich, so daß verschiedene Maste gegeneinander ausgetauscht werden können.

Einfachhubmast. Der Rahmen (Standmast) des Einfach-Hubmastes (Bild 5.3.2) wird häufig ohne Neigezylinder fest an der vorderen Stirnseite des Staplers angebracht. Die Vertikalbewegung des über Rollen im Standmast geführten Hubschlittens erfolgt über einen einfach wirkenden Hubzylinder, der etwa halb so hoch ist wie der Standmast. Am oberen Ende des Hubkolbens ist ein Querjoch angebracht, das die Umlenkräder für die Hubketten trägt. Die Hubketten (Laschen-, Bolzen- oder Rollenketten) sind einmal am Hubschlitten und zum anderen am unteren Teil des Standmastes befestigt. Durch diese Anordnung wird die Hubgeschwindigkeit der Last v_H doppelt so groß wie die Ausfahrgeschwindigkeit des Hubkolbens.

Nutzhubhöhe $H_N \approx 1{,}8$ m bei einer Bauhöhe des Standmastes H_S von ca. 2,2 m
Freihubhöhe $H_F \mathrel{\hat{=}} H_N$

Einfachhubmaste haben einen sehr einfachen Aufbau, gestatten jedoch nur sehr geringe Stapelhöhen.

Doppelhubmast. In dem mit einem Neigezylinder versehenen Standmast (äußerer fester Rahmen) wird der darin vertikal bewegliche Fahrmast (innerer beweglicher Rahmen) über Rollen gelagert (Bild 5.3.2). Der Hubschlitten mit den beiden angehängten Gabeln wird ebenfalls über Rollen im Fahrmast beweglich gelagert. Die über die Umlenkräder geführten Hubketten sind einmal am Hubschlitten und zum anderen am oberen Ende des Hubzylinders befestigt.

Bauhöhe des Standmastes $H_S \approx 1{,}7 \ldots 2{,}3$ m
Nutzhubhöhe $H_N \approx 2{,}5 \ldots 4{,}0$ m
Freihubhöhe $H_F \approx 0{,}5 \ldots 1{,}0$ m

Doppelhubmaste, die auch als Einfach-Teleskopmaste bezeichnet werden, sind die am meisten verwendeten Ausführungen. Sie sind teurer als die Einfachhubmaste, lassen jedoch größere Stapelhöhen zu.

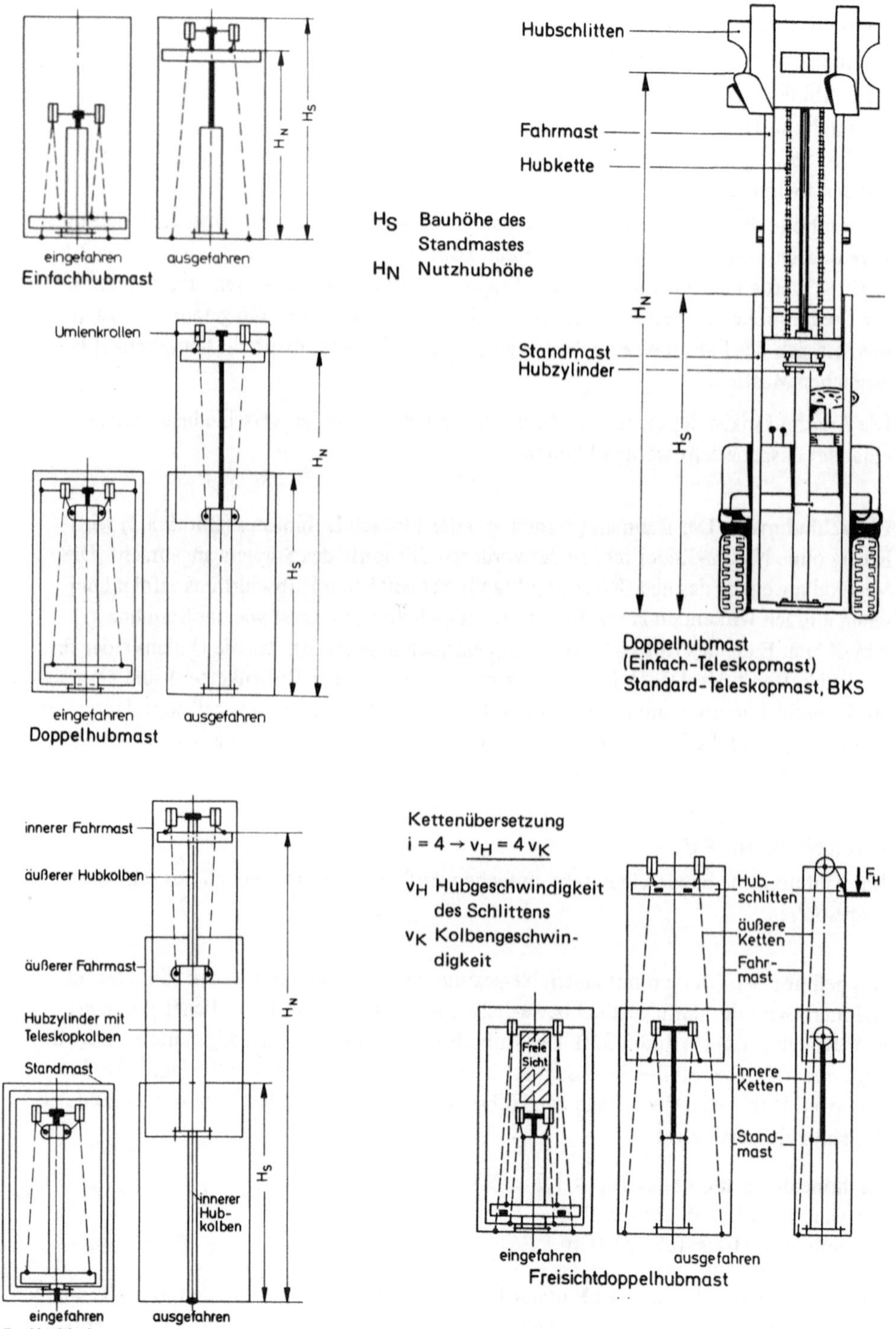

Bild 5.3.2. Hubmaste für Stapler

Dreifachhubmast. Beim Dreifachhubmast (Mehrfach-Teleskopmast) werden in den Standmast zwei Fahrmaste eingebaut; der innere und der äußere Fahrmast werden von Hubzylindern mit Teleskopkolben oder auch von zwei normalen Hubzylindern bewegt.

Beim Hubzylinder mit Teleskopkolben sitzt der Hubzylinder am äußeren Fahrmast, wobei der nach oben ausfahrende äußere Kolben den inneren und der nach unten ausfahrende innere Kolben den äußeren Fahrmast hochdrückt, siehe Bild 5.3.2.

Beim Einbau von zwei normalen Hubzylindern drückt der Kolben des am Standmast befestigten Hubzylinders beide Fahrmaste nach oben. Der zweite, am äußeren Fahrmast angebrachte Hubzylinder hebt mit seinem Kolben den inneren Hubmast und über die Hubketten den Hubschlitten an – wie beim Doppelhubmast.

Bauhöhe des Standmastes $H_S \approx 1{,}5 \dots 2{,}5$ m
Nutzhubhöhe $H_N \approx 2{,}5 \dots 6$ m
Freihubhöhe $H_F \approx 0{,}5 \dots 1{,}5$ m

Diese teuren Maste gestatten bei niedriger Bauhöhe und großer Freihubhöhe eine sehr große Nutzhubhöhe – wegen ausreichender Standsicherheit allerdings nur bei verminderter Traglast.

Maste mit besonders großem Freihub. Diese meist in Doppelhubbauweise ausgeführten Hubmaste mit Spezialhubzylindern (Hubzylinder mit Mehrfachkolben) ermöglichen besonders große Freihübe.

Bauhöhe des Standmastes $H_S \approx 1{,}6 \dots 2{,}5$ m
Nutzhubhöhe $H_N \approx 1{,}0 \dots 4{,}0$ m
Freihubhöhe $H_F \approx 1{,}0 \dots 2$ m

Durch die große Freihubhöhe können mit diesen Masten auch in sehr niedrigen Räumen Lasten gestapelt werden; gut geeignet für Stapelaufgaben in Containern.

Freisichthubmast. Hierbei handelt es sich um einen Doppelhubmast mit niedrigem Hubzylinder, der bei abgesenkter Last freie Sicht für den Fahrer ermöglicht. Er ersetzt deshalb zunehmend trotz seines höheren Bauaufwandes den normalen Doppelhubmast (Bild 5.3.2).

5.3.1.3. Anbaugeräte

Die Anbaugeräte erhöhen den Nutzungsgrad der Stapler erheblich; sie werden an Stelle der sonst üblichen Gabeln am Hubschlitten der Frontstapler befestigt. Die Zahl der verschiedenen Anbaugeräte ist heute so groß, daß in diesem Zusammenhang nur einige besonders wichtige Ausführungen kurz angeführt werden können, siehe auch Bild 5.3.3 und DIN 15136.

Grundsätzlich lassen sie sich unterteilen in Geräte mit und ohne zusätzlichen Antrieb.
Es gibt außerdem eine Reihe von Anbaugeräten, die nicht am Hubschlitten befestigt werden.

Anbaugeräte ohne zusätzlichen Antrieb. Diese Anbaugeräte werden an Stelle der Gabeln am Hubschlitten angehängt.

Klappgabel Beide Gabeln können von Hand hochgeklappt werden, so daß sich die Fahrzeuglänge verringert (zum Transport des Staplers in Aufzügen mit kleiner Grundfläche oder zum Fahren in sehr engen Gängen).

Tragdorn Er dient zum Transport von ringförmigen Lasten; z. B. Stahlringe.

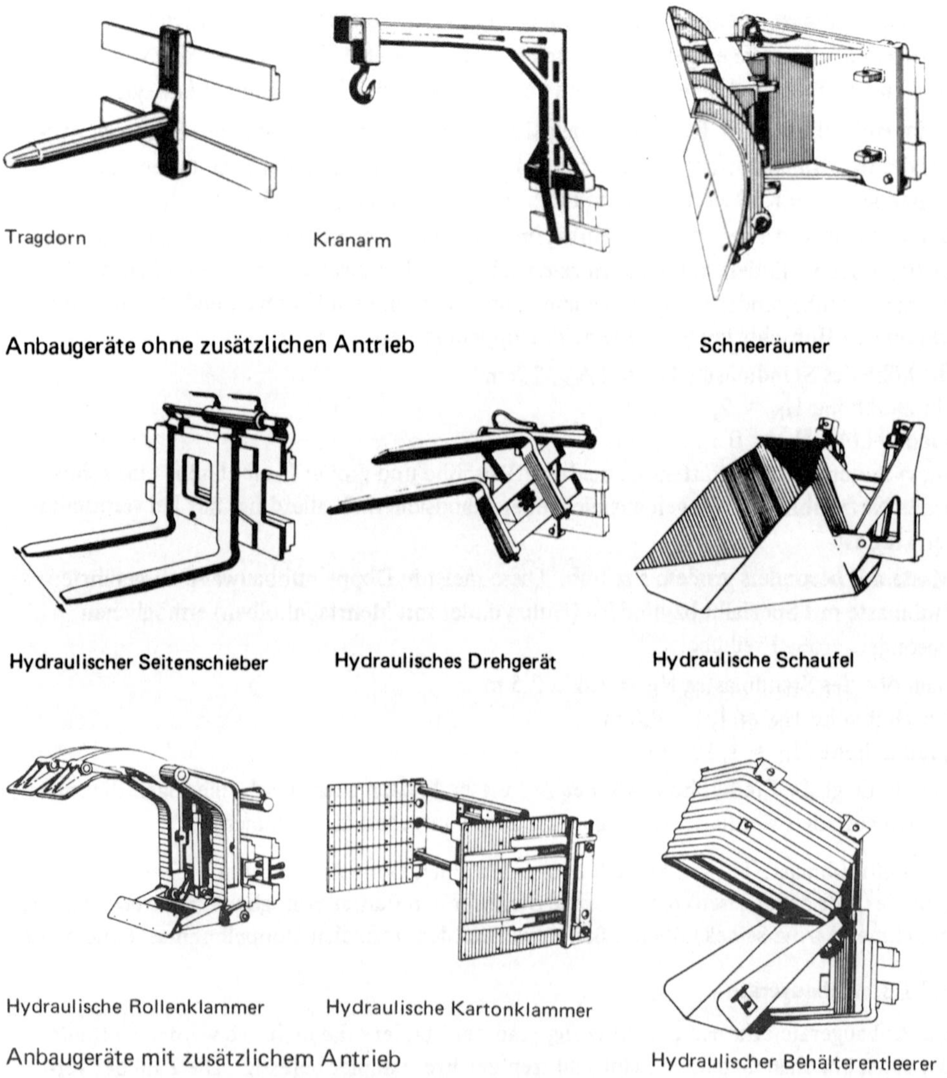

Bild 5.3.3. Anbaugeräte für Frontstapler (STEINBOCK)

Kranarm Durch den Anbau eines Kranarmes wird der Stapler zum Mobilkran. Bei den einfachen Ausführungen sind die Arme fest; der Lasthaken kann von Hand am Kranarm verschoben werden. Es werden aber auch Ausführungen mit schwenkbarem Kranarm hergestellt. Erfolgt die Schwenkbewegung des Kranarms und das Verschieben des Lasthakens durch Hydraulikzylinder, gehören diese Geräte in die Gruppe der Anbaugeräte mit zusätzlichem Antrieb.

Arbeitsbühnen Diese mit Geländern versehenen Arbeitsplattformen können für kurze Montagearbeiten (etwa das Auswechseln von Leuchtstoffröhren in Hallen) herangezogen werden.

Schneeräumer Das Schaufelblatt ist nach beiden Seiten von Hand einschwenkbar und wird durch einen Steckbolzen arretiert, je nach Räumrichtung. Nach Ablassen des Hubschlittens legt sich die Räumschaufel mit ihren Kufen auf den Boden.

Lastenschutzgitter Das aus Rohren zusammengeschweißte Schutzgitter wird am Gabelträger des Hubschlittens befestigt. Es verhindert das Einklemmen der Last zwischen Hubschlitten und Hubmast (vor allem bei Paletten mit einer größeren Zahl von übereinandergesetzten kleineren Stückgütern).

Anbaugeräte mit zusätzlichem Antrieb. Der zusätzliche Antrieb geschieht durch an die Staplerhydraulik angeschlossene Hydraulikzylinder oder Hydraulikmotore, die an dem jeweiligen Anbaugerät befestigt sind.

Hydraulischer Seitenschieber Die Gabeln können zur Einsparung von zeitraubenden Manövrierbewegungen in engen Gängen durch einen Hydraulikzylinder quer zur Fahrtrichtung bewegt werden.

Hydraulischer Seitenschlitten Die Gabeln stehen senkrecht zur Fahrzeuglängsachse (wahlweise nach links oder rechts) und werden durch einen Hydraulikzylinder seitlich verschoben. Hierdurch ist die seitliche Lastaufnahme und -abgabe ohne Wenden des Staplers möglich. Der Einsatz dieses Anbaugerätes erfolgt bei Arbeiten in sehr engen Räumlichkeiten.

Hydraulische Klammern und Zangen Sie erfassen die Last seitlich oder von oben und unten und drücken sie zusammen, so daß ein Anheben und Verfahren möglich wird (bei pressungsunempfindlichen Gütern!). Die Form der Klammern und Zangen richtet sich nach dem Fördergut; Klammern für Steine, Ballen, Kisten oder Zangen für Schmiedestücke, Rollen, Holz, Fässer u. ä.

Hydraulisches Drehgerät Das Lastaufnahmemittel (Gabeln, Klammern usw.) wird durch einen Hydraulikzylinder bis 360° oder in Sonderfällen durch Druckölmotore auch mehr als 360° (fortlaufendes Drehen, ohne Zurückschwenken) gedreht. Dadurch können Behälter mit Schüttgut oder Flüssigkeiten leicht in jeder Höhe durch Kippen entleert werden. Bei Stückgütern ist das Aufnehmen und Absetzen der Last sowohl horizontal als auch vertikal möglich.

Hydraulische Schaufel Der am Anbaugerät befestigte Druckzylinder ermöglicht die Kippbewegung der Schaufel in jeder Hubhöhe, wodurch auch bei schwerfließendem Schüttgut eine restlose Entleerung der Schaufel gewährleistet ist.

Hydraulischer Behälterentleerer Der Behälter kann über einen oder zwei zusätzliche Druckzylinder angehoben werden, so daß das Fördergut über den an den Gabelspitzen abgestützten Fallboden nach vorne herausrutscht. Die Entleerung ist damit bei jeder Stellung des Hubschlittens möglich. Das stufenlose Öffnen gestattet außerdem ein äußerst feinfühliges Entleeren. Der Schüttwinkel des Behälters kann noch durch das Neigen des Hubmastes nach vorne vergrößert werden. Der Hydraulische Behälterentleerer wird bei Schüttguttransport eingesetzt.

Hydraulikgreifer Der Hydraulikgreifer wird an einem Kranarm angehängt, wodurch der Stapler in begrenztem Umfang Greiferarbeiten ausführen kann (Aufnahme von Schüttgut, Ausheben von Gräben usf.)

Lasthaftgerät Ein Vakuumlasthaftgerät (Abschnitt 2.5.9) wird möglichst über ein Drehgerät an dem Hubschlitten befestigt. Diese Geräte dienen zum Transport pressungsempfindlicher Güter (Glastafeln etc.), wobei durch das Drehgerät die Lasten stehend aufgenommen und liegend abgelegt werden können.

Anbaugeräte, die nicht am Hubschlitten befestigt sind. Diese Geräte dienen vor allem zum Schutz des Fahrers und der Umwelt. Einige allgemein verwendete Geräte dieser Art sind:

Auspuffgasreiniger Sie ermöglichen saubere Abgase und Funkenschutz bei Staplern mit Dieselantrieb (Abschnitt 5.1.1). Die Reiniger werden meistens hinter dem Fahrersitz eingebaut.

Fahrerschutzdach Das aus starken Rohrbügeln zusammengeschweißte Schutzdach wird am Standmast und am Fahrzeugrahmen befestigt. Es dient zum Schutz des Fahrers gegen herabfallendes Ladegut.

Fahrerschutzkabine Die aus Planen mit eingelassenen Fenstern aus durchsichtigem Kunststoff bestehende Kabine wird über das Fahrerschutzdach gestülpt und dort befestigt. Sie gewährt dem Fahrer einen sicheren Witterungsschutz bei Transportarbeiten im Freien.

5.3.2. Querstapler Q

Beim Querstapler (Bild 5.3.4) kann der Hubmast quer zur Fahrrichtung nach einer Seite verfahren werden. Das Fördergut wird seitlich aufgenommen und nach dem Einfahren des Hubmastes auf die innerhalb der Radstützfläche liegende Lastplattform gefördert. Die seitliche Lastaufnahme und -abgabe erfordert zur Sicherung der Standfestigkeit ausfahrbare Abstützungen (siehe Fahrzeugkrane, Abschnitt 4.5).

Gegenüber dem Frontstapler ergeben sich folgende wesentliche *Vorteile:*

- Seitliche Lastaufnahme und Transport
- Hierdurch schmale Fahrgänge auch bei langem Fördergut
- Die Last ruht während des Transportvorganges innerhalb der Radstützfläche – keine Kippgefahr
- Gute Sichtverhältnisse für den Fahrer.

Nachteilig ist die Arbeitsmöglichkeit nur nach einer Seite und die größeren Wendeflächen.

Querstapler werden zum Transport von Langgut (Walzprofile, Rohre, Bretter, Balken etc.) sowie zum Containerumschlag eingesetzt.

Fahrwerk und Lenkung siehe Abschnitt 5.1, der übrige Aufbau ist analog dem Frontstapler (Abschnitt 5.3.1).

Traglast 1 ... 8 (50) t

Fahrgeschwindigkeit bis 20 (40) $\frac{km}{h}$

(die hohen Werte sind nur durch leistungsstarke Dieselmotore erreichbar).

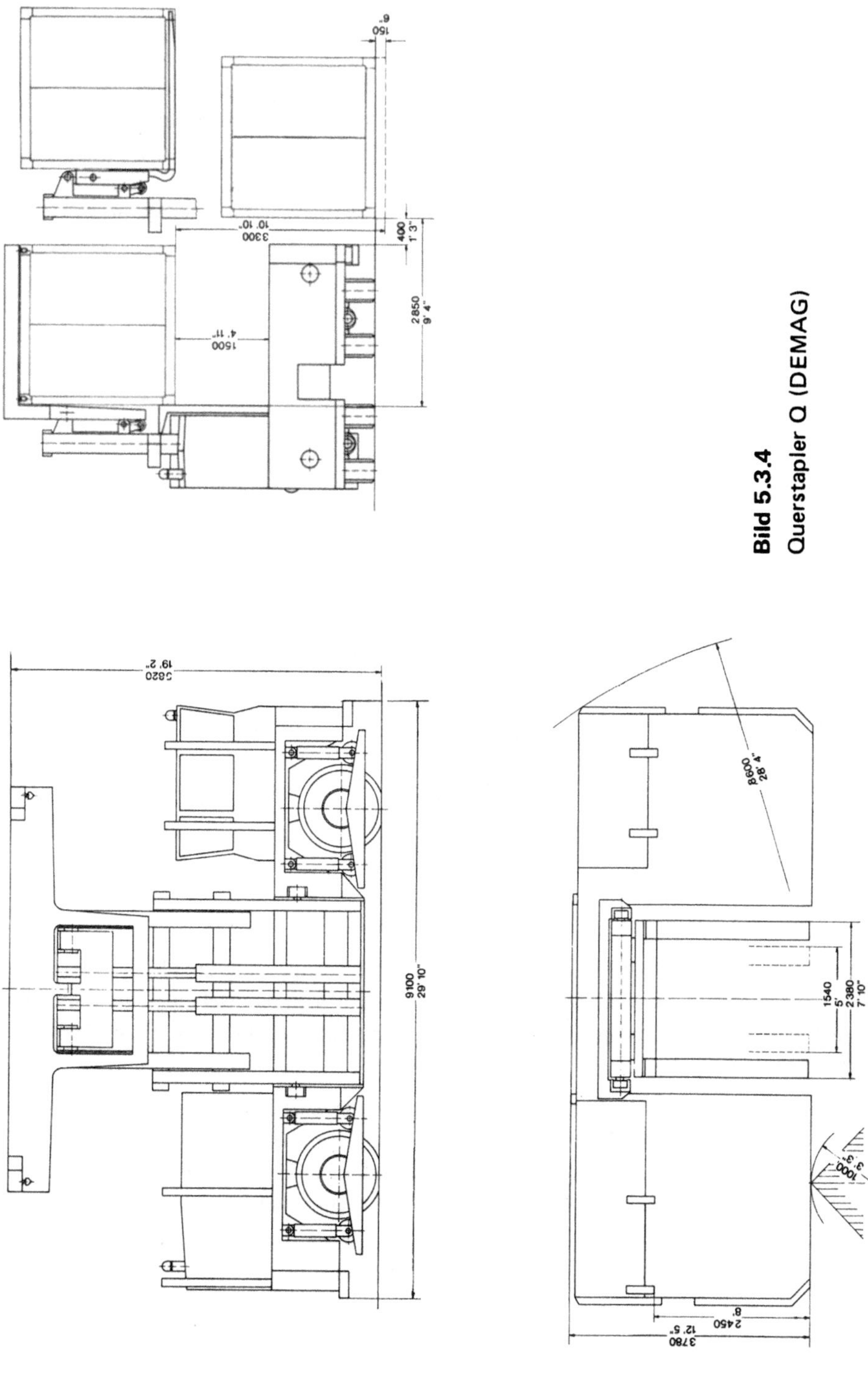

Bild 5.3.4
Querstapler Q (DEMAG)

5.3.3. Portalstapler E

Die beiden Portale der Portalstapler (Bild 5.3.5) sind oben und unten durch einen Längsrahmen miteinander verbunden. Der Fahrantrieb erfolgt häufig über hydrostatische Motore, die direkt über den Rädern angeordnet werden und über eine Antriebskette und ein in der Radnabe eingebautes Planetengetriebe auf die luftbereiften Räder wirken (Einzelantrieb mehrerer Räder). Da der Portalstapler zur Lastaufnahme und -abgabe über die Last fahren muß, werden die Räder hintereinander gesetzt: schmale Zwischengänge. Zur besseren Manövrierfähigkeit wird oft eine Allradlenkung vorgesehen.

Bild 5.3.5

Portalstapler E (DEMAG)

Auch die Hubbewegung der Lastaufnahmemittel geschieht meistens über hydrostatischen Antrieb, wobei die an den Hubketten hängenden Lastaufnahmemittel über Hubzylinder oder Hubmotore bewegt werden; häufig werden die Lastaufnahmemittel auch direkt durch Hubzylinder betätigt.

Der für die Hub- und Fahrbewegung erforderliche Öldruck und Öldurchsatz wird durch ein Hydraulikaggregat, das von einem starken Dieselmotor angetrieben wird, erzeugt. Hydraulikaggregat, Antriebsmotor und Hubwerk sitzen meist auf einer gemeinsamen Plattform, die zwischen den beiden oberen Längsrahmen angeordnet ist.

Die Fahrerkabine wird gleichfalls an einem der oberen Längsrahmen stirnseitig angebracht und kann, um eine bessere Sicht zu erzielen, vom Fahrer seitlich ausgeschwenkt werden.

Im Gegensatz zum Front- und Seitenstapler sind die Radkräfte auch bei der Lastaufnahme und -abgabe etwa gleich groß, allerdings muß der Portalstapler bei Lastaufnahme und -abgabe über die Last fahren.

Als Lastaufnahmemittel für Container sind Greifrahmen (Spreader, Abschnitt 7.2.7) gebräuchlich, sonst allgemein Lasttraversen mit Greifeinrichtungen.

Der Einsatz, die technischen Daten sowie die Vor- und Nachteile des Portalstaplers entsprechen etwa denen des Seitenstaplers, wobei der Portalstapler vor allem als Containerumschlaggerät Verwendung findet. (Stapelung bis zu 3 Containern – Portalhöhen dadurch bis 10 m).

5.3.4. Sonderstapler

Aus der Vielzahl der Sonderausführungen sollen hier vier wichtige Bauarten kurz beschrieben werden.

Radarmstapler V. Im Gegensatz zum Frontstapler liegt hier der Lastschwerpunkt innerhalb der Radstützfläche: *Radunterstützte Stapler ohne Gegenlast.* Beim Radarmstapler, der auch als Gabelhochhubwagen bezeichnet wird (Bild 5.3.6), werden die Paletten von den Radarmen unterfahren, deren Räder nur einen Durchmesser von 80 ... 90 mm haben dürfen, da die genormte Einfahrhöhe 100 mm beträgt.

Radarmstapler werden in Drei- oder Vierradbauweise, mit E-Antrieb und Fahrersitz sowie als deichselgeführte Geräte hergestellt. Der Fahrantrieb erfolgt über das eine bzw. die beiden Lenkräder, die mit Vollgummi- oder Elastikbereifung bei Raddurchmessern von ca. 200 mm versehen werden. Als Hubmaste sind Einfach- oder Doppelhubmaste gebräuchlich.

Diese Stapler sind äußerst wendig und haben eine geringe Eigenlast. Wegen der kleinen Laufräder an den Radarmen können sie jedoch nur auf guten Fahrbahnen verkehren. Sie werden für Transport- und Stapelaufgaben in Hallen und Lagern eingesetzt. Fahrwerk und Lenkung siehe Abschnitt 5.1, sonst siehe Frontstapler, Abschnitt 5.3.1.

Traglast 0,5 ... 3 t
Nutzhubhöhe 2 ... 4 m
Fahrgeschwindigkeit bis 10 $\frac{\text{km}}{\text{h}}$

Spreizenstapler P. Auch beim Spreizenstapler (Bild 5.3.6) handelt es sich um einen radunterstützten Stapler. Da die Radarme seitlich an der Last vorbeigeführt werden, können die Lastgabeln bis zum Boden abgesenkt und auch Paletten mit doppelten Böden aufgenommen werden. Dadurch kann man die an den Radarmen befestigten Laufräder mit größeren Durchmessern ausführen, allerdings ist zwischen den Palettenstapeln ausreichend Platz für das Einfahren der Radarme vorzusehen. Übrige Einzelheiten siehe Radarmstapler.

Schubmaststapler M. Der Schubmaststapler (Bild 5.3.6) vereint die Vorteile der Frontstapler mit denen der radunterstützten Stapler. Bei der Lastaufnahme und -abgabe arbeitet er wie ein Frontstapler; die Radarme brauchen daher nicht unter die Last gefahren zu werden. Die so aufgenommene Last wird anschließend mit Hilfe des Schubmastes, der durch einen zusätzlichen Hydraulikzylinder horizontal in Fahrtrichtung bewegt werden kann, in den Bereich der Radabstützfläche gezogen, in welchem die Last während der

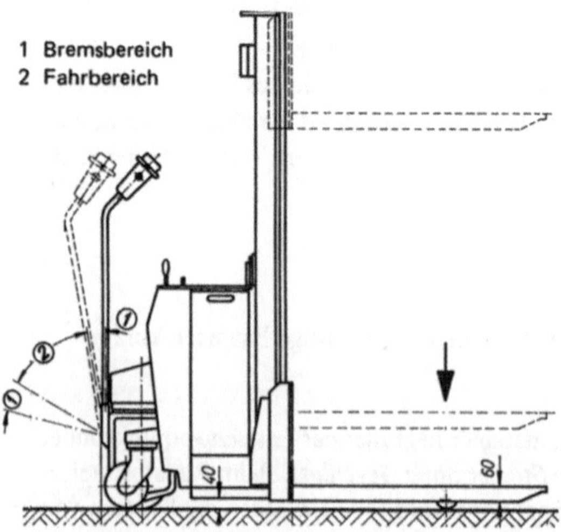

Traglast: 1250 kg
Antrieb: Batterie-elektrisch mit Lenkung durch Mitgehen
Hubmast: Einfach- und Doppelmaste, Nutzhubhöhe bis 3,6 m,
Länge X Breite: 1935 X 840 mm
Wenderadius: 1500 mm

Radarmstapler V

Traglast: 2000 kg
Antrieb: Batterie-elektrisch mit Fahrersitzlenkung-Quersitz
Hubmast: Einfach-, Doppel und Mehrfachhubmaste, Nutzhubhöhe bis 5,05 m
Länge X Breite: 1930 X 1100 mm
Wenderadius: 1770 mm

Schubmaststapler M

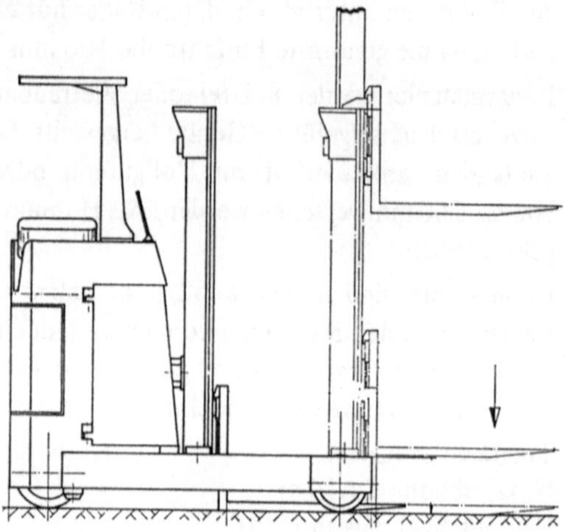

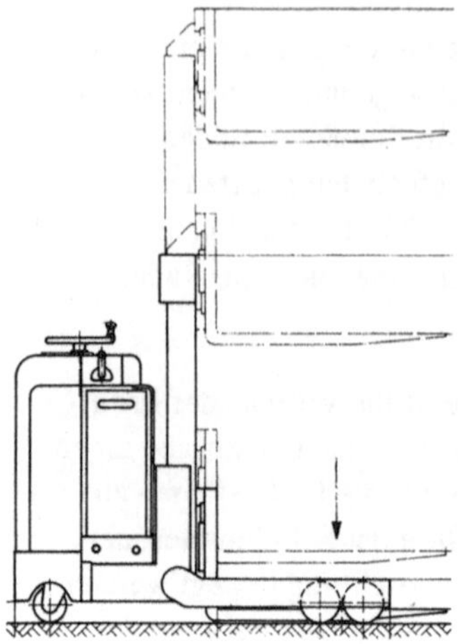

Traglast: 2000/3000 kg
Antrieb: Batterie-elektrisch mit Fahrerstand oder Fahrersitzlenkung-Quersitz
Hubmast: Einfach- und Doppelhubmaste, Nutzhubhöhe bis 3,4 m
Länge X Breite: max. 2170 X 1590 mm

Spreizenstapler P

Bild 5.3.6. Sonderstapler (JUNGHEINRICH)

Fahrt ruht. Die Gesamtlänge des Staplers entspricht der der übrigen radunterstützten Geräte, ist jedoch kürzer als beim normalen Frontstapler.

Schiebemaststapler werden meist mit Fahrersitzlenkung, wegen des geringeren Platzbedarfs teilweise auch quer zur Fahrrichtung, ausgerüstet. Sonst siehe Unterfahrstapler.

Hochregalstapler. Die meist mit E-Antrieb und Schwenkschubgabeln als Lastaufnahmemittel (Abschnitt 4.1.5) ausgerüsteten Stapler ermöglichen den Palettenumschlag zwischen den Regalen auch ohne Wenden des Staplers, so daß die Regalgänge nur etwas größer als die des Fahrzeugs zu halten sind. Wegen der größeren Nutzhubhöhe werden Drei- oder Vierfachhubmaste erforderlich. Deshalb wird hierbei auch häufig die *Kommissionierlenkung K* verwendet, bei der die Bedienung vom hebbaren Fahrerplatz aus erfolgt. Der Fahrersitz ist am Hubschlitten befestigt und fährt beim Stapeln mit der Last nach oben: leichtes Arbeiten auch bei größeren Hubhöhen.

Am Rahmen der Stapler werden je Seite zwei Leitrollen angebracht, die sich über die an den Regalen befestigten Leitschienen abstützen und damit das einfache und sichere Befahren der engen Regalgänge gewährleisten. Bei nicht allzu großen Nutzhubhöhen werden die Hochregalstapler eigenstabil ausgelegt; sonst nehmen die Leitschienen an den Regalen die Seitenkräfte über die Leitrollen des Staplers auf. Diese Ausführungen gestatten auf Freiflächen jedoch nur einen begrenzten Nutzhub.

Die Vorteile der Hochregalstapler gegenüber den Regalbediengeräten (Abschnitt 4.1.5) liegen darin, daß sie außerhalb der Regalgänge frei arbeiten und die Regale jederzeit umgesetzt werden können. Von Nachteil ist die begrenzte Traglast und Nutzhubhöhe.

Die übrigen Bauteile entsprechen denen der normalen Frontstapler (Abschnitt 5.3.1).

Traglast 0,5 ... 1 t
Nutzhubhöhe bis ca. 12 m

Hochregalstapler werden zum Umschlag von Einheitsladungen in Regallagern mit nicht allzu großen Regalhöhen eingesetzt.

5.4. Berechnung der Flurförderung

In diesem Zusammenhang nur einige grundlegende Gedanken über den Einsatz der verschiedenen Flurfördermittel; die genaue Untersuchung dieser Probleme gehört in das Fachgebiet Materialfluß.

Generell gilt:

- Hubgeräte möglichst nicht für längeren Horizontaltransport einsetzen (Abschnitt 5.3)
- Gute Ausnützung der Grundflächen durch Stapelung im Bereich der Lager, auch bei den Zwischenlagern in den Fertigungsabteilungen
- Zur Einsparung von Fahrflächen Fahr- und Stapelgeräte mit möglichst kleinen Wenderadien und Abmessungen wählen – eventuell Sonderstapler (Abschnitt 5.3.4)
- Überprüfung der erforderlichen Durchfahrthöhe und Deckenbelastung bei Einsatz in Stockwerksbauten.

5.4.1. Fördermenge der gleislosen Flurfördermittel

Der Ausgangspunkt zur Lösung eines bestimmten Transportvorganges mit Hilfe von gleislosen Flurfördermitteln ist der Materialflußplan des betreffenden Lager- bzw. Fertigungsbereiches. Anhand dieses Planes sind mehrere Transportmöglichkeiten kostenmäßig zu überprüfen, um eine optimale Lösung zu finden. Nicht immer sind, aufgrund höherer Investitions- und Betriebskosten, leistungsstarke Flurfördermittel auch wirtschaftlich; siehe hierzu Aufgabe 20.

Im Anschluß werden die wichtigsten Möglichkeiten der Förderung durch gleislose Flurfördermittel betrachtet: Stapeln und Horizontaltransport von Paletten, Behältern usw.

Transport durch Stapler alleine. Diese Transportart kommt nur bei kurzen Förderwegen in Frage; maßgebend bei der Berechnung ist die erforderliche Staplerzahl.

$z_S = \dfrac{\dot{m}}{\dot{m}_S}$	*Erforderliche Staplerzahl*	(5.4.1)
$\dot{m}_S = \dfrac{m_S}{t_S}$	*Fördermenge eines Staplers*	(5.4.2)
$K = z_S(K_S + K_F)$	*Transportkosten*	(5.4.3)

$\dot{m}$ Fördermenge

m_S Nutzlast eines Staplers

t_S Spielzeit – sie setzt sich aus der Be- und Entlade- sowie der Fahrzeit zusammen (Fahrzeit aus mittlerem Förderweg und mittlerer Fahrgeschwindigkeit berechnen)

K_S, K_F Kostensatz des Staplers bzw. des Fahrers, z. B. in $\frac{DM}{h}$

Werden die Transportkosten K durch $\dot{m}$ dividiert, erhält man die *Spezifischen Transportkosten* $K' = \frac{K}{\dot{m}}$, z. B. in $\frac{DM}{t}$.

Die spezifischen Transportkosten K' entsprechen den auf die Fördermenge $\dot{m}$ bezogenen Transportkosten.

Transport durch Stapler und Wagen. Diese Transportart ist allgemein bei mittleren Förderwegen zu bevorzugen.

Der Stapler belädt mehrere Wagen und bringt sie anschließend im Schleppzug (Stapler als Schlepper) zum Zielort. Nach dem Entladen der Wagen durch den Stapler, kehrt dieser mit den angehängten leeren Wagen wieder zur Beladestelle zurück. Maßgebend ist hierbei die erforderliche Schleppzugzahl.

$z_Z = \dfrac{\dot{m}}{\dot{m}_Z}$	*Erforderliche Schleppzugzahl*	(5.4.4)
$\dot{m}_Z = \dfrac{m_Z}{t_S}$	*Fördermenge eines Schleppzuges*	(5.4.5)
$m_Z = m_S + z_W\, m_W$	*Nutzlast eines Schleppzuges*	(5.4.6)
$K = z_Z(K_S + K_F + z_W K_W)$	*Transportkosten*	(5.4.7)

$\dot{m}$, m_S, K_S, K_F, t_S und K' siehe vorn (bei t_S ist noch die Be- und Entladezeit der einzelnen Wagen zu beachten)

z_W Wagenzahl eines Schleppzuges

m_W Nutzlast eines Wagens

K_W Kostensatz eines Wagens, z. B. in $\frac{DM}{h}$

Transport durch Stapler, Schlepper und Wagen. Vor allem bei großen Fördermengen und langen Förderwegen ist diese Transportart zu bevorzugen. Jeweils ein Stapler dient zum Be- bzw. Entladen der Wagen des Schleppzuges; der Horizontaltransport der Wagen erfolgt durch einen Schleppzug, der als Schleppfahrzeug einen eigenen Schlepper hat. Hierbei ist die doppelte Wagenzahl zweckmäßig (kontinuierliches Be- und Entladen, keine Wartezeit der Stapler an der Be- bzw. Entladestelle).

Die Anzahl der erforderlichen Stapler und Schleppzüge sowie die Ermittlung der Transportkosten kann wie oben vorgenommen werden.

5.4.2. Fahrwiderstand der gleislosen Flurfördermittel

Der Fahrwiderstand setzt sich aus Roll-, Steigungs- und Beschleunigungswiderstand zusammen; der Luftwiderstand kann wegen der geringen Fahrgeschwindigkeit vernachlässigt werden.

$F_{WR} = w_R\, mg$	*Rollwiderstand*	(5.4.8)
$F_{WSt} = mg \sin\alpha$	*Steigungswiderstand*	(5.4.9)
$F_{WB} = ma$	*Beschleunigungswiderstand*	(5.4.10)

w_R	Einheitsrollwiderstand – $w_R \approx 1 \ldots 2$ % der gesamten Lastkräfte bei gutem Fahrbahnbelag; kleine Werte bei Elastik-, hohe Werte bei Luftbereifung; bei nicht befestigten Fahrbahnen sind diese Werte um 50 ... 100 % und mehr zu erhöhen.
g	Fallbeschleunigung
α	Steigungwinkel
m	Gesamtlast (gesamte Eigen- und Nutzlast)
a	Beschleunigung auf ebener Fahrbahn $a = 0{,}1 \ldots 0{,}5\ \frac{m}{s^2}$, kleinere Werte bei E-Antrieb

Die Drehmassenbeschleunigung kann wegen ihres allgemein geringen Einflusses vernachlässigt werden.

Bei Elektromotoren kann wegen der Überlastbarkeit die Motorleistung nach dem Rollwiderstand ausgelegt werden; die kurzzeitige Mehrbelastung durch Beschleunigungs- und Steigungswiderstände wird vom überlastbaren Elektromotor aufgenommen. Größere und längere Steigungen können jedoch nur mit verringerter Fahrgeschwindigkeit gefahren werden.

Bei den nichtüberlastbaren Dieselmotoren ist vom Gesamtfahrwiderstand, der sich aus der Summe der Einzelwiderstände ergibt, auszugehen.

Für Stapler ist noch die erforderliche Hubleistung, maßgebend ist die Vollastbeharrungsleistung P_V (Abschnitt 2.6.2), zu berechnen.

Bei Schleppern ist zusätzlich die Zugkraftübertragung am Boden zu überprüfen; Reibungszahl μ zwischen Rädern und Fahrbahn siehe Abschnitt 5.2.1.

5.4.3. Beispiele

19 Vierrad-Frontgabelstapler mit E-Antrieb

Hubkraft $F_H = 10000$ N, Eigenlastkraft des Staplers $F_S = 20000$ N, Radstand $L_R = 1$ m, $L = 0{,}6$ m, Hubgeschwindigkeit bei Vollast $v_H = 0{,}2\ \frac{m}{s}$, Wirkungsgrade des Hub- und Fahrantriebes $\eta = 0{,}8$, maximale Fahrgeschwindigkeit bei Vollast auf ebener Fahrbahn $v_F = 15\ \frac{km}{h}$, Einheitsrollwiderstand $w_R = 1{,}5$ %, bei Steigungsfahrt und Beschleunigung Fahrmotor im Dauerbetrieb um 60 % überlastbar, Reibungszahl Räder/Fahrbahn $\mu = 0{,}4$, der Fahrantrieb wirkt auf die Vorderachse des Staplers.

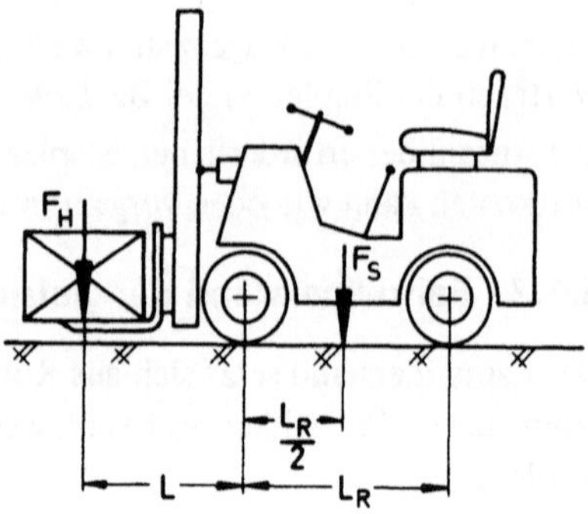

Gesucht:

1. Wird bei einer statischen Standsicherheit von $\nu_S = 1{,}5$ die Anbringung einer Gegenlast erforderlich?
2. Nennleistung P_N für den Hub- und Fahrmotor.
3. Steigvermögen in % bei Vollast und bei einer Fahrgeschwindigkeit von $v_F = 5\ \frac{km}{h}$, Beschleunigung a bei Vollast und Anfahrzeit t_A bis zur Erreichung der maximalen Fahrgeschwindigkeit auf ebener Fahrbahn.
4. Maximal mögliche Zugkraft F_Z des voll beladenen und leeren Staplers ohne daß die Antriebsräder durchrutschen.

Lösung:

1. Statische Standsicherheits $\nu_S = \frac{M_{stand}}{M_{Kipp}} = \frac{F_S \frac{L_R}{2}}{F_H L} = \frac{20000 \cdot 0{,}5}{10000 \cdot 0{,}6} = 1{,}66$

$\nu_S = 1{,}66 > 1{,}5$: keine Gegenlast erforderlich

2. Hubmotor

Nennleistung $P_N \mathrel{\hat{=}}$ Vollastbeharrungsleistung P_V nach Gl. (2.6.1)

$P_N \mathrel{\hat{=}} P_V = \frac{F_H v_H}{\eta} = \frac{10000 \cdot 0{,}2}{0{,}8} = 2500 \frac{Nm}{s}$ $\qquad P_N = 2{,}5$ kW

Fahrmotor

Nennleistung $P_N \mathrel{\hat{=}}$ Vollastbeharrungsleistung P_V nach Gl. (2.6.4)

$P_N \mathrel{\hat{=}} P_V = \frac{F_{WR} v_F}{\eta} = \frac{450 \cdot 4{,}2}{0{,}8} = 2360 \frac{Nm}{s}$ $\qquad P_N \approx 2{,}5$ kW

Rollwiderstand F_{WR} nach Gl. (5.4.8), (F_{WR} beim E-Motor maßgebend)

$F_{WR} = w_R\, m g = 0{,}015 \cdot 3000 \cdot 10 = 450$ N

Gesamtlast $m = m_H + m_S = 1000 + 2000 = 3000$ kg

3. Bei einer Fahrgeschwindigkeit von $5 \frac{km}{h}$ $\left(1{,}4 \frac{m}{s}\right)$ werden zur Überwindung des Rollwiderstandes $\frac{5}{15} P_N = \frac{5}{15}\, 2{,}5 = 0{,}8$ kW benötigt. Bei 60 % Überlast stehen insgesamt $1{,}6\, P_N = 1{,}6 \cdot 2{,}5 =$ 4,0 kW zur Verfügung, so daß für die Steigleistung 4,0 – 0,8 = 3,2 kW frei sind.

Steigungswiderstand $F_{WSt} = \frac{P_{St}\, \eta}{v_F} = \frac{3200 \cdot 0{,}8}{1{,}4} = 1830$ N $\qquad F_{WSt} = 1830$ N

Fahrgeschwindigkeit $v_F = 5 \frac{km}{h} \mathrel{\hat{=}} 1{,}4 \frac{m}{s}$

Steigungswinkel α nach Gl. (5.4.9)

$\sin\alpha = \frac{F_{WSt}}{F} = \frac{1830}{30000} = 0{,}061$ $\qquad \alpha = 3{,}5°$; Steigvermögen ≈ 6 %

Gesamtgewichtskraft $F = m\, g = 3000 \cdot 10 = 30000$ N

Bei maximaler Fahrgeschwindigkeit werden zur Überwindung des Rollwiderstandes F_{WR} 2,5 kW Leistung benötigt, so daß für die Beschleunigug 4,0 – 2,5 = 1,5 kW zur Verfügung stehen.

Beschleunigungswiderstand $F_{WB} = \frac{P_B\, \eta}{v_F} = \frac{1500 \cdot 0{,}8}{4{,}2} = 285$ N $\qquad F_{WB} = 285$ N

Beschleunigung a nach Gl. (5.4.10), $v_F = 15 \frac{km}{h} \mathrel{\hat{=}} 4{,}2 \frac{m}{s}$

$a = \frac{F_{WB}}{m} = \frac{285}{3000} = 0{,}095$ $\qquad a \approx 0{,}1 \frac{m}{s^2}$

Gesamtlast m siehe Pkt. 2

Anfahrzeit $t_A = \frac{v_F}{a} = \frac{4{,}2}{0{,}1} = 42$ s $\qquad t_A = 42$ s

4. Achslastkraft der Vorderachse bei Vollast:

$F_A = \frac{1}{L_R}\left[F_H (L + L_R) + F_S \frac{L_R}{2}\right] = \frac{1}{1}(10 \cdot 1{,}6 + 20 \cdot 0{,}5) = 26$ kN $\qquad F_A = 26$ kN

Achslastkraft der Vorderachse bei Nullast:

$F_A = \frac{1}{L_R} F_S \frac{L_R}{2} = \frac{1}{1}\, 20 \frac{1}{2} = 10$ kN $\qquad F_A = 10$ kN

Maximale Zugkraft $F_Z = F_A\, \mu = 26\,(10) \cdot 0{,}4 \approx 10\,(4)$ kN $\qquad F_Z \approx 10$ kN bei Vollast

Werte in ( ): Für Nullast (nicht beladener Stapler). $\qquad F_Z \approx 4$ kN bei Nullast

20 Palettentransport

Palettennutzlast $m_P = 1{,}2$ t für eine Palette, Staplernutzlast $m_S = 1{,}5$ t, Wagennutzlast $m_W = 1{,}5$ t.
Mittlere Fahrgeschwindigkeit: $v_{FS} = 8\,\frac{km}{h}$, $v_{FZ} = 5\,\frac{km}{h}$. Be- und Entladezeit für eine Palette: $t_{BS} = 1{,}5$ min, $t_{BW} = 2{,}2$ min. Stundensätze: Stapler $K_S = 10\,\frac{DM}{h}$, Fahrer $K_F = 30\,\frac{DM}{h}$, Wagen $K_W = 0{,}5\,\frac{DM}{h}$.

Index S: Stapler, Index Z: Schleppzug, Index W: Wagen

Gesucht:

1. Fördermenge $\dot{m}$, Transportkosten K und spezifische Transportkosten K′ bei Einsatz eines Staplers alleine und einem einfachen Förderweg s = 40 bzw. 200 m.
2. Wie Pkt. 1; nur bei Verwendung eines Schleppzuges mit 4 Wagen (Stapler als Schlepper).
3. Zusammenstellung der wichtigsten Ergebnisse in Tabellenform.

Lösung:

Index 40: Für Förderweg s = 40 m; Index 200: Für Förderweg s = 200 m.

1. Transport durch Stapler alleine

Spielzeit $t_s = t_B + t_F$ Mittlere Fahrzeit $t_F = \frac{2\,s}{v_F}$

Be- und Entladezeit $t_B \mathrel{\hat{=}} t_{BS} = 1{,}5$ min

Spielzeit $t_{S\,40} = 1{,}5 + \frac{2 \cdot 40}{133} = 2{,}1$ min $\underline{t_{S\,40} = 2{,}1 \text{ min}}$

Spielzeit $t_{S\,200} = 1{,}5 + \frac{2 \cdot 200}{133} = 4{,}5$ min $\underline{t_{S\,200} = 4{,}5 \text{ min}}$

Fahrgeschwindigkeit $v_F \mathrel{\hat{=}} v_{FS} = 8\,\frac{km}{h} \mathrel{\hat{=}} 133\,\frac{m}{min}$

Der Stapler kann 1 Palette aufnehmen: $m_S \mathrel{\hat{=}} m_P = 1{,}2$ t

Fördermenge eines Staplers $\dot{m}_S$ nach Gl. (5.4.2)

$$\dot{m}_{S\,40} = \frac{m_S}{t_{S\,40}} = \frac{1{,}2}{2{,}1} = 0{,}57\,\frac{t}{min} \qquad \underline{\underline{\dot{m}_{S\,40} = 34{,}2\,\frac{t}{h}}}$$

$$\dot{m}_{S\,200} = \frac{m_S}{t_{S\,200}} = \frac{1{,}2}{4{,}5} = 0{,}27\,\frac{t}{min} \qquad \underline{\underline{\dot{m}_{S\,200} = 16{,}0\,\frac{t}{h}}}$$

Transportkosten K_S nach Gl. (5.4.3)

$$K_{40} \mathrel{\hat{=}} K_{200} = z_S(K_S + K_F) = 1\,(10 + 30) = 40\,\frac{DM}{h} \qquad \underline{\underline{K_{40} \mathrel{\hat{=}} K_{200} = 40\,\frac{DM}{h}}}$$

Staplerzahl $z_S = 1$

Spezifische Transportkosten $K' = \frac{K}{\dot{m}_S}$

$$K'_{40} = \frac{40}{34{,}2} = 1{,}17\,\frac{DM}{t} \qquad \underline{\underline{K'_{40} = 1{,}17\,\frac{DM}{t}}}$$

$$K'_{200} = \frac{40}{16} = 2{,}50\,\frac{DM}{t} \qquad \underline{\underline{K'_{200} = 2{,}50\,\frac{DM}{t}}}$$

2. Transport durch Schleppzug

Je Stapler und Wagen 1 Palette mit $m_P = 1{,}2$ t
Nutzlast m_z des Schleppzuges nach Gl. (5.4.6)
$m_Z = m_S + z_W\,m_W = 1{,}2 + 4 \cdot 1{,}2 = 6$ t $\underline{m_Z = 6 \text{ t}}$

Spielzeit $t_S = t_B + t_F = t_{BS} + 4\ t_{BW} + \frac{2s}{v_F}$

Fahrgeschwindigkeit $v_F \mathrel{\hat{=}} v_{FZ} = 5\ \frac{km}{h} \mathrel{\hat{=}} 84\ \frac{m}{min}$

$t_{S\,40} = 1{,}5 + 4 \cdot 2{,}2 + \frac{2 \cdot 40}{84} = 11{,}25$ min $\qquad \underline{t_{S\,40} = 11{,}25 \text{ min}}$

$t_{S\,200} = 1{,}5 + 4 \cdot 2{,}2 + \frac{2 \cdot 200}{84} = 15{,}10$ min $\qquad \underline{t_{S\,200} = 15{,}10 \text{ min}}$

Fördermenge des Schleppzuges $\dot{m}_Z$ nach Gl. (5.4.5)

$\dot{m}_{Z\,40} = \frac{m_Z}{t_{S\,40}} = \frac{6}{11{,}25} = 0{,}53\ \frac{t}{min}$ $\qquad \underline{\underline{\dot{m}_{Z\,40} = 32{,}0\ \frac{t}{h}}}$

$\dot{m}_{Z\,200} = \frac{m_Z}{t_{S\,200}} = \frac{6}{15{,}10} = 0{,}40\ \frac{t}{min}$ $\qquad \underline{\underline{\dot{m}_{Z\,200} = 24{,}0\ \frac{t}{h}}}$

Transportkosten K nach Gl. (5.4.7)

$K_{40} \mathrel{\hat{=}} K_{200} = z_Z(K_S + z_W K_W + K_F) = 1\,(10 + 4 \cdot 0{,}5 + 30) = 42\ \frac{DM}{h}$ $\qquad \underline{\underline{K_{40} \mathrel{\hat{=}} K_{200} = 42\ \frac{DM}{h}}}$

Spezifische Transportkosten $K' = \frac{K}{\dot{m}_Z}$

$K'_{40} = \frac{42}{32} = 1{,}31\ \frac{DM}{h}$ $\qquad \underline{\underline{K'_{40} = 1{,}31\ \frac{DM}{h}}}$

$K'_{200} = \frac{42}{24{,}0} = 1{,}75\ \frac{DM}{h}$ $\qquad \underline{\underline{K'_{200} = 1{,}75\ \frac{DM}{h}}}$

3.

Transport-art	Fördermenge $\dot{m}$ in $\frac{t}{h}$		Spezifische Transportkosten K' in $\frac{DM}{t}$	
	s = 40 m	s = 200 m	s = 40 m	s = 200 m
Stapler alleine	(34,2)	16,0	(1,17)	2,50
Schlepp-zug	32,0	(24,0)	1,31	(1,75)

Hieraus ersieht man, daß für den längeren Förderweg der Einsatz eines Schleppzuges vorteilhafter ist; dies gilt natürlich nur für das durchgerechnete Beispiel.

Andere Beispiele können analog berechnet werden.

6. Stetigförderer

Stetigförderer arbeiten während eines längeren Zeitraumes kontinuierlich – siehe Abschnitt 1.2. Sie werden für Schütt- und Stückguttransport (auch für Personentransport) eingesetzt. Die meisten Ausführungen sind ortsfest; es gibt aber auch bewegliche Stetigförderer. Die Gutaufnahme und -abgabe erfolgt während der Bewegung. Auch die taktförmig bewegten Fördermittel (z. B. Montagebänder) werden allgemein der Gruppe der Stetigförderer zugeordnet. Je nach Art des Förderers ist eine waagrechte, geneigte oder senkrechte Förderung über gerade oder gekrümmte Strecken möglich.

Die Stetigförderer haben ihre hohe Bedeutung vor allem deshalb, weil sie neben der Bewältigung üblicher Förderaufgaben beim Schütt- und Stückguttransport häufig in die technologischen Prozesse der Serien- und Fließfertigung in den verschiedensten Industriezweigen eingeschaltet werden; z. B. als Kühlbänder. Wenn eine stetige Aufnahme und Abgabe des Fördergutes im Rahmen der Fertigungsprozesse nicht zu erreichen ist, sind Speicher (Zwischenbunker bei Schüttgut oder Speicherrollenbahnen bei Stückgut) einzuschalten, um die unstetige Gutaufnahme oder -abgabe mit dem stetigen Materialfluß zu verbinden.

Auch im außerbetrieblichen Transport spielen die Stetigförderer eine bedeutende Rolle, da durch das Hintereinanderschalten mehrerer Stetigförderer sehr lange Förderwege überbrückt werden können: z. B. Abtransport von im Tagebau gewonnener Braunkohle vom Gewinnungsort bis zu den weit entfernt liegenden Verladeanlagen oder sogar direkt in das Kraftwerk.

Stetigförderer werden auch als Zusatzfördergeräte in Unstetigförderer eingebaut. Ein typisches Beispiel hierfür sind die Verladebrücken mit Stetigförderern (Abschnitt 4.2.2). Bei größeren und umfangreichen Transportaufgaben arbeiten Stetig- und Unstetigförderer in Form von „Transportketten‘ zusammen: Entladen von Containern aus Bahnwagen durch einen Containerkran, Entladen und Weitertransport zum Rohstofflager der im Container gestapelten Paletten durch einen Gabelstapler, Förderung der Paletten vom Rohstofflager zur Fertigung über Rollenförderer.

Bei der Stückgutförderung ist oft die Wahl zwischen Stetig- und Unstetigförderern zu treffen. Die Entscheidung hierüber hängt vor allem von folgenden Punkten ab:

- Gewünschte Fördermenge und Förderweg,
- Eigenschaften des betreffenden Fördergutes,
- Investitions- und Transportkosten.

Die Einteilung der Stetigförderer sowie ihre Zubehörgeräte (Aufgeber, Austrag- und Übergabeeinrichtungen, Meß-, Prüf- und Kontrolleinrichtungen sowie sonstige Zubehörgeräte) ist in DIN 15201 festgelegt. Wichtige Zubehörgeräte werden bei den einzelnen Stetigförderern und im Abschnitt 7.4.2 beschrieben. Im Anschluß erfolgt die Einteilung nach dem Funktionsprinzip und der Art der Kraftübertragung.

Mechanische Stetigförderer mit Zugmittel (z. B. Bandförderer)
Mechanische Stetigförderer ohne Zugmittel (z. B. Schwingförderer)

Schwerkraftförderer (z. B. Rutschen)
Strömungsförderer (z. B. pneumatische Förderer)

Die wesentlichen Vorteile der Stetigförderer gegenüber den Unstetigförderern gehen aus Abschnitt 1.2 hervor. Allgemeine Hinweise über die Einteilung und Eigenschaften der Fördergüter Abschnitt 1.3, Begriff- und Grundgleichung der Fördermenge in Abschnitt 1.4., Auswahl und Ausführung der Fördermittel Abschnitt 1.5.

6.1. Berechnungsgrundlagen

Die beiden wesentlichen fördertechnischen Größen eines Stetigförderers sind seine Fördermenge und die hierfür erforderliche Antriebsleistung bei gegebener Streckenführung und Bauart. Sie gelten als wichtigste Ausgangsdaten für die Auslegung.

6.1.1. Fördermenge

Hier ist generell zwischen Schütt- und Stückguttransport zu unterscheiden.

Fördermenge bei Schüttguttransport

$$\dot{V} = A\,v$$ *Volumenstrom bei fließender Förderung* (6.1.1)

$$V = \frac{V}{l_a}\,v$$ *Volumenstrom bei Förderung in Einzelgefäßen* (6.1.2)

$$\dot{m} = \dot{V}\,\rho_s$$ *Massenstrom* (6.1.3)

A Gutquerschnitt – Berechnung gesondert bei den einzelnen Bauarten der Stetigförderer angegeben
v Band- bzw. Kettengeschwindigkeit
V Volumen eines Einzelgefäßes – z. B. eines Bechers bei Becherwerken
l_a Abstand (Teilung) der Einzelgefäße
ρ_s Schüttdichte – siehe Abschnitt 1.3 und Bild 1.3.1

Die Gl. (6.1.1) gilt, wenn das Fördergut gleichmäßig auf dem Tragorgan des Stetigförderers verteilt ist (beim Bandförderer).

Gleichung (6.1.2) gilt bei Förderung in Einzelgefäßen (bei Becherwerken) – Becher ≙ Einzelgefäß.

Aus den Gln. (6.1.1) bis (6.1.3) geht hervor, daß die Fördermenge (Volumen- bzw. Massenstrom) mit zunehmendem Gutquerschnitt, größeren Einzelgefäßen, höherer Band- bzw. Kettengeschwindigkeit sowie kleinerem Abstand der Einzelgefäße zunimmt.

Fördermenge bei Stückguttransport

$\dot{m} = \frac{m}{l_a} v$	*Massenstrom*	(6.1.4)
$\dot{m}_{St} = \frac{v}{l_a}$	*Stückstrom* (z. B. in $\frac{\text{Stück}}{h}$)	(6.1.5)

m Masse eines zu fördernden Einzelstückes
l_a Abstand (Teilung) der Einzelstücke
v Band- bzw. Kettengeschwindigkeit

Die beim Schüttguttransport übliche Angabe der Fördermenge als Volumenstrom $\dot{V}$ hat hier keine Bedeutung.

Die Gln. (6.1.4) und (6.1.5) zeigen, daß sich die Fördermenge mit Vergrößerung der Masse der Einzelstücke und der Fördergeschwindigkeit sowie der Verkleinerung des Abstandes l_a erhöht.

6.1.2. Antriebsleistung

Die Antriebsleistung eines Stetigförderers mit Zugmittel ergibt sich aus dem Gesamtwiderstand F_W und der Band- bzw. Kettengeschwindigkeit v.

Gesamtwiderstand. Den Gesamtwiderstand erhält man aus dem Hub- und Reibungswiderstand.

Hubwiderstand Beim Fördern des Massenstromes $\dot{m}$ auf die Höhe h entsteht der Hubwiderstand:

$F_{WH} = m_{lG} g h$ Hubwiderstand

$m_{lG} = \frac{\dot{m}}{v}$ auf die Längeneinheit bezogene Gutlast (z.B. in kg/m).

$\dot{m}$ Massenstrom
g Fallbeschleunigung
h Förderhöhe (Höhendifferenz zwischen Gutaufnahme und -abgabe)
v Band- bzw. Kettengeschwindigkeit

Bei nur waagrecht fördernden Stetigförderern wird der Hubwiderstand $F_{WH} = 0$ (Hubhöhe $h = 0$).

Reibungswiderstand Der gesamte Reibungswiderstand (Reibung in den Lagern der Tragrollen, Reibung durch Gutaufgabe usw.) kann überschlägig mit Hilfe der Gesamtreibungszahl f_{ges} ermittelt werden: *Gesamtwiderstandsmethode*.

$f_{ges} = \frac{F_R}{F_N}$ Gesamtreibungszahl

F_R Gesamte Reibkraft
F_N Gesamte Normalkraft; sie wird aus der auf dem Stetigförderer liegenden Gutlast und dem Anteil der Eigenlast des Förderers errechnet.

Die Gesamtreibungszahl f_{ges} kann je nach Bauart des betreffenden Stetigförderers erheblich schwanken; Angaben hierüber können den Hinweisen bei der Berechnung der einzelnen Stetigförderer entnommen werden.

Mit Hilfe der Gesamtreibungszahl ergibt sich der Reibungswiderstand F_{WR} angenähert zu:

$$F_{WR} = f_{ges}\, l\, g\,(m_{lF} + m_{lG}) \qquad \text{Reibungswiderstand}$$

l Horizontalprojektion der Förderlänge

m_{lF} Auf die Längeneinheit bezogene Eigenlast des Förderers, die Reibungskräfte erzeugt, (z.B. in $\frac{kg}{m}$)

f_{ges}, g, m_{lG} siehe vorn

Das 1. Glied in der Klammer berücksichtigt den Reibungswiderstand durch die Reibungskräfte erzeugende Eigenlast m_{lF} des Förderers und das 2. Glied den Reibungswiderstand durch die Gutlast m_{lG}.

Zur genauen Ermittlung des Reibungswiderstandes unterteilt man die Förderstrecke in gerade Strecken, Umlenkungen, Gutaufnahme- und -abgabestellen usw. Die aus jedem einzelnen Teilstück mit gesonderten Reibungszahlen errechneten Widerstände ergeben bei Addition den gesamten Reibungswiderstand: *Einzelwiderstandsmethode*.

Diese Rechenmethode kann aus dem in Abschnitt 8.2 angegebenen Schrifttum entnommen werden. Da jedoch auch bei dieser genaueren Rechenmethode Fehler durch die nicht exakt festlegbaren Reibungszahlen für die einzelnen Teilstrecken unvermeidbar sind und der Rechenaufwand wesentlich höher wird, soll hier darauf verzichtet werden. Im Anschluß wird der Reibungswiderstand nur mit Hilfe der Gesamtwiderstandsmethode berechnet.

Der Gesamtwiderstand F_W eines Stetigförderers, der bei Stetigförderern mit Zugmitteln der Umfangskraft F_U im Zugmittel entspricht, ergibt sich also aus Hub- und Reibungswiderstand zu:

$$\boxed{F_W \mathrel{\hat{=}} F_U = f_{ges}\, l\, g\,(m_{lF} + m_{lG}) \pm m_{lG}\, g\, h} \qquad \textit{Gesamtwiderstand} \ \text{(Umfangskraft im Zugmittel)} \qquad (6.1.6)$$

„+“ Bei Aufwärtsförderung

„–“ Bei Abwärtsförderung

Alle weiteren in Gl. (6.1.6) angegebenen Größen siehe vorn.

Weiterhin kommen noch Zusatzwiderstände (z.B. durch Gutauf- und -abgabe, Umlenkungen usw.) in Frage, die jedoch oft vernachlässigt werden können.

Antriebsleistung. Für die Auslegung des Antriebsmotors ist die Nennleistung P_N maßgebend.

$$\boxed{P_N \mathrel{\hat{=}} P_V = \frac{F_W\,(F_U)\,v}{\eta}} \qquad \textit{Nennleistung} \qquad (6.1.7)$$

$F_W (F_U)$ Gesamtwiderstand (Umfangskraft im Zugmittel)

v Band- bzw. Kettengeschwindigkeit

η Wirkungsgrad des Antriebs

P_V Vollastbeharrungsleistung

In der Regel kann die Nennleistung P_N des Antriebsmotors gleich der Vollastbeharrungsleistung P_V gesetzt werden (Abschnitt 2.7.1). Bei sehr langen, schwer belasteten und schnell-laufenden Stetigförderern ist die Anlaufleistung $P_A = P_V + P_B$ zu überprüfen. Die Auswahl des Motors erfordert die Beachtung der Gln. (2.7.1) und (2.7.2), wobei die Relative Einschaltdauer ED wegen des allgemein üblichen Dauerbetriebes mit 100 % anzusetzen ist. Die Berechnung der Beschleunigungsleistung P_B kann analog den Hinweisen in Abschnitt 2.6 vorgenommen werden.

Die dynamischen Kräfte, die bei Stetigförderern mit Ketten als Zugmittel auftreten, können wegen der dort allgemein üblichen geringen Fördergeschwindigkeit meist vernachlässigt werden, vergl. hierzu Angaben in Abschnitt 2.2.1.

6.2. Mechanische Stetigförderer mit Zugmitteln (Bandförderer)

Hauptbestandteil des Bandförderers ist ein endloses, auf Tragrollen, Gleitbahnen oder einem Luftfilm abgestütztes, umlaufendes Band als Trag- und Zugmittel. Es wird über Reibschluß von mindestens einer Antriebstrommel angetrieben. Die wegen des Reibschlusses erforderliche Vorspannung im Band hält gleichzeitig den Durchhang zwischen den einzelnen Tragrollen ausreichend klein.
Für die Gutaufgabe werden Aufgabevorrichtungen (z. B. Aufgabeschurren bei Schüttgut) eingesetzt, um den Aufgabestoß zu mildern. Besonders wichtig ist die Sicherung von Auflaufstellen des Zugorganes, wie z. B. durch Verkleidungen, Abdeckungen usw. gemäß den UVV für Stetigförderer. Hierzu siehe Einzelheiten in DIN 15220.
Bandförderer sind neben den Kreisförderern (Abschnitt 6.3.4) und den Rollenförderern bzw. -bahnen (Abschnitt 6.4.1 und 6.5.2), die am weitesten verbreiteten Stetigförderer, die für Stück- und Schüttgut – vereinzelt auch für Personentransport in allen Zweigen der Industrie und des Handels eingesetzt werden. Gleichzeitig sind sie ein wichtiges Fördermittel, das den Ausbau der Fließfertigung auf den heutigen Stand ermöglicht hat.

Vorteile:

- hohe Fördergeschwindigkeit und Fördermenge bei relativ geringen Antriebsleistungen, universell einsetzbar;
- niedrige Investitions- und Wartungskosten, geringer Verschleiß;
- leichter Einbau von Bandwaagen zur Bestimmung der kontinuierlichen und absoluten Fördermenge;
- große Förderlängen auch bei schwer belasteten Bändern durch Stahlseileinlagen.

Nachteile:

- ansteigende Förderung beschränkt;
- nur geradliniger Förderweg (Ablenkungen in horizontaler Ebene sind wegen der großen Ablenkradien und des Führungsaufwandes für das Band nur begrenzt möglich);
- Empfindlichkeit bestimmter Bänder gegenüber heißem und stark schleißendem Fördergut.

6.2.1. Bandförderer

Der grundsätzliche Aufbau geht aus Bild 6.2.1 hervor, wobei als Zug- und Tragmittel ein Gummi- oder Kunststoffband mit Textil- oder Stahlseileinlage zur Übertragung der Zugkräfte herangezogen wird.

Fördermenge bis 20 000 $\frac{t}{h}$

Bandgeschwindigkeit 0,5 ... 3 (6) $\frac{m}{s}$

Förderlänge bis 500 (5000) m
Bandbreite 0,2 ... 2,0 (3,2) m,
nach der Normzahlenreihe gestuft.

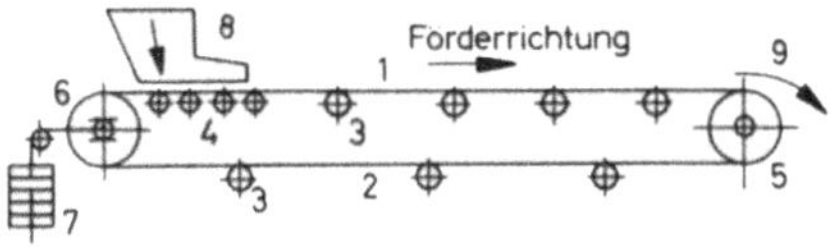

Prinzip des Bandförderers

1 Oberes Bandtrum
2 Unteres Bandtrum
3 Tragrolle
4 Aufgaberolle
5 Antriebstrommel
6 Spanntrommel
7 Spanngewicht
8 Aufgabeschurre
9 Gutabgabe (über Kopf)

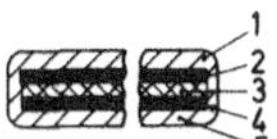

mit Textileinlage

1 Tragschicht, 1 ... 10 mm dick
2 Einlage
3 Zwischenschicht, ca. 0,5 mm dick
4 Seitenschicht
5 Laufschicht, 1 ... 2 mm dick

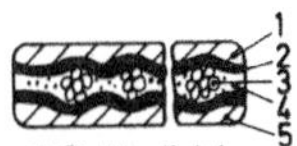

mit Stahlseileinlage

1 Tragschicht, Dicke $d_T = d_L + (1 \dots 10\,mm)$
2 Gummizwischenschicht
3 Stahllitzenseil (bis 10 mm ϕ)
4 metallbindende Zwischenschicht
5 Laufschicht, Dicke $d_L = 0{,}7\,d_{BK} \geqslant 4\,mm$
d_{BK} siehe Seite 228

Bandaufbau der Gummibänder

Eintrommelantrieb

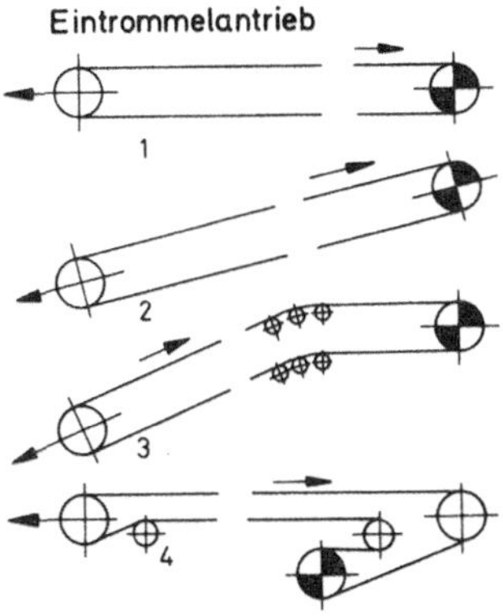

1 Waagrechte Führung mit Eintrommelkopfantrieb
2 Ansteigende Führung mit Eintrommelkopfantrieb
3 Änderung der Förderrichtung mit Eintrommelkopfantrieb
4 Waagrechte Führung mit Eintrommelkopfantrieb und Abwurfausleger

Mehrtrommelantrieb

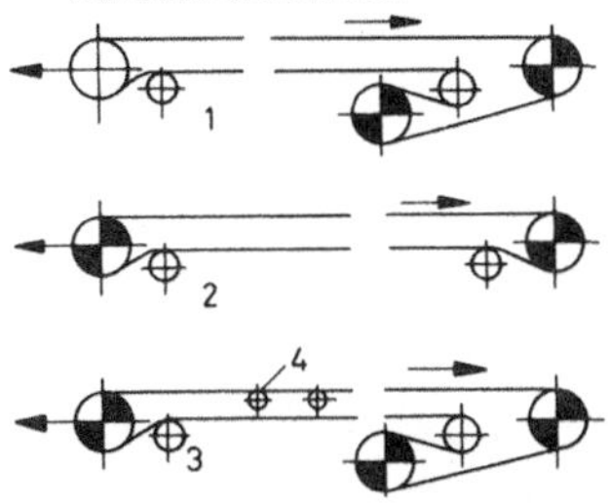

1 Waggrechte Führung mit Zweitrommelkopfantrieb
2 Waagrechte Führung mit Eintrommelkopf- und Eintrommelumkehrantrieb
3 Waagrechte Führung mit Zweitrommelkopf- und Eintrommelumkehrantrieb
Analog auch für ansteigende Führung
4 Angetriebene Tragrollen
◑ Antriebstrommel

Mehrtrommelantrieb und angetriebene Tragrollen nur bei langen, schwer belasteten Bändern

Gängige Bandführungen und Antriebe

Bild 6.2.1. Aufbau der Bandförderer

Bänder. Zum Schutz der Einlagen (Bild 6.2.1) und gegen äußere Einflüsse werden Trag- und Laufschichten sowie dünne Zwischenschichten aus Gummi bzw. Kunststoff vorgesehen. Bei stark schleißendem Material sind die Tragschichten besonders dick auszuführen.

Die Trag-, Lauf- und Zwischenschichten sowie die Einlagen werden durch Vulkanisieren oder Kleben unter hohem Druck miteinander verbunden. Das Verbinden von Einzel- oder Endstücken erfolgt ebenfalls durch Vulkanisation oder Kleben (bewegliche, elektrisch beheizte Vulkanisierungseinrichtungen), wobei durch ein treppenförmiges Abstufen an den Stoßstellen nur geringe Festigkeitsverluste ohne Querschnittsverdickungen auftreten.

Sind die Bänder höheren Temperaturen ausgesetzt, werden die Trag-, Lauf- und Zwischenschichten aus synthetischem Gummi (Neoprene) oder Kunststoffen (PVC) hergestellt. Zur Anwendung in der Nahrungsmittelindustrie sind geruch- und geschmackfreie Materialien zu wählen. Kunststoffbänder werden überwiegend bei kleiner bis mittlerer Belastung im Inneneinsatz verwendet.

Für die Steilförderung werden die sonst glatten Tragschichten mit Leisten oder Höckern versehen, so daß Steigungen bis etwa 60° überwunden werden können. Zeitweise werden auch Bänder mit wellenförmig seitlich hochgezogenen Seiten (wellenförmige Ausbildung wegen des Bandlaufes über die Antriebs- und Umlenktrommeln) und Zwischenleisten aus Gummi verwendet; das Band wird so zum kastenförmigen Trag- und Zugorgan, welches auch Schüttgut mit kleinerer Körnung steil fördern kann: *Wellkantenband*. Nachteilig sind bei diesen Bändern die hohen Herstellungskosten und die schwierigere Reparatur.

Grundsätzlich bestehen die Einlagen, je nach Verwendungszweck, aus Textilmaterial oder Stahlseilen.

Bänder mit Textileinlage Die früher üblichen Einlagen aus Baumwolle (B) werden aufgrund hohen Verschleißes (Verrottung) und geringer Bruchfestigkeit heute weitgehend durch solche aus Chemiefasern ersetzt: Zellwolle (Z), Reyon (R), Polyamid (P) oder Polyester (E). Häufig werden für die Längsfäden (Kette) hochfeste und für die Querfäden (Schuß) weniger feste Materialien verwendet: z.B. hochfeste Polyesterfäden in der Kette und dehnungsfähige Polyamidfäden im Schluß.

Die Bruchfestigkeit k_z einer Einlage wird je mm Einlagenbreite für das fertige Band angegeben:

z.B.: **RP 125/50** Reyon-/Perloneinlage mit einer Bruchfestigkeit k_z von **125** $\frac{N}{mm}$ für die Längs- und **50** $\frac{N}{mm}$ für die Querfäden.

Durch die heute üblichen hochfesten Einlagen konnte die erforderliche Einlagenzahl z verringert werden; z = 2 ... 4 (8).

Die Bruchdehnung bei Chemiefasereinlagen liegt etwa bei 10 %, bei Baumwolleinlagen bei etwa 15 %. Werte für die Bruchfestigkeit k_z einiger häufig verwendeter Textileinlagen sind aus Bild 6.2.5 zu ersehen.

Bänder mit Stahlseileinlagen Die aus hochfesten Einzeldrähten bestehenden Litzenseile (bis zu 10 mm Durchmesser) werden durch eine metallbindende Gummischicht mit der Trag- und Laufschicht des Bandes verbunden; keine Einlagen in Querrichtung (Schuß).

Die Bruchfestigkeit k_z der Bänder mit Stahlseileinlagen liegt zwischen 1000 und 6000 $\frac{N}{mm}$.

z. B.: **St 4000** Stahlseileinlage mit einer Bruchfestigkeit k_z von **4000** $\frac{N}{mm}$.

Der Abstand der Stahlseile soll mindestens 1 1/2- bis 2-fachen Seildurchmesser (d) betragen. Manchmal geht man auch von der Bruchlast eines Einzelseiles aus und rechnet dann die erforderliche Stahlseilzahl aus.

Stahlseileinlagen ermöglichen die Übertragung sehr hoher Zugkräfte bei geringer Dehnung (Bruchdehnung etwa 2 %) und guter Muldungsfähigkeit des Bandes. Sie werden deshalb vor allem bei besonders schwer belasteten und langen Bandförderern eingesetzt. Ansonsten sind allgemein Bänder mit Textileinlagen üblich.

Berechnung der Einlagenzahl Die Berechnung der Einlagen erfolgt nur auf Zug; die auftretende Biegebeanspruchung durch die Bandumlenkung an den Trommeln wird vernachlässigt. Deshalb sind die Sicherheitszahl ν größer und die Trommeldurchmesser nicht zu klein zu wählen (Gln. (6.2.3) und (6.2.4)).

$$z = \frac{F_1 \nu}{B k_z} \quad \textit{Einlagenzahl} \quad (6.2.1)$$

$$z = \frac{F_1 \nu}{F_{BS}} \quad \textit{Stahlseilzahl} \quad (6.2.2)$$

F_1 Maximale Bandzugkraft im Beharrungszustand, nach Gln. (6.2.8) und (6.2.9)
ν Sicherheitszahl; ν = 5 ... 10
B Bandbreite
k_z Bruchfestigkeit der Einlage
F_{BS} Bruchkraft eines Stahlseiles

Gleichung 6.2.1 ergibt die erforderliche Einlagenzahl, wenn die Bruchfestigkeit des Einlagenmaterials durch den k_z-Wert gegeben und Gleichung 6.2.2 die Zahl der Stahlseile, wenn die Bruchkraft F_{BS} eines Stahlseiles gegeben ist.

Antriebs- und Umlenktrommeln. Sie werden aus Stahlrohren und -blechen (für die Stirnwände, bei großen Durchmessern auch für den Mantel) zusammengeschweißt und mit an den Stirnseiten an- bzw. eingeschweißten Achsen oder Wellen versehen. Die Lagerung der Trommeln erfolgt über an der Tragkonstruktion befestigte Steh- oder Flanschlagergehäuse in Wälzlagern, wobei bei der Antriebstrommel das Antriebsdrehmoment über die Welle in die Trommel eingeleitet wird. Auf das leicht ballige Abdrehen der Antriebstrommel (zur Bandzentrierung) wird heute oft verzichtet.

Für kleine bis mittlere Leistungen kommen als Antriebsaggregate Getriebe- oder Trommelmotore (Antriebsmotor und Getriebe in Trommel eingebaut) zum Einsatz. Die Getriebemotore werden häufig als Aufsteckantriebe ausgeführt. Bei größeren Antriebsleistungen werden dem Elektromotor normale Getriebe und Kupplungen nachgeschaltet.

Die Antriebstrommeln werden teilweise, um die Reibungszahl μ zwischen Band und Trommel zu erhöhen, mit Reibbelägen aus Gummi versehen:

$\mu \approx 0{,}2 \dots 0{,}4$ für Gummibänder auf Stahltrommeln;
$\mu \approx 0{,}3 \dots 0{,}6$ für Gummibänder auf Stahltrommeln mit Reibbelägen.

Die niedrigen Werte gelten bei Naßbetrieb.

Längere und schwer belastete Bänder erhalten eine Anlaufkupplung, um die Bandkräfte beim Anlauf nicht allzu stark zu vergrößern: Verringerung der Beschleunigungsleistung (Abschnitt 2.7.1). Bei diesen Anlagen reicht oft der normal übliche Eintrommelantrieb nicht mehr aus, da die erforderliche Umfangskraft F_U nicht mehr über Reibschluß einer Trommel übertragen werden kann. Hier kommen Mehrtrommelantriebe zum Einsatz, wobei darauf zu achten ist, daß die verschiedenen Motore möglichst gleichmäßig belastet werden (Bild 6.2.1).

Die *Trommeldurchmesser* der Antriebs-, Spann- und Umlenktrommeln dürfen wegen der zusätzlichen Biegespannung des Bandes, die durch die Bandumlenkung hervorgerufen wird, nicht zu klein gewählt werden.

Für Bänder mit Textileinlage Der Trommeldurchmesser hängt im wesentlichen von der Dicke des Bandkernes d_{BK} und dem Einlagenmaterial ab.

$$\boxed{D = c_M\, d_{BK}} \quad \textit{Antriebstrommeldurchmesser in mm} \qquad (6.2.3)$$

d_{BK} Dicke des Bandkernes in mm (Σ Einlagendicke)

c_M Materialbeiwert, der mit steigender Bruchfestigkeit höher zu wählen ist, da sonst die Biegespannung in der Einlage durch die Umlenkung an den Trommeln zu groß wird – Werte von c_M siehe Bild 6.2.5.

Für Bänder mit Stahlseileinlagen Hier hängt der Trommeldurchmesser von der Bruchfestigkeit k_z der Stahlseileinlage und dem Seildurchmesser ab.

$$\boxed{D = c_M\, d_{BK}} \quad \textit{Antriebstrommeldurchmesser in mm} \qquad (6.2.4)$$

d_{BK} Dicke des Bandkernes ≙ Seildurchmesser in mm.

Die niedrigeren Werte sind bei Stahlseileinlagen von geringerer Bruchfestigkeit zu wählen. Die Durchmesser der Spann- und Umlenktrommeln dürfen etwas kleiner als die der Antriebstrommeln sein; meist werden beide Trommeln mit gleichem Durchmesser ausgeführt.

$$\boxed{D_1 = (0{,}6 \dots 0{,}8)\, D} \quad \textit{Spann- oder Umlenktrommeldurchmesser} \qquad (6.2.5)$$

Die Trommelbreite soll etwa 10 ... 20 % größer sein als die Bandbreite – bei großen Bandbreiten prozentual kleine Zuschlagwerte wählen.

Tragrollen. Tragrollen sind St-Rohre, die über dauergeschmierte Wälzlager auf einer feststehenden Achse lagern (Bild 6.2.2). Die die Wälzlager aufnehmenden Rollenböden bestehen aus tiefgezogenem Blech oder aus Stahlguß bzw. Stahlgesenkteilen (bei größeren Rollendurchmessern), die mit dem Rollenmantel verschweißt oder auch nur eingepreßt werden. Um die Lagerreibung möglichst klein zu halten, ist auf eine geringe Eigenmasse

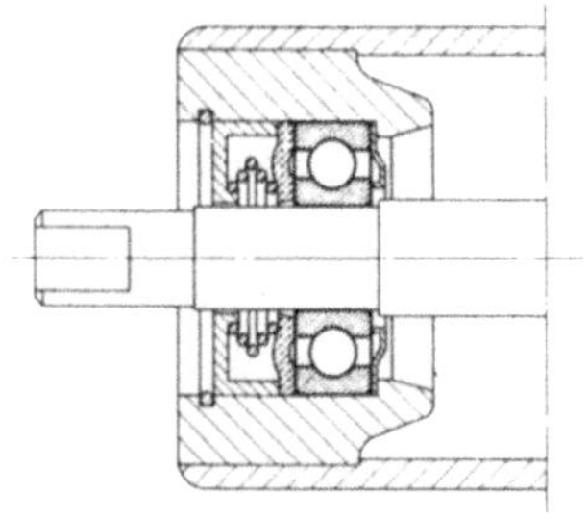

Lagerabdichtung durch Nilos-Dichtringe und Manschetten

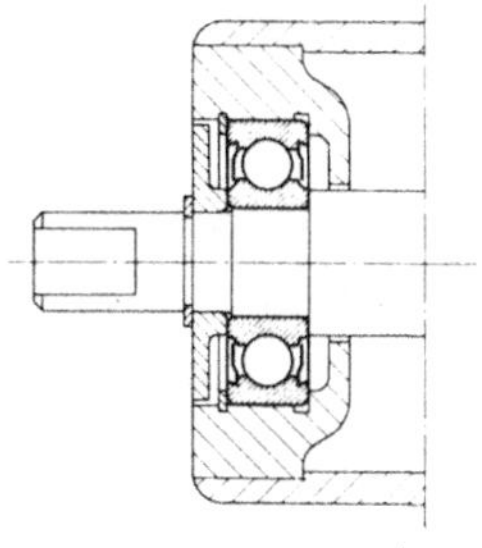

Lagerabdichtung durch selbstdichtende Lager

Tragrollen mit fester Achse (SKF)

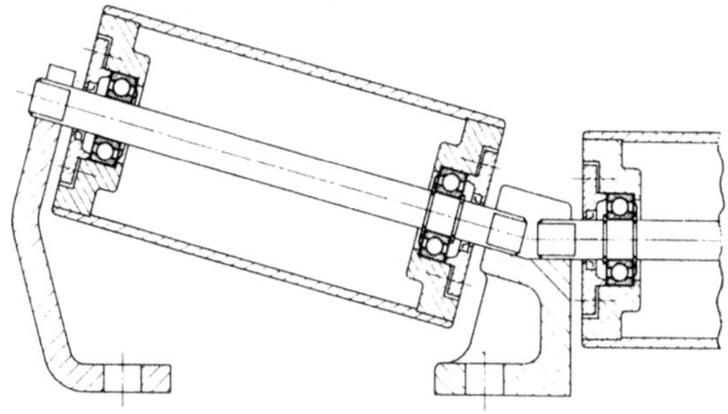

Lagerabdichtung durch Nilos-Dichtringe und Manschetten

Tragrollenstation für ein Muldenband (SKF)

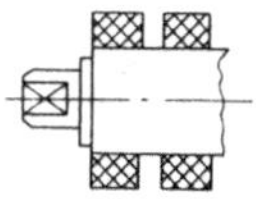

Polsterrolle mit aufgesetzten Polsterringen aus Weichgummi zur Stoßminderung an der Gutaufgabestelle.

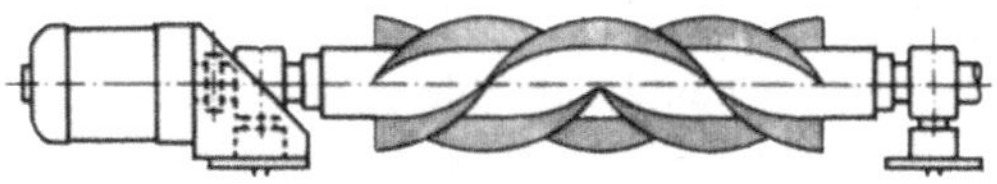

Spiralabstreifbürste mit eigenem Antrieb

Bandreinigungsvorrichtung (SCHENCK)

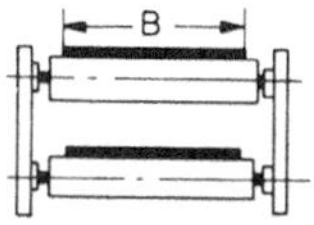

B Bandbreite

Gerade Rollen

Flachband

2 Muldenrollen bei B $\leqq$ 0,8 m

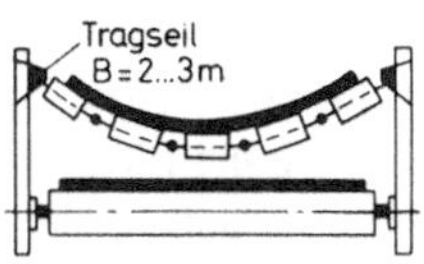

Girlandenrollen

(Kurze Rollen über Gelenke verbunden)

Muldenbänder

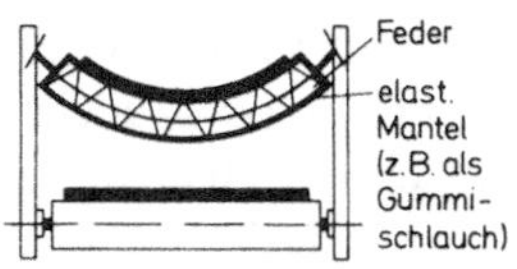

Federrollen

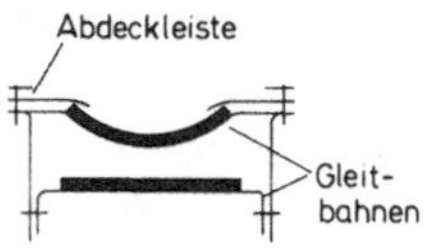

Schleifband

Tragrollen bzw. Gleitbahnen für Flach- und Muldenbänder

Bild 6.2.2. Tragrollen für Bandförderer

und eine niedrige Dichtungsreibung zu achten. Die Rollenachsen werden an beiden Enden angefräst, wodurch das Drehen der in die Tragrollenstationen eingelegten Rollenachsen verhindert wird. Bei hohen Bandgeschwindigkeiten treten relativ hohe Rollendrehzahlen auf, die ein Auswuchten der Rollen erforderlich machen.

Bei der Berechnung sind vor allem die Achse (Biegespannung, Durchbiegung und Schiefstellung am Lager – $\alpha \leqslant 10'$) sowie die dynamische Tragzahl der Lager (ca. 20000 Betriebsstunden) zu überprüfen.

Da es sich stets um große Stückzahlen handelt, sind um die Fertigungskosten niedrig zu halten, möglichst keine Schraubverbindungen anzuwenden, ebenso sollte die spanabhebende Bearbeitung auf ein Mindestmaß beschränkt werden.

Für leichten Betrieb werden die Tragrollen auch aus Kunststoff hergestellt; sie zeichnen sich durch besonders geringe Eigenlast und Korrosionsfreiheit aus.

Rollenaußendurchmesser D = 60 ... 160 mm.

Für den Stückguttransport werden in Ober- und Untertrum *gerade Tragrollen* verwendet; bei geringer Bandbelastung oder bei Personenförderbändern sind auch *Gleitbahnen* gebräuchlich. Diese weisen zwar wesentlich höhere Reibungswiderstände auf; vermeiden jedoch den Banddurchhang vollständig und sind wegen der fehlenden beweglichen Bauteile preisgünstiger. Gelegentlich werden die Bänder auch über *Luftkissen* abgetragen; was z. Zt. allerdings nur geringe Bedeutung hat.

Für Schüttguttransport sind *Muldenrollen* im Obertrum zu bevorzugen, da sie einen größeren Gutquerschnitt bei sicherem Transport (kein seitliches Herabfallen des Fördergutes) ermöglichen. Die Muldenrollentragstationen werden, je nach Bandbreite, mit zwei, drei oder mehr Rollen ausgestattet. Sonderausführungen sind *biegsame Rollen* oder *gemuldete Schleifbahnen*. Im rücklaufenden Untertrum werden auch hier gerade Rollen oder Schleifbahnen eingebaut (Bild 6.2.2). *Girlandenrollen* können an seitlich abgespannten Tragseilen abgehängt werden.

An den Gutaufgabestellen werden die Tragrollen im Obertrum mit kleiner Teilung angebracht (Stöße durch Gutaufgabe) und häufig mit elastischem Material ganz oder nur teilweise überzogen: *Polsterrollen* Bild 6.2.2).

Der Geradlauf längerer Bänder hängt vor allem von dem einwandfreien Ausrichten der Tragkonstruktion, von der Güte der Bandverbindung und dem Verschmutzungsgrad der Bänder ab. So werden bei längeren Bändern spezielle Lenkstationen im Abstand von 30 ... 50 m eingebaut. Hierzu werden einzelne Tragrollenstationen im Obertrum um die vertikale Achse leicht schwenkbar angebracht, oder äußere Muldenrollen um ca. 2° zur Bandachse schräggestellt. Dadurch entstehen beim Schräglauf des Bandes zur Bandmitte gerichtete Seitenkräfte, die das Band wieder in seine normale Lage führen. Nachteilig sind die dabei auftretenden Reibungskräfte. Die früher üblichen Leitrollen, gegen die das Band mit seiner äußeren Kante beim Schieflauf anläuft, sind wegen des erhöhten Bandverschleißes nur noch selten im Einsatz.

Tragrollenabstand:
im Obertrum 1,0 ... 1,5 m
im Untertrum 2,5 ... 4 m

Bei sehr langen Bändern wird der Abstand der Tragrollenstationen der jeweiligen Bandzugkraft so angepaßt, daß der Banddurchhang zwischen je zwei Stationen gleichbleibt. So kann der Abstand der Tragrollen im Obertrum in der Nähe der Antriebsstrommel besonders groß gewählt werden, da hier der größte Bandzug auftritt.

Bei sehr langen und schwer belasteten Bändern kann ein Teil der Tragrollen im Obertrum angetrieben werden, um die Bandzugkraft zu vermindern und die erforderliche Antriebsleistung aufzuteilen.

Spannvorrichtungen. Die Spannvorrichtung erzeugt die für den reibschlüssigen Antrieb erforderliche Vorspannkraft. Am häufigsten werden Spindel-, Gewichts- und Windenspannvorrichtungen verwendet (Bild 6.2.3).

Spindelspannvorrichtung Die von Hand verstellbaren Spindeln verschieben die in entsprechenden Führungen gelagerten Spanntrommeln in Längsrichtung. Zur Aufnahme von Stößen und zur Begrenzung der Vorspannung werden hierbei oft Schraubenfedern zwischengeschaltet. Für Achsabstände bis etwa 100 m.

Gewichtsspannvorrichtung Die auf dem Spannwagen oder Spannschlitten gelagerte Spanntrommel wird durch das Spannseil, an dessen Ende die Spanngewichte hängen, bewegt und somit das Band vorgespannt. Die Gewichtsspannvorrichtung spannt sich selbsttätig nach, jedoch bleibt die Spannkraft auch bei Dehnung des Bandes konstant. Für Achsabstände > 100 m.

Windenspannvorrichtung Hier greift das von der Winde (Antrieb meist elektrisch) betätigte Spannseil am Spannwagen an und spannt über die Spanntrommel das Band. Die Spannkraft kann während des Betriebes verändert werden; so wird z. B. bei langen, schwer belasteten Bändern beim Anlauf eine höhere Spannung gewählt, um das Durchrutschen des Bandes zu vermeiden (Folgen des Banddurchrutschens siehe Abschnitt 2.6.6). Um eine optimale Bandbelastung zu erreichen, kann die Vorspannkraft auch über ein Schlupfmeßgerät, das die Drehzahl der Antriebstrommel mit der einer benachbarten Tragrolle vergleicht, selbsttätig der Bandbelastung angepaßt werden.

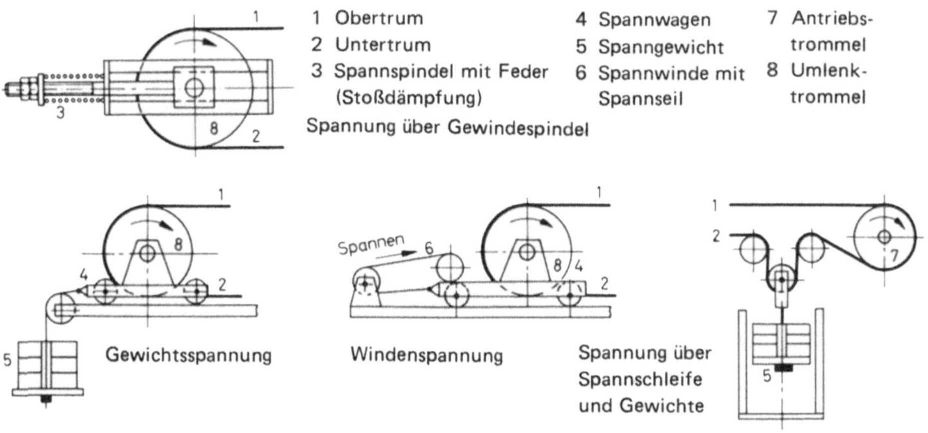

Bild 6.2.3. Spanneinrichtungen für Bandförderer

In Sonderfällen werden die Spannkräfte auch durch Zug-Hub-Geräte (Abschnitt 3.1.1) oder durch Öldruckzylinder aufgebracht. Soll sich der Achsabstand des Bandförderers beim Spannen nicht verändern, sind Spannschleifen einzubauen (Bild 6.2.3).

Die Betriebsdehnungen der Bänder, jeweils auf die Länge bezogen, liegen etwa bei 1,4 % für Einlagen aus Chemiefasern und 0,1 % für solche aus Stahlseilen; diese Werte sind für die Auslegung der Spannwege, die bei Stahlseileinlagen besonders kurz sein können, von Bedeutung.

Tragkonstruktion. Die Tragkonstruktion nimmt die Tragrollenstationen des Ober- und Untertrums sowie die Antriebs- und Spanneinrichtungen auf. Sie besteht aus den beiden mit Querverbindungen versehenen Längsträgern, die meist aus abgekanteten Profilen, Walzprofilen, Rohren oder Blechen zusammengeschweißt werden. Die Längsträger liegen entweder direkt auf einem Unterbau oder sie werden über kurze Stützen auf dem Boden abgestützt. Bei beweglichen Ausführungen sind die Längsträger über ihre gesamte Länge selbsttragend auszuführen.

Bei langen, schwer belasteten Bandförderern werden die Antriebs- und Spannstationen auf gesonderte Traggerüste montiert, damit die dort auftretenden hohen Kräfte die Tragkonstruktionen nicht belasten.

Im Freien arbeitende Bandanlagen erhalten häufig eine Abdeckung über dem Obergurt, die sich ebenfalls auf den Seitenträgern abstützt; das gleiche gilt für ganz geschlossene Förderbänder – z. B. für die Förderung von stark staubendem Fördergut.

Gutaufgabe / Gutabgabe

Gutaufgabe Die Gutaufgabe soll möglichst in Förderrichtung unter Vermeidung größerer Fallhöhen erfolgen, z. B. über Aufgaberutschen. Bei winkliger Gutaufgabe sind Prallbleche vorzusehen, um ein seitliches Verschieben des Bandes zu vermeiden. In engem Abstand angeordnete Tragrollenstationen mit Polsterrollen verhindern Bandbeschädigungen auch bei schweren und grobstückigen Fördergütern. Erfolgt die Gutaufgabe an einer beliebigen Stelle des Bandes, sind die Aufgabeeinrichtungen, in Form von Rutschen mit Polsterrollenstationen, fahrbar an der Tragkonstruktion anzubringen. Bei hohen Fördergeschwindigkeiten wird dem eigentlichen Förderband ein *Beschleunigungsband* vorgeschaltet, das das Fördergut zunächst auf etwa die halbe Fördergeschwindigkeit beschleunigt und erst dann auf das eigentliche Förderband weitergibt.

Gutabgabe Die gebräuchlichsten Gutabgabemöglichkeiten sind:

Gutabgabe über Kopf: Sie ist die einfachste und günstigste Abgabeart für Stück- und Schüttgüter und findet am Bandende an der Antriebstrommel statt. Das Fördergut bewegt sich anschließend auf einer Wurfparabel, falls es nicht durch Leitbleche in der Flugrichtung beeinflußt wird.

Gutabgabe durch Abstreifer: Abstreifer kommen für die Abgabe von Stück- und Schüttgütern an beliebiger Stelle des Förderbandes in Frage. Die Abstreifer können einseitig oder pflugartig ausgebildet und durch eine Fernbetätigung angehoben bzw. gesenkt werden (Bild 6.2.4). Muldenbänder sind durch unter dem Obertrum angebrachte gerade Rollenbatterien vor den Abstreifern anzuheben. Teilweise werden auch über die Bandlänge bewegliche Abstreifer – analog den Abwurfwagen – verwendet.

Abwurfwagen: Der längs der Förderstrecke verfahrbare Abwurfwagen (Bandschleifenwagen) führt das Band über eine ansteigende Tragrollenstrecke zu der Abwurftrommel (Bild 6.2.4). Dort wird das Fördergut über eine einfache oder doppelte, seitlich am Förderband vorbeiführende Rutsche oder Schurre abgeleitet (nur für Schüttgut geeignet). Der Fahrantrieb erfolgt meist über ein eigenes Fahrwerk mit Bremsmotor, das zwei der insgesamt vier Laufräder antreibt. Die Feststellung des Wagens geschieht über die Bremse des Fahrmotors oder über eine zusätzliche fernbetätigte Schienenzange (Abschnitt 2.8.4).

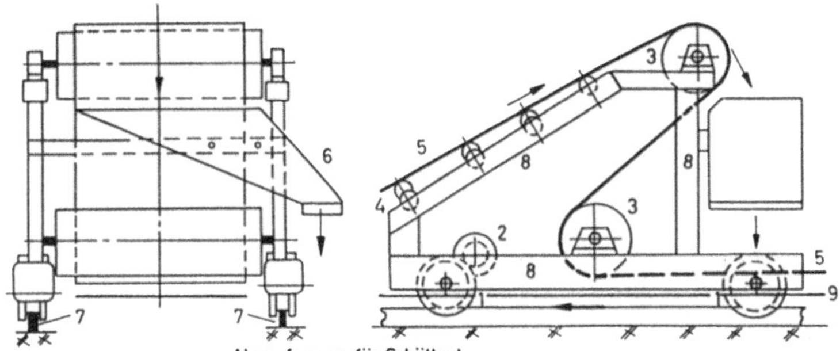

1 Laufräder, 2 Fahrantrieb (2 Laufräder angetrieben), 3 Umlenktrommel, 4 Muldentragrolle, 5 Band (Obertrum), 6 Abgabeschurre (auch als Hosenschurre), 7 Fahrschiene (auf Bandtragkonstruktion), 8 Tragkonstruktion des Abwurfwagens, 9 Band (Untertrum)

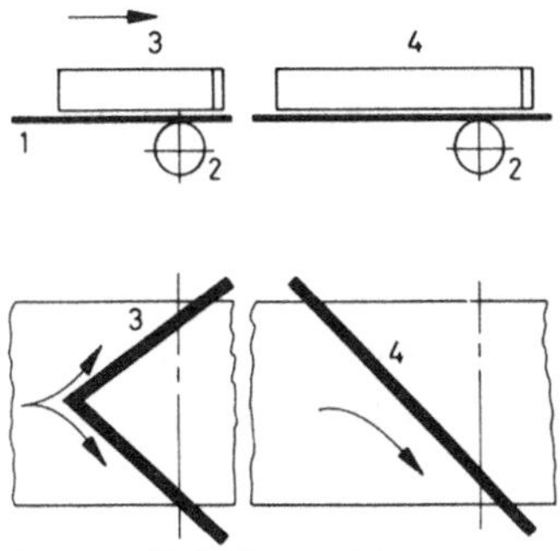

1 Obertrum
2 Tragrolle
3 Pflugabstreifer
4 Gerader Abstreifer

Bild 6.2.4. Gutabgabevorrichtungen

Band- und Trommelreinigung. Die Beseitigung der nach dem Gutabwurf noch am Band verbliebenen Gutreste bei Schüttguttransport kann durch gewichts- oder federbelastete Abstreifer, die mit nachstellbaren Gummi- oder Kunststoffleisten versehen sind, erfolgen. Auch rotierende, mit Scheiben oder Borsten bestückte Rollen sind bei leichtem, wenig haftendem Fördergut gebräuchlich. Weiterhin können zur Bandreinigung die geraden Tragrollen im Untertrum mit aufgesetzten Scheiben aus Stahl oder Gummi versehen werden; allerdings fällt hierbei das Restgut längs der gesamten Förderstrecke ab (Bild 6.2.2).

Die Reinigung der Trommeln geschieht mit Hilfe von Abstreifern mit glatten oder kammartigen Stahlleisten.

Berechnung

Fördermenge Volumenstrom $\dot{V}$ und Massenstrom $\dot{m}$ für Stück- oder Schüttgüter sind nach den Gln. (6.1.1), (6.1.3), (6.1.4) und (6.1.5) zu ermitteln. Der theoretische Gutquerschnitt A bei Schüttgutförderung ergibt sich nach Bild 6.2.5 zu:

$$A_{th} = \frac{b^2}{4}(\tan\beta_1 + \tan\alpha) \qquad (6.2.6)$$

Theoretischer Gutquerschnitt eines Muldenbandes mit 2 Rollen im Obertrum

Theoretischer Gutquerschnitt A angenähert aus zwei Dreiecken mit

$$A_{th} = \frac{1}{2} b \frac{b}{2} \tan\beta_1 + \frac{1}{2} b \frac{b}{2} \tan\alpha$$

$b = 0{,}9\,B - 0{,}05$ für $B \leqslant 2\,m$ Nutzbreite in m (nach DIN 22101)
$b = B - 0{,}25$ für $B > 2\,m$

B Bandbreite in m
$\beta_1 \approx \frac{\beta}{2}$ Schüttwinkel auf dem bewegten Band; $\beta_1 \approx 10° \dots 20°$
β Böschungswinkel der Ruhe (Bild 1.3.1)
α Muldungswinkel (Bild 2.6.5); $\alpha = 20° \dots 30°$

$$A_{th} = \frac{b^2}{4}\left(\tan\beta_1 + \tfrac{3}{4}\tan\alpha\right) \qquad (6.2.7)$$

Theoretischer Gutquerschnitt eines Muldenbandes mit 3 Rollen im Obertrum

Theoretischer Gutquerschnitt A angenähert aus oberem Dreieck und unterem Trapez:

$$A_{th} = \frac{1}{2} b \frac{b}{2} \tan\beta_1 + \frac{b + \frac{b}{2}}{2} \frac{b}{4} \tan\alpha$$

Analog kann der Gutquerschnitt auch für andere Muldungsformen berechnet werden.

Der theoretische Gutquerschnitt A_{th} ist noch mit dem Effektiven Füllungsgrad $\varphi = \varphi_{Betr}\,\varphi_{St}$ zu multiplizieren.

Füllungsgrad $\varphi_{Betr.}$ = f (Gutart, Betriebsverhältnisse), normal $\varphi_{Betr.} \approx 1$.

Abminderungsfaktor $\varphi_{St} = 1 - \frac{A_{1th}}{A_{th}}(1 - \varphi_{St1})$; $\varphi_{St1} = \sqrt{\frac{\cos^2\delta - \cos^2\beta_1}{1 - \cos^2\beta_1}}$

φ_{St} berücksichtigt die Bandneigung bzw. -steigung; bei waagerechtem Band $\varphi_{St} = 1$.

A_{1th} obere Dreiecksfläche; siehe Bild 6.2.5.
δ Neigungs- bzw. Steigungswinkel ($\delta \leqslant \beta_1$)
A_{th}, β_1 siehe oben

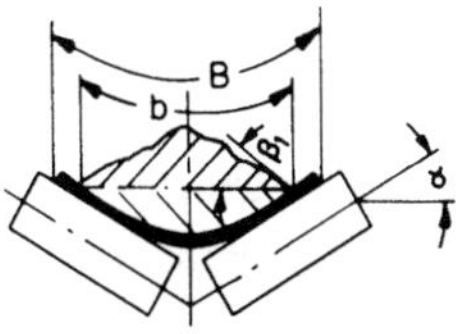

Muldenband mit 2 Rollen im Obertrum, B $\leqq$ ca. 0,8 m

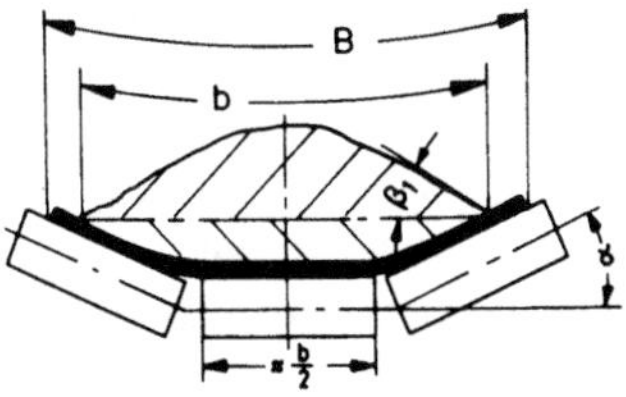

Muldenband mit 3 Rollen im Obertrum, B ≈ 0,8...2 m

Gutquerschnitt bei Muldenbändern

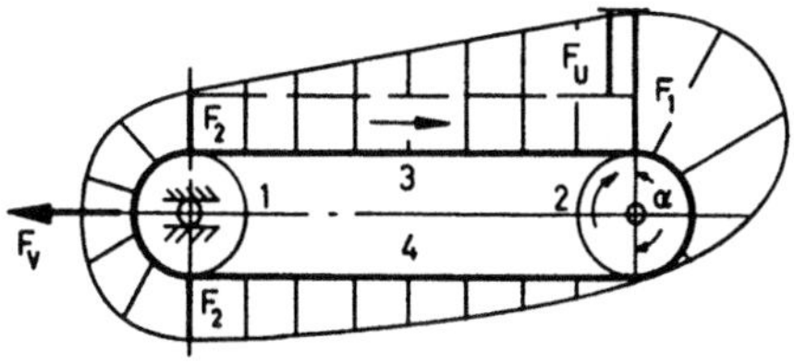

1 Spanntrommel 3 Obertrum
2 Antriebstrommel 4 Untertrum
F_1 maximale Bandzugkraft
F_2 minimale Bandzugkraft
$F_U = F_1 - F_2$ Umfangskraft
$F_V \geqq 2\,F_2$ Mindestvorspannkraft an der Umlenktrommel
Kräfte im Band ⊥ zu ihrer Wirkungslinie aufgetragen
Schematischer Kräfteverlauf im Band bei Eintrommel-Kopfantrieb

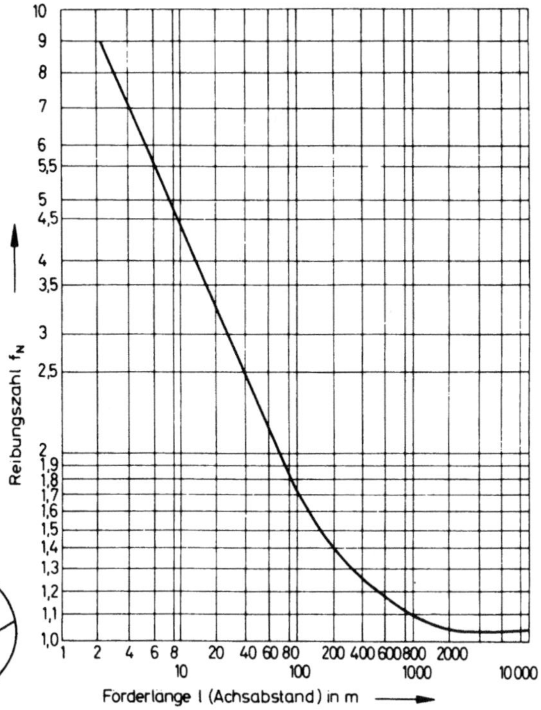

Reibungszahl für Nebenwiderstände f_N (analog DIN 22101)

Bruchfestigkeit k_z und Materialbeiwert c_M für Textileinlagen

Einlagenmaterial Kette/Schuß	Kurzzeichen Kette/Schuß	Bruchfestigkeit k_z einer Einlage in $\frac{N}{mm}$ Kette/Schuß	Materialbeiwert c_M für die Wahl des Antriebstrommeldurchmessers
Baumwolle/Baumwolle	B50/20...B80/32	50/20...80/32	≈ 80...100[1]
Zellwolle/Zellwolle	Z63/30...Z125/50	63/30...125/50	≈ 80...100
Reyon/Polyamid	RP125/50...RP500/100	125/50...500/100	≈ 90...110
Polyester/Polyamid	EP160/65...EP630/120	160/65...630/120	≈ 100...120
Stahlseile	St1000...St6000	1000...6000	≈ 140...160

[1]) Hohe Werte bei großer Bruchfestigkeit k_z
Zwischenwerte nach Normzahlreihe gestuft (für Trommeldurchmesser)

Bild 6.2.5. Berechnungskennwerke für Bänder und Bandförderer

Antriebsleistung Die Nennleistung des Antriebsmotors ergibt sich nach Gl. (6.1.7) und den dort anschließenden Hinweisen.

Hierzu ist zunächst die Berechnung des Gesamtwiderstandes F_W, der der Umfangskraft F_U im Band entspricht, durchzuführen – nach Gl. (6.1.6). In Ergänzung hierzu ist zu beachten:

$f_{ges} = f_H \, f_N$ Gesamtreibungszahl

f_H Reibungszahl für Hauptwiderstände (Reibung in den Lagern der Tragrollen und Walkwiderstand in Gut und Band), $f_H \approx 0{,}015 \ldots 0{,}03$; hohe Werte bei staubigem Betrieb und schlecht ausgerichteten Bandanlagen wählen;

f_N Reibungszahl für Nebenwiderstände (Reibung durch Bandumlenkungen, Gutauf- und -abgabe und Trommel- sowie Bandreinigungsvorrichtungen), $f_N = f(l)$; siehe Bild 6.2.5. Die Nebenwiderstände nehmen bei abnehmender Förderlänge l stark zu, da sie sowohl bei kurzen wie langen Bändern in etwa gleicher Größe auftreten.

Bei großen Förderlängen ($l > 500$ m) können deshalb die Nebenwiderstände vernachlässigt werden. Dies trifft auch für kürzere Bänder, die auf Gleitbahnen abgetragen werden, zu, da dort die Hauptwiderstände relativ hoch sind.

Sonderwiderstände treten durch Gutabstreifer, Gutführungseinrichtungen und Abwurfwagen auf: Zuschläge hierfür sind aus DIN 22101 zu ersehen.

l Horizontalprojektion der Förderlänge

m_{lF} Aus der Eigenlast des Bandes und der drehenden Tragrollenteile für Ober- und Untertrum, auf die Längeneinheit bezogen, berechnen.

Aus der Umfangskraft F_U, der Reibungszahl μ zwischen Band und Trommel und dem Umschlingungswinkel α ergibt sich nach den Gln. (6.2.8) und (6.2.9) die erforderliche maximale und minimale Bandzugkraft – vergl. hierzu auch Abschnitt 2.6.6.

$$\frac{F_1}{F_2} \leqslant e^{\mu\alpha}$$ *Eytelwein'sche Gleichung* (6.2.8)

$$F_U = F_1 - F_2$$ *Umfangskraft* (6.2.9)

F_1 Maximale Bandzugkraft (für die Berechnung der Einlagen maßgebend – siehe Gln. (6.2.1) und (6.2.2))

F_2 Minimale Bandzugkraft

Die Mindestvorspannkraft an der Umlenktrommel wird damit $2F_2$.

Wird die Vorspannkraft höher gewählt, ist dies bei der Berechnung der Einlagen zu beachten. Der schematische Zugkraftverlauf im Band geht aus Bild 6.2.5 hervor.

Bei stark geneigten Bändern kann die Umfangskraft F_U negativ werden, so daß die Bandanalage abgebremst werden muß. Man spricht dann von *Talförderbändern.*

6.2.2. Sonderausführungen

In diesem Zusammenhang können nur einige wichtige Sonderausführungen von Bandförderern kurz behandelt werden.

Stahlbandförderer. Hier dient ein endloses Stahlband als Zug- und Tragmittel. Wegen der hohen Biegebeanspruchung durch die besonders steifen Stahlbänder sind die Trommeldurchmesser relativ groß zu wählen. Die Abstützung des Stahlbandes geschieht über Gleitbahnen oder gerade Tragrollen; bei Einsatz von Federtragrollen ist auch eine leichte Muldung der Bänder möglich. Die Verbindung der Bänder erfolgt durch kaltgeschlagene versenkte Nieten; breite Bänder werden aus zwei bis drei Bandstreifen zusammengenietet. Sorgfältige Reinigung und exakte Führung der Bänder sind von besonderer Wichtigkeit.

Förderlänge (Achsabstand) bis 300 m
Bandbreite bis 4 m, Banddicke $s = 0{,}4 \dots 1{,}6$ mm
Trommeldurchmesser $D \approx 100\,s$
Bandgeschwindigkeit bis 1,6 $\frac{m}{s}$

Anwendung: Bei höheren Temperaturen, stark schleißenden oder klebrigen Fördergütern, besonderen chemischen oder hygienischen Ansprüchen. Auch als Personentransportbänder; hier wird die Oberfläche meist mit Gummibelag versehen. Sonst siehe Gummibandförderer, Abschnitt 6.2.1.

Drahtbandförderer. Beim Drahtbandförderer besteht das Band aus einem Rund- oder Flachdrahtgeflecht, welches kleine Trommeldurchmesser und Kurvenführung ermöglicht. Sie werden nur als flache Bänder ausgeführt (das Band ist in Querrichtung durch seine Verbindungsstangen sehr steif), wobei durch sich überlappende Seitenbleche bis zu 100 mm Höhe auch Trogbänder möglich sind.

Anwendung: Für heiße oder glühende Stückgüter und mittel- bis grobkörnige Schüttgüter. Wegen ihrer Oberflächendurchlässigkeit sind sie vor allem auch als Kühl- und Trocknungsbänder gebräuchlich.
Einzelheiten können dem Prospektmaterial der Hersteller entnommen werden.

Schleuderbandförderer. Schleuderbandförderer sind kurze Gummibandförderer mit sehr hohen Bandgeschwindigkeiten ($v = 10 \dots 20\ \frac{m}{s}$) und dienen zum Aufschütten von Halden und zum Verteilen von nichtstaubendem Schüttgut. Bandbreite bis 1 m, Fördermenge bis 1000 $\frac{t}{h}$, Wurfweite bis 20 m, Wurfhöhe bis 5 m. Sonst siehe Bandförderer – Abschnitt 6.2.1.

Schlauchbandförderer. Das Gummiband des auch als Zipperbelt bezeichneten Schlauchbandförderers wird an seiner Längsseite mit einem Reißverschluß versehen.
Nach der Gutaufgabe, bei der das Band meist über Muldenrollen läuft, wird dasselbe mit Hilfe des Reißverschlusses und einer entsprechenden Schließvorrichtung zu einem Schlauch verformt. An der Gutabgabestelle wird der Reißverschluß des Bandes durch einen Anschlag geöffnet. Das Band wird dann über eine Führungseinrichtung seitlich gestreckt und gleichzeitig vertikal verdreht; hierdurch ergibt sich eine rasche und vollständige Entleerung.

Schlauchbandförderer sind wegen ihrer geschlossenen Bänder besonders gut für stark staubende Fördergüter geeignet, sie sind jedoch teurer als normale Bandförderer.

Hochkantbandförderer. Die Hochkantbandförderer besitzen als Trag- und Zugmittel zwei parallele, senkrecht laufende flache Gummibänder. Der Guttransport findet zwischen den beiden Bändern statt. Sie dienen zur Förderung von Akten, Briefen usw.

Magnetbandförderer. Die flachen oder leicht gemuldeten Gummibänder der Magnetbandförderer werden über Plattenmagnete geführt. Hierdurch kann bei entsprechender Anordnung der Bänder die Ausscheidung von Stahlteilen aus dem Gutstrom vorgenommen werden. Sie kommen z. B. als selbständig arbeitende Sortierbänder bei Verschrottungsanlagen zum Einsatz.

Teleskopbandförderer. Dieser Bandförderer mit Vorschubkopf und Bandschleife ermöglicht eine stufenlose Veränderung der Förderlänge. Er wird als Be- und Entladeförderer eingesetzt.

6.2.3. Beispiele

21 Muldenbandförderer für Erz

Bandgeschwindigkeit $v = 1{,}5\ \frac{m}{s}$, Förderlänge $L = 500$ m, Förderhöhe $h = 30$ m, Wirkungsgrad des Antriebes $\eta = 0{,}85$, Reibungszahl für Hauptwiderstände $f_H = 0{,}025$, Anlaufzeit $t_A = 5$ s (über Anlaufkupplung), als Gutquerschnitt die theoretische Größe ansetzen (geringe Steigung).

Band: Breite $B = 0{,}65$ m, Eigenlast des Bandes $m_{LB} = 12\ \frac{kg}{m}$, Stahlseileinlage, Bruchkraft $F_{BS} = 22$ kN je Seil, Seildurchmesser $d = 6$ mm, Sicherheit $\nu = 8$, Reibungszahl Band/Trommel $\mu = 0{,}3$.

Tragrollenstationen: Oben 2 Muldenrollen mit Abstand $L_{RO} = 1$ m und Eigenlast $m_{RO} = 12$ kg je Rolle, Muldungswinkel $\alpha = 20°$. Unten 1 gerade Rolle mit Abstand $L_{RU} = 2{,}5$ m und Eigenlast $m_{RU} = 18$ kg. Rollenaußendurchmesser $D_R = 100$ mm, Trägheitsdurchmesser der Rollen $D_S = 80$ mm, Last der drehenden Rollenteile gleich der Eigenlast setzen.

Fördergut: Böschungswinkel $\beta = 50°$, Schüttdichte $\rho_S = 2{,}2\ \frac{t}{m^3}$.

Gesucht:

1. Fördermenge $\dot{V}$ und $\dot{m}$
2. Maximale Bandzugkraft F_1, Stahlseilzahl z, Antriebstrommeldurchmesser D
3. Anlaufleistung P_A für das voll beladene Band, Nennleistung P_N bei $\left(\frac{P_A}{P_N}\right)_{zul} = 1{,}5$

Lösung:

1. Volumenstrom $\dot{V}$ nach Gl. (6.1.1)

$$\dot{V} = A\,v = 0{,}059 \cdot 1{,}5 = 0{,}088\ \frac{m^3}{s} \mathrel{\hat{=}} 317\ \frac{m^3}{h} \qquad \underline{\underline{\dot{V} = 317\ \frac{m^3}{h}}}$$

Gutquerschnitt A nach Gl. (6.2.6)

$$A = \frac{b^2}{4}(\tan\beta_1 + \tan\alpha) = \frac{0{,}286}{4}(0{,}464 + 0{,}364) = 0{,}059\ m^2 \qquad \underline{\underline{A = 0{,}059\ m^2}}$$

Nutzbreite $b = 0{,}9\,B - 0{,}05 = 0{,}9 \cdot 0{,}65 - 0{,}05 = 0{,}535$ m, für $B \leqslant 2$ m

Schüttwinkel auf dem bewegten Band $\beta_1 \approx \frac{\beta}{2} = 25°$

Massenstrom $\dot{m}$ nach Gl. (6.1.3)

$$\dot{m} = \dot{V}\rho_S = 317 \cdot 2{,}2 = 697\ \frac{t}{h} \qquad \underline{\underline{\dot{m} = 697\ \frac{t}{h}}}$$

2. Umfangskraft F_U nach Gl. (6.1.6)

$$F_U = f_{ges} L g (m_{lF} + m_{lG}) + m_{lG} g h = 0{,}03 \cdot 500 \cdot 10 (55{,}2 + 129) + 129 \cdot 10 \cdot 30 = 66\,300\,\text{N}$$

Gesamtreibungszahl $f_{ges} = f_H f_N = 0{,}025 \cdot 1{,}2 = 0{,}03$ $\underline{F_U = 66\,300\,\text{N}}$

Reibungszahl für Nebenwiderstände $f_N = 1{,}2$; siehe Bild 2.6.5
Eigenlast des Ober- und Untertrums m_{lF}

$$m_{lF} = 2\,m_{LB} + 2\,\frac{m_{RO}}{L_{RO}} + \frac{m_{RU}}{L_{RU}} = 2 \cdot 12 + 2\,\frac{12}{1} + \frac{18}{2{,}5} = 55{,}2\,\frac{\text{kg}}{\text{m}}$$

$$m_{lG} = \frac{\dot{m}}{v} = \frac{194}{1{,}5} = 129\,\frac{\text{kg}}{\text{m}}$$

Maximale Bandzugkraft F_1 nach Gln. (6.2.8) und (6.2.9)

$$F_1 = F_U\,\frac{e^{\mu\alpha}}{e^{\mu\alpha} - 1} = 66\,300\,\frac{2{,}56}{1{,}56} = 109\,000\,\text{N}$$ $\underline{\underline{F_1 = 109\,000\,\text{N}}}$

Umschlingungswinkel $\alpha = 180° \mathrel{\hat{=}} \pi$, $e^{\mu\alpha} = e^{0{,}3 \cdot 3{,}14} = 2{,}56$

Stahlseilzahl z nach Gl. (6.2.2)

$$z = \frac{F_1 \nu}{F_{BS}} = \frac{109\,000 \cdot 8}{22\,000} = 39{,}6$$ $\underline{\underline{z = 40}}$

Bruchkraft eines Seiles $F_{BS} = 22\,000$ N

Bruchfestigkeit des Bandes $k_z = \frac{F_{BS}\,z}{B} = \frac{22\,000 \cdot 40}{650} = 1350\,\frac{\text{N}}{\text{mm}}$ (relativ niedriger Wert, $k_z = 1000 \ldots 6000\,\frac{\text{N}}{\text{mm}}$ für Stahlseileinlage).

Nach Gl. (6.2.4) Antriebsrollendurchmesser $D = c_M d_{BK} = 150 \cdot 6 = 900$ mm $\underline{\underline{D = 900\,\text{mm}}}$
Dicke des Bandkernes $d_{BK} \mathrel{\hat{=}}$ Seildurchmesser d, c_M siehe Bild 6.2.5

3. Vollastbeharrungsleistung P_V nach Gl. (6.1.7)

$$P_V = \frac{F_U\,v}{\eta} = \frac{66\,300 \cdot 1{,}5}{0{,}85} = 117\,000\,\frac{\text{Nm}}{\text{s}}$$ $\underline{P_V = 117\,\text{kW}}$

Beschleunigungsleistung P_B analog Gl. (2.6.5)

$$P_B = m\,\frac{v}{t_A}\,\frac{v}{\eta} + \frac{M_B\,\omega}{\eta} = 76\,900\,\frac{1{,}5}{5}\,\frac{1{,}5}{0{,}85} + \frac{150 \cdot 30}{0{,}85} = 46\,000\,\frac{\text{Nm}}{\text{s}}$$ $\underline{P_B = 46\,\text{kW}}$

Die geradlinig zu beschleunigende Masse m setzt sich aus Bandeigenlast und der Belastung des Bandes durch das Fördergut zusammen.

$$m = m_{LB}\,2\,L + A\,L\,\rho_S = 12 \cdot 2 \cdot 500 + 0{,}059 \cdot 500 \cdot 2200 = 76\,900\,\text{kg}$$

Die drehenden Massen (Tragrollen im Ober- und Untergurt) werden durch das Beschleunigungsmoment M_B berücksichtigt.

$$M_B = \Sigma J\,\frac{\omega}{t_A} = 25\,\frac{30}{5} = 150\,\text{Nm}$$

$$\Sigma J = \Sigma m_R \left(\frac{D_S}{2}\right)^2 = 15\,600 \cdot 16 \cdot 10^{-4} = 25\,\text{kg}\,\text{m}^2$$

Σ Massenträgheitsmomente der Tragrollen $\Sigma m_R = \frac{2\, m_{RO}}{L_{RO}} L + \frac{m_{RU}}{L_{RU}} L$

$\Sigma m_R = \frac{2 \cdot 12}{1} 500 + \frac{18}{2{,}5} 500 = 15600\ \text{kg}$

Winkelgeschwindigkeit der Tragrollen $\omega = \frac{v}{\frac{D}{2}} = \frac{1{,}5}{0{,}05} = 30\ \text{s}^{-1}$

Anlaufleistung $P_A = P_V + P_B = 117 + 46 = 163\ \text{kW}$ $\underline{\underline{P_A = 163\ \text{kW}}}$

Nennleistung P_N nach Gln. (2.7.1) und (2.7.2)

$P_N = P_V = 117\ \text{kW}$ (maßgebend)

$P_N = \frac{P_A}{1{,}5} = \frac{163}{1{,}5} = 109\ \text{kW}$ $\underline{\underline{P_N = 117\ \text{kW}}}$

22 Waagrechter Bandförderer für Personentransport

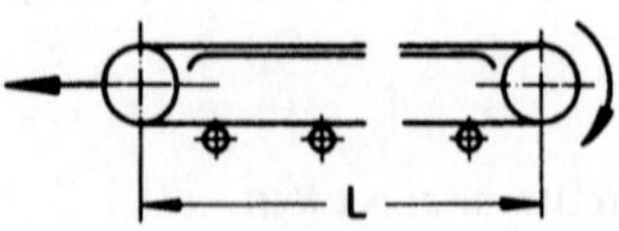

Förderlänge L = 100 m, Wirkungsgrad des Antriebes $\eta = 0{,}9$, maximale Beschleunigung $a = 0{,}2\ \frac{\text{m}}{\text{s}^2}$, maximale Fördermenge $\dot{m}_{St} = 3000\ \frac{\text{Personen}}{\text{h}}$ (1 Person mit m = 75 kg und Abstand $L_a = 0{,}8$ m).

Band: Breite B = 650 mm, Eigenlast des Bandes $m_{LB} = 15\ \frac{\text{kg}}{\text{m}^2}$, Einlagenzahl (Textileinlage) z = 2, Reibungszahl Band/Trommel $\mu = 0{,}3$, Sicherheit $\nu = 10$; oben gleitet Band auf Gleitbahn mit Reibungszahl $f_{HO} = 0{,}07$, unten läuft Band auf Rollen ($m_R = 8$ kg, Rollenabstand $L_R = 3$ m) mit Reibungszahl $f_{HU} = 0{,}02$, Nebenwiderstände und Beschleunigung der rotierenden Massen vernachlässigen.

Gesucht:

1. Bandgeschwindigkeit v, maximale Umfangskraft F_U im Band
2. Erforderliche Bruchfestigkeit des Einlagenmaterials k_z, welches Material käme in Frage?
3. Nennleistung P_N des Antriebsmotors
4. Anlaufleistung P_A und Anlaufzeit t_A bei voll beladenem Band

Lösung:

1. Bandgeschwindigkeit v nach Gl. (6.1.5)

$v = \dot{m}_{St} L_a = 3000 \cdot 0{,}8 = 2400\ \frac{\text{m}}{\text{h}}$ $\underline{\underline{v = 0{,}67\ \frac{\text{m}}{\text{s}}}}$

Bei der Berechnung der maximalen Umfangskraft nach Gl. (6.1.6) sind Ober- und Untertrum getrennt zu betrachten: Oben Gleitbahn, unten Tragrollen. Nebenwiderstände vernachlässigen.

$F_U = f_{gesO} L g (m_{lFO} + m_{lG}) + f_{gesU} L m_{LU} g$

$F_U = 0{,}07 \cdot 100 \cdot 10 (9{,}7 + 93{,}3) + 0{,}02 \cdot 100 \cdot 12{,}4 \cdot 10 = 7460\ \text{N}$

Auf die Längeneinheit bezogene Eigenlast im Obertrum m_{lFO}: $\underline{\underline{F_U = 7460\ \text{N}}}$

$m_{lFO} = m_{LB} B = 15 \cdot 0{,}65 = 9{,}75\ \frac{\text{kg}}{\text{m}}$

Gesamtreibungszahl für das Obertrum $f_{gesO} \mathrel{\hat=} f_{HO} = 0{,}07$

Födermenge $\dot{m}_{St} = 3000 \frac{\text{Personen}}{\text{h}}$ ergibt $\dot{m} = 225\,000 \frac{\text{kg}}{\text{h}}$ (bei m = 75 kg)

$\dot{m} = 225000 \frac{\text{kg}}{\text{h}} \mathrel{\hat{=}} 62{,}5 \frac{\text{kg}}{\text{s}}$; $m_{lG} = \frac{\dot{m}}{v} = \frac{62{,}5}{0{,}67} = 93{,}3 \frac{\text{kg}}{\text{m}}$

Gesamtreibungszahl für das Untertrum $f_{gesU} \mathrel{\hat{=}} f_{HU} = 0{,}02$

Auf die Längeneinheit bezogene Eigenlast im Untertrum m_{lFU}:

$$m_{lFU} = m_{LB} B + \frac{m_R}{L_R} = 15 \cdot 0{,}65 + \frac{8}{3} = 12{,}4 \frac{\text{kg}}{\text{m}}$$

2. Maximale Bandzugkraft F_1 nach Gln. (6.2.8) und (6.2.9), siehe Aufgabe 21.

$$F_1 = F_U \frac{e^{\mu\alpha}}{e^{\mu\alpha} - 1} = 7460 \frac{2{,}56}{1{,}56} = 12200\,\text{N} \qquad \underline{F_1 = 12200\,\text{N}}$$

Umschlingungswinkel $\alpha = 180° \mathrel{\hat{=}} \pi$, $e^{\mu\alpha} = e^{0{,}3 \cdot 3{,}14} = 2{,}56$

Bruchfestigkeit k_z nach Gl. (6.2.1)

$$k_z = \frac{F_1 \nu}{Bz} = \frac{12200 \cdot 10}{650 \cdot 2} = 93{,}8 \frac{\text{N}}{\text{mm}} \qquad \underline{\underline{k_z = 93{,}8 \frac{\text{N}}{\text{mm}}}}$$

Hierfür käme z.B., nach Bild 6.2.5, Z 100/40 als Einlagenmaterial in Frage. $\underline{\underline{\text{Z 100/40}}}$

3. Nennleistung P_N nach Gl. (6.1.7)

$$P_N = \frac{F_U v}{\eta} = \frac{7460 \cdot 0{,}67}{0{,}9} = 5550 \frac{\text{Nm}}{\text{s}} \qquad \underline{\underline{P_N = 5{,}55\,\text{kW}}}$$

4. Bei Vernachlässigung der rotierenden Massen ergibt sich die Beschleunigungsleistung P_B analog Gl. (2.6.5) zu:

$$P_B = m a \frac{v}{\eta} = 11300 \cdot 0{,}2 \frac{0{,}67}{0{,}9} = 1680 \frac{\text{Nm}}{\text{s}} \qquad \underline{\underline{P_B = 1{,}68\,\text{kW}}}$$

Die geradlinig zu beschleunigende Masse m setzt sich aus der Bandeigen- und Bandnutzlast wie folgt zusammen:

$$m = 2 m_{LB} B L + m_{lG} L = 2 \cdot 15 \cdot 0{,}65 \cdot 100 + 93{,}3 \cdot 100 = 11300\,\text{kg}$$

Anlaufleistung $P_A = P_V + P_B = 5{,}55 + 1{,}68 = 7{,}23\,\text{kW}$ $\underline{\underline{P_A = 7{,}23\,\text{kW}}}$

Anlaufzeit $t_A = \frac{v}{a} = \frac{0{,}67}{0{,}2} = 3{,}4\,\text{s}$ $\underline{\underline{t_A = 3{,}4\,\text{s}}}$

6.3. Mechanische Stetigförderer mit Zugmittel (Gliederförderer)

Gliederförderer besitzen gleichartige Tragelemente, die an einem endlosen Zugmittel in gleichen Abständen befestigt sind. Als Tragelemente kommen Platten, Tröge, Kästen, Becher, Gehänge oder Kratzer, als Zugmittel meist Ketten aber auch Bänder oder Drahtseile in Frage. Gliederförderer können noch in Kettenförderer und Becherwerke unterteilt werden.

Aus der Vielzahl der möglichen Ausführungen werden hier lediglich die wichtigsten, allgemein verwendeten Bauarten, kurz beschrieben. Ihre Einteilung erfolgt nach der Art des jeweiligen Tragelementes.

6.3.1. Gliederbandförderer

Aufbau. Beim Gliederbandförderer (Bild 6.3.1) wird das Band (Tragorgan) durch Stäbe, Platten oder Kästen ersetzt. Je nach Ausführung der Tragelemente, die in der Regel an beiden Seiten an dem Zugmittel befestigt werden, unterscheidet man zwischen:

Stabbandförderer:	mit Stäben aus Stahl oder Holz
Plattenbandförderer:	mit Stahlplatten ohne Seitenwände
Trogbandförderer:	mit seitlich hochgezogenen Platten
Kastenbandförderer:	Trogbänder mit Zwischenwänden
Becherbandförderer:	mit muldenförmigen Tragmitteln (Becher)

Als Zugmittel werden Laschen- oder Bolzenketten mit Tragrollen und Laschen zur Befestigung der Tragelemente in 2-strängiger Ausführung verwendet (Abschnitt 2.1.1). Wegen der relativ schweren Tragelemente sind diese möglichst über die Kettenrollen oder gesonderte Rollen, die an der Tragkonstruktion befestigt sind, abzustützen. Ketten ohne Tragrollen werden nur selten eingesetzt, da die Reibung bei schleifenden Ketten und Tragelementen höher ist.

Der Antrieb der Förderketten erfolgt von Getriebemotoren über Kettenräder oder Kettensterne (Turasse), wodurch relativ kleine Durchmesser an den Umlenkstellen möglich sind. Bei sehr langen Bändern werden auch Mehrfachantriebe eingesetzt (Zwischenantrieb über angetriebene Schleppketten – Abschnitt 6.3.4).

Die Spannstation besteht aus einer in Stehlagergehäusen gelagerten umlaufenden Achse, auf der die Kettenräder befestigt sind. Das Spannen der Ketten geschieht über die bei Bandförderern gebräuchlichen Spannvorrichtungen (Abschnitt 6.2.1).

Technische Daten und Anwendung

Fördermenge bis $1000 \frac{t}{h}$

Förderlänge bis 400 m

Kettengeschwindigkeit 0,1 ... 1,0 $\frac{m}{s}$; wegen des Verschleißes und des Einsatzes von Ketten als Zugmittel nur relativ kleine Kettengeschwindigkeiten

Band-, Platten- bzw. Kastenbreite 0,4 ... 2 m

Stabbandförderer, weisen nur relativ kleine Förderlängen auf und dienen zum waagrechten oder schwach ansteigenden Transport von größeren Stückgütern.

Plattenbandförderer sind für schwere und heiße Stückgüter sowie als Transportmittel in der Fließfertigung gebräuchlich.

Trog- und Kastenbandförderer dienen dem Schüttguttransport; sie sind ebenso für heiße, stark schleißende und aggressive Fördergüter geeignet, wobei die Kastenbänder auch für Steilförderung – Steigungswinkel δ bis 60° – einsetzbar sind. Sie sind außerdem als Bunkerabzugsförderer für schwere Schüttgüter wegen ihrer hohen vertikalen Belastbarkeit zu empfehlen.

Die Becherbandförderer werden zum Transport von halbflüssigen oder auch flüssigen Fördergütern eingesetzt.

Sonderausführungen. Wichtige Sonderausführungen sind Wandertische, kurvengängige Gliederbandförderer, Tragkettenförderer und Rolltreppen.

Wandertische Wandertische werden mit vertikaler und horizontaler Umlenkung der Tragplatten ausgeführt (Bild 6.3.1). Bei den Wandertischen mit vertikaler Umlenkung kann das rücklaufende Untertrum als zusätzliche Förderstrecke benützt werden. Bei den Ausführungen mit waagrechtem Plattenumlauf (für Kurventransport geeignet) wird als Zugmittel nur eine unter Plattenmitte laufende Rundstahl- oder Gelenkkette verwendet.

Wandertische sind vor allem in der Fließfertigung als Montage- oder Zubringerförderer gebräuchlich.

Kurvengängige Gliederbandförderer Auch diese für Kurventransport geeignete Ausführung hat nur eine unter der Plattenmitte laufende Kette als Zugmittel. Die Abstützung der Tragplatten erfolgt über Tragrollen, die an der Tragkonstruktion befestigt sind. Die seitliche Führung geschieht über an der Plattenunterseite befestigten Führungsrollen, welche zwischen zwei Führungsschienen laufen (Bild 6.3.1). Die Tragplatten können hier z.B. halbmondförmig ausgespart werden, so daß auch bei Kurvenfahrt die Bandoberfläche geschlossen und glatt bleibt (Bild 6.3.1). Sie sind eigentlich eine Sonderausführung von waagrecht umlaufenden Wandertischen.

Kurvengängige Gliederbandförderer werden als Stückgutförderer, beispielsweise für die Gepäckförderung auf Flughäfen, verwendet.

Tragkettenförderer. Beim Tragkettenförderer stützt sich das Fördergut direkt auf das Zugmittel (Gliederkette) ab – ohne Tragelemente.
Tragkettenförderer werden vor allem in der Fließfertigung als Montageförderer verwendet.

Rolltreppen. Die Stufen der Rolltreppen (Tragelemente) werden über Rollen auf Führungsschienen abgestützt und durch die seitlich angeordneten Gelenkketten (Zugmittel) auf- oder abwärts bewegt. Am Anfang und Ende der Rolltreppe laufen die Stufen waagerecht. Rolltreppen dienen zum Personentransport bei kleineren Förderhöhen.

Berechnung

Fördermenge Der Volumenstrom $\dot{V}$ und der Massenstrom $\dot{m}$ für Stück- oder Schüttgüter ist nach den Gln. (6.1.1) bis (6.1.5) zu ermitteln. Der Gutquerschnitt für fließende Förderung bei Trogbändern bzw. das Kastenvolumen für Förderung in Einzelgefäßen bei Kastenbändern ergibt sich nach Bild 6.3.2 analog DIN 22 200 zu:

$$\boxed{A = \varphi \left(Bh + k \frac{B^2}{4} \tan \beta_1 \right)} \qquad \textit{Gutquerschnitt für Trogband} \qquad (6.3.1)$$

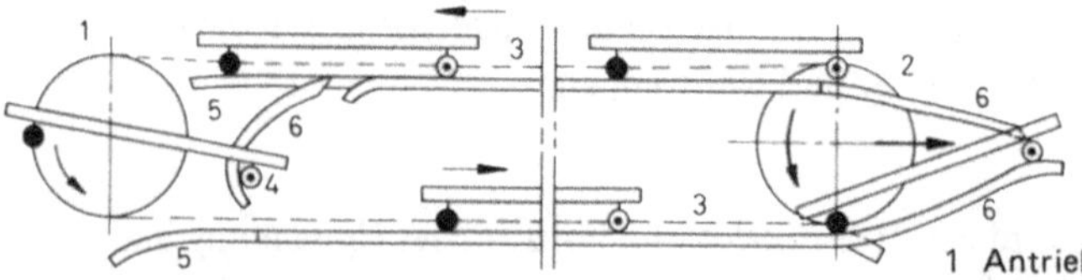

Vertikal umlaufender Wandertisch (mit senkenden Platten)

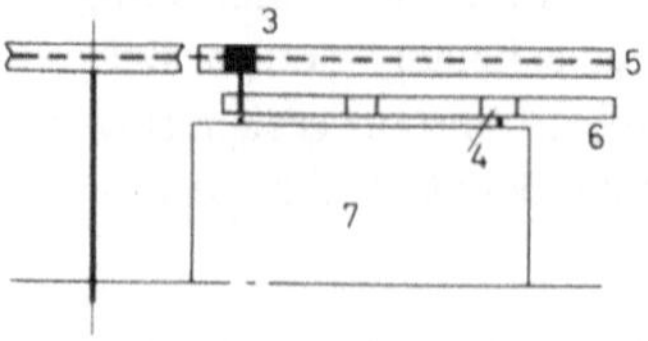

1 Antriebsstation
2 Spannstation
3 Gliederkette mit Tragrollen für Kette und Tischplatte
4 Tischtragrolle
5 Äußere Führungs- und Tragschiene
6 Innere Führungs- und Tragschiene
7 Tischplatte

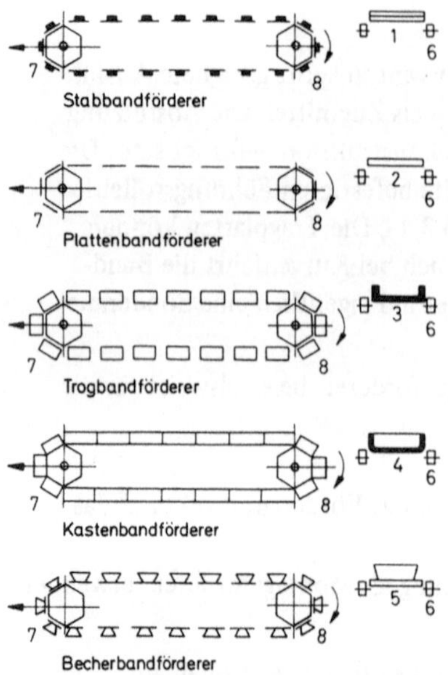

1 Stab
2 Platte
3 Trog
4 Kasten
5 Becher
6 Gliederkette mit Laufrollen zur Abstützung von Kette und Lastaufnahmemittel
7 Spannstation
8 Antriebsstation

Gliederbandförderer

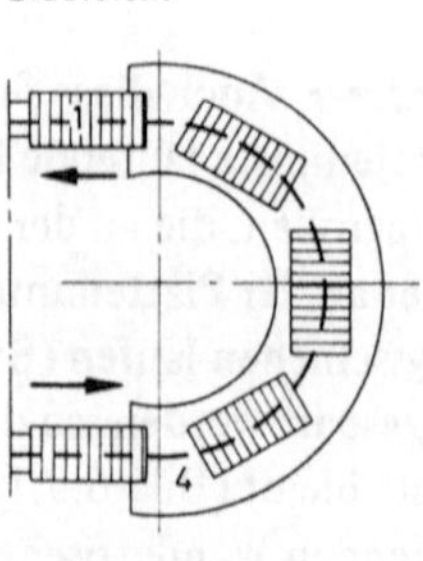

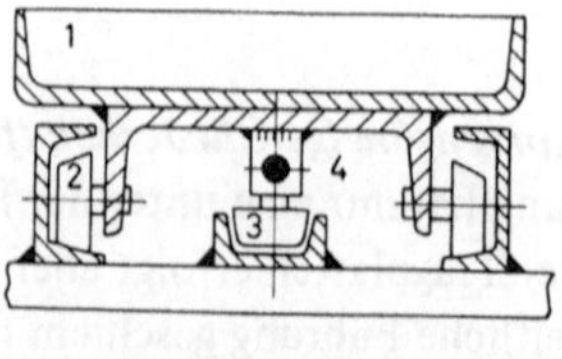

1 Tischplatte (als Kasten)
2 Tragrolle
3 Führungsrolle
4 Zentrale Antriebskette

Horizontal umlaufender Wandertisch

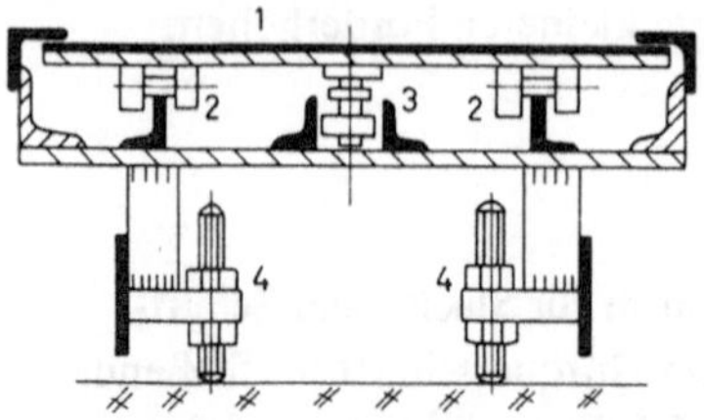

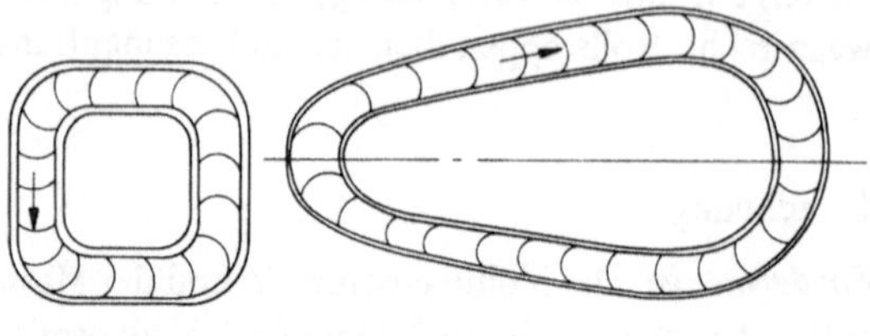

Mögliche Streckenführungen (Draufsicht)

1 Halbmondförmig ausgesparte Platten als Tragorgane (mit Kunstoffbelag)
2 Tragrolle
3 Führungsrolle mit Führungsleisten und zentraler Antriebskette
4 Höhenverstellbare Stützkonstruktion

Kurvengängiger Gliederbandförderer

Bild 6.3.1. Gliederbandförderer

Gutquerschnitt A aus dem oberen Dreieck und dem unteren Rechteck zusammensetzen.
$\varphi = 0{,}5 \ldots 1$ Füllungsgrad; φ berücksichtigt unvollständige bzw. ungleichmäßige Beladung

B Trogbreite

$h = H - 0{,}05$ in m *Guthöhe im Trog* (H Seitenhöhe des Troges in m)

$\beta_1 \approx \frac{\beta}{2}$ *Schüttwinkel auf dem bewegten Band* (β Böschungswinkel der Ruhe, siehe Bild 1.3.1)

k Minderungsfaktor für ansteigende Förderstrecke; $k = 1$ für $\delta \leqslant \beta_1$, $k = 0$ für $\delta > \beta_1$

$$V = \varphi \left[Bh l_K - \frac{B l_K^2}{2} \tan(\delta - \beta_1) \right]$$ *Kastenvolumen beim Kastenband* (6.3.2)

Kastenvolumen V nach Bild 6.3.2) wie folgt berechnen:

$$V = \varphi [Bh l_K - B \tfrac{1}{2} l_K l_K \tan(\delta - \beta_1)]$$

B, h, β_1, siehe oben

l_K Kastenlänge; Abstand der Trogzwischenwände

δ Steigungswinkel des Bandes

$V = Bh l_K$ *Kastenvolumen bei* $\delta = \beta_1$

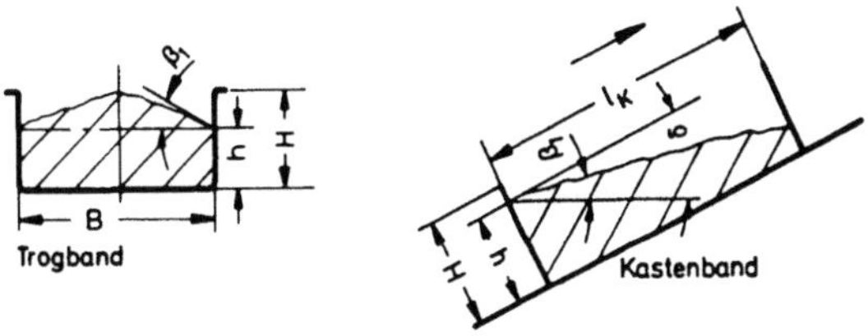

Bild 6.3.2.
Gutquerschnitte bei Gliederbandförderern

Antriebsleistung Die Nennleistung des Antriebsmotors ergibt sich aus Gl. (6.1.7) und den dort anschließenden Hinweisen.

Hierfür ist zunächst die Berechnung des Gesamtwiderstandes F_W, der der Umfangskraft F_U in den Ketten entspricht, durchzuführen; analog Gl. (6.1.6). In Ergänzung hierzu ist zu beachten:

$f_{ges} = 0{,}02 \ldots 0{,}05 / 0{,}1 \ldots 0{,}2$:	Band über wälz-/gleitgelagerte Rollen abgetragen (rollende Reibung)
$f_{ges} = 0{,}2 \ldots 0{,}4$	Band schleift auf Unterlage (gleitende Reibung) kleine Werte bei langen Bändern und guter Schmierung
l	Horizontalprojektion der Förderlänge
m_{lF}	Aus der Eigenlast des Bandes und der Ketten für Ober- und Untertrum auf die Längeneinheit bezogen berechnen

Aus der Umfangskraft F_U und der gewählten Vorspannkraft F_2 im Leertrum erhält man die maximale Kettenzugkraft F_1.

$$\boxed{F_1 = F_U + F_2}$$ *Maximale Kettenzugkraft* (6.3.3)

$F_2 \mathrel{\hat{=}} F_V$ Vorspannkraft im Leertrum der Ketten (F_2 = 500 ... 2000 N) je Kette; sie kann wegen des formschlüssigen Antriebs relativ klein gewählt werden – hohe Werte bei größeren Förderlängen.

Die Ketten sind nach der maximalen Kettenzugkraft F_1 auszulegen (Abschnitt 2.2.1).

6.3.2. Trogkettenförderer 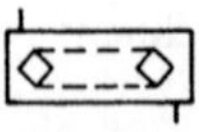

Aufbau. Bei den für Schüttguttransport verwendeten Trogkettenförderern wird das Fördergut durch die im Gut selbst liegenden an dem Zugmittel befestigten Mitnehmer gleitend vorwärtsbewegt (Bild 6.3.3). Wegen der erhöhten Verstopfungsgefahr sollte das Fördergut dosiert aufgegeben werden und die Tröge mit abnehmbaren Deckeln versehen werden. Durch eine geeignete Ausbildung der Mitnehmer ist nicht nur horizontale sondern auch stark steigende oder vertikale Förderung möglich. Die Bedingungen für stark steigende und vertikale Förderung sind ein nicht abreißender Gutstrom und ausreichende Reibung zwischen Fördergut und Mitnehmer sowie Fördergut und Trogwand.

Als Zugmittel kommen ausschließlich Ketten in 2- oder 1-strängiger Bauart in Frage, an die mit relativ kleiner Teilung die Mitnehmer angeschraubt werden. Zum Teil werden bei 1-strängigen Ausführungen auch Mitnehmer und Kettenglieder aus einem Stück hergestellt (Bild 6.3.3). Die Eigenlast von Ketten und Mitnehmern wird entweder über Kettenrollen oder auch häufig gleitend auf entsprechenden, im Trog angebrachten Führungsleisten, abgetragen.

Die Form der Mitnehmer (Bild 6.3.3) richtet sich nach der Gutart und der Förderstrecke. Flache, rechteckige oder L-förmige Mitnehmer sind für waagrechte oder leicht steigende, U-, Gabel- und ringförmige Mitnehmer für stark steigende und vertikale Förderstrecken geeignet. Die Querschnitte der Mitnehmer sind bei pulverförmigen oder kleinkörnigen Fördergütern größer auszuführen, sie brauchen jedoch aufgrund der oben genannten Reibungsverhältnisse in keinem Fall den ganzen Trogquerschnitt einzunehmen.

Die Tröge werden aus Stahlblech (Blechstärke 3 ...6 mm) in einzelnen Schüssen von 2 ... 6 m Länge mit abnehmbaren Deckeln hergestellt. Die Trogschüsse werden aneinander geschraubt und auf der Tragkonstruktion befestigt. Wegen des hohen Verschleißes sind Trogauskleidungen aus verschleißfestem Material (Keramik, Kunststoffe, Gummi usw.) gebräuchlich.

Die Aufgabe des Fördergutes geschieht über eine Öffnung im Trogdeckel durch den oberen Kettenstrang auf den Trogboden, wo das Gut durch die Mitnehmer des unteren Kettenstranges vorwärts bewegt wird. Durch die Reibung wird auch das über den Mit-

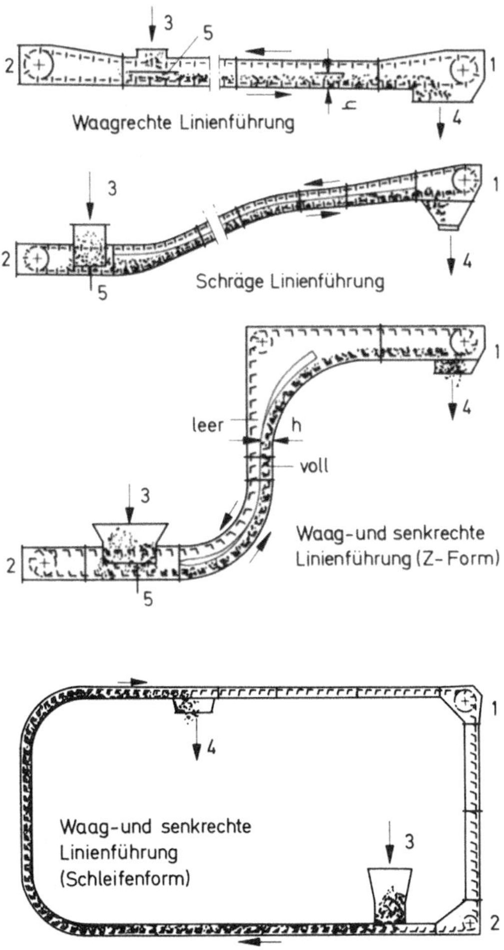

Linienführungen von Trogkettenförderern (SCHENCK)

1 Antriebsstation
2 Spannstation
3 Gutaufgabe
4 Gutabgabe
5 Dosierblech
6 Mitnehmer

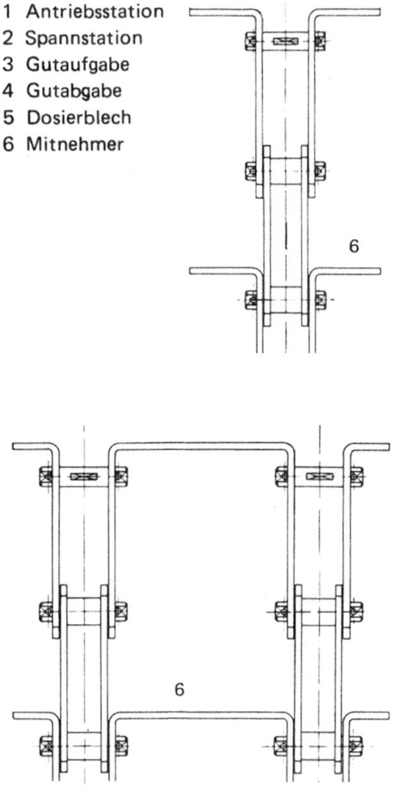

Ein- und Zweistrangkette – Draufsicht (WULF)

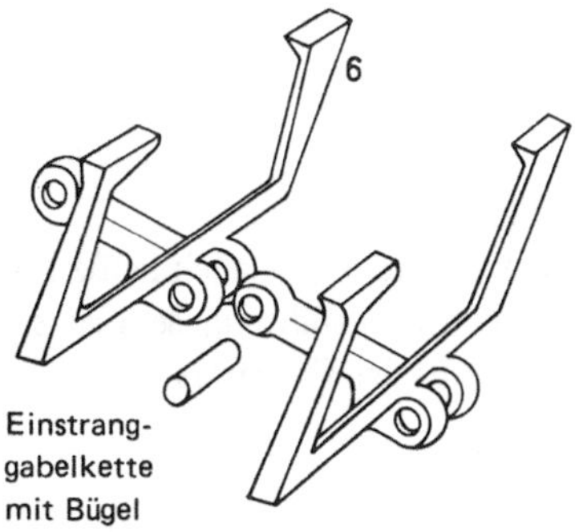

Bild 6.3.3. Trogkettenförderer

Förderketten für Trogkettenförderer

nehmern liegende Fördergut bis zu einer bestimmten Höhe mitgenommen, so daß sich im Trog ein mit etwa gleicher Geschwindigkeit gleitender Gutkörper bildet. Die maximal mögliche Guthöhe im Trog richtet sich nach dem Abstand der rücklaufenden Mitnehmer. Die Gutabgabe geschieht vor der Antriebsstation durch eine Öffnung im Boden des Troges. Durch verschließbare Öffnungen (Klappen) kann die Gutabgabe auch längs der Förderstrecke erfolgen. Bei den vertikalen Ausführungen wird der Trog durch eine Zwischenwand in zwei gleich große Teilquerschnitte getrennt, wobei in einem Trogteil das aufwärts- und in dem anderen das abwärts laufende Kettentrum einschließlich der Mitnehmer geführt wird. Der senkrechte Trogteil mit dem aufwärts führenden Kettentrum ist mit Fördergut gefüllt, der Trogteil mit dem abwärts führenden Kettentrum ist leer (Bild 6.3.3). Die mögliche Linienführung von Trogkettenförderern geht aus Bild 6.3.3 hervor.

Die Antriebs- und Spanneinrichtungen entsprechen denen der Gliederbandförderer (Abschnitt 6.3.1).

Technische Daten und Anwendung

Fördermenge bis 800 $\frac{t}{h}$

Förderlänge bis 80 m, Förderhöhe bis 30 m

Kettengeschwindigkeit 0,1 ... 0,4 $\frac{m}{s}$ (nur geringe Werte, da sonst zu hoher Verschleiß)

Trogbreite bis 1200 mm bei flachen und bis 500 mm bei U-förmigen Mitnehmern;

Verhältnis $\frac{B}{H} \approx$ 1,3 ... 1,6 für U-förmige Mitnehmer

(B Trogbreite, H Troghöhe)

Trogkettenförderer können für kürzeren horizontalen bis vertikalen Transport von pulverförmigen bis körnigen, auch heißen, jedoch nicht klebrigen, backenden oder stark schleißenden Schüttgütern verwendet werden (Mehl, Zucker, Getreide, Chemikalien usw.). Sie sind auch als Beschickungs- und Abzugförderer an Bunkern und Maschinen sowie als Kühlkettenförderer mit Siebböden für das Einblasen von Kühlluft gebräuchlich.

Vorteile

Einfache Gutauf- und abgabe über Klappen in Böden und Deckel längs der gesamten Förderstrecke;
Vertikalförderung – auch heiße Fördergüter – ist möglich;
staubdichte Ausführung, sehr günstiges Verhältnis des Gutquerschnittes zum Gesamtquerschnitt des Förderers

Nachteile

Hoher Verschleiß und hohe Antriebsleistung sowie Gutbeschädigung durch große Reibung;
kleine Fördergeschwindigkeit und Förderlänge.

Berechnung

Fördermenge Volumenstrom $\dot{V}$ und Massenstrom $\dot{m}$ für Schüttgüter nach den Gln. (6.1.1) und (6.1.3) ermitteln, wobei die Werte von v noch mit dem *Geschwin-*

digkeitsbeiwert c zu multiplizieren sind. Der Geschwindigkeitsbeiwert c berücksichtigt das Zurückbleiben des Fördergutes gegenüber der Kette.

$c = 0{,}6 \ldots 0{,}9$ Für horizontale und leicht steigende Förderung (kleine Werte bei ansteigender Förderung und staubförmigem Fördergut).

$c = 0{,}5 \ldots 0{,}7$ Für vertikale und stark steigende Förderung (kleine Werte bei vertikaler Förderung und staubförmigem Fördergut).

$$\boxed{A = Bh} \qquad \textit{Gutquerschnitt} \qquad (6.4.3)$$

B Trogbreite

h Guthöhe im Trog; h = f (Gutart, Trogbreite, Form und Teilung der Mitnehmer)

Die Guthöhe h kann bei horizontaler und leicht steigender Förderung maximal bis zu den rücklaufenden Mitnehmern reichen. Bei vertikaler und stark steigender Förderung entspricht h der Troghöhe – gesamter Trogquerschnitt vom Fördergut ausgefüllt.

Der Volumenanteil von Kette und Mitnehmern kann vernachlässigt werden, da durch die nicht exakt erfaßbaren Werte für c und h die Berechnung von $\dot{V}$ bzw. $\dot{m}$ nur überschlägig möglich ist.

Antriebsleistung Die Nennleistung des Antriebsmotors kann nach Gl. (6.1.7) berechnet werden.

Hierfür ist zunächst der Gesamtwiderstand F_W, der der Umfangskraft F_U in den Ketten entspricht, analog Gl. (6.1.6) zu ermitteln. In Ergänzung hierzu ist zu beachten:

$f_{ges} \approx 0{,}2 \ldots 0{,}4$ Gesamtreibungszahl bei freilaufenden Mitnehmern (Ketten und Mitnehmer über Rollen abgestützt).

$f_{ges} \approx 0{,}4 \ldots 0{,}8$ Gesamtreibungszahl bei schleifenden Mitnehmern.
Jeweils kleine Werte bei großer Förderlänge l ($l \mathrel{\hat{=}}$ angenähert Achsabstand des Trogkettenförderers einschließlich der vertikalen Streckenteile – da auch hier Reibung) und pulverförmigem Fördergut ansetzen.

m_{lF} Aus der Eigenlast der Ketten und Mitnehmer für Ober- und Untertrum, auf die Längeneinheit bezogen, berechnen.

Maximaler Kettenzug F_1 wie beim Gliederbandförderer Gl. (6.3.3).

6.3.3. Kratzerförderer 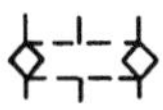

Aufbau. Der Aufbau der Kratzerförderer (Bild 6.3.4) entspricht in etwa dem des Trogkettenförderers, nur daß die aus Holz oder Stahlblech gefertigten Förderrinnen nach oben offen sind. Die an der 1- oder 2-strängigen Kette befestigten Mitnehmer (Scheiben oder Stege) schieben das Fördergut schrappend vor sich her, wobei die Mitnehmer und Ketten über die Kettenrollen oder auch über gesondert angebrachte Tragrollen abgestützt werden. Die Rückführung des Leertrums kann ober- oder unterhalb der Förderrinne erfolgen.

Beim *Stegkettenförderer*, der eine Sonderbauart des Kratzerförderers darstellt, werden die beiden an der Seite laufenden Rundstahlketten durch flache Mitnehmer (Stege) verbunden. Die beiden Ketten sowie die Mitnehmer gleiten auf der Förderrinne, was einen höheren Verschleiß zu Folge hat. Allerdings ist durch diese Ausführung eine sehr geringe Bauhöhe möglich – 150 ... 250 mm.

Eine weitere wichtige Sonderbauart des Kratzförderers ist der *Schubstangenförderer.* Die hydraulisch angetriebene Schubstange mit ihren harpunenförmigen Mitnehmern wird durch einen Druckkolben in der offenen Förderrinne hin- und hergeschoben – Fördervorgang beim Stangenhinlauf.

Schubstangenförderer eignen sich besonders zum Transport von spiraligen und büschelförmigen Spänen, z.B. als Späneförderer bei spanabhebenden Werkzeugmaschinen.

Da die Förderrinne offen ist, kann der Kratzerförderer nur horizontal oder leicht ansteigend fördern. Werden die Rinnenschüsse nicht allzu lang ausgeführt (bis ca. 1,5 m Länge), sind Abweichungen der Förderstrecke in der Horizontalen und Vertikalen von je 4° möglich, so daß auch – allerdings nur in beschränktem Umfang – eine räumliche Streckenführung erstellt werden kann.

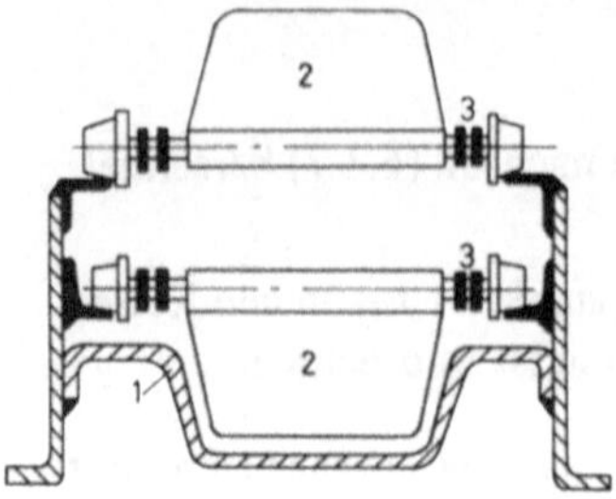

Unteres Trum fördert, rollende Führung der Ketten und Mitnehmer (geringer Verschleiß)

Kratzerförderer (Querschnitt)

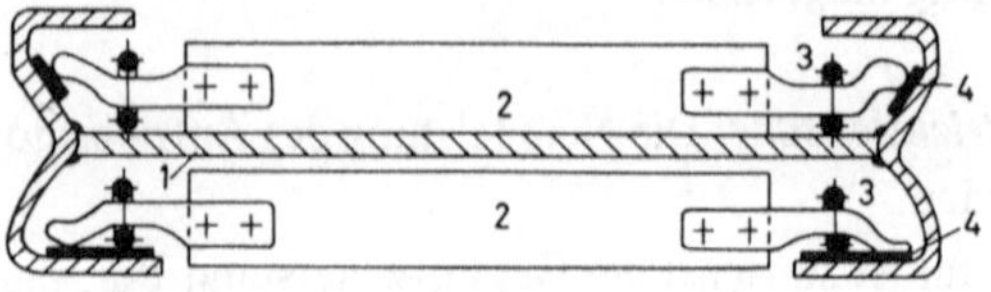

1 Förderrinne
2 Mitnehmer
3 Kette (Rundstahl- oder Gelenkkette)
4 Schleißbeläge

Obenliegendes Trum fördert, schleifende Führung der Ketten und Mitnehmer

Stegkettenförderer (Querschnitt)

Bild 6.3.4. Kratzerförderer

Technische Daten und Anwendung

Fördermenge bis 300 $\frac{t}{h}$

Förderlänge bis 60 m bei Kratzer- und bis 300 m bei Stegkettenförderern

Kettengeschwindigkeit 0,2 ... 0,8 $\frac{m}{s}$

Steigungswinkel bis ca. 30°.

Kratzerförderer dienen zur Förderung schwieriger und sperriger Güter, wie Stroh, Holzschnitzel, Drehspäne usw. Der Stegkettenförderer wird wegen seiner besonders geringen Bauhöhe häufig im Bergbau als Strebförderer (für Kohle, Erz u. ä.) verwendet.

Gegenüber den Trogkettenförderern haben die Kratzerförderer einen einfacheren Aufbau, sind jedoch nicht staubdicht; ansonsten entsprechen sie weitgehend den Trogkettenförderern (Abschnitt 6.2.2).

Berechnung. Die Berechnung der Fördermenge $\dot{V}$ bzw. $\dot{m}$ und der maximalen Kettenzugkraft sowie der Antriebsleistung erfolgt wie beim Trogkettenförderer (Abschnitt 6.3.2).

Bei der Ermittlung des Volumenstromes $\dot{V}$ kann die Verringerung des Gutquerschnittes bei sehr sperrigem Fördergut (z. B. Drehspäne) durch den Füllungsfaktor φ berücksichtigt werden, mit dem der Volumenstrom $\dot{V}$ zu multiplizieren ist.

$\varphi \approx 0{,}3 \ldots 0{,}8$ Füllungsgrad der Förderrinne

6.3.4. Kreisförderer – Einbahnsystem – Zweibahnsystem

Der Kreisförderer ist einer der wichtigsten Stückgutförderer für den innerbetrieblichen Transport. Die endlose, raumbewegliche Kette als Zugmittel zieht die an Lastlaufwerken hängenden Stückgüter vorwärts. Die Laufwerke laufen auf den Unterflanschen von I- oder Sonderprofilen, die an der Dach- bzw. Deckenkonstruktion der Hallen abgehängt werden. Bei sehr schweren Lasten kann die Abstützung der Laufbahnen auch über gesonderte Stützen vom Boden der Hallen aus erfolgen, um die tragende Hallenkonstruktion zu entlasten. Dies gilt auch für die Abstützung der Umlenk-, Spann- und Antriebsstationen.

Grundsätzlich sind Ein- und Zweibahnsysteme gebräuchlich (Bild 6.3.5).

Bauarten

Einbahnsystem Beim Einbahnsystem ist das Lastlaufwerk fest mit der umlaufenden Kette verbunden und nimmt neben dem Lastaufnahmemittel für die Nutzlast auch die Eigenlast der Kette auf. Bei größerem Abstand der Lastaufnahmemittel wird ein zusätzliches Laufwerk zwischengeschaltet, das nur die Eigenlast der Kette aufnimmt (Kettenlaufwerk) und damit einen allzu großen Durchhang der Kette bei geringerer Belastung vermeidet. An den Gutauf- und abgabestellen wird die Laufbahn nach unten gezogen, während sie sonst allgemein oberhalb des Produktionsbereiches läuft und damit keine Förderfläche am Boden benötigt.

Die Aufgabe des Fördergutes geschieht beim Einbahnsystem von Hand oder auch selbsttätig. Bei selbsttätiger Gutaufgabe kann z. B. bei abgesenkter Förderstrecke das Fördergut von einer am Boden angebrachten Rollenbahn (Abschnitt 6.5.2) durch Ein- oder Unterfahren des Lastaufnahmemittels aufgenommen werden (Bild 6.3.6).

Die Lastabgabe geschieht in der Regel selbsttätig. Dies kann durch Kippen des Lastaufnahmemittels, durch Abstreifen der Last an Anschlägen oder durch Absetzen der Last,

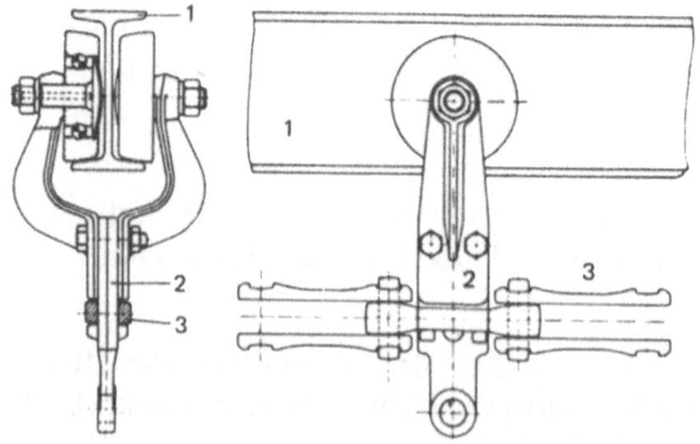

1 Kettenlaufbahn (I-Profil)
2 Ketten- und Lastlaufwerk
3 Zugkette (Steckbolzenkette)

Kreisförderer, Einbahnsystem (DEMAG)

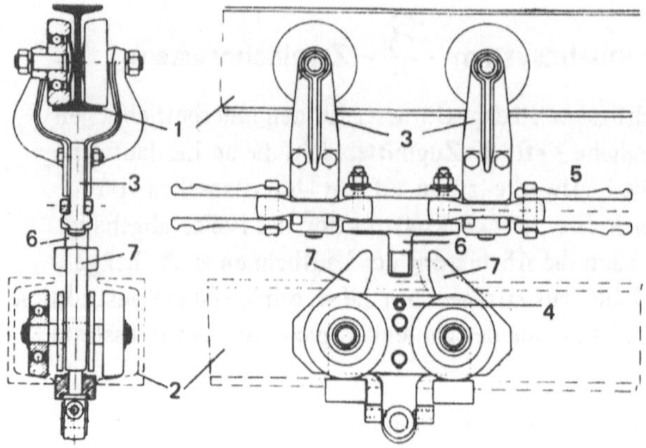

1 Kettenlaufbahn (I-Profil)
2 Lastlaufbahn ([-Profile)
3 Kettenlaufwerk
4 Lastlaufwerk
5 Zugkette (Steckbolzenkette)
6 Mitnehmernocke (an der Zugkette)
7 Mitnehmerklinke (am Lastlaufwerk)

Kreisförderer, Zweibahnsystem (DEMAG)

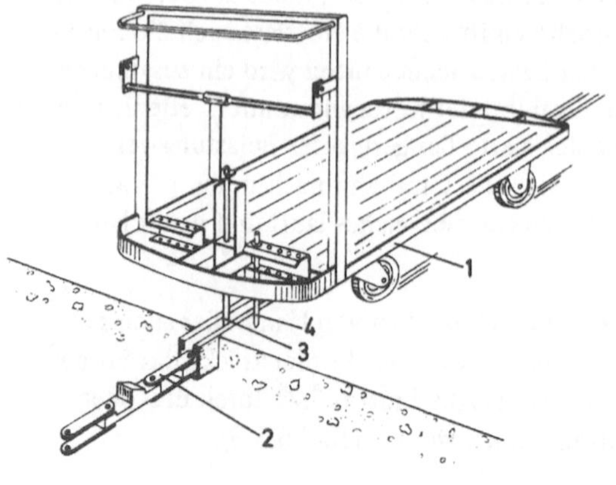

1 Förderwagen (an- und abkuppelbar)
2 Unterflur-Schleppkette
3 Mitnehmer
4 Zielsteuerung (mechanisch)

Unterflur-Schleppkettenförderer (EISENMANN)

Bild 6.3.5. Kreisförderer (Aufbau und Linienführung)

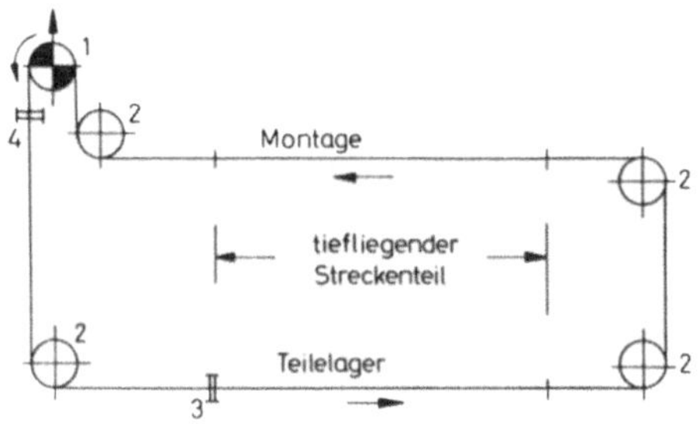

1 Antriebs- und Spannstation
2 Umlenkrolle
3 Gutaufgabe
4 Gutabgabe

Linienführung eines Kreisförderers im Einbahnsystem

1 Antrieb
2 Weiche
3 Verbindungsbahn

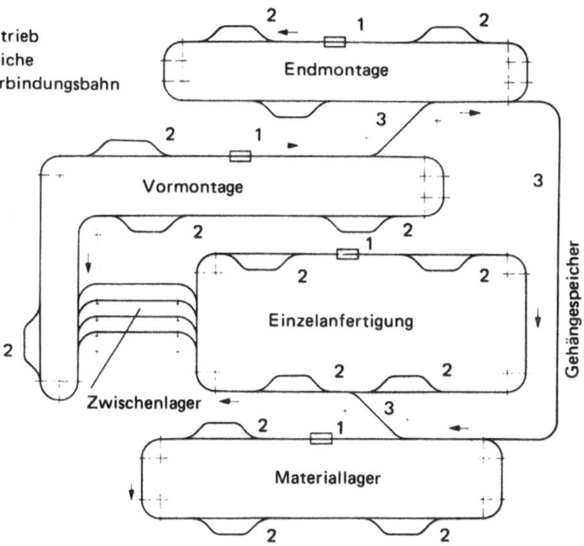

Verbindungsbahnen und Bahnen im Zwischenlager als Free-Strecken

Linienführung eines Kreisförderers im Zweibahnsystem

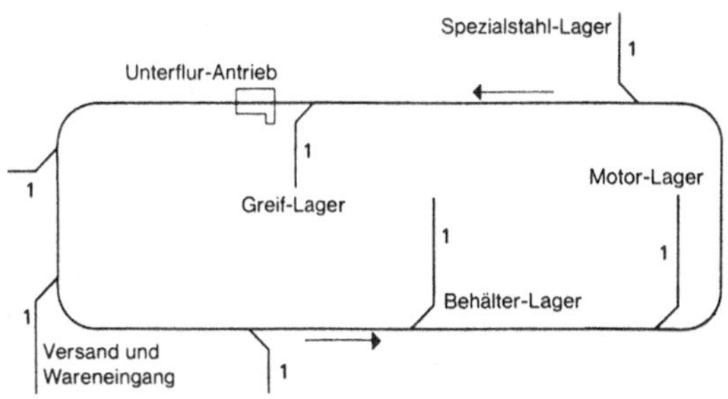

1 Stichbahnen (ohne Antrieb)

Linienführung eines Unterflur-Schleppkettenförderers

zu Bild 6.3.5

bei entsprechender Führung der Laufbahn, erfolgen (Bild 6.3.6). Bei größeren Anlagen mit mehreren Abgabestellen kann die jeweilige Abgabestelle bei der Lastaufgabe vorgewählt werden: hierzu werden Zielsteuerungen, siehe unter *Wichtige Bauteile*, verwendet. Eine typische Linienführung eines Kreisförderers im Einbahnsystem geht aus Bild 6.3.5 hervor.

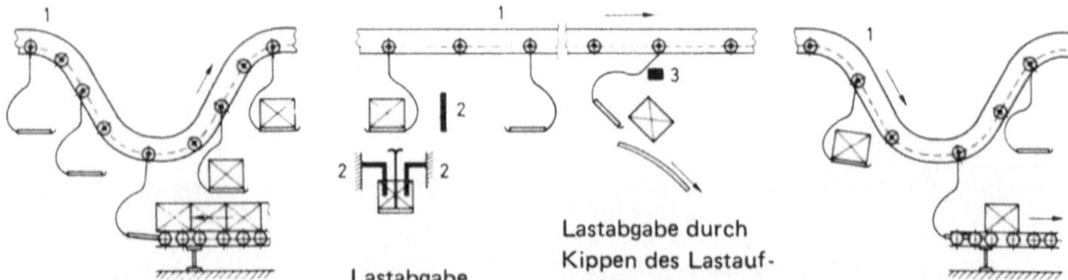

Lastaufgabe von Hand oder durch selbsttätiges Aufnehmen von einer Rollenbahn

Lastabgabe durch Abstreifer

Lastabgabe durch Kippen des Lastaufnahmemittels – Anfahren des Lastaufnahmemittels gegen einen Anschlag. Weitertransport über eine Rutsche.

Lastabgabe durch Absetzen der Last auf eine geteilte angetriebene Rollenbahn (Abzugförderer)

1 **Kettenlaufbahn mit Last- und Kettenlaufwerken sowie Lastaufnahmemitteln**
2 **Abstreifer (Anschläge), die an der Last angreifen**
3 **Anschläge zum Kippen des Lastaufnahmemittels**

Bild 6.3.6. Lastauf- und -abgabeeinrichtungen für Kreisförderer

Zweibahnsystem. Beim Zweibahnsystem läuft die über die Kettenlaufwerke abgetragene Kette ständig um, während die Lastlaufwerke durch klappbare Mitnehmer an die Zugkette wahlweise an- oder abgekoppelt werden können (Bild 6.3.5). Somit werden bei dem auch als "Power-and-Free-Förderer" bezeichneten Zweibahnsystem zwei vertikal übereinander angeordnete Laufbahnen benötigt. Eine Laufbahn dient zur Aufnahme der Ketten –, die andere zur Aufnahme der Lastlaufwerke. Die nicht angetriebenen Streckenteile werden normalerweise mit Gefälle ausgeführt, so daß auch dort die Lastlaufwerke durch den Einfluß der Schwerkraft weiterlaufen können.

Die Linienführung eines Zweibahn-Kreisförderers, der die Transportaufgaben in Lager- und Fertigungsbereichen übernimmt, ist in Bild 6.3.5 dargestellt.

Das Zweibahnsystem ermöglicht viele Varianten der Streckenführung und Einsatzmöglichkeiten, die häufig den wesentlich höheren Bauaufwand gegenüber dem Einbahnsystem rechtfertigen. Besonders wichtig sind:

Abstandsänderung der Lastlaufwerke Dies geschieht durch das entsprechende An- bzw. Abkoppeln der Lastlaufwerke an die Zugkette; z. B. bei Durchfahrt der Lastlaufwerke in Trockungsanlagen, da dort eine höhere Verweilzeit des Fördergutes nötig ist – das Fördergut wird in der Trockungsanlage aufgestaut.

Einsatz von Weichen Die Weichen (Bild 6.3.7) gewährleisten den Übergang der Lastlaufwerke auf verschiedene Bahnen und das Einschalten von Speicherstrecken, wobei die auf einer Laufbahn ankommenden Lastlaufwerke auf mehrere Laufbahnen verteilt werden (siehe Linienführung eines Zweibahn-Kreisförderers in Bild 6.3.5).

Einsatz von Absenkstationen Das Absenken einer kurzen Teilstrecke der Lastlaufbahn einschließlich eines darauf ruhenden Lastlaufwerkes kann z. B. durch einen fest angebrachten Elektrozug oder über Hubketten, die von einem Getriebemotor angetrieben werden, erfolgen (Bild 6.3.7).

So können z. B. mit Hilfe der Absenkstationen Arbeiten an Werkstücken in den allgemein auf Flurhöhe liegenden Fertigungsebenen vorgenommen werden, ohne diese Werkstücke von den Lastaufnahmemitteln abzunehmen.

1 Verstellmotor (Getriebemotor)
2 Hauptstrecke
3 Nebenstrecke
4 Weichenzunge
5 Spannstation des Ausschleus-(Transfer-)förderers

Zungenweiche

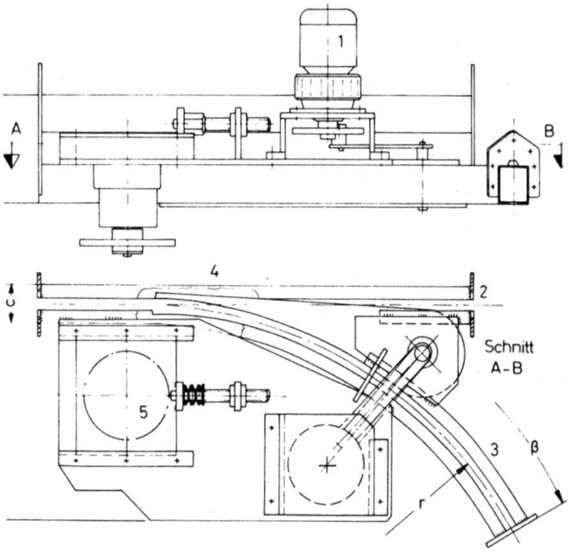

1 Getriebemotor
2 Absenkteil der Lastaufbahn mit Lastlaufwerk
3 Hubkette
4 Tauchbecken
5 Kettenlaufbahn

Absenkstation

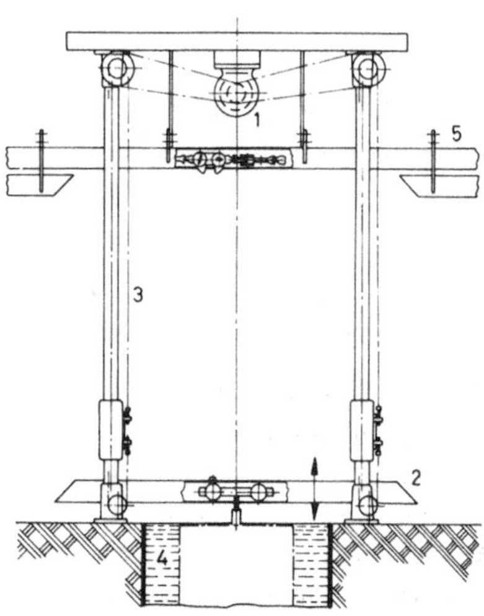

Bild 6.3.7

Weiche und Absenkstation für Zweibahn-Kreisförderer (EISENMANN)

Schleppkettenförderer. Die Schleppkettenförderer arbeiten nach dem Zweibahnsystem und stellen eine Sonderausführung dieses Systems dar (Bild 6.3.5). Die umlaufende Schleppkette wird meist in einer unter Flur liegenden Laufbahn geführt. Das Lastlaufwerk besteht hier aus einem Transportwagen, der durch einen Schlitz in der Kettenlaufbahn wahlweise an die Schleppkette an- bzw. abgekoppelt werden kann. Schleppkettenförderer werden auch mit Gleit- oder Rollenbahnen als Tragorgan ausgerüstet. Die Schleppketten können auch überflur oder überkopf geführt werden, wobei sie senkrecht oder waagrecht umlaufen können. Bei der Gutabstützung auf Gleitbahnen ist mit erhöhter Reibung zu rechnen.

Auch hier ermöglicht der Einbau von Weichen eine Vielfalt der Streckenführung, so daß auch diese Sonderausführung des Zweibahnsystems als geeignetes Transportmittel in allen Fertigungs- und Lagerbereichen empfohlen werden kann. Bei umfangreichen Streckenführungen verwendet man ebenfalls Zielsteuerungen die einen vollautomatischen Betrieb gewährleisten (Erfüllung umfangreicher Kommissionieraufgaben in Großlagern o. ä.).

Technische Daten und Anwendung

Stücklast (Nutzlast) 10 ... 200 (2000) kg, Förderlänge bis 2000 m, Förderhöhe bis 30 m.

Kettengeschwindigkeit 0,1 ... 0,5 $\frac{m}{s}$, Fördermenge bis 200 (300) $\frac{t}{h}$.

Einbahnsysteme kommen hauptsächlich als Zubringer und Verbindungsmittel einzelner Arbeitsplätze in der Fertigung, vor allem bei der Serien- und Fließfertigung, auch über größere Entfernungen (Transport über mehrere Abteilungen oder Stockwerke) in Frage. Weiterhin dienen sie zur Führung von Arbeitsstücken durch die verschiedensten Behandlungsanlagen (Bäder, Lackieranlagen, Trockenanlagen usw.) und auch als umlaufende Lager in bestimmten Fertigungsabschnitten.

Die Zweibahnsysteme können komplizierte Förderaufgaben im Bereich von Fertigung und Lagerung übernehmen; siehe (Bauarten). Wegen des höheren Bauaufwandes sollte man sie jedoch nur dort einsetzen, wo der gewünschte Förderablauf mit dem Einbahnsystem nicht mehr zu bewältigen ist.

Vorteile

Räumliche Streckenführung, auch über große Längen;
vielfältige Anwendungsmöglichkeiten bei nur geringem Platzbedarf der Hallenbodenflächen;
sehr geringe Antriebsleistung und geringer Verschleiß, einfache Wartung.

Nachteile

Kleinere Fördergeschwindigkeit und Fördermenge;
für reine Transportaufgaben weniger geeignet.

Wichtige Sonderausführungen

Schleppkettenförderer. Siehe unter *Bauarten.*

Schaukelförderer. An den meist in zwei parallelen Ebenen umlaufenden Ketten werden die Tragelemente pendelnd abgehängt (Einbahnsystem) – analog den Pendelbecherwerken, Abschnitt 6.3.5.2. Als Tragelemente kommen je nach Fördergut, Platten, Kästen usw. in Frage. Schaukelförderer werden zur horizontalen bis vertikalen Förderung von Stückgütern verwendet.

Umlaufförderer. Bei den auch als *Paternoster* bezeichneten Umlaufförderern laufen die Zugmittel (Gliederketten) vertikal in einer Ebene, jedoch seitlich versetzt, um. Die Trageelemente (Platten oder Kästen) sind somit pendelfrei exakt geführt.
Umlaufförderer übernehmen vertikalen Stückguttransport in Fertigungsabteilungen und Lagern und werden wegen der Unfallgefahr beim Ein- und Aussteigen nicht mehr für Personentransport benützt.

Wichtige Bauteile. Die wichtigsten Bauteile sind: Laufbahnen, Ketten, Last- und Kettenlaufwerke sowie Umlenk-, Spann- und Antriebsvorrichtungen.

Laufbahnen Die Laufbahnen bestehen aus I-, [- oder Sonderprofilen, die auf ihren Unterflanschen von den Laufrollen befahren werden (Bilder 6.3.5 und 6.3.8). Sonderprofile sind z. B. Schlitzrohre, bei denen die Laufwerke innerhalb der unten längs geschlitzten Rohre fahren. Geschlossene Profile eignen sich besonders gut für stark steigende oder fallende Strecken, da hier auf die Gegenführung der Laufrollen verzichtet werden kann.

Beim Zweibahnsystem werden die beiden Laufbahnen vertikal übereinander angeordnet, wobei auf der oberen, oft schwächeren Laufbahn die Kettenlaufwerke und auf der unteren Laufbahn die Lastlaufwerke laufen. Die Abhängung der beiden Bahnen sollte symmetrisch erfolgen, damit keine zusätzliche Biegebeanspruchung an der Abhängung auftritt.

Die Abhängung der Laufbahnen geschieht in der Regel über leichte Zugstäbe (Rundstahl, Profilmaterial oder Rohre) an der Deckenkonstruktion, wobei die Befestigung sowohl an der Deckenkonstruktion als auch an den Laufbahnen möglichst über Klemmverbindungen, welche eine einfache und schnelle Montage ermöglichen, durchzuführen ist.

Ketten Wegen der räumlichen Streckenführung sind raumbewegliche Ketten erforderlich (Abschnitt 2.2.1). Rundstahlketten kommen bei kleinen und mittleren Lasten und Förderstrecken in Frage; sonst werden allgemein Steckbolzen- oder Kreuzgelenkketten verwendet.
Die Ketten werden über einfache Klemmvorrichtungen oder nur durch Einhängen an den Laufwerken befestigt.

Laufwerke und Lastaufnahmemittel Die Kettenlaufwerke tragen nur die Kette, die Lastlaufwerke die Last und beim Einbahnsystem auch gleichzeitig die Kette. Die Rollen werden normalerweise mit wartungsfreien Wälzlagern versehen, welche den Fahrwiderstand gering halten und ohne Nachschmierung arbeiten. Häufig werden Speziallager verwendet, bei denen der Lageraußenring der Laufrolle und der Innenring der Achse entspricht (Bild 6.3.5). Laufrollen mit Kunststoffüberzügen (Abschnitt 2.3.1) vermindern bei geringerer Tragfähigkeit die Arbeitsgeräusche.

Die Gehänge und Seitenschilde der Laufwerke sind aus Temper- oder Stahlguß bzw. aus Stahl im Gesenk geschlagen oder gepreßt. Wegen der großen Stückzahlen ist besonders auf einfachen Aufbau und geringe Eigenlast zu achten.

Der Ein- bzw. Auskuppelvorgang beim Zweibahnsystem geschieht durch das örtliche Anheben bzw. Absenken der Lastlaufbahn oder durch klappbare Mitnehmer an den Ketten- oder Lastlaufwerken (Bild 6.3.5). Die Betätigung der klappbaren Mitnehmer kann über an der Lastlaufbahn befestigte Anschläge erfolgen.

Am Lastlaufwerk hängt, meist gelenkig gelagert, das Lastaufnahmemittel, dessen Ausbildung von der Art des Fördergutes abhängt; z. B. als Haken, Schaukel usw.

Beim Schleppkettenförderer entspricht das Lastaufnahmemittel einem Wagen ohne Eigenantrieb (Abschnitt 5.2.1), der wahlweise an die ständig umlaufende Zugkette an- oder abgekoppelt wird. Das Auskuppeln geschieht meist von Hand über den durch den oberen Längsschlitz der im Boden liegenden Kettenlaufbahn geführten Mitnehmer (Bild 6.3.5). Das Abkoppeln kann auch hier selbsttätig über Anschläge erfolgen.

Umlenk-, Antriebs- und Spannvorrichtungen Wegen der höheren Eigenlast und der dort aufzunehmenden Kettenzugkräfte werden diese Vorrichtungen meist über leichte Stützkonstruktionen direkt auf dem Boden abgestützt.

Bei kleinen Umlenkradien werden *Umlenkräder* verwendet (Bild 6.3.8). Da keine Umfangskräfte übertragen werden, reichen unverzahnte Räder aus (Abschnitt 2.2.2). Umlenkungen mit größeren Radien werden über Rollenbatterien oder durch entsprechende *Krümmung der Laufbahnen* vorgenommen (Bild 6.3.8). Die gekrümmten Laufbahnstücke (Bogen) werden allgemein in den Größen 180°, 90°, 45° und 30° gefertigt; Zwischengrößen ergeben sich durch das Zusammensetzen einzelner Bogenstücke.

Am einfachsten geschieht der Antrieb der Förderketten über ein verzahntes Kettenrad an einer Umlenkstelle von mindestens 90° – besser 180° – (*Eckantrieb*). Diese Antriebsart (Bild 6.3.8) ist für kurze und mittlere Förderlängen geeignet. Bei mittleren und längeren Strecken erfolgt der Antrieb über eine gesonderte kurze Schleppkette, deren Mitnehmer in die Lastkette eingreifen und diese vorwärts bewegen (*Streckenantrieb* Bild 6.3.8). Der Einbau des Schleppkettenantriebs ist an allen horizontalen geraden Strecken möglich. Sehr lange und schwer belastete Kreisförderer erhalten einen Mehrmotorantrieb (mehrere Streckenantriebe), da sonst die Zugkräfte in den Ketten zu groß würden; allerdings ist die gleichmäßige Belastung der einzelnen Antriebe schwierig. Als Standardantriebsmittel kommt auch hier der Getriebemotor in Frage; häufig mit zusätzlichen Kettenvorgelegen (Bild 6.3.8), da die Drehzahlen der Antriebsräder teilweise sehr niedrig sind. Zwischengeschaltete Sicherheits- und Anlaufkupplungen dienen zur Begrenzung der Kettenzugkräfte (z.B. beim Verhaken eines Lastaufnahmemittels) und zur Verringerung der Beschleunigungsleistung bei sehr langen und schwer belasteten Anlagen.

Das Vorspannen der Lastketten geschieht durch den Einbau eines Umlenkrades auf einen horizontal beweglichen Spannschlitten oder, bei größeren Umlenkradien, durch in die Laufbahn direkt eingebaute Spannhülsen – (Bild 6.3.8).

Zielsteuerung Zielsteuerung ermöglicht, daß bei Lastaufgabe der gewünschte Zielort an dem entsprechenden Lastlaufwerk oder über eine zentrale Steuerung eingegeben werden kann. Zielsteuerungen finden vor allem beim Zweibahnsystem Anwendung.

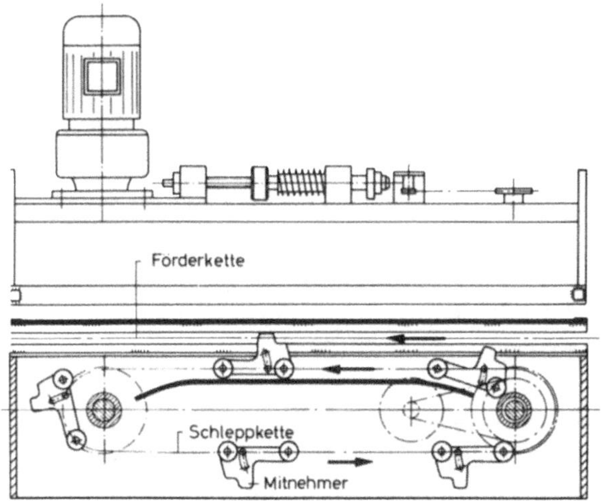

Mitnehmer der über Getriebemotor angetriebenen Schleppkette greifen in Förderkette und nehmen diese mit. Für mittlere und längere Strecken sowie Mehrmotorenantrieb.

Streckenantrieb

Antriebsaggregate für Kreisförderer

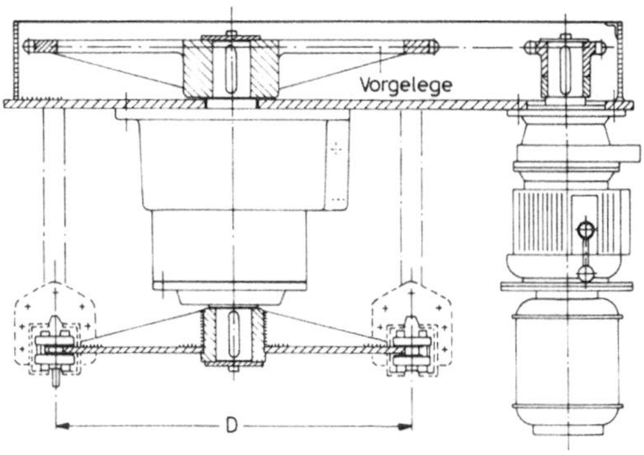

Antrieb über Kettenrad (Getriebemotor mit Kettenvorgelege). Für kurze und mittellange Strecken.

Eckantrieb

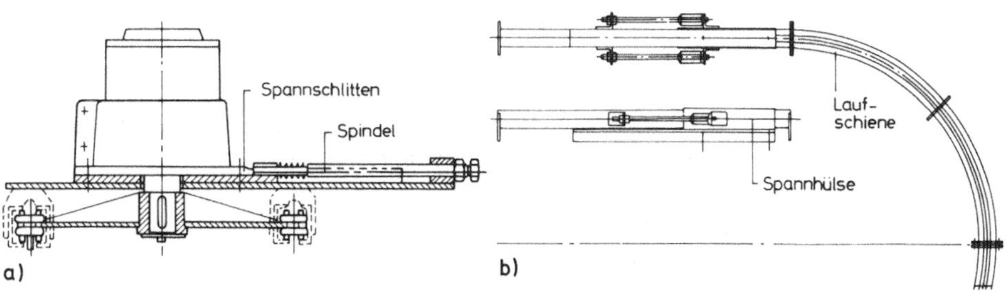

Spannvorrichtungen für Kreisförderer

a) Spannen der Förderkette über ein Umlenkrad, das auf einem Spannschlitten sitzt, Vorspannkraft durch Spindelspanneinrichtung. Für kleine Umlenkradien geeignet. Umlenkung um 180°. Bei mittleren Radien statt Kettenrad um 180° gekrümmtes Bahnstück.

b) Spannen der Förderkette über zwei getrennt eingebaute Spannhülsen. Für größere Umlenkradien geeignet. Umlenkung um 180°

Bild 6.3.8. Wichtige Bauteile für Kreisförderer (EISENMANN)

Für eine geringe Anzahl von Zielstellen reichen mechanische Systeme aus; bei vielen Zielstellen und komplizierter Streckenführung sind die teureren elektrischen Zielsteuersysteme zu empfehlen. Hier werden auch Programmspeicher, die den gesamten Förderablauf automatisch steuern, verwendet; eine Umstellung des Materialflusses ist dann jedoch sehr aufwendig. Einzelheiten der Zielsteuerungssysteme sind aus Abschnitt 4.1.3, *Automatische Steuerung bei Hängebahnen*, zu ersehen.

Berechnung

Fördermenge Der Massenstrom $\dot{m}$ und der Stückstrom $\dot{m}_{St}$ für Stückgüter kann nach den Gln. (6.1.4) und (6.1.5) ermittelt werden.

Antriebsleistung Die Nennleistung des Antriebsmotors ergibt sich aus Gl. (6.1.7) und den dort anschließenden Hinweisen. Der Gesamtwiderstand F_W, der der Umfangskraft F_U in der Zugkette entspricht, ist nach Gl. (6.1.6) zu ermitteln, wobei die folgenden Abweichungen zu beachten sind:

Die maßgebenden Reibungswiderstände treten beim Kreisförderer durch die Lager- und Rollreibung der Laufwerke, die Reibung an den Umlenkstellen und in der Kette sowie durch seitliches Anlaufen der Rollen in den Laufbahnen auf.

$f_{ges} = f_H(1 + f_F\, f_U^z)$ Gesamtreibungszahl

$f_H \approx 0{,}02 \ldots 0{,}03$ Reibungszahl für Lager- und Rollreibung der Laufwerke bei Wälzlagerung; hohe Werte bei ungünstigen Betriebsbedingungen.

$f_F \approx 0{,}3 \ldots 0{,}5$ Reibungszahl für die Führung der Laufwerke (hohe Werte bei großer Umlenkungszahl der Laufbahnen)

$f_U \approx 1{,}01 \ldots 1{,}03$ Reibungszahl für eine Umlenkung bei Wälzlagerung der Umlenk-, Spann- und Antriebseinrichtungen. Hohe Werte für starke Umlenkungen der Laufbahn ($\geqslant 90°$) und bei Umlenkrädern, niedrige Werte bei kleineren Umlenkungen der Laufbahn und bei Rollenbatterien sowie Umlenkungen durch die Laufbahn selbst.

z Zahl der Umlenkungen (auch die Zahl der Umlenkungen durch Rollenbatterien und der Laufbahn selbst berücksichtigen).

l Horizontalprojektion der gesamten Förderstrecke.

m_{lF} Aus der Eigenlast von Kette, Last- und Kettenlaufwerken sowie Lastaufnahmemitteln, auf die Längeneinheit bezogen, berechnen.

Da der Kreisförderer stets einen festen Anteil von Leerstrecken aufweist (Streckenteil zwischen Lastab- und -aufgabestelle), ist die Gl. (6.1.6) wie folgt aufzuteilen:

$$F_W \mathrel{\hat{=}} F_U = f_{ges}\, l\, m_{lF}\, g + f_{ges}\, l_B\, m_{lG}\, g \pm m_{lG}\, g\, h$$

l_B Horizontalprojektion der Länge der beladenen Förderstrecke ($l_B < l$), im ungünstigsten Belastungsfall (Beladung aller Lastlaufwerke direkt an der Gutaufgabestelle – siehe Aufgabe 24).

Beim Schleppkettenförderer ergibt sich der Gesamtwiderstand F_W bzw. die Umfangskraft F_U in der Zugkette aus $f_{ges}\, l\, m_{lF}\, g$ (Eigenlastanteil der Zugkette und der Kettenlauf-

werke) und dem Fahrwiderstand der gleichzeitig bewegten vollbeladenen Wagen (Abschnitt 5.4.2).
Maximaler Kettenzug F_1 wie beim Gliederbandförderer, siehe Gl. (6.3.3).

6.3.5. Becherwerke 

Senkrechtbecherwerke fördern Schüttgüter über steil ansteigende (Steigungswinkel $\delta \geqslant 70°$) oder senkrechte Strecken, wobei das Fördergut von den am Zugmittel starr befestigten Bechern aufgenommen und bewegt wird. Pendelbecherwerke haben am Zugmittel gelenkig abgehängte Becher, so daß auch horizontale Förderstrecken möglich sind. Wichtige Sonderausführungen sind *Schaukelbecherwerke* und *Gurttaschenförderer.*

6.3.5.1. Senkrechtbecherwerke

Aufbau. Die Aufgabe des Fördergutes erfolgt an der unteren, die Abgabe an der oberen Umlenkstelle (Bild 6.3.9). Als Zugmittel werden Gummibänder (Abschnitt 6.2.1) oder Rundstahl- bzw. Bolzenketten verwendet. Das Bandbecherwerk ermöglicht höhere Fördergeschwindigkeiten und damit bei gleichen Abmessungen größere Fördermengen.

Die Becher werden durch Spezialschrauben (Tellerschrauben – siehe DIN 15236 und 15237) fest mit den entsprechend gelochten Bändern verschraubt, wobei sich die Senkköpfe der Tellerschrauben in das Gummiband eindrücken und dadurch den einwandfreien Lauf des Bandes über die Umlenk- und Antriebstrommeln ermöglichen – Bandbreite 20 ... 40 mm größer als Becherbreite (Bild 6.3.9). Wegen größerer Elastizität werden die Becher oft über Segment- oder Schwingmetallhalterungen am Band befestigt. Bei der Segmenthalterung werden an den Schrauben elastische Zwischenscheiben angebracht. Die Schwingmetallhalterung, vor allem bei Bändern mit Stahlseileinlagen, entspricht einem auf das Band aufgeklebten Schwingmetallelement, an dem die Becher angeschraubt werden. Beim Kettenbecherwerk, mit Ein- oder Zweistrangkette, wird der Becher an die meist mit Aufnahmepratzen versehenen Bolzenketten oder direkt an die Rundstahlketten angeschraubt (Schrauben siehe DIN 15 236) (Bild 6.3.9).

Die Becher werden in runder und spitzer Form, jeweils in flacher oder tiefer Ausführung hergestellt; ihre Abmessungen sind in DIN 15231/35 festgelegt. Als Bechermaterial kommt Stahl, Leichtmetall, Kunststoff oder Gummi in Frage. Becherform und -material hängen von der Art des jeweiligen Fördergutes ab (z.B. spitze, tiefe Becher aus Stahl für trockenes, gut fließendes und kleinkörniges Fördergut). Kleine Becher aus Stahl- oder Leichtmetallblech werden tiefgezogen, größere geschweißt oder gegossen, Becher aus Kunststoff werden im Spritzgußverfahren hergestellt, wobei an den Befestigungsbohrungen der Becher Metallscheiben zur Verstärkung mit eingespritzt werden können. Bei stärker schleißendem Fördergut werden die Becherränder verstärkt.

Der Antrieb des Becherstranges erfolgt an der oberen Umlenkstelle über einen Getriebemotor, der mit einer Rücklaufsperre zu versehen ist, damit bei Betriebsunterbrechung wegen der Verstopfungsgefahr kein Becherrücklauf entsteht (Bild 6.3.9).

Die untere Umlenkstelle wird als Spannstation ausgebildet. Das Spannen geschieht durch eine Gewindespindel oder ein über ein Hebelsystem wirkendes Spanngewicht. Bei Bandbecherwerken werden an den Umlenkstellen Trommeln (Abschnitte 6.2.1) bei Kettenbecherwerken Kettenräder (Abschnitte 6.2.1 und 6.3.1) verwendet.

Das Gehäuse, in dem die auf- und abwärtsführenden Becherstränge laufen, wird aus 2 ... 5 m langen Schüssen aus Stahlblech mit aufgeschweißten Verstärkungsprofilen zusammengeschraubt und kann bei kurzen Förderhöhen selbsttragend sein. Sonst tragen sich die einzelnen Gehäuseschüsse an einer besonderen Stützkonstruktion oder an einer Gebäudewand über dort befestigte Halteschienen ab.

Technische Daten und Anwendung

Fördermenge bis 400 (1000) $\frac{t}{h}$

Förderhöhe bis 60 (100) m

Fördergeschwindigkeit 1 ... 2(3) $\frac{m}{s}$ bei Bandbecherwerken und
0,3 ... 1,0 $\frac{m}{s}$ bei Kettenbecherwerken

Becher: Breite 80 ... 1250 mm, Volumen 0,1 ... 140 dm³, Becherabstand ≈ (2,5 ... 3,0) h

h Becherhöhe

Die schnellaufenden Bandbecherwerke dienen zur Steil- oder Senkrechtförderung von leichten, pulverförmigen und körnigen Fördergütern (Mehl, Getreide, Chemikalien usw.), die langsamlaufenden Kettenbecherwerke können auch schwerere und stückige Fördergüter bewegen (Koks, Kohle usw.). Die elastischen Gummibänder dämpfen die Stöße beim Füllen der Becher besser als die Ketten.

Der Energiebedarf und der Verschleiß ist niedriger als beim steil oder senkrecht fördernden Trogkettenförderer; die Staubfreiheit ist bei gekapselter Ausführung gewährleistet.

Gutaufgabe. Die Gutaufgabe erfolgt durch Schöpfen an der unteren Umlenktrommel oder durch direktes Einschütten am steigenden Becherstrang.

Bei der üblichen Schöpfaufgabe entstehen beim Schöpfen neben den Beschleunigungskräften noch zusätzliche Stoß- und Reibungskräfte durch das Fördergut. Die Schöpfaufgabe ist für pulverförmige und leichtkörnige Fördergüter mit nicht allzu großer Schüttdichte gut geeignet.

Bei der Schüttaufgabe wird das Fördergut direkt in die an der Aufgabestelle vorbeilaufenden Becher eingeschüttet. Deshalb sind diese ohne Abstand hintereinander gesetzt. Die Schüttaufgabe ist für schwere grobkörnige oder leicht stückige sowie backende Fördergüter zu empfehlen, da hier der Schöpfwiderstand zu groß wäre.

Gutabgabe. Bei der Gutabgabe an der oberen Antriebstrommel wirken Schwer- und Fliehkräfte auf das Fördergut (Bild 6.3.9). Vor der Umlenktrommel wirkt nur die Eigengewichtskraft der Becherfüllung $F_G = mg$, die der resultierenden Kraft F_{Res} entspricht.

An der Umlenktrommel wirken die Eigengewichtskraft der Becherfüllung F_G (senkrecht nach unten) und die von der Becherfüllung verursachte Fliehkraft $F_F = m\omega^2 r_s$ (radial).

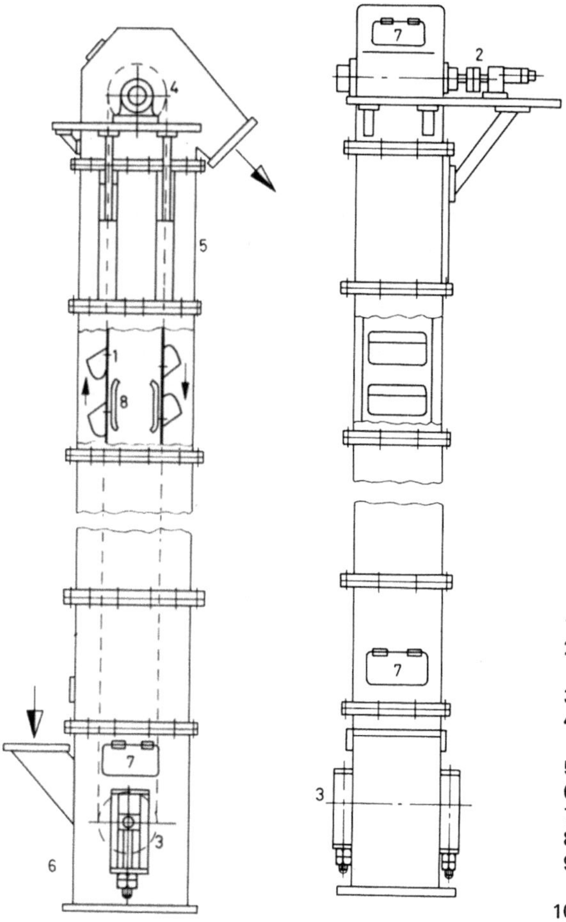

Senkrechtes Bandbecherwerk

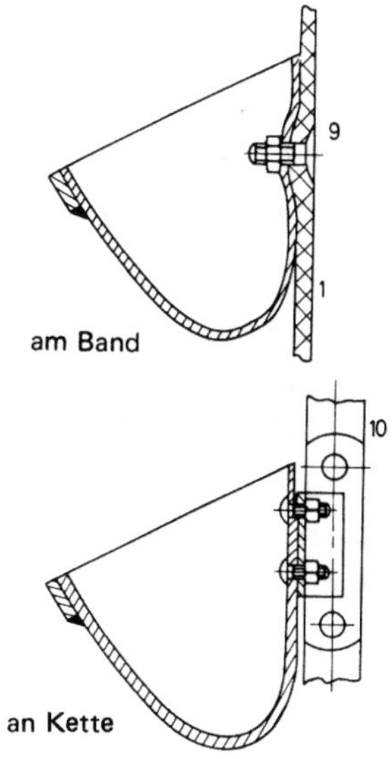

Becherbefestigungen

1 Band mit Bechern
2 Antriebsstation (Getriebemotor mit Rücklaufsperre)
3 Spannstation (mit Gewindespindel)
4 Kopfteil mit Arbeitsbühne und Abgabeöffnung
5 Schachtteil
6 Fußteil mit Beschickungsöffnung
7 Revisionsklappen
8 Bandführung
9 Befestigungsschraube (Tellerschraube – DIN 15236/37)
10 Gelenkkette (einsträngig mit Pratzen zur Becherbefestigung)

Bild 6.3.9. Senkrechtbecherwerk

Durch die geometrische Addition von F_G und F_F ergibt sich F_{Res}, das sich in Größe und Richtung je nach Becherstellung ändert.

Aus der Ähnlichkeit der in Bild 6.3.10 schraffiert angegebenen Dreiecke kann der Polabstand l_P ermittelt werden:

$$\frac{l_P}{r_s} = \frac{F_G}{F_F} = \frac{mg}{m\omega^2 r_s} = \frac{g}{\omega^2 r_s}$$

m Masse der Becherfüllung
g Fallbeschleunigung
ω Winkelgeschwindigkeit der Antriebstrommel
r_s Schwerpunktsradius (Bild 6.3.10)

$$\boxed{l_P = \frac{g}{\omega^2}} \quad \textit{Polabstand} \tag{6.3.5}$$

Der Polabstand kann graphisch gemäß Bild 6.3.10 aus mindestens zwei Becherstellungen oder nach Gl. (6.3.5) ermittelt werden.

Fliehkraftentleerung $l_P < r_i$. Der Pol P liegt innerhalb der Antriebstrommel, r_i siehe Bild 6.3.10. Das Fördergut geht zunächst in Richtung der resultierenden Kraft F_{Res}, rutscht über die äußere Becherkante und fliegt anschließend in einer Wurfparabel weiter. Dieser Entleerungsart liegt bei größeren Drehzahlen der Antriebstrommel vor (Band- und schnellaufende Kettenbecherwerke). Der Abgabestutzen für das Fördergut wird etwa in die Richtung der Wurfparabel gelegt.

Schwerkraftentleerung $l_P > r_a$. Der Pol P liegt außerhalb der Antriebstrommel, r_a siehe Bild 6.3.10. Das Fördergut rutscht hierbei über die innere Becherkante und fällt nur durch die Schwerkraft beeinflußt senkrecht abwärts. Diese Entleerungsart ergibt sich bei kleineren Drehzahlen der Antriebstrommel (Kettenbecherwerke).

Es ist darauf zu achten, daß das Fördergut auch in den Abgabestutzen am Kopf des Becherwerkes fällt und nicht im Leerstrang herabrutscht. Dies kann durch Ablenken des abwärts laufenden leeren Becherstranges nach innen erreicht werden (Bild 6.3.10).

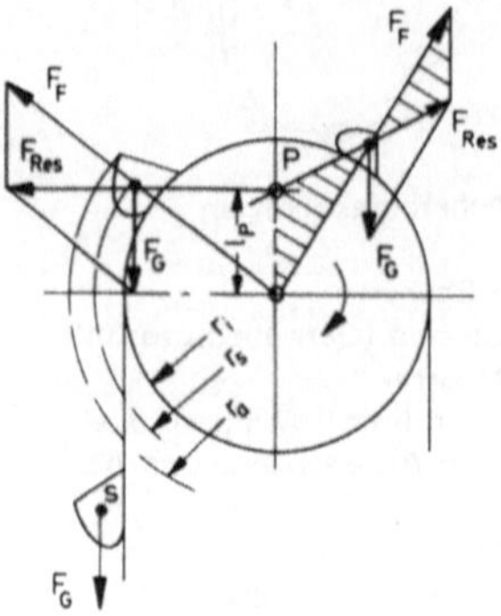

F_G Eigengewichtskraft der Becherfüllung
F_F Fliehkraft der Becherfüllung
F_{Res} Resultierende Kraft
P Pol, L_P Polabstand
v Fördergeschwindigkeit

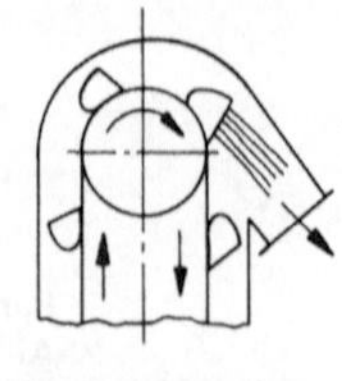

Bandbecherwerk (Fliehkraftentleerung)

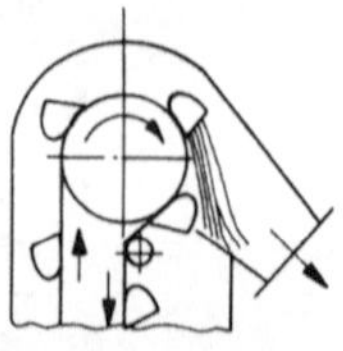

Kettenbecherwerk (Schwerkraftentleerung, Ablenkung der Förderkette)

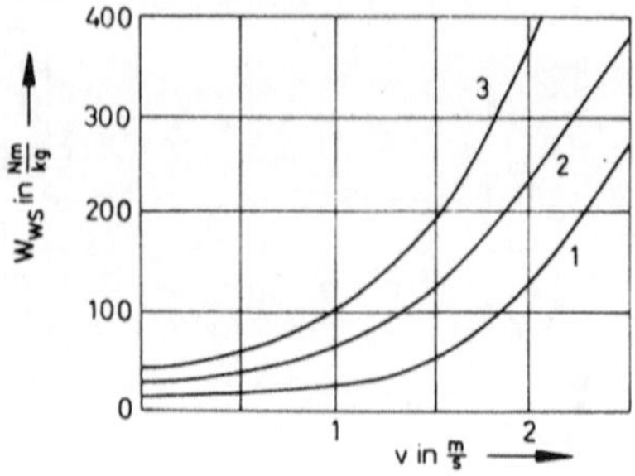

1 Getreide
2 Sand, Kies
3 Kohle

Spezifische Schöpfarbeit W_{WS} Richtwerte (nach Wehmeier)

Bild 6.3.10. Hilfswerte zur Berechnung von Becherwerken

Berechnung

Fördermenge Volumenstrom $\dot{V}$ (Förderung in Einzelgefäßen) und Massenstrom $\dot{m}$ für Schüttgüter nach den Gln. (6.1.2) und (6.1.3) ermitteln. Das Bechervolumen V ist noch mit dem Füllungsgrad φ zu multiplizieren, da die Becher niemals ganz gefüllt sind; das Bechervolumen V entspricht dem Nutzvolumen bei Füllung mit einer Flüssigkeit.

Füllungsgrad $\varphi = 0{,}4 \ldots 0{,}8$ kleine Werte bei grobstückigem Gut und höherer Fördergeschwindigkeit

Antriebsleistung Die Nennleistung des Antriebsmotors ergibt sich aus Gl. (6.1.7) und den dort anschließenden Hinweisen. Der hierfür erforderliche Gesamtwiderstand F_W, der der Umfangskraft F_U im Zugmittel entspricht, kann nach Gl. (6.3.6) ermittelt werden, die sich aus Gl. (6.1.6) unter Beachtung des Schöpfwiderstandes F_{WS} wie folgt ergibt:

$$F_W \mathrel{\hat{=}} F_U = f_{ges}\, h\, g\,(m_{lF} + m_{lG}) \pm m_{lG}\, g\, h + F_{WS}$$ *Gesamtwiderstand* (Umfangskraft im Zugmittel) (6.3.6)

$f_{ges} \approx 0{,}04 \ldots 0{,}06$	Gesamtreibungszahl; kleine Werte bei größerer Vorspannkraft F_V – siehe unten. Die Reibung (außer dem Reibungsanteil des Schöpfwiderstandes) tritt in den Ketten bzw. Bändern, an den Umlenkstellen, in den Lagern der beiden Umlenktrommeln und an den Führungen auf.
m_{lF}	Auf Längeneinheit bezogene Eigenlast beider Trums (Becher und Band- bzw. Ketteneigenlast), die Reibungskräfte erzeugt; z.B. in $\frac{kg}{m}$
g	Fallbeschleunigung
$\dot{m}$	Massenstrom
v	Band- bzw. Kettengeschwindigkeit
h	Förderhöhe
F_{WS}	Schöpfwiderstand
$m_{lG} = \frac{\dot{m}}{v}$	Auf die Längeneinheit bezogene Gutlast; z.B. in $\frac{kg}{m}$

Der Schöpfwiderstand F_{WS} kann überschlägig aus der in experimentellen Untersuchungen ermittelten Spezifischen Schöpfarbeit W_{WS} ermittelt werden:

$$W_{WS} = f(v, \text{Gutart}, \rho_S, \text{Korngröße})$$

Erfahrungswerte siehe Bild 6.3.10.

$$F_{WS} = \frac{W_{WS}\,\dot{m}}{v}$$ *Schöpfwiderstand* (6.3.7)

W_{WS}, $\dot{m}$ und v siehe oben.

Bei Becherwerken mit Schüttaufgabe entfällt der Schöpfwiderstand.

$$F_2 = \frac{m_{lF}}{2}\, g h + F_V$$ *Zugkraft im Leertrum* (6.3.8)

$$F_1 = F_U + F_2$$ *Maximale Zugkraft* (im Lasttrum) (6.3.9)

m_{lF}, g und h siehe oben.

F_V Vorspannkraft je Trum; $F_V \approx 2000 \ldots 4000$ N – sie soll das allzu starke Ausschlagen der beiden Trums verhindern.

Bei Gln. (6.3.8) und (6.3.9) ist $\frac{m_{lF}}{2}$ anzusetzen, da sich m_{lF} auf beide Trums bezieht. Da in Gl. (6.3.6) die Eigenlast des Leertrums nicht berücksichtigt wurde, kommt sie zur Ermittlung von F_1 noch hinzu – siehe Gl. (6.3.8) und (6.3.9). Außerdem ist die Vorspannkraft F_V zu berücksichtigen.

Die Bänder bzw. Ketten sind nach der maximalen Zugkraft F_1 auszulegen. Bei den Bandbecherwerken ist auf die Schwächung des Bandquerschnittes durch die Befestigungslöcher für die Becher und auf die Reibungsverhältnisse zu achten – analog dem Bandförderer (Abschnitt 6.2.1 und Gln. (6.2.8) und (6.2.9)).

Bei Bandbecherwerken soll $\frac{F_1}{F_2} \leqslant e^{\mu\alpha}$ sein damit das Band nicht durchrutscht.

6.3.5.2. Pendelbecherwerke

Aufbau. Pendelbecherwerke gestatten die Verbindung von waagrechten und senkrechten Förderstrecken (Bild 6.3.11). Die Becher werden in gleichen Abständen, an Achsen pendelnd, zwischen zwei mit Laufrollen versehenen endlosen Ketten abgehängt.

Die Gutaufgabe geschieht durch direktes Einschütten in die dicht nebeneinander angebrachten Becher oder über besondere Fülleinrichtungen (Bild 6.3.11). Dazu gehören von den Förderketten angetriebene Fülltrommeln, deren Umfangsgeschwindigkeit der Fördergeschwindigkeit entspricht. Am Umfang der Fülltrommel werden im Abstand der Becherteilung Schlitze angebracht, die eine dosierende Füllung der einzelnen Becher ermöglichen. Die Gutaufgabe in die Fülltrommel wird über eine seitlich der Trommel angebrachte Rutsche vorgenommen. Die Gutabgabe kann an jeder Stelle des horizontal laufenden Förderstranges erfolgen, wobei die Becher gegen einen Anschlag laufen, dadurch gekippt werden und sich entleeren.

Die Antriebs- und Spannvorrichtungen entsprechen denen der Senkrechtkettenbecherwerke.

Anwendung. Pendelbecherwerke werden in Kraftwerken als Bekohlungsanlagen und zum Schüttguttransport, vor allem in der chemischen Industrie, eingesetzt.
Die technischen Daten entsprechen denen der Senkrechtkettenbecherwerke, nur daß das Bechervolumen größer ($V = 30 \ldots 500\ dm^3$) und deshalb die Fördergeschwindigkeit kleiner gewählt wird ($v = 0{,}2 \ldots 0{,}5\ \frac{m}{s}$).

Gegenüber dem Senkrechtbecherwerk ist auch eine horizontale Streckenführung und die Gutabgabe an jeder Stelle des horizontalen Streckenteiles möglich. Wegen der höheren Baukosten und Eigenlasten werden Pendelbecherwerke zunehmend durch die Kombination Senkrechtbecherwerk/Bandförderer ersetzt, deren Fördermenge gleich groß ist.

Berechnung. Die Berechnung der Fördermenge, der Antriebsleistung und der maximalen Kettenzugkraft erfolgt analog den Senkrechtbecherwerken (Abschnitt 6.3.5.1). Durch das Einschütten des Fördergutes entfällt der Schöpfwiderstand.

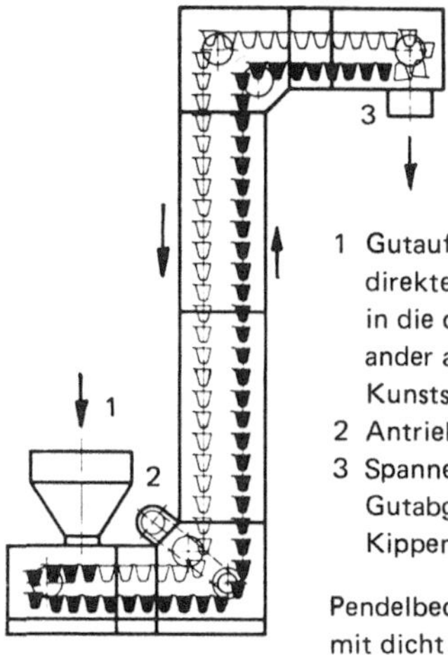

1 Gutaufgabe – durch direktes Einschütten in die dicht hintereinander angeordneten Kunststoffbecher
2 Antriebsstation
3 Spanneinrichtung und Gutabgabe durch Kippen der Becher

Pendelbecherwerk mit dicht aneinander angeordneten Kunststoffbechern (SEGLER)

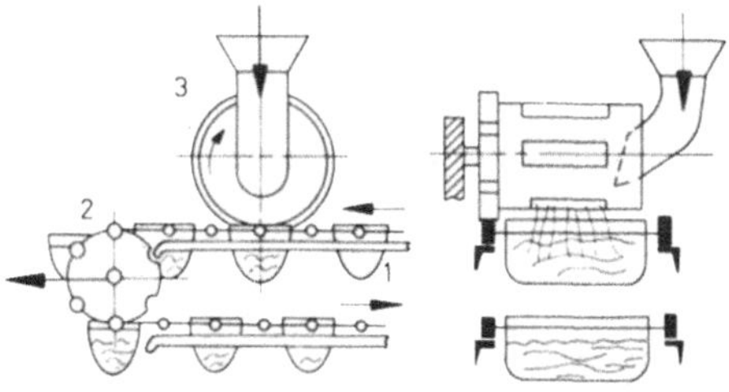

1 Becher an Zweistrangkette befestigt
2 Spannstation
3 Fülltrommel, synchron von Förderkette angetrieben

Gutaufgabe durch Fülltrommel, Becher nicht direkt nebeneinander

Bild 6.3.11. Pendelbecherwerk

6.3.5.3. Wichtige Sonderausführungen

Schaukelbecherwerke Hierbei handelt es sich um senkrecht arbeitende Kettenbecherwerke, deren Tragelemente in Form von Gabeln, Platten, Schaukeln usw. pendelnd am Zugmittel befestigt sind. Schaukelbecherwerke dienen zur Senkrechtförderung von Stückgütern.

Gurttaschenförderer. Das über Querstäbe gefaltete endlose Gummiband bildet nach innen offene Taschen, die durch feste Seitenscheiben seitlich geschlossen werden und gleichzeitig den Taschen den erforderlichen Halt geben. Die Gutauf- und -abgabe erfolgt jeweils von innen auf kurzen waagerechten Streckenteilen. (Gutaufgabe durch Einschütten, Gutabgabe durch Schwerkrafteinfluß bei nach unten offenen Taschen). Einzelheiten siehe Prospekt der Fa. Schenck.

Gurttaschenförderer werden zur steilen oder senkrechten Förderung von stark schleißenden, grobstückigen Schüttgütern verwendet.

6.3.6. Beispiele

23 Trogkettenförderer

Förderlänge L = 50 m (waagrechte Förderstrecke), Förderhöhe h = 20 m (an waagrechte Förderstrecke direkt anschließend), Gutaufgabe zu Beginn der waagrechten Förderstrecke. Massenstrom $\dot{m} = 25\,\frac{t}{h}$, Schüttdichte $\rho_S = 0{,}7\,\frac{t}{m^3}$, Kettengeschwindigkeit $v = 0{,}3\,\frac{m}{s}$, Geschwindigkeitsbeiwert im waagrechten Streckenteil $c_W = 0{,}8$, Gesamtreibungszahl $f_{ges} = 0{,}5$, Wirkungsgrad des Antriebes $\eta = 0{,}9$.

Kette: Einstrangsteckbolzenkette, Eigenlast einschl. Mitnehmer $m_{lF} = 20\ \frac{kg}{m}$ für beide Trums, Kettenvorspannkraft $F_V = 2000$ N.

Trog: $\frac{B}{H} = 2$ (B Trogbreite, H Troghöhe), waagrechter Streckenteil zu 40 % gefüllt. Trog im senkrechten Streckenteil durch Zwischenblech geteilt-rücklaufendes Trum im leeren Trogteil – analog Bild 6.3.3.

Gesucht:

1. Breite B und Höhe H des Troges
2. Geschwindigkeitsbeiwert im senkrechten Streckenteil c_S
3. Antriebsleistung P_1 für Gutabgabe am Ende der vertikalen Förderstrecke
4. Antriebsleistung P_2 für Gutabgabe am Ende der horizontalen Förderstrecke
5. Nennleistung P_N des Antriebsmotors
6. Maximale Kettenzugkraft F_1

Lösung:

1. Volumenstrom $\dot{V}$ nach Gl. (6.1.3)

$$\dot{V} = \frac{\dot{m}}{\rho_S} = \frac{25}{0{,}7} = 35{,}7\ \frac{m^3}{h} \mathrel{\hat{=}} 0{,}0099\ \frac{m^3}{s}$$

Trogquerschnitt A analog Gl. (6.1.1) unter Berücksichtigung von c_W und der Füllung im waagrechten Streckenteil

$$A = BH = 2HH = \frac{\dot{V}}{v\, c_W\, 0{,}4} \rightarrow \text{Troghöhe } H = \sqrt{\frac{\dot{V}}{v\, c_W\, 0{,}8}} = \sqrt{\frac{0{,}0099}{0{,}3 \cdot 0{,}8 \cdot 0{,}8}} = 0{,}227 \text{ m} \qquad \underline{\underline{H = 230 \text{ mm}}}$$

Trogbreite $B = 2H = 2 \cdot 230 = 460$ mm $\qquad \underline{\underline{B = 460 \text{ mm}}}$

2. Unter Beachtung von gleichem $\dot{V}$ im waagrechten und senkrechten Streckenteil und der vollständigen Füllung im senkrechten Streckenteil, wobei dort die Troghöhe $\frac{H}{2}$ beträgt – siehe Aufgabentext – ergibt sich analog Gl. (6.1.1)

$$c_S = \frac{\dot{V}}{A_s\, v} = \frac{0{,}0099}{0{,}053 \cdot 0{,}3} = 0.62 \qquad \underline{\underline{c_S = 0{,}62}}$$

Gutquerschnitt im senkrechten Streckenteil $A_s = B\,\frac{H}{2} = 0{,}46 \cdot 0{,}115 = 0{,}053\ m^2$

3. Umfangskraft F_{U1} nach Gl. (6.1.6)

$$F_{U1} = f_{ges} L_{ges}\, g\, (m_{lF} + m_{lG}) + m_{lG}\, g\, h = 0{,}5 \cdot 70 \cdot 10\ (20 + 23{,}1) + 23{,}1 \cdot 10 \cdot 20 = 19700 \text{ N}$$

$$m_{lG} = \frac{\dot{m}}{v} = \frac{6{,}94}{0{,}3} = 23{,}1\ \frac{kg}{m} \qquad \underline{\underline{F_{U1} = 19{,}7 \text{ kN}}}$$

Förderlänge $L_{ges} = L + h = 70$ m,

Antriebsleistung $P_1 = F_{U1}\, v = 19700 \cdot 0{,}3 = 5910\ \frac{Nm}{s}$ $\qquad \underline{\underline{P_1 = 5{,}91 \text{ kW}}}$

4. Umfangskraft F_{U2} analog Gl. (6.1.6), hierbei ist zu beachten, daß das Fördergut nur über den waagrechten Streckenteil Reibungskräfte erzeugt.

$$F_{U2} = f_{ges} L_{ges}\, m_{lF}\, g + f_{ges}(L_{ges} - h)\, m_{lG}\, g = 0{,}5 \cdot 70 \cdot 20 \cdot 10 + 0{,}5\,(70 - 20)\ 23{,}1 \cdot 10 = 12800 \text{ N}$$

$$\underline{\underline{F_{U2} = 12{,}8 \text{ kN}}}$$

Antriebsleistung $P_2 = F_{U2}\, v = 12800 \cdot 0{,}3 = 3840\ \frac{Nm}{s}$ $\qquad \underline{\underline{P_2 = 3{,}84 \text{ kW}}}$

5. Ungünstigste Belastung siehe Pkt. 3, hiernach Nennleistung P_N auslegen

$$P_N = \frac{P_1}{\eta} = \frac{5{,}91}{0{,}9} = 6{,}57 \text{ kW} \qquad \underline{\underline{P_N = 6{,}57 \text{ kW}}}$$

6. Maximale Kettenzugkraft $F = F_{U1} + F_V = 19{,}7 + 2{,}0 = 21{,}7$ kN $\qquad \underline{\underline{F = 21{,}7 \text{ kN}}}$

24 Einbahn-Kreisförderer

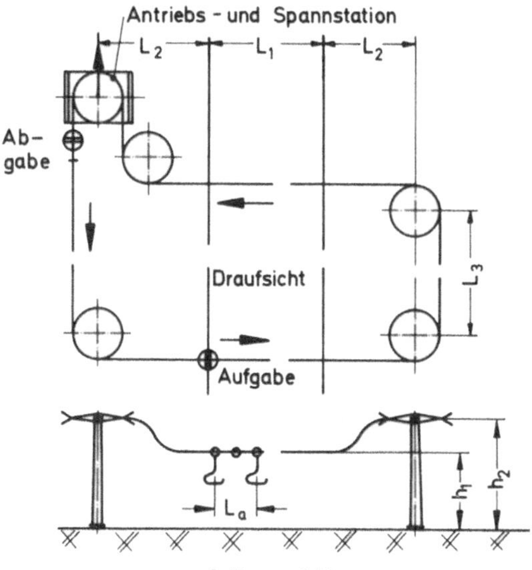

Last eines Einzelstückes $m_{St} = 15$ kg, Fördermenge $\dot{m}_{St} = 900 \frac{St}{h}$, $L_1 = 100$ m, $L_2 = 10$ m, $L_3 = 50$ m, $h_1 = 2{,}5$ m, $h_2 = 5$ m, Reibungszahlen: $f_H = 0{,}03$, $f_U = 1{,}05$, $f_F = 0{,}4$. Hakenlast $m_H = 5$ kg, Rollenlast $m_R = 5$ kg, Eigenlast der Förderkette $m_K = 2 \frac{kg}{m}$, Vorspannkraft in der Förderkette $F_2 = 500$ N, Wirkungsgrad des Antriebes $\eta = 0{,}75$, Hakenabstand $L_a = 1{,}4$ m, rotierende Massen durch einen 20 %igen Zuschlag zu den linear zu beschleunigenden Massen berücksichtigen, Anlaufzeit $t_A = 5$ s (über Anlaufkupplung).

Gesucht:

1. Kettengeschwindigkeit v, Fördermenge $\dot{m}$
2. Maximale Kettenzugkraft im Vollastbeharrungszustand
3. Nennleistung P_N des Antriebsmotors; spielt die Beschleunigungsleistung bei der Auslegung des Antriebsmotors (E-Motor) eine Rolle?
4. Kettenabmessungen (Rundstahlkette nach DIN 764), Kettenraddurchmesser D bei einer Zähnezahl z = 30.

Lösung:

1. Kettengeschwindigkeit v nach Gl. (6.1.5)

$$v = \dot{m}_{St} L_a = 900 \cdot 1{,}4 = 1260 \frac{m}{h} \mathrel{\hat{=}} 0{,}35 \frac{m}{s} \qquad \underline{\underline{v = 0{,}35 \frac{m}{s}}}$$

Fördermenge $\dot{m}$ nach Gl. (6.1.4)

$$\dot{m} = \frac{m}{L_a} v = \frac{15}{1{,}4} 0{,}35 = 3{,}75 \frac{kg}{s} \mathrel{\hat{=}} 13{,}5 \frac{t}{h} \qquad \underline{\underline{\dot{m} = 13{,}5 \frac{t}{h}}}$$

$m \mathrel{\hat{=}} m_{St}$

2. Umfangskraft F_U analog Gl. (6.1.6); unter Beachtung der Leerstrecke ($L_3 + L_2$) zwischen Gutauf- und -abgabestelle.

$$F_U = f_{ges} L\, m_{lF}\, g + f_{ges} (L - L_3 - L_2)\, m_{lG}\, g + m_{lG}\, g\, h$$

$$F_U = 0{,}053 \cdot 340 \cdot 12{,}8 \cdot 10 + 0{,}053 (340 - 50 - 10) \cdot 10{,}7 \cdot 10 + 10{,}7 \cdot 10 \cdot 2{,}5 = 4170\,\text{N}$$

Gesamtreibungszahl $f_{ges} = f_H (1 + f_F f_U^z = 0{,}03 (1 + 0{,}4 \cdot 1{,}05^{13}) = 0{,}053$ $\qquad \underline{F_U = 4170\,\text{N}}$

Gutlast $m_{lG} = \frac{\dot{m}}{v} = \frac{3{,}75}{0{,}35} = 10{,}7 \frac{kg}{m}$

Umlenkzahl $z = 13$ (an der Förderstrecke und an den Umlenkstellen)
Förderlänge $L \approx 2\,L_1 + 4\,L_2 + 2\,L_3 = 2 \cdot 100 + 4 \cdot 10 + 2 \cdot 50 = 340$ m

Eigenlast des Förderstranges $m_{lF} = m_K + \frac{m_R}{\frac{L_a}{2}} + \frac{m_H}{L_a} = 2 + \frac{5}{0{,}7} + \frac{5}{1{,}4} = 12{,}8\ \frac{\text{kg}}{\text{m}}$

Förderhöhe $h = h_2 - h_1 = 5 - 2{,}5 = 2{,}5$ m
Maximale Kettenzugkraft analog Gl. (6.3.3)
$F_1 = F_U + F_2 = 4170 + 500 = 4670$ N $\qquad$ $\underline{\underline{F_1 = 4670\ \text{N}}}$
Vorspannkraft $F_2 = 500$ N

3. Nennleistung P_N analog Gl. (6.1.7), ($P_N \mathrel{\hat{=}}$ Vollastbeharrungsleistung P_V)

$P_N = \frac{F_U\,v}{\eta} = \frac{4170 \cdot 0{,}35}{0{,}75} = 1950\ \frac{\text{Nm}}{\text{s}}$ $\qquad$ $\underline{\underline{P_N = 2\ \text{kW}}}$

Beschleunigungsleistung P_B analog Gl. (2.6.5)

$P_B = 1{,}2\,m\,\frac{v}{t_A}\,\frac{v}{\eta} = 1{,}2 \cdot 7350\,\frac{0{,}35}{5} \cdot \frac{0{,}35}{0{,}75} = 288$ W $\qquad$ $\underline{P_B = 0{,}3\ \text{kW}}$

"1,2": Zuschlag für rotierende Massen (siehe Aufgabenstellung)
Linear zu beschleunigende Masse m aus der Eigenlast des Förderstranges und der Nutzlast:

$m = m_{lF}\,L + \frac{(L - L_3 - L_2)}{L_a}\,m_{St} = 12{,}8 \cdot 340 + \frac{280}{1{,}4}\,15 = 7350$ kg

Anlaufleistung $P_A = P_V + P_B = 2 + 0{,}3 = 2{,}3$ kW

$\frac{P_A}{P_N} = \frac{2{,}3}{2} = 1{,}15$; Motor im Anlauf um ca. 15 % überlastet, diese Überlastung ist bei E-Motoren ohneweiteres möglich (siehe Abschnitt 2.7.1) $\qquad$ $\underline{\underline{P_B \text{ spielt keine Rolle}}}$

4. Kette nach der maximalen Kettenzugkraft $F_1 = 4670$ N auslegen, siehe Pkt. 3. Nach Bild 2.2.1 ergeben sich folgende Abmessungen:

$\underline{\underline{d = 10\,\text{mm},\ b = 36\,\text{mm},\ t = 35\,\text{mm},\ F_{zul} = 10000\,\text{N} - \text{DIN 764}}}$

Kettenraddurchmesser D nach Gl. (2.2.1), (für $d < 16$ mm und $z > 6$)

$D = \frac{t}{\sin\left(\frac{90°}{z}\right)} = \frac{35}{0{,}05} = 700$ mm $\qquad$ $\underline{\underline{D = 700\ \text{mm}}}$

25 Senkrechtbecherwerk für Getreide

Fördermenge $\dot{m} = 25\ \frac{\text{t}}{\text{h}}$, Schüttdichte $\rho_S = 0{,}8\ \frac{\text{t}}{\text{m}^3}$, Förderhöhe $h = 20$ m, Bandgeschwindigkeit $v = 1{,}3\ \frac{\text{m}}{\text{s}}$, Gesamtreibungszahl $f_{ges} = 0{,}05$, Wirkungsgrad des Antriebes $\eta = 0{,}8$.

Becher: Volumen $V = 3{,}75\ \text{dm}^3$, Breite $B = 250$ mm, Füllungsgrad $\varphi = 0{,}7$, Schwerpunktsabstand des gefüllten Bechers vom Trommelaußendurchmesser $L_S = 70$ mm, Eigenlast (einschl. Befestigungsschrauben) $m_B = 3$ kg.

Band: Gummiband als Zugmittel, Einlagen aus Zellwolle mit einer Bruchfestigkeit $k_z = 80/32\ \frac{\text{N}}{\text{mm}}$ und Sicherheitszahl $\nu = 10$, Eigenlast des Bandes $m_{LB} = 10\ \frac{\text{kg}}{\text{m}^2}$, Vorspannkraft je Trum $F_V = 500$ N.

Gesucht:

1. Becherabstand L_a, Bandbreite B
2. Maximale Zugkraft F_1 und Einlagenzahl z des Bandes, Antriebs- und Umlenktrommeldurchmesser
3. Erforderliche Reibungszahl μ zwischen Band und Trommel, Motornennleistung P_N
4. Liegt Fliehkraftentleerung vor (rechnerischer und graphischer Nachweis)

Lösung:

1. Becherabstand L_a analog Gl. (6.1.2) unter Berücksichtigung des Füllungsgrades φ

$$L_a = \frac{V}{\dot{V}} v \varphi = \frac{3{,}75}{8{,}7} 12{,}5 \cdot 0{,}7 = 3{,}8 \text{ dm} \qquad \underline{\underline{L_a = 0{,}4 \text{ m}}}$$

Volumenstrom $\dot{V}$ nach Gl. (6.1.3)

$$\dot{V} = \frac{\dot{m}}{\rho_S} = \frac{6{,}95}{0{,}8} = 8{,}7 \frac{\text{dm}^3}{\text{s}}$$

Massenstrom $\dot{m} = 25 \frac{\text{t}}{\text{h}} \mathrel{\hat{=}} 6{,}95 \frac{\text{kg}}{\text{s}}$ $\qquad \underline{\underline{B \geqslant 250 \text{ mm}}}$

Mindestbreite des Bandes $B \geqq$ Becherbreite

2. Umfangskraft F_U nach Gl. (6.3.6)

$$F_U = f_{ges} h g (m_{lF} + m_{lG}) + m_{lG} g h + F_{WS}$$

$$F_U = 0{,}05 \cdot 20 \cdot 10 (20 + 5{,}35) + 5{,}35 \cdot 10 \cdot 20 + 213 = 1540 \text{ N} \qquad \underline{\underline{F_U = 1540 \text{ N}}}$$

Förderhöhe h = 20 m (Senkrechtbecherwerk)

Eigenlast beider Trums m_{lF} aus Band- und Bechereigenlast berechnen:

$$m_{lF} = 2\left(m_{LB} B + \frac{m_B}{L_a}\right) = 2\left(10 \cdot 0{,}25 + \frac{3}{0{,}4}\right) = 20 \frac{\text{kg}}{\text{m}};\ m_{lG} = \frac{\dot{m}}{v} = \frac{6{,}95}{1{,}3} = 5{,}35 \frac{\text{kg}}{\text{m}}$$

Schöpfwiderstand F_{WS} nach Gl. (6.3.7)

$$F_{WS} = \frac{W_{WS} \dot{m}}{v} = \frac{40 \cdot 6{,}95}{1{,}3} = 213 \text{ N}$$

Spezifische Schöpfarbeit W_{WS} nach Bild 6.3.10: $W_{WS} \approx 40 \frac{\text{Nm}}{\text{kg}}$

Maximale Zugkraft F_1 nach Gl. (6.3.9)

$$F_1 = F_U + \frac{m_{lF}}{2} g h + F_V = 1540 + \frac{20}{2} 10 \cdot 20 + 500 = 4040 \text{ N} \qquad \underline{\underline{F_1 = 4040 \text{ N}}}$$

Einlagenzahl z nach Gl. (6.2.1)

$$z = \frac{F_1 \nu}{B k_z} = \frac{4040 \cdot 10}{250 \cdot 80} = 2{,}02 \qquad \underline{\underline{z = 2}}$$

Trommeldurchmesser D nach Gl. (6.2.3)

$$D = c_M d_{BK} = 100 \cdot 2 = 200 \text{ mm} \qquad \underline{\underline{D = 200 \text{ mm}}}$$

Materialbeiwert $c_M = 100$ (nach Bild 6.2.5); Antriebs- und Spanntrommel mit gleichem Durchmesser ausführen. Dicke des Bandkernes $d_{BK} = 2$ mm angenommen (2 Einlagen, Dicke je Einlage = 1 mm angesetzt).

3. Analog Gln. (6.2.8) und (6.2.9)

$$\frac{F_1}{F_2} = e^{\mu\alpha} = \frac{4040}{2500} = 1{,}61$$

$$F_U = F_1 - F_2 = 1540 \text{ N}$$

Zugkraft im Leertrum nach Gl. (6.3.8)

$$F_2 = \frac{m_{lF}}{2} g h + F_V = \frac{20}{2} 10 \cdot 20 + 500 = 2500 \text{ N} \qquad \underline{F_2 = 2500 \text{ N}}$$

Umschlingungswinkel $\alpha = 180° \mathrel{\hat{=}} \pi = 3{,}14$

$$e^{\mu\alpha} = 1{,}61 \quad \text{hieraus} \quad \mu\alpha = \ln 1{,}61 \quad \text{und} \quad \mu = \frac{\ln 1{,}61}{\pi} = \frac{0{,}48}{3{,}14} = 0{,}15 \qquad \underline{\underline{\mu = 0{,}15}}$$

Motornennleistung P_N nach Gl. (6.1.7)

$$P_N = \frac{F_U v}{\eta} = \frac{1540 \cdot 1{,}3}{0{,}8} = 2500 \frac{\text{Nm}}{\text{s}} \qquad \underline{\underline{P_N = 2{,}5 \text{ kW}}}$$

4. Rechnerischer Nachweis:

Polabstand L_P nach Gl. (6.3.5)

$$L_P = \frac{g}{\omega^2} = \frac{10}{169} = 0{,}059 \text{ m}$$

$L_P = 59$ mm

Winkelgeschwindigkeit der Antriebstrommel $\omega = \frac{v}{\frac{D}{2}} = \frac{1{,}3}{0{,}1} = 13 \text{ s}^{-1}$

$r_i \mathrel{\hat{=}} \frac{D}{2} = 100$ mm (siehe Bild 6.3.10)

$L_P = 59 \text{ mm} < r_i = 100$ mm: Pol P liegt innerhalb der Antriebstrommel-Fliehkraftentleerung

Fliehkraftentleerung liegt vor

Graphischer Nachweis

Der graphische Nachweis erfolgt nach Bild 6.3.10. Die Lage des Poles P wird für 2 gewählte Becherstellungen ermittelt.

Eigengewichtskraft der Becherfüllung $F_G = m\,g = 2{,}1 \cdot 10 = 21$ N — $F_G = 21$ N

Masse einer Becherfüllung $m = V \rho_S \varphi = 3{,}75 \cdot 0{,}8 \cdot 0{,}7 = 2{,}1$ kg

Fliehkraft einer Becherfüllung $F_F = m\,\omega^2 r_S = 2{,}1 \cdot 169 \cdot 0{,}17 = 60$ N — $F_F = 60$ N

Schwerpunktsradius $r_S = r_i + L_S = 0{,}1 + 0{,}07 = 0{,}17$ m

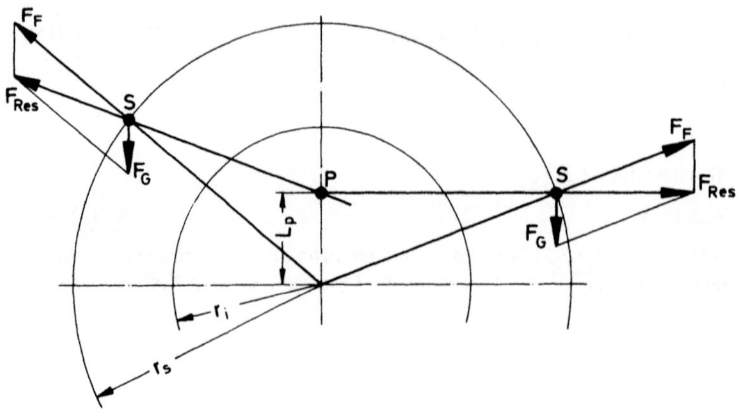

Längenmaßstab M 1 : 5, d. h. 1 cm der Zeichn. ≙ 5 cm der Natur

Kraftmaßstab: 1 cm ≙ 30 N

S: Schwerpunkt der Becherfüllung

Polabstand $L_P \approx 60$ mm (aus oberer Zeichnung)

$L_P \approx 60 \text{ mm} < r_i = 100$ mm: Pol P liegt innerhalb der Antriebstrommel – Fliehkraftentleerung.

Fliehkraftentleerung liegt vor

6.4. Mechanische Stetigförderer ohne Zugmittel

Die Bewegungen von Fördergut und Fördermittel nach Art und Richtung stimmen bei dieser Art von Förderern zum Teil oder überhaupt nicht mehr überein.

Wichtige Bauarten sind Rollen-, Schnecken- und Schwingförderer.

Der Transport auf Rollenförderern erfolgt durch ortsfeste, sich drehende Rollen, auf welchen das Fördergut liegt.

Der Schneckenförderer fördert das Gut durch die Drehbewegung der in einem Trog liegenden Schnecke in Achsrichtung der Schnecke vorwärts.

Bei den Schwingförderern dient eine stationäre Schwingbewegung der Rinne zur Gutbewegung.

6.4.1. Rollenförderer (Angetriebene Rollenbahnen)

Im Gegensatz zu den Rollenbahnen (Abschnitt 6.5.2), die das Fördergut nur über geneigte Strecken bewegen, sind bei den Rollenförderern auch waagrechte und leicht steigende Förderwege möglich. Das Fördergut sollte stets auf mindestens zwei Rollen aufliegen, damit keine Schaukelbewegung beim Fördervorgang eintritt. Oft reicht der Antrieb jeder zweiten oder dritten Rolle aus, vorausgesetzt die Tragrollenabstände sind entsprechend ausgelegt.

6.4.1.1. Leichte Rollenförderer

Aufbau und Anwendung. Sie entsprechen in ihrem Aufbau den Rollenbahnen, nur daß hier die Rollen angetrieben werden. Sie werden analog den geraden Tragrollen von Bandförderern ausgeführt und auch genauso in den Seitenwangen, die sich über vertikale Stützen am Boden oder auf einem Unterbau abstützen, gelagert (siehe Abschnitt 6.2.1 und Bild 6.2.2).

Der Antrieb der Rollen erfolgt über endlose Rollenketten (Abschnitt 2.2.1), die von dem Antriebsritzel eines Getriebemotors bewegt werden und wegen der Unfallgefahr mit Abdeckungen zu versehen sind. Die Antriebsketten greifen in die an den Rollenmänteln befestigten Antriebsritzel ein und werden bei Bedarf über Kettenspanner ausreichend straff gehalten (Bild 6.4.1). Bei reibschlüssigen Antrieben wird ein von einer Trommel angetriebenes schmales Zugband oder ein Keilriemen über federbelastete Druckrollen von unten gegen die Rollen gepreßt (Bild 6.4.1).

Die *Leichten Rollenförderer* dienen zum Transport von leichten bis mittelschweren Stückgütern wie Kisten, Pakete usw. Häufig werden sie auch als Zwischenförderer bei Schwerkraftförderanlagen zur Überwindung des dort unvermeidlichen Höhenverlustes oder als Zu- und Abführeinrichtungen bei Fertigungsanlagen und in Lagern verwendet.

Tragrollen 200 ... 1600 mm breit, 60 ... 100 mm Durchmesser

Fördergeschwindigkeit 0,2 ... 1,0 $\frac{m}{s}$

Förderlänge bis 100 m

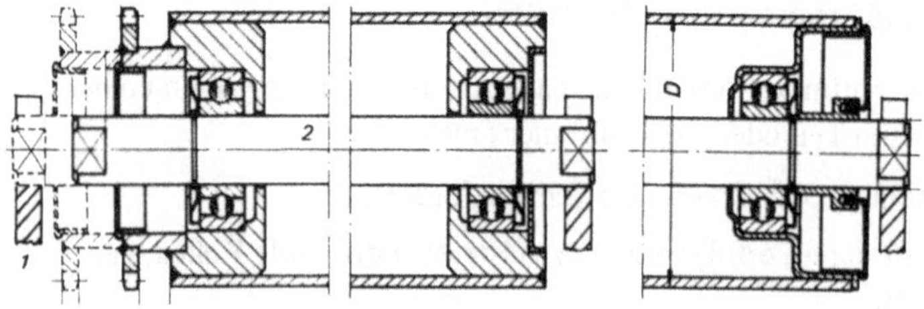

1 Tragkonstruktion
2 Feststehende Achse

Tragrollen für Rollenförderer (KÜPPER)

1 Tragrolle mit Kettenritzel
2 Rollenkette
3 Kettenspanner

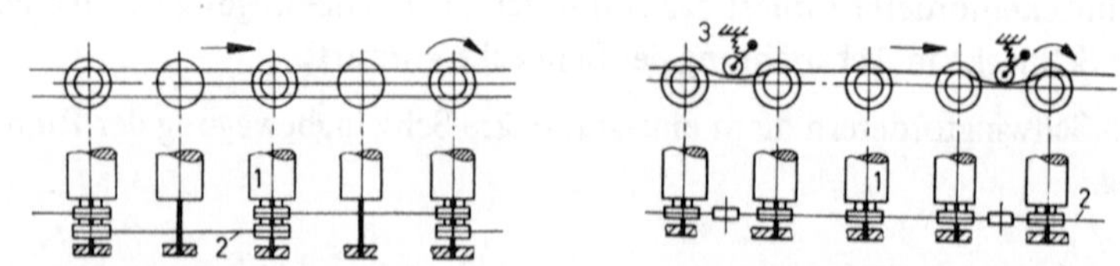

Tragrollen durch kurze Rollenketten angetrieben, jede zweite Tragrolle angetrieben

Tragrollen durch umlaufende, über Kettenspanner gespannte Rollenkette angetrieben, jede Tragrolle angetrieben.

Aus Sicherheitsgründen (Unfallschutz) Kettenschutz einbauen.

Antrieb durch Rollenketten

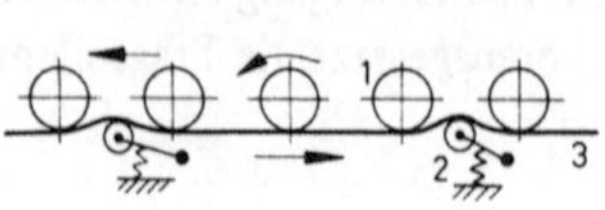

1 Tragrolle
2 Federbelastete Andruckrolle
3 Schmales Gummiband

Antrieb durch Reibband

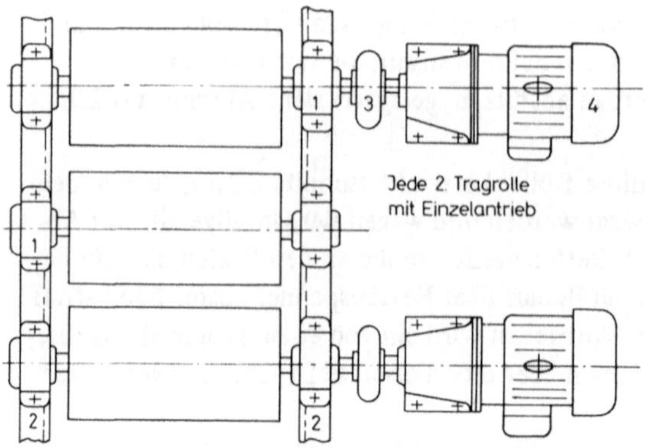

1 Stehlagergehäuse
2 Tragkonstruktion
3 Elastische Kupplung
4 Getriebemotor

Schwere Rollenförderer (Draufsicht)

Bild 6.4.1. Rollenförderer

Stauförderer. Die Stauförderer werden meist als mit Spezialantrieben versehene Rollenförderer ausgeführt. Sie haben den Vorteil, daß sie neben der normalen Förderaufgabe das auf der Förderstrecke liegende Stückgut *druckarm* aufstauen können.

Der Stauvorgang dient zur Anpassung an einen bestimmten Arbeitsrhythmus oder ist bei manuellen bzw. automatischen Eingriffen eine Hilfe beim Zusammenstellen oder Sortieren von Fördergütern. Die Ausbildung der Rollen und Tragkonstruktionen entspricht der der normalen Rollenförderer.

Arbeitsprinzip der Stauförderer Beim Anhalten des Fördergutes durch eine Sperre auf der Förderstrecke wird die auf die Rollen wirkende Antriebskraft selbsttätig abgeschaltet. Das nachfolgende Gutstück wird nur bis zum Auflaufen auf das gestaute Gut bewegt.
Aus der Vielzahl der Ausführungen werden im Anschluß drei wichtige Bauarten kurz beschrieben.

Stauförderer mit über Ketten angetriebenen Tragrollen An den beiden über Kettenräder angetriebenen Bolzenketten, die sich auf Führungsschienen mit ihren Rollen abstützen, sind die Tragrollen drehbar gelagert. Beim Stauen des Fördergutes drehen sich die Tragrollen mit Fördergeschwindigkeit gegen die Förderrichtung (Bild 6.4.2). Die Staudruckkraft entspricht dem Reibungswiderstand in den Tragrollen und nimmt mit wachsender Staulänge zu, siehe Bild 6.4.2.

Diese Ausführung erfordert einen geringen Bauaufwand, sie kann jedoch nur waagrecht fördern, da bei ansteigender Förderstrecke das Fördergut durch den Schwerkrafteinfluß wieder zurückrollen würde.

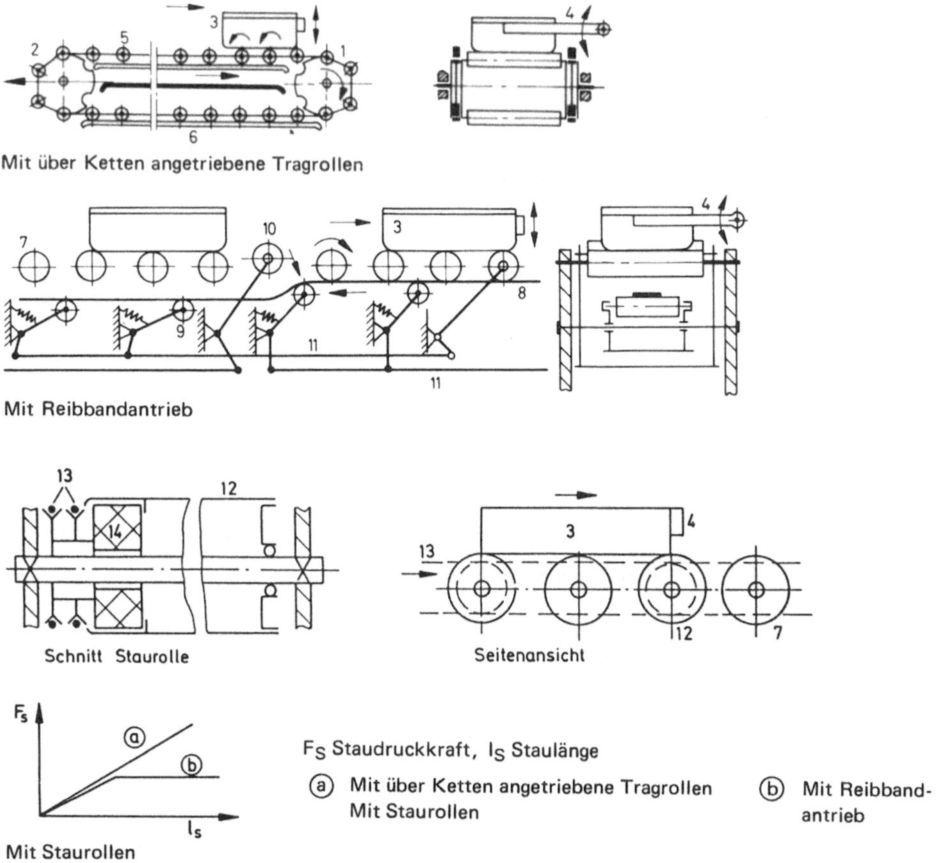

F_S Staudruckkraft, l_S Staulänge
ⓐ Mit über Ketten angetriebene Tragrollen Mit Staurollen ⓑ Mit Reibbandantrieb

1 Antriebsstation, 2 Spannstation, 3 Fördergut (Kiste), 4 Sperre, 5 In Doppelstranggelenkkette drehbar gelagerte Tragrollen, 6 Laufbahn für Gelenkkette, 7 Tragrolle, 8 Zugband, 9 Andruckrolle, 10 Schaltrolle, 11 Schaltgestänge, 12 Staurolle, 13 Rollenkette, 14 Gleitlager

Bild 6.4.2. Stauförderer

Stauförderer mit Reibbandantrieb Das unter den Tragrollen umlaufende angetriebene schmale Zugband wird durch federbelastete Andruckrollen von unten gegen die Tragrollen gepreßt, wodurch diese ihren Antrieb erhalten. Wird ein Gutstück durch eine Sperre festgehalten, werden die Andruckrollen unter dem folgenden Gutstück gegen ihre Federkraft nach unten gezogen, so daß der Antrieb der darüber liegenden Rollen bei weiterlaufendem Zugband unterbrochen wird (Bild 6.4.2). Somit wird die Staudruckkraft einer beliebig langen gestauten Gutstrecke nur so groß, wie die Reibungskraft einer Schaltstrecke; siehe Bild 6.4.2. Beim Lösen der Sperre beginnt sich das dort gestaute Gutstück zu bewegen und gibt damit gleichzeitig den Antrieb des folgenden Stückes frei. Die vom ablaufenden Gutstück entlastete Schaltrolle wird hierbei durch die Federkraft der Andruckrollen über das Schaltgestänge nach oben bewegt; gleichzeitig drücken die Druckrollen das Zugband wieder gegen die Tragrollen. Dadurch laufen die aufgestauten Gutstücke in gewissen Abständen nacheinander los: *Vereinzelungseffekt* – wichtig bei der Erfüllung von automatischen Sortieraufgaben. Dieser Stauförderer kann auch leicht ansteigend fördern; er benötigt jedoch durch die Schaltgestänge einen höheren Aufwand an Bau- und Wartungskosten.

Stauförderer mit Staurollen Die seitlichen Rollenketten treiben über Kettenritzel den Gleitlagerblock und damit auch über Reibschluß die durch das Fördergut belasteten Tragrollen an. Beim Stauen bleibt der Rollenmantel stehen (das Gleitlager rutscht auch am Rollenmantel durch). Meist reicht der Antrieb jeder zweiten Tragrolle aus, so daß die zwischenliegenden Tragrollen normal ausgeführt werden können. Die Staudruckkraft entspricht dem Reibungswiderstand der Staurollen längs der Staulänge. Dieser Förderer hat eine einfache Bauweise; er ist wegen der stetig wachsenden Staudruckkraft jedoch nur bis zu mittleren Belastungen und Staulängen geeignet.

Der schematische Verlauf der Staudruckkraft in Abhängigkeit der Staulänge für die beschriebenen Bauarten geht aus Bild 6.4.2 hervor.

Berechnung

Fördermenge Der Massenstrom $\dot{m}$ und der Stückstrom $\dot{m}_{St}$ kann nach den Gln. (6.1.4) und (6.1.5) berechnet werden. Die Fördergeschwindigkeit v entspricht der Umfangsgeschwindigkeit der Tragrollen. Der Steigungswinkel δ der Bahn soll kleiner sein als der Reibungswinkel ρ zwischen Fördergut und Tragrollen, da das Fördergut sonst auf den angetriebenen Tragrollen zurückrutscht.

Antriebsleistung Die Nennleistung P_N des Antriebsmotors ergibt sich aus Gl. (6.1.7) und den dort anschließenden Hinweisen. Der hierfür erforderliche Gesamtwiderstand F_w, der der Umfangskraft F_U in den Zugmitteln entspricht, kann nach Gl. (6.1.6) ermittelt werden, wobei auf die folgenden Einzelheiten zu achten ist:

$f_{ges} \approx 0{,}03 \ldots 0{,}06$	Gesamtreibungszahl bei fester Gutauflage; geringe Werte bei besonders fester Auflage – z. B. bei Stahlbehältern.
l	Förderlänge
m_{lF}	Auf die Längeneinheit bezogene Eigenlast der drehenden Rollenteile einschließlich möglicher Lasten durch die Druckkräfte der Antriebssysteme.
v	Fördergeschwindigkeit; sie entspricht der Umfangsgeschwindigkeit der Tragrollen.

Maximaler Kettenzug F_1 der Antriebsketten wie beim Gliederbandförderer, Gl. (6.3.3). Auslegung der Zugbänder, der Antriebs- und Umlenktrommeln bei reibschlüssigen Antrieben wie bei den Bändern mit Textileinlagen, Gln. (6.2.1), (6.2.3), (6.2.8) und (6.2.9).

6.4.1.2. Schwere Rollenförderer

Aufbau. Die Schweren Rollenförderer besitzen Tragrollen mit einem Durchmesser bis 600 mm. Deshalb werden die anzutreibenden Tragrollen meist mit Einzelantrieb ausgerüstet und zwar durch spezielle Rollganggetriebemotore (Bild 6.4.1). Im übrigen entspricht der grundsätzliche Aufbau dem der Leichten Rollenförderer, nur daß alle Bauteile wegen der höheren Eigen- und Förderlasten wesentlich stärker auszulegen sind.

Der Einsatz dieser Rollenförderer kommt nur bei sehr schweren Stückgütern in Frage; z. B. zur Beschickung der in Stahlwalzstraßen hintereinander angeordneten einzelnen Walzenstühle. Tragrollen 200 ... 600 mm Durchmesser, Breite bis 3000 mm, in Sonderfällen mehr.

Berechnung. Die Berechnung kann wie bei den Leichten Rollenförderern (Abschnitt 6.4.1.1) vorgenommen werden. Wegen der hohen Eigen- und Förderlasten ist jedoch immer die Beschleunigungsleistung P_B zu überprüfen. Dies kann analog der Gl. (2.6.5) erfolgen, wobei wegen der hohen Tragrolleneigenlasten auch die Beschleunigungsleistung der rotierenden Massen zu beachten ist.

6.4.2. Schneckenförderer

Aufbau. Das Förderelement entspricht einer vollen oder unterbrochenen Schraubenfläche, die um ihre Achse gedreht wird und das Fördergut in einem Trog oder einem Rohr vorwärts schiebt. Diese Art von Förderung verhindert durch die Schwerkraft und die Reibung zwischen Fördergut und Trogwand die Drehung des Fördergutes. Die Gutauf- und -abgabe kann an jeder beliebigen Stelle der Förderstrecke, z. B. über Klappen im Deckel bzw. im Boden des Troges, erfolgen.

Schnecken Die wichtigsten Bauarten sind Voll-, Band- und Segmentschnecken (Bild 6.4.3).

Vollschnecke: Die Herstellung der Vollschnecke erfolgt entweder aus gewalztem Bandstahl bei kleinen Schneckendurchmessern oder aus gelochten und längs des Radius aufgeschnittenen Blechronden, die anschließend schraubenförmig gepreßt werden. Die so geformten Schnecken werden untereinander und mit der Schneckenwelle, die meist aus einem Rohr besteht, verschweißt.
Vollschnecken sind für leicht fließende, pulverförmige und körnige Fördergüter geeignet.

Bandschnecke: Bei der Bandschnecke wird eine schraubenförmige Wendel aus Bandstahl über kurze Arme mit der Schneckenwelle verschweißt. Bandschnecken dienen zur Förderung stückiger und haftender Fördergüter.

Segmentschnecke: Sie besteht aus einzelnen schraubenförmig auf der Schneckenwelle befestigten Schaufeln und ist besonders für backendes Fördergut geeignet. Während des Fördervorganges tritt gleichzeitig ein gewisser Knet- und Mischeffekt auf.

Bei kurzen Schneckenlängen reicht die Lagerung der Schneckenwelle an den beiden Trogstirnseiten aus; bei Längen $\geqslant$ 4 m sind Zwischenlager vorzusehen.

Trog Der Trog besteht aus 3 ... 6 mm starkem Stahlblech. Um den Verschleiß zu verringern und eine Zermahlung des Fördergutes zu vermeiden, sollte er möglichst dicht an die Schnecke anschließen. Bei kleinen Schneckendurchmessern und -längen kommen als Tröge auch Rohre in Frage. Allgemein werden wegen der Verstopfungsgefahr unten gerundete und oben flache Tröge mit abnehmbaren Deckeln verwendet. Zur Erhöhung der Eigenstabilität erhalten die Tröge in radialer und axialer Richtung aufgeschweißte Verstärkungen. Die Schneckenwelle wird über normale Wälzlager, möglichst als Flanschlager, die an die Trogstirnwände angeschraubt werden, gelagert. Hier ist besonders auf gute Abdichtungen gegen das Troginnere und auf die Aufnahme der entgegen der Förderrichtung wirkenden Axialkraft der Schneckenwelle zu achten. Damit die Schneckenwelle nur auf Zug beansprucht wird, ist das Festlager stets an der Abgabestelle vorzusehen.

Da der Trog (erhöhte Verstopfungsgefahr) maximal nur etwa halb gefüllt sein soll, ist die Gutaufgabe zu dosieren. Bei kleineren Schneckendurchmessern geschieht dies durch Verkleinerung der Steigung, bei größeren Durchmessern durch Verkleinern des Schnecken- und Trogdurchmessers im Aufgabebereich – Füllungsgrad φ im Aufgabebereich = 1.

Antrieb Die Schneckenförderer werden allgemein von Getriebemotoren, die über eine elastische Kupplung mit der Schneckenwelle gekuppelt sind, angetrieben. Die Getriebemotore sitzen auf einer am Trogende angeschweißten oder angeflanschten Konsole (Bild 6.4.3).

Technische Daten und Anwendung

Fördermenge bis 100 $\frac{t}{h}$

Förderlänge 1 ... 10(40) m

Schneckenaußendurchmesser 100 ... 1250 mm
Schneckendrehzahl 40 ... 180 min^{-1}; niedrige Werte bei großen Schneckendurchmessern und schwer fließenden Fördergütern.

Die Schneckenförderer dienen zur Förderung pulverförmiger bis kleinstückiger Fördergüter auch in feuchtem oder backendem Zustand, jedoch meist nur über kurze Förderwege.

Besondere Verwendung findet der Schneckenförderer auch als *Dosierförderer*, da seine Fördermenge relativ genau von der Höhe der Schneckendrehzahl abhängt. Bei genauer Dosierung, z. B. über Waagen, wird kurz vor Erreichen der Sollmenge der Schneckenförderer selbsttätig auf Kriechgang (durch polumschaltbare Antriebsmotore) geschaltet, so daß die Restmenge langsam zugegeben wird und beim Abschalten nur ein sehr geringer Gutnachlauf auftritt.

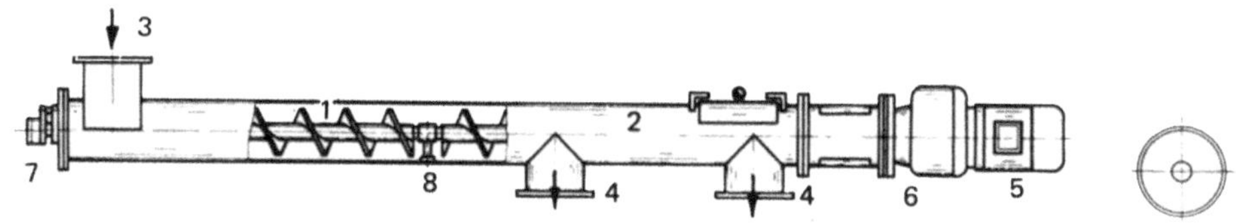

SPIRATOR – Förderschnecke in Rohrform

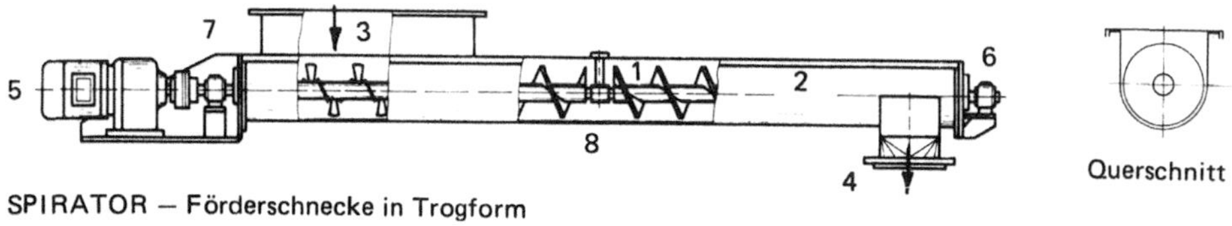

SPIRATOR – Förderschnecke in Trogform

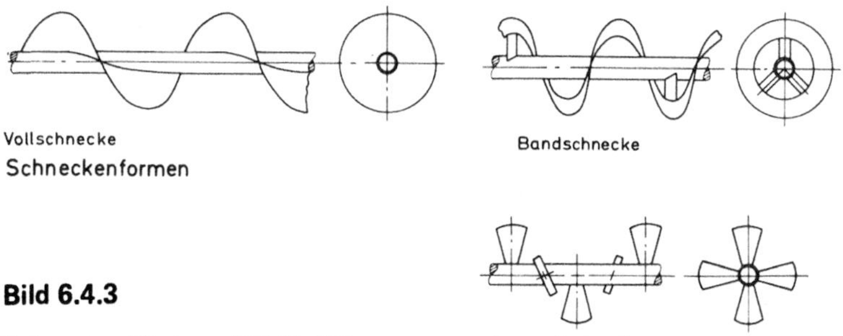

Schneckenformen

1 Schnecke
2 Trog
3 Gutaufgabe
4 Gutabgabe
5 Getriebemotor
6 Festlager
7 Loslager
8 Zwischenlager

Bild 6.4.3

Schneckenförderer (SEGLER)

In Sonderfällen kann der Schneckenförderer bei starker Minderung der Fördermenge auch zur Steil- oder Senkrechtförderung herangezogen werden. Hierbei werden hohe Drehzahlen (n bis 250 min^{-1}) und Tröge in Rohrform benötigt, da die zur Senkrechtförderung erforderliche Reibung an der Trogwandung nur durch Fliehkräfte aufgebracht werden kann.

Vorteile

staubdicht, geringe Störanfälligkeit (Schnecke einzig bewegliches Teil);
Gutauf- und -abgabe über die gesamte Streckenlänge;
auch für heiße Fördergüter geeignet.

Nachteile

hohe Antriebsleistung und Verschleiß sowie Gutbeschädigung;
nur für kleinere Förderlängen bzw. Förderhöhen;
ungeeignet bei stark schleißenden Fördergütern.

Berechnung

Fördermenge

$$\dot{V} = A\, s\, n\, \varphi\, c \qquad \textit{Volumenstrom} \qquad (6.4.1)$$

$$A = \frac{\pi D^2}{4} \qquad \text{Schneckenquerschnitt}$$

D Schneckenaußendurchmesser

Die Minderung des Querschnittes durch die Schneckenwelle kann vernachlässigt werden. Bei körnigem Fördergut soll wegen der Verstopfungsgefahr die Korngröße maximal 10 % des Schneckendurchmessers D betragen.

$s = (0{,}5 \ldots 1{,}0)\, D$ Schneckensteigung; kleinere Werte für s bei großem Schneckendurchmesser D.

n Drehzahl der Schneckenwelle

φ 0,15 ... 0,45: Füllungsgrad; höhere Werte bei leicht fließenden Fördergütern mit geringer Reibung.

c Geschwindigkeitsbeiwert; er berücksichtigt das Zurückbleiben des Fördergutes gegenüber der Schnecke analog dem Trogkettenförderer (Abschnitt 6.3.2).

$c \approx 1$ bei Vollschnecken
$c \approx 0{,}8 \ldots 0{,}9$: bei Bandschnecken
$c \approx 0{,}5 \ldots 0{,}8$: bei Segmentschnecken

Der Massenstrom $\dot{m}$ ergibt sich nach Gl. (6.1.3).

Bei ansteigender Förderung tritt eine Minderung der Fördermenge um ca. 2 % je 1° Steigungswinkel auf; dies gilt für Steigungswinkel δ bis etwa 20°. Bei größerer Steigung oder Senkrechtförderung nimmt die Fördermenge je nach Gutart stärker ab.

Antriebsleistung

Die Nennleistung P_N des Antriebsmotors ergibt sich aus Gl. (6.1.7) und den dort anschließenden Hinweisen. Der Gesamtwiderstand F_W geht aus Gl. (6.4.2) hervor.

$$F_W = f_{ges}\, l\, g\, m_{lG} + m_{lG}\, g\, h \qquad \textit{Gesamtwiderstand} \qquad (6.4.2)$$

f_{ges} Gesamtreibungszahl $f_{ges} = 2 \ldots 4$, kleine Werte bei körnigem, leicht fließendem Fördergut mit geringer Reibung ($f_{ges} = 4 \ldots 8$ bei Steil- oder Senkrechtförderung)

l Förderlänge

g Fallbeschleunigung

$m_{lG} = \frac{\dot{m}}{v}$ Auf die Längeneinheit bezogene Gutlast z.B. in $\frac{kg}{m}$

$\dot{m}$ Massenstrom

$v = s\, n$ Fördergeschwindigkeit (s und n siehe oben)

h Förderhöhe (Höhendifferenz zwischen Gutauf- und -abgabe)

Die Reibleistung durch die Eigenlast des Förderers kann hierbei wegen ihres geringen Einflusses vernachlässigt werden.

$$F_a = \frac{M t}{\frac{Dm}{2}\, \tan(\alpha + \rho)} \qquad \textit{Axialkraft der Schneckenwelle} \qquad (6.4.3)$$

Die Gl. (6.4.3) entspricht der „Schraubenformel“.

$Mt = \eta \frac{P_N}{\omega}$	Drehmoment an der Schneckenwelle;
P_N und η	siehe oben
ω	Drehfrequenz der Schneckenwelle
$Dm \approx \frac{D}{2}$	Mittlerer Schneckendurchmesser
D	Schneckenaußendurchmesser
α	Steigungswinkel der Schnecke; α auf Dm beziehen
ρ	Reibungswinkel zwischen Fördergut und Schnecke.

Die Axialkraft der Schneckenwelle ist zur Auslegung des Axiallagers erforderlich; radial werden die Lager nur duch die Eigenlast der Schneckenwelle beansprucht, der aufliegende Gutanteil kann vernachlässigt werden.

Sonderausführungen. Zwei wichtige Sonderausführungen sind der *Schneckenrohrförderer* und der *Biegsame Schneckenförderer*. Ihre Berechnung erfolgt analog der des normalen Schneckenförderers. Im Anschluß einige wichtige Hinweise über die Unterschiede.

Schneckenrohrförderer Beim Schneckenrohrförderer wird eine Bandschnecke an der Innenwand eines Rohres angeschweißt. Dieses Rohr wird auf Rollen gelagert und über einen Zahnkranz drehend angetrieben. Zur Vermeidung des Gutumlaufs im Rohr sind Drehzahl, Schneckensteigung und Füllungsgrad nur etwa halb so groß wie beim normalen Schneckenförderer zu wählen.

Schneckenrohrförderer besitzen eine gute Mischwirkung und eignen sich besonders für die thermische Behandlung des Fördergutes während der Förderung; z. B. als Drehrohröfen in der Zementindustrie.

Biegsame Schneckenförderer Die aus hochwertigem gehärtetem Stahl gefertigte Bandschnecke besitzt keine Welle und kann daher in gekrümmten Trögen, die hier ausschließlich aus Rohren bestehen, geführt werden. Für größere Fördermengen werden auch Doppelschnecken mit zwei spiralförmig ineinander geschlungenen biegsamen Bandschnecken, die in gleicher Drehrichtung laufen, eingesetzt. Beide Enden der Schnecke werden in Zapfen befestigt, die die Lager aufnehmen, die Führung der Schnecke auf der Förderstrecke erfolgt über die Rohrinnenwand.

Fördermenge 1 ... 3(20) $\frac{m^3}{h}$

Schneckendurchmesser 50 ... 100 (200) mm

Steigungswinkel $\delta \leqslant 80°$

Förderlänge bis 20(60) m

Schneckendrehzahl 200 ... 1000 min^{-1}.

Biegsame Schneckenförderer gestatten bei relativ kleiner Fördermenge eine räumliche Führung des Förderweges und sind leicht umsetzbar.

Sie werden vor allem in der chemischen und Kunststoffindustrie verwendet; z. B. zur Beschickung von mehreren Spritzgußmaschinen mit Kunststoffgranulat von einem gemeinsamen Bunker aus.

6.4.3. Schwingförderer

Die steife Förderrinne der Schwingförderer wird durch ein Antriebssystem in stationäre Schwingungen versetzt, die beim Rinnenhingang Massenkräfte auf das Fördergut übertragen und dieses während des Rinnenrückgangs vorwärts bewegen. Häufig wird die Siebwirkung der Schwingförderer zur Ausführung von Sortieraufgaben während des Fördervorgangs ausgenutzt. Die Schwingförderer werden im allgemeinen nach ihrem Arbeitsverfahren in Schüttelrutschen und Schwingrinnen eingeteilt.

6.4.3.1. Schüttelrutschen

Arbeitsverfahren. Schüttelrutschen arbeiten nach dem *Gleitverfahren*. Hierbei wird beim Rinnenhingang das Fördergut zunächst durch Reibschluß mit der vorwärtsgehenden Rinne mitbewegt. Nach Aufhebung des Reibschlusses (siehe unter *Berechnung*) gleitet das Fördergut durch die Massenkräfte weiter, während die Rinne bereits zurückläuft. Diese kann sowohl horizontal als auch schräg (vor-aufwärts und zurück-abwärts) bewegt werden.

Bei der horizontal bewegten Rinne ist die Auflagekraft des Fördergutes auf dieselbe während des gesamten Rinnenweges konstant. Wenn die Rinnenbeschleunigung $a_R > g\mu_0$ wird, hebt sich der Reibschluß zwischen Fördergut und Rinne auf, das Fördergut gleitet jetzt auf dieser weiter (g Fallbeschleunigung, μ_0 Reibungszahl der Ruhe zwischen Fördergut und Rinne). Wird die Rinne schräg bewegt, ändert sich die Auflagekraft des Fördergutes auf dieser während des Rinnenweges. Durch die beim Rinnenhingang erfolgende Aufwärtsbewegung erhöht sich die Auflagekraft des Fördergutes, so daß eine größere Rinnenbeschleunigung a_R bis zur Aufhebung des Reibschlusses zwischen Fördergut und Rinne möglich ist. Der Rinnenhingang soll langsamer verlaufen als der Rinnenrücklauf (siehe unter *Aufbau*), damit auch bei der nur horizontal bewegten Rinne der zunächst erforderliche Reibschluß zwischen Fördergut und Rinne gewährleistet ist.

Das wichtigste Merkmal der Schüttelrutsche ist, daß sich während der gesamten Rinnenbewegung das Fördergut nicht von der Rinne abhebt (Wurfkennwert $\Gamma \leqslant 1$, siehe Abschnitt 6.4.3.2).

Aufbau. Kennzeichnend für die Schüttelrutschen ist der einfache Aufbau, wobei lediglich an das Antriebssystem besondere Anforderungen gestellt werden.

Die aus Stahlblech mit Versteifungen gefertigten Rinnen, häufig auch als Rohre, werden waagrecht oder leicht geneigt (bis 15°) auf Rollen oder über Lenker pendelnd abgestützt (Bild 6.4.4). Bei größeren Förderlängen werden die einzelnen, 3 ... 6 m langen Rinnenschüsse mit jeweils eigener Abstützung aneinander geschraubt.

Zur Erzeugung der gewünschten langsamen Vorwärts- und raschen Rücklaufbewegung sind Druckluftkolbenmotore oder Schubkurbelantriebe gebräuchlich. Beim Druckluftkolbenantrieb kann der langsame Rinnenvorlauf durch Drosselung des Luftdurchsatzes während des Rinnenvorlaufs erzielt werden. Beim Schubkurbelantrieb geschieht dies dadurch, daß die Verlängerung des Schubweges nicht durch den Kurbelmittelpunkt verläuft; Schubstangenverhältnis $\lambda = r/l = 0{,}2 \ldots 0{,}5$ (siehe Bild 6.4.4).

Die Gutaufgabe erfolgt meist dosiert, die Gutabgabe in der Regel am Rinnenende. Die Antriebsaggregate greifen am Rinnenende oder bei längeren Rinnen auch in der Mitte jeweils in der Rinnenachse (Zentralantrieb) oder auch an beiden Seiten der Rinne (Zwillingsantrieb) an.

Technische Daten und Anwendung

Nutzamplitude der Rinne $\hat{x}_N = 50 \ldots 150$ mm; $2\hat{x}_N \mathrel{\hat{=}}$ Rinnenhub
Erregerfrequenz (Antriebsfrequenz) 1 ... 2 Hz
Rinnenlänge bis 200 m, aus einzelnen Schüssen zusammengesetzt
Rinnenbreite bis 1,6 (4) m
Guthöhe in der Rinne bis 300 mm
Fördergeschwindigkeit 0,1 ... 0,5 $\frac{m}{s}$
Maximaler Neigungs- bzw. Steigungswinkel $\pm 15°$
Fördermenge bis 200 (500) $\frac{t}{h}$.

Schüttelrutschen eignen sich zum Transport von fein- bis grobstückigen, auch heißen, stark schleißenden und aggressiven Schüttgütern. Sie können außerdem während des Fördervorganges technologische Funktionen übernehmen, wie Kühlen, Sieben, Mischen usw. Nachteilig sind die starken Arbeitsgeräusche und Schwingungen. Die Schüttelrutschen werden deshalb zunehmend durch Band- und Kratzerförderer ersetzt, die größere Förderlängen und Fördermengen bei geringeren Antriebsleistungen ermöglichen. Sollen während des Fördervorgangs eine der oben angeführten technologischen Funktionen übernommen werden, können an Stelle der Schüttelrutschen Schwingrinnen (Abschnitt 6.4.3.2) verwendet werden.

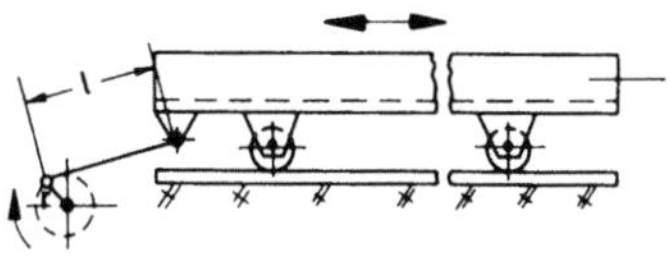

Rinnenabstützung über Rollen (konstante Auflagekraft)

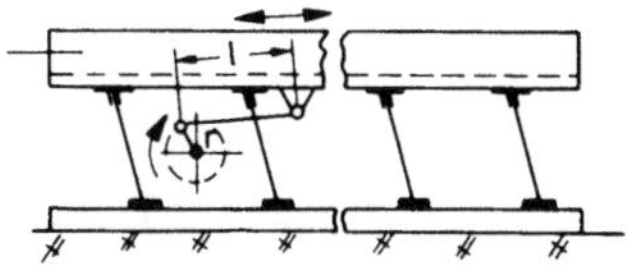

Rinnenabstützung über Lenkerfedern (veränderliche Auflagekraft)

Antrieb über Schubkurbeltrieb
l Schubstangenlänge
r Kurbelradius

Bild 6.4.4. Schüttelrutschen

Berechnung

Förderermenge Der Volumenstrom $\dot{V}$ und der Massenstrom $\dot{m}$ ergibt sich aus den Gln. (6.1.1) bzw. (6.1.3). Den Gutquerschnitt A erhält man aus der Rinnenbreite und der Guthöhe in der Rinne; wegen der starken Schwingbewegung kann der Schüttwinkel auf der bewegten Rinne $\beta_1 = 0$ gesetzt werden. Maßgebend ist jetzt nur noch die Fördergeschwindigkeit v, die in diesem Zusammenhang nur für die Schüttelrutschen mit konstanter Auflagekraft des Fördergutes (siehe unter *Arbeitsverfahren*) betrachtet werden soll. Zunächst wird die Rinnengeschwindigkeit v_R über einem Doppelhub $v_R = f(t)$, aufgetragen (Bild 6.4.5). Hierzu ist z. B. beim Schubkurbelantrieb die Erregerfrequenz f, die Schubstangenlänge *l* und die Versetzung des Kurbelmittelpunktes vom Schubweg anzunehmen. Anschließend wird der Kurbelkreis in mehrere Teilabschnitte aufgeteilt und aus dem Rinnenweg und der Zeit für jeden Teilabschnitt die Rinnengeschwindigkeit

$v_R = \frac{\Delta s_R}{\Delta t}$ berechnet und, wie oben beschrieben, aufgetragen. Durch graphisches Differenzieren kann jetzt aus dem Verlauf von v_R die Rinnenbeschleunigung $a_R = f(t)$ ermittelt und in das gleiche Diagramm eingezeichnet werden (Bild 6.4.5). Anschließend wird in das Diagramm der Wert $\pm\, g\mu_0$, der einer Parallelen zur t-Achse entspricht, eingezeichnet (g Fallbeschleunigung, μ_0 Reibungszahl der Ruhe zwischen Fördergut und Rinne).

Wird $a_R \geqslant g\mu_0$, beginnt das Fördergut auf der Rinne zu gleiten; und zwar in Punkt A (Bild 6.4.5).

Vom Pkt. A aus gleitet das Fördergut mit der Fördergeschwindigkeit v *weiter, verzögert durch* $a = g\mu$; $v \mathrel{\hat{=}}$ *jetzt einer Geraden.*

Die Festlegung dieser Geraden kann wie folgt geschehen: Im Pkt. A ist $v = v_R$; bei einer um Δt später gewählten Zeit (siehe Bild 6.4.5) – Pkt. D ergibt sich als Fördergeschwindigkeit $v = v_A - g\mu\Delta t$ ($v_A \mathrel{\hat{=}} v_R$ im Pkt. A, μ Reibungszahl der Bewegung zwischen Fördergut und Rinne). Die Verbindungslinie zwischen den Punkten A und D entspricht dem Verlauf der Fördergeschwindigkeit v; v entspricht einer Geraden.

Im Pkt. B wird $v = 0$; während die Rinne jetzt schon rückwärts läuft (v_R ist bereits negativ), bewegt sich das Fördergut zur Rinne gesehen noch vorwärts. Ab Pkt. C bewegen sich Fördergut und Rinne wieder gemeinsam; der Reibschluß zwischen Fördergut und Rinne ist wieder hergestellt.

$s = v\,t$ Förderweg je Doppelhub

s entspricht der in Bild 6.4.5 schraffiert dargestellten Fläche, die unter Berücksichtigung der für v_R und t gewählten Maßstäbe ausgezählt oder planimetriert werden kann und damit den Förderweg s ergibt. Jetzt läßt sich die Fördergeschwindigkeit v aus Gl. (6.4.4) berechnen.

$\boxed{v = s\,f}$ *Fördergeschwindigkeit* (6.4.4)

f Erregerfrequenz

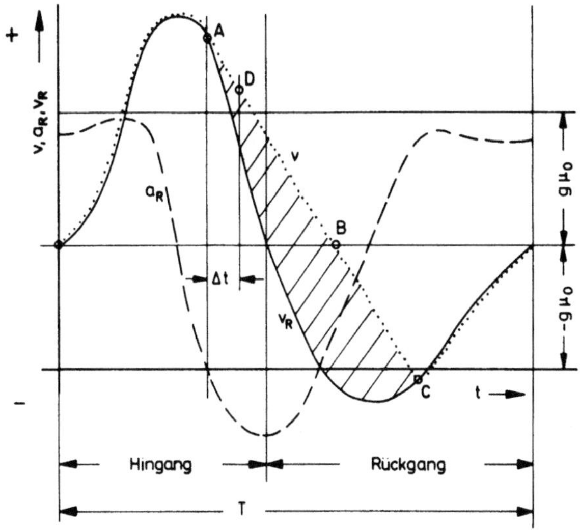

Diagramm zur Ermittlung der Fördergeschwindigkeit v bei konstanter Auflagekraft

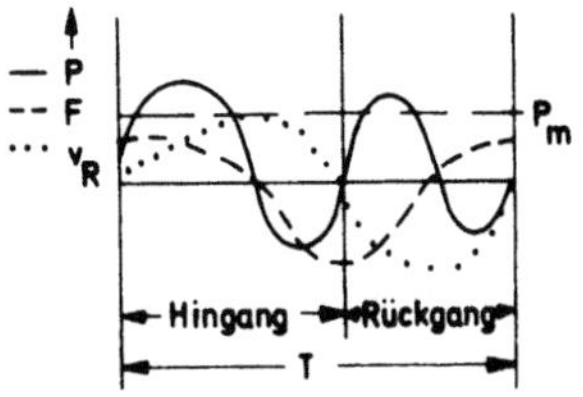

Diagramm zur Ermittlung der Antriebsleistung P

v_R Rinnengeschwindigkeit ——
a_R Rinnenbeschleunigung – –
v Fördergeschwindigkeit .....
g Fallbeschleunigung
μ_0 Reibungszahl der Ruhe
P_m mittlere Antriebsleistung
T Periodendauer

Bild 6.4.5. Bewegungsverhältnisse und Antriebsleistung bei Schüttelrutschen

Antriebsleistung. Die Nennleistung kann nach Gl. (6.4.5) berechnet werden, wobei die Reibungskräfte, die durch die Gleitbewegung des Fördergutes auf der Rinne hervorgerufen werden, vernachlässigt werden sollen.

$$P_N = \frac{F\, v_R}{\eta} \qquad \textit{Nennleistung} \qquad (6.4.5)$$

$F = m_N a_R$ Erregerkraft (Rinnenkraft)
m_N Nutzmasse; sie besteht aus der Rinneneigenmasse und der auf der Rinne liegenden Gutmasse
v_R Rinnengeschwindigkeit (siehe Bild 6.4.5)
a_R Rinnenbeschleunigung (siehe Bild 6.4.5)
η Wirkungsgrad des Antriebes

Aus Bild 6.4.5 kann für jeden Zeitpunkt des Rinnendoppelhubes die Rinnenbeschleunigung a_R entnommen und mit der Nutzmasse m_N die jeweilige Erregerkraft F errechnet werden. F, v_R und η ergeben die Nennleistung P_N, deren Mittelwert P_m für die Auslegung der Nennleistung P_N des Antriebsmotors zugrundegelegt wird (Bild 6.4.5).
Die überschlägige Berechnung der Nennleistung P_N mit Hilfe der Gesamtreibungszahl f_{ges} kann wie folgt vorgenommen werden:

$$P_N = \dot{m} g l \,(f_{ges} \pm \sin\delta)\, \frac{1}{\eta} \qquad \textit{Nennleistung}$$

$\dot{m}$ Massenstrom
g Fallbeschleunigung
l Förderlänge
η Wirkungsgrad des Antriebes
f_{ges} Gesamtreibungszahl, $f_{ges} \approx 1{,}0 \ldots 1{,}5$
+, – Bei Auf- bzw. Abwärtsförderung
δ Steigungs- bzw. Neigungswinkel

6.4.3.2. Schwingrinnen

Arbeitsverfahren. Die Schwingrinnen arbeiten nach dem *Wurfverfahren.* Die Rinne wird nach vorn aufwärts und zurück abwärts bewegt, wobei beim Rinnenrücklauf die negative Vertikalbeschleunigung der Rinne größer wird als die Fallbeschleunigung, das Fördergut hebt sich von der Rinne ab, Wurfkennwert $\Gamma \geqslant 1$ (siehe unter *Berechnung*). So kommt bei den Schwingrinnen zu der bei Schüttelrutschen vorliegenden Gleitbewegung noch eine Wurfbewegung des Fördergutes hinzu. Weitere Einzelheiten siehe unter *Berechnung*.

Aufbau. Eine Schwingrinne setzt sich zusammen aus der federnd abgestützten Rinne und dem Antriebssystem, manchmal kommen noch Speicherfedern hinzu.

Die Rinne wird entweder offen (als Trog) oder geschlossen (als Rohr) aus Stahlblech von 3 ... 6 mm Wandstärke hergestellt (Bild 6.4.6). Versteifungen in Form von aufgeschweißten Profilen sind besonders bei größeren Rinnenlängen wegen der starken dynamischen Beanspruchung vorzusehen; sie vergrößern allerdings die schwingende Masse. Zur Verringerung des Rinnenverschleißes, der Korrosion und der Arbeitsgeräusche bei stark schleißenden und aggressiven Fördergütern werden die Rinnen teilweise mit Auskleidungen aus Gummi, Kunststoffen u. ä. versehen. Bei entsprechender Rinnenausbildung können auch technologische oder Siebprozesse während des Fördervorganges vorgenommen werden.

Schwingungstechnisch unterscheidet man zwischen Ein- und Zweimassensystemen.

Einmassensysteme. Beim Einmassensystem bilden die Förderrinne und die mit ihr starr verbundenen Erreger einschließlich des auf der Rinne aufliegenden Gutanteiles (ca. 10 ... 20 %, 80 ... 90 % des Fördergutes befindet sich ständig in Schwebe; der Ankopplungseffekt liegt bei ca. 10 ... 20 %) die Nutzmasse. Die Nutzmasse wird über mehrere weiche Abstützfedern aus Stahl oder Gummi auf dem Fundament oder einem festen Rahmen abgestützt bzw. an einer Tragkonstruktion abgehängt. Einmassensysteme arbeiten meist im überkritischen Betriebsbereich.

Ein Vorteil ist die einfache Abstimmung der Schwingungsdaten (Nutzamplitude, Erregerfrequenz usw.) auf die jeweiligen Betriebsverhältnisse, nachteilig sind die größeren dynamischen Kräfte an der Abstützung.

Zweimassensysteme Im Zweimassensystem wird die aus der Förderrinne und dem Gutanteil bestehende Nutzmasse über die Speicherfedern mit der aus einem federnd abgestützten bzw. abgehängten Rahmen aufgebauten Gegenmasse verbunden. Zweimassensysteme arbeiten sowohl im unter- als auch im überkritischen Bereich und zwar meist in Resonanznähe (Resonanzschwingförderer) (Bild 6.4.6). Hierdurch wird die Erregerkraft der am Gegenrahmen befestigten Erreger relativ klein, so daß man mit sehr geringen Antriebsleistungen auskommt. Die schwingungstechnische Abstimmung wird so vorgenommen, daß die Ausschläge des Gegenrahmens und damit die dynamischen Kräfte an der Abstützung annähernd Null werden.

Nachteilig sind der höhere Bauaufwand und die schwierigere Abstimmung der Schwingungsdaten.

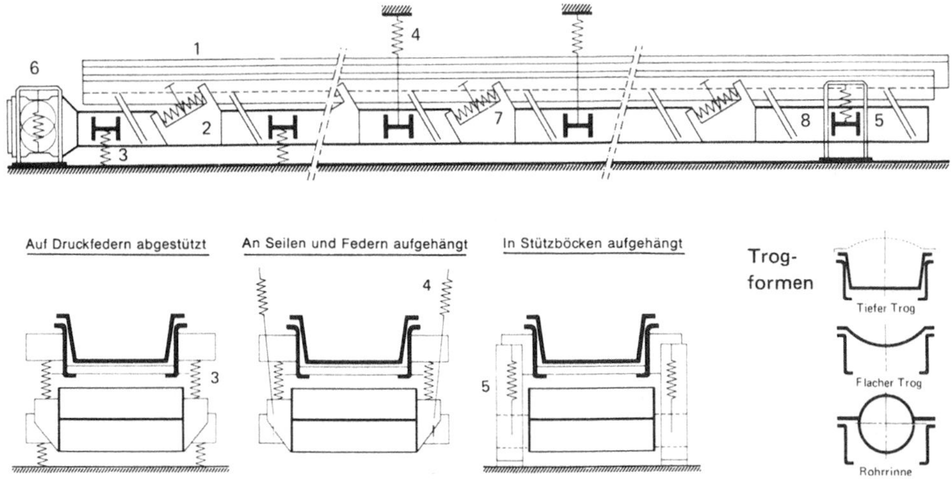

1 Förderrinne (Nutzmasse)
2 Gegenrahmen (Gegenmasse)
3 Auf Druckfedern abgestützt
4 An Seilen und Federn abgehängt
5 In Stützböcken über Federn abgehängt
6 Unwuchtschwingungserreger
7 Speicherfedern
8 Führungslenker

Resonanzschwingrinne über Federn abgestützt (SCHENCK) Zweimassensystem

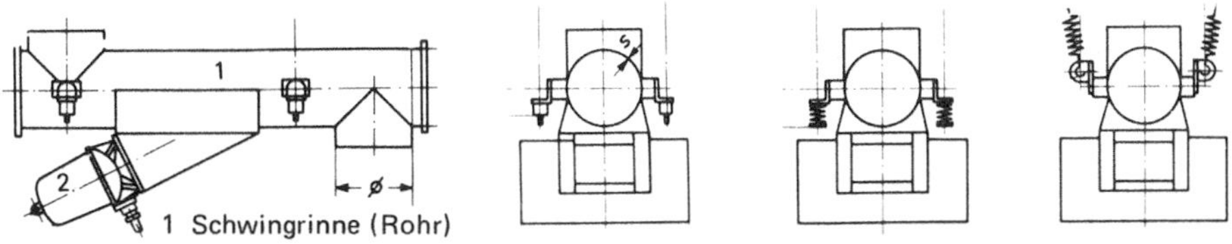

1 Schwingrinne (Rohr)
2 E-Magnetvibrator als Zweimassensystem

Auf Gummipuffern abgestützt

Auf Druckfedern abgestützt

Über Schraubenfedern abgehängt

Kleinschwingrinne (AEG), z. B. für Bunkerabzug oder Dosieraufgaben mit E-Magnetvibrator

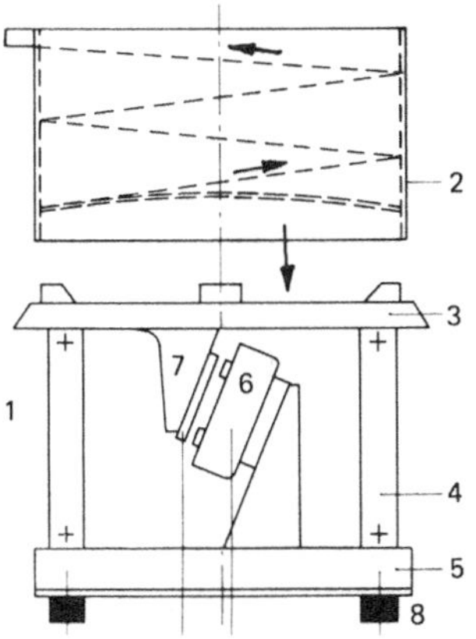

1 Antriebsteil
2 Topf mit Wendel
3 Topfhalterung
4 Blattfedern
5 Fuß
6 Elektromagnet
7 Magnetanker
8 Elastische Aufstellung durch Gummipuffer

Zweimassensystem

Teileförderer mit E-Magnetvibrator (AEG)

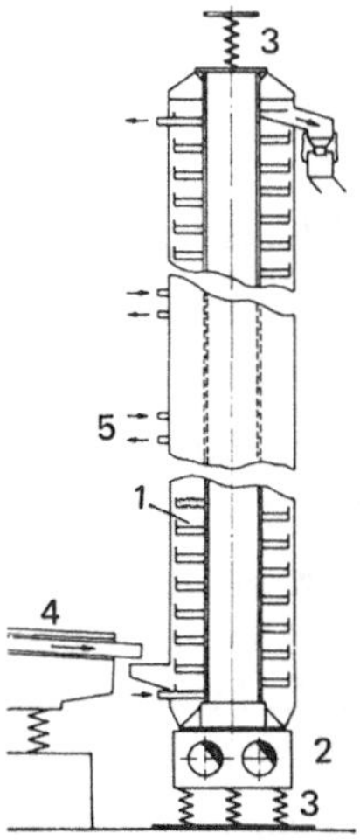

1 Wendelförderrinne (mit Doppelboden zur indirekten Kühlung)
2 Unwuchterreger
3 Abstützfeder
4 Zubringer (Schwingrinne)
5 Kühlmittelzu- bzw. -abfluß

Einmassensystem

Wendelschwingrinne (SCHENCK)

Bild 6.4.6. Aufbau von Schwingrinnen

Die Abstützung der Rinnen geschieht über Lenker oder Federn (Bild 6.4.6). Bei der Lenkerabstützung, in Form von Pendeln oder Blattfedern, liegt eine Zwangsführung vor, d. h. die Rinne kann nur in einer Richtung schwingen: *Lenkergeführte Rinnen.*

Lenker in Form von Blattfedern können gleichzeitig die Funktion der Speicherfedern bei Zweimassensystemen übernehmen. Erfolgt die Abhängung oder Abstützung über Schrauben- oder Gummifedern, ist die Rinne frei beweglich und erfordert eine gerichtete Erregerkraft: *Freischwingrinnen.*

Antriebssysteme *Schubkurbelantriebe* (formschlüssig) sind bei größeren Fördermengen und -längen, *Unwucht-* und *E-Magnetvibratorantriebe* (kraftschlüssig) bei kleinen bis mittleren Fördermengen und -längen vorzusehen.

Unwuchtantrieb: Der Schwingungserreger besteht aus zwei gegenläufigen Unwuchtmotoren, an deren beiden Wellenenden die Unwuchtmassen befestigt sind, oder aus einem gemeinsamen Unwuchterreger, der über eine Gelenkwelle angetrieben wird (Bild 6.4.7). Die gegenläufig synchron arbeitenden Unwuchtmassen erzeugen eine resultierende Fliehkraft, die nur in der gewünschten Schwingrichtung wirkt. Die Größe dieser Kraft kann durch auswechselbare Zusatzgewichte beeinflußt werden. Weitere Einzelheiten siehe Bilder 6.4.7 und 6.4.8.

Elektromagnetvibrator: Hier wird der Gehäuseteil mit dem Magneten an die Förderrinne angeschraubt (Nutzmasse – Arbeitsseite). Der Anker des Magneten einschließlich möglicher Zusatzgewichte ist als Gegenmasse (Freiseite) ausgebildet und über vorgespannte Druckfedern (Speicherfedern) mit der Nutzmasse verbunden (Bild 6.4.7). Durch die federnde Abstützung der Förderrinne und den Einbau der Speicherfedern im Elektromagnetvibrator handelt es sich hierbei um ein Zweimassensystem, allerdings mit sehr kleiner Gegenmasse. Da beim Elektromagnetvibrator keine rotierenden Teile mit Lagerstellen erforderlich sind und ein fester elektrischer Anschluß vorliegt, ist er besonders robust und wenig störanfällig. Weitere Einzelheiten siehe Bilder 6.4.7 und 6.4.8.

Technische Daten und Anwendung

Fördermenge bis 3000 $\frac{t}{h}$
Rinnenbreite bis 1,6 (4) m
Guthöhe in der Rinne bis 300 mm
Weitere Daten siehe Bild 4.6.8.

Schwingrinnen werden zum Transport von fein- bis grobstückigen sowie pulverförmigen, aber auch von heißen, schleißenden und aggressiven Fördergütern verwendet. Gleichzeitig können sie technologische Funktionen wie Kühl-, Heiz- und Mischvorgänge während des Fördervorgangs übernehmen.

Sie haben vor allem als *Bunkerabzugrinnen* und *Dosierförderer* hohe Bedeutung erlangt. Für Dosieraufgaben ist der Elektromagnetvibrator wegen seines besonders geringen Gutnachlaufs vorzuziehen.

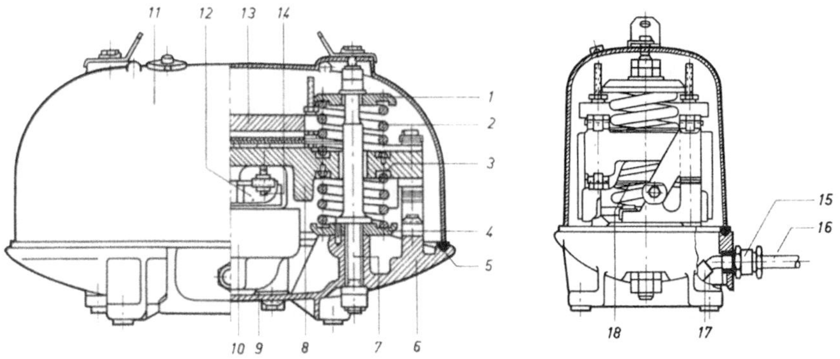

1 Federteller
2 Druckfeder mit Federstift
3 Federunterlage
4 Federteller
5 Profilgummiring
6 Gehäuse-Arbeitsseite
7 Federbolzen
8 Gehäuse-Freiseite
9 Fiberscheibe
10 Elektromagnet
11 Schutzhaube
12 Anker
13 Zusatzgewicht
14 Ankerbolzen
15 Stopfbuchsverschraubung
16 Anschlußleitung
17 Schutzschlauch
18 Führungsfeder

Elektromagnetvibrator (AEG)

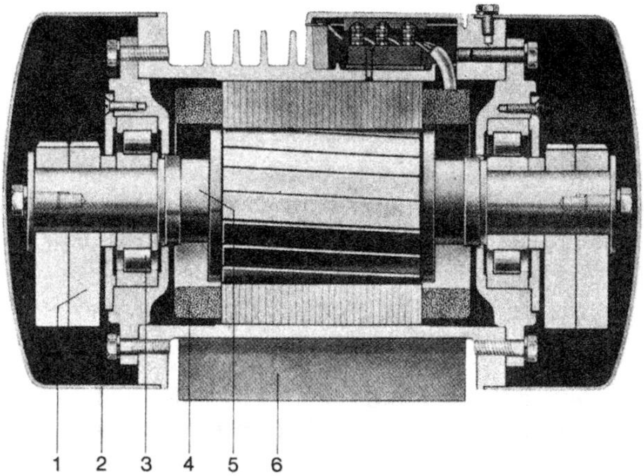

1 Unwucht
2 Schutzhaube
3 Wälzlager
4 Wicklung mit verstärkten Wickelköpfen
5 Welle mit Läufer
6 Befestigungsfuß

Drehstromasynchronmotor mit auf beiden Wellenenden aufgesetzten verstellbaren Unwuchtscheiben. Jeder Antrieb erfordert 2 solcher gegenläufig laufenden Unwuchtmotoren um die gewünschte gerichtete Schwingkraft zu erzeugen.

Unwuchtmotor (AEG)

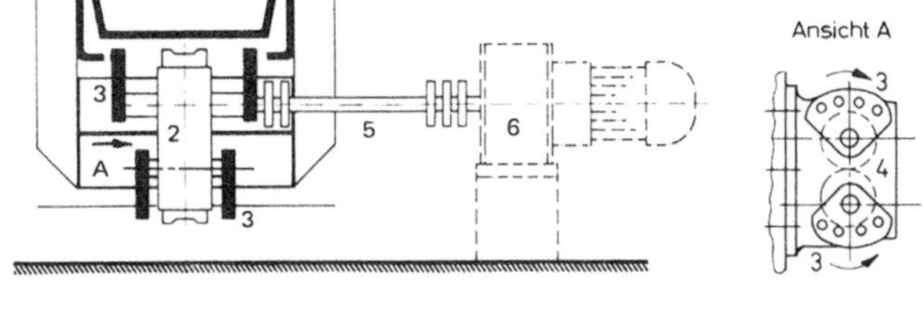

1 Förderrinne
2 Unwuchterreger
3 Gegenläufige Unwuchtmasse mit auswechselbaren Zusatzgewichten
4 Zahnräder (i = – 1)
5 Antriebswelle mit elastischen Kupplungen
6 Regelbarer Antriebsmotor

Unwuchtschwingungserreger (SCHENCK)

Bild 6.4.7. Antriebssysteme für Schwingrinnen

Im Gegensatz zu den Schüttelrutschen ist der Verschleiß gering, da nur ein kleiner Teil des Fördergutes ständig auf der Rinne liegt und durch die Möglichkeit der Resonanzverstärkung eine relativ schwache Antriebsleistung gegeben ist. Nachteilig gegenüber anderen Stetigförderern sind die in der Konstruktion und an den Abstützungen auftretenden dynamischen Kräfte.

Sonderausführungen. Die beiden wichtigsten Sonderausführungen sind Wendelschwingrinnen und Teileförderer.

Wendelschwingrinnen Die Förderrinne ist schraubenförmig um eine senkrechte Achse gelegt, so daß sich das Fördergut in den engen Windungen der Rinne nach oben bewegt (Bild 6.4.6). Die meist im gekapselten Rinnenfuß sitzenden, über weiche Federn abgestützten Unwucht- oder Vibratorantriebe erteilen der Rinne die erforderliche Drehschwingung; vorwärts-aufwärts- und rückwärts-abwärtsdrehend. Zum Teil werden die Wendelschwingrinnen auch an Federn abgehängt, so daß noch zusätzliche Schwingungserreger am oberen Rinnenende angesetzt werden können.

Förderhöhe bis 10 m, bei größeren Höhen mehrere Anlagen übereinander setzen
Fördermenge bis $30 \frac{t}{h}$
Rinnenbreite 50 ... 400 mm
Außendurchmesser 200 ... 1600 mm

Teileförderer Der Schwingungserreger (meist als Elektromagnetvibrator) im Fuß der Geräte versetzt den darauf angebrachten Topf in Drehschwingungen – ähnlich wie bei der Wendelschwingrinne. Innerhalb des Topfes befindet sich die schraubenförmige Förderbahn (Wendel), auf der sich die kleinen Einzelteile nach oben bewegen (Bild 6.4.6). Die auf der Wendel zunächst ungerichtet geförderten Teile werden durch Abweiser (Schikanen) gerichtet. Falsch liegende Teile fallen wieder in den Topf zurück. Sollen die ausgerichteten Teile an mehreren Stellen des oberen Topfendes abgenommen werden, sind mehrere Wendeln vorzusehen.

Die Teileförderer dienen zum Vereinzeln, Ausrichten und geordneten Zuführen von Massenteilen wie Schrauben, Ringe, Scheiben, Bolzen usw., zu Maschinen, Magazinen oder Montageplätzen. Sie sind ein wichtiger Baustein der Fließfertigung und übernehmen gleichzeitig durch ihr Topfvolumen Speicherfunktionen, allerdings nur in beschränktem Umfang.

Größte Teileabmessungen $\leqslant \frac{1}{6}$ des Topfdurchmessers
Topfdurchmesser 100 ... 1000 mm
Topfhöhe 40 ... 400 mm

Berechnung. Aus Bild 6.4.8 gehen in einer Übersicht die wichtigsten allgemeinen Formeln und Daten für Schwingrinnen hervor.

Fördermenge Volumenstrom $\dot{V}$ und Massenstrom $\dot{m}$ wie bei der Schüttelrutsche (Abschnitt 6.4.3.1) berechnen. Die Fördergeschwindigkeit v kann nach den im Anschluß angeführten Hinweisen überschlägig ermittelt werden.

Systeme → Allgemeine Daten ↓	Schubkurbel-Antrieb  Einmassensystem	Unwucht-Antrieb 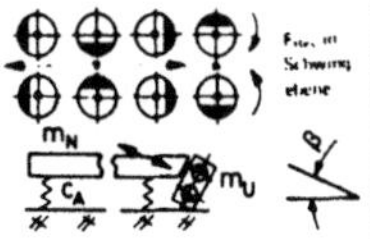 Einmassensystem	E-Magnetvibrator-Antrieb 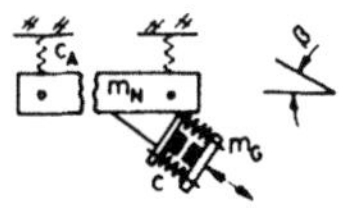 Zweimassensystem
Max. Steig. bzw. Neig. ∢ δ in° Erregerfrequenz f in Hz Anstellwinkel β in° Fördergeschwindigkeit v in $\frac{m}{s}$ Rinnenlänge l_R in m	± 5...10 5...25 25...35 0,3...0,7 2...20 (50)	± 10...15 10...50 20...30 0,05...0,4 0,5...10 (50)	± 15...20 50;25 20...30 0,01...0,15 0,1...5 (10)
Abstützung der Förderrinne	Lenkerblatt- oder Gummifedern gegen Fundamente oder feste Rahmen	Weiche Schrauben- oder Gummifedern gegen Fundamente oder Abhängekonstruktionen, z. T. auch Lenkerblattfedern. Beim Zweimassensystem mit Unwuchtantrieb Rinne auf Gegenrahmen und dieser auf Fundament, jeweils über Federn, abgestützt	
Regelung der Fördermenge	Schichthöhenregelung, Regelung der Erregerfrequenz Veränderung von r (nur im Stillstand)	Veränderung von m_U (nur im Stillstand)	Änderung der Ankerspannung des Magneten (durch Widerstände oder elektronisch)
Gutbeschädigung	größer	mäßig	gering
Vorwiegendes Einsatzgebiet	Förderung (hohes v); für staubförmiges bis körniges Schüttgut, auch leicht backend	Förderung, Bunkerabzug, für körniges, z. T. staubförmiges Schüttgut, auch leicht backend	Bunkerabzug, Dosierung (v klein, geringer Nachlauf). Für körniges Schüttgut und kleine Stückgüter
Nutzamplitude $\hat{x}_N$ in mm ($\hat{x}_N$ ≙ Amplitude der Rinne, siehe Bild 6.4.9)	3...15 $\hat{x}_N \mathrel{\hat{=}} r$ Nutzamplitude $\hat{x}_N$ für Fördergeschwindigkeit v_G maßgebend	0,5...5 $\hat{x}_N\, m_N = r_U\, m_U$	0,05...1,0 $\hat{x}_N\, m_N = \hat{x}_G\, m_G$
Maximale Erregerkraft F (unter Anstellwinkel β)	$F = m_N\, 4\pi^2 f^2\, \hat{x}_N \dfrac{1-\left(\frac{f}{f_0}\right)^2}{\left(\frac{f}{f_0}\right)^2}$ Meist ohne Resonanzverstärkung, im überkrit. Betriebsbereich: $\frac{f}{f_0} \approx 3...10$	Meist mit Resonanzverstärkung. Unterkritisch: $\frac{f}{f_0} \approx 0{,}7...0{,}9$ Überkritisch: $\frac{f}{f_0} \approx 1{,}5...10$	Mit Resonanzverstärkung, meist im unterkritischen Betriebsbereich $\frac{f}{f_0} \approx 0{,}9$
Abstimmung des Schwingungssystems	$f_0 = \frac{1}{2\pi}\sqrt{\frac{\Sigma c_A}{m_N}}$ $\Sigma c_A \leqq \frac{1}{10}\, 4\pi^2 f^2 m_N$	$f_0 = \frac{1}{2\pi}\sqrt{\frac{\Sigma c_A}{m_N + m_U}}$ $\Sigma c_A \leqq \frac{1}{10}\, 4\pi^2 f^2 (m_N + m_U)$	$f_0 = \frac{1}{2\pi}\sqrt{\Sigma c\, \frac{m_N + m_G}{m_N\, m_G}}$ $\Sigma c_A \leqq \frac{1}{10}\, 4\pi^2 f^2 (m_N + m_G)$
Maximale Fundamentkräfte F_{FU}	$F_{FU} \approx \Sigma mg + \Sigma c_A \hat{x}_N + F$ 1. Glied: Statischer Anteil, 2. u. 3. Glied: Dynamischer Anteil	F relativ klein, vernachlässigbar	

r	Kurbelradius	$\hat{x}_G$	Amplitude der Gegenmasse
l	Kurbelstangenlänge	m_N ≙	Masse der Rinne einschl. des Erregergehäuses + 10...20 % der auf der Rinne liegenden Fördergutmasse – Ankopplungseffekt ca. 10...20 %.
c	Federkonstante einer Speicherfeder		
c_A	Federkonstante einer Abstützfeder		
f_0	Eigenfrequenz		**Unwuchtantrieb:** Einmassensystem $m_G = 0$, Zweimassensystem m_G ≙ Masse des Gegenrahmens – **Berechnung analog dem Vibratorantrieb**
m_N	Nutzmasse		
m_G	Gegenmasse		
m_U	Unwuchtmasse		**Vibratorantrieb:** m_G ≙ Masse des über die Speicherfedern mit der Rinne gekoppelten Vibratorteiles (Freimasse)
m	Masse der gesamten Anlage		
r_U	Schwerpunktsradius der Unwuchtmasse		

Bild 6.4.8. Wichtige Daten und Formeln für Schwingförderer (angenähert nach *Wehmeier*)

Unter Annahme eines sinusförmigen Schwingungsverlaufes der Rinne ergeben sich Rinnenweg, Rinnengeschwindigkeit und Rinnenbeschleunigung zu den allgemein gültigen Formeln:

$s_R = \hat{x}_N [1 - \cos(2\pi\, ft)]$	*Rinnenweg*
$v_R = \dot{s}_R = \hat{x}_N\, 2\pi\, f \sin(2\pi\, ft)$	*Rinnengeschwindigkeit*
$a_R = \ddot{s}_R = \hat{x}_N\, 4\pi^2\, f^2 \cos(2\pi\, ft)$	*Rinnenbeschleunigung*

$\hat{x}_N$ Nutzamplitude der Rinne — $s_{R\,max} = \hat{x}_N$

f Erregerfrequenz — $v_{R\,max} = \hat{x}_N 2\pi f$

t Zeit — $a_{R\,max} = \hat{x}_N 4\pi^2 f^2$

Kennzeichnend für die Gutbewegung ist das Verhältnis der maximalen Vertikalkomponente der Rinnenbeschleunigung $\hat{x}_N\, 4\pi^2\, f^2 \sin\beta$ zur Fallbeschleunigung g.

$$\Gamma = \frac{\hat{x}_N\, 4\pi^2\, f^2 \sin\beta}{g}$$ *Wurfkennwert* (6.4.6)

β Anstellwinkel — $\Gamma < 1$ *Keine Wurfbewegung (Schüttelrutsche)*

g Fallbeschleunigung — $\Gamma > 1$ *Wurfbewegung (Schwingrinne)*

Die Fördergeschwindigkeit v kann aus der mittleren horizontalen Rinnengeschwindigkeit während der Haftzeit $t_0 \ldots t_s$ und der horizontalen Gutgeschwindigkeit während der Wurfzeit $t_s \ldots t_a$ nach Gl. (6.4.7) berechnet werden.

$$v = \frac{g}{2}\frac{n^2}{f} \cot\beta\, c$$ *Fördergeschwindigkeit* (6.4.7)

$$n = \frac{t_a - t_s}{T}$$ *Zeitkennwert* (6.4.8)

t_a Aufschlagzeitpunkt (Bild 6.4.9) — $T = \frac{1}{f}$ Periodendauer

t_s Ablösezeitpunkt (Bild 6.4.9)

c Geschwindigkeitsbeiwert; c = 0,7 ... 1,0 (hohe Werte bei körnigem Fördergut und geringer Schichthöhe). Der Geschwindigkeitsbeiwert c berücksichtigt die Rückwirkung der Guteigenschaften auf der Rinne.

Der Zeitkennwert n gibt das Verhältnis der Wurfzeit $(t_a - t_s)$ zur gesamten Periodendauer T an und ist mit dem Wurfkennwert über folgende Gleichung verbunden:

$$\Gamma = \sqrt{\left(\frac{\cos 2\pi n + 2\pi^2 n^2 - 1}{2\pi n - \sin 2\pi n}\right)^2 + 1}$$

In Bild 6.4.9 ist die Abhängigkeit $n = f(\Gamma)$ aus einem Diagramm ersichtlich.

Die Gl. (6.4.7) gilt für $0 \leqslant n \leqslant 1$ und $1 \leqslant \Gamma \leqslant 3{,}3$; d. h. für die maximale Wurfzeit $(t_a - t_s)$. Wird der Zeitkennwert $n > 1$, dann wurden eine oder auch mehrere Rinnenbewegungen vom Fördergut übersprungen; die Fördergeschwindigkeit kann dann nicht mehr nach Gl. (6.4.7) berechnet werden.

Rechnungsgang: Aus den gegebenen Werten f, $\hat{x}_N$ und β den Wurfkennwert Γ nach Gl. (6.4.6) berechnen. Aus Bild 6.4.9 mit Hilfe von Γ den Zeitkennwert n und nach Gl. (6.4.7) die Fördergeschwindigkeit v ermitteln.

Bei Steigungen ist die Fördergeschwindigkeit um ca. 2 % je Winkelgrad Steigung zu verringern, bei Neigungen um ca. 4 % je Winkelgrad zu erhöhen – dies gilt bis ± 15°.

Antriebsleistung Die Werte für die Erregerfrequenz f und die Nutzamplitude $\hat{x}_N$ sind durch die auftretenden Massenkräfte begrenzt. Hierfür ist der Maschinenkennwert K, der das Verhältnis der maximalen Erregerkraft $F = m_N\, 4\pi^2 f^2\, \hat{x}_N$ zur Gewichtskraft aus der Nutzmasse $F_G = m_N\, g$ darstellt, maßgebend:

$$K = \frac{4\pi^2\, f^2\, \hat{x}_N}{g} \qquad \textit{Maschinenkennwert} \qquad (6.4.9)$$

$K \leqslant 5$ für normale Schwingrinnen; im Grenzfall beträgt der Maschinenkennwert K = 5 ... 10; jedoch treten dann sehr hohe dynamische Kräfte auf.

Die Antriebsleistung kann wie bei der Schüttelrutsche durch Gl. (6.4.5) ermittelt werden, wobei für die Nennleistung P_N des Motors bzw. des Elektromagnetvibrators der Mittelwert P_m anzusetzen ist. Da die Schwingrinnen häufig mit Resonanzverstärkung arbeiten, wird die Erregerkraft F und damit auch die Nennleistung P_N relativ klein.

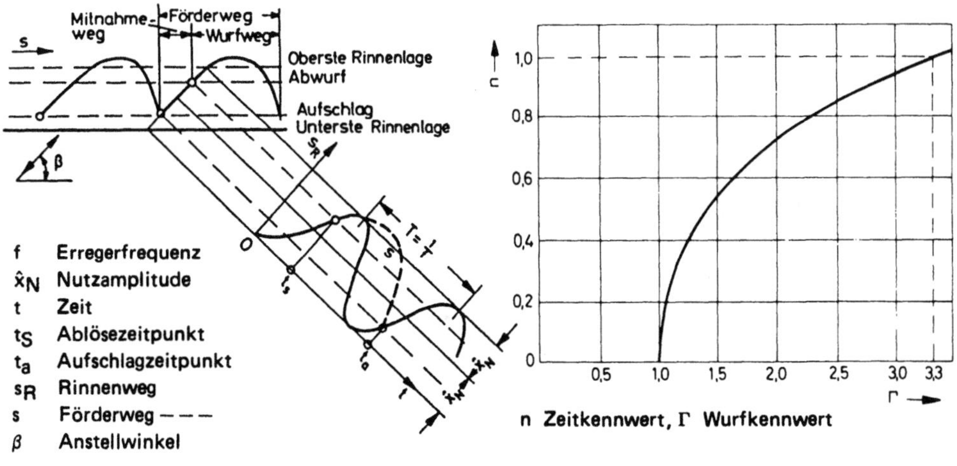

Bild 6.4.9. Ermittlung der Fördergeschwindigkeit v bei Schwingrinnen (Skizzen und Diagramme)

Die Reibungskräfte durch die Gleitbewegung zwischen Fördergut und Rinne spielen bei der Schwingrinne wegen des geringen Ankopplungseffektes von Fördergut und Rinne keine Rolle.

Die überschlägige Ermittlung der Antriebsleistung kann wie bei den Schüttelrutschen vorgenommen werden; allerdings ist hier die Gesamtreibungszahl kleiner zu wählen – f_{ges} = 0,3 ... 1,0. Kleine Werte für f_{ges} gelten bei Resonanzverstärkung.

6.4.4. Beispiele

26 Waagrechter Schneckenförderer für Bunkerabzug

Fördermenge $\dot{m} = 25\,\frac{t}{h}$, Schüttdichte $\rho_S = 0{,}85\,\frac{t}{m^3}$, Vollschnecke, Schneckendrehzahl $n = 30\ \text{min}^{-1}$, Verhältnis der Schneckensteigung zum Schneckendurchmesser im Förderteil der Schnecke $\frac{s}{D} = 0{,}8$, Gesamtreibungszahl $f_{ges} = 3$, Schnecken-(Förder-)Länge L = 4 m, Füllungsgrad im Förderteil $\varphi = 0{,}4$, im Abzugteil – unter dem Bunker – ist ist der Trog ganz gefüllt, Wirkungsgrad des Antriebes $\eta = 0{,}8$, Reibungszahl Fördergut/Schnecke $\mu = 0{,}25$.

Gesucht:

1. Schneckendurchmesser und -steigung im Förder- und Abzugteil bei konstantem Verhältnis $\frac{s}{D}$ (siehe Aufgabentext)
2. Schneckendurchmesser und -steigung im Förder- und Abzugteil bei konstantem Durchmesser D
3. Motornennleistung P_N
4. Axialkraft der Schneckenwelle

Lösung:

1. Förderteil

Schneckendurchmesser D nach Gl. (6.4.1)

$$\dot{V} = A\,s\,n\,\varphi\,c = \frac{\pi\,D^2}{4}\,0{,}8\,D\,n\,\varphi\,c \quad \text{hieraus} \quad D = \sqrt[3]{\frac{4\,\dot{V}}{\pi\,0{,}8\,n\,\varphi\,c}}$$

$$D = \sqrt[3]{\frac{4\cdot 8{,}2}{3{,}14\cdot 0{,}8\cdot 0{,}5\cdot 0{,}4\cdot 1}} = 4{,}03\ \text{dm} \qquad \underline{\underline{D = 400\ \text{mm}}}$$

Steigung $s = 0{,}8\,D = 0{,}8\cdot 400 = 320$ mm $\qquad \underline{\underline{s = 320\ \text{mm}}}$

Volumenstrom $\dot{V}$ nach Gl. (6.1.3)

$$\dot{V} = \frac{\dot{m}}{\rho_S} = \frac{25}{0{,}85} = 29{,}5\,\frac{m^3}{h} \mathrel{\hat{=}} 8{,}2\,\frac{dm^3}{s}$$

Bei der Vollschnecke kann der Geschwindigkeitsbeiwert c = 1 gesetzt werden

Abzugteil

Im Abzugteil ist der Füllungsgrad $\varphi = 1$ und damit wird

$$D = \sqrt[3]{\frac{4\cdot 8{,}2}{3{,}14\cdot 0{,}8\cdot 0{,}5\cdot 1\cdot 1}} = 2{,}97\ \text{dm} \qquad \underline{\underline{D = 300\ \text{mm}}}$$

Steigung $s = 0{,}8\,D = 0{,}8\cdot 300 = 240$ mm $\qquad \underline{\underline{s = 240\ \text{mm}}}$

2. Förderteil

Schneckendurchmesser D siehe Pkt. 1 $\underline{\underline{D = 400\text{ mm}}}$

Steigung $s = 0{,}8\,D = 0{,}8 \cdot 400 = 320$ mm $\underline{\underline{s = 320\text{ mm}}}$

Abzugteil

Schneckendurchmesser D siehe Förderteil (D = const.) $\underline{\underline{D = 400\text{ mm}}}$

Steigung s nach Gl. (6.4.1) bei einem Füllungsgrad $\varphi = 1$

$\dot{V} = \frac{\pi D^2}{4} s\,n\,\varphi\,c$ hieraus $s = \frac{4\dot{V}}{\pi D^2 n \varphi c} = \frac{4 \cdot 8{,}2}{3{,}14 \cdot 16 \cdot 0{,}5 \cdot 1 \cdot 1} = 1{,}3$ dm $\underline{\underline{s = 130\text{ mm}}}$

3. Motornennleistung P_N nach Gl. (6.1.7)

$P_N = \frac{F_W v}{\eta} = \frac{5210 \cdot 0{,}16}{0{,}8} = 1040$ W $\underline{\underline{P_N = 1{,}04\text{ kW}}}$

Gesamtwiderstand F_W nach Gl. (6.4.2)

$F_W = f_{ges} l g m_{lG} = 3 \cdot 4 \cdot 10 \cdot 43{,}4 = 5210$ N $\underline{F_W = 5210\text{ N}}$

$m_{lG} = \frac{\dot{m}}{v} = \frac{6{,}94}{0{,}16} = 43{,}4\,\frac{kg}{m}$; $v = s\,n = 0{,}32 \cdot 0{,}5 = 0{,}16\,\frac{m}{s}$ (im Förderteil)

4. Axialkraft der Schneckenwelle F_a nach Gl. (6.4.3)

$F_a = \frac{M_t}{\frac{D_m}{2}\tan(\alpha + \rho)} = \frac{265}{0{,}1 \cdot 0{,}87} = 3050$ N $\underline{\underline{F_a = 3050\text{ N}}}$

Drehmoment $M_t = \eta \frac{P_N}{\omega} = 0{,}8\,\frac{1040}{3{,}14} = 265$ Nm $\underline{M_t = 265\text{ Nm}}$

Winkelgeschwindigkeit der Schneckenwelle $\omega = 2\pi n = 2 \cdot 3{,}14 \cdot 0{,}5 = 3{,}14\ s^{-1}$

Mittlerer Durchmesser $D_m \approx \frac{D}{2} = 200$ mm (nur Förderteil berücksichtigt)

$\tan\rho \mathrel{\hat{=}} \mu = 0{,}25$ hieraus $\rho = 14°$

Mittlerer Steigungswinkel α: $\tan\alpha = \frac{s}{D_m \pi} = \frac{320}{200 \cdot 3{,}14} = 0{,}51$,
hieraus $\alpha = 27°$

27 Dosierschwingförderer (Schwingrinne)

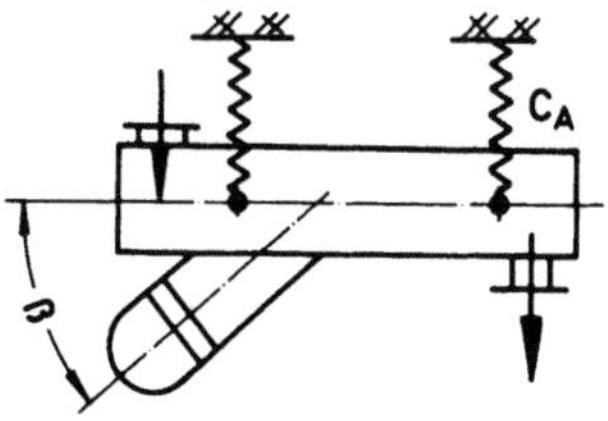

Antrieb durch E-Magnetvibrator, an 4 Abhängefedern aufgehängt, sin-förmiger Schwinggungsverlauf, Fördermenge $\dot{m} = 50\,\frac{kg}{min}$, Schüttdichte $\rho_S = 0{,}75\,\frac{t}{m^3}$, Anstellwinkel $\beta = 25°$, Erregerfrequenz f = 50 Hz, im unterkritischen Betriebsbereich mit $\frac{f}{f_0} = 0{,}9$ (f_0: Eigenfrequenz), Nutzamplitude $\hat{X}_N = 0{,}5$ mm, Nutzmasse einschl. Fördergutanteil $m_N = 50$ kg, Gegenmasse des Vibrators $m_G = 10$ kg, Förderrinne (Rohr) halb gefüllt, Gesamtreibungszahl $f_{ges} = 0{,}8$, Wirkungsgrad des Antriebes vernachlässigen, Rinnenlänge $l = 4$ m.

Gesucht:

1. Liegt Wurfbewegung vor? Fördergeschwindigkeit v
2. Rohrdurchmesser, maximale Erregerkraft F, Maschinenkennwert K
3. Federkonstante c der Speicherfedern (2 Federn), Amplitude der Gegenmasse $\hat{X}_G$
4. Nennleistung P_N des E-Magnetvibrators (genaue und überschlägige Ermittlung)
5. Federkonstante der Abhängefedern c_A, Kraft an den Abhängestellen

Lösung:

1. Wurfkennwert Γ nach Gl. (6.4.6)

$$\Gamma = \frac{\hat{X}_N\, 4\,\pi^2\, f^2 \sin\beta}{g} = \frac{0{,}5 \cdot 10^{-3} \cdot 4 \cdot 9{,}9 \cdot 2{,}5 \cdot 10^3 \cdot 0{,}42}{10} = 2{,}1 \qquad \underline{\underline{\Gamma = 2{,}1 > 1\text{: Wurfbewegung}}}$$

Fördergeschwindigkeit v nach Gl. (6.4.7)

$$v = \frac{g}{2}\,\frac{n^2}{f}\,\cot\beta\, c = \frac{10}{2}\,\frac{0{,}56}{50}\, 2{,}14 \cdot 1 = 0{,}12\,\frac{m}{s} \qquad \underline{\underline{v_G = 0{,}12\,\frac{m}{s}}}$$

Zeitkennwert n = 0,75; siehe Bild 6.4.9

Anstellwinkel $\beta = 25°$ ergibt $\cot\beta = 2{,}14$

Geschwindigkeitsbeiwert c = 1 gesetzt (keine spezielle Angabe)

2. Rohrquerschnitt A analog Gl. (6.1.1) unter Beachtung des Füllungsgrades $\varphi = 0{,}5$ (siehe Aufgabenstellung)

$$A = \frac{\dot{V}}{v_G\,\varphi} = \frac{1{,}11}{1{,}2 \cdot 0{,}5} = 1{,}85\ \text{dm}^2$$

Volumenstrom $\dot{V}$ nach Gl. (6.1.3)

$$\dot{V} = \frac{\dot{m}}{\rho_S} = \frac{50}{0{,}75} = 67\,\frac{\text{dm}^3}{\text{min}} \mathrel{\hat{=}} 1{,}11\,\frac{\text{dm}^3}{s}$$

Rohrquerschnitt $A = \frac{\pi D^2}{4}$, hieraus $D = \sqrt{\frac{4A}{\pi}} = \sqrt{\frac{4 \cdot 1{,}85}{3{,}14}} = 1{,}54$ dm $\qquad \underline{\underline{D = 155\ \text{mm}}}$

Maximale Erregerkraft F nach Bild 6.4.8

$$F = m_N\, 4\,\pi^2\, f^2\, \hat{X}_N\, \frac{1 - \left(\frac{f}{f_0}\right)^2}{\left(\frac{f}{f_0}\right)^2} = 50 \cdot 4 \cdot 9{,}9 \cdot 2{,}5 \cdot 10^3 \cdot 0{,}5 \cdot 10^{-3}\,\frac{1 - 0{,}81}{0{,}81} = 580\ \text{N} \qquad \underline{\underline{F = 580\ \text{N}}}$$

Maschinenkennwert K nach Gl. (6.4.9)

$$K = \frac{4\,\pi^2\, f^2\, \hat{X}_N}{g} = \frac{4 \cdot 9{,}9 \cdot 2{,}5 \cdot 10^3 \cdot 0{,}5 \cdot 10^{-3}}{10} = 4{,}9 \qquad \underline{\underline{K = 4{,}9}}$$

3. Federkonstante einer Speicherfeder c nach Bild 6.4.8

$$c = \frac{1}{2}\,\frac{f_0^2\, 4\,\pi^2\, m_N\, m_G}{m_N + m_G} = \frac{1}{2}\,\frac{3100 \cdot 4 \cdot 9{,}9 \cdot 50 \cdot 10}{50 + 10} = 511000\,\frac{N}{m} \qquad \underline{\underline{c = 511\,\frac{N}{mm}}}$$

"$\frac{1}{2}$": Insgesamt 2 Speicherfedern (siehe Aufgabenstellung)

Eigenfrequenz $f_0 = \frac{f}{0{,}9} = \frac{50}{0{,}9} = 56$ Hz

Gegenmassenamplitude $\hat{X}_G$ nach Bild 6.4.8

$$\hat{X}_G = \hat{X}_N\,\frac{m_N}{m_G} = 0{,}5\,\frac{50}{10} = 2{,}5\ \text{mm} \qquad \underline{\underline{\hat{X}_G = 2{,}5\ \text{mm}}}$$

4. Die Nennleistung P_N ist nach Gl. (6.4.5) $P_N = \frac{F\, v_R}{\eta}$
In einem Diagramm wird die Erregerkraft F und die Rinnengeschwindigkeit v_R über die Zeit (für einen Rinnenvor- und -rücklauf) aufgetragen. Das Produkt hieraus entspricht der Nennleistung P_N, siehe oben. Aus dem Verlauf der Nennleistung P_N kann der Mittelwert P_m ermittelt werden, der für die Auslegung des Magnetvibrators maßgebend ist.

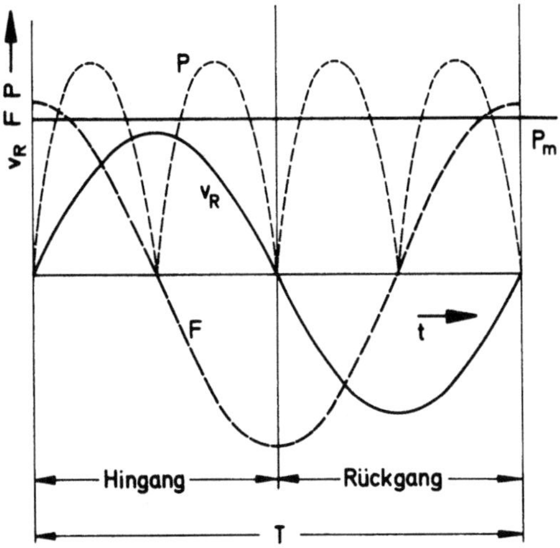

Maximale Rinnengeschwindigkeit $v_R \mathrel{\hat{=}} \dot{s}_R = \hat{X}_N \, 2\pi f$ $\quad v_R = 0{,}0005 \cdot 2 \cdot 3{,}14 \cdot 50 = 0{,}16 \frac{m}{s}$

Ausgehend vom Maximalwert wird der Verlauf von v_R im nebenstehenden Diagramm eingetragen (sin-Kurve)

Maßstab für die Rinnengeschwindigkeit

v_R : 1 cm $\mathrel{\hat{=}}$ 0,1 $\frac{m}{s}$ ——

Maximale Erregerkraft F = 580 N, siehe Pkt. 2. Analog dem Verlauf der Rinnengeschwindigkeit im Diagramm eintragen (cos-Kurve)

Maßstab für die Erregerkraft F:
1 cm $\mathrel{\hat{=}}$ 300 N– – –

Aus dem Produkt $F \, v_R$ ergibt sich die Nennleistung P_N, die gleichfalls im Diagramm eingetragen wird.

Maßstab für die Nennleistung P_N: 1 cm $\mathrel{\hat{=}}$ 20 W - - -

Aus dem Verlauf von P erhält man $P_m \approx 30$ W (siehe Diagramm) $\qquad$ $P_N \mathrel{\hat{=}} P_m \approx 30\,W$

Nennleistung P_N überschlägig, siehe Seite 285

$P_N = \dot{m} \, g \, l \, f_{ges} = 0{,}833 \cdot 10 \cdot 4 \cdot 0{,}8 = 27\,W$ $\qquad$ $P_N = 27\,W$

5. Federkonstante einer Abhängefeder c_A analog Bild 6.4.8

$$c_A = \frac{1}{4}\,\frac{1}{20}\,[4\,\pi^2 f^2 (m_N + m_G)] = \frac{1}{4}\,\frac{1}{20}\,4 \cdot 9{,}9 \cdot 2500\,(50 + 10) = 75000\,\frac{N}{m} \qquad c_A = 75\,\frac{N}{mm}$$

"$\frac{1}{4}$": 4 Abhängefedern

$\frac{1}{20}$: gewählt (soll nach Bild 6.4.8. $\leqq \frac{1}{10}$ sein)

Abhängekraft je Abhängestelle F_{FU} nach Bild 6.4.8

$$F_{FU} = \frac{1}{4}\,(\Sigma\, m\, g + \Sigma\, c_A\, \hat{X}_N + F) = \frac{1}{4}\,(60 \cdot 10 + 4 \cdot 75000 \cdot 0{,}0005 + 580) = 332\,N \qquad F_{FU} = 332\,N$$

"$\frac{1}{4}$": 4 Abhängestellen

Masse der gesamten Anlage $m = m_N + m_G = 50 + 10 = 60$ kg

6.5. Schwerkraftförderer

Das Fördergut gleitet oder rollt auf einer geneigten Förderstrecke, wobei der Reibungswiderstand durch den Einfluß der Schwerkraft überwunden wird. Die Schwerkraftförderer sind wegen ihres sehr einfachen Aufbaus (ohne eigenen Antrieb) besonders wartungsarm und preiswert.

Sie dienen hauptsächlich als Bindeglieder zwischen angetriebenen Stetigförderern, als Beschickungsförderer an Maschinen und zur steilen oder senkrechten Abwärtsförderung von Schütt- und Stückgütern.

6.5.1. Rutschen

Auf einer geneigten offenen oder geschlossenen Rinne (Rutsche) gleitet das Fördergut abwärts. Die Rutschen können, je nach Einsatz, geradlinig, gekrümmt oder schraubenförmig angeordnet werden. Der Neigungswinkel δ der Rutschen muß größer als der Reibungswinkel der Ruhe ρ_0 zwischen Fördergut und Rutsche sein, so daß das Fördergut an jeder Stelle der Rutsche von selbst losrutscht.

Sie werden als *Einweg-*, *Mehrweg-* und *Teleskoprutschen* in gerader oder gekrümmter Ausführung hergestellt.

Gerade Rutschen. Die meist aus Holz oder Stahlblech gefertigten Geraden Rutschen erhalten, je nach Fördergut, Neigungswinkel δ von 20 ... 60° (Richtwerte siehe Bild 6.5.1). Die Gleitbahnen der Rutschen werden häufig mit Belägen aus Kunststoffen versehen, die den Verschleiß und die Reibung verringern. Für pulverförmige Stoffe sind wegen der Staubentwicklung geschlossene Rutschen (Rohre oder abgedeckte Rinnen) in Gebrauch.

Der Neigungswinkel δ und die Endgeschwindigkeit v_E eines herabrutschenden Stückgutes mit der Masse m kann aus dem folgenden Energieansatz überschlägig ermittelt werden – siehe hierzu auch Bild 6.5.1.:

$$m g h = m g \mu \cos\delta \, \frac{h}{\sin\delta} + \frac{m}{2}(v_E^2 - v_A^2)$$

Die linke Seite dieses Ansatzes enthält die potentielle, die rechte Seite die Reibungs- und Bewegungsenergie; bei den sich hieraus ergebenden Gl. (6.5.1) und (6.5.2) wurde zur Vereinfachung die Anfangsgeschwindigkeit $v_A = 0$ gesetzt.

$$\tan\delta = \frac{\mu}{1 - \frac{v_E^2}{2gh}}$$ *tan des Neigungswinkels* (6.5.1)

$$v_E = \sqrt{2gh(1 - \mu\cot\delta)}$$ *Endgeschwindigkeit* (6.5.2)

μ	Reibungszahl der Bewegung zwischen Fördergut und Rutsche
g	Fallbeschleunigung
h	Höhenunterschied zwischen Gutauf- und -abgabestelle (Bild 6.5.1)
$l = \frac{h}{\sin\delta}$	Förderlänge (Bild 6.5.1)

Für konstante Fördergeschwindigkeit v auf der Förderstrecke gilt:

$\tan\delta = \rho$ (ρ Reibungswinkel der Bewegung zwischen Fördergut und Rutsche)

Bei Aufgabe des Fördergutes ohne Anfangsgeschwindigkeit v_A wird zur Gutbeschleunigung der vordere Teil der Rutschen häufig etwas stärker geneigt.

Fördergeschwindigkeit 0,5 ... 1,5 $\frac{m}{s}$
Neigungswinkel siehe Bild 6.5.1.

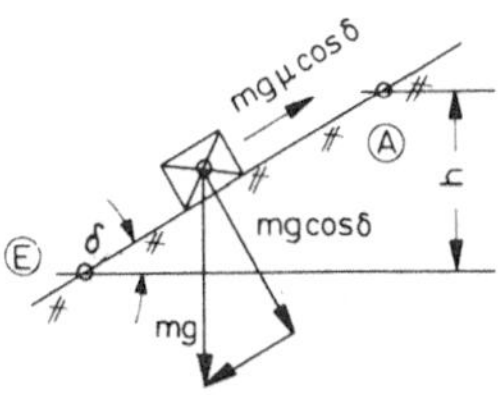

Kraftverhältnisse bei der geraden Rutsche

Fördergut	δ in °
Säcke	25...30
Kohle	20...30
Getreide	30...35
Erz, Kies	40...50
Pulverförm. Stoffe	60...80

Neigungswinkel δ einiger Fördergüter für Rutschen-Richtwerte

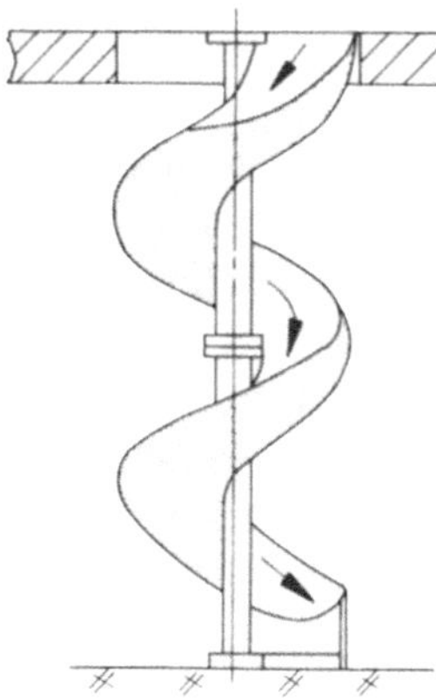

Wendelrutsche

Bild 6.5.1. Rutschen

Wendelrutschen. Wendelrutschen besitzen im Gegensatz zu den Geraden Rutschen eine schraubenförmige Gleitbahn (Bild 6.5.1). Der Rutschenboden wird kreis-, ellipsen- oder parabelförmig ausgebildet. Sie dienen zur senkrechten Abwärtsförderung, wobei auf das Fördergut außer den Schwer- und Reibungskräften noch Fliehkräfte wirken, welche wiederum die Reibungskräfte erhöhen.

Offene Wendelrutschen sind für die senkrechte Abwärtsförderung von Stückgütern (Säcke, Pakete usw.), geschlossene Rinnen für den Schüttguttransport geeignet. Geschlossene Rinnen sind Rohre mit Durchmessern von 0,8 ... 2 m, an deren Innenwand eine Wendel angeschweißt wird.

Auch hier können der Neigungswinkel δ und die Endgeschwindigkeit v_E angenähert nach den Gln. (6.5.1) und (6.5.2) berechnet werden; der Neigungswinkel δ wird auf den mittleren Rutschendurchmesser bezogen.

Fördergeschwindigkeit v und Neigungswinkel δ siehe unter *Gerade Rutschen*
Rutschenbreite 0,3 ... 1,0 m
Fördermenge bis 500 $\frac{t}{h}$

Fallrohre. Die Fallrohre werden häufig durch Teleskopeinrichtungen in der Höhe verstellbar ausgeführt (Teleskoprohre). Sie dienen zur senkrechten Abwärtsförderung von unempfindlichen Schüttgütern auf Lagerplätzen, in Schiffen usw. – siehe Verladebrücken und Schiffsbelader (Bilder 4.2.2 und 4.2.3).

Bei großen Fördertiefen werden zur Verminderung der Fallgeschwindigkeit, der Gutbeschädigung und des Verschleißes im Fallrohr in bestimmten Abständen Aufprall- oder Ablenkbleche eingesetzt.

Berechnung

Fördermenge Der Volumenstrom $\dot{V}$ und der Massenstrom $\dot{m}$ ist bei Schüttgütern nach den Gln. (6.1.1) und (6.1.3), der Massenstrom $\dot{m}$ und der Stückstrom $\dot{m}_{St}$ nach den Gln. (6.1.4) und (6.1.5) zu berechnen. Die Fördergeschwindigkeit v und der Neigungswinkel δ ergeben sich angenähert aus den Gln. (6.5.1) und (6.5.2).

Antriebsleistung Entfällt, da Rutschen und Fallrohre ohne eigenen Antrieb sind.

6.5.2. Rollenbahnen (Schwerkraftrollenbahnen)

Aufbau. Die Rollenbahnen besitzen in Längsholme eingelegte Tragrollen mit festen Achsen als Trag- und Förderelemente (Bild 6.5.2). Sie eignen sich zur Förderung von Stückgütern mit ebenen Auflageflächen (Pakete, Behälter usw.). Das Fördergut sollte, um eine schaukelfreie Bewegung zu erzielen, stets auf mindestens zwei Tragrollen aufliegen. Der Abstand der Tragrollen ist hiernach auszulegen. Im übrigen entspricht der Aufbau dem der Leichten Rollenförderer (Abschnitt 6.4.1.1), mit der Ausnahme, daß hier der Fördervorgang ausschließlich durch die Schwerkraft erfolgt, Rollenbahnen gehören neben den Band- und Kreisförderern zu den am meisten verwendeten Stetigförderern im innerbetrieblichen Transport.

Durch den Einsatz von Kurven, Weichen usw. können vielseitige und auch komplizierte Förderaufgaben bewältigt werden; kurze angetriebene Zwischenförderer dienen zur Wiederanhebung des Fördergutes.

Einige typische Anwendungsfälle, wie Sortier-, Kommissionier- und Transportaufgaben, sind in Bild 6.5.2 dargestellt.

Bei längeren Förderstrecken werden zur Begrenzung der Fördergeschwindigkeit *Bremsrollen* in die Förderstrecke eingebaut, deren Bremsmoment von in den Rollen eingebauten Fliehkraftreibungsbremsen erzeugt wird. Die Bremsrollen werden über Federkraft von unten an zwei benachbarte Tragrollen angedrückt, die ihre Drehbewegung reibschlüssig auf die Bremsrollen übertragen. Für untergeordnete Zwecke können auch auf die Rollen aufgelegte Bremsbleche verwendet werden, die durch Reibung eine zu hohe Drehzahl der Tragrollen verhindern.

Die Rollenbahnen, einschließlich ihrer Sonderausführung, siehe unten, sind weitgehend standardisiert, so daß kurzfristig und preiswert auch größere und kompliziertere Förderstrecken zusammengestellt werden können.

Tragrollendurchmesser 50 ... 160 mm
Rollenbreite 100 ... 1600 mm
Traglast einer Rolle bis 2,5 t
Neigungswinkel der Förderstrecke 1 ... 4° je nach Fördergut; meist über höhenverstellbare Abstützungen einstellbar.

Sonderausführungen. Zur Erweiterung des Einsatzgebietes der Rollenbahnen wurde eine Vielzahl von Sonderausführungen entwickelt, von denen einige besonders wichtige im Anschluß kurz angeführt werden.

Rollbahnen Hierbei handelt es sich um in Förderrichtung geneigt verlegte Profile, Rohre usw., auf denen sich Roll-Stückgut (z. B. Fässer) vorwärtsbewegt.

Rollenschienen Rollenschienen bestehen aus geneigt verlegten Profilen mit schmalen Einzelrollen. Sie sind besonders für breites Stückgut, das nur an beiden Seiten aufliegt (z. B. Paletten), geeignet.

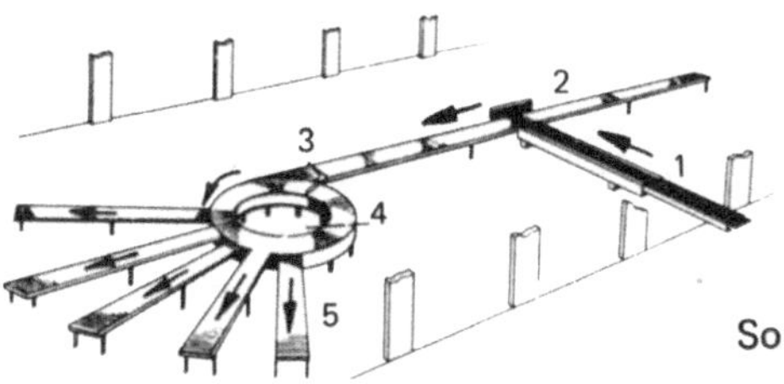

1 Teleskop-Bandförderer (Zubringer)
2 Sammelförderer (Rollenbahn)
3 Sperre
4 Sortierkreis (kreisförmiger Rollenförderer)
5 Stichbahn als Staustrecke (Rollenbahn)

Sortierförderanlage für Stückgut

1 Rollenbahn (Zubringer), Fördergut von Hand aufgeben
2 Stauförderer zur Auftragszusammenstellung
3 Sperre
4 Abzugförderer als Rollenförderer zur Verladung

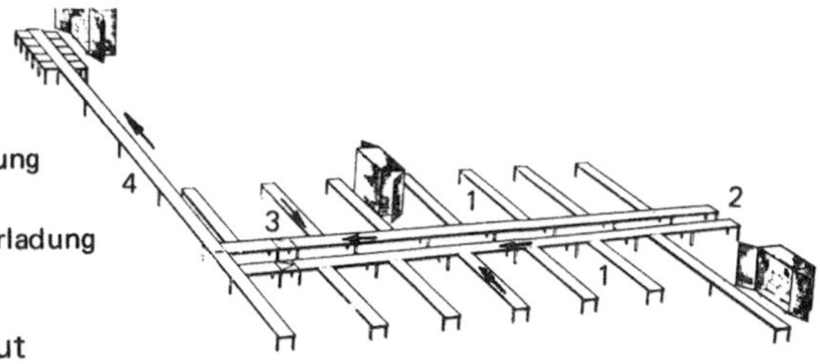

Kommissionieranlage für Stückgut

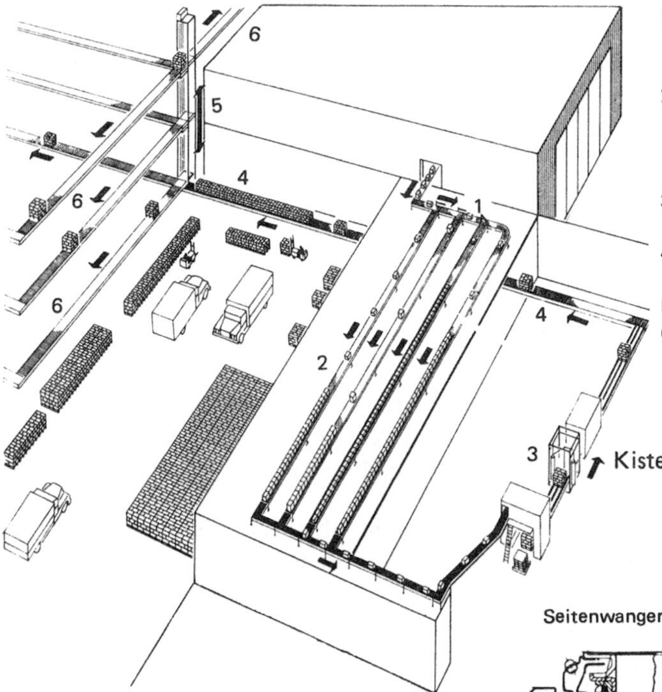

1 Rollenbahn (Zubringer) mit automatischer Sortieranlage der Kisten
2 Speicherstrecken (Rollenbahnen) für Kisten mit automatischer Abgabe, je nach Auftrag
3 Palettierautomat mit Schrumpffolienumhüllung
4 Abzugförderer (Rollenförderer)
5 Etagenförderer
6 Schwerkraft- und angetriebene Rollenbahnen zum Weitertransport der Paletten zum Lager

Kisten- und Palettenförderanlage

Seitenwangen – mit Traversen verbunden

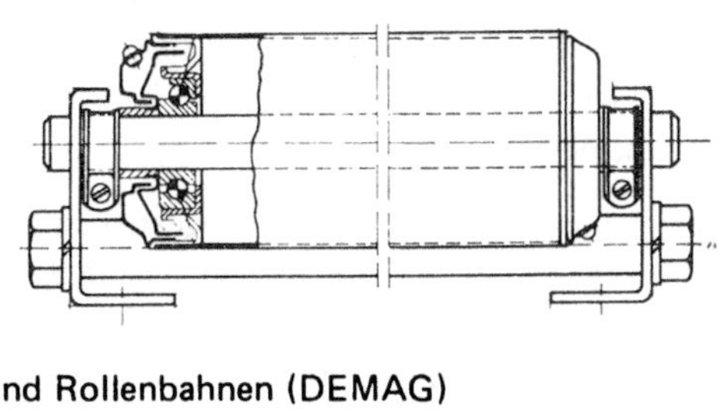

Oben: Mit Konuslager
Unten: Mit Ringrillenlager

Tragrolle für Rollenbahnen

Bild 6.5.2. Anordnung von Rollenförderern und Rollenbahnen (DEMAG)

Kurven Die Kurven dienen zur horizontalen Umlenkung der Förderstrecken. Um eine einwandfreie Gutführung in die Kurve zu erlangen (größere Fördergeschwindigkeit an der Außenseite), sind die Tragrollen als Kegel oder als unterteilte zylindrische Rollen auszuführen (Bild 6.5.3). Zusätzlich werden an der Kurvenaußenseite Abweis- und Führungsbügel angebracht.

Weichen Für die horizontale Ablenkung des Fördergutes sind *Dreh- oder Schiebeweichen*, für die vertikale Ablenkung *Klappweichen* gebräuchlich (Bild 6.5.3). Die Betätigung der Weichen erfolgt über Druckluftzylinder oder Stellmotore, da größere, zum Teil automatisch gesteuerte Anlagen eine Fernbedienung erfordern.

Abweisvorrichtungen (Transfervorrichtungen) Die Abweisvorrichtungen ermöglichen wie die Weichen die Ablenkung des Fördergutes in horizontaler Richtung und werden vor allem für Sortieraufgaben beim Stückguttransport verwendet (in Versandhäusern nach Kunden, bei der Paketabfertigung nach Zustellbezirken, beim Fluggepäck nach Flugnummern usw.). Aus Bild 6.5.3 geht der Aufbau und die Wirkungsweise der wichtigsten Abweisvorrichtungen hervor, wobei die Ausführungen Kettenübergabe, Weiche, Kettenabweiser und Plattenband auch für schwerere Stückgüter geeignet sind.

Ausziehstücke Mit Hilfe von teleskopartigen Ausziehstücken werden die Rollenbahnen an ihren Auf- oder Abgabestellen gekürzt oder verlängert. So können z. B. beim Beladen von Fahrzeugen die einzelnen Stückgüter genau an die gewünschte Stelle derFahrzeugladefläche geführt werden.

Röllchenbahnen Bei der Röllchenbahn werden die Tragrollen durch schmale in Kugellagern gelagerte Röllchen aus Stahl, Leichtmetall oder Kunststoff, die auf dünnen in den Seitenwangen eingespannten Achsen laufen, ersetzt (Bild 6.5.3).

Auch die Röllchenbahnen können mit Hilfe von Weichen, Abweisvorrichtungen, Kurven und Ausziehstücken zu umfangreichen und komplizierten Förderstrecken ausgebaut werden. Als Weichen werden häufig *Hubweichen* verwendet, bei denen in einem Hubrahmen schräg zur normalen Förderrichtung gelagerte Röllchen sitzen. Nach dem Anheben des Rahmens liegt das Fördergut auf diesen schräg angebrachten Röllchen, die jetzt über die Röllchen der normalen Förderstrecke herausragen. Das Fördergut wird dadurch seitlich ausgeschleust.

Röllchenbahnen können auch angetrieben werden; hierzu werden schmale über Druckrollen von unten an die Röllchen angepreßte Reibbänder verwendet (Abschnitt 6.4.1.1). Wegen der geringen Eigenlast der Röllchen sind besonders leichte Ausführungen und kleine Neigungswinkel möglich; ihre Traglast ist jedoch begrenzt.

Kugelbahnen (Kugeltische) Eine Kugelbahn besitzt als Tragorgan drehbare Stahl- oder Kunststoffrollen (Bild 6.5.3), welche über kleine Stahlkugeln oder auch gleitend gelagert sind (Bild 6.5.3). Die Platte (Tisch) wird zur Erhöhung der Stabilität aus abgekantetem Stahl- oder Leichtmetallblech hergestellt und enthält die Bohrungen zur Aufnahme der Tragkugelgehäuse.

Die Kugelbahnen gestatten eine beliebige Änderung der Förderrichtung bei nur geringem Aufwand, der von der Bodenfläche und der Last des zu fördernden Gutstückes abhängt. Hiernach richtet sich auch die Größe und der Abstand der Tragkugeln.

Kugelbahnen eignen sich besonders als Beschickungsanlagen an Maschinen; z. B. für die Zuführung großer Blechstücke an Pressen.

Sperrvorrichtungen Die einfachsten Sperrvorrichtungen sind zwischen den Tragrollen angebrachte Anschläge, die von Hand, Druckluftzylindern, Magneten oder Stellmotoren angehoben werden und damit das ankommende Gutstück festhalten. Es sind hierfür außerdem auch einfache ein- und ausschwenkbare Abweiser in Gebrauch.

Sperrvorrichtungen werden bei Sortier-, Prüf- und Zuteilarbeiten verwendet. Bild 6.5.3 zeigt eine einfache Zweiwegsperre ohne Antrieb, bei der die ankommenden Gutstücke die mit einem schwenkbaren Doppelhebel ausgerüstete Sperre so betätigen, daß immer nur ein Gutstück am Sammelband auflaufen kann. Die Gutzu- und -abfuhr erfolgt, wegen des sicheren Arbeitens der nicht angetriebenen Sperre, durch Rollenförderer.

Berechnung

Fördermenge Der Massenstrom $\dot{m}$ und der Stückstrom $\dot{m}_{St}$ wird nach den Gln. (6.1.4) und (6.1.5) berechnet. Die Fördergeschwindigkeit v entspricht der Umfangsgeschwindigkeit der Tragrollen, Röllchen bzw. Kugeln.

Der Neigungswinkel δ kann aus den Einzelwiderständen jeweils für 1 Gutstück mit der Masse m wie folgt berechnet werden:

$$\frac{mg}{\frac{D}{2}} f = \frac{2mgf}{D}$$ Rollwiderstand durch m

$$\frac{mg}{\frac{D}{2}} \mu_L \frac{d}{2} + \frac{m_R g z'}{\frac{D}{2}} \mu_L \frac{d}{2} = \mu_L g \frac{d}{D} (m + m_R z')$$ Lagerreibungswiderstand durch m und m_R

$$2 \frac{m_R}{2} v^2 \frac{z}{l} = \frac{m_R v^2 z}{z l_a} = \frac{m_R v^2}{l_a}$$ Beschleunigungswiderstand durch m_R

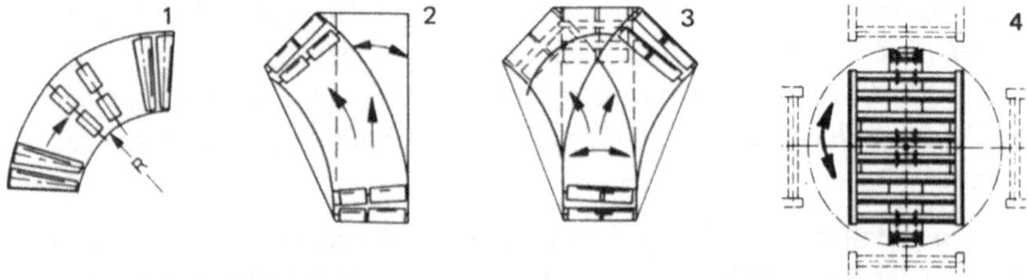

1 Kurve mit kegligen oder kurzen zylindrischen Tragrollen, 2 Weiche, Links 45°, 3 3-Wegeweiche, 4 Drehweiche (Drehtisch),

Kurven und Weichen für Rollenbahnen und Rollenförderer

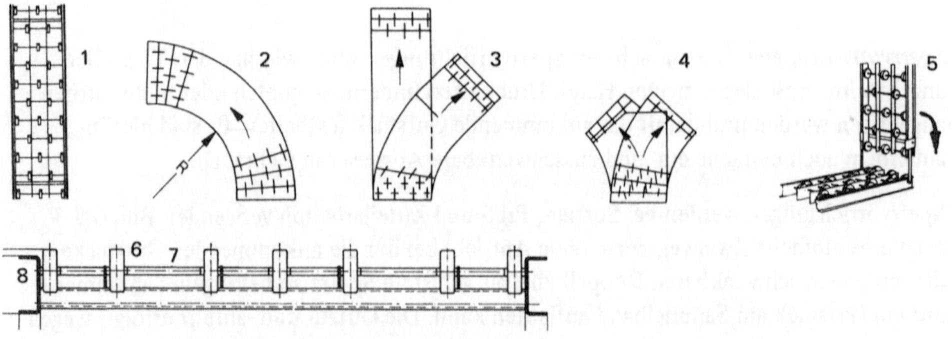

1 Gerades Bahnstück, 2 Bogenstück, 3 Weiche, rechts 45°, 4 Y-Weiche, 5 Durchgangsstück (auch als Klappweiche), 6 Rolle, 7 Rollenachse, 8 Seitenwange mit Traversen verbunden (Tragkonstruktion)

Ausschleusen bei Weichen (3 bzw. 4) durch Anheben der in Kurvenrichtung stehenden Röllchen

Röllchenbahnen – Bahn, Kurven und Weichen

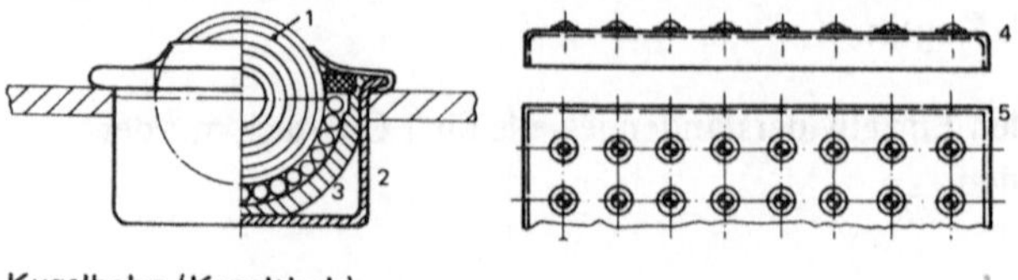

Kugelbahn (Kugeltisch)

1 Tragkugel
2 Gehäuse
3 Kugelschale mit kleinen Gegenkugeln
4 Kugeltisch (Schnitt)
5 Kugeltisch (Draufsicht)

Tischfläche als gekantete Stahlplatte

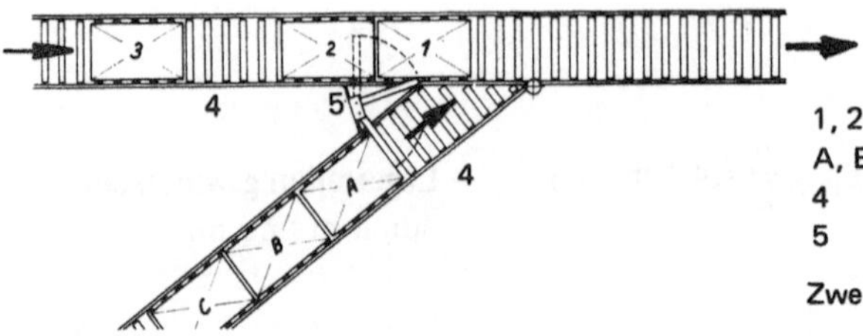

1, 2, 3 Stückgüter auf der Hauptbahn
A, B, C Stückgüter auf der Nebenbahn
4 Stauförderer bzw. Rollenförderer
5 Sperrhebel (Doppelhebel)

Zweiwegsperre

Bild 6.5.3. Sonderausführungen und Zubehör für Rollenförderer und Rollenbahnen (DEMAG)

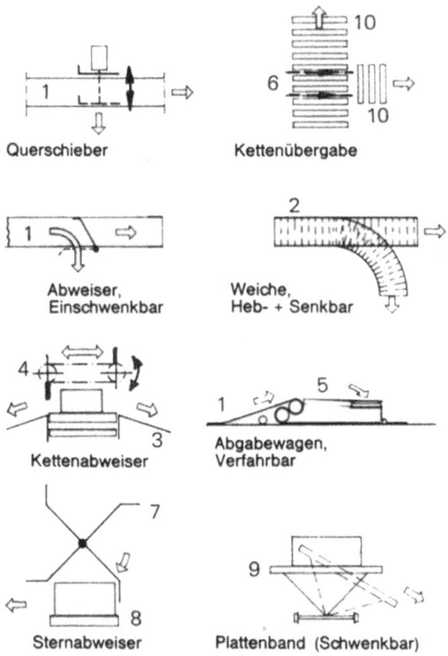

1 Bandförderer
2 Rollenförderer mit Weiche
3 Rutsche
4 Kette mit 2 Abweisern, reversierbar: Gutabgabe nach links oder rechts
5 Rollenbahnkurve oder Weiche – analog der Abwurfwagen bei Bandförderern für Schüttgüter, siehe Bild 6.2.4
6 Querlaufende Ketten, die zur Gutabgabe angehoben werden
7 Drehender Stern
8 Rollenförderer
9 Plattenband
10 Rollenbahn

Abweis-(Transfer-)vorrichtungen

Bild 6.5.3. Sonderausführungen und Zubehör für Rollenförderer und Rollenbahnen (DEMAG)

Der Sinus des Neigungswinkels δ ergibt sich jetzt aus dem Verhältnis des Gesamtwiderstandes F_W ($F_W \mathrel{\hat{=}}$ den drei oben angegebenen Einzelwiderständen) zur Gewichtskraft $F_G = mg$ eines Gutstückes:

$$\sin\delta = \frac{F_W}{mg} = \frac{2f}{D} + \mu_L \frac{d}{D}\left(1 + \frac{m_R}{m} z'\right) + \frac{m_R v^2}{l_a mg} \qquad (6.5.3)$$

Sinus des Neigungswinkels δ

m	Masse eines Gutstückes
g	Fallbeschleunigung
D	Tragrollenaußendurchmesser
d	Lagerinnendurchmeser, $d \mathrel{\hat{=}}$ Achsendurchmesser
f	Hebelarm der rollenden Reibung, bei fester Auflage $f \approx 0{,}1$ cm
μ_L	Lagerreibungszahl, $\mu_L \approx 0{,}002$ für Wälzlager
m_R	Masse des drehenden Tragrollenteils
z'	Tragrollenzahl auf der ein Gutstück aufliegt, $z' = 2 \dots 4$
v	Fördergeschwindigkeit
z	Tragrollenzahl auf der gesamten Förderlänge l
$l_a = \frac{l}{z}$	Abstand (Teilung) der Tragrollen

Die Beschleunigungsarbeit aller Rollen der gesamten Förderstrecke l wird: $2\frac{m_R}{2} v^2 z$

(„2", da beim Auftreffen eines Gutstückes auf eine Tragrolle deren Umfangsgeschwindigkeit zunächst = 0 ist). Damit wird der Beschleunigungswiderstand auf der gesamten Förderstrecke l:

$$2\,\frac{m_R}{2}\,v^2\,\frac{z}{l}\,.$$

Der Roll- und Lagerreibungswiderstand ergibt sich aus Gl. (2.3.2).

Häufig wird wegen der vielen ungenauen Annahmen (μ_L, f usw.) auf diese Rechnung verzichtet und der Neigungswinkel δ nach Erfahrungswerten oder im Versuch festgelegt.

Antriebsleistung Entfällt, ohne eigenen Antrieb.

6.5.3. Beispiel

28 Wendelrutsche mit anschließender Schwerkraftrollenbahn

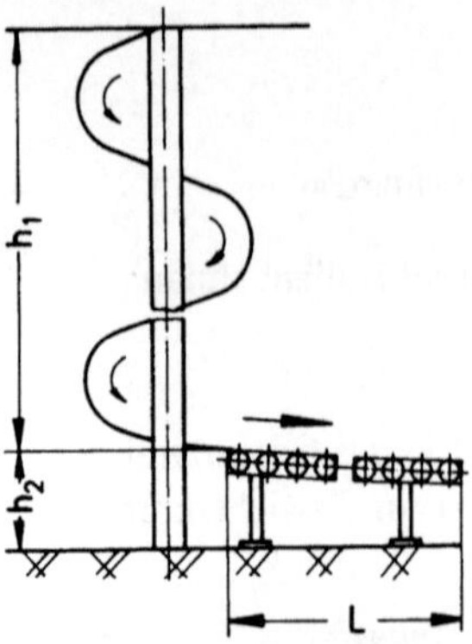

Fördergut: Pakete, Masse m_{St} = 50 kg, Abmessungen: L × B × H = 0,8 × 0,4 × 0,5 m, Pakete rutschen in Längsrichtung

Rutsche: Reibungszahl Paket/Rutsche μ = 0,25, maximale Endgeschwindigkeit $v_E = 0{,}3\,\frac{m}{s}$, h_1 = 8 m, mittlerer Rutschendurchmesser D_m = 1,25 m

Schwerkraftrollenbahn: Tragrollenaußendurchmesser D = 108 mm, Lagerreibungsdurchmesser der Tragrollen d = 30 mm, Rollenabstand L_a = 250 mm, Hebelarm der rollenden Reibung f = 0,3 cm, Masse des drehenden Rollenteiles m_R = 10 kg, Reibungszahl Paket/Rolle μ = 0,3, Lagerreibungszahl der Tragrollen μ_L = 0,01, Förderlänge L = 15 m, h_2 = 2 m

Gesucht:

1. Maximal mögliche Fördermenge $\dot{m}$ bzw. $\dot{m}_{St}$
2. Mittlerer Neigungswinkel δ der Wendelrutsche, Wendelzahl z_W
3. Bewegungswiderstand F_W eines Paketes auf der Schwerkraftrollenbahn, maximale Belastung m_R' und Drehzahl n_R einer Tragrolle
4. Neigungswinkel δ der Rollenbahn (Anfangs- $\hat{=}$ Endgeschwindigkeit)

Lösung:

1. Fördermenge $\dot{m}$ nach Gl. (6.1.4)

$$\dot{m} = \frac{m}{L_a}\,v = \frac{50}{0{,}8}\,0{,}3 = 18{,}7\,\frac{kg}{s} \mathrel{\hat{=}} 67{,}5\,\frac{t}{h} \qquad \underline{\underline{\dot{m} = 67{,}5\,\frac{t}{h}}}$$

Paketabstand $L_a \mathrel{\hat{=}} L$ = 0,8 m (Pakete im ungünstigsten Fall direkt hintereinander)

$v \mathrel{\hat{=}} v_E$, $m \mathrel{\hat{=}} m_{St}$

Fördermenge $\dot{m}_{St}$ nach Gl. (6.1.5)

$$\dot{m}_{St} = \frac{v}{L_a} = \frac{0{,}3}{0{,}8} = 0{,}375\,\frac{St}{s} \mathrel{\hat{=}} 1350\,\frac{St}{h} \qquad \underline{\underline{\dot{m}_{St} = 1350\,\frac{St}{h}}}$$

2. tan des mittleren Neigungswinkels δ nach Gl. (6.5.1)

$$\tan\delta = \frac{\mu}{1 - \frac{v_E^2}{2gh}} = \frac{0{,}25}{1 - \frac{0{,}09}{2 \cdot 10 \cdot 8}} = 0{,}25 \quad \text{hieraus } \delta = 14° \qquad \underline{\underline{\delta = 14°}}$$

$h \mathrel{\hat=} h_1$

Mittlere Steigung der Wendelrutsche $s = D_m \pi \tan\delta = 1{,}25 \cdot 3{,}14 \cdot 0{,}25 = 1{,}0$ m

$$\text{Wendelzahl } z_W = \frac{h_1}{s} = \frac{8}{1} = 8 \qquad \underline{\underline{z_W = 8}}$$

3. Analog den Ansätzen zu Gl. (6.5.3) ergibt sich der Bewegungswiderstand F_W eines Paketes zu:

$$F_W = \frac{2 m_{St} g f}{D} + \mu_L g \frac{d}{D} (m_{St} + m_R z') + \frac{m_R v^2}{L_a}$$

$$F_W = \frac{2 \cdot 50 \cdot 10 \cdot 0{,}003}{0{,}108} + 0{,}01 \cdot 10 \frac{30}{108} (50 + 10 \cdot 3{,}2) + \frac{10 \cdot 0{,}09}{0{,}25} = 34 \text{ N} \qquad \underline{\underline{F_W = 34 \text{ N}}}$$

Tragrollenzahl auf der ein Paket aufliegt $z' = \frac{L}{L_a} = \frac{800}{250} = 3{,}2$

$L_a \mathrel{\hat=}$ Rollenabstand, $v \mathrel{\hat=} v_E$

$$\text{Maximale Tragrollenbelastung } m'_R = \frac{m_{St}}{z'} = \frac{50}{3{,}2} = 15{,}6 \text{ kg} \qquad \underline{\underline{m'_R = 15{,}6 \text{ kg}}}$$

$$\text{Maximale Rollendrehzahl } n_R = \frac{v_E}{D\pi} = \frac{0{,}3}{0{,}108 \cdot 3{,}14} = 0{,}89 \text{ s}^{-1} \mathrel{\hat=} 53 \text{ min}^{-1} \qquad \underline{\underline{n_R = 53 \text{ min}^{-1}}}$$

4. sin des Neigungswinkels δ nach Gl. (6.5.3)

$$\sin\delta = \frac{F_W}{m_{St} g} = \frac{34}{50 \cdot 10} = 0{,}068 \quad \text{hieraus } \delta \approx 3{,}9° \qquad \underline{\underline{\delta \approx 3{,}9°}}$$

6.6. Strömungsförderer

Strömungsförderer transportieren Schüttgüter mit Hilfe von strömenden Gasen oder Flüssigkeiten in geschlossenen Rohrleitungen oder in offenen Rinnen. Das Fördergut bildet mit der Luft bzw. der Flüssigkeit ein Gemisch, das in Bezug auf seine Beweglichkeit andere Eigenschaften aufweist als die ursprünglichen Medien.

6.6.1. Pneumatische Förderer

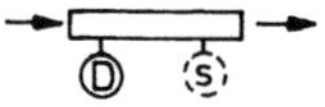

Als Tragmittel für das Fördergut werden in geschlossenen Rohren strömende Gase (meist Luft) verwendet. Wegen der Verstopfungsgefahr darf die Luftgeschwindigkeit einen bestimmten Grenzwert nicht unterschreiten. Je nach der Gutkonzentration im Luftstrom, die durch das Mischungsverhältnis μ gekennzeichnet wird, unterscheidet man grundsätzlich die folgenden Förderarten:

Flugförderung Für die Flugförderung wählt man niedrige bis mittlere Mischungsverhältnisse (siehe unter *Berechnung*): μ = 5 ... 60 (100). Die Luftgeschwindigkeit v_L ist größer als die Gutgeschwindigkeit (v_L = 10 ... 40 $\frac{m}{s}$). Die Rohrleitung ist nur lose mit dem Fördergut gefüllt. Dadurch ist der Druckabfall der Förderluft längs der Förderstrecke relativ niedrig und nicht proportional dem Förderweg, jedoch tritt am Ende der Rohrleitung nur noch eine schwache Luftentspannung auf.

Die Flugförderung ist für pulverförmige bis kleinstückige, nicht backende Schüttgüter mit nicht allzu hoher Schüttdichte geeignet. Durch die hohen Luft- und Gutgeschwindigkeiten besteht die Gefahr der Gutbeschädigung (Kornbrüche).

Auch bei den heute sehr wichtigen Entstaubungsanlagen (z.B. in Zementfabriken) wird von der Flugförderung weitgehend Gebrauch gemacht.

Schub- und Fließförderung Die Gutkonzentration liegt bei dieser Förderart sehr hoch (Mischungsverhältnis $\mu > 200$), die Luftgeschwindigkeit v_L ist sehr niedrig ($v_L = 0{,}5 \ldots 5\,\frac{m}{s}$); sie entspricht in etwa der Gutgeschwindigkeit. Dadurch bleiben die die Rohrleitung dicht füllenden Gutteilchen während des Fördervorgangs untereinander in Ruhe, und der Druckabfall der Förderluft längs der Förderstrecke ist sehr hoch; er ist proportional dem Förderweg. Am Ende der Förderleitung tritt eine starke Luftentspannung auf. Durch die geringe Luftgeschwindigkeit besteht keine Gefahr der Gutbeschädigung.

Die Schub- und Fließförderung ist für feuchte, staubförmige bis körnige, auch backende oder breiige Fördergüter geeignet. Backendes und breiiges Fördergut wird hierbei häufig diskontinuierlich (in Pfropfenform) durch die Rohrleitung geschoben. Schubförderung wird vor allem in der chemischen Industrie zum Transport innerhalb von Bearbeitungsprozessen verwendet. Wegen des hohen Druckabfalles in der Leitung kann sie nur über kurze, möglichst geradlinige Förderstrecken erfolgen.

Die pneumatische Förderung (Flugförderung) weist gegenüber den übrigen Stetigförderern folgende Vor- und Nachteile auf:

Vorteile

Einfacher Aufbau und geringer Platzbedarf (Förderstrang $\hat{=}$ Rohrleitung);
staubdichte und räumliche Führung möglich;
geringe Anlage- und Wartungskosten (in der Förderstrecke keine bewegten Teile);
auch für heiße Fördergüter geeignet.

Nachteile

Hoher Verschleiß und hohe Antriebsleistung;
Gutbeschädigung, Stopfgefahr und Lärmbelästigung;
nur für bestimmte Fördergüter geeignet.

Bauarten. Die beiden wichtigsten Bauarten sind Saug- und Druckluftförderanlagen, die auch kombiniert werden können (Bild 6.6.1).

Saugluftförderanlagen Bei Förderern dieser Art befindet sich der Luftverdichter am Ende der Anlage. Das von der Saugdüse aufgenommene Fördergut wird über die Förderleitung in den Abscheider gesaugt und dort von dem Luftstrom getrennt. Um die vom Verdichter ins Freie abgegebene Luft restlos von Staubteilchen zu befreien, ist zusätzlich hinter dem Abscheider ein Filter eingebaut. Die Ausschleusung des Fördergutes aus dem Abscheider, welcher wie die gesamte Anlage unter Unterdruck steht, geschieht meist über ein Zellenrad.

Sauganlagen zeichnen sich besonders durch vollkommene Staubfreiheit sowie einfache Gutaufnahme aus, welche an mehreren Stellen gleichzeitig erfolgen kann; die Abgabestelle ist meist eine gemeinsame. Sie sind wegen des begrenzten Druckes nur für kleinere Förderlängen und leichtere, gut fließende Fördergüter wie Getreide, Sägespäne, Spreu, Kohlenstaub usw. geeignet.

Förderlänge bis 200 (500) m, große Längen bei waagrechten Leitungen
Förderhöhe bis 30 m — Maximaler Unterdruck bis 0,5 bar
Fördermenge bis 100 (500) $\frac{t}{h}$ — Maximale Korngröße bis 20 mm

Druckluftförderanlagen Diese Anlagen arbeiten mit höherem Druck. Der Luftverdichter befindet sich hier am Anfang der gesamten Anlage. Das über die Aufgabeeinrichtung (z. B. ein Zellenrad) in die Rohrleitung eingegebene Fördergut wird unter Überdruck zu dem Abscheider geführt. Häufig wird die Förderluft nach dem Abscheiden nicht ins Freie gegeben, sondern wieder dem Gebläse zugeführt (*Umluftanlagen*). Filteranlagen sind in diesem Falle dann nicht mehr erforderlich.

Druckanlagen gestatten die Verbindung von einer Aufgabestelle mit mehreren Abgabestellen und sind wegen des hohen Druckes auch für größere Förderlängen und schwerere Fördergüter wie Kaffee, Asche, Zement, Kalk, Phosphate, fein- bis kleinstückige Kohle, Erze, Sand usw. geeignet.

Förderlänge bis 500 (2000) m, große Längen bei waagrechten Leitungen
Förderhöhe bis 100 m — Maximaler Förderdruck bis 4 (10) bar
Fördermenge bis 100 (500) $\frac{t}{h}$ — Maximale Korngröße bis 60 mm

Saug-/Druckluftförderanlagen Diese Kombination vereint die Vorteile der beiden oben besprochenen Anlagen (leichte Gutaufnahme gleichzeitig an mehreren Stellen und Transport über längere Förderstrecken zu verschiedenen Abgabestellen). Allerdings ist der Bauaufwand recht groß. Die Wirkungsweise geht aus Bild 6.6.1 hervor.

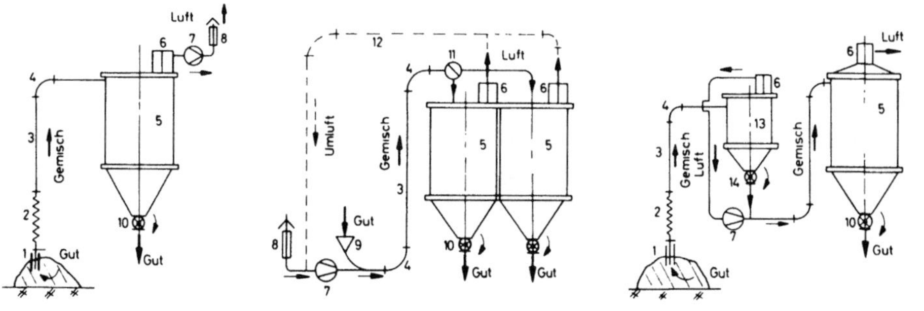

Saugluftförderanlage — Druckluftförderanlage — Saug- und Druckluftförderanlage

1 Saugdüse
2 Beweglicher Leitungsteil (z. B. Spiralschlauch)
3 Förderleitung (Rohr)
4 Krümmer
5 Abscheider und Silo
6 Filter
7 Verdichter
8 Schalldämpfer
9 Aufgabetrichter
10 Zellenradschleuse
11 Weiche
12 Umluftleitung (bei geschlossenen Anlagen)
13 Abscheider
14 Zellenradschleuse zur Gutaufgabe

Bild 6.6.1. Pneumatische Förderanlagen

Bauteile. Im Anschluß werden einige Hinweise über die wichtigsten Bauteile angeführt.

Gutaufgabe Sie erfolgt bei Sauganlagen durch die *Saugdüse*, die über flexible Zwischenstücke an der Rohrleitung befestigt ist und meist an einem wippbaren Kranausleger hängt, so daß sie an der Aufgabestelle leicht bewegt werden kann. An der Eintrittsöffnung der Saugdüse wird das Fördergut mit der Förderluft vermischt, wobei der Luftstrom durch verstellbare Schlitze der Art des Fördergutes angepaßt werden kann.

Für Druckanlagen werden zur Gutaufgabe *Aufgabetrichter, Zellenräder* oder *Schnecken* eingesetzt. Der Aufgabetrichter ist nur für geringe Drucke verwendbar. Das Fördergut wird durch Injektorwirkung in die Rohrleitung gezogen und dort mit der Förderluft vermischt. Zellenradschleusen ermöglichen die Gutaufgabe bei mittleren Drucken, p bis 2 bar, Schnecken bei hohen Drucken, p bis 4 (10) bar.

Durch die Änderung der Drehzahl kann bei den Zellenrädern und Schnecken die Fördermenge dosiert werden. Zellenräder- und Schneckenschleusen erfordern somit einen motorischen Antrieb, Aufgabetrichter arbeiten ohne eigenen Antrieb. Wegen des höheren Bauaufwands sollten Schneckenschleusen nur bei besonders hohen Drucken verwendet werden.

Förderleitungen Die Förderleitungen (Rohre) werden je nach der Art des Fördergutes aus Stahl, Kunststoff, Glas usw. hergestellt und haben Durchmesser von 50 ... 250 mm. Bei der Auslegung der Krümmer ist besonders auf den dort auftretenden hohen Verschleiß zu achten; sie müssen leicht austauschbar sein oder mit Verstärkungen bzw. verschleißfesten Auskleidungen versehen werden (Bild 6.6.2). Spezielle Rohrgelenke oder biegsame Rohrstücke erlauben die bewegliche Verbindung einzelner Leitungsabschnitte.

Leitungsschalter Sie dienen zur Absperrung oder Verzweigung der Förderleitungen. Bei den Verzweigungen kann z. B. eine ankommende Leitung wahlweise auf je eine der weiterführenden Leitungen geschaltet werden. Zur Absperrung verwendet man Tellerschieber, bei Verzweigungen Umstellhähne (Bild 6.6.2), die von Hand oder motorisch (bei Fernbedienung) betätigt werden.

Abscheider Die Abscheider ermöglichen das Trennen des Fördergutes von der Förderluft. Es erfolgt durch starke Minderung der Luftgeschwindigkeit (große Querschnittserweiterungen zwischen Rohrleitung und Abscheider), durch Ablenkung des fördernden Luftstromes (durch Abweis- oder Prallbleche) und durch Flieh- und Schwerkrafteinwirkung (Luftstrom tangential in den Abscheider eingeführt – Zyklonwirkung), siehe (Bild 6.6.2). Die Abscheidequote liegt bei etwa 95 ... 98 % des Fördergutes.

Die Restgutabscheidung geschieht mit Hilfe von Filtern, die auf dem Abscheider angebracht werden, so daß das im Filter abgeschiedene Fördergut in den eigentlichen Abscheider zurückfällt. Als Filter sind vor allem Trocken- und Elektrofilter gebräuchlich. Bei den Trockenfiltern, z. B. in Form von Taschenfiltern, setzt sich das Restgut am Filtervlies ab und kann durch einfache Rüttelvorrichtungen, die sich selbsttätig in gewissen Zeitabständen einschalten, abgeworfen werden.

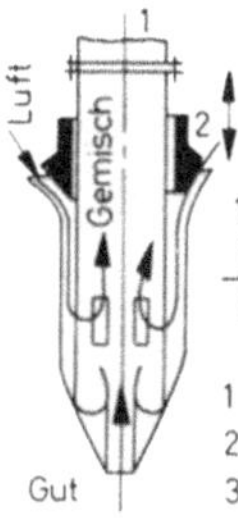

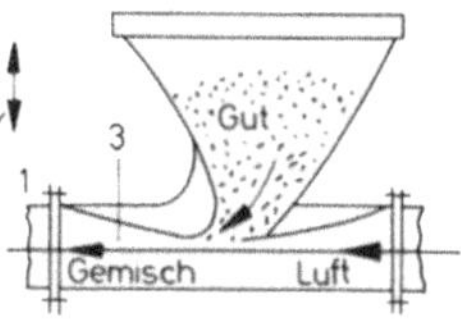

1 Förderleitung
2 Luftregulierhülse
3 Diffusor

Saugdüse Aufgabetrichter

Fördergutaufgabeneinrichtungen

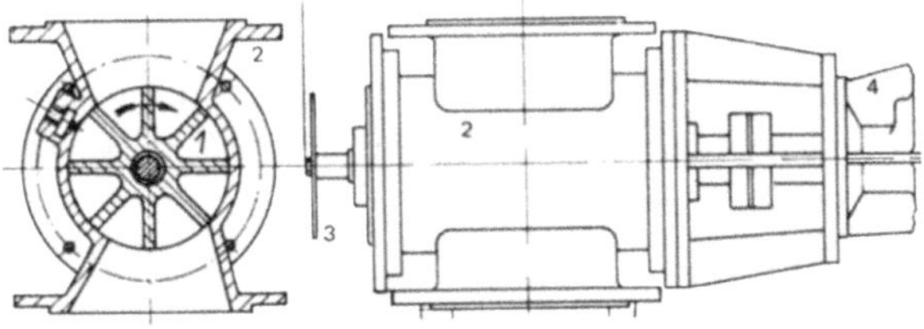

1 Zellenrad
2 Gehäuse
3 Bewegungsanzeiger
4 Antrieb (Flanschgetriebemotor und Kupplung)

Zellenradschleuse (HARTMANN)

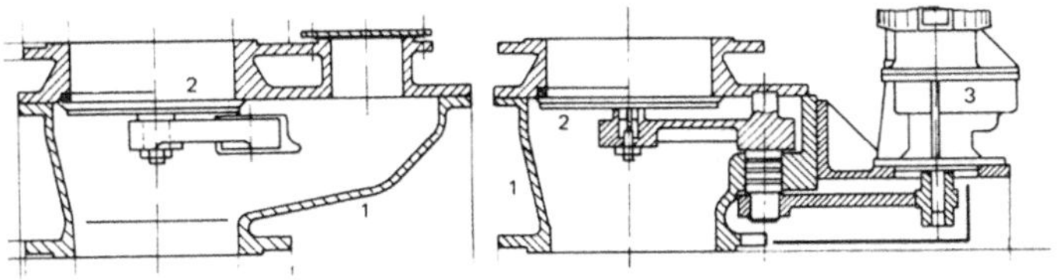

1 Gehäuse
2 Teller (Verschlußteil)
3 Antrieb (Getriebemotor und Hebelsystem)

Auch für manuelle Betätigung

Tellerschieber (HARTMANN)

Auch mit Handantrieb über Hebel oder Kurbel und als geschlossene Ausführungen. Bei weniger als 4 Abgängen Verschluß durch Blindflansche

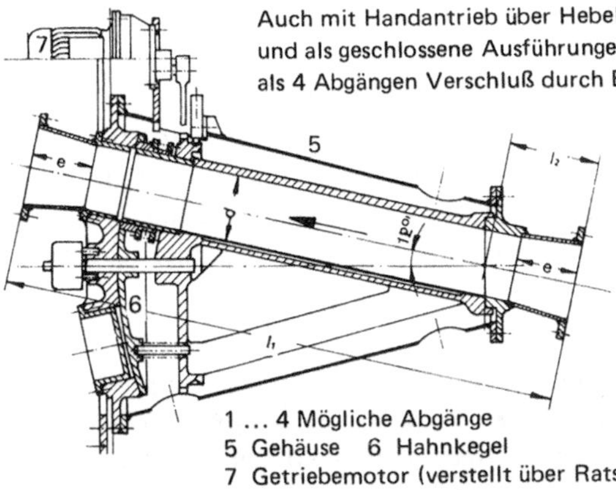

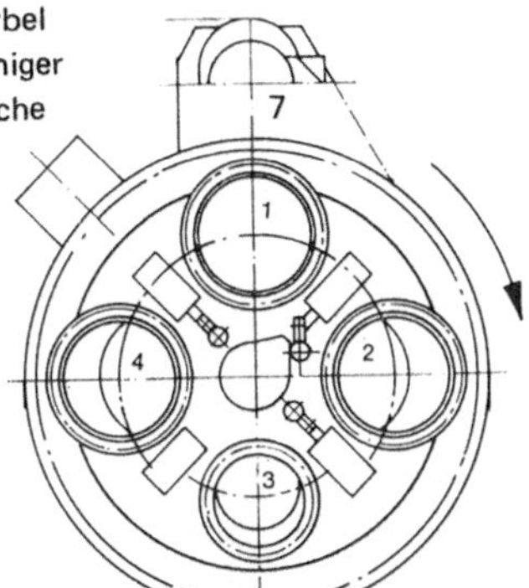

1 ... 4 Mögliche Abgänge
5 Gehäuse 6 Hahnkegel
7 Getriebemotor (verstellt über Ratschenklinke den Hahnkegel)

Weichen (Umstellhähne)–HARTMANN

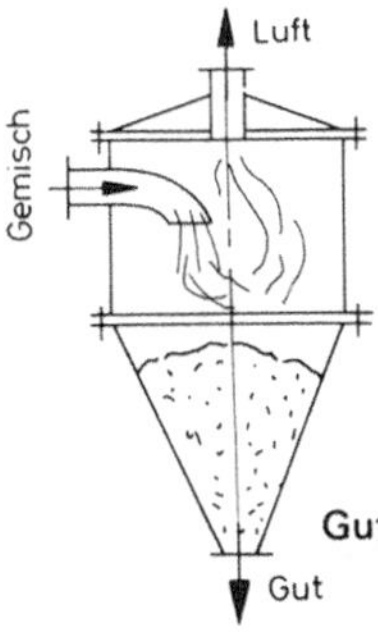

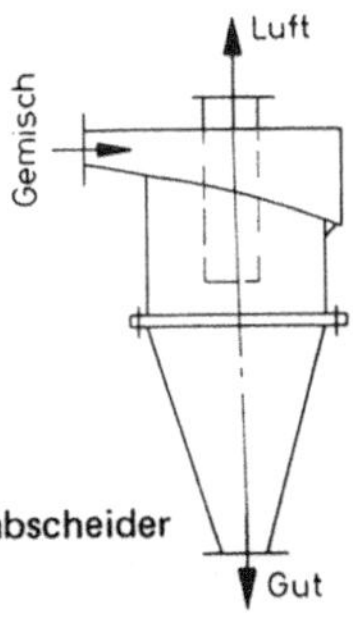

Gutabscheider

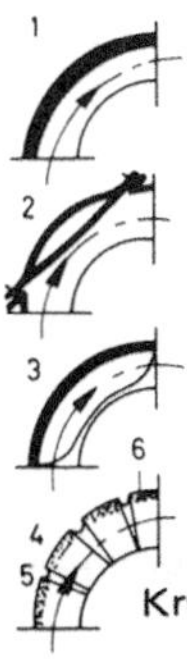

Krümmer

1 Gegossener Krümmer (GG oder GS) mit verstärkter Außenwand
2 Krümmer mit auswechselbarer verschleißfester Außenwand
3 Krümmer mit verschleißfester Einlage – vor allem an der Außenwand
4 Krümmer mit Eindrückungen (5), so daß sich zwischen den Eindrückungen Fördergut (6) festsetzen kann und damit den Verschleiß der Krümmerwandung verringert.

Bild 6.6.2. Wichtige Bauteile für pneumatische Förderanlagen

Verdichter Die Art des Luftverdichters richtet sich nach dem erforderlichen Druck der Anlage.

Gebläse: Einfache Gebläse erreichen Druckdifferenzen bis ca. 0,2 bar. Sie kommen bei Niederdruckanlagen, vor allem bei Saugluftförderanlagen (für leichte Fördergüter und kürzere Förderwege) in Frage.

Zellenverdichter: Die Zellenverdichter (z. B. Drehkolbenverdichter) gestatten Druckdifferenzen von 0,2 ... 1 (2) bar. Sie eignen sich daher für Mitteldruckanlagen (sowohl bei Saug- als auch bei Druckluftförderanlagen) und ermöglichen die Förderung mittelschwerer Fördergüter über mittlere Förderlängen.

Kolbenverdichter: Mit Kolbenverdichtern werden Druckdifferenzen von 2,0 ... 6,0 (10) bar möglich. Sie sind ausschließlich bei Hochdruckanlagen, die schwere Fördergüter über längere Förderwege bewegen, in Gebrauch.

Zur Geräuschdämpfung werden häufig am Ansaugstutzen (bei Druckanlagen) bzw. am Austrittstutzen (bei Sauganlagen) der Verdichter Schalldämpfer angebracht (Bild 6.6.1).

Berechnung. Für die Auslegung der pneumatischen Förderanlagen ist die gewünschte Fördermenge, der Förderweg und die Art des Fördergutes von Bedeutung. Ziel der Berechnung ist die Ermittlung folgender Daten:

- Erforderlicher Luftstrom und Luftdruck
- Innendurchmesser der Rohrleitung
- Bauart und Baugröße des Verdichters sowie seine Antriebsleistung.

Die Vielzahl aller gängigen Berechnungsmethoden basieren auf Erfahrungswerten, die an Versuchsanlagen ermittelt wurden. Anschließend wird eine für die Flugförderung gültige kurze überschlägige Berechnungsmethode angeführt. Die Berechnung der Schubförderung ist schwierig und mit vielen Fehlerquellen behaftet; sie kann dem in Abschnitt 8.2 angegebenen Schrifttum entnommen werden.

Reduzierte Förderlänge l_{red}. Durch die reduzierte Förderlänge l_{red} wird das gesamte Rohrleitungssystem auf eine gerade Leitungsstrecke reduziert, die den gleichen Strömungswiderstand wie das eigentliche Leitungssystem aufweist. Leitungskrümmer und Leitungsschalter werden durch gerade, im Strömungswiderstand äquivalente Ersatzlängen berücksichtigt.

$$l_{red} = \Sigma l_H + \Sigma l_V + \Sigma l_K + \Sigma l_S \qquad \text{Reduzierte Förderlänge} \qquad (6.6.1)$$

Σl_H Σ horizontalen Leitungsstrecken
Σl_V Σ vertikalen Leitungsstrecken
Σl_K Σ Ersatzlängen für Krümmer
Σl_S Σ Ersatzlängen für Schalter

Richtwerte für die Ersatzlängen von Krümmern und Schaltern siehe Bild 6.6.3.

Luftgeschwindigkeit v_L Die Luftgeschwindigkeit v_L soll so groß sein, daß keine Gutablagerungen und Verstopfungen in der Rohrleitung auftreten. Unnötig hohe Luftgeschwindigkeit führt zu erhöhtem Verschleiß der Bauteile, zur Gutbeschädigung und zu großen Antriebsleistungen. Die Luftgeschwindigkeit soll mindestens zweimal so groß wie die Schwebegeschwindigkeit v_S sein, damit einmal keine Ablagerungen entstehen und zum anderen auch die Förderung über senkrechte Strecken gewährleistet ist. Die Schwebegeschwindigkeit v_S entspricht der Luftgeschwindigkeit, die bei senkrecht aufsteigendem Luftstrom die Gutteilchen gegen die Wirkung der Schwerkraft in Schwebe hält; sie steigt mit zunehmender Schüttdichte und Körnung sowie abnehmender Luftdichte.

$$v_S = c_a \sqrt{\frac{\rho_G}{\rho_L} a'}$$ *Schwebegeschwindigkeit in* $\frac{m}{s}$ (6.6.2)

$$v_L = c_{a1} \sqrt{\rho_G} + c_{a2}\, l_{red}^2$$ *Luftgeschwindigkeit in* $\frac{m}{s}$ (6.6.3)

c_a Gutbeiwert; abhängig von Form, Größe und Oberfläche des Fördergutes (Bild 6.6.3)

ρ_G Gutdichte in $\frac{t}{m^3}$ (Bild 1.3.1)

ρ_L Mittlere Luftdichte in $\frac{kg}{m^3}$

Für überschlägige Berechnungen $\rho_L \approx 0{,}8 \ldots 0{,}9$ bei Saugluftförderanlagen und $\approx 1{,}5 \ldots 2{,}0$ $\frac{kg}{m^3}$ bei Druckluftförderanlagen. Der genaue Wert ist vom Mischungsverhältnis μ und der Luftdruckdifferenz Δp unter Beachtung der senkrechten Streckenteile abhängig. Damit nimmt auch die Luftgeschwindigkeit mit zunehmender Streckenlänge ab – bei überschlägigen Berechnungen kann mit konstanter Luftgeschwindigkeit gerechnet werden.

a' Korngröße des Fördergutes in m (Bild 1.3.1)

c_{a1} Körnungsbeiwert, abhängig von der Korngröße a' (Bild 6.6.3)

c_{a2} Zustandsbeiwert, abhängig von der Gutfeuchte (Bild 6.6.3).

Mischungsverhältnis* μ *und Rohrdurchmesser d

$$\mu = \frac{\dot{m}}{\dot{m}_L}$$ *Mischungsverhältnis* (6.6.4)

$$d = \sqrt{\frac{4 \dot{V}_L}{\pi v_L}}$$ *Rohrdurchmesser* (6.6.5)

$\dot{m}$ Massenstrom des Fördergutes

$\dot{m}_L, \dot{V}_L$ Luftstrom (Massen- bzw. Volumenstrom), $\dot{m}_L = \dot{V}_L \rho_L$
Richtwerte für μ siehe Bild 6.6.3.

Luftdruck in der Förderleitung Unter Vernachlässigung des Höhenunterschiedes zwischen Gutauf- und -abgabestelle ergibt sich:

$$p_A = \sqrt{1 + \frac{\lambda\, l_{red}\, v_L^2}{d}}$$ *Anfangsdruck (absolut) für Druckluftförderanlagen (nach Verdichter) in bar* (6.6.6)

$$p_E = \sqrt{1 - \frac{\lambda\, l_{red}\, v_L^2}{d}}$$ *Enddruck (absolut) für Saugluftförderanlagen (nach Abschneider) in bar* (6.6.7)

$\lambda = \beta\mu$ Widerstandsbeiwert, $\lambda = f(\mu$, Gutart, d)
$\beta = f(x)$ Beiwert (Bild 6.6.3)
$x = \mu \frac{l_{red}}{d} v_L^2$ Beiwert in $\frac{m^2}{s^2}$ (Luftgeschwindigkeit v_L in $\frac{m}{s}$ einsetzen)

Auslegung des Verdichters Maßgebend für die Auslegung sind der Verdichterdruck p_V, der Luftstrom $\dot{V}_{Lo}$ (Index 0: auf Ansaugzustand $p_o = 1$ bar bezogen) und seine Nennleistung P_N.

$$p_V \approx 1{,}1\, p_A$$ *Verdichterdruck für Druckluftförderanlagen* (6.6.8)

$$p_V \approx 1{,}1\,(p_o - p_E)$$ *Verdichterdruck für Saugluftförderanlagen* (6.6.9)

$$P_N = \frac{W_{ad}\, \dot{V}_{L0}}{\eta_V}$$ *Nennleistung des Verdichters* (bei adiabater Zustandsänderung) (6.6.10)

„1,1“ 10 % Zuschlag für Aufgabeverluste (Gut- und Luftbeschleunigung)
$p_A, p_E, \dot{V}_{L0}$ siehe oben
p_0 Atmosphärendruck, $p_0 \approx 1$ bar

$$W_{ad} = \frac{\kappa}{\kappa - 1}\, p_o \left[\left(\frac{p_A}{p_o}\right)^{\frac{\kappa - 1}{\kappa}} - 1\right]$$ Adiabate Verdichterarbeit für Druckluftförderanlagen

$$W_{ad} = \frac{\kappa}{\kappa - 1}\, p_o \left[\left(\frac{p_o}{p_E}\right)^{\frac{\kappa - 1}{\kappa}} - 1\right]$$ Adiabate Verdichterarbeit für Saugluftförderanlagen

$\kappa = \frac{c_p}{c_v}$ Adiabatenexponent ($\kappa_{Luft} = 1{,}4$)
η_V Verdichterwirkungsgrad, $\eta_V \approx 0{,}7 \ldots 0{,}8$

Rechnungsgang Mischungsverhältnis μ nach Bild 6.6.3 wählen und über Gl. (6.6.4) mit der gegebenen Fördermenge $\dot{m}$ den erforderlichen Luftstrom $\dot{m}_L$ und $\dot{V}_L$ berechnen. $\left(\dot{V}_L = \frac{\dot{m}_L}{\rho_L}\right)$. Anschließend kann die erforderliche Luftgeschwindigkeit v_L nach Gl. (6.6.3) und die Schwebegeschwindigkeit v_S nach Gl. (6.6.2) ermittelt werden: $v_L \geqslant 2 v_S$. Der erforderliche Rohrdurchmesser d ergibt sich nach Gl. (6.6.5). Den für den Fördervorgang notwendigen Luftdruck in der Rohrleitung berechnet man nach den Gln. (6.6.6) bzw. (6.6.7). Die Auslegungsdaten für den Verdichter (p_V, $\dot{V}_{L0}$ und P_N) können schließlich nach den Gln. (6.6.8) bis (6.6.10) bestimmt werden. Die Bauart des Verdichters hängt von dem Verdichterdruck p_V ab; siehe unter *Bauteile.*

Ersatzlängen für 90°-Krümmer und Schalter – Richtwerte (z. B. Schieber, Weichen usw.)

Art des Fördergutes	Ersatzlänge für Krümmer l_K in m beim Verhältnis $\frac{r}{d}$			Ersatzlänge für Schalter l_S in m
	5	10	20	
staubförmig	5...10	5...10	8...10	5...10
körnig	8...10	10...15	15...20	10...15 [1])
stückig	—	25...50	40...60	—

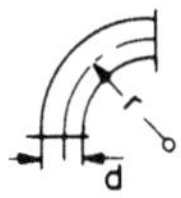

d Rohrdurchmesser
r Krümmungsradius

Kleine Werte bei niedriger Luftgeschwindigkeit und nur schwach schleißenden Fördergütern

1) Querschnitt soll mindestens dem Rohrleitungsquerschnitt entsprechen

Beiwerte c_a, c_{a1} und c_{a2} – Richtwerte

Art des Fördergutes	Gutbeiwert c_a	Körnungsbeiwert c_{a1}	Zustandsbeiwert c_{a2}
staubförmig	10... 50	10...15	$(2...3) \times 10^{-5}$
körnig	50...100	15...20	$(3...4) \times 10^{-5}$
stückig	100...150	20...25	$(4...5) \times 10^{-5}$

Die niedrigen Werte gelten bei kleinerer Körnung a' und trocknem Fördergut

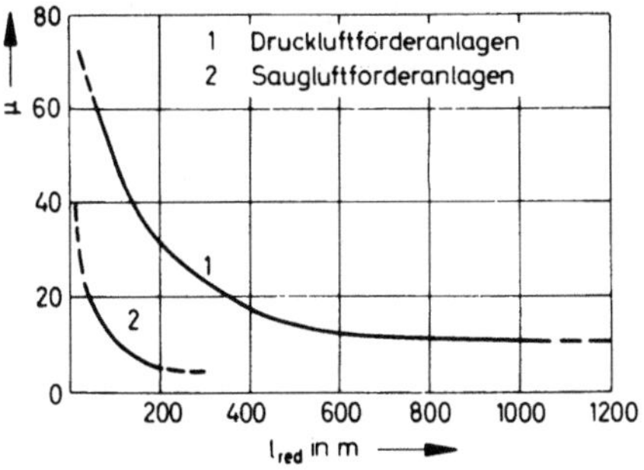

Mischungsverhältnis μ-Richtwerte

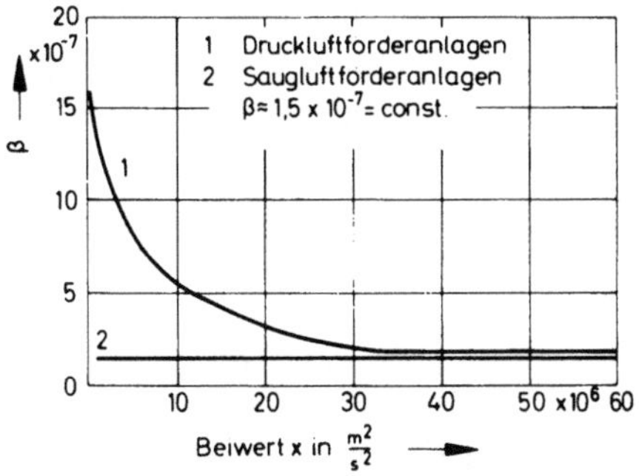

Beiwert β-Richtwerte

Bild 6.6.3. Kennwerte zur Berechnung von pneumatischen Förderanlagen (Flugförderung)

6.6.2. Rohrpostanlagen

Rohrpostanalgen stellen eine Sonderausführung der pneumatischen Förderanlagen dar. Das Fördergut wird erst in eine Förderbüchse getan und dann innerhalb einer Rohrleitung durch strömende Luft bewegt. Diese Förderanlagen arbeiten somit nach dem Schubförderprinzip (Fördergeschwindigkeit $v \approx$ Luftgeschwindigkeit v_L), nur daß die Reibung zwischen Förderbüchse und Rohrleitung relativ klein bleibt und dadurch auch lange und verzweigte Förderstrecken möglich sind.

Bei den *Zettelrohrpostanlagen*, die nur relativ selten verwendet werden, werden Schriftstücke usw. im Rohr ohne Behälter (Förderbüchse) befördert.

Rohrpostanlagen dienen zur Förderung kleiner Stückgüter (Akten, Materialproben, Medikamente, Werkzeuge usw.), vor allem im innerbetrieblichen Transport. Durch den Einbau von Weichen, Krümmern und Aus- bzw. Einschleusstationen können auch komplizierte Streckenführungen ausgeführt werden.

Fördergeschwindigkeit 5 ... 15 $\frac{m}{s}$

Förderlänge bis 500 m

Rohrleitungsdurchmesser 25 ... 100 (500) mm; bei großen Rohrdurchmessern ($d > 200$ mm) werden zur Verringerung der Reibung die Förderbüchsen am äußeren Mantel mit Laufrollen versehen.

Die im Anschluß kurz beschriebenen drei Bauarten, welche hauptsächlich im Saugluftbetrieb arbeiten, sind bezüglich ihres Einsatzes von der gewünschten Streckenführung abhängig. Wegen der kleineren erforderlichen Druckdifferenzen reichen oft Gebläse oder Zellenverdichter zur Erzeugung des Luftstromes aus.

Rohrpostanlagen für Direktbetrieb. Diese Anlagen dienen zur direkten Verbindung von zwei Stationen. Jede Station hat je einen Sender und Empfänger, die mit selbsttätigen Schließeinrichtungen ausgerüstet sind, damit keine Falschluft in die Förderleitungen gelangt. Sicherheitseinrichtungen sorgen dafür, daß bei besetzten Förderstrecken keine zweite Förderbüchse eingegeben werden kann. Nach Eingabe der Förderbüchse z. B. am Sender S_1 tritt die dort sitzende Schließeinrichtung in Funktion, und die Förderbüchse fährt zum Empfänger E_2.

Durch entsprechende Leitungsführung (Bild 6.6.4) wird die Förderbüchse durch die Schwerkraft und ihre kinetische Energie am Empfänger ausgeschleust. Dort löst sie ein optisches und akkustisches Signal aus, welches ihr Ankommen anzeigen soll.

Anlagen für Direktbetrieb zeichnen sich durch geringen Bauaufwand und einfache Förderbüchsen (ohne Zielsteuerung) aus. Nachteilig ist die Verbindung von nur zwei Stationen und die geringere Fördermenge bei größeren Förderlängen.

Rohrpostanlagen für Ringebetrieb. Bei den im Ringbetrieb arbeitenden Anlagen können an jeder Stelle der Förderstrecke Empfangs- und Sendestationen eingebaut werden. Die Bestimmung des Weges der Förderbüchsen erfolgt durch eine Zielsteuerung, wobei die Zielinformation direkt an der Förderbüchse oder über parallel zur Förderstrecke laufende Steuerleitungen weitergegeben werden.

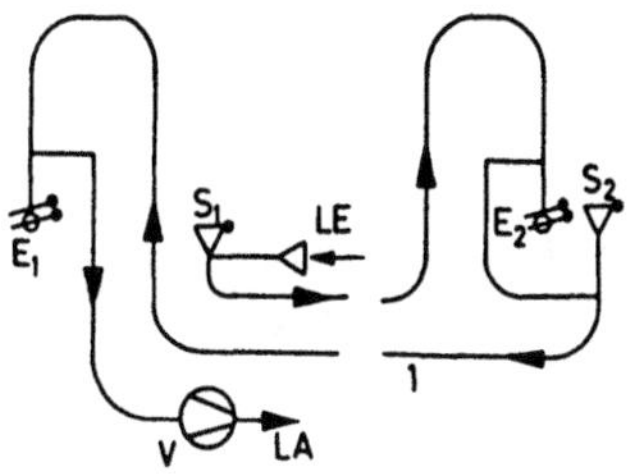

Direktbetrieb

Zur Verbindung von 2 Stationen, Station 1 und Station 2
Saugluftbetrieb

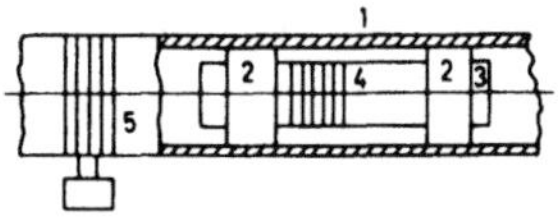

Förderbüchse

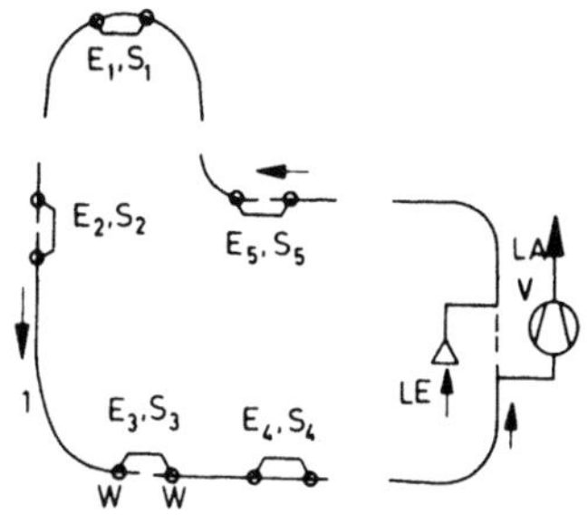

Ringbetrieb

Zur Verbindung von beliebig vielen Stationen. Die kurzen Rohrleitungsstücke zwischen Empfangs- bzw. Sendestationen und am Gebläseanschluß (...) werden ohne Antrieb durchfahren – Bewegungsenergie der Förderbüchse hierfür ausreichend.
Saugluftbetrieb

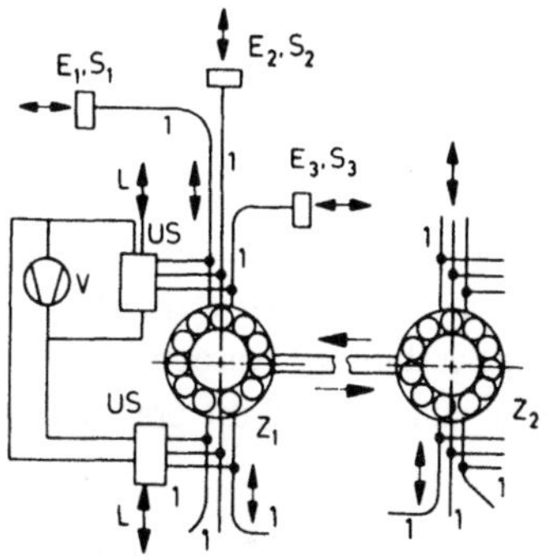

Zentralenbetrieb

Zur Verbindung beliebig vieler Stationen. Jeweils nur 1 Leitung für Zu- und Abgang zur Zentrale.
Wechselbetrieb z. B. Saugluftbetrieb für Zuführung, Druckluftbetrieb für Abführung der Förderbüchsen von der Zentrale.
Bei umfangreichen Anlagen (sehr viele Sende- und Empfangsstationen) können 2 ... 3 Zentralen miteinander gekoppelt werden.

S Sendestation
E Empfangsstation
LA Luftaustritt
LE Lufteintritt
W Weiche
V Verdichter (Gebläse)

Z Zentrale (Speicherung der Förderbüchsen in einer drehbaren senkrecht stehenden Trommel)
L Luftein- bzw. -austritt
US Umschalter für Saug- bzw. Druckluftbetrieb für die Zu- oder Abfuhr der Förderbüchsen von den Zentralen

1 Rohrleitung
2 Führungsring
3 Abnehmbarer Deckel
4 Kontakte für Zielsteuerung (an der Förderbüchse)
5 Kontakte für Zielsteuerung (an der Rohrleitung)

Bild 6.6.4. Rohrpostanlagen

Der Aufbau der meist aus Kunststoff bestehenden Förderbüchsen ist in Bild 6.6.4 zu sehen. Das Fördergut wird im Innern der Förderbüchse verstaut. Diese wird dann verschlossen.

Erfolgt die Steuerung durch die Förderbüchse selbst, müssen an ihr einstellbare Kontaktplättchen (z. B. Permanentmagnete) angebracht werden. Nach Eingabe der betreffenden Zielstelle rutscht die Förderbüchse durch die Ringleitung bis zum Zielort und wird dort automatisch ausgeschleust. Dies geschieht dadurch, daß kurz vor der entsprechenden Ausschleusstelle durch den Kontakt an der Förderbüchse mit dem vor der Weiche fest angebrachten Gegenkontakt der Impuls zur Verstellung der Weiche ausgelöst wird.

Diese Anlagen gestatten bei relativ einfachem Aufbau die Verbindung einer beliebigen Zahl von Sende- und Empfangsstationen, auch bei großen Förderlängen. Die Fördermenge ist jedoch auch hier begrenzt, da immer nur eine Förderbüchse in der Strecke geführt werden kann.

Rohrpostanlagen für Zentralenbetrieb. Die an den verschiedenen Sendestationen eingegebenen Förderbüchsen werden zunächst zu einer Zentrale (Sammel- und Verteilerstelle) geleitet und dort in die zur entsprechenden Zielstelle führende Leitung eingeschleust.

Die im Zentralenbetrieb arbeitenden Rohrpostanlagen sind durch hohen Bauaufwand gekennzeichnet; sie ermöglichen jedoch bei einer beliebigen Zahl von weitverzweigten Sende- und Empfangsstationen eine größere Fördermenge, da in jeder Verteilerleitung je eine Förderbüchse gleichzeitig bewegt werden kann.

6.6.3. Hydraulische Förderer

Hier werden Flüssigkeiten (meist Wasser) als Strömungsmittel verwendet. Die hydraulische Förderung ist für Schüttgüter kleiner bis mittlerer Körnung geeignet, wobei das Fördergut jedoch gegen Wasserbenetzung und Abrieb unempfindlich sein muß.

Hydraulische Förderer haben hohe Baukosten, benötigen Wasser oder andere Trägerflüssigkeiten (z. B. Salzlösungen) und bringen z. T. erhebliche Probleme bei der Gutabscheidung von der Trägerflüssigkeit und durch die Gutbefeuchtung mit sich. Sie werden deshalb vor allem dort eingesetzt, wo mit dem Fördervorgang Arbeitsgänge verbunden werden, die Wasser oder andere Flüssigkeiten benötigen. Die beiden Hauptbauarten sind die Spül- und die Pumpenförderung.

Spülförderung. Das Fördergut wird in offenen geneigten Rinnen durch die Trägerflüssigkeit bewegt. Am Ende der Förderstrecke wird durch Abscheider (Siebe, Klärbecken usw.) das Fördergut von der Trägerflüssigkeit getrennt, die durch Pumpen und Rohrleitungen wieder zur Aufgabestelle zurückgebracht werden kann. Die Gutaufgabe erfolgt am Beginn oder längs der Förderstrecke durch Einschütten des Fördergutes in die in der offenen Rinne strömende Trägerflüssigkeit. Diese Förderer werden auch als *Hydraulische Rinnen* bezeichnet.
Die Spülförderung wird z.B. bei der *Zuckerrübenförderung* in Zuckerfabriken eingesetzt. Die durch einen Wasserstrahl von den Wagen entladenen Rüben gelangen über offene Rinnen mit Hilfe der Spülförderung zur Weiterverarbeitung. Während des Fördervorganges in der Spülrinne werden die Rüben gleichzeitig gesäubert.

Pumpenförderung. Das Fördergut und die Trägerflüssigkeit werden in einer Rohrleitung unter Druck gefördert; das Druckwasser bewegt und trägt das Fördergut. Die Gutaufgabe erfolgt bei kleiner Körnung vor der Pumpe (das Fördergut geht durch die Pumpe) oder bei größerer Körnung nach der Pumpe über eine Schleuse direkt in die Förderleitung. Die Gutabscheidung und Rückführung der Trägerflüssigkeit geschieht wie bei der Spülförderung. Ein typischer Anwendungsfall der Pumpenförderung ist der *Saugspülbagger.* Durch den Schneidkopf und das dort unter Druck austretende Wasser wird das Fördergut, z. B. Kies, gelockert und anschließend über eine Saugleitung nach oben gebracht. Nach der Trennung von Fördergut und Wasser wird das Wasser wieder in den Fluß zurückgeleitet, während das Fördergut in einen Schiffsbunker oder über Bandförderer direkt an Land transportiert wird. Eine positive Nebenerscheinung ist die Auflockerung des Gutes durch die Trägerflüssigkeit. Mit Hilfe der Pumpenförderung werden auch über längere Strecken im außerbetrieblichen Transport Kohle, Erdreich u. ä. gefördert. Diese Art der Förderung hat jedoch gegenüber dem Bahn- oder Schiffstransport bis heute noch keine allzu große Bedeutung; sie wird auch als *Hydraulische Rohrförderung* bezeichnet.

Rohrdurchmesser 150 ... 1000 mm
Fördermenge 100 ... 500 $\frac{t}{h}$
Förderstrecken bis 400 km

Hinweise zur Berechnung können dem in Abschnitt 8.2 angegebenen Schrifttum entnommen werden.

6.6.4. Beispiel

29 Pneumatische Druckluftförderanlage

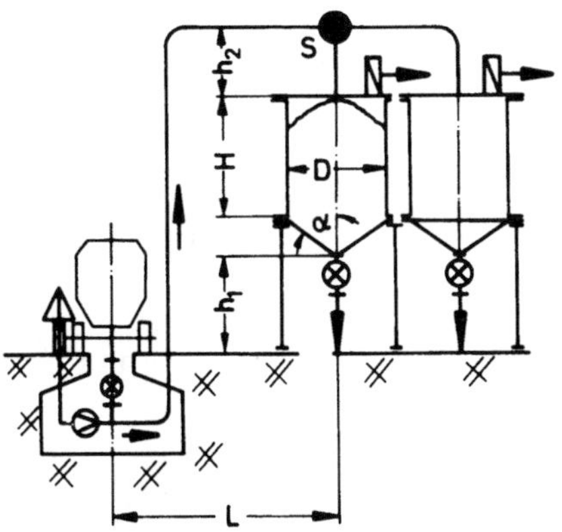

Fördermenge $\dot{m} = 25\,\frac{t}{h}$, L = 200 m, $h_1 = 4$ m, $h_2 = 3$ m, mittlere Luftdichte $\rho_L = 1{,}5\,\frac{kg}{m^3}$, Verdichterwirkungsgrad $\eta_V = 0{,}75$, Filterwiderstände vernachlässigen.

Fördergut: Kunststoffgranulat, Dichte $\rho_G = 1\,\frac{t}{m^3}$, Schüttdichte $\rho_S = 0{,}6\,\frac{t}{m^3}$, Böschungswinkel $\beta = 30°$, Korngröße a' = 4 mm.

Bunker: 2 gleiche Bunker mit je 80 t Fassungsvermögen, Neigungswinkel am Auslauf $\alpha = 45°$, $\frac{H}{D} = 2$

Gesucht:

1. Bunkerdurchmesser D und -höhe H
2. Rohrleitungsdurchmesser d
3. Erforderlicher Druck p_V und Luftstrom $\dot{V}_{Lo}$ des Verdichters, Verdichterbauart
4. Nennleistung P_N des Verdichters

Lösung:

1.

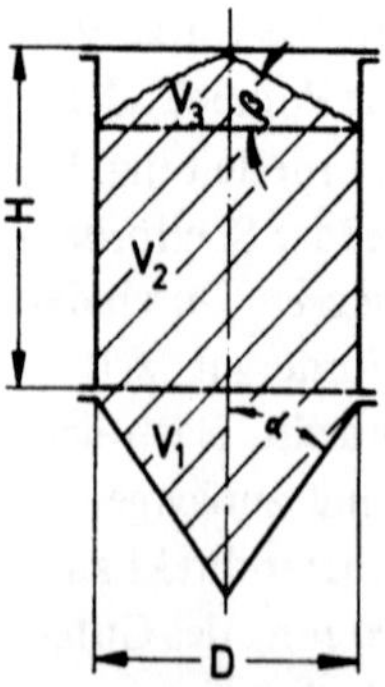

Lagermenge je Bunker $m_B = 80$ t, hieraus Bunkervolumen

$$V_B = \frac{m_B}{\rho_S} = \frac{80}{0{,}6} = 133\ \text{m}^3 \qquad \underline{V_B = 133\ \text{m}^3}$$

$$V_B = V_1 + V_2 + V_3 = \frac{1}{3}\,\frac{\pi D^2}{4}\,\frac{D}{2\tan\alpha} + \frac{D^2\pi}{4}\left(H - \frac{D}{2}\tan\beta\right) + \frac{1}{3}\,\frac{\pi D^2}{4}\,\frac{D}{2}\tan\beta$$

$$V_B = 0{,}13\ D^3 + 1{,}34\ D^3 + 0{,}08\ D^3 = 1{,}55\ D^3$$

hieraus Bunkerdurchmesser $D = \sqrt[3]{\frac{V_B}{1{,}55}} = \sqrt[3]{\frac{133}{1{,}55}} = 4{,}4$ m

$$\underline{\underline{D = 4{,}5\ \text{m}}}$$

Bunkerhöhe $H = 2\,D = 2\cdot 4{,}5 = 9$ m $\qquad \underline{\underline{H = 9\ \text{m}}}$

$\alpha = 45°: \tan\alpha = 1{,}0$
$\beta = 30°: \tan\beta = 0{,}58$
$H = 2\,D$

2. Reduzierte Förderlänge L_{red} nach Gl. (6.6.1)

$L_{red} = \Sigma L_H + \Sigma L_V + \Sigma L_K + \Sigma L_S = 204{,}5 + 18{,}2 + 30 + 10 = 262{,}7$ m $\qquad \underline{L_{red} = 263\ \text{m}}$

$\Sigma L_H = L + D = 200 + 4{,}5 = 204{,}5$ m

$\Sigma L_V = h_1 + \frac{D}{2\tan\alpha} + H + h_2 = 4 + 2{,}2 + 9 + 3 = 18{,}2$ m

$\Sigma L_K = 3\,L_K = 3\cdot 10 = 30$ m; 3 Krümmer, $L_K = 10$ m – siehe Bild 6.6.3

$\Sigma L_S = 1\,L_S = 1\cdot 10 = 10$ m; 1 Schalter, $L_S = 10$ m – siehe Bild 6.6.3

Schwebegeschwindigkeit v_S nach Gl. (6.6.2)

$$v_S = C_a\sqrt{\frac{\rho_G}{\rho_L}\,a'} = 50\sqrt{\frac{1}{1{,}5}\,0{,}004} = 2{,}6\ \frac{\text{m}}{\text{s}} \qquad \underline{v_S = 2{,}6\ \frac{\text{m}}{\text{s}}}$$

Gutbeiwert $C_a = 50$, siehe Bild 6.6.3

Luftgeschwindigkeit v_L nach Gl. (6.6.3)

$$v_L = C_{a1}\sqrt{\rho_G} + C_{a2}\,L_{red}^2 = 15\sqrt{1} + 3\cdot 10^{-5}\cdot 0{,}7\cdot 10^5 = 17{,}1\ \frac{\text{m}}{\text{s}} \qquad \underline{\underline{v_L = 17{,}1\ \frac{\text{m}}{\text{s}} > 2\,v_S = 5{,}2\ \frac{\text{m}}{\text{s}}}}$$

Beiwerte $C_{a1} = 15$ und $C_{a2} = 3\cdot 10^{-5}$, siehe Bild 6.6.3

Massenstrom der Förderluft $\dot m_L$ nach Gl. (6.6.4)

$$\dot m_L = \frac{\dot m}{\mu} = \frac{25}{25} = 1\ \frac{\text{t}}{\text{h}} \mathrel{\hat=} 0{,}28\ \frac{\text{kg}}{\text{s}} \qquad \underline{\dot m_L = 0{,}28\ \frac{\text{kg}}{\text{s}}}$$

Mischungsverhältnis $\mu = 25$, siehe Bild 6.6.3

Volumenstrom der Förderluft $\dot V_L = \frac{\dot m_L}{\rho_L} = \frac{0{,}28}{1{,}5} = 0{,}19\ \frac{\text{m}^3}{\text{s}} \qquad \underline{\dot V_L = 0{,}19\ \frac{\text{m}^3}{\text{s}}}$

Rohrdurchmesser d nach Gl. (6.6.5)

$$d = \sqrt{\frac{4\,\dot V_L}{\pi\,v_L}} = \sqrt{\frac{4\cdot 0{,}19}{3{,}14\cdot 17{,}1}} = 0{,}12\ \text{m} \qquad \underline{\underline{d = 125\ \text{mm}}}$$

3. Anfangsdruck (absolut) p_A nach Gl. (6.6.3)

$$p_A = \sqrt{1 + \frac{\lambda L_{red} v_L^2}{d}} = \sqrt{1 + \frac{7{,}5\cdot 10^{-6}\cdot 263\cdot 292}{0{,}125}} = 2{,}3\ \text{bar} \qquad \underline{p_A = 2{,}3\ \text{bar}}$$

Beiwert $x = \mu\,\frac{L_{red}}{d}\,v_L^2 = 25\,\frac{263}{0{,}125}\,292 = 15{,}4\cdot 10^6\ \frac{\text{m}^2}{\text{s}^2}$

Beiwert $\beta = 3 \cdot 10^{-7}$, siehe Bild 6.6.3
Widerstandsbeiwert $\lambda = \beta\,\mu = 3 \cdot 10^{-7} \cdot 25 = 7{,}5 \cdot 10^{-6}$
Verdichterdruck p_V nach Gl. (6.6.8)

$p_V = 1{,}1\,p_A = 1{,}1 \cdot 2{,}3 = 2{,}5$ bar $\qquad$ $\underline{\underline{p_V = 2{,}5 \text{ bar}, p_{VÜ} = 1{,}5 \text{ bar}}}$

Hochdruckzellenverdichter

Luftstrom $\dot{V}_{Lo}$ (auf Ansaugzustand bezogen) bei adiabater Zustandsänderung und Atmosphärendruck $p_o = 1$ bar

$$\dot{V}_{Lo} = \dot{V}_L \left(\frac{p}{p_o}\right)^{\kappa} = 0{,}19 \left(\frac{1{,}6}{1}\right)^{1{,}4} = 0{,}19 \cdot 1{,}93 = 0{,}37\ \frac{m^3}{s} \qquad \underline{\underline{\dot{V}_{Lo} = 0{,}37\ \frac{m^3}{s}}}$$

Mittlerer Druck $p \approx \frac{p_o + p_A}{2} = \frac{1{,}0 + 2{,}3}{2} \approx 1{,}6$ bar

4. Verdichternennleistung P_N nach Gl. (6.6.10)

$$P_N = \frac{W_{ad}\,\dot{V}_{Lo}}{\eta_V} = \frac{10{,}5 \cdot 10^4 \cdot 0{,}37}{0{,}75} = 52000\ \frac{Nm}{s} \qquad \underline{\underline{P_N = 52 \text{ kW}}}$$

Adiabate Verdichterarbeit für Druckluftförderanlagen

$$W_{ad} = \frac{\kappa}{\kappa - 1}\,p_o \left[\left(\frac{p_V}{p_o}\right)^{\frac{\kappa - 1}{\kappa}} - 1\right] = \frac{1{,}4}{1{,}4 - 1}\,10^5 \left[\left(\frac{2{,}5}{1}\right)^{\frac{1{,}4 - 1}{1{,}4}} - 1\right] = 10{,}5 \cdot 10^4\ \frac{N}{m^2}$$

7. Lagertechnik

Aus dem umfangreichen Fachgebiet Lagertechnik können hier nur einige wesentliche Gesichtspunkte angeführt werden; insbesondere die Technische Ausrüstung der Lager. Die Lagerorganisation gehört in die Fachgebiete Betriebsorganisation und Materialfluß – einige wichtige Hinweise hierzu siehe Abschnitt 7.1.2.

7.1. Lagergestaltung

7.1.1. Aufgaben und Einteilung der Lager

Die Lagerung von Waren der verschiedensten Art tritt in allen Bereichen der Herstellungs- und Handelsbetriebe auf.

Rohstoff-, Ersatzteil- und Hilfsstofflager. Sie dienen zum Ausgleich des durch Beschaffung, Jahreszeit, Konjunkturlage und Erntezeiten bedingten Stoßbetriebes.

Zwischenlager. Die Zwischenlager werden aus den nachstehend angeführten Gründen als Puffer in den Fertigungsablauf eingeschaltet:

- Optimale Losgrößen
- Sicherheit bei Ausfall einer Fertigungsanlage
- Abstimmung unterschiedlicher Arbeitszeiten bei aufeinanderfolgenden Arbeitsgängen.

Fertigwarenlager. Die Lager für Fertigwaren sind durch die Serienfertigung, eine möglichst gleichmäßige Fertigung und den Stoßbetrieb durch Abtransport, Jahreszeit, Konjunkturlage und Produktänderung bedingt. Generell gilt für alle Lager:

Möglichst wenig Material möglichst kurze Zeit lagern.

Die verschiedenen Lager können auch in *Statische bzw. Dynamische Lager* oder in *Vorrats-, Versorgungs- bzw. Durchgangslager* eingeteilt werden.

Statische Lager Das Lagergut lagert über längere Zeit, z. B. im Fertigwarenlager.

Dynamische Lager Das Lagergut lagert nur kurze Zeit – es „fließt" durch das Lager; z.B. im Zwischenlager.

Vorratslager. Hierbei handelt es sich um Statische Lager; z.B. Lager für Rohstoffe, Fertigwaren, Ersatzteile u.s.w.

Versorgungslager. Auch hier kommt überwiegend statische Lagerung in Frage; z.B. Lager zur Sammlung und Verteilung von Gütern der verschiedensten Art in den Zentrallagern des Handels.

Durchgangslager. Sie entsprechen dynamischen Lagern; z.B. die Zwischenlager in Fertigungsabteilungen.

Durch Lagerhaltung werden die Warenkosten teilweise beträchtlich erhöht (Arbeitsaufwand, Inventur, Büroarbeit und Lagerraumkosten). Da die Lagerhaltung immer mit Förderproblemen verbunden ist, kommen noch die Kosten für An- und Abtransport sowie für den Gutumschlag innerhalb der Lager selbst hinzu. Vor der eigentlichen technischen Lösung (Wahl und Auslegung der Lagerart, der Fördermittel usw.) sind zunächst die Betriebsorganisation als Ganzes, die Organisation im Lager selbst, Materialflußpläne usw. zu bestimmen. Erst danach kann die technische Ausrüstung der Lager festgelegt werden.

Somit können bei der Lagergestaltung generell die beiden Komplexe *Lagerorganisation* und die anschließende *Technische Ausführung* unterschieden werden.

7.1.2. Lagerorganisation

Die für die Lagerorganisation wichtigsten Ausgangsdaten ergeben sich aus einer Marketing-Studie (Marktuntersuchung), die von den Verkaufs- und Wirtschaftsabteilungen der Unternehmen durchgeführt wird. Hierzu einige wichtige Punkte:

Sortimente und Lieferdaten. Zahl und Art der betreffenden Sortimente, die auf möglichst lange Sicht festgelegt werden sollten, sind die wichtigsten Ausgangsdaten für die Lagerorganisation. Hinzu kommen die gewünschte bzw. geforderte Lieferzeit und Liefergenauigkeit. Aus diesen Fakten ergeben sich schon wesentliche Punkte für die Technische Ausführung des betreffenden Lagers.

Produktgestaltung. Die Eigenarten der zu lagernden Produkte, wie Form, Größe, Masse, physikalische und chemische Eigenschaften, beeinflussen neben der Lagerorganisation auch die Auswahl der Lager- und Fördersysteme.

Vertriebsprobleme. Sie sind im Gegensatz zu oben genannten Punkten nur für die Lagerorganisation und den außerbetrieblichen Transport von entscheidender Bedeutung.

Jede Änderung im Vertrieb (z. B. Zentrallager oder mehrere kleine Einzellager) beeinflußt die Lagergröße im Herstellerwerk. Bei der Erschließung produktionsferner Marktbereiche wird wegen des erhöhten außerbetrieblichen Transportvolumens eine Vergrößerung der Lagerkapazität erforderlich. In diesem Zusammenhang sind auch die außerbetrieblichen Fördermittel, die Standorte und die Zahl der einzelnen Lager festzulegen.

Allen diesen Überlegungen liegt natürlich in erster Linie die Wirtschaftlichkeit einer solchen Einrichtung zugrunde.

Einige zu berücksichtigende Kosten sind Baukosten einschließlich Einrichtung und Wartung, Fuhrparkkosten und Kosten für das in den Lagerbeständen gebundene Kapital.

Betriebsablauf im Lager. Hierunter versteht man die eigentliche Lagerorganisation. Die Vielzahl der oben genannten Einflüsse macht es unmöglich, eine Methode zur Analyse des günstigsten Arbeitsablaufes und die damit verbundene technische Einrichtung zu entwickeln. So sind stets mehrere Möglichkeiten nach den vorn und im Anschluß angeführten Gesichtspunkten durchzurechnen, damit das jeweils kostengünstigste System ausgewählt werden kann:

Simulationsmethode mit Wirtschaftlichkeitsberechnungen

Die Gesamtkosten im Lagerbereich können sich bei gleicher Artikelart und -zahl sehr unterschiedlich zusammensetzen. So erlaubt z. B. ein Zentrallager leistungsstärkere und teurere Fördermittel als mehrere kleinere dezentrale Lager bei gleichen Gesamtkosten. Bei dezentraler Lagerung verringern sich die Fördermengen und die Lieferzeit, auf der anderen Seite erhöhen sich jedoch die Gesamtkosten durch größere Fixkosten.

Für den eigentlichen Betriebsablauf im Lager sind folgende Einflüsse von besonderer Bedeutung:

- Art und Menge des Gutein- und -ausgangs
- Auftragsabwicklung und Bestandskontrolle
- Belegdurchlauf; neben dem „Materialfluß" ist der hierzu erforderliche „Datenfluß" von gleicher Bedeutung.

In Großlagern ist wegen der großen Umschlagmengen und -zahlen der einzelnen Artikel der Datenfluß nur durch den Einsatz von EDV-Anlagen möglich.

7.1.3. Technische Ausführung

Die Ausgangsdaten für die Lagerart und die Förder- und Ladehilfsmittel (Paletten, Behälter usw.) gehen aus den Abschnitten 7.1.1 und 7.1.2 hervor.

Materialflußpläne. Bei der Technischen Ausrüstung der Lager ist auf einen möglichst günstigen Materialfluß zu achten, welcher in einem Materialflußplan festgelegt wird. Dabei geht man zunächst von dem Gesamtmaterialflußplan aus, der den gesamten Lager- und Fertigungsbereich eines Betriebes umfaßt. Als Grundlage hierzu sind die Maschinenaufstellungspläne heranzuziehen, die ebenfalls wiederum von dem gesamten Materialflußplan abhängen. Anschließend können die einzelnen Lagerbereiche herausgegriffen und genauer nach Wirtschaftlichkeitsberechnungen untersucht werden. Dies gilt auch für die Zwischenlager in der Fertigung.

Lagerkapazität. Aus den in den Abschnitten 7.1.1 und 7.1.2 angeführten Hinweisen kann der für die Warenlagerung erforderliche Platzbedarf ermittelt werden. Hierbei sind folgende Fakten besonders wichtig: Artikelzahl, Losgrößen, Bestellmengen, Mindestmengen, Bestellzeiten, Umschlaghäufigkeit, Sortimentsänderungen sowie die Lagerart des Lagergutes.

Bei geringen Artikel-, jedoch großen Stückzahlen ist der Einsatz von automatischen Lagereinrichtungen wie Hochregallager mit automatisch gesteuerten Regalbediengeräten zu erwägen (Prüfung auf Wirtschaftlichkeit siehe Aufgabe 31).

Zu der reinen Lagerfläche kommen noch Flächen zur Erfüllung folgender Funktionen hinzu:

Platz für den Wareneingang Abladen, Kontrolle und Bereitstellung zur Einlagerung.
Platz für den Versand Kommissionieren (Zusammenstellen der einzelnen Aufträge), Verpackung, Bereitstellung zum Versand und Verladung.

Beim Kommissionieren kommt direktes oder indirektes Arbeiten in Frage.

Direktes Kommissionieren. Das Lagergut wird dem Lager entnommen und direkt verladen.

Indirektes Kommissionieren. Das Lagergut wird zunächst vom Lager zu einem Bereitstellungsplatz gebracht, dort kommissioniert und anschließend verladen.

Direktes Kommissionieren erfordert keinen zusätzlichen Bereitstellungsplatz, ist jedoch nur bei geringer Artikelzahl möglich. Im allgemeinen kommt das Indirekte Verfahren in Frage, wobei die *dynamische Bereitstellung* (Lagergut kommt zum Kommissionierer) der *statischen Bereitstellung* (Kommissionierer kommt zum Bereitstellungsplatz) vorzuziehen ist. Gerade im personalintensiven Kommissionierbereich ist besonders auf Rationalisierung (Einsatz geeigneter Fördermittel und gute Lagerorganisation) besonders zu achten.

Platz für Verkehrsflächen Fahrgänge für Stapler, Regalbediengeräte usw.

Die Größe dieser Zusatzflächen hängt im wesentlichen von der Umschlagmenge, der Artikelzahl und der Art der Fördermittel ab und wird zunächst durch Zuschläge berücksichtigt.

Gutumschlag im Lager. Folgende Punkte sind hierbei von besonderer Bedeutung:

- Geringer Personalbedarf
- Die Förderwege sollen möglichst geradlinig, kurz und ohne Richtungsänderung verlaufen; dies gilt besonders für schwere und umschlaghäufige Lagergüter
- Wenig Gutumsetzungen; ideal nur bei Ein- und Auslagerung sowie bei den verschiedenen Arbeitsgängen in der Fertigung
- Beachtung der Wertminderung; so ist z. B. bei verderblichen Lagergütern dafür zu sorgen, daß jeweils zunächst das älteste Lagergut weiterläuft
- Strenge Trennung der Verkehrswege von den Lagerflächen (Unfallgefahr, keine Behinderung des Materialflusses).

Ideal für den Gutumschlag im Lager und in der Fertigung ist:

$$\textit{Fertigungseinheit} \mathrel{\hat{=}} \textit{Lagereinheit} \mathrel{\hat{=}} \textit{Transporteinheit} \mathrel{\hat{=}} \textit{Verkaufseinheit}$$

Fördermittel im Lager. Besonders wichtige Punkte sind:

- Einsatz von Stetigförderern, da sie einen gleichmäßigen und leicht kontrollierbaren Materialfluß aufweisen.
- Verwendung von Einheitspaletten und -behältern; möglichst in Verbindung mit dem außerbetrieblichen Transport
- Wegen der einfacheren Wartung Beschränkung auf möglichst wenige Fördermittelarten
- Die Überlastbarkeit der Fördermittel durch unvorhergesehenen Stoßbetrieb soll gewährleistet sein.

Auch bei der Festlegung der Technischen Ausführung eines bestimmten Lagers ist wegen der Vielzahl der Einflüsse keine analytische Lösungsmethode anwendbar; die optimale Technische Ausführung wird mit Hilfe von Wirtschaftlichkeitsberechnungen mehrerer möglicher Systeme ermittelt, siehe Aufgabe 31.

Insbesondere bei Langzeitplanungen ist auf eine möglichst große Flexibilität der Lagereinrichtungen zu achten, so daß Umstellungen im Lager, wenn auch nur in beschränktem Umfang, vorgenommen werden können. So sind häufig Normlagerhallen mit umstellbaren Regalen und Gabelstaplern Einzwecksystemen (z.B. Hochregallager mit Regalbediengeräten) vorzuziehen.

Einzelheiten zur Technischen Ausführung der Lager siehe Abschnitte (7.2) bis (7.5).

7.2. Ladehilfsmittel

Die beiden wichtigsten Ladehilfsmittel sind Paletten und Behälter in den verschiedensten Ausführungsformen. Sie ermöglichen das Zusammenfassen auch von kleineren Stückgütern und Schüttgütern zu Einheitsladungen. Dadurch entstehen geringere Transportkosten und eine gute Raumausnutzung durch die Möglichkeit des Stapelns. Nachteilig sind die Kosten für die Paletten bzw. die Behälter sowie die Notwendigkeit von Hub- und Stapelgeräten beim Gutumschlag. Meist überwiegen jedoch die Vorteile; die moderne Lagertechnik ist ohne den Einsatz von Paletten und Behältern nicht mehr denkbar.

7.2.1. Paletten

Die nach DIN 15141 festgelegten Abmessungen der Einheitspaletten sind: 600 × 800, 800 × 1000, 800 × 1200, 1000 × 1200, 1200 × 1600 und 1200 × 1800 mm (wobei die Größe 800 × 1200 mm bevorzugt werden sollte). Die Einfahrhöhe für die Gabeln der Hub- und Stapelgeräte beträgt 100 mm (dadurch geringer Platzbedarf, insbesondere bei Leergutstapelung).

Traglast bis ca. 3 t

Als Palettenmaterial wird sehr häufig Holz verwendet; für die Kantenbretter und Zwischenklötze ist wegen des rauhen Betriebes Hartholz zu empfehlen. Die Verbindung der einzelnen Teile erfolgt durch Nagel- oder Senkschrauben.

Stahlpaletten, die sich für besonders hohe Dauerbeanspruchung eignen, sind beim innerbetrieblichen Transport vorzuziehen. Sie haben meist zwei Stahlkufen und ihre Tragplatten bestehen aus gesicktem Stahlblech oder aus eingelegten Holzbrettern. Stahlpaletten haben gegenüber den Holzpaletten eine höhere Festigkeit, sie sind jedoch schwerer, teurer und rostempfindlich. Außerdem neigen sie auf dem Boden bei Lastauf- oder -abgabe leichter zum Wegrutschen, da die Reibungszahl zwischen Palette und Auflagefläche geringer ist als bei Holzpaletten.

Je nach Fördergut und Anforderung kommen als Werkstoffe noch Kunststoff, Leichtmetall oder Pappe in Frage.

Zwei- und Vierwegpaletten. Bei der Zweiwegpalette können die Staplergabeln nur von zwei Seiten einfahren; entweder an der schmalen (längs befahrbar) oder an der breiten Seite (quer befahrbar).

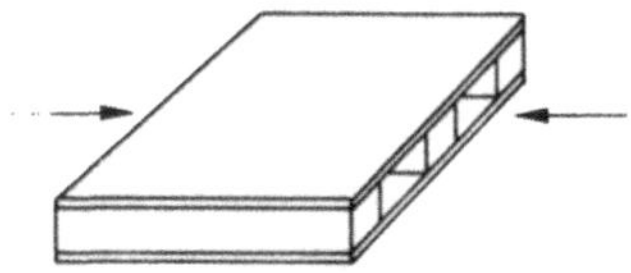

Zweiweg-Palette

Breite in mm	Länge in mm
600	800
800	1000
800	1200
1000	1200
1200	1600
1200	1800

Einfahrhöhe 100 mm

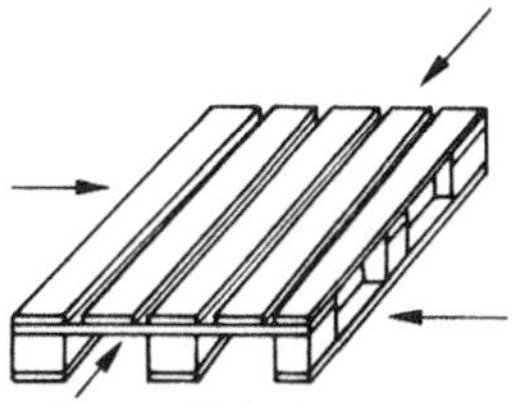

Vierweg-Palette

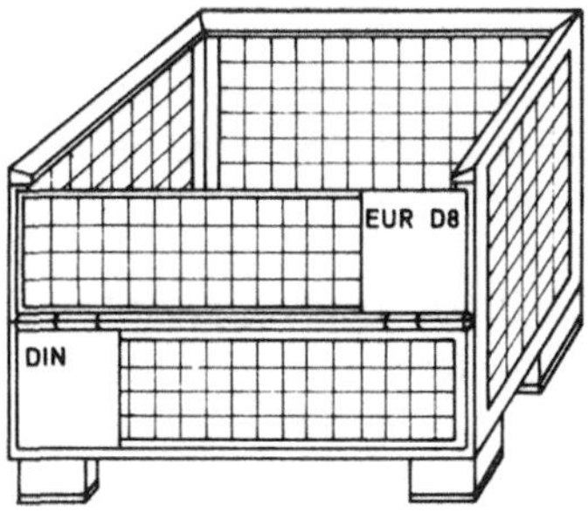

Gitterboxpalette DIN 15155

Rahmenkonstruktion aus Profilmaterial mit angeschweißten Füßen aus Stahlblechteilen und Holzboden. Wände aus Baustahlgewebe, eine Längswand zweifach aufklappbar. Tauschbar, als Vierwegausführung.
Breite X Länge 800 X 1200 mm
Stapelhöhe 935 mm, bis 5fach stapelbar
Einfahrhöhe 100 mm
Traglast 1000 kg, Eigenlast ca. 85 kg

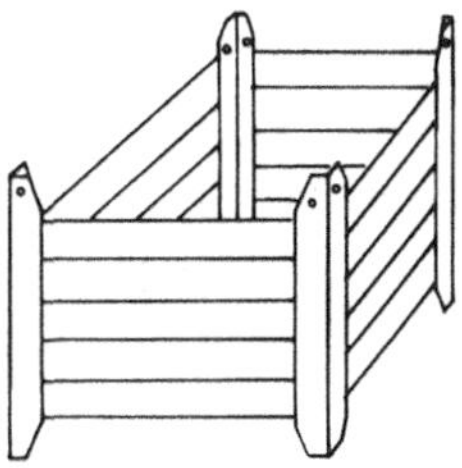

Boxpalette

Verwindungsfreie Eckpfostenkonstruktion meist aus Stahlprofilen und Stahlblech zusammengeschweißt. Wände und Böden zur Erhöhung der Steifigkeit profiliert, eine Seitenwand z.T. klappbar. Häufig mit Ösen am oberen Ende der Eckpfosten für Krantransport. Als Rungenpalette ohne Seitenwände.
Breite X Länge 600...1200 X 800...2000 mm
Traglast 500...2000 kg, Einfahrhöhe 100 mm
Bis zu 5fach stapelbar

Bild 7.2.1. Paletten

Die Vierwegpalette gestattet das Einfahren der Gabeln von allen Seiten. Deshalb besteht ihr Unterbau nicht mehr aus Volleisten, sondern aus einzelnen Klötzen oder Leisten mit Aussparungen. Zur Erzielung der erforderlichen Stabilität hat die Vierwegpalette mit Klötzen außer der eigentlichen Tragplatte meist noch schmale Leisten, die die einzelnen Klötze miteinander verbinden (Bild 7.2.1).

Die Vierwegpalette ist teurer als die Zweiwegpalette, jedoch universell einsetzbar.

Tausch-Palette. Die Tausch-Palette ist eine Vierwegpalette aus Holz (nach DIN 15146/2) mit den Abmessungen 800 X 1200 mm. Sie ist innerhalb Europas einheitlich ausgeführt, also tauschbar, so daß der Leergut-Rücktransport entfällt (Europäische Tauschpalette).

Verlorene Paletten. Verlorene Paletten, die nur im außerbetrieblichen Transport eingesetzt werden, dienen zur nur einmaligen Verwendung. Sie sind daher besonders leicht und aus billigem, leicht vernichtbarem (z.B. Verbrennung zur Wärmegewinnung) Material herzustellen (z.B. aus Holz oder Pappe). Durch den Container-Verkehr haben sie zunehmende Bedeutung erlangt. Hierbei wird das Stückgut zunächst auf Verlorene Paletten gesetzt, und diese dann mit einem Stapler in den Container transportiert. Sie werden auch als *Einmal-Paletten* bezeichnet.

Rollpaletten. An der Unterseite der Rollpaletten werden kleine Rollen angebracht, die eine horizontale Bewegung ohne Hubgeräte über kurze Strecken ermöglichen.

Diese im Aufbau teureren Paletten können in Durchlaufregallagern (Abschnitt 7.5.4) oder direkt als Wagen für Schleppkettenförderer (Abschnitt 6.3.4) verwendet werden.

Palettenzubehör. Anschließend werden einige wichtige, allgemein verwendete Zubehörteile kurz beschrieben.

Aufsetzrahmen Die Aufsetzrahmen werden starr oder faltbar aus Holzbrettern oder in Gitterkonstruktion mit Höhen von 0,2 ... 0,8 m hergestellt. Die Palette bekommt die Form eines Kastens und kann somit kleinere Stückgüter aufnehmen.

Stapelhilfsmittel Sehr viele Lagergüter gestatten wegen ihrer Druckempfindlichkeit kein direktes Stapeln, zumal dabei die Umsturzgefahr des Stapels relativ groß ist. Um dies zu verhindern, können bei regalloser Lagerung *Bügel, Aufsetzrahmen, Distanzrohre* usw. verwendet werden, die die Last der übereinandersitzenden Paletten vom Lagergut fernhalten. Die Aufnahmebohrungen für die Bügel, jeweils an den Palettenecken, sind sorgfältig auszuführen, um einmal ein leichtes Ein- und Ausstecken der Bügel und zum anderen einen sicheren Halt des Palettenstapels zu gewährleisten. Deshalb sind auch die Aufnahmeteile am Bügeloberteil für die darüber zu stapelnde Palette besonders sorgfältig auszubilden.

Maximal können auf diese Weise etwa 4 ... 6 Paletten übereinandergestapelt werden. Die Stapelung von mehr Paletten soll wegen der damit verbundenen Unfallgefahr nur in Regalen vorgenommen werden (Abschnitt 7.5.2).

Ladungssicherung Die Sicherung der Ladung auf der Palette ist wegen der Rüttel- und Stoßbeanspruchung beim Transport von besonderer Bedeutung. Hierzu werden in der Regel *Spannbänder* aus Kunststoffen oder Stahl und *Schrumpfhauben* verwendet.

Bei der Ladungssicherung durch Schrumpfhauben wird über die gesamte Palette einschließlich der Ladung meist maschinell (Bild 7.2.2) eine dünne Kunststoffolie gelegt und anschließend in einem Durchlaufwärmeofen durch angewärmte Umluft oder Infrarotstrahler kurz aufgewärmt. Durch die folgende Abkühlung legt sich die Folie straff um die Palette und Ladung und gewährleistet so einen guten Halt.

Diese, ohne Personaleinsatz anbringbare Sicherung, schützt gleichzeitig die Ladung gegen Witterungseinflüsse. Die Kosten liegen jedoch aufgrund des Einsatzes von Maschinen und des aufwendigen Verbrauchs von Sicherungsmaterial höher als bei der Spannbandsicherung.

Palettiergeräte. Zur schnellen Beladung der Paletten ohne Personalaufwand werden Palettiergeräte verwendet, häufig kombiniert mit Schrumpffolienanlagen zur Ladungssicherung.

Palettiergeräte werden für Kisten, Säcke, Eimer, Fässer usw. gebaut und erzielen, je nach Ladungsgut, Beladungsmengen von 1500 ... 3000 Stück/h. In Bild 7.2.2 ist ein Palettiergerät für Säcke mit anschließender Schrumpffolienumhüllung dargestellt. Die Säcke werden über einen Bandförderer dem Palettiergerät zugeführt, wobei sie durch entsprechende Vorrichtungen geglättet und ausgerichtet werden. Ein Schieber führt eine

Reihe der ankommenden Säcke auf die zu beladende Palette. Nach dem Füllen und Pressen einer Sacklage durch das Hochfahren der Palette gegen ein Druckblech, wird die Palette um die Höhe einer Sacklage abgesenkt, so daß die nächste Sacklage zugeführt werden kann. Die Hub- und Senkbewegung der Palette geschieht über eine Hebebühne. Die volle Palette wird bei abgesenkter Stellung der Hebebühne durch die aus dem Leermagazin folgende leere Palette ausgeschoben und über eine kurze Rollenbahn der Vorrichtung zur Schrumpffolienumhüllung zugeleitet. Die Hebebühne bringt gleichzeitig die leere Palette in die oberste Beladestellung. Die Anlage kann auf verschiedene Sackgrößen und Stapelarten (z.B. für Verbandstapelung) umgestellt werden.

Ähnlich arbeiten auch die Palettiergeräte für Kisten, Pakete usw.

Palettiergeräte werden auch zum Entladen von Paletten verwendet: *Entstapelungs-* oder *Entpalettiergeräte*. Hierbei erfolgt der Arbeitsablauf in umgekehrter Richtung wie beim Beladen.

Bild 7.2.2. Palettiergerät mit Schrumpffolienumhüllung für Säcke (FÖRDERTECHNIK-HAMBURG)

Für die Überprüfung der genauen Ladung (äußere Maße der Ladung) der Kästen, Pakete usw. auf die Palette werden *Palettierprüfeinrichtungen* benutzt. Dies geschieht z.B. durch um die Ladung laufende Lichtschranken; bei Beanstandung selbsttätiges Ausschleusen der Palette.

7.2.2. Boxpaletten

Die auch als Stapelbehälter bezeichneten Boxpaletten dienen zum Transport von kleinen Stückgütern, da dort die Sicherung der Ladung schwierig ist.

Die Böden dieser Paletten sind meist aus gesicktem Stahlblech oder Holz. Abmessungen und Traglasten siehe normale Paletten, z. T. auch kleiner. Die Eckstützen tragen oben die Aufnahmeköpfe für die nächste Palette (für direktes Stapeln). Gleichzeitig werden an den oberen Enden der Eckstützen Ösen für den Krantransport vorgesehen.

Boxpaletten werden grundsätzlich in den folgenden beiden Ausführungen hergestellt (Bild 7.2.1).

Normale Boxpaletten. Sie haben geschlossene Wände, die je nach Anforderung aus gesicktem Stahlblech, Holz, Leichtmetall oder Kunststoff bestehen – siehe DIN 15142. Die Wände werden auch in abklappbarer Ausführung hergestellt. Bei den sogenannten *Rungenpaletten* entfallen die Seitenwände ganz oder auch nur teilweise.

Gitterboxpaletten. Die Wände der Gitterboxpaletten (Stapelgitterbehälter) bestehen aus Gittermaterial (z.B. aus Baustahlgewebe), das an den Profilstahlrahmen befestigt wird – siehe DIN 15144. Die Wände sind meist fest; es sind auch Ausführungen mit herausnehmbaren Wänden in Gebrauch. Bei der Falt-Gitterboxplatte sind die Rahmen einschließlich der Gitterwände abnehmbar und zum Falten konstruiert.

7.2.3. Ladepritschen

Bei den Ladepritschen wird die in einem Stahlrahmen befestigte hölzerne Tragplatte über vier höhere Stahl- oder Holzfüße abgestützt – siehe DIN 15132. Aufgrund der größeren Bodenfreiheit können auch Hubwagen für den Transport verwendet werden – Einfuhrhöhe > 100 mm. Auch die Ladepritschen werden häufig mit Aufbauten, wie Aufsetzrahmen ausgerüstet.

7.2.4. Kästen

Die Kästen dienen zum Transport und zum Lagern von Kleinteilen und gewährleisten dem darin gelagerten, meist kleineren Stückgut Schutz, Stützung oder Trennung voneinander. Sie können sowohl einzeln als auch in Regalen gestapelt oder auf Paletten gesetzt werden.

Die maximalen bzw. minimalen Abmessungen Länge × Breite × Höhe liegen je nach Ausführung zwischen 750/60 × 600/60 × 300/60 mm. Die Kästen werden meist aus Stahlblech (lackiert oder verzinkt) oder Kunststoff hergestellt. Durch aufsetzbare Deckel mit

Bild 7.2.3. Norm-Regalanlage mit Kästen aus Stahlblech zur Kleinteilelagerung (DEXION)

Tragegriffen können sie von Hand leicht umgesetzt und auch verschlossen werden. Die am Vorderteil der Kästen angebrachten Blenden eignen sich zum Einstecken von Materialkarten, Regalkennkarten u.ä.

Die Lagerregale für Kästen werden in der Regel aus Normprofilen zusammengebaut; häufig als Stecksysteme (rasche und einfache Montage). Die Profile, Böden, Verbindungselemente und Trennwände dieser Regale können vielseitig kombiniert werden (siehe Herstellerlisten und Bild 7.2.3).

7.2.5. Klein-Behälter

Klein-Behälter haben einen Nutzinhalt bis etwa 3 m^3 und dienen vor allem zum Transport und Lagern von Flüssigkeiten und Schüttgütern; sie werden in sehr vielfältigen Ausführungen hergestellt; es kann daher nur auf einige allgemein wichtige Punkte hingewiesen werden.

Klein-Behälter werden aus Stahl, Leichtmetall oder Kunststoff gefertigt (Einsatz je nach Lagergut). Sie sind meistens stapel- und kranbar. Sollen Kunststofftanks gestapelt werden, müssen sie mit Rahmen aus Stahl versehen werden. Ansonsten setzt man sie in Gitterboxen ein, die die durch das Stapeln bedingte Last von dem eigentlichen Behälter fernhalten.

Die Füll- und Entleerungsöffnungen sind in ihrem Durchmesser und ihren Verschlüssen (Klappen, Schieber oder Ventile) dem jeweils in Frage kommenden Lagergut anzupassen.

Umkehrbehälter haben eine gemeinsame Öffnung für das Füllen und Entleeren. Zum Füllen und für den Transport sind Öffnung und Behälterfüße nach oben gerichtet. Beim Entleeren wird der Behälter um 180° gedreht (z. B. durch Stapler mit hydraulischen Drehgeräten – siehe Abschnitt 5.3.1.3). Der Behälter steht dann auf seinen Füßen, und der Verschluß zeigt nach unten.

Es sind auch faltbare Klein-Behälter in Gebrauch, bei denen der eigentliche Behälter als Kunststoffblase ausgebildet und in eine zusammenlegbare Boxpalette eingesetzt wird. Diese Behälter werden meist für die Lagerung von Flüssigkeiten verwendet und über ein Bodenventil gefüllt bzw. entleert.

Auch der Einsatz von Klein-Behältern im Tausch-System ist möglich.

7.2.6. Container (Groß-Behälter)

Container sind Großbehälter mit 10 ... 80 m^3 Inhalt für den außerbetrieblichen Schütt- und Stückguttransport. Die wichtigsten Gründe für die Einführung der Container waren:

- Verstärkter internationaler Warentransport
- Bau von großen Zentrallagern
- Rascher Gutumschlag und möglichst kurze Standzeiten der außerbetrieblichen Transportmittel
- Wegfall des Umladens auf Umschlagplätzen
- Witterungsschutz der Fördergüter.

Nur wenige Behältertypen mit international festgelegten Abmessungen, Traglasten und Festigkeitswerten können über den nationalen Bereich hinaus im Austausch eingesetzt werden.

Normung. Aus Bild 7.2.4 gehen die Hauptabmessungen und einige weitere wichtige Daten der nach ISO-Normung (DIN 15190) festgelegten Container hervor. Genauso wichtig wie die mit Toleranzgrenzen angegebenen Abmessungen sind die Eckbeschläge und deren Lage, die die Abmessungen der Lastaufnahmemittel bestimmen. Die Eckbeschläge haben wegen der hammerkopfartigen Aufnahmeorgane der Lastaufnahmemittel Langlöcher. In der Bodenplatte sind seitlich Öffnungen für das Einführen der Gabeln von Front- oder Seitenstaplern (Abschnitte 5.3.1 und 5.3.2) vorzusehen.

Weitere wichtige in der Norm festgelegte Daten sind:

- Der Boden der Container muß wegen des Einfahrens von Staplern eine Punktlast von ca. 2700 kg aufnehmen
- Das Containerdach sollte zur Begehbarkeit an jeder Stelle für eine Punktlast von 200 kg auf einer Fläche von 60 × 30 cm ausgelegt werden
- Jede Stirnwand ist mit einer Tür zu versehen, deren Öffnungsweite möglichst dem inneren Querschnitt entsprechen soll
- Anbringung der in der Norm festgelegten Kennzeichnung
- Zur Festigkeitsprüfung sind die nach der Norm vorgeschriebenen Stapel- und Hubversuche sowie die Ermittlung der Widerstandsfähigkeit durchzuführen. Weiterhin sollen bei voller Beladung bis zu vier Behälter gestapelt werden können.

Wichtige Bauarten

Standardausführungen Bei den Standardausführungen aus Stahl (Bild 7.2.4) bestehen die Seitenwände aus gesicktem Stahlblech. Sie sind mit dem tragenden Profilstahlgerüst verschweißt. Die Türen haben zwei gleich breite Flügel und sind um 270° aufschlagbar. Im Innenraum sind an den Seitenwänden Leisten zur Aufnahme von Verzurrungsbändern oder Abteilblechen angebracht. Das Dach besteht aus glatten, durch Profile versteiften Blechen, der Boden aus auf Stahlprofilen aufgelegten gespundeten Holzbohlen.

Die Wände und Dächer der *Leichtbauweisen* werden aus Leichtmetall, beschichtetem Sperrholz oder Kunststoff (GFK), die Rahmen aus Stahlprofilen oder in Verbundbauweise (Stahl/Leichtmetall) hergestellt.

Eigenlast und maximale Lasten siehe Bild 7.2.4.

Sonderausführungen Zur besseren Be- und Entladung können Standard-Container mit zusätzlichen seitlichen Türen und abnehmbaren, verschiebbaren oder klappbaren Dächern ausgerüstet werden.

Für verderbliche Fördergüter sind *Kühl-Container* mit isolierten Böden, Decken und Wänden und z. T. eigenen, im Behälter eingebauten Kühlaggregaten gebräuchlich.

1 Gabeltaschen
2 Eckbeschläge
3 Zweiflüglige Tür

Stahl-Container (MANNESMANN-STAHLBLECHBAU)

Hauptdaten für ISO-Container – nach DIN 15190

Bezeichnung	Außenmaße in mm: Länge	Außenmaße in mm: Breite	Außenmaße in mm: Höhe	Zuläss. Bruttogewicht in t	Eigengewicht ca. in t: Leichtmetall	Eigengewicht ca. in t: Stahl	Mindestmaße der Türen Breite X Höhe in mm
1A[1]	12192^{+0}_{-10} ≈ 40′			30,5	2,3	4,2	
1B	9125^{+0}_{-10} ≈ 30′			25,4	1,8	3,2	
1C[1]	6058^{+0}_{-6} ≈ 20′	2438^{+0}_{-5} ≈ 8′	2438^{+0}_{-5} ≈ 8′	20,3	1,3	2,3	2286 X 2134
1D[1]	2991^{+0}_{-5} ≈ 10′			10,2	0,75	1,3	
1E	1968^{+0}_{-5} ≈ $6\frac{2}{3}$′			7,1	–	–	
1F	1460^{+0}_{-3} ≈ 5′			5,1	–	–	

[1]) Bevorzugt verwenden – übrige Größen nur in Ausnahmefällen

Bild 7.2.4. Container

Der Transport von Flüssigkeiten und Schüttgütern erfolgt in *Tank-Containern*. Sie bestehen aus einem Container-Rahmen, in den Tanks aus Stahl, Leichtmetall oder Kunststoff eingesetzt werden. Auch Standard-Container mit zusammenlegbaren Innenblasen aus Kunststoff werden hierfür verwendet; nach dem Entleeren der Innenblase kann der eigentliche Container auch für den Stückguttransport eingesetzt werden, ohne ihn vorher reinigen zu müssen.

Für besonders große Stückgüter sind *Flach-Container (Flats)* gut geeignet. Sie werden meist in den Abmessungen der 1C-Ausführung (Bild 7.2.4) hergestellt und bestehen aus der Grundplatte mit verschiedenen Aufbauten (ohne Dach und volle Seitenwände). Die Flats sind besonders leicht und preiswert und können nach dem Zusammenlegen der Aufbauten auch leer zurückgeschickt werden, da sie dann nur wenig Platz beanspruchen. Sie bieten dem Fördergut jedoch keinen Witterungsschutz.

Beim *Flug-Container* ist auf besonders leichte Bauweise zu achten. Durch die großen Laderaumabmessungen der modernen Großraumfrachtflugzeuge können die genormten Abmessungen verwendet werden. Teilweise werden die Flug-Container in ihren Abmessungen auch den Rumpfquerschnitten der Flugzeuge angepaßt (bei kleineren Flugzeugen oder für das Beladen der Frachträume im Unterdeck).

Schwimm-Container sind wasserdicht, so daß sie z. B. nach dem Überseetransport auf größeren Container-Frachtern direkt zu Schubschiffverbänden für die Binnenschiffahrt zusammengestellt werden können. Häufig werden Schwimm-Container deshalb auch in größeren Abmessungen hergestellt.

7.2.7. Lastaufnahmemittel für Paletten und Container

Hierbei handelt es sich meist um Spezialgeräte; allgemein verwendete Lastaufnahmemittel wurden bereits in Abschnitt 2.5 kurz behandelt.

Ketten, Seile, Haken. Diese auch normal verwendeten Lastaufnahmemittel (Anschlagmittel, siehe Abschnitt 2.5.5) dienen zum Krantransport von Paletten und Klein-Behältern.

Gabeln. Die bei Staplern (Abschnitt 5.3) verwendeten Gabeln gelangen für die Lastaufnahme von Paletten, Klein-Behältern und Containern zur Anwendung. Sie werden auch bei Stapelkranen (Abschnitt 5.1.4) und Regalbediengeräten (Abschnitt 4.1.5) als Lastaufnahmemittel eingesetzt.

Palettengeschirre. Hierbei handelt es sich um C-förmige Gabeln, die in den Kranhaken eingehängt werden und für die Aufnahme von Flach- und Boxpaletten geeignet sind.

Spreader (Greifrahmen). Die Spreader sind bei Containerkranen (Abschnitt 4.2.2) und Portalstaplern (Abschnitt 5.3.3) für den Lastumschlag von Containern gebräuchlich. Bei den Containerkranen werden die Spreader meist über Seiltriebe, bei den Portalstaplern über Kettentriebe bewegt. Die Seiltriebe bestehen aus normalen Hubwinden; Seilführung siehe Bild 4.2.3. Die Hubketten der Portalstapler werden über mehrere Hydraulikzylinder oder ein gemeinsames Hubgetriebe mit Hydraulikmotorantrieb betätigt. Grundsätzlich sind die folgenden zwei Grundbauarten von Spreadern, die eine selbsttätige Lastaufnahme und -abgabe ermöglichen, in Verwendung:

Einfach-Spreader Sie sind nur für Container einer bestimmten Länge verwendbar. Tragendes Element ist der kastenförmige Mittelträger mit den Tragarmen, an deren Ende die eigentlichen Lastaufnahmevorrichtungen (Bild 7.2.5) sitzen. Sie bestehen aus hammerkopfartigen Drehankern, die in die entsprechenden Aussparungen der Containereckbeschläge eingeführt werden und durch Drehen die geforderte Ver- bzw. Entriegelung ermöglichen. Die klappbaren Führungen sorgen für die genaue Auflage des Spreaders auf dem Container. Der Antrieb der Drehanker und der Führungen erfolgt in der Regel hydraulisch.

Beim Containerkran sitzt wegen seiner größeren Hubhöhe das Hydraulikaggregat direkt auf dem Spreader; die Stromzufuhr geschieht hierbei über eine Kabeltrommel. Beim Portalstapler sind wegen der kleineren Hubhöhe auch zentral sitzende Hydraulikaggregate gebräuchlich, deren Drucköl über Druckschläuche den Betätigungszylindern für die Drehanker und die Führungen zugeführt wird. Durch Endschalter werden dem Kranführer über Kontrollampen die einzelnen Betriebszustände angegeben wie: Spreader liegt vollständig auf, Verriegelung bzw. Entriegelung erfolgt.

Universal-Spreader Die Universal-Spreader (Bild 7.2.5) gestatten die Aufnahme von Containern unterschiedlicher Länge. Die Umsteuerung geschieht in Fernbedienung durch den Kranführer, der über zusätzliche Hydraulikzylinder aus dem kastenförmigen Mittelträger die Endstücke mit den Tragarmen, je nach Containerlänge, mehr oder weniger herausfährt. Ansonsten entspricht der Aufbau dem des Einfach-Spreaders. Universal-Spreader sind schwerer und teurer als Einfach-Spreader, jedoch vielseitiger einsetzbar.

Die Fahrzeug-Spreader (z. B. für Portalstapler) werden auch in Rahmenbauweise ausgeführt, wodurch sich bei höherem Bauaufwand und schlechteren Sichtverhältnissen für den Fahrer eine bessere Führung des Spreaders ergibt. Die Fahrzeug-Spreader erhalten häufig noch zusätzliche Hydraulikzylinder, die eine geringfügige seitliche Verschiebung des Spreaders ermöglichen und dadurch das zeitraubende Manövrieren des Staplers bei der Lastaufnahme und -abgabe ersparen.

Einfach-Spreader

1 Mittelträger
2 Lastaufnahmevorrichtung mit Führungsorgan
3 Ausfahrbare Tragarme
4 Seilrollen

Universal-Spreader

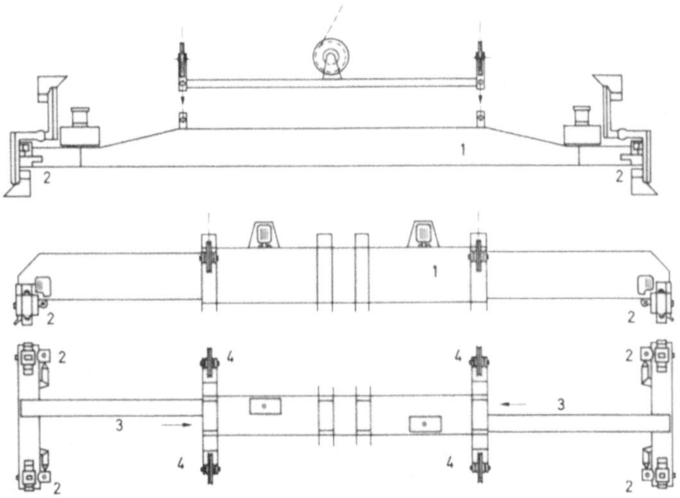

Bild 7.2.5. Spreader (Greifrahmen) für Containerumschlag im Schema (DEMAG)

7.3. Freilager

Freilager sind nur für die Lagerung witterungsunempfindlicher Stück- und Schüttgüter geeignet; z.B. Container, Gußteile, Kohlen, Erz usw. Es handelt sich hierbei um Vorrats- und Versorgungslager. Zur Vermeidung der Verschmutzungen des Lagergutes ist der

Boden der Lagerfläche möglichst mit einem staub- und schmutzsicheren Belag zu versehen; das gleiche gilt für die Fahrwege beim Einsatz von gleislosen Flurfördermitteln. Stückgüter werden, soweit möglich aufeinandergestapelt. Schüttgüter auf Halden abgelagert.

Als Fördermittel kommen, je nach Fördergut und Fördermenge, Krane (Portal-, Kabel-, Lauf- und Drehkrane), Fahrzeugkrane, Stetigförderer (Bandförderer, pneumatische Förderer usw.), gleislose Flurfördermittel und Bagger (Schrapper, Planiergeräte usw.) zum Einsatz.

Lagerflächen bis 100 000 m^2 und mehr, Schütthöhe bis 20 m, Fördermenge der Fördermittel bis 10 000 t/h.

7.4. Bunker

Bunker dienen zur Lagerung von Schüttgütern, Flüssigkeiten und Gasen. Als Zwischenspeicher werden Bunker auch in der Fertigung zur Erfüllung folgender Aufgaben verwendet:

- Bei zeitlich und mengenmäßig verschieden zusammenarbeitenden Maschinen
- Beim Einsatz von Stetig- und Unstetigförderern in einer Transportkette.

Im Anschluß soll die Lagerung von Schüttgütern in Bunkern besprochen werden, da sie für die eigentliche Fördertechnik am wichtigsten ist.
Bunker werden damit als Vorrats-, Versorgungs- und Durchgangslager eingesetzt.

7.4.1. Bauarten der Bunker

Die Ausgangsdaten für die Auslegung der Schüttgutbunker sind:

- Bunkerinhalt
- Beschickung und Entleerung
- Drucke auf Wandung und Boden
- Festlegung der Bauart und des Baumaterials.

Der Bunkerinhalt ergibt sich aus der Menge der stoßweise bzw. kontinuierlich zu- und abgeführten Gutmenge in Abhängigkeit der Zeit und der geforderten Mindestreserve.

Beschickung und Entleerung siehe Abschnitt 7.4.2.

Die Drucke auf Wandung und Boden ergeben sich aus DIN 1055, wobei im ungünstigsten Fall (Entleeren des vollen Bunkers) der vertikale Druck auf dem Boden gleich dem horizontalen Druck auf die senkrechten unteren Wandteile ist. Nach *Spiwakowski* ergibt sich hierfür angenähert:

$$\boxed{p \approx k\, h\, \rho_S\, g} \qquad (7.4.1)$$

Maximaler Druck durch das Schüttgut auf die unteren Wandteile und den Boden

$$k = \frac{1 - \sin\beta}{1 + \sin\beta}$$ Gutbeiwert

Der Gutbeiwert k berücksichtigt die Fließbarkeit des Schüttgutes; bei Flüssigkeiten wird k = 1, da der Böschungswinkel $\beta = 0°$ ist.

h Maximale Guthöhe im Bunker

ρ_S Schüttdichte des Lagergutes (Bild 1.3.1)

g Fallbeschleunigung

Die Bunkerform soll bei größtmöglicher Ausnutzung des Bunkervolumens eine gute Beschickung und weitgehend restlose Entleerung unter dem Einfluß der Eigenlast des Lagergutes gewährleisten. Bunker mit horizontalen Böden entleeren sich nicht vollständig durch die Schwerkraft, jedoch tritt im unteren Bunkerteil durch den Gutaufbau kein Verschleiß auf. Die wichtigsten Bauarten der Bunker für Schüttgüter (Bild 7.4.1) sind:

Prismatische Bunker. Die prismatischen Bunker, in der Regel mit rechteckigem oder quadratischem Querschnitt, besitzen als Auslaufteil Pyramiden- oder Keilstümpfe.

Länge und Tiefe bis 20 m
Höhe bis 50 m
Nutzinhalt bis 2000 m^3

Zylindrische Bunker. Der Hauptteil des Bunkers ist zylindrisch; der Auslaufteil wird als Kegelstumpf ausgeführt.

Zylindrische Bunker haben eine höhere Festigkeit, jedoch sind sie in der Herstellung teurer als die prismatischen Ausführungen.

Durchmesser bis 20 m
Höhe bis 50 m
Nutzinhalt bis 1500 m^3

Taschenbunker. Sie bestehen aus mehreren direkt aneinandergereihten prismatischen Bunkern, wobei sehr häufig die Auslaufteile nur an einer Seite angebracht werden (Bild 7.4.1 und Aufgabe 30).

Gesamtlänge bis 150 m
Tiefe bis 20 m
Höhe bis 50 m
Nutzinhalt bis 150000 m^3

Einzelbunker können segmentartig abgeteilt werden, um die Lagerung mehrerer Schüttgutarten in einem Bunker zu ermöglichen. Die Ausbildung der Auslaufteile wird durch die Abteilung und das Anbringen der getrennten Auslauföffnungen erschwert. Beim Auslaufen des Lagergutes bildet sich im Bunker ein Guttrichter (Bild 7.4.1). Der erforderliche Neigungswinkel am Auslaufteil hängt von der Reibungszahl zwischen Lagergut und Bunkerwand ab: Neigungswinkel $\delta = 30 \dots 60°$. *Hochbunker* (über Flur) werden *Tiefbunkern* (unter Flur) vorgezogen, da sie billiger sind. Tiefbunker sind nur dann gebräuchlich, wenn aus Platz- oder Sicherheitsgründen der Einsatz von Hochbunkern nicht möglich ist. Als Baumaterial werden je nach Lagergut, Bunkergröße und Anordnung Stahlbeton, Stahl, Leichtmetall, mit Kunststoffen beschichteter Stahl, Kunststoff (oft GFK) oder Holz verwendet. Stahlbetonbunker werden häufig zwecks Reibungsminderung zwischen Bunkerwand und Lagergut mit einer Auskleidung versehen. Bei stark schleißenden Lagergütern wird im Auslaufteil eine auswechselbare Auskleidung aus verschleißfesten Stoffen eingebaut. Bunker aus Leichtmetall und Kunststoff sind teurer und haben eine geringere Festigkeit als Stahlbunker, sie sind jedoch leichter und wartungsfrei.

Stahl- und Leichtmetallbunker werden aus entsprechend geformten Blechen zusammengeschweißt und durch aufgeschweißte Profile verstärkt. Kunststoffbunker werden geklebt, Holzbunker verschraubt. Auch hier ist auf die Aussteifung durch angeklebte bzw. aufgeschraubte Profile zu achten. Die Verstärkungen sind besonders dort anzubringen, wo die Kräfte aus den Eigen-, Nutz- und Windlasten in die Stützen eingeleitet werden.

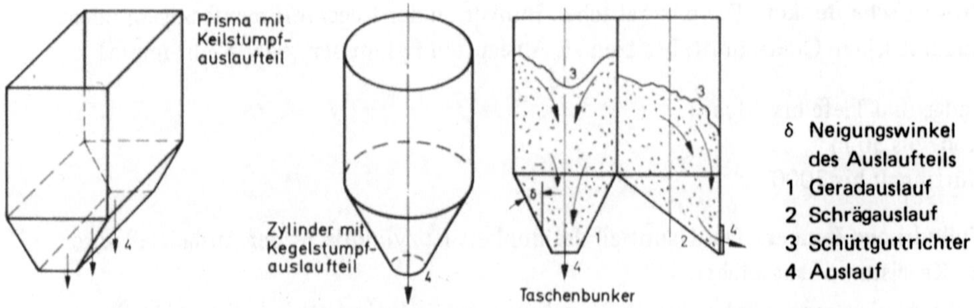

Bild 7.4.1. Bauarten von Schüttgutbunkern

7.4.2. Gutaufgabe und Gutabgabe

Gutaufgabe. Die Gutaufgabe in den Bunkern erfolgt durch Stetigförderer (z. B. Bandförderer), Unstetigförderer (z. B. Drehkrane mit Greifern) oder direkt aus einem Zubringerfahrzeug (z. B. durch Kippen des gesamten Fahrzeugs mit Hilfe einer entsprechenden Kippeinrichtung).

Gutabgabe. Die Gutabgabe aus den Bunkern geschieht im Freien Fall oder durch Stetigförderer.

Gutabgabe im Freien Fall Die Gutabgabe erfolgt diskontinuierlich durch das Öffnen eines am Auslaufteil des Bunkers angebrachten Verschlusses, z. B. für das Beladen eines Lkw's.

Die Mindestgröße der Auslaßöffnung hängt von der Korngröße und der Fließbarkeit des Lagergutes ab. Nach *Spiwakowski* ergibt sich hierfür folgender Anhaltswert:

$$l(\mathrm{d}) \approx 2{,}5\,(80 + a')\,\tan\beta \qquad (7.4.2)$$

Mindestlänge bzw. Mindestdurchmesser der Auslaßöffnung in mm

a' Maximale Korngröße in mm (Bild 1.3.1)

β Böschungswinkel des Lagergutes (Bild 1.3.1)

Die üblichen Bunkerverschlüsse (Bild 7.4.2) sind:

- *Schieber* (Flach- oder Drehschieber)
- *Klappen*
- *Stauverschlüsse* (meist mit Stetigförderern kombiniert).

Flachschieber sind wegen ihrer großen Reibung schwer zu betätigen und neigen leichter zum Verklemmen als Drehschieber und Klappverschlüsse; sie werden deshalb nur bei gelegentlicher Betätigung eingesetzt. Stauverschlüsse sind nur für grobkörniges und stückiges Schüttgut geeignet, jedoch kann hier, da das eigentliche Verschlußorgan fehlt; kein Verklemmen auftreten.

Die Betätigung der Verschlüsse kann von Hand über Hebel und Ketten oder motorisch über Druckzylinder, Bremslüftgeräte oder Getriebemotore vorgenommen werden.

Gutabgabe durch Stetigförderer Die motorisch angetriebenen Stetigförderer ziehen das Lagergut kontinuierlich oder auch dosierend ab. Es handelt sich hierbei um Schnecken-, Schwing- und Bandförderer oder Zellenräder (Bild (7.4.2)). Generell ist über dem eigentlichen Abzuggerät ein Schieber vorzusehen, der es gestattet, das Abzuggerät auch bei vollem Bunker abzunehmen; z. B. für Reparaturarbeiten.

Die Schnecken- und Schwingförderer ermöglichen eine sehr genaue Dosierung, wenn sie von Dosierwaagen gesteuert werden. Beim Bandförderer kann die Abzugmenge durch die Bandgeschwindigkeit oder einen Regelschieber beeinflußt werden. Beim Schneckenförderer und Zellenrad geschieht dies durch die Änderung der Drehzahl, bei der Schwingrinne durch Regelschieber oder Amplituden- bzw. Frequenzänderung.

Zellenräder, Schnecken- und Bandförderer sind vor allem für staubförmiges und körniges, Schwingförderer für körniges und stückiges Lagergut zu verwenden.

Weiterhin kommen noch Walzenaufgeber, Drehteller, Kratzeraufgeber und Räumräder in Frage.

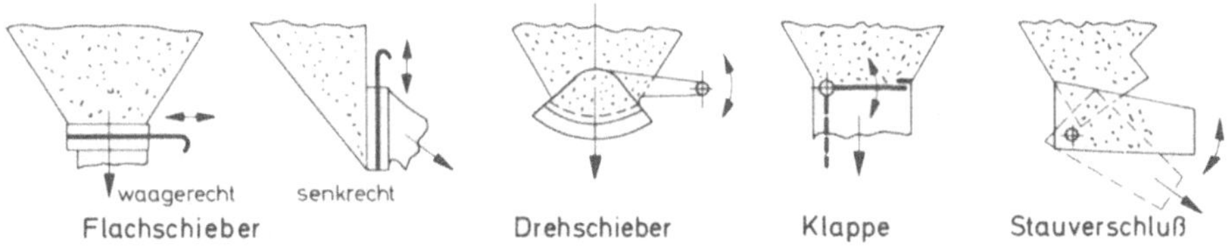

Bunkerverschlüsse (Gutabgabe im freien Fall, diskontinuierlich)

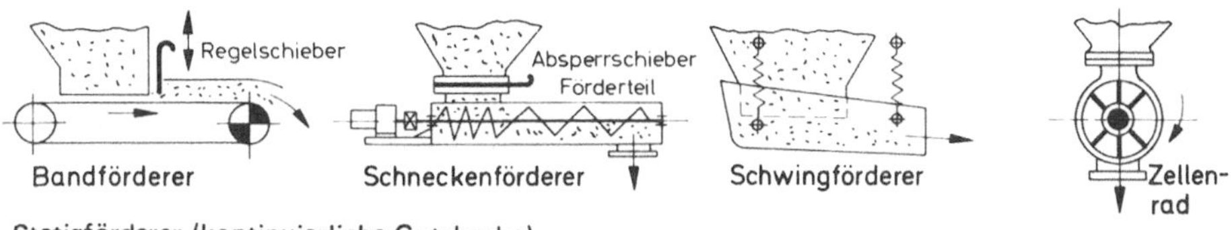

Stetigförderer (kontinuierliche Gutabgabe)

Bild 7.4.2. Geräte zur Gutabgabe

7.4.3. Bunkerhilfseinrichtungen

Die wichtigsten Bunkerhilfseinrichtungen gehen aus den im Anschluß angeführten Hinweisen hervor.

Inhaltsanzeige. Zur Inhaltsanzeige werden, je nach Lagergut, *Kontaktschalter, Druckmeßdosen* oder *kapazitive bzw. radioaktive Meßeinrichtungen verwendet.*

Die Kontaktschalter werden in bestimmten Abständen über die gesamte Bunkerhöhe an der Außenwand angebracht; die Genauigkeit der Inhaltsangabe hängt vom Abstand dieser Schalter ab. Als Kontaktschalter dienen auch in das Lagergut reichende von kleinen Elektromotoren angetriebene Kontaktflügel. Wenn das Lagergut im Bunker absinkt, werden einzelne Kontaktflügel frei und lösen durch ihre beginnende Drehbewegung den Schaltimpuls aus.

Die Druckmeßdosen bestimmen das Lagervolumen durch Messung der Last, wobei die Eigenlast des Bunkers bei der Eichung der Geräte abzuziehen ist. Sie ermöglichen eine sehr genaue und kontinuierliche Inhaltsangabe, die auch vom Materialtrichter im Bunker nicht beeinflußt wird; sie sind auch für klebrige und schwer fließende Lagergüter geeignet.

Bei den kapazitiven Meßeinrichtungen wird eine elektrisch aufgeladene Sonde in den Bunker, dessen Außenmantel elektrisch entgegengesetzt aufgeladen ist, eingehängt. Beim Absinken des Lagergutes ändert sich dort das elektrische Feld und damit die Kapazität zwischen Sonde und Bunkeraußenwand. Auch hier ist eine kontinuierliche Inhaltsanzeige, allerdings verfälscht durch den Guttrichter im Bunker, möglich. Diese Meßeinrichtungen sind jedoch nur bei nicht- oder gering leitendem Lagergut und gut leitender Bunkeraußenwand verwendbar.

Die Strahlenquelle der radioaktiven Meßeinrichtungen besteht normalerweise aus Kobalt 60 oder Caesium 137 (weichere Strahlung). Hierbei verändert die Bunkerfüllung die im Zählrohr (über die Bunkerhöhe verfahrbar angeordnet) erfaßten Impulse und läßt damit eine kontinuierliche Inhaltsangabe zu. Diese Meßeinrichtungen werden wegen der Strahlenschutzbestimmungen nur bei sehr schwierigem Lagergut verwendet; die Messung kann von außerhalb des Bunkers erfolgen.

Temperaturüberwachung. Eine Temperaturüberwachung ist bei der Lagerung von brennbaren Schüttgütern erforderlich. Zur Temperaturmessung sind in verschiedenen Höhenlagen des Bunkers eingebaute Widerstandsthermometer gebräuchlich.

Rüttel- und Auflockerungseinrichtungen. Sie sollen die Brückenbildung des Lagergutes im Auslaufteil des Bunkers verhindern, da sonst der einwandfreie Gutabzug nicht mehr gewährleistet ist. Hierfür werden Rütteleinrichtungen in Form von Magnetvibratoren an der Bunkeraußenwand des Auslaufteiles angebracht, die sich bei der Betätigung der Abzugsvorrichtung selbsttätig einschalten.

Das kurzzeitige Einblasen von Druckluft in den Auslaufteil des Bunkers verhindert ebenfalls die Bildung von Gutbrücken.

Brandschutzanlagen. Die Brandbekämpfung geschieht vor allem über Thermowächter gesteuerte automatische Sprinkleranlagen, die sowohl innerhalb als auch außerhalb der Bunker vorgesehen sind.

7.5. Gebäudelager

In Gebäudelagern werden vornehmlich witterungsemfindliche Stückgüter gelagert, die in der Regel mit Hilfe von Paletten zu Einheitsladungen zusammengefaßt werden. In diesem Zusammenhang soll nur die Lagerung von Stückgütern auf Paletten besprochen werden; für die Lagerung von Klein-Behältern, Fässern usw. gelten die gleichen Voraussetzungen. Grundsätzlich läßt sich die große Zahl der verschiedenen Lagerungsmöglichkeiten auf folgende beiden Grundtypen zurückführen:

Regallose Lager *Regallager*

Die wichtigsten Ausführungen der Regallager sind: Feste Regallager, Verschieberegal- Durchlaufregal- und Umlaufregallager. Die Regallager sind die am weitesten verbreitete Lagerart, wobei die Paletten in meist senkrecht zu den Bedienungsgängen angeordneten Regalen gelagert werden.

Als Gebäudeformen kommen in Frage:

Flachlager: Meist Normbauhallen aus Stahl- oder Stahlbetonfertigteilen.
Etagenlager: Stockwerks- oder Geschoßlager; zusätzliche Vertikalförderer erforderlich (z.B. Aufzüge).
Hochregallager: Regale als Tragwerk für Dach- und Wandelemente.
Traglufthallenlager: Gebläse halten Hallenhaut (aus beschichteten Chemiefasern) straff; Schleusen erforderlich.

7.5.1. Regallose Lager (Blocklager)

Im Blocklager werden die einzelnen Paletten direkt oder über Bügel gestapelt. Die Stapelhöhe hängt von der Belastbarkeit der untersten Palette und der Standsicherheit des Palettenstapels ab. Selbst bei der Stapelung über Bügel oder bei Verwendung von Boxpaletten können deshalb nur 4 ... 6 Paletten übereinandergesetzt werden (Abschnitt 7.2.1).

Die Anordnung der Paletten kann senkrecht oder schräg zu den Fahrgängen erfolgen, wobei im allgemeinen die senkrechte Anordnung weniger Platz benötigt (Bild 7.5.1). Dies wird durch den Flächennutzungsgrad φ_A gekennzeichnet:

$$\varphi_A = \frac{A_N}{A} \quad \text{Flächennutzungsgrad} \qquad (7.5.1)$$

A_N Nutzfläche (mit Paletten belegte Bodenfläche)
A Gesamtfläche (A_N plus der Flächen für Fahrgänge, Bereitstellung usw.)

Analog kann der *Raumnutzungsgrad* φ_V und der *Belegungsnutzungsgrad* φ_B definiert werden.

$$\varphi_V = \frac{V_N}{V} \quad \textit{Raumnutzungsgrad} \qquad (7.5.2)$$

$$\varphi_B = \frac{Z_B}{Z} \quad \textit{Belegungsnutzungsgrad} \qquad (7.5.3)$$

V_N Von Paletten erfüllter Raum
V Gesamter Raum der Lagerhalle (V_N plus Raum über Fahr- und Bereitstellungsflächen usw.)
Z_B Zahl der belegten Palettenplätze

Als Standardförder- und -stapelgeräte dienen Frontstapler; hierbei reichen wegen der begrenzten Stapelhöhe (bis ca. 5 m) Doppelhubmaste aus (Abschnitt 5.3.1). Es werden auch radunterstützte Stapler (Abschnitt 5.3.4) verwendet, die mit schmaleren Fahrgängen auskommen. Beim Einsatz von Stapelkranen und Hochregalstaplern können auch beim Blocklager größere Stapelhöhen erreicht werden, vorausgesetzt die Standsicherheit des Palettenstapels ist noch gewährleistet; z.B. bei sehr hohen Paletten.

Flächennutzungsgrad $\varphi_A \approx 0{,}5 \ldots 0{,}8$.

Vorteile

Keine Regalkosten;
Fahrgänge und Palettenstapel können leicht umgestellt werden.

Nachteile

Nur die jeweils oberste Palette kann direkt weggenommen werden;
begrenzte Stapelhöhe und damit geringere Raumausnutzung.

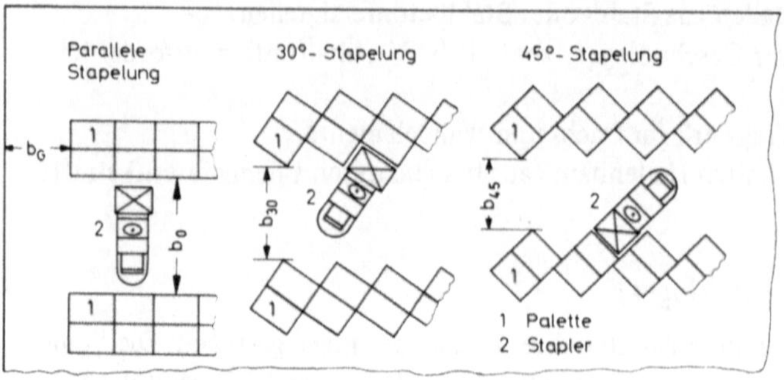

Gangbreiten in Abhängigkeit der Stapelart

Richtwerte für E-Stapler (Frontstapler) mit einer Traglast von 1,5 t bei der Palettengröße 800 × 1200 mm
Normale Gangbreite $b_G \approx 1950$ mm
Gangbreite bei paralleler Stapelung $b_0 \approx 3250$ mm
Gangbreite bei 30°-Stapelung $b_{30} \approx 2400$ mm
Gangbreite bei 45°-Stapelung $b_{45} \approx 1900$ mm

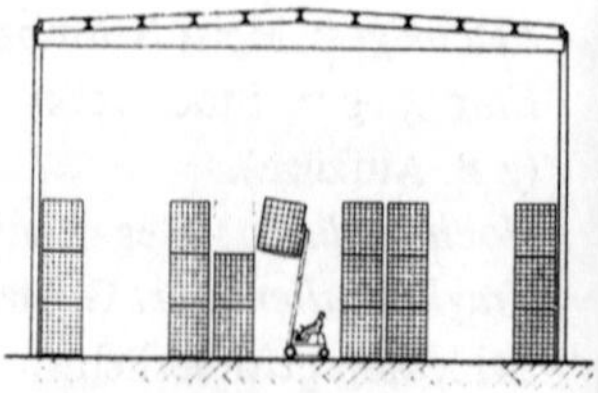

Gutumschlag (Paletten) durch Frontstapler

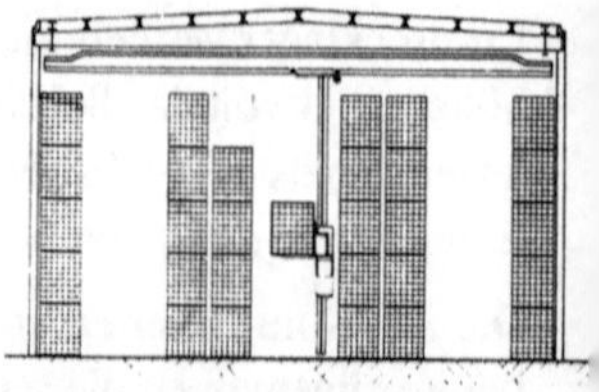

Gutumschlag (Paletten) durch Stapelkran

Normleichtbaulagerhallen

Bild 7.5.1. Regallose Lager (Blocklager)
Blocklager dienen vorwiegend als Vorrats- und Versorgungslager, in geringem Umfang aber auch als Durchgangslager.

7.5.2. Feste Regallager

Grundsätzlich können Regale frei in der Lagerhalle aufgestellt werden. Allerdings nutzt man ihre Höhe und Stabilität oft auch als Tragelemente für Hallenwände und Hallendächer.

Regallager mit frei aufgestellten Regalen. Die meist aus Normprofilen aufgebauten Regale werden in der Lagerhalle frei aufgestellt. Auch die Lagerhallen selbst werden weitgehend aus Kostengründen und wegen kurzer Lieferzeiten als Leichtbaunormhallen ausgeführt (Bild 7.5.2). Diese Lager werden für Regalhöhen bis ca. 10 m gebaut.

Flächennutzungsgrad $\varphi_A \approx 0{,}5 \ldots 0{,}8$.

Als Fördermittel setzt man Hochregalstapler, Stapelkrane oder gelegentlich auch Regalbediengeräte ein.

Vorteile

Fahrgänge und Regale können umgestellt werden;
jede Palette ist direkt ein- und auslagerbar;
enge Fahrgänge und geringere Unfallgefahr.

Nachteile

Regalkosten;
nicht für sehr große Stapelhöhen geeignet.
Verwendung analog wie beim Blocklager.

Hochregallager. Hochregallager werden mit Regalhöhen bis 30 (50) m ausgeführt und sind nur sehr schwer umstellbar. Flächennutzungsgrad $\varphi_A \approx 0{,}7 \ldots 0{,}9$; Raumnutzungsgrad $\varphi_V \approx 0{,}8 \ldots 0{,}9$ (sehr hoch); bis zu 20000 und mehr zu belegende Palettenplätze.

Die Regale, die wegen der Vielzahl der Regalstützen auf einer durchgehenden Fundamentplatte mit in Dübeln sitzenden Ankerschrauben befestigt werden, dienen gleichzeitig als Tragkonstruktion für die Dach- und Wandelelemente. Die meist aus Stahlprofilen zusammengeschweißten und verschraubten Regale werden gestrichen oder verzinkt. Die verzinkten Ausführungen sind zwar teurer in der Anschaffung, erfordern jedoch kein umständliches und zeitraubendes Nachstreichen.

Die Aufnahme der Paletten in die Regale geschieht in der Regel über die an den Regalleitern angebrachten Konsolen. Z.T. sind diese Konsolen in der Höhe verstellbar, damit die Regalhöhe voll ausgenutzt werden kann (Anpassen der Regalfachhöhe an die Palettenhöhe). Die Wand- und Dachelemente der Hochregallager bestehen aus Leichtmetall, verzinktem Stahlblech oder Eternit mit entsprechender Wärmedämmung.

Zur Brandbekämpfung werden Sprinkleranlagen eingebaut; die lokale Brandbekämpfung ist auch von den Regalbediengeräten aus möglich. Einzelheiten siehe auch VDI-Richtlinien.

Auf den Einbau von Fenstern wird verzichtet, da durch die hohen Regale eine künstliche Beleuchtung auch bei Tag erforderlich ist, und die Fenster in Anschaffung und Wartung teurer sind als die entsprechenden Wandelemente.

Bei Hochregallagern mit automatisch gesteuerten Regalbediengeräten wird weitgehend auf die Beleuchtung (nur Notbeleuchtung) und Beheizung (nur so stark heizen, wie es die Art des betreffenden Lagergutes erfordert) verzichtet.

Als Fördermittel werden bei geringeren Stapelhöhen Hochregalstapler, sonst allgemein Regalbediengeräte eingesetzt. Die wichtigsten Zu- und Abtransportmittel (Ein- und Ausschleussysteme) unmittelbar zu den Regalen bzw. den Regalbediengeräten für Paletten gehen aus Bild 7.5.2 hervor.

Wegen der allgemein üblichen Abstützung der Dachhaut direkt auf den Regalen sind Stapelkrane nicht geeignet, da sie oberhalb der Regale für die Kranfahrbewegung freien Raum benötigen.

mit Stapelkran **mit Regalbediengeräten** **Hochregallager (Palettensilo) mit Regalbediengeräten**

Palettenlager mit frei aufgestellten Regalen

Hochregallager mit Verteilung – Zentrallager

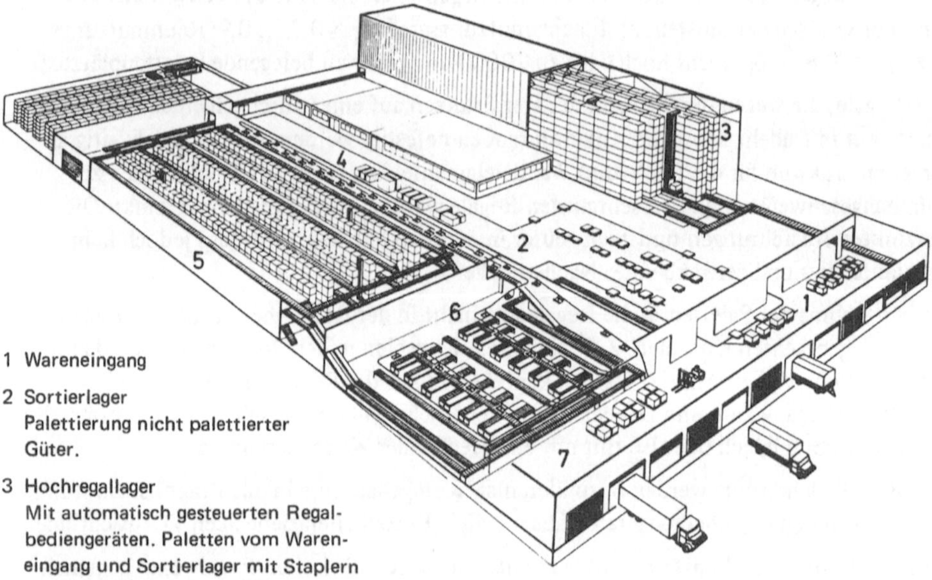

1 Wareneingang

2 Sortierlager
Palettierung nicht palettierter Güter.

3 Hochregallager
Mit automatisch gesteuerten Regalbediengeräten. Paletten vom Wareneingang und Sortierlager mit Staplern und Stetigförderern zugeführt.

4 Blocklager
Großvolumige Güter vom Wareneingang mit Staplern zugeführt.

5 Kommissionierlager
Paletten über Stetigförderer vom Hochregallager zugeführt. Mit von Hand gesteuerten Regalbedinegeräten. Manuelles Kommisionieren in codierte Sammelbehälter.

6 Packerei
Sammelbehälter über Stetigförderer vom Kommissionierlager zugeführt.

7 Versand
Ganze Palettenladungen und großvolumige Güter vom Hochregallager bzw. Blocklager mit Staplern, verpackte Güter über Stetigförderer von der Packerei zugeführt

Bild 7.5.2. Regallager (DEMAG)

Rollenförderer mit Verschiebehubwagen

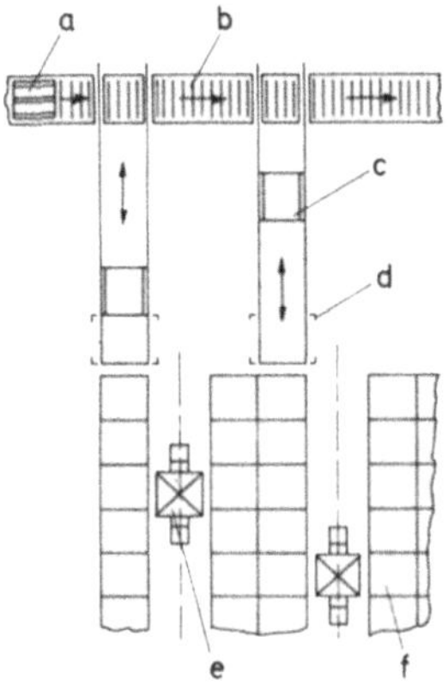

- a Palette
- b Rollenförderer als Ein- bzw. Auslagerungsbahn
- c Verschiebehubwagen als Ein- bzw. Ausschleusvorrichtung
- d Aufnahmetisch für Paletten
- e Regalförderzeug
- f Palettenregal

Kettenförderer mit Querrollenförderer und Schwenktisch

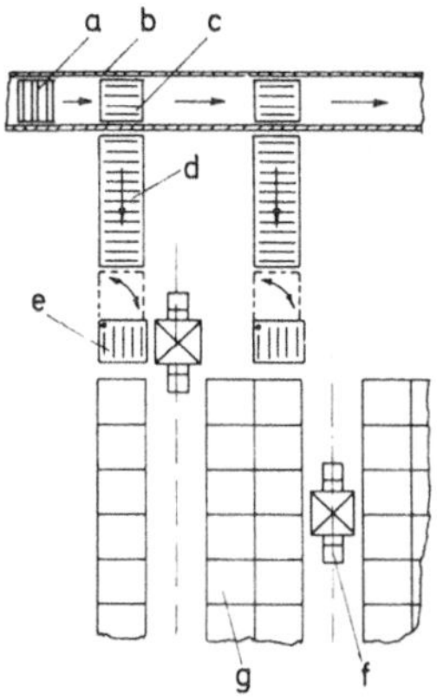

- a Palette
- b Kettenförderer als Ein- bzw. Auslagerungsbahn
- c Rollenhubtisch zur Übergabe von Kettenförderer auf den Querrollenförderer
- d Rollenförderer
- e Schwenkrollentisch
- f Regalförderzeug
- g Palettenregal

Rollenförderer mit Querkettenförderer

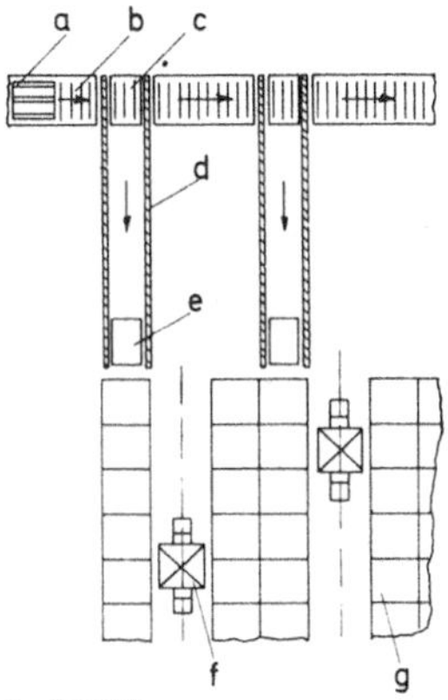

- a Palette
- b Rollenförderer als Ein- bzw. Auslagerungsbahn
- c Rollenhubtisch zur Übergabe von Rollenförderer auf den Querkettenförderer
- d Kettenförderer
- e Hubtisch zur Palettenaufnahme
- f Regalförderzeug
- g Palettenregal

Hängeförderer und Verschiebehubwagen

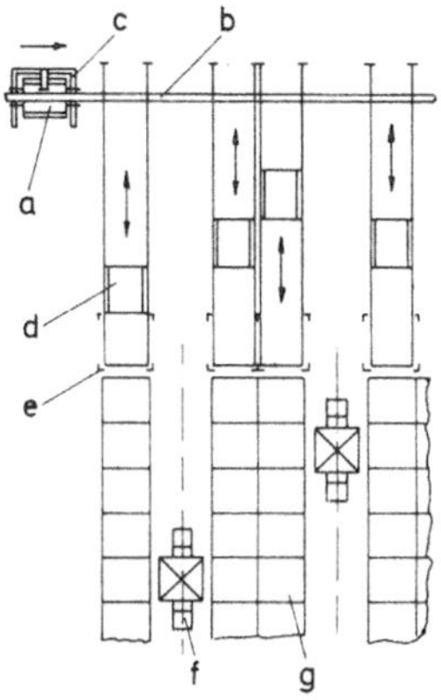

- a Palette
- b Hängeförderer als Einschienenhängebahn oder Kreisförderer
- c Gehänge für Palettentransport durch Kettenantrieb oder Traktor
- d Verschiebehubwagen zur Übernahme der Paletten
- e Aufnahmetisch für Paletten
- f Regalförderzeug
- g Palettenregal

Paletteneinlagerung vorwiegend in Breitseitenrichtung. Je nach Lage der Zuförderer ist eine Drehung der Ladeeinheit um 90° erforderlich.

zu Bild 7.5.2: Ein- und Ausschleus-Systeme für mechanisierte Palettenlager

Die Steuerung der Regalbediengeräte und die Organisation des Material- und Datenflusses für das Lagergut sowie des Daten- und Energieflusses für die Regalbediengeräte gehen aus Abschnitt 4.1.5 hervor.

Durch eine Wirtschaftlichkeitsberechnung ist für jeden Lagerfall zu prüfen, ob das teure, jedoch platzsparende und hohe Gutumschlagmengen erreichende Hochregallager nötig ist – siehe Aufgabe 31.

Vorteile

Geringer Platzbedarf durch sehr große Stapelhöhen und schmale Gänge;
jede Palette ist direkt ein- und auslagerbar;
geringere Unfallgefahr und niedriger Personalaufwand, insbesondere bei automatischer Steuerung der Regalbediengeräte.

Nachteile

Nicht oder nur sehr schwer umstellbar;
höhere Bau- und Wartungskosten durch Regale, Regalbediengeräte und ihre Steuerungseinrichtungen.

Hochregallager, die ursprünglich nur als Vorrats- und Versorgungslager gebaut wurden, werden zum Teil auch als Durchgangslager verwendet.

7.5.3. Verschieberegallager

In den Verschieberegallagern (Bild 7.5.3) werden vor allem Kleinteile, Akten usw. gelagert. Die Regale können durch am Fußteil angebrachte, in Schienen laufende Rollen verschoben werden. Dadurch ist eine Anordnung der Regale direkt nebeneinander möglich, und ein einziger Bedienungsgang ist für mehrere Regale ausreichend.

Bei leichten Regalen geschieht das Verschieben von Hand, bei schweren Regalen durch Motorantrieb. Dies kann durch Ankuppeln des betreffenden Regals an eine am Boden laufende Schleppkette erfolgen oder auch durch den Antrieb eines Regales, das die angekoppelten Regale mitzieht.

Diese Lagerart ist nur für kleinere Umschlagmengen geeignet, da allzu häufiges Verschieben zuviel Zeit in Anspruch nimmt und sich das Lagerpersonal gegenseitig stark behindert. Es weist allerdings einen sehr hohen Flächenausnutzungsgrad auf $-\varphi_A \approx 0{,}8$.

Anwendung sowohl als Vorrats- und Versorgungs- sowie auch als Durchgangslager.

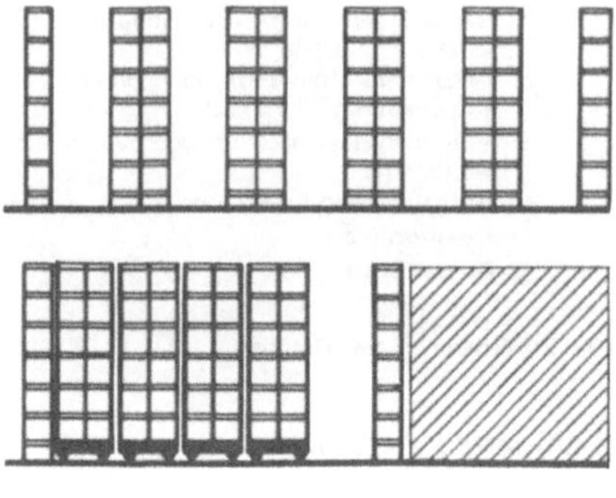

Bild 7.5.3. Verschieberegallager

Oben: Feste Regale
Unten: Verschieberegale (schraffierter Raum ist gewonnen)

Handantrieb bei Regallasten bis ca. 4 t, sonst Motorantrieb (z.B. durch Getriebemotor im Sockel einer Regaleinheit – Regale an diese Einheit beim Verschieben angekoppelt)

7.5.4. Durchlaufregallager

Beim Durchlaufregallager läuft das Lagergut (Paletten, Kästen u.ä.) mit seiner ebenen Unterseite auf geneigten Rollenbahnen oder Rollenschienen durch den Regalkanal (Schwerkraftförderung). Analog können auch Rollpaletten (Abschnitt 7.2.1) verwendet werden, so daß im Regalkanal seitlich angebrachte Leisten ohne Rollen ausreichen. Bei den seltener verwendeten waagrechten Regalkanälen werden Rollenförderer für den Materialtransport im Regalkanal erforderlich.

Die Neigungswinkel δ der Rollenbahnen usw. liegen bei 1 ... 3°. Sie sind so auszulegen, daß das Lagergut an jeder Stelle im Regalkanal von alleine losrollt. Die Berechnung der erforderlichen Neigungswinkel δ kann analog Abschnitt 6.5.2 erfolgen.

Wichtig für einen betriebssicheren Ablauf ist der Einsatz von einfachen und sicheren Bremsen sowie Endanschlägen (Bild 7.5.4). Zur Abbremsung werden in gewissen Abständen Bremsrollen (Abschnitt 6.5.2) angebracht. Die Abbremsung der Rollpaletten kann über Bremsrollen, die in Kanalmitte montiert werden und von unten gegen die Palette drücken, vorgenommen werden. Damit sich die Palettenladung beim Bremsen nicht verschiebt, soll die Bremsverzögerung $\leqslant 0{,}1\ \frac{m}{s^2}$ betragen. Die Endanschläge verhindern das Herausspringen der Paletten an der Entladeseite. Sie werden oft federnd ausgebildet. Damit die Anlaufgeschwindigkeit klein bleibt, sind kurz vor den Anschlägen Bremsrollen einzubauen.

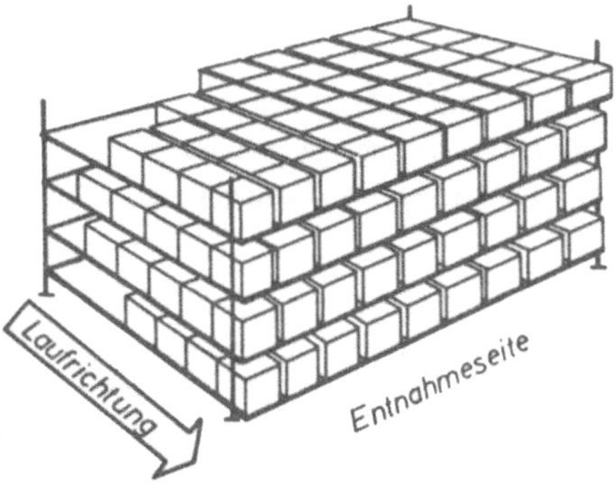

Schematischer Aufbau

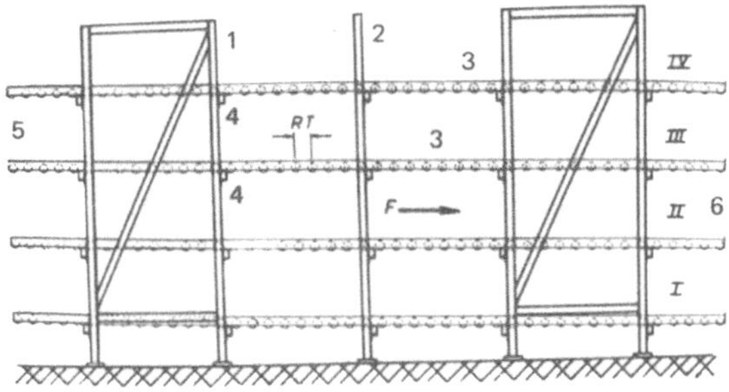

1 Stützrahmen
2 Stütze
3 Rollenleiste mit Rollenteilung RT
4 Querriegel

5 Aufgabeseite
6 Abgabeseite
F Förderrichtung
I...IV Regalfächer

Seitenansicht

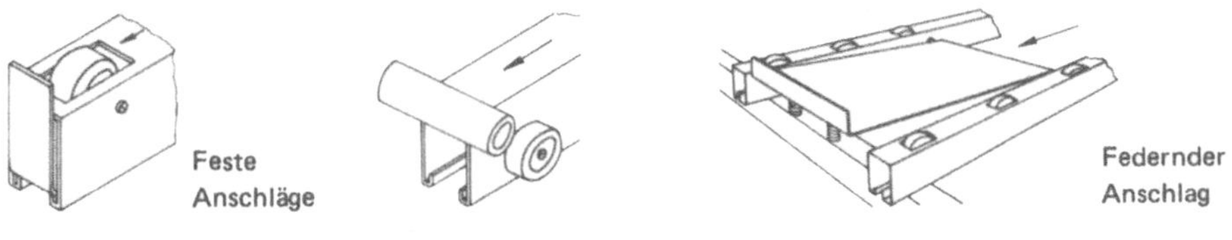

Endanschläge in verschiedenen Ausführungen

Bild 7.5.4. Durchlaufregallager (DEMAG)

Die Beschickung bzw. Entnahme an den Stirnseiten der Regale erfolgt je nach Regalhöhe durch Stapler, Stapelkräne oder Regalbediengeräte.

Diese Lagerart wird vor allem auch als Zwischenlager in der Fertigung verwendet und zeichnet sich durch einen sehr hohen Raumnutzungsgrad aus - $\varphi_V \approx 0{,}8 \ldots 0{,}9$.

Vorteile

Selbsttätiges Einhalten des Prinzips „First in – first out“ ohne organisatorische oder steuerungstechnische Maßnahmen;
einfache Beschickung und Entnahme in getrennten Ebenen sowie kurze Förderwege;
völlige Trennung von Gutein- und auslagerung (z.B. kontinuierliche Ein- und stoßweise Auslagerung leicht möglich);
beste Raumausnutzung durch das Fehlen der Zwischengänge.

Nachteile

Höhere Investitionskosten als beim Festen Regallager (durch Rollbahnen, Bremsen, Endanschläge usw.);
nicht vollständige Auslastung der einzelnen Regalkanäle – je Kanal nur eine Artikelart.

7.5.5. Umlaufregallager

Umlaufregallager entsprechen in ihrem grundsätzlichen Aufbau den Durchlaufregallagern; sie gestatten jedoch eine 100 %ige Auslastung aller Lagerkanäle. Das Prinzip eines Umlaufregallagers geht aus Bild 7.5.5 hervor.

Die Einlagerung der Paletten geschieht meist über ein Regalbediengerät, wobei die Folge der einzelnen Artikelarten in jedem Regalkanal über eine EDV-Anlage gespeichert wird; die einzelnen Regalkanäle sind nicht mehr „sortenrein“ belegt. Bei der Auslagerung sucht

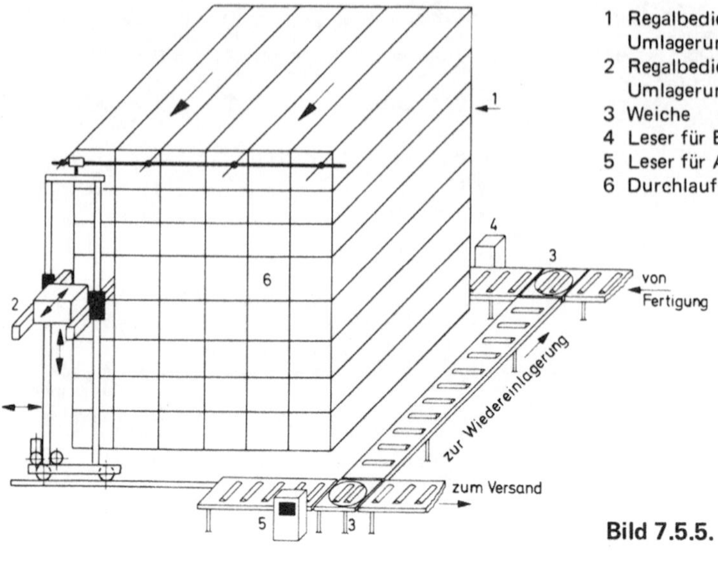

1 Regalbediengerät zur Ein- und Umlagerung (nicht sichtbar)
2 Regalbediengerät zur Aus- und Umlagerung
3 Weiche
4 Leser für Ein- und Umlagerung
5 Leser für Aus- und Umlagerung
6 Durchlaufregale

Bild 7.5.5. Umlaufregallager

die EDV-Anlage die der Auslagerungsebene am nächsten liegende entsprechende Palette aus und steuert das Regalbediengerät dort hin. Liegen z. B. vor dieser Palette noch zwei andere, so werden diese zunächst entnommen, von dem Leser ausgeschieden und über eine angetriebene Rollenbahn wieder zur Einlagerungsstelle gebracht und neu eingelagert (Umlaufsystem). Die gewünschte Palette wird durch den Leser ermittelt und über eine durch ihn betätigte Weiche im Rollenförderer dem Versand zugeführt.

Hieraus wird ersichtlich, daß dieses Lagersystem nur mit Einsatz von EDV-Anlagen möglich ist und damit nur für große Zentrallager in Frage kommt (als Vorrats- und Versorgungslager).

Gegenüber dem Hochregallager wird beim Umlaufregallager, das auch für die größten Regalhöhen geeignet ist, weniger Grundfläche benötigt. Nachteilig ist, daß die Regalbediengeräte häufig mehr Paletten umlagern als ein- bzw. auslagern.

7.5.6. Sonderausführungen

Kreisregallager Beim Kreisregallager sind die Palettenplätze in Kreisförmigen, senkrecht stehenden Scheiben angeordnet. Zwischen den Scheiben, und zwar in Scheibenmitte, ist das *Rotierende Regalbedienungsgerät* auf einer Welle drehbar gelagert. Auf seinen Armen (Windflügelartig) werden die Hubschlitten radial bewegt, wobei die Lastgabeln durch eine Zwangsführung immer waagerecht gehalten werden.

Robot-System-Lager. Statt der sonst üblichen Regalbediengeräte werden hier zur Palettenförderung Hubwagen, Umsetzwagen und Aufzüge verwendet.
Einzelheiten siehe Angaben der französischen Fa. Miles.

Ganglose Regallager Die Regale werden durch direkt nebeneinander senkrecht stehende Röhren, deren Querschnitt dem Lagergut angepaßt ist, ersetzt. Das Lagergut wird durch unterhalb der Röhren fahrbare Wagen mit hydraulisch betätigten Hubeinrichtungen aus- und eingelagert; es liegt in den Röhren direkt aufeinander.

7.5.7. Beispiele

30 Taschenbunkeranlage für Kohle

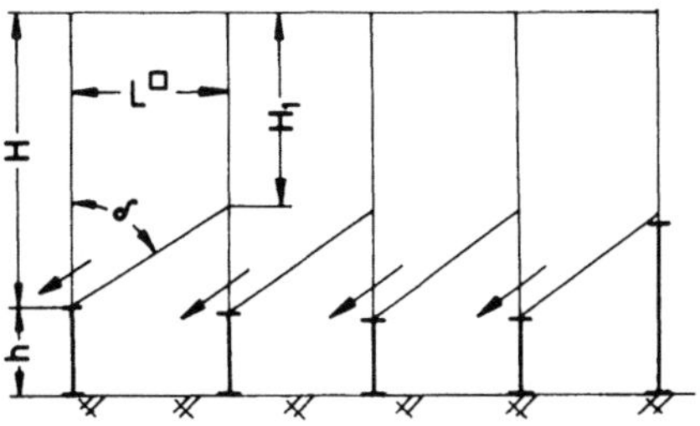

Lagergut: Schüttdichte $\rho_S = 0{,}75\ \frac{t}{m^3}$, maximale Korngröße $a' = 50$ mm, Böschungswinkel $\beta = 50°$

Bunker: Lagermenge je Bunker $m_B = 200$ t, $\frac{H_1}{L} = 2$, Auslaufwinkel $\delta = 40°$, h = 4 m, maximaler Winddruck $p_{Wi} = 1000\ \frac{N}{m^2}$, Eigenlast eines Bunkers $m_E = 35$ t, je Bunker 4 Stützen – je Ecke eine Stütze.

Gesucht:

1. Bunkerabmessungen L, H_1, H und Gesamthöhe H_{ges}
2. Standsicherheit ν_S im ungünstigsten Belastungsfall
3. Mindestgröße der Auslauföffnungen, maximaler Druck auf Boden und Wände

Lösung:

1\.

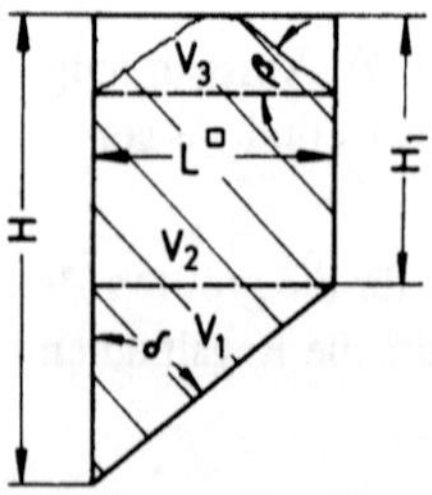

Lagermenge je Bunker m_B = 200 t ergibt ein Bunkervolumen von

$$V_B = \frac{m_B}{\rho_S} = \frac{200}{0{,}75} = 267\ \text{m}^3 \qquad \underline{V_B = 267\ \text{m}^3}$$

$$V_B = V_1 + V_2 + V_3 = \frac{1}{2} L L L \cot\delta + L^2 \left(2\,L - \frac{L}{2}\tan\beta\right) + \frac{1}{3} L^2 \frac{L}{2}\tan\beta$$

$$V_B = L^3 \left(\frac{\cot\delta}{2} + 2 - \frac{\tan\beta}{3}\right) \text{ hieraus } L = \sqrt[3]{\frac{V_B}{\left(\frac{\cot\delta}{2} + 2 - \frac{\tan\beta}{3}\right)}}$$

$$L = \sqrt[3]{\frac{267}{(0{,}6 + 2 - 0{,}4)}} = 4{,}95\ \text{m} \qquad \underline{\underline{L = 5\ \text{m}}}$$

$$H = H_1 + L\cot\delta = 10 + 5 \cdot 1{,}2 = 16\ \text{m} \qquad \underline{\underline{H_1 = 2\,L = 10\ \text{m}}}$$

$$\text{Gesamthöhe } H_{ges} = H + h = 16 + 4 = 20\ \text{m} \qquad \underline{\underline{H = 16\ \text{m}}}$$

2\. Ungünstigster Belastungsfall: Leere Bunker, Windangriff auf Seitenflächen $\qquad \underline{\underline{H_{ges} = 20\ \text{m}}}$

$$\text{Standsicherheit } \nu_S = \frac{\Sigma M_{stand}}{\Sigma M_{Kipp}} = \frac{350 \cdot 10^4}{348 \cdot 10^4} \approx 1{,}0 \qquad \underline{\underline{\nu_S \approx 1{,}0}}$$

Leere Bunker nicht kippsicher, deshalb sorgfältig verankern. Bei schon geringer Füllung ist die Kippsicherheit gewährleistet.

$$\Sigma M_{stand} = 4\ m_E\, g \frac{L}{2} = 4 \cdot 35000 \cdot 10 \frac{5}{2} = 350 \cdot 10^4\ \text{Nm} \qquad \underline{\Sigma M_{stand} = 350 \cdot 10^4\ \text{Nm}}$$

"4": 4 Bunker

$$\Sigma M_{Kipp} = p_{Wi} A_{Wi} h_{Wi} = 1000 \cdot 260 \cdot 13{,}4 = 348 \cdot 10^4\ \text{Nm} \qquad \underline{\Sigma M_{Kipp} = 348 \cdot 10^4\ \text{Nm}}$$

$$\text{Windangriffsfläche } A_{Wi} = 4 \left(\frac{H + H_1}{2}\right) L = 4 \left(\frac{16 + 10}{2}\right) 5 = 260\ \text{m}^2$$

$$\text{Windangriffshöhe } h_{Wi} = h + (H - y_S) = 4 + (16 - 6{,}6) = 13{,}4\ \text{m} \qquad \underline{h_{Wi} = 13{,}4\ \text{m}}$$

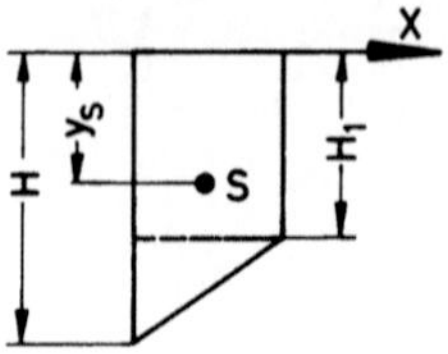

$$\text{Schwerpunktsabstand } y_S = \frac{\Sigma\,\Delta A{\cdot}y}{\Sigma\,\Delta A} = \frac{430}{65} = 6{,}6\ \text{m}$$

$$\Sigma\,\Delta A = L H_1 + \frac{1}{2} L (H - H_1) = 5 \cdot 10 + \frac{1}{2}\, 5\,(16 - 10) = 65\ \text{m}^2$$

$$\Sigma\,\Delta A{\cdot}y = L H_1 \frac{H_1}{2} + \frac{1}{2} L (H - H_1) \left(\frac{H - H_1}{3} + H_1\right) = 5 \cdot 10 \frac{10}{2}$$

$$+ \frac{1}{2}\, 5\,(16 - 10) \left(\frac{16 - 10}{3} + 10\right) = 430\ \text{m}^3$$

3\. Seitenlänge der Auslassöffnung nach Gl. (7.4.2)

$$L \approx 2{,}5\,(80 + a')\tan\beta = 2{,}5\,(80 + 50)\,1{,}2 = 390\ \text{mm} \qquad \underline{\underline{L = 400\ \text{mm}^{\square}}}$$

Maximaler Druck auf Boden und Wände angenähert nach Gl. (7.4.1)

$$p \approx k\,H\,\rho_S\,g = 0{,}13 \cdot 16 \cdot 750 \cdot 10 = 15600\ \frac{\text{N}}{\text{m}^2} \qquad \underline{\underline{p = 0{,}16\ \text{bar}}}$$

$$\text{Gutbeiwert } k = \frac{1 - \sin\beta}{1 + \sin\beta} = \frac{1 - 0{,}77}{1 + 0{,}77} = 0{,}13$$

31 Palettenlager

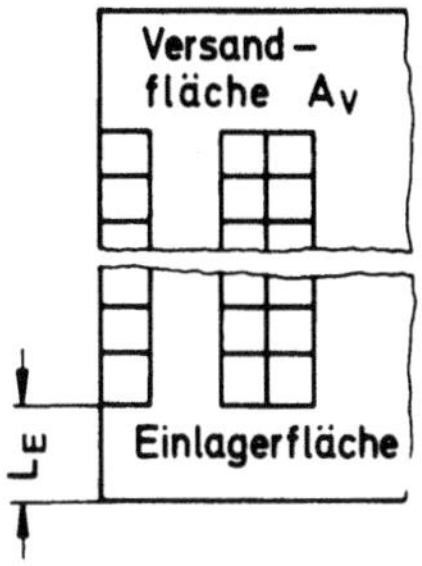

Lagerkapazität z = 5000 Paletten, Palettennutzlast m_{NP} = 1 t, Platzbedarf einer Palette: $l_P \times b_P \times h_P$ = 1400 × 1000 × 1200 mm, Länge der Einlagerfläche L_E = 5 m, Versandfläche A_V = 300 m², Hallenhöhe im Versand- und Einlagerbereich 5 m. Es werden jeweils 25 $\frac{\text{Paletten}}{\text{h}}$ im Zweischichtenbetrieb (je Schicht 8 Arbeitsstunden) ein- und ausgelagert.

Kostenrichtwerte: Palette 30 $\frac{\text{DM}}{\text{St}}$, Palette mit Bügel 60 $\frac{\text{DM}}{\text{St}}$, Steuerung und EDV-Anlage für Variante ③ 1 000 000 DM, zusätzliche Abgabenrollenbahnen für Variante ③ 100 000 DM, weitere Werte siehe folgende Tabelle

Variante	①	②	③
Lagerart	Blocklager, regallos, mit Bügelpaletten	Regallager, Regale frei aufgestellt	Hochregallager
Gangbreite b_G in m	3,4	1,8	1,5
Zahl der gestapelten Paletten $z_ü$	4	8	20
Be- und Entladezeit t_B je Palette in min	3,5	1,5	1
Gangzahl z_G	7	5	3
Art der Fördermittel, Kosten in $\frac{\text{DM}}{\text{St}}$	Frontstapler 30 000	Hochregalstapler 80 000	Regalbediengerät 300 000
Mittlere Fahrgeschwindigkeit v_F in $\frac{\text{m}}{\text{min}}$	130	120	120
Mittlere Hubgeschwindigkeit v_H in $\frac{\text{m}}{\text{min}}$	10	15	30
Personalbedarf	Fahrer + 4 Arb. kräfte	Fahrer + 4 Arb. kräfte	2 Arbeitskräfte
Gebäudekosten in $\frac{\text{DM}}{\text{m}^3}$	150 (auch für Versand- und Einlagerbereich)	100	100
Regalkosten je Palettenplatz in DM	–	180	130

Jährliche Betriebskosten:

1. Zinsen: 10 % auf die Anlagekosten (Gebäude, Einrichtungen und Fördermittel)
2. Amortisation: Gebäude und Regale 20 Jahre, Einrichtungen und Fördermittel 10 Jahre
3. Wartung und Energie: 10 % der Anlagekosten
4. Personal: 60 000 DM/Arbeitskraft

Gesucht:

1. Hallenabmessungen B, L, H, bebaute Grundfläche A und umbauter Raum V für die 3 Varianten
2. Zahl der Fördergeräte und ausgelagerte Fördermenge je Arbeitstag für die 3 Varianten
3. Anlagekosten, Anlagekosten je Palettenplatz für die 3 Varianten
4. Jährliche Betriebskosten, jährliche Betriebskosten je Palettenplatz und umgeschlagene Fördermenge bei 250 Arbeitstagen im Jahr.

Lösung möglichst in Tabellenform

Lösung:

1. Variante ①, ② und ③ durch die Indices 1...3 gekennzeichnet, alle Werte auf- bzw. abgerundet

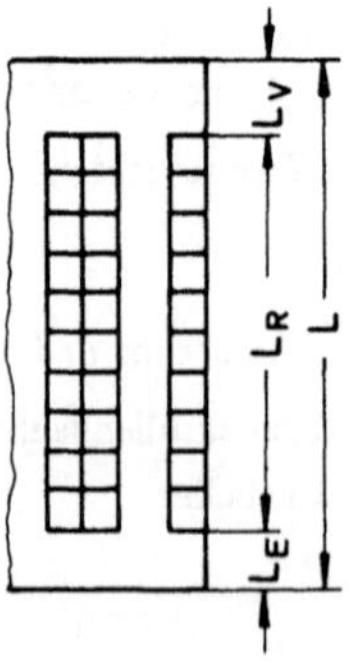

Variante	①	②	③
Palettenzahl auf Boden z'	$z_1' = \frac{z}{z_{Ü1}} = \frac{5000}{4} = 1250$	$z_2' = \frac{z}{z_{Ü2}} = \frac{5000}{8} = 625$	$z_3' = \frac{z}{z_{Ü3}} = \frac{5000}{20} = 250$
Palettenzahl je Reihe z''	$z_1'' = \frac{z_1'}{z_{R1}} = \frac{1250}{14} = 89$ 7 Gänge → 14 Reihen	$z_2'' = \frac{z_2'}{z_{R2}} = \frac{625}{10} = 62$ 5 Gänge → 10 Reihen	$z_3'' = \frac{z_3'}{z_{R3}} = \frac{250}{6} = 42$ 3 Gänge → 6 Reihen
Regallänge L_R	$L_{R1} = z_1'' l_P$ $= 89 \cdot 1{,}4 = 125$ m	$L_{R2} = z_2'' l_P$ $62 \cdot 1{,}4 = 87$ m	$L_{R3} = z_3'' l_P$ $= 42 \cdot 1{,}4 = 59$ m
Hallen-breite B	$B_1 = z_{G1} b_{G1} + z_{R1} b_P$ $B_1 = 7 \cdot 3{,}4 + 14 \cdot 1$ $= 38$ m	$B_2 = z_{G2} b_{G2} + z_{R2} b_P$ $B_2 = 5 \cdot 1{,}8 + 10 \cdot 1$ $= 19$ m	$B_3 = z_{G3} b_{G3} + z_{R3} b_P$ $B_3 = 3 \cdot 1{,}5 + 6 \cdot 1$ $= 10{,}5$ m
Länge der Versand-fläche L_V	$L_{V1} = \frac{A_V}{B_1} = \frac{300}{38} = 8$ m	$L_{V2} = \frac{A_V}{B_2} = \frac{300}{19} = 16$ m	$L_{V3} = \frac{A_V}{B_3} = \frac{300}{10{,}5} = 28{,}5$ m
Hallenlänge L	$L_1 = L_E + L_{V1} + L_{R1}$ $L_1 = 5 + 8 + 125$ $= 138$ m	$L_2 = L_E + L_{V2} + L_{R2}$ $L_2 = 5 + 16 + 87$ $= 108$ m	$L_3 = L_E + L_{V3} + L_{R3}$ $L_3 = 5 + 28{,}5 + 59$ $= 92{,}5$ m
Hallenhöhe H (≈ Regalhöhe)	$H_1 = z_{Ü1} h_P = 4 \cdot 1{,}2$ $= 5$ m Halle durchgehend mit $H \hat{=} H_1 = 5$ m	$H_2 = z_{Ü2} h_P = 8 \cdot 1{,}2$ $= 10$ m Im Bereich von L_E und L_V $H_2 = H_1 = 5$ m	$H_3 = z_{Ü3} h_P = 20 \cdot 1{,}2$ $= 24$ m Im Bereich von L_E und L_V $H_3 = H_1 = 5$m
Grund-fläche A	$A_1 = B_1 L_1 = 38 \cdot 138$ $= 5250\ m^2$	$A_2 = B_2 L_2 = 19 \cdot 108$ $= 2050\ m^2$	$A_3 = B_3 L_3 = 10{,}5 \cdot 92{,}5$ $= 970\ m^2$
Umbauter Raum V	$V_1 = A_1 H_1$ $V_1 = 5250 \cdot 5$ $= 26300\ m^3$	$V_2 = B_2 H_1 (L_E + L_{V2})$ $+ B_2 H_2 L_{R2}$ $V_2 = 19 \cdot 5 \cdot 21 +$ $19 \cdot 10 \cdot 87$ $V_2 = 18500\ m^3$	$V_3 = B_3 H_1 (L_E + L_{V3})$ $+ B_3 H_3 L_{R3}$ $V_3 = 10{,}5 \cdot 5 \cdot 33{,}5$ $+ 10{,}5 \cdot 24 \cdot 59$ $V_3 = 16700\ m^3$

2. Fördermenge $m = 50\,\frac{t}{h}$ (50 Paletten je h ein- und ausgelagert, Palettennutzlast $m_{NP} = 1$ t)
Spielzeit t_S vereinfacht aus mittlerem Fahrweg $\left(s_F = \frac{B+L}{2}\right)$, mittlerem Hubweg $\left(h = \frac{H_R}{2}\right)$ und der mittleren Fahrgeschwindigkeit v_F bzw. der mittleren Hubgeschwindigkeit v_H ohne Berücksichtigung der Überlagerung der einzelnen Arbeitsbewegungen berechnen. Bei Variante ③ als Fahrweg mittlere Regallänge einsetzen (Regalbediengerät arbeitet nur im Regalgang).

$$t_{S1} = \frac{2\,s_{F1}}{v_{F1}} + \frac{2\,h_1}{v_{H1}} + t_{B1} = \frac{176}{130} + \frac{5}{10} + 3{,}5 = 5{,}4 \text{ min} \qquad \underline{t_{S1} = 5{,}4 \text{ min}}$$

$$t_{S2} = \frac{2\,s_{F2}}{v_{F2}} + \frac{2\,h_2}{v_{H2}} + t_{B2} = \frac{127}{120} + \frac{10}{15} + 1{,}5 = 3{,}2 \text{ min} \qquad \underline{t_{S2} = 3{,}2 \text{ min}}$$

$$t_{S3} = \frac{2\,s_{F3}}{v_{F3}} + \frac{2\,h_3}{v_{H3}} + t_{B3} = \frac{59}{120} + \frac{24}{30} + 1{,}0 = 2{,}3 \text{ min} \qquad \underline{t_{S3} = 2{,}3 \text{ min}}$$

Fördermenge eines Staplers bzw. Regalbediengerätes $\dot{m}_S$ nach Gl. (5.4.2)

$$\dot{m}_{S1} = \frac{m_S}{t_{S1}} = \frac{1}{5{,}4} = 0{,}185\,\frac{t}{min} \qquad \underline{\dot{m}_{S1} = 0{,}185\,\frac{t}{min}}$$

$$\dot{m}_{S2} = \frac{m_S}{t_{S2}} = \frac{1}{3{,}2} = 0{,}31\,\frac{t}{min} \qquad \underline{\dot{m}_{S2} = 0{,}31\,\frac{t}{min}}$$

$$\dot{m}_{S3} = \frac{m_S}{t_{S3}} = \frac{1}{2{,}3} = 0{,}43\,\frac{t}{min} \qquad \underline{\dot{m}_{S3} = 0{,}43\,\frac{t}{min}}$$

$m_S \mathrel{\hat{=}} m_{NP} = 1$ t (Jedes Fördermittel kann jeweils 1 Palette aufnehmen)

Erforderliche Stapler- bzw. Regalbediengerätezahl z_S nach Gl. (5.4.1)

$$z_{S1} = \frac{\dot{m}}{\dot{m}_{S1}} = \frac{0{,}83}{0{,}185} = 4{,}5 \qquad \underline{\underline{z_{S1} = 5}}$$

$$z_{S2} = \frac{\dot{m}}{\dot{m}_{S2}} = \frac{0{,}83}{0{,}31} = 2{,}7 \qquad \underline{\underline{z_{S2} = 3}}$$

$$z_{S3} = \frac{\dot{m}}{\dot{m}_{S3}} = \frac{0{,}83}{0{,}43} = 1{,}9 \qquad \underline{\underline{z_{S3} = 2}}$$

$\dot{m} = 50\,\frac{t}{h} \mathrel{\hat{=}} 0{,}83\,\frac{t}{min}$ (siehe vorn)

Ausgelagerte Fördermenge $\dot{m}$ bzw. $\dot{m}_{St}$ für alle Varianten gleich.

$$\dot{m}_{St} = 25 \cdot 16 = 400\,\frac{\text{Paletten}}{\text{Tag}}$$

$$\underline{\underline{\dot{m}_{St} = 400\,\frac{\text{Pal.}}{\text{Tag}}}}$$

$$\dot{m} = 400 \cdot 1 = 400\,\frac{t}{\text{Tag}}$$

$$\underline{\underline{\dot{m} = 400\,\frac{t}{\text{Tag}}}}$$

(16 Arbeitstunden je Tag, 25 Paletten je h ausgelagert)

3. Alle Kosten in DM

Variante	①	②	③
Gebäude	26 300 · 150 = 3 945 000	2 000 · 150 + 16 500 · 100 = 1 950 000	1 750 · 150 + 14 950 · 100 = 1 757 500
Regale	—	5 000 · 180 = 900 000	5 000 · 130 = 650 000
Paletten	5 000 · 60 = 300 000	5 000 · 30 = 150 000	5 000 · 30 = 150 000
Fördermittel	30 000 · 5 = 150 000	80 000 · 3 = 240 000	300 000 · 2 = 600 000
EDV-Anlage	—	—	1 000 000 · 1 = 1 000 000
Abgaberollenbahn	—	—	100 000 · 1 = 100 000
Anlagekosten	4 395 000	3 240 000	4 257 500
Anlagekosten je Palettenplatz	$\frac{4\,395\,000}{5\,000} = \underline{\underline{879}}$	$\frac{3\,240\,000}{5\,000} = \underline{\underline{648}}$	$\frac{4\,257\,500}{5\,000} = \underline{\underline{851}}$

4. Jährliche Betriebskosten, alle Kosten in DM

Variante	①	②	③
1. Zinsen	$4\,395\,000 \cdot 0{,}1 =$ 439 500	$3\,240\,000 \cdot 0{,}1 =$ 324 000	$4\,257\,500 \cdot 0{,}1 =$ 425 750
2. Amortisation	$\frac{3\,945\,000}{20} =$ 197 250	$\frac{2\,850\,000}{20} =$ 142 500	$\frac{2\,407\,500}{20} =$ 120 375
	$\frac{450\,000}{10} =$ 45 000	$\frac{390\,000}{10} =$ 39 000	$\frac{1\,850\,000}{10} =$ 185 000
3. Wartung und Energie	$4\,395\,000 \cdot 0{,}1 =$ 439 500	$3\,240\,000 \cdot 0{,}1 =$ 324 000	$4\,257\,500 \cdot 0{,}1 =$ 425 750
4. Personal[1])	$2\,(5+4) \cdot 60\,000 = 1\,080\,000$	$2\,(3+4) \cdot 60\,000 =$ 840 000	$2 \cdot 2 \cdot 60\,000 =$ 240 000
Jährliche Betriebskosten	2 201 250	1 669 500	1 396 875
Jährliche Betriebskosten je Palettenplatz	$\frac{2\,201\,250}{5\,000} = 440$	$\frac{1\,669\,500}{5\,000} = 334$	$\frac{1\,396\,875}{5\,000} = 279$
Jährliche Betriebskosten je umgeschlagene Fördermenge in DM/t[2])	$\frac{2\,201\,250}{200\,000} = 11{,}0$	$\frac{1\,669\,500}{200\,000} = 8{,}35$	$\frac{1\,396\,875}{200\,000} = 6{,}98$

[1]) "2": 2-Schichtbetrieb

[2]) Bei 250 Arbeitstagen und $\dot{m} = 800 \frac{t}{Tag}$ $(50 \cdot 16 = 800)$ ergeben sich $200\,000 \frac{t}{Jahr}$

Hieraus wird ersichtlich, daß nach den Betriebskosten die Varianten ② und ③ günstiger liegen als Variante ①.

Analog können auch andere Systeme (z. B. mit Stapelkran, Durchlaufregallager usw.) durchgerechnet werden.

8. Anhang

8.1. DIN-Normen

Im Anschluß folgt eine Übersicht besonders wichtiger DIN-Normen, gegliedert nach den im Inhaltsverzeichnis angegebenen Abschnitten. Weitere Normen siehe Normenverzeichnisse und DIN-Taschenbücher Nr. 44, 59, 64 und 185, Normen über Drahtseile, Hebezeuge, Krane und Fördermittel. Hinzu kommen noch die VDI-Richtlinien über Materialfluß und Fördertechnik, die VDMA-Blätter der Fachgemeinschaft Fördertechnik und die Unfallverhütungsvorschriften UVV über Fördermittel sowie die Regeln der FEM (Féderation Européenne de la Manutation).

Zu Abschnitt 2. Bauteile der Fördermittel

Zu Abschnitt 2.1. Seiltriebe

DIN 741 und 1142	Drahtseilklemmen für Seil-Endverbindungen
2078	Stahldrähte für Drahtseile
3051	Drahtseile aus Stahldrähten; Grundlagen, Übersicht, Seilarten, Begriffe, Berechnung, Technische Lieferbedingungen
3052 ... 3054	Spiralseile
3055/56/60/66	Rundlitzenseile, Standard
3057/61	Rundlitzenseile, Filler
3058/62	Rundlitzenseile, Seale
3059/63	Rundlitzenseile, Warrington
3064/67	Rundlitzenseile, Warrington-Seale
3071	Spiral-Rundlitzenseile 35 × 7, drehungsfrei
3088	Anschlagseile zum Befestigen von Lasten an Lasthaken
3090/91	Kauschen für Drahtseile
3092	Metallische Drahtseilvergüsse; in Seilhülsen; sicherheitstechnische Anforderung und Prüfung
3093	Preßklemmen aus Al-Knetlegierungen
15020	Grundsätze für Seiltriebe; Berechnung und Ausführung, Überwachung im Gebrauch
15061	Rillenprofile für Seilrollen und Seiltrommeln
15062	Seilrollen; Übersicht, Nabenabmessungen
15063	Seilrollen; Technische Lieferbedingungen
83313	Seilhülsen
83318	Spleiße für Drahtseile
84156	Seiltrommeln für Ladewinden
84157	Seilhaken für Befestigungsschrauben für Seiltrommeln

Zu Abschnitt 2.2. Kettentriebe

DIN 654	Stahlbolzenketten; Maße, Befestigungsglieder
685	Geprüfte Rundstahlketten; Anforderungen, Begriffe, Prüfung, Benutzung
686	Zerlegbare Gelenkketten; Maße
762 und 764	Rundstahlketten für Stetigförderer
5684	Rundstahlketten für Hebezeuge; Güteklasse 5, 6 und 8, lehrenhaltig, geprüft
5699	Rundstahlketten für Becherwerke, Kettenbügel
8150	Gallketten
8151	Stahlgelenkketten; Gallketten, leicht; Abmessungen und Bruchlasten
8164	Buchsenketten
8165	Förderketten mit Vollbolzen
8166	Rollen für Förderketten mit Vollbolzen
8167	Förderketten mit Vollbolzen; Befestigungslaschen
8168	Förderketten mit Hohlbolzen
8169	Rollen für Förderketten mit Vollbolzen und Hohlbolzen für Stetigförderer
8175/76	Buchsenförderketten
8195	Rollenketten; Kettenräder; Auswahl von Kettentrieben

Zu Abschnitt 2.3. Laufräder und Schienen

DIN 536	Kranschienen; Form A und Form F
5901/02	Bahnschienen
15070/71	Laufräder für Krane; Berechnungsgrundlagen für Räder und Lager
15072	Laufflächenprofile der Kranlaufräder und Zuordnung der Kranschienen zum Laufraddurchmesser
15073 ... 81	Laufräder für Krane; Übersicht, Ausführungen
15082	Zahnkränze und Scherbuchsen für Kranlaufräder
15083	Radreifen für Kranlaufräder; bearbeitet
15085	Kranlaufräder; Technische Lieferbedingungen
15087	Kranschienen; Maße, statische Werte

Zu Abschnitt 2.4. Bremsen

DIN 15431	Bremsscheiben für Doppelbackenbremsen; Hauptmaße
15435	Doppelbackenbremsen; Anschlußmaße, Bremsbacken, Bremsbeläge

Zu Abschnitt 2.5. Lastaufnahmemittel

DIN 689	Ösenhaken
695	Rundstahlketten; Hakenketten, Ringketten
3088	Anschlagseile zum Befestigen von Lasten an Lasthaken
5688	Anschlagketten; Hakenketten, Ringketten; Güteklasse 5, 6 und 8

DIN 15002/3	Hebezeuge, Lastaufnahmeeinrichtungen, Lasten und Kräfte, Begriffe
15400	Lasthaken für Hebezeuge; Mechanische Eigenschaften, Tragfähigkeiten, vorhandene Spannungen und Werkstoffe
15401	Einfachhaken; Rohlinge, Fertigteile
15402	Doppelhaken; Rohlinge, Fertigteile
15404	Lasthaken für Hebezeuge; Technische Lieferbedingungen für geschmiedete Lasthaken und Lamellenhaken
15405	Lasthaken für Hebezeuge; Überwachung im Gebrauch von geschmiedeten Lasthaken und Lamellenhaken
15408/9	Unterflaschen; Übersicht
15410	Unterflaschen für E-Züge; einrollig und zweirollig
15411	Unterflaschen; Lasthaken-Aufhängungen für E-Züge und Krane
15412	Unterflaschen; Traversen für Krane
15413	Unterflaschen; Lasthakenmuttern für Krane
15414	Unterflaschen; Sicherungsstücke für Krane
15418/21/22	Unterflaschen für Krane; mit Rillenkugel- und Zylinderrollenlager
15429	Lastaufnahmeeinrichtungen; Überwachung im Gebrauch
61360	Hebebänder aus synthetischen Fasern

Zu Abschnitt 2.6. Maschinensätze

DIN 15017	Hebezeuge; Grundsätze für Triebwerke, Berechnung
15024	Spurmittenmaße für Zweischienenkatzen
15053	Getriebe für Krane; Hauptangaben
15058	Achshalter für Hebezeuge
15440	Elastische Motorkupplungen; Hauptmaße
15441/45	Bolzenkupplungen
15450	Gelenkwellen zum Antrieb von Laufsätzen
42681	Oberflächengekühlte Drehstrommotore mit Schleifringläufer für Aussetzbetrieb

Zu Abschnitt 2.9. Stahlbau (Überblick)

DIN 1055	Lastannahmen im Hochbau; Verkehrslasten, Windlast, Schneelast
4100	Geschweißte Stahlbauten mit vorwiegend ruhender Belastung
4114	Stabilitätsfälle (Knickung, Beulung, Kippung)
4132	Kranbahnen; Stahltragwerke, Grundsätze für Berechnung, bauliche Durchbildung und Ausführung
15018	Stahltragwerke, Grundsätze für Berechnung, bauliche Durchbildung und Ausführung
15019	Standsicherheit

Zu Abschnitt 3. Serienhebezeuge

DIN 7355	Serienhebezeuge; Stahlwinden
15100	Serienhebezeuge; Benennungen
15111	Drahtseilhebezeuge; Wandwinden mit Handbetrieb; Montagewinden; Seilzugkräfte, Drahtseile, Trommelabmessungen
15120	Serienhebezeuge; Fahrbare Hubarbeitsbühnen; Berechnungsgrundsätze und Standsicherheit
84154	Spillköpfe und zugehörige Seilhaken

Zu Abschnitt 4. Krane

DIN 15001	Krane; Begriffe, Einteilung nach der Bauart und Verwendung
15004/6	LkW-Ladekrane; Benennung der Hauptteile, Anforderung der Betätigungseinrichtung
15021	Krane und Winden; Tragkräfte
15022	Krane; Hubhöhen, Arbeitsgeschwindigkeiten; Richtlinien
15023	Krane; Ausladungen
15026	Hebezeuge; Kennzeichnung von Gefahrenstellen
15030	Hebezeuge; Abnahmeprüfung von Krananlagen
15049	Krane mit E-Zug oder ähnlichem Hubwerk; Laufräder mit Gleitlagern
15050	Krane mit Handantrieb; Laufräder mit Walzenlager
20621	Einschienenhängebahnen

Zu Abschnitt 5. Gleislose Flurfördermittel

DIN 4902	Flurförderzeuge; Handfahrzeuge und Anhänger; Laufzeuge, Symbole, Benennungen, Erklärungen
8452	Lenkkränze ohne Mittelzapfen für Handwagen und Anhänger
8454	Flurförderzeuge; Deichseln für Anhänger; Hauptmaße
8457	Flurförderzeuge; Plattformen für Handwagen und Anhänger; Hauptmaße
8458	Flurförderzeuge; Bock- und Lenkrollen für Handwagen und Anhänger; Hauptabmessungen
15131	Hand-Hubwagen und Hochhubwagen; Tragkräfte und Hauptmaße
15133	Stapler; Hauptkennwerte von Gabelstaplern, Schubgabelstaplern und Schubrahmenstaplern
15136	Anbaugeräte für Stapler und Lader; Benennungen
15137	Gabelhubwagen; Tragkräfte, Hauptmaße
15138	Flurförderzeuge; Standsicherheit; Einführung, Allgemeine Grundsätze; Standsicherheit für Stand- und Sitzgabelstapler mit neigbarem Hubgerüst
15140	Flurförderzeuge; Begriffe, Kurzzeichen
15170	Flurförderzeuge; Anhängekupplungen
15173	Flurförderzeuge; Gabelstapler, Gabelträger und Anbaugeräte
15174/75/78	Flurförderzeuge; Gabelzinken für Stapler

DIN 15536	Blei-Akkumulatoren; Antriebsbatterien 80 V für Flurförderzeuge
43551	Flurförderzeuge; Elektrokarren; Plattformhöhen und Baubreiten
43572	Flurförderzeuge mit elektromotorischem Antrieb; Tröge für 80 V Batterien
57117	Flurförderzeuge mit elektromotorischem Antrieb

Zu Abschnitt 6. Stetigförderer

DIN 15201	Stetigförderer; Benennungen, Bildbeispiele, Bildzeichen, Zubehörgeräte

Zu Abschnitt 6.2. Mechanische Stetigförderer mit Zugmittel (Bandförderer)

DIN 15207	Gurtbandförderer; Tragrollen für Gurtförderer, Hauptmaße
15209/10	Pufferringe und Stützringe für Gurtförderer
15220	Bandförderer; Schutzeinrichtungen für Auflaufstellen
22101	Gurtförderer; Berechnungsgrundlagen
22102	Fördergurte mit Textileinlagen
22107	Tragrollenanordnung für Gurtförderer; Hauptmaße
22120	Abstreifband für Gurtförderer
22131	Fördergurte mit Stahlseileinlagen; Güteanforderungen, Prüfung, Gurtverbindungen

Zu Abschnitt 6.3. Mechanische Stetigförderer mit Zugmittel (Gliederförderer)

DIN 15221/22	Kettenförderer; Schutzeinrichtungen für Auflaufstellen und Verletzung durch Mitnehmer
15231 ... 35	Becherwerke; Becher
15236	Becherwerke; Becherbefestigung an Gurten und Rundstahlketten
15237	Tellerschrauben und Tellerscheiben zur Befestigung von Bauteilen an Gurten
15251	Becherwerke; schwere Bauart mit Rundgliederketten
15256	Pendelbecherwerke mit Buchsenketten für Schüttgüter aller Art
15263	Trogkettenförderer für Schüttgüter; Laschenkette, Blockkette, Gabelkette
15264	Trogkettenförderer; Antriebsgehäuse, Welle; Anschlußmaße
15265	Trogkettenförderer; Troganschlüsse, Rutschenanschlüsse
15266 ... 68	Trogkettenförderer; Sechskant-Kettensterne zur Laschenkette, Blockkette und Gabelkette
15269	Trogkettenförderer für nasse und backende Schüttgüter
15275	Platten-, Trog- und Kastenbänder für Schüttgüter, Plattenbänder für Stückgüter
15282	Schaukelförderer für Stückgüter; Hauptabmessungen
15283	Kreisförderer; Steckkette
15285	Wandertische für Stückgüter
22200	Gliederförderer; Berechnungsgrundsätze

Zu Abschnitt 6.4. Mechanische Stetigförderer ohne Zugmittel

DIN 15224	Schneckenförderer; Sicherung von Scher- und Einzugstellen
15261/62	Schneckenförderer für Schüttgüter; Anschlußmaße, Schneckenblatt, Berechnungsgrundsätze
20905	Druckluft-Rutschenmotore

Zu Abschnitt 6.5. Schwerkraftförderer

DIN 15291	Rollenbahnen; Tragrollen
20902	Feststehende Rutschen; Profile

Zu Abschnitt 6.6. Strömungsförderer

DIN 6651	Rohrpost; Rohrpostarten, Betriebsarten, Nennweiten
6652	Rohrpost; Rohrpostbüchsen
6654	Rohrpost; Grafische Symbole, Fremdsprachische Benennungen
6656	Rohrpost; Fahrrohre aus Stahl
6657/58/61/62	Rohrpost; Muffenrohre, Muffen, Flansch-Muffenverbindung aus Stahl und PVC
6660	Rohrpost; Fahrrohre aus PVC

Zu Abschnitt 7. Lagertechnik

DIN 15132	Ladepritschen und Aufbauten für Fördermittel
15141	Stapelplatten (Paletten); Hauptmaße
15142	Boxpaletten, Rungenpaletten; Hauptmaße und Stapelvorrichtungen
15144	Gitterboxpaletten mit abnehmbar geteilter Vorderwand
15145	Paletten; Begriffe
15146	Vierwege-Flachpalette aus Holz, Europäische Tauschpalette
15147	Flachpaletten aus Holz; Gütebedingungen
15148	Boxpaletten aus Holz, aus Flachpaletten mit zusammensteckbaren Aufsetzrahmen
15150	Ansteckbretter für Flachpaletten
15155	Gitterboxpalette mit 2 Vorderwandklappen, Europäische Tauschpalette
15156	Gitterboxpaletten; Technische Lieferbedingungen
15190	Frachtbehälter; ISO-Container der Reihe 1; Hauptmaße, Eckbeschläge, Handhaben und Belastung beim Befördern, Prüfung, Gabeltaschen, Greifkanten, Gooseneck-Tunnel, Einrichtungen zum Heben und Befestigen an den Eckbeschlägen, Binnencontainer
24021 ... 24	Bunkerverschlüsse; Flachschieber, Pendelschieber; Einsatzrichter
24030	Aufgabe- und Austragevorrichtungen; Zellenradaufgeber
32600	Flachpaletten aus Kunststoff; Hauptmaße, Anforderungen, Prüfung
68160	Einmal-Paletten aus Holz und Holzwerkstoffen
68161	Flachpaletten aus Holz und Holzwerkstoffen; Empfehlungen für das Handhaben

8.2. Schrifttum

Auch hier können aus der großen Zahl der Veröffentlichungen nur einige wichtige Bücher und Zeitschriften angeführt werden.

8.2.1. Bücher

1. ABC des Gabelstaplers VDI-Verlag, Düsseldorf.
2. AEG-Hilfsbuch AEG, Berlin.
3. *H. Altpeter und R. Baum* Die Drahtseile; Verlag Draht-Welt, Berlin.
4. *H. Aumund* Hebe- und Förderanlagen; Springer Verlag, Berlin.
5. *E. Bahke* Transportsysteme heute und morgen; Krausskopf-Verlag, Mainz.
6. *E. Bahke* Materialflußsysteme Bd. 1–Bd. 3, Krausskopf-Verlag, Mainz.
7. *I. Barat und W. Plawinski* Kabelkrane; VEB-Verlag Technik, Berlin.

7.1 *D. v. Berg* Krane und Kranbahnen; Teubner Verlag, Stuttgart.

8. *S. Böttcher* Fördertechnik; Krausskopf-Verlag, Mainz.
9. *Dubbel* Taschenbuch für den Maschinenbau; Springer-Verlag, Berlin.
10. *K. Ellersiek, K. H. Krieg und F. F. C. Röschlau* Rationeller Spänetransport in der metallverarbeitenden Industrie; Krausskopf-Verlag, Mainz.
11. *K. Erdlenbruch* Auswahl und Einsatz von Paletten und Behältern; Krausskopf-Verlag, Mainz.
12. *H. Ernst* Die Hebezeuge Bd. I und II; Vieweg Verlag Braunschweig.
13. *A. Fackelmeyer* Materialfluß – Planung und Gestaltung; VDI-Verlag, Düsseldorf.
14. *A. Fackelmeyer* Automatisierung im Materialfluß; VDI-Verlag, Düsseldorf.
15. *G. Franke* Flurförderzeuge; Hanser-Verlag, München.
16. *G. Franzen* Materialflußgerechte Planung eines Lagers; VDI-Verlag, Düsseldorf.
17. *J. Görsch und W. Riege* Materialfluß in der Einzelfertigung des Maschinenbaus; Krausskopf-Verlag, Mainz.
18. *G. Hanfstengel* Die Förderung von Massengütern; Springer-Verlag, Berlin.
19. *H. Hänsel* Fördertechnik; Springer-Verlag, Berlin.
20. *G. Haussmann* Gabelstapler; Krausskopf-Verlag, Mainz.
21. *G. Haussmann* Transcontainer-Umschlag; Krausskopf-Verlag, Mainz.
22. *G. Haussmann* Elektrofahrzeuge für innerbetriebliche Transporte; VDI-Verlag, Düsseldorf.
23. *G. Haussmann* Automatisierte Läger; Krausskopf-Verlag, Mainz.
24. *S. Heinze* Rohrpostanlagen; Verlag E. Herzog, Goslar.
25. *F. Hofmann* Seile, Ketten und Lastaufnahmemittel im Hebezeugbetrieb; VDI-Verlag, Düsseldorf.
26. *Hütte* Des Ingenieurs Handbuch Bd. I, IIA und IIB; Verlag Ernst und Sohn, Berlin.
27. *R. Jünemann* Systemplanung für Stückgutläger; Krausskopf-Verlag, Mainz.
28. *H. Klein* Die Planetenrad-Umlaufrädergetriebe; Hanser-Verlag, München.
29. *Köhler-Rögnitz* Maschinenteile Bd. I und II; Teubner-Verlag, Stuttgart.
30. *I. J. Kogan* Turmdrehkrane für das Bauwesen; Fachbuchverlag Leipzig, Leipzig.
31. *H. Kowalski* Konstruktion von Winden und Kranen; Wolfenbüttler Verlagsanstalt, Wolfenbüttel.
32. *H. Krippendorf* Integrierter Materialfluß; Verlag Moderne Industrie, München.

33. *F. Kurth* Fördertechnik Bd. I bis V; VEB-Verlag, Berlin.
34. *R. Kvapil* Theorie der Schüttgutbewegung, Auslaufverhalten von Schüttgütern in Bunkern; VEB-Verlag Technik, Berlin.
35. *H. Lahde, E. Fein und P. Müller* Handbuch moderner Lagerorganisation und Lagertechnik; Verlag Moderne Industrie, München.
36. *W. Lehmann und R. Geisweid* Die Elektrotechnik und die elektrischen Antriebe; Springer-Verlag, Berlin.
37. *R. Meebold* Die Drahtseile in der Praxis; Springer-Verlag, Berlin.
38. *H. Merbach* Leitfaden der Analyse des innerbetrieblichen Transportes; VEB-Verlag Technik, Berlin.
39. *W. Meyercordt* Behälter und Paletten; Hestra-Verlag, Darmstadt.
40. *W. Meyercordt* Lagern – Stapeln – Transportieren; Hestra-Verlag, Darmstadt.
41. *W. Meyercordt* Stetigfördererfibel; Hagemeier, Heidelberg.
42. *W. Meyercordt* Paletten-Fibel; Hagemeier, Heidelberg.
43. *W. Meyercordt* Flurförderer-Fibel; Krausskopf-Verlag, Mainz.
44. *E. Muschelknautz* Theoretische und experimentelle Untersuchungen über die Druckverluste pneumatischer Förderleitungen unter besonderer Berücksichtigung des Einflusses von Gutreibung und Gutgewicht; VDI-Forschungsheft 476; VDI-Verlag, Düsseldorf.
45. *K. Polaczek* Einführung in den Hebezeugbau; Franzis-Verlag, München.
46. *W. Riege* Handbewegliche Fördermittel; Krausskopf-Verlag, München.
47. *W. Riege* Materialfluß und Maschinenbeschickung; Girardet-Verlag, Essen.
48. *C. Röper* Palettenpool; VDI-Verlag, Düsseldorf.
49. *C. Röper* Lagergestaltung und Lagerhäuser; VDI-Verlag, Düsseldorf.
50. *C. Röper* Voraussetzungen für die Güterbewegung und -steuerung im Hinblick auf automatische Zentrallager; VDI-Verlag, Düsseldorf.
51. *H. Röttger* Schüttgutübergabe für Stetigförderer; VDI-Verlag, Düsseldorf.
52. *H. Ruhe* Bau und Betrieb von Brückenkranen; VDI-Verlag, Düsseldorf.
53. *G. Rux und A. Wappler* Seilverspannte Derrickkrane; VEB-Verlag Technik, Berlin.
54. *G. Salzer* Stetigförderer Bd. I und II; Krausskopf-Verlag, Mainz.
55. *M. Scheffler* Einführung in die Fördertechnik; VEB-Verlag Technik, Berlin.
56. *H. J. Selig* Technik der pneumatischen Förder- und Mischverfahren; Krausskopf-Verlag, Mainz.
57. *Spiwakowski-Djatschkow* Förderanlagen; Vieweg Verlag Braunschweig.
58. Stahl im Hochbau; Handbuch für Entwurf, Berechnung und Ausführung von Stahlbauten; Verlag Stahleisen M.B.H., Düsseldorf.
59. *E. Strathausen* Hebemaschinen Bd. I bis III; Hanser-Verlag, München.
60. *F. Vierling und R. Sieber* Rohrpostanlagen; R. v. Decker's Verlag, Hamburg.
61. VDI/AWF-Handbuch Förderwesen; VDI-Verlag, Düsseldorf.
62. VDI/AWF-Reihe; Materialfluß im Betrieb; VDI-Verlag, Düsseldorf.
63. *M. Weber* Strömungsfördertechnik; Krausskopf-Verlag, Mainz.
64. *H. Wegener und E. H. Otten* Rationeller Transport mit Paletten; VDI-Verlag, Düsseldorf.
65. *H. Weimar* Hochregallager; Krausskopf-Verlag, Mainz.

66. *G. Welschof* Pneumatische Förderung bei großen Fördergutkonzentrationen; VDI-Forschungsheft 492; VDI-Verlag, Düsseldorf.
67. *A. Wolf* Grundgesetze der Umlaufrädergetriebe; Vieweg Verlag, Braunschweig.
68. *K. Zammayer* Bewertung von Flurförderzeugen; VDI-Verlag, Düsseldorf.
69. *E. Zillich* Fördertechnik Bd. I bis III; Werner-Verlag, Düsseldorf.

8.2.2. Zeitschriften

1. *Deutsche Hebe- und Fördertechnik* A.G.T.-Verlag, Ludwigsburg.
2. *Fördern und Heben* Krausskopf-Verlag, Mainz.
3. *Hebezeuge und Fördermittel* VEB-Verlag Technik, Berlin.
4. *Manutention* Compagnie Française d'Editions, Paris.
5. *Mechanical Handling* Iliffe Industrial Publications Ltd., London.
6. *Modern Materials Handling* Cahners Publishing Company, Boston.
7. *Transporti Industriali* ETAS editrice, Mailand.
8. *Antriebstechnik* Krausskopf-Verlag, Mainz.
9. *Baumaschine und Bautechnik* Bau-Verlag, Wiesbaden.
10. *Braunkohle* Verlag „Die Braunkohle", Düsseldorf.
11. *Der Stahlbau* Verlag Ernst und Sohn, Berlin.
12. *Demag-Nachrichten* Demag AG., Duisburg.
13. *Draht* Prost und Meiner Verlag, Coburg.
14. *Draht-Welt* Michael Triltsch-Verlag, Düsseldorf.
15. *Glückauf* Verlag Glückauf, Essen.
16. *Konstruktion* Springer-Verlag, Berlin.
17. *Maschinenmarkt* Vogel-Verlag, Würzburg.
18. *Materialfluß* Verlag Moderne Industrie, München.
19. *Schweißtechnik* VEB-Verlag, Berlin.
20. *VDI-Zeitschrift* VDI-Verlag, Düsseldorf.

Sachwortverzeichnis

GPSR Compliance

The European Union's (EU) General Product Safety Regulation (GPSR) is a set of rules that requires consumer products to be safe and our obligations to ensure this.

If you have any concerns about our products, you can contact us on ProductSafety@springernature.com

In case Publisher is established outside the EU, the EU authorized representative is:

Springer Nature Customer Service Center GmbH
Europaplatz 3
69115 Heidelberg, Germany

Batch number: 10577936

Printed by Printforce, the Netherlands